Hirn als Subjekt?
Philosophische Grenzfragen der Neurobiologie

Herausgegeben von
Hans-Peter Krüger

Deutsche Zeitschrift für Philosophie

Zweimonatsschrift
der internationalen
philosophischen Forschung

Sonderband 15

Hirn als Subjekt?

Philosophische Grenzfragen der Neurobiologie

Herausgegeben von
Hans-Peter Krüger

Akademie Verlag

Bibliografische Information der Deutschen Nationalbibliothek
Die Deutsche Nationalbibliothek verzeichnet diese Publikation in der Deutschen Nationalbibliografie;
detaillierte bibliografische Daten sind im Internet über http://dnb.d-nb.de abrufbar.

ISBN 978-3-05-004210-7

Das eingesetzte Papier ist alterungsbeständig nach DIN/ISO 9706.

Lektorat: Mischka Dammaschke
Einbandgestaltung: Günter Schorcht, Schildow
Druck und Bindung: Druckhaus „Thomas Müntzer“, Bad Langensalza

Printed in the Federal Republic of Germany

Inhaltsverzeichnis

Vierte Diskussionsrunde

Inhaltsverzeichnis

Einleitung

> „Die Unterscheidung zwischen physisch, psycho-physisch und geistig ist also eine Unterscheidung von Ebenen anwachsender Komplexität und Intimität der Interaktion zwischen natürlichen Ereignissen. Die Idee, dass Materie, Leben und Geist verschiedene Arten des Seins darstellen, ist eine Lehre, die, wie so viele philosophische Irrtümer, aus einer Verdinglichung bedingter Funktionen entspringt. Dieser Fehlschluss verwandelt Konsequenzen aus Interaktionen von Ereignissen in Ursachen für das Auftreten dieser Konsequenzen – eine Verdopplung, die zwar für die *Wichtigkeit* der Funktionen spricht, aber ihr Verständnis hoffnungslos verwirrt."[1]

Während 2004 bis 2006 im deutschen Feuilleton die Stimmung eines Kulturkampfes zwischen Vertretern der „Natur" und des „Geistes" aufkam, haben es bemerkenswerter Weise doch einige Neurobiologen und Philosophen – unter Mitwirkung einzelner Vertreter der Physik, Mathematik und Soziologie – in unserer Zeitschrift zustande gebracht, in eine Sachdiskussion über die Grenzfragen der neurobiologischen Hirnforschung einzutreten. Ihre rasanten methodischen Fortschritte werfen nicht nur theoretische Probleme des Verstehens und Erklärens auf, sondern lassen auch neue medizinische Therapien erwarten, die das lebensweltliche Selbstverständnis und das juristisch-politische Verständnis von Personen herausfordern. Zudem steht die Erforschung des Gehirns (von seiner genetischen Ausstattung und frühkindlichen Prägung über die altersspezifischen Interaktionsgeschichten der betreffenden Organismen bis zum Hirntod) in derart vielen interdisziplinären Verweisungen, dass Durchbrüche in der Hirnforschung mit Grenzverschiebungen im Wissenschaftsgefüge insgesamt verbunden sein können, nicht nur innerhalb der Naturwissenschaften, darunter insbesondere in den biomedizinischen Wissenschaften, sondern auch im Hinblick auf die Sozial- und Kulturwissenschaften, vor allem die bisher vorherrschende Trennung zwischen den Natur- und Geisteswissenschaften.

Die Diskussionsfrage „Hirn als Subjekt?" fasste die übergreifende, für die praktisch-therapeutischen und interdisziplinär-theoretischen Grenzverschiebungen relevante Tendenz in den neurobiologischen Erklärungsansprüchen zusammen. In den einschlägigen Schriften der reflektierten Vertreter der Neurobiologie selber kam das Gehirn nicht nur als das grammatikalisch unvermeidliche Subjekt von Sätzen des Spezialdiskurses der Hirn-

1 John Dewey, Erfahrung und Natur, Frankfurt/M. 1995, 252.

forschung vor. Es trat auch an die Stelle oder trat zur Einschränkung der Rolle auf, die Personen oder Subjekte im philosophischen, allgemein-öffentlichen, juristischen und lebensweltlichen Verständnis spielen. Erfüllt das Gehirn faktisch gesehen ohnehin die Aufgabe, oder soll und kann es die Aufgabe der Person (im öffentlichen) und des Subjekts (im innerlichen) Selbstverständnis unserer westlichen Kultur des Christentums und seiner Säkularisierung übernehmen? In welchen Grenzen? – Die Unterfrage nach den Grenzen signalisierte bereits einen spezifischen Sinn der hier beabsichtigten und dann auch eingetretenen Diskussion: Ein Ringen um die Präzisierung der Grenzbestimmungen, welche die absolute Wahrheit Gott oder der Natur überlassen. Wer nur in Entweder-oder-Alternativen die vollständige Ersetzung des Einen durch das Andere, d. h. des Geistes durch das Gehirn oder des Gehirns durch den Geist, fassen kann, hat seit Jahrhunderten genügend andere Publikationsmöglichkeiten. Ihm und ihr ist auch diejenige massenmediale Resonanz sicher, welche nach binären Schematismen der Logik des Skandals gemäß zufällt (N. Luhmann).

Auch gleich die ersten Beiträge von neurobiologischer Seite durch G. Roth und W. Singer enthielten mehr und anderes, als in den Massenmedien verwertet wurde, obgleich deren Neuigkeiten auch in die zweite Runde hier hineinschwappten. Doch diese thematische Verschiebung führte nicht zu dem lebensfremden Thema „Freiheit *oder* Determinismus“ hin, sondern zu der Frage nach dem Zusammenhang zwischen „Freiheit *und* Determinismus“ in der personalen Lebensführung. Diese Frage wurde in der dritten Runde vertieft, während die vierte und letzte Runde auch wieder stärker auf den Ausgang in der ersten Runde zurückkam. Die thematische Verschiebung ist lehrreich für resonanzfähige und dafür zu früh oder zu spät gestellte Fragen. Daher lohnt nicht nur die Lektüre im Ganzen, sondern auch eine genauere Lesart als diejenige, welche sich bloßen Schlagworten und deren politischer Besetzung unterwirft. Nicht selten ist in der Wissenschafts- und Philosophiegeschichte die heute noch beiläufig gefallene Bemerkung zum Ausgangspunkt der nächsten Forschungslawine geworden.

Als Moderator der Diskussion habe ich von Anfang an keinen Konsens in der Sache unter den so verschiedenen Beteiligten erwartet, und dieser ist erwartungsgemäß auch nicht eingetreten. Gleichwohl war die Diskussion ein Gewinn, und dies nicht nur im Hinblick auf die Untermauerung der mehr oder minder von allen geteilten Überzeugung, dass *ontologisch* gesehen weder die Reduktion des Geistes auf das Gehirn noch der Dualismus zwischen Gehirn und Geist befriedigen können. Aber diese gemeinsame Absicht gegenüber Fehlontologisierungen, welche seit Descartes die Diskussion beherrschen, war und blieb in ihrer Durchführung doch strittig genug, da alle Beteiligten zumindest *methodologisch* eine Art von Dualismus respektieren, nämlich den zwischen den Perspektiven der ersten Person (des Erlebens, Teilnehmens) und der dritten Person (des erfahrungswissenschaftlichen Beobachters). Auch wenn man vorherrschende Fehlontologisierungen überwinden möchte, schaffen doch die Methodendifferenzen Folgeprobleme, die im Durchgang durch die Forschungs- und Lebenspraxis als ontischer Ermöglichung auf die Frage nach einer neuen Ontologie zurückführen. Soll die Methodendifferenz (zwischen erster und dritter Person) einerseits unhintergehbar und reproduzierbar sein, andererseits aber nicht zu einer dualistischen Exklusion im ontologischen Sinne gerinnen müssen, nimmt man *ontisch* in der Lebens- und Forschungspraxis die Ermöglichung einer *neuen Ontolo-*

gie in Anspruch, die beide Seiten der Differenz weder nur als sich gegenseitig ausschließend versteht noch mystisch vereinheitlicht. Im Verlaufe der Diskussion wurden diese Differenzen klarer und von Missverständnissen freier. Man verstand im Laufe der Zeit zunehmend besser die Differenzen mit anderen der gleichen oder verschiedenen Disziplin, musste anders als zuvor einsetzen, Vermittlungsglieder einfügen, Hintergründe doch ausführen, Argumente modifizieren, ausbauen und relativieren. Die Beteiligten wurden durch die Diskussion an Stellen geführt, an denen sie nur noch schweigen oder eine Art Wette abschließen können darüber, wie sie mit der Unbestimmtheitsrelation, in die sie ihre Forschung mit allen Grenzfragen stürzt, gleich in welchem Fache, umgehen können. Die Begegnung mit anderen Fragekulturen kann nicht auf disziplinär bestimmte Antworten festgelegt werden. Die Momente des gegenseitigen Schweigens ließen sich schwer protokollieren, erschließen sich den aufmerksamen Lesern aber schnell.

Ich werde mich also hüten, in der Einleitung einen Konsens über den Dissens zu formulieren. Dazu hatte jede Autorin und jeder Autor in der Schlussrunde selbst Gelegenheit. Aber zur Einführung in die Diskussion mögen einige Hinweise erwartet werden, die den Leserinnen und Lesern eine schnellere Orientierung in dem angewachsenen Textkorpus gestatten, der wegen der später aufeinander aufbauenden Bezugnahmen und Ignoranzen in chronologischer Reihenfolge wiedergegeben wird. Das Moment der Temporalität in der Diskussion sollte durch keine überzeitliche Fehlordnung im Nachhinein getilgt werden. Gleichwohl lief von Anfang an das Ringen um den systematischen Zusammenhang der Fragen und Antworten durch, wenngleich nicht linear und kumulativ, sondern auf Umwegen, in überraschenden Vorsprüngen und Rückwärtsgängen, also lebendig zum Thema passend.

I.

Von den beteiligten Philosophen ist niemand davon überzeugt worden, dass die Neurobiologie eine Kausalerklärung des Geistes zustande bringen kann, welche diesen zu einem reproduzierbaren Epiphänomen machen würde. Dies hängt zunächst damit zusammen, dass Philosophen paradigmatisch gesehen völlig andere Phänomengruppen als die Neurobiologen vor Augen und im Gehör haben, wenn sie von „Geist" sprechen. Den meisten Philosophen geht es dann um soziokulturelle Praktiken, die durch Sprache vermittelt werden. Dabei reicht für Sprache keine Relation hin, die in einer Zeigehandlung erlernt werden kann, auch von vielen Tieren. Es muss sich mindestens um solche dreistelligen Relationen von Symbolen handeln, die nur im Rahmen ihrer Selbstreferenz (von Symbolen auf Symbole) Fremdreferenz auf Außersprachliches ermöglichen. Unter den vielen geistigen Phänomenen in diesem Sinne kommt dann auch die neurobiologische Forschungspraxis selbst als exemplarischer Fall von Geist vor. Die neurobiologische Forschungspraxis leistet aber keine kausale Selbsterklärung, ohne sich in einen performativen Selbstwiderspruch zu verwickeln (so auf verschiedene Weise J. Habermas, H.-P. Krüger, G. Lindemann). Denn sie nimmt in dem Vollzug ihrer Kausalerklärung für ihre geistige Leistung selber noch etwas anderes in Anspruch, als sie zu erklären vermag. Die *Ausübung* ihrer Erklärung eines Erklärungs*bedürftigen* fällt nicht vollständig und für ihre eigene Spezifikation hinreichend unter das von ihr Er*klärte*. – So ist also aus philosophischer Sicht nicht mit der vollständigen kausalen Selbstmanipulation und Selbstabschaffung der neurobiologischen Hirnforschung als *geistiger Unternehmung* künftig zu rechnen.

Für die Philosophen ist denn auch das Einfallstor der Neurobiologie in die Diskussion über Mentales etwas anderes als „Geist" im genannten Minimalsinne. Letzterer ist auch an die Grenzbedingung des Aktualbewusstseins einzelner Vertreter der Spezies *homo sapiens* gebunden, so in modernen Gesellschaften (Lindemann). Mit dieser Grenzbedingung für den Grenzwert spezifisch geistiger Phänomene ist die neurobiologische Hirnforschung insofern beschäftigt, als sie die neuronalen Korrelate für dieses Aktualbewusstsein, das sich im Verhalten zeigt, funktional zu bestimmen und zu erklären sucht. Die beteiligten Philosophen respektieren im Hinblick auf irdisches Leben: Geist existiert nicht ohne diese neurophysische *Randbedingung* (Realisierung) an neuronalen Netzwerken, d. h. nicht ohne das funktionale Korrelat für Aktualbewusstsein, das eine *Grenzbedingung* für geistige Phänomene im Verhalten darstellt. In dem Maße, in dem der neurobiologischen Hirnforschung diese Korrelatbestimmung für Verhaltensfunktionen gelingt, kann sie den Rückweg aus der Interpretation der Aktivität neuronaler Netzwerke in die neurobiologische Kausalerklärung der Wahrscheinlichkeit von aktualen Bewusstseinszuständen antreten. Die Grenzen dieser Erklärungsrichtung von innen, d. h. vor allem vom Gehirn als Zentralorgan des Organismus her, nach außen in sein Verhalten hinein lassen sich erst im Vergleich mit den Ergebnissen aus der umgekehrten Erklärungsrichtung ermitteln: Die Verhaltensforschung im weiten Sinne erklärt in der umgekehrten Richtung vom für den Organismus äußeren Verhalten in seine neuronalen Netzwerke hinein. Die neurobiologische Forschung muss sich diesem Wettbewerb mit den Erklärungsansprüchen der Veraltenswissenschaften i. w. S. stellen. In dem Maße, in dem sie da bestehen kann, klärt sie die Randbedingung für das Aktualbewussteins von Organismen auf, die unter spezifikationsbedürftigen Struktur- und Funktionsbedingungen an sprachlich-mentalen Praktiken in Gesellschaft und Kultur teilnehmen können. Insofern ist sie auf *indirektem* Wege, über die neurophysiologische Randbedingung als funktionales Korrelat, und auf *vermittelte* Weise, durch ihren forschungspraktischen Zugang, für die transdisziplinäre Erforschung mentaler Phänomengruppen relevant.

Damit entfällt aus philosophischer Sicht die kurzschlüssige Verwechslung des „Aktualbewusstseins" einzelner Organismen, das auch Tiere haben können, mit dem „Geist", an welchem Personen teilhaben, insofern sie an sprachlich selbst-referenziellen Praktiken in der Geschichte von Gesellschaft und Kultur teilnehmen. Von dieser Verwechslung lenkt auch die übliche Fehlübersetzung (Lindemann) der „philosophy of mind" in „Philosophie des Geistes" ab, als könnte eine „philosophy of mind" so etwas wie eine – für Außenstehende überzeugende – Hausphilosophie der Neurowissenschaften sein. Wissenschaftstheorie ist als ein reflexiver Zwischenschritt in einer neuen Forschungsrichtung gewiss sinnvoll, und diese ist auf das Aktualbewusstsein der Organismen als Funktion im umfänglicheren als nur aktual bewussten Verhaltenszyklus fokussiert. Aber die neurobiologische Hirnforschung braucht in ihren anfänglich genannten Relevanzen mehr als einen speziellen Teil, von dem man nicht weiß, welche Philosophie im Ganzen darin „applied" werden soll, wie unsere amerikanischen Kollegen sagen. Sobald man sich nämlich fragt, was „mind" bedeuten soll, d. h. ob aktuelle Bewusstseinszustände das Bewusstsein von Säugern, das Selbstbewusstsein von Schimpansen oder das geistig habitualisierte Selbstverständnis von Personen (aus vorschriftlichen Kulturen oder nachschriftlichen Hochkulturen) zum Ausdruck bringen, beginnt erst der philosophische Grundlagenstreit darüber, was für diese Unterscheidung in

Anspruch genommen wird. Auch Neurobiologen und Wissenschaftstheoretiker verdienen als Personen Teilhabe an dem Streit über Fragen der Lebensführung im Ganzen. So vertritt hier Habermas seine inzwischen leiblich vermittelte Philosophie der sprachlichen Kommunikation und H. J. Schneider die philosophische Therapie der sog. „Spät-Wittgensteinianer", szientistische Scheinprobleme für die Lebensführung aufzulösen. Dass die „philosophy of mind" mehr zu leisten vermag, als sie in wissenschaftstheoretischen Spezialdiskursen andernorts unter philosophisch uneingeholten Voraussetzungen vorführt, zeigen in unserer Diskussion die Beiträge von M. Pauen, der einen nur vermeintlichen Konflikt zwischen den Beschreibungen aus Ursachen und nach Gründen auflösen möchte, und von W. Detel, der in postanalytischem Philosophieverständnis eine externalistische Semantik vertritt, welche den metaphysischen Grenzfragen nach einer neuen Ontologie nicht ausweicht. A. Ros hat eine wichtige Übersetzungsleistung der „philosophy of mind" in den systematischen Rahmen kontinentaleuropäischer Philosophien vollbracht. Rechnet man die von Lindemann unter Aspekten einer reflexiven Soziologie der Kognition verwendete und von mir unter philosophischen Gesichtspunkten vertretene Philosophische Anthropologie hinzu, beteiligten sich ganz unterschiedliche Philosophien, deren Gemeinsamkeiten und Differenzen untereinander umso interessanter waren, je grundsätzlicher sie wurden.

II.

Aber endlich zu den Neurobiologen, die untereinander keineswegs weniger differenziert als Philosophen verfahren: Abgesehen von H. Flohr, dem in der neurobiologischen Hirnforschung (wie international vielen seiner Kollegen) das Gelingen des Reduktionismus schon ein Fortschritt wäre gegenüber der vergleichsweise offenen Problemlage im Philosophieren, verstehen sich Singer und Roth nicht als Reduktionisten, d. h. nicht als solche, die meinen, wenigstens künftig einmal geistige Phänomene durch ihre methodische Praxis der Kausalerklärung in ein reproduzierbares Epiphänomen verwandeln zu können. Sie arbeiten selbst mit der methodischen Differenz zwischen der Erlebensperspektive der ersten Person und der Beobachterperspektive der dritten Person, wenngleich sie diese Unterscheidung ebenfalls naturalistisch deuten, also insgesamt einen nicht-reduktiven Naturalismus intendieren. Während Singer mehr die Konflikte zwischen diesen beiden Erkenntnisquellen und die Inkohärenzen im hirnfunktionalen Verhaltensaufbau von Menschen betont, steht für Roth die Vereinbarkeit (der Kompatibilismus) zwischen beiden Sichtweisen und eine asymmetrische Ordnung der menschlichen Verhaltensdimensionen im Vordergrund.

Beide wollten m. E. in unserer Diskussion von Anfang an keinen vollständigen *Ersatz* des lebensweltlichen Selbstverständnisses von Personen durch die Hirnsteuerung des Verhaltens, obgleich sie sicher die Explikationsbedürftigkeit und Tragweite der Inanspruchnahme personalen Selbstverständnisses unterschätzt haben.

Sie tendierten, und dies hat sich während der Jahre nur weiter verstärkt und präzisiert, zu einer Reform, die den neurobiologischen, neuropsychologischen und entwicklungsbiologischen Erkenntnissen Rechnung trägt: Berücksichtige man die Verhaltensfunktionen des Gehirns, werde man dem Verhaltensaufbau menschlicher Lebewesen nicht gerecht, wenn man die öffentliche und insbesondere Rechts-Ordnung nur auf die sog. „obere" Verhaltensdimension gründe, d. h. auf die relative Freiheit *von* physischen und sozialen

Zwängen *zur* sprachlich-rationalen Abwägung von Argumenten (Deliberation). Diese Verhaltensdimension werde von vergleichsweise schnelleren, stabileren und (evolutionsgeschichtlich wie ontogenetisch) früheren Verhaltensdimensionen getragen, die unbewusst (im Sinne von überhaupt nicht bewusstseinsfähig) oder nicht mehr aufmerkungsbewusst (obwohl früher erlernt) oder nur auf individuell-private Weise bewusst (im Unterschied zu sprachlich explizierbar in öffentlicher Rechtfertigung) fungieren. Diese unterschätzten Verhaltensdimensionen und ihr keineswegs von oben her unproblematischer Zusammenhang kommen als praktisches Problem zur Sprache in der Diskussion über die angemessenen Kriterien für Inkriminierungen, für Krankheiten, für Normabweichungen im Guten (kulturelle Neuerungen) und Schlechten. Roths Modell der Asymmetrie in den Verhaltensfunktionen des Gehirns und Singers Vorschlag zur Graduierung personaler Mündigkeit für Fallgruppen, die vom etablierten Modell der Deliberation abweichen, sollen nicht Normativität und Normen abschaffen, sondern *anders normieren* als nach dem Maßstab von individueller Schuld im Lichte allein vernünftiger Handlungsfreiheiten, welche die Betroffenen in solchen Fallgruppen lebensgeschichtlich kaum haben.

Gewiss hilft hier die einfache Umkehrung des bislang für „inkriminiert" und „krankhaft" Gehaltenen in den neuen paradigmatischen Normalfall nicht weiter, wohl aber eine Erweiterung und Neudifferenzierung des Verständnisses von Personen, der ihnen lebensgeschichtlich wesentlichen Verhaltungsbrüche und Umgangsformen damit. Diese Reformbemühung der Neurobiologen ist von Habermas grundsätzlich anders wahrgenommen und daher ausführlich in seinem Beitrag zur vierten Runde auch im Hinblick auf die Rechtsdiskurse kritisiert worden. Dabei hat er seine Auffassung vom unersetzlichen Sprachspiel verantwortlicher Urheberschaft weiter so ausgearbeitet, dass der epistemische Dualismus mit einem ontologischen Monismus versöhnt werden könne. Weitere Philosophen haben hier die Reformbemühung der Neurobiologen ignoriert, abgesehen von mir und dem Physiker Samson. Die Reformvorschläge würden jedoch eine gesonderte Diskussion über die modernen „Humanisierungs"-Aufgaben der bio-medizinischen Wissenschaften und ihrer therapeutischen Praktiken lohnen.

Was den Diskussionsteil „Freiheit und Determinismus" angeht, so hatten parallele Äußerungen in den Massenmedien in einen falschen, weil von vornherein *exklusiv* und *ontologisch* verstandenen Gegensatz zwischen beiden Seiten der Frage zurückgeführt. Sterbliche und Fehlbare halten es selten lange in einer quasi gottgleichen Position *über* diesem Gegensatz stehend aus, um von *dort her alles vollständig überblickend* sagen zu können, dass entweder nur Freiheit oder nur Determinismus sei. Sie wachsen geschichtlich in diese Unterscheidung hinein und verschränken besser die beiden Seiten von neben diesem Gegensatz her zur nächsten geschichtlichen Aufgabe. Menschliche Verhaltensfreiheiten sind bedingt *von*, bedingend *für* und nehmen Unbedingtes im Vollzug in Anspruch. Und der Determinismen gibt es mehrere, ermöglicht man nur ihre Entdeckung und die Ausnutzung ihrer Bedingungen in verschiedenen Methodenpraktiken, statt sie als ein einziges Fatum zu beschwören. – Hier haben nicht nur Philosophen früher (seit Hegel) Bekanntes reformuliert, sondern auch Physiker (Samson) auf die unpraktikablen Konsequenzen für Vollständigkeitsansprüche reiner Gedanken rekurriert und (so Kasper) mit dem Mathematiker Olivier das früher höhere Diskussionsniveau zwischen Naturwissenschaftlern und Philosophen wiederbelebt. Die Quantenmechanik hatte über Generationen Gelegenheit geboten, die *un*vollständige Abhängigkeit der naturwissenschaftlichen Erkenntnisse von verschiedenen Methoden und theoretischen Interpretationen zu erlernen, statt von Methoden und Theorien unabhängig ontologische Kurzschlüsse zu vertreten.

Es wäre ein anderes Thema zum Wandel des sog. „Zeitgeistes“ geworden, die massenmediale Strategie zu einer *alten Re-Naturalisierung soziokultureller Fragen*, die oft fälschlicher Weise für einfach „aushandelbar“ („negotiable“), weil nicht der Menschennatur zugehörig gehalten werden, zu untersuchen. Aber zur Kritik an der falschen Vorstellung, alles am Menschen sei schon aushandelbar, vor allem seine Gesellschaft und Kultur, braucht man nicht als Gegengewicht die unüberprüfbare (nur ebenso glaubbare) Vor-Annahme von einem einzigen, alles umfassenden Determinismus, sondern neue Differenzierungen in den Ermöglichungsstrukturen für Personen in der lebendigen Natur, die soziokulturelle einbegriffen. Wenn Personen in der lebendigen Natur mehr oder minder sinnvoll – oder darüber im gewaltsamen Streit – seit einiger Zeit *leben können*, muss Natur als die Ermöglichung dessen noch etwas anderes als so etwas wie Newtons Mechanik *sein können*. Anderenfalls bräuchte man sich dann nicht zu wundern, wenn auch der Rekurs auf Newtons Naturtheologie erneut begänne. Wir leben aber geistesgeschichtlich gesehen *nach* Darwin und Ch. S. Peirce. – Die von den Neurobiologen aus ihren Büchern nachgeschobenen und präzisierten Verhaltensmodelle haben aus dem Schlagabtausch anderen Ortes bei uns die Diskussion fortgesetzt.

III.

Dies zeigte der Austausch zur „mentalen Verursachung“. Wenn Geist, hier näher seine Grenzbedingung Bewusstsein, nicht mehr als außerhalb der Natur vorkommend verstanden wird, muss Geist u. a. *qua* Bewusstsein in ihr wirken können. – Aber das tut er/es doch schon auf eine unproblematische Weise im Commonsense der geteilten Lebenswelt, in seinen Interaktionen und Narrativen von größeren und kleineren Lebensgeschichten, werden Commonsense-Philosophen erwidern! Die Frage der mentalen Verursachung ist vom Standpunkt der Lebenswelt falsch gestellt, ein Scheinproblem, wenn sie im Sinne einer erfahrungswissenschaftlich bestimmten Kausalität verstanden wird, die durch „Subtraktion“ der lebensweltlichen Zusammenhänge verwirrt. Würde man diese, besser: erfahrungswissenschaftliche „Abstraktion“ von der Lebenswelt rückgängig machen, verschwände das Problem, in einem engsten und spezialisierten Kausalitätsbegriff all die Sprachspiele der Lebenswelt wieder unterbringen zu müssen, von denen man zuvor für eine sehr spezielle Problemlösung abgesehen hat (Schneider). Die Lebenswelt könne durch erfahrungswissenschaftliche Kausalität nicht ersetzt und nicht in letzterer wieder eingeholt werden.

Auch für Pauen kann die menschliche Fähigkeit, nach Gründen zu handeln, durch die reduktiven Ansätze des Naturalismus nicht in Frage gestellt werden. Der Eindruck, dass sich die Beschreibung menschlichen Verhaltens und Handelns nach Gründen oder durch Ursachen ausschließe, sei falsch. Daher müsse auch – im Gefolge dieses falschen Eindrucks – keine geheimnisvolle Interaktion zwischen dem Raum der Gründe und der Ursachen angenommen werden. Sobald man nämlich *zwischen* den Ursachen und Gründen die Überzeugungen – im Sinne ganz normaler *psychischer Verhaltensdispositionen* – ernst nehme, präzisiere sich das Verständnis beider Beschreibungen. Die „neuronale Realisierung“ beziehe sich auf Psychisches, nicht auf die Gründe, die als propositionale Einstellungen Abstrakta seien, also raumzeitlich nicht verortet werden können. Und die „Wirksamkeit" der Gründe beziehe sich auch nicht auf die Gründe, sondern darauf, dass sich Personen Überzeugungen zu eigen machen, d. h. hier und jetzt danach handeln. – Demnach hinge alles weitere davon ab, wie die „ganz normalen" psychischen Dispositionen und Pauens Auffassung zu verstehen sind, Überzeugungen seien „individuelle Einzelfälle eines Typs propositionaler Einstellungen", was mehr als Commonsense verlangt.

Die meisten Philosophien veranschlagen das *Problematischwerden* moderner Lebensformen und die Frage nach dem *Zusammenhang* zwischen den verschiedenen Wissenskulturen für den öffentlich gebildeten Commonsense höher als die Therapien der Spät-Wittgensteinianer. Habermas vertritt eine interessante Zwischenposition. Auch er, darin anderen philosophischen Orientierungen an Lebenswelt vergleichbar, lässt sich nicht die Frage nach der Vereinbarkeit (Kompatibilismus oder Inkompatibilismus) zwischen den methodischen Perspektiven der ersten und der dritten Person (s. o.) aus der wissenschaftstheoretischen Diskussion der neurobiologischen Hirnforschung zur Entscheidung aufdrängen, als gäbe es philosophisch keine andere Option als das *Beobachter-Primat der Erfahrungswissenschaft*. Innerhalb dieser wissenschaftstheoretischen Frage ist Habermas Inkompatibilist, spricht er deutlich vom Methoden-Dualismus, aber dort ist ihm die Frage vor allem falsch gestellt. Der Szientismus orientiert nicht philosophisch die problematische Lebensführung. Die Unhintergehbarkeit, beide Perspektiven zu verschränken, ergebe sich von woanders her. Systematisch, so Habermas' alte und neue Pointe, ist die Perspektive des Du entscheidend, die der zweiten Person zwischen der ersten und der dritten Person, sowohl in der leiblichen Teilnahme an der Lebenswelt als auch an der sprachlich-kommunikativen Reproduktion problematisch gewordener Lebensformen. Sein systematisches *Primat der Du-Teilnahme*, die *Intersubjektivität* der ersten und dritten Person, wird ergänzt durch seine früheren Verweise auf G. H. Meads symbolischen Interaktionismus, seine zwischenzeitlichen Referenzen an H. Plessners Körper-Leib-Differenz und seine jüngeren Hinweise auf M. Tomasellos Konzeption der sozialen Kognition (für den Vergleich der Entwicklung von Menschenkindern und Schimpansen). Wenn also Habermas von der soziokulturellen *Programmierung* einzelner Gehirne, die neurophysisch realisieren, in der leiblichen und sprachlichen *Kommunikation* redet, dann nicht im Rahmen einer physikalistischen Ontologie und auch nicht in Analogie zur Unterscheidung zwischen hardware und software, welche viele Neurobiologen für die Funktionsweise des Gehirns längst ablehnen. Seine Akzeptanz der Aufgabe einer „Naturgeschichte" (W. Benjamin), die aufgeklärten Bürgern ihren Platz in der Natur auf eine nachmetaphysische Weise verständlich macht, wird auch scharf von der romantischen Naturphilosophie abgehoben, welche das Erbe der Bewusstseinsphilosophie angetreten habe.

IV.

Gleichwohl musste sich unsere Diskussion auch auf die wissenschaftstheoretische Bedürfnislage der neurobiologischen Forschung und damit auf das Problem der mentalen Verursachung im engeren Sinne einlassen. Laut Standard in der „philosophy of mind" ist es oft üblich, das Problem der mentalen Verursachung unter folgenden Voraussetzungen zu diskutieren: Das Physische und das Mentale seien verschieden (schließen sich aus); die

Welt des Physischen sei kausal geschlossen; und das Mentale sei multipel im Physischen realisierbar. Unter diesen Voraussetzungen ist das Mentale für einen kausalen Job überflüssig, da es für jedes Verhalten bereits hinreichend physische Ursachen gibt. Weiterhin ist es dort verbreitet, die Exklusion zwischen Physischem und Mentalem in zwei Richtungen im Hinblick auf Strukturbrüche zwischen beiden Seiten zu formulieren: Einerseits „emergiere" Physisches zu Mentalem und andererseits „superveniere" Mentales über Physischem. Schließlich werden unter dem „Mentalen" meistens zwei Levels verstanden, subsprachliche „Repräsentativität" und sprachliche Repräsentativität. In der kontinentaleuropäischen Philosophie würde man von zwei Levels des Psychischen („subjektiv Geistigen") sprechen, das erst insofern zur Thematisierung des „objektiv Geistigen" erweitert werden würde, als man eine Sozialontologie für gesellschaftliche und gemeinschaftliche Kulturen ergänzt, wozu es auch in der „philosophy of mind" Vorschläge gibt (wie Detel versichert).

Vor diesem Hintergrund werden die neurobiologischen Beiträge nicht nur verständlicher, sondern die darin enthaltenen innovativen Leistungen auch auffälliger. Sowohl Singer als auch Roth stellen immer wieder die neurobiologische *Entdeckung von der selbst-referenziellen Funktionsweise des Gehirnes* heraus, eine bahnbrechende Hypothese mit Teilevidenzen und einem anspruchsvollen Programm unter Verwendung neuer empirischer Methoden. Demnach geht es nicht nur – vereinfacht gesagt – um dies Bekannte: Zwischen den sensorischen Eingängen und motorischen Ausgängen gibt es neuronale Netzwerke, die intern im Sinne isomorpher Strukturen etwas Externes repräsentieren durch assoziatives Lernen im Anschluss an vererbte Strukturen. Über diese „primären" Repräsentationen hinausgehend gebe es vielmehr „sekundäre" und „tertiäre" Repräsentationen (Roth) bzw. „Metarepräsentationen" (Singer), die sich – bei allen Verhalten sichernden Rückkopplungsschleifen – vor allem mit sich selbst beschäftigen: Repräsentiertes erneut repräsentieren, sowohl der Struktur nach als auch im Sinne der Iteration von Funktionen (ihrer Selbstanwendung). Damit wird nicht nur der Abstand zwischen sensorischer Verhaltensanforderung und motorischer Verhaltensantwort auf (gefährliche) Weise vergrößert (im evolutionsbiologischen Vergleich für Tiere gesehen). Es wird vor allem, funktionale Korrelationen zwischen neuronalen Aktivitäten und Verhalten angenommen, *Verhalten* zu situativ festgelegtem (vererbtem, assoziiertem) *Verhalten neurophysisch ermöglicht*. Insbesondere Singer hat verdeutlicht, dass für diese selbst-referenzielle Funktionsweise des Gehirnes dessen räumliche Ordnungsmöglichkeiten (topologische Kombinationspotentiale) nicht ausreichen, weshalb man der Synchronisierung der Aktivitäten verschiedener neuronaler Zellverbände vor dem Hintergrund des allgemeinen Grundrauschens im Gehirn nachgehen müsse. Auch Roth spricht vergleichbar vom Bewusstsein als „Eigensignal" des Gehirns gleich in der ersten Diskussionsrunde. Obwohl Flohr nicht der Hypothese von der selbst-referenziellen Funktionsweise des Gehirns folgt, versteht doch auch er die Funktionsweise des Gehirnes als nicht nur eine syntaktische, sondern semantische, Bedeutungen generierende Maschine. Alle drei Neurobiologen halten es mindestens für wahrscheinlich, dass es sich beim Gehirn um ein nicht-lineares System mit dissipativen Strukturen, die thermodynamisch unwahrscheinlich sind, in n-dimensionalen Räumen – im Unterschied zu unserem alltagsweltlichen Verständnis von Raum und Zeit – handelt. Ein solches System kann *nicht*, wie Roth und Singer in ihren Büchern weitergehend ausgeführt haben, *ohne* Ko-Evolution und Kommunikation mit anderen selbst-referenziellen Systemen, schließlich Kultur und Gesellschaft, existieren.

Ich habe diese Entdeckung und ihre kognitiven Konsequenzen (mindestens fünf Emergenzlevels für verschiedene, aber selbstbezügliche Phänomengruppen) gleich in der ersten Runde ausführlich rekonstruiert, während die anderen Philosophen (Ausnahme A. Ros und der Mathematiker s. u.) bis zum Schluss sich nicht auf sie eingelassen haben, als hätte sie keinerlei Konsequenzen. Stimmt diese Hypothese nämlich, kommt nicht erst durch den Geist (im Sinne des soziokulturell verkörperten, objektiven Geistes) Selbstbezüglichkeit in die Welt, wie sie meistens anhand der Selbstreferenz von Sprache (von Humboldt und Hegel bis Habermas und R. Brandom) erläutert wird. Vielmehr sind wir dann mit der Ko-Existenz und Ko-Evolution einer Vielzahl von eigenständigen (phänomenologisch nicht ableitbaren und in diesem Sinne „emergenten") Phänomengruppen konfrontiert, die alle selbstbezüglich fungieren. Dies kann teils auf dem gleichen Level von innen nach außen laufend erfolgen, von spezifikationsbedürftigen Primatenhirnen über bestimmte Formen des Selbstbewusstseins und der symbolischen Interaktion bis zur Selbstreferenz von Kultur und Gesellschaft in der Geschichte von Personalität; teils auf „davor" respektive „darunter" liegenden Levels interaktiven Lebens, dessen Einzelorganismen *nicht für sie selber* selbst-referenziell werden können, denen aber im „Lebenskreis" (von Uexküll), d. h. in der Interaktion mit ihrer Umwelt (ohne und mit der Grenzbedingung Bewusstsein), Selbstbezüglichkeit zukommt. Stimmt *diese* unromantische „Naturgeschichte" der Ko-Existenz einer derartigen Vielfalt von Selbstbezüglichkeiten und damit auch von Konflikten zwischen ihnen, wird die Mehrzahl der bislang angenommenen philosophischen Primatsetzungen fraglich, weil sie zu vollständig, zu exklusiv, zu selbstzweckhaft, kurz: zu *zentrisch* immer schon und noch im Kampf um Selbstbehauptung vertreten werden: Was „von oben" als des Geistes homogene Selbst-Setzung im Singular erschien, hätte dann lebendige Natur „von unten" heterogen in den Plural der Welt gesetzt, sodass auch Geist sich in Natur atelisch halten kann. Gewänne nämlich Leben personale Haltung in dem Spiel der Korrelationen zwischen Körper (physis) und Leib (psyche), insofern es sich aus diesen Korrelationen rhythmisch heraussetzt: sie „ex-zentriert" (Plessner).

V.

Die Konsequenzen dieser neuro- und darüber vermittelt naturphilosophischen Hypothese könnten Voraussetzungen aufklären, die geistesphilosophische Diskurse machen, ohne sie einholen zu können. Da hilft dann auch keine Willensmetaphysik mehr weiter, die ethnozentrische Spezialität der westlichen Kultur im interkulturellen Vergleich, von der schon Deweys Philosophie (o. g. Motto) befreite. Die Konsequenzen der Hypothese betreffen nicht zuletzt die „philosophy of mind", sofern in ihr Selbstreferentialität unklar im phänomenologischen Selbstbewusstsein und klar erst in der Sprache angesiedelt wird.

Singer braucht keine „philosophy of mind", bis auf die Spiegelmetapher in „mind" im Sinne des altehrwürdigen Selbstbewusstseins, das er auch aus anderen Philosophien kennt. Er folgt seiner eigenen Forschungs*hermeneutik* der Reflexionen im Sinne der Projektion des Beobachters der Beobachtungen von der Phänomenologie des äußeren Bewusstseins in die Funktionsweise des Gehirns hinein. Es ist ein häufiges Selbstmissverständnis, weil leider auch philosophisch etabliertes Missverständnis der Naturwissenschaften, dass in ihnen keine Verstehensleistungen die Erklärungsleistungen allererst ermöglichen sollen.

Aber ihre Forschungspraxis ist tatsächlich exemplarisch für geistige Unternehmungen (s. o.), weder für Monster noch Automaten. Was die anderen Philosophen für einen naturalistischen Reduktionismus halten, stellt sich mir bei Singer und auf andere Weise bei Roth als eine in der Forschung, wenn sie diesen Namen verdient, unvermeidliche hermeneutische Übertragung dar, die allzumenschlich auch hermeneutische Konfusionen enthält. Anders denn als aus einer Gemeinschaft des Verstehens der Sache heraus könnte die Forschergemeinschaft keine Erklärungsleistungen zustande bringen. Im geschichtlichen Vergleich der Entstehung neuer Forschungsrichtungen ist es nicht verwunderlich, sondern nötig, dass die neurobiologische Hirnforschung derart verschieden philosophierende Köpfe hat. War denn das in der Antwort auf die sog. „Grundlagenkrise" der Physik oder in der Begründungsphase der Soziologie völlig anders?

Roth arbeitet auch mit der „philosophy of mind", aber sein diesbezüglich kompatibilistisches Selbstverständnis sollte man nicht mit allen möglichen Konsequenzen der o. g. hypothetischen Entdeckung verwechseln. Da nicht nur die genetischen Dispositionen und prägenden frühkindlichen Erlebnisse, sondern auch die sozialen Erfahrungen und sonstigen Umwelteinflüsse zu physiologischen und strukturellen Veränderungen in der Netzwerkstruktur des Gehirnes führen, könne dieses Netzwerk als ein bedeutungsverarbeitendes und selber intentionales System thematisiert werden. Mentale Verursachung wäre dann so zu verstehen, dass bestimmte neuronale Zustände (cortikaler Netzwerke) mentale Zustände hervorbringen und beide zusammen in einer bestimmten Weise kausal wirksam werden (als das o. g. Eigensignal des Gehirns), die bei neuronalen Zuständen ohne mentale Zustände nicht auftritt. Mentales könne nicht ohne Neuronales kausal wirksam sein, aber daraus folge nicht die Reduktion von Mentalem auf Neuronales. Vielmehr lasse die Fähigkeit der Großhirnrinde zur Selbststrukturierung (zum Entstehen primärer, sekundärer etc.: bewusster Repräsentationen) die Grundlage für die Selbstreferenz des Mentalen, seinen eigengesetzlich emergenten Charakter, erklärlich werden.

Auch Detel geht über die Standardtheorie in der „philosophy of mind", die er aber immer noch voraussetzt, hinaus und versucht dadurch, den Kompatibilismus besser durchzuführen. Im Unterschied zum lokalen Determinismus lasse sich der globale Determinismus weder epistemisch noch ontologisch aufrechterhalten. Detel versteht Naturgesetze nach der regularistischen Auffassung, die diese Gesetze nicht modal als Notwendigkeit beschreiben muss. Das regularistische Verständnis der Naturgesetze wird nur für gewisse Strukturen, die durch notwendige Relationen verknüpft seien, durch die Auffassung der Gesetze als Notwendigkeit ergänzt. Aus dem modalen Verständnis der Naturgesetze übernimmt er, dass die Universalien als Determinablen existieren, die in determinierten Eigenschaften ontologisch realisiert sind. An Roth kritisiert Detel den unklaren Funktionsbegriff, als ob die biologische Funktion der Zustände mit ihrer Bedeutung (ihrem Repräsentationscharakter) zusammenfalle. Zudem bedenke Roth nicht den Eigenschaftsdualismus von Neuronalem und Mentalem. Dadurch werde die eigentliche theoretische Aufgabe bei der mentalen Verursachung verdeckt, wie nämlich die Komplexe aus neuronalen und mentalen Zuständen nicht nur wegen ihrer Eigenschaft, neuronal zu sein, sondern aufgrund ihrer Eigenschaft, mental zu sein, kausal wirken. Auch die Redeweise von den Dispositionen eines Systems oder Systemteils führe hier nicht weiter, da die Spezifik mentaler Funktionen darin bestehe, dysfunktional ausgeübt werden zu können.

Hier helfe erst die Teleosemantik als fortgeschrittenste naturalistische Semantik, da sie die Funktionen und damit auch die Repräsentationen und subsprachlichen Gehalte *historisiere*. Demzufolge besitze ein Ding eine Funktion aufgrund seiner Reproduktionsgeschichte, die überholt sein kann, und nicht aufgrund seiner aktuellen Disposition oder seiner aktuellen Performanz. Nehme man nun an, dass mentale Eigenschaften multipel in neuronalen Eigenschaften im Sinne einer naturgesetzlichen Notwendigkeit realisiert werden, und, dass unter den mentalen Eigenschaften, die allgemeiner als die neuronalen sind, nur regularistische Gesetze wirken, dann könnten Komplexe aus beiden Eigenschaften auch allein vermöge ihrer mentalen Eigenschaften naturgesetzlich wirken. Dies sei als ein Spezialfall dafür zu verstehen, dass in der Natur allgemeinere Eigenschaften autonome kausale Kräfte haben können. Man könne die Abwärtskausalität als kausalen Filter für die mentale Verursachung ansehen, für die Frage nämlich, wie allgemeinere und determinable Eigenschaften in spezielleren und determinierten Eigenschaften realisiert werden. Detel unterscheidet in seiner Metaphysik zwischen Makro- und Mikro-Konfigurationen. Über die Theorie der mentalen Verursachung hinausgehend brauche der Kompatibilismus aber auch eine Moraltheorie, die ohne Rückgriff auf die Idee der Freiheit begründet werde, um zirkelfrei zu einer Freiheitstheorie insgesamt gelangen zu können.

So viel versprechend die Forschungsperspektiven der „philosophy of mind“ in der Überwindung ihrer Standardtheorie auch sein mögen, man muss das Rad nicht immer neu erfinden. Mit A. Ros, der erst in der vierten und letzten Diskussionsrunde dazu stieß, wurde die „philosophy of mind“ wieder in einen größeren systematischen Zusammenhang eingeordnet, an dem viele Philosophien seit langem vergleichbar arbeiten. Wir sind so auf die Ausgangsfrage und den für mindestens fünf emergente Phänomengruppen nötigen Differenzierungsreichtum der ersten Diskussionsrunde zurückgekommen. Warum der Teil Gehirn nicht an die Stelle des Ganzen der Person treten kann, wird von Ros so ausargumentiert, dass mit Hilfe der Erfahrungswissenschaften das Vorkommen von Personen in der übergreifenden Naturgeschichte verständlich wird. Folge man nicht den uneinlösbaren Vollständigkeitsansprüchen für entweder den Determinismus oder den Indeterminismus, könne man grundbegrifflich ein Framework von fünf Typen entwerfen, in denen sich Zufall und Ordnung verschränken: in der kosmischen und erdgeschichtlichen Evolution, in der biologischen Evolution, in der individuellen Entwicklung durch Lernen (zufällig vollzogene Aktivitäten können individuell zum Entstehen neuer Aktivitätsfähigkeiten führen, die durch vererbte Filter bekräftigt werden), in Handlungssubjekten (zufällig werden Aktivitäten, die bereits intern auf ihre neuronalen Bestandteile verkürzt sind, statt erst motorisch ausgeführt werden zu müssen, so vollzogen, dass sie durch vererbte und ebenfalls bereits intern verkürzte Filter zu neuen Aktivitätsfähigkeiten bekräftigt werden), und in der soziokulturellen Geschichte von Personen. Sie verfügten über Filter für die Selektion von zufallsbedingt bei ihnen entstehenden neuen Aktivitätsfähigkeiten. Diese Filter bestünden aus Regeln dafür, was in bestimmten Situationen zu tun oder zu unterlassen ist. Damit sei die Handlungs- und Willensfreiheit von Personen nicht absolut. Aber sie besage, dass Personen an der Ausgestaltung und Wahl dessen, was sie tun, „*mitwirken* können“, wobei die Bewertungsstandards in kollektive und individuelle unterschieden bleiben. Für Ros ist es „absurd“, wenn die begrenzte Freiheit von Personen ausgerechnet von Wissenschaften bestritten werde, welche diese ausnutzen und denen die Entwicklung der menschlichen Gesellschaft Freiheitsgewinne verdankt.

VI.

Gerade die reflektierten Beiträge von Grenzgängern aus der Mathematik und Soziologie haben geholfen, besser die Ermöglichungsbedingungen spezifisch neurobiologischen Fragens und Antwortens zu eruieren. Für die Neurobiologie ist – wie für viele Naturwissenschaften bis in die Sozialwissenschaften hinein – die Physik und deren erfolgreiche Mathematisierung ein Vorbild, das es genauer zu fassen gilt. Der Mathematiker Olivier nimmt die Analogie zu den Methoden- und Theorieproblemen der erfolgreichen Quantenmechanik für die neurobiologische Hirnforschung ernst. Er unterbreitet Vorschläge zur künftigen Lösung der sich aus dieser Analogie ergebenden Aufgaben. Die reflexive Sozialanthropologin Lindemann untersucht empirisch neurobiologische Forschungslabors, aber dort *nicht* reine Sozialbeziehungen unter den Wissenschaftlern in Trennung von deren kognitiven Aufgaben, worin leider häufig ein soziologischer Reduktionismus besteht, der für die Spezifik der Sachfragen von Fachwissenschaften und Philosophie irrelevant ist. Vielmehr rekonstruiert sie die Methoden des Laborpersonals, zu den erklärungsbedürftigen Phänomenen einen kognitiven Zugang zu gewinnen, sie beobachten und interpretieren zu können, um sie schließlich im laborübergreifenden Kontext und Zeithorizont der *scientific community* auch künftig erklären zu können. Die Konzipierung von Lindemanns empirischer Untersuchung ist entsprechend komparativ (im Vergleich mit Sozial- und Geisteswissenschaft) angelegt, um die für die *neurobiologische* Kognition relevanten Vermittlungen an Technik und Kultur des Fragens und Antwortens herauszufinden, wie sie bereits praktiziert werden. Dies ist philosophisch relevant für das o. g. Ausgangsverständnis von Geist als einer sprachlich vermittelten Praxis, hier: der spezifisch kognitiven Kultur in neurobiologischen Labors.

Olivier versteht das Teilnehmen als das psychische Erleben, genannt „Endosicht", und heißt das erfahrungswissenschaftliche Beobachten „Exosicht". Beide Sichten ergänzen sich zu einem Ganzen und lassen sich als Methoden des Zugangs zum Gehirn in seiner Tätigkeit verfeinern. Aber letztere sei in nicht abzuschätzender Weise durch die Methoden beeinflussbar oder gegen diese autonom. Daher müsse (in ontologischer Hinsicht) hypothetisch eine psycho-physische Unschärfe in Rechnung gestellt werden. Der psychologische und der physiologische Zustand des Gehirns sei nicht gleichzeitig definierbar. Es liege kein *vollständiger* psycho-physischer Parallelismus vor. Zudem gebe es das Ableseproblem in der Endosicht, in deren Bewusstsein viele Hirnvorgänge nicht treten. Auch die Exosicht lasse sich für ein individuelles Gehirn nicht vollständig methodisch realisieren. Man müsse also, im Hinblick auf die *methodischen* Erfahrungsmöglichkeiten, damit rechnen, dass Endo- und Exo-Sicht eines Systems *nicht zugleich vollständig* eingenommen werden können. Sowohl die ontologische als auch die methodologische Unschärfe ist aus der Quantenmechanik bekannt und vereitelt keine Wissenschaft. Umso dringender werde aber in Analogie zu ihr, für den psycho-physischen Zusammenhang eine inhaltliche Interpretation in theoretischer Form vorzuschlagen, die auch mathematisierbar ist, wofür man Modelle braucht. Für eine derartige Klärung des Zusammenhanges zwischen Struktur und Funktion des Gehirns reichten die bisherigen „Landkarten der Fähigkeiten", die man von außen psychologisch aufliest und dann in einer „physiologischen Sprache" zu Korrelationen repetiere, nicht aus.

Olivier interpretiert nun *theoretisch* den Unterschied zwischen Exo- und Endosicht als eine Differenz in der Arbeitsweise des Gehirns selbst. Das Gehirn sei in seiner Wahrnehmung, was der Endosicht entspreche, funktional oder dynamisch orientiert, in der Codierung der Wahrnehmungen aber, was der Exosicht entspreche, strukturell orientiert. Diese Aufspaltung in dynamische und strukturelle Betrachtung wird für vier Arten im Hinblick auf Methoden und dazu passende Möglichkeiten der Mathematisierung exemplarisch durchgeführt in den „Grundzügen einer Gehirntheorie“. Dabei macht Olivier in seinen „Anmerkungen“ (ebenfalls vierte Diskussionsrunde) auch seine Differenz zu Singer deutlich: So plausibel dessen Lösungsstrategie für das Problem der Bindung (in der Aktivität verschieden lokalisierter neuronaler Zellverbände) durch Synchronisierung sei: Sie befreie nicht von dem Problem der theoretischen Interpretation auf psychologischer Seite und der Angabe mathematischer Modelle. Als „synchronistisch“ werde ein Ereigniskomplex bezeichnet, in dem verschiedene Komponenten *sinnvoll* zusammentreffen, ohne dass zwischen ihnen ein kausaler oder als notwendig erkennbarer Zusammenhang besteht. Synchrone Ereignisse könnten nur psychologisch festgestellt werden, da der Sinnbegriff physikalisch nicht fundiert ist. Dafür brauche man so etwas wie kulturelle Archetypen (C. G. Jung) als Kontrastfolie, anhand deren die Umkehr physikalischer Zeit *erlebt* werden kann. Daher bemüht sich Olivier auch um eine Entsprechung zu den physikalischen Energiearten unter den analog hypothetischen Energiearten in der Funktionsweise des Gehirns, was neue, auch metaphysische Fragen aufwirft.

Da in den beiden Unschärferelationen die gleichzeitige Einlösung der exklusiven Vollständigkeitsansprüche (für entweder die Physis oder die Psyche) suspendiert wird, sei Willensfreiheit kein *entscheidbares* Problem, so Olivier gegen einen Teil der Philosophen wie auch der Neurobiologen. Dies hält Detel in der Schlussrunde für skeptisch. Aber ist dann nicht jede Erkenntnis, ihrer Bestimmtheit wegen, an der Grenze zum kontrafaktisch Vollständigen hin, auf immanente Weise skeptisch, eben gegen die tatsächliche Realisierung des kontrafaktisch Vollständigen einer Idee? – Unsere Diskussion legte so, redlich genug, letzte metaphysische Hintergrundannahmen frei, sei es zu vollständigen Ideen oder in Analogie zu Energiearten, worüber – erst einmal nur und wieder – geschwiegen werden konnte, als ob wir doch noch, hier dank Detel und Olivier, ins Philosophieren gekommen wären.

Nach dem mehrfachen Durchlaufen der Frage, *wie die methodologische Differenz selber als ontologisch reproduzierbar verstanden* werden kann, tauchten neue Differenzierungsnöte an der Grenze des Ontologischen zum *Ontischen* und des Methodologischen zum *Geschichtlichen* auf. Die *Änderung* der Ontologien, des theoretisch bestimmbar Seienden und in der Welt Erwartbaren, nimmt für ihre *ontische Ermöglichung* aus der Forschungs- und Lebenspraxis einen Vollzug in Anspruch, eine Tätigkeit, wie viele in der Diskussion gesagt haben. Diese Tätigkeit kann nicht vollständig *verdinglicht* werden (s. o. Deweys Motto), soll aber gleichwohl in einer neuen Ontologie auf unvollständige Weise *gegenstandsfähig* werden. Vergessen wir also nicht – durch den nötigen Eigenschaftsdualismus hindurch – die als *seiend möglichen* Gegenstände, welche präsupponiert werden, damit ihnen Eigenschaften zugesprochen werden können. Auch die *Änderung* der Methoden nimmt aus der Forschungs- und Lebenspraxis eine *Ermöglichung* in Anspruch, die gemessen am bislang historisch Bekannten und Bestimmten als unbestimmte Spontaneität mit Überraschungswert begegnet. Die methodenabhängigen Möglichkeiten, erfahrungswissenschaftlich zu fragen und zu antworten, ändern sich in geschichtlicher (nicht allein physikalischer) Zeitlichkeit, was Roth und Singer in ihren Büchern zwar faktisch (für die invasiven und noninvasiven Methoden) stets unterstrichen haben, woraus sie aber wie Philosophen auch theoretisch keine hinreichenden Konsequenzen gezogen haben. Man stelle sich vor, die gesuchte Funktionalität der Korrelationen zwischen Physis und Psyche wäre endgültig und vollständig realisiert worden, dann hätte auch Forschung keine Zukunft mehr. Die Erfahrungswissenschaft braucht regulative Ideen, aber kein tatsächliches Post-histoire. In der Gegenwartsdiskussion fehlen weitgehend Unterscheidungen, die in Philosophien der ersten Hälfte des 20. Jahrhunderts (so Plessner contra Heidegger angesichts der Lebensphilosophien von W. Dilthey u. a.) längst systematisch ausgebildet wurden, nämlich die Differenz zwischen ontologischen und ontischen Aspekten und die Differenz zwischen methodologischen und geschichtlichen Gesichtspunkten. Sperrt man sie aus dem philosophischen Diskurs aus, entstehen systematisch hoffnungslose Verwirrungen.

Lindemann fragt, *von was* die neuronalen Korrelate denn funktional Korrelate sein sollen: vom lebendigen Verhalten des Organismus in seiner Umwelt, darunter vom Bewusstsein, vom Selbstbewusstsein oder vom Geist im engeren Sinne der Personalität soziokultureller, sprachlich vermittelter Interaktionen? Plessners Theorie der Positionalität lebender Körper ermögliche es, diese auf verschiedene Weise selbstbezüglichen Phänomengruppen als Elemente *einer* Wirklichkeit (daher Monismus) zu verstehen, deren Elemente im Plural je spezifischer Methoden fassbar werden. Daraus hebt sie in der vierten Diskussionsrunde drei phänomenbezogene Selbstbezüglichkeiten hervor. Als „*Positionalität*" könne verstanden werden: Etwas, das als lebendig erscheint, erscheint so, dass es sich selbst von seiner Umwelt abgrenzt und sich, indem es sich abgrenzt, zu seiner Umwelt von sich aus in Beziehung setzt. Eine Steigerung dieser Selbstbezüglichkeit liege vor, wenn das Ding, das sich von seiner Umgebung abgrenzt und auf diese bezieht, selber selegiert, wie es sich auf seine Umwelt bezieht. Ein lebendiges Selbst, das sein Umfeld wahrnimmt und sich entsprechend seiner Wahrnehmung auf das Umfeld bezieht, muss einerseits unterscheiden können zwischen dem, was es wahrnimmt und seinen eigenen Aktionen, und es muss andererseits Wahrnehmen und Wirken selbst vermitteln. Körper dieser „*zentrischen Positionalität*" erscheinen als ein leibliches Bewusstsein. Diese Form des Umweltbezuges ist an eine spezifische Organisationsform des Körpers gebunden, die organisatorisch getrennten Zonen für Merken, Wirken und zentrale Vermittlung/Steuerung. In der „*exzentrischen Positionalität*" geht der lebendige Körper nicht mehr im leiblichen Vollzug seines Verhaltens auf, sondern gewinnt Abstand hierzu. Er ist auch aus seiner Organisationsform in die Interaktion mit seiner Umwelt herausgesetzt. Sein Vollzug der Vermittlung von Wahrnehmen und Wirken kann *von* ihm selbst (in die Interaktionen herausgesetzt) *auf* ihn selbst (als Organismus) rückbezogen werden. Diese Exzentrizität sei gleichursprünglich mit Sozialität zu begreifen.

Diese phänomenologische Ontologie ist von Methoden abhängig, deren konstruktiven Charakter Lindemann bereits in der dritten Diskussionsrunde hervorgehoben hat (so sehr, dass Detel ihre Untersuchung als Variante des Sozialkonstruktivismus in der letzten Runde abserviert). Lindemann kritisiert den vorherrschenden Methoden-Dualismus der ersten und der dritten Personenperspektive. Kritisch gegen Habermas auf der einen und Singer und Roth auf der anderen Seite gewendet, bringt sie Plessners theoretisch-methodische Unterscheidung zwischen geschlossener und offener Frage zur Geltung. Alle modernen

Wissenschaften enthalten, postempiristisch verstanden, in ihren Fragen einen Vorentwurf darüber, wie der zu untersuchende Sachzusammenhang beschaffen ist, und garantieren in ihrem Verfahren, dass die Sache auf die Frage antworten kann (Beantwortbarkeit). Darüber hinaus werde aber in der Sozial- und Kultur- oder Geisteswissenschaft in der Fragestellung keine Erscheinung festgelegt, deren Auftreten als Antwort verstanden werden *muss*. Der Gegenstand erhält dadurch einen Spielraum, in dem er sich selbst i. S. einer zweiten Personperspektive interaktiv zeigen kann, das methodische Verfahren enthält also ein offen zu meisterndes Deutungsproblem. Demgegenüber schließe die Naturwissenschaft die Stellung der Frage zur Garantie ihrer Beantwortung in der reproduzierbaren dritten Personperspektive dadurch, dass auch noch die Datenart, die als Antwort zählt, festgelegt wird und mathematisierbar sein muss. Vor diesem Hintergrund rekonstruiert Lindemann, wie in den Experimenten mit Nervenzellgewebsscheibchen und mit Tieren in Narkose geschlossene Fragen und deren Beantwortung eingerichtet werden. In den Experimenten mit wachen Makaken-Primaten zu höheren kognitiven Leistungen gelinge dagegen die Schließung der Frage nicht bzw. nicht vollständig. Vielmehr sei die Praxis des Experimentierens daran gebunden, dass der sich kognitiv verhaltende Organismus *verstanden* wird. Während Habermas mit seinem philosophischen Primat des Teilnehmens gemäß erster und zweiter Personperspektiven an einer bereits sprachlich selbstreferenziellen Verständigung – und damit zu weit oben – ansetzen würde, um an die Verstehensdimension des organismischen Verhaltens von Primaten herankommen zu können, gerieten Roth und Singer insofern in einen performativen Selbstwiderspruch, insofern sie ihre dritte Personperspektive der Kausalerklärung zu weit unten ansetzen, nämlich am Gehirn als Organ. Damit werde die Verstehensleistung verdeckt, die sich in der Experimentalpraxis auf den Organismus richtet. Beim derzeitigen methodischen Design der neurobiologischen Hirnforschung gelinge es zwar, neuronale Korrelate für das leibliche Bewusstsein zu ermitteln. Sie könnten aber nicht von womöglich vorhandenen *indirekten* Korrelaten für das Selbstbewusstsein und personalen Geist unterschieden werden.

Damit sind wir bei dem Denkrahmen von Plessners Naturphilosophie im Vergleich mit anderen Gegenwartsphilosophien erneut angekommen, den ich in der ersten Runde (zu früh, aber vielleicht nicht zu spät) vorgeschlagen hatte. Als Teilnehmer bin ich davon überzeugt, dass die Diskussion seine Relevanz bestätigt hat, als Moderator muss ich die Beantwortung dieser Frage den anderen Autoren und Lesern überlassen.

Ich danke allen Teilnehmern für ihre gehaltvollen Beiträge, von denen ausschließlich die zur ersten Runde im Herbst 2003 verabredet waren. Alle anderen sind spontan in der Zeitschrift eingegangen, neben vielen weiteren, die leider nicht (aus anfangs genannten Gründen) gedruckt werden konnten. Besonderer Dank gebührt dem Hanse-Wissenschaftskolleg in Delmenhorst und seinem Rektor, Herrn Gerhard Roth, für die große Gastfreundschaft, die sie unserer provisorischen und strittig bleibenden Abschussdiskussion, an der viele, aber nicht alle Autoren teilnehmen konnten, im Juli 2006 gewährt haben. Für die redaktionellen Arbeiten am vorliegenden Band danke ich vielmals Herrn Dr. Veit Friemert und Herrn stud. phil. Thomas Hofmann.

Hans-Peter Krüger, Potsdam

ERSTE DISKUSSIONSRUNDE

Die neurobiologische Hirnforschung hat während der letzten Jahre in der deutschen Öffentlichkeit zu viel Streit geführt. Ihre beiden verdienstvollsten Vertreter, Gerhard Roth und Wolf Singer, halten sich auch hier im Folgenden an keine Sprachverbote und unterbreiten ihre konzeptionellen Vorschläge. Der bisherige Streit über die philosophisch relevanten Grenzfragen der Hirnforschung scheint mir in ein Stadium getreten zu sein, in welchem er demnächst abebben wird, da man sich über die Differenzen (statt Missverständnisse) einig wird, oder aus dem ein hoffnungsvollerer Beginn hervorzugehen vermag, der aber eines größeren Anlaufes bedürfen wird. Der Beginn betrifft die Frage, wie auf bessere Weise neue Grenzziehungen und Grenzübergänge erlernt werden können, als dies in der dualistischen Trennung von Natur und Geist lange mental eingewöhnt und institutionell verfestigt worden ist.

Es gibt zunächst Streit, der daraus erwächst, dass die Kombattanten unterschwellig noch zu viele Gemeinsamkeiten haben. Empirisch drängt die gegebene massenmediale Öffentlichkeit ohnehin dazu, solche Gemeinsamkeiten zu bewahren, die schnelle Verständlichkeit sichern, um in dieser Verständlichkeit auf Entweder-Oder zuspitzen und skandalisieren zu können. Die neuen Probleme scheinen dann in dem bislang geteilten Selbstverständnis untergebracht werden zu müssen, in das ihre Differenzierung aber nicht hineinpasst. So bleibt es bei der Gemeinsamkeit eines hermeneutisch geteilten *Vor*verständnisses, das selbst nicht zum Problem, sondern im Streit verfestigt wird. In unserer Kulturtradition gehört zu diesem Vorverständnis, dass der *grammatikalischen* Subjekt-Position auch *semantisch* ein Subjekt entsprechen müsse, das sich innerlich als *Bewusstsein* vorstellt. Daher immer wieder die Fragen, die den Neurobiologen gestellt werden, nach Entscheidung (statt Aktualisierung) im vorgängig angenommenen Rahmen einer Willensfreiheit (statt Verhaltungszyklus), als ob diese Fragen auch noch in ihrer neurobiologischen Problematisierung selbstverständlich wären.

Es gibt darüber hinausgehend einen Streit, der in das ungewisse Neuland führt, auf dem auch das bisherige Vorverständnis problematisiert wird, um zu einem neuen Problemrahmen gelangen zu können. Was die Hirnforscher „Metarepräsentationen" nennen, stellt nicht nur repräsentationistische Selbstverständnisse, sondern auch deren bisherige Kritiken infrage. Schon die Beschreibung der in der Forschung zu entdeckenden Phänomengruppen (je *sui generis*) fällt hier anders als in dem alten Rahmen aus, umso mehr noch die Artikulation eines neuen kategorialen Netzwerkes, in dem sich die Unterschiede und Zusammenhänge der verschiedenen Phänomene rekonstruieren ließen. Iterationen für Emergenzen, eine Mehrzahl von Selbstbezügen – des Lebens ohne und mit Bewusstsein, Selbstbewusstsein oder Geist und deren Hirnkorrelate – und schließlich die strukturellen Kopplungen zwischen den auf verschiedene Weise selbstbezüglichen Phänomenreihen erfordern neue Anschauungs- und Denkmöglichkeiten. Welche Problemlage kommt zum Vorschein, wenn konsequent das hermeneutische Vorverständnis phänomenal und kategorial *verfremdet* wird? – Die Frage, wie sich zentrische Organisationsformen und exzentrische Positionalität in ihrem Hiatus doch geschichtlich aufeinander einspielen können, statt in chronischen Leiden auseinander brechen zu müssen, verschafft alles andere als Entlastung.

Ich hoffe also, dass wir am Beginn einer Diskussion zwischen Neurobiologen und Philosophen stehen, in der die Grenzfragen beider Forschungsweisen zum Tragen kommen werden.

Hans-Peter Krüger, Potsdam

Worüber dürfen Hirnforscher reden – und in welcher Weise?

Von GERHARD ROTH (Bremen/Delmenhorst)

I.

Zwischen der Philosophie und den Neurowissenschaften herrscht ein kompliziertes Verhältnis, das auf Seiten der Philosophie von inhaltlicher Kooperation über eher freundliche oder eher unfreundliche kritische Stellungnahmen bis zu genereller Ablehnung und offener Feindseligkeit reicht. Umgekehrt empfinden viele Neurowissenschaftler die kritischen Äußerungen einiger Philosophen als übertrieben, inkompetent oder von krassen Missverständnissen geprägt. Eine solche Situation ist durchaus verständlich. Es kann den Philosophen nicht gleichgültig sein, dass Teile der Neurowissenschaften bzw. der Hirnforschung, die man inzwischen unter dem Begriff „kognitive und emotionale Neurowissenschaften" [*Cognitive and Emotional Neuroscience*] zusammenfasst, in Bereiche vordringen, die zu den Kernbestandteilen der Philosophie gehören, wie Erkenntnistheorie und Geist- und Bewusstseinsphilosophie, oder sich gar mit Fragen der Moral, Ethik und Willensfreiheit befassen.

Mir scheint in dieser Auseinandersetzung die philosophische Kritik an der Hirnforschung im Wesentlichen aus zwei Punkten zu bestehen. Zum einen handelt es sich um den Fundamentalvorwurf, dass sich die Hirnforschung zu Themen und Problemen äußert, über die sie als experimentelle Wissenschaft bzw. Naturwissenschaft gar nichts aussagen *kann* und *darf*. Die Hirnforschung macht sich nach dieser Auffassung einer unzulässigen *Grenzüberschreitung* schuldig. Hierzu gehören etwa Aussagen über das Wesen und die Funktion geistig-seelischer Zustände, zum Beispiel in Form von Wünschen, Vorstellungen, Willensakten, Ich-Zuständen und religiösen Gefühlen, die den Kern der menschlichen Persönlichkeit ausmachen. Zum Zweiten handelt es sich um den Vorwurf, dass Hirnforscher auf unzulässige Weise das Gehirn zum *Subjekt* geistiger oder emotionaler Zustände machen, wenn sie etwa davon reden, dass das Gehirn „bewertet" oder „entscheidet". Dies sei ein Kategorienfehler bzw. ein „naturalistischer Fehlschluss", denn es würden dem Gehirn Tätigkeiten zugeschrieben, die nur in Hinblick auf das bewusste Ich sinnvoll seien. Insbesondere würde der tiefe Unterschied zwischen der Determiniertheit aus *Ursachen* im Bereich des Naturgeschehens auf der einen Seite und des Handels aus *Gründen* im Bereich des Menschen auf der anderen Seite übersehen.

---

* Ich danke Herrn Prof. Michael Pauen (Universität Magdeburg) für eine intensive Diskussion der vorliegenden Problematik und die kritische Durchsicht des Manuskripts.

Solche Vorwürfe sind ernst zu nehmen, gleichgültig, in welcher höflichen oder unhöflichen Form sie von Philosophen vorgebracht werden. Die Hirnforschung hat, anders als Physik und Chemie, für sich bisher keine grundlegende Methoden- und Begriffskritik durchgeführt. Hierfür war sie bisher zu jung und zu vielfältig in ihren Methoden und Gegenständen. Nichtsdestoweniger ist es für eine wissenschaftliche Disziplin unabdingbar, dass sie sich eine logisch-begriffliche Basis schafft, in der festgelegt ist, worüber sie in welcher Weise reden soll.

II. Wie weit ist die Sprache der Hirnforschung unproblematisch?

Die Sprache der Neurobiologie bzw. der Hirnforschung ist logisch-begrifflich unproblematisch, solange sie ihre Untersuchungen auf das Studium von Nervenzellen und deren Teile (zum Beispiel Membranen oder Ionenkanäle), von Gehirnzentren oder auch ganzen Gehirnen beschränkt und diese nicht mit geistig-psychischen Funktionen in Verbindung bringt. Ein solcher selbstbeschränkender oder „agnostischer" Ansatz war aber von Beginn der modernen Neurobiologie und Hirnforschung zu Anfang des 19. Jahrhunderts an die Ausnahme. Die meisten großen Hirnforscher des 19. und beginnenden 20. Jahrhunderts haben, auch wenn sie sich auf das Präparieren, Anfärben und anschließende Beschreiben von Hirnstrukturen oder Nervengeweben beschränken mussten, über deren Funktion spekuliert, wie unzulänglich dies auch gewesen sein mag (vgl. Breidbach 1997). Schon lange war bekannt, dass sich im Gehirn von Wirbellosen und Wirbeltieren Zentren der Wahrnehmung und Bewegungssteuerung befinden, und es war nahe liegend, sich beim Anblick der wundervollen Strukturen zu fragen, wie die tatsächlich beobachteten oder unterstellten Funktionen wohl zu Stande kommen, wie also Gehirn und perzeptive, kognitive, emotionale oder motorische Leistungen zusammenhängen.

Noch eklatanter wird diese Situation, wenn es um das Studium der Folgen von Verletzungen von Zentren des menschlichen Gehirns geht, wie es die klinische Neuropsychologie zum Gegenstand hat. Der französische Neurologe Paul Broca machte in der Mitte des 19. Jahrhunderts als Erster die Beobachtung, dass die Zerstörung in einem Bereich des linken Stirnlappens zu einer typischen Beeinträchtigung des Sprachvermögens führt, die man später „Broca-Aphasie" nannte. Diese Art von „Lokalisationismus" oder „Zentrenlehre" war neben der Neuronenlehre (das heißt der Anschauung, dass Nervensysteme aus Nervenzellen, Neuronen, aufgebaut sind) die erfolgreichste Theorie der Neurowissenschaften, wenngleich mit wichtigen Modifikationen. Schon im Altertum war bekannt, dass Verletzungen des Gehirns im Hinterhaupts- und Schläfenlappen zu Sehstörungen führen bis hin zu komplizierten Ausfällen des visuellen Erkenntnisvermögens [*visuelle Agnosien*], zum Beispiel im Bereich der Objekt- oder Gesichtererkennung. Ebenso stellte man fest, dass Verletzungen im Bereich des Scheitellappens zu Störungen in der Körperempfindung, Raumorientierung und Symbolverarbeitung führen und Verletzungen im Bereich des Stirnhirns neben Sprachstörungen zu tiefgreifenden Persönlichkeitsveränderungen oder zu Intelligenzverlust. Diese Erkenntnisse wurden im ausgehenden 19. und im 20. Jahrhundert weiter vertieft und verfeinert. In den vergangenen Jahrzehnten kamen Einsichten über die Folgen von Verletzungen oder Erkrankungen von Zentren außerhalb der Großhirnrinde hinzu, die zum Beispiel zu der Feststellung führten, dass Verletzungen im Bereich des Hippocampus zu tiefgreifenden Störungen des so genannten deklarativen Gedächtnisses führen und Verletzungen im Bereich des Mandelkerns [*Amygdala*] zu Gefühlsarmut bzw. zur Unfähigkeit, bedrohliche Geschehnisse zu erkennen und auf sie zu reagieren (vgl. Kolb/Wishaw 1993; Roth 2003a).

Diese Fülle von neurologischen bzw. neuropsychologischen Einsichten wurde und wird gelegentlich als „Neo-Phrenologie" diskreditiert, allerdings zu Unrecht, denn kein kompetenter Neurobiologe wird behaupten, dass die syntaktisch-grammatikalische Sprache im Broca-Areal „sitzt", die Persönlichkeit im unteren Stirnhirn, die Furcht in der Amygdala und das deklarative Gedächtnis im Hippocampus. Vielmehr wird ein kompetenter Neurobiologe feststellen, dass sich im Broca-Areal Netzwerke befinden, die für das Beherrschen von Syntax und Grammatik der menschlichen Sprache unabdingbar sind. Ebenso wird er aufzeigen, dass ein funktionsfähiger Hippocampus für das deklarative Gedächtnis unverzichtbar ist und ein intaktes Stirnhirn essenziell für Impulskontrolle, intelligente Handlungsplanung und Fehlerkorrektur. Er wird darauf hinweisen, dass diese Hirnzentren diese Eigenschaften unter anderem dadurch besitzen, dass sie mit ganz bestimmten anderen Hirnzentren sowie mit bestimmten sensorischen Eingängen und motorischen Ausgängen verbunden sind. Er wird also eher von *Zentren-Netzwerken* sprechen, etwa von solchen zwischen Arealen der Hirnrinde, Kernen des Thalamus und Zentren des limbischen Systems. Diese Netzwerke sind in dem Maße überlappend, in dem die zur Rede stehenden Funktionen überlappend sind, und sie sind getrennt in dem Maße, in dem die Funktionen unabhängig voneinander ausfallen können. So kann etwa die Gesichterwahrnehmung unabhängig von der Objektwahrnehmung gestört sein, das deklarative Gedächtnis unabhängig vom prozeduralen Gedächtnis, einsichtsvolles Handeln unabhängig von Intelligenz (Kolb/Wishaw 1993).

Der Philosoph tut gut daran, an diesen Erkenntnissen nicht zu zweifeln – nicht weil Zweifel verboten wären, sondern weil er dann diese Erkenntnisse aussagekräftig widerlegen müsste. Philosophisch bedeutsam wird es jedoch, wenn man fragt, in welchem genaueren Zusammenhang solche Erkenntnisse mit den in Rede stehenden perzeptiven, kognitiven, emotionalen oder motorischen Funktionen stehen. Unproblematisch verhält man sich erst einmal, wenn man etwa sagt: „Eine Verletzung im Bereich des Hippocampus führt dazu, dass ein Patient keine neuen Wissensinhalte mehr lernen kann". Oder: „Eine Zerstörung der Amygdala auf Grund der Urbach-Wiethe-Krankheit führt zum Unvermögen des Patienten, furchterregende Geschehnisse zu erkennen". Oder: „Eine Zerstörung des unteren Stirnhirns führt dazu, dass besonnene und friedliebende Menschen zu rücksichtslosen, unmoralischen Personen werden" (vgl. Damasio 1996). Man trennt hierbei die Ebene der neurobiologischen bzw. neurologischen Befunde und die Ebene der kognitiven und psychischen Defizite voneinander. In dem Maße aber, in dem diese Zusammenhänge zwischen Hirnfunktionen bzw. Hirnverletzungen einerseits und geistig-psychischen Funktionen bzw. ihrer Beeinträchtigungen sich als immer enger und verlässlicher herausstellen, erhebt sich unausweichlich die Frage nach der Natur dieser Beziehung: Stellt sie die Interaktion zweier wesensmäßig unterschiedenen Entitäten „Geist" und „Gehirn" dar, oder handelt es sich um zwei unterschiedliche Erscheinungen desselben Gegenstandsbereichs, nämlich aus der Erfahrung der ersten (introspektiven) und der dritten (naturwissenschaftlich-beschreibenden) Perspektive?

Viele Philosophen, aber auch manche philosophierende Neurobiologen, nehmen hinsichtlich der Beziehung zwischen Gehirn und Geist/Psyche den Standpunkt des Vaters der experimentellen Psychologie, Wilhelm Wundt, ein, dass im Bereich einfacher Wahrnehmungsleistungen und motorischer Akte diese Beziehung eng ist, dass aber bei komplexen kognitiven und psychischen Zuständen keine eindeutigen Bezüge zu erkennen sind. Eine solche Auffassung wird zum Beispiel oft bei der Diskussion um die Willensfreiheit vertreten, indem man annimmt, dass das wollende Bewusstsein bei aller neuronaler oder psychischer Bedingtheit einen gewissen Freiheitsraum besitzt, insbesondere dann, wenn es um „wichtige" Entscheidungen geht. Der wegen seiner Experimente zur Willensfreiheit bekannt gewordene amerikanische Neurobiologe Benjamin Libet zum Beispiel hat eine Art „Veto-Fähigkeit" des bewussten Willens gegenüber den ansonsten bewegungs-determinierenden Hirnprozessen angenommen, wie sie unter anderem im „Bereitschaftspotenzial" sichtbar werden (Libet 1985; ders. u. a. 1983). Auch der Standpunkt des interaktiven Dualismus ist unter Philosophen, aber auch unter vielen Naturwissenschaftlern noch verbreitet. Die interaktiven Dualisten gehen davon aus, dass neuronales Geschehen und mental-psychische Vorgänge zwei voneinander wesensverschiedene, wenngleich miteinander wechselwirkende Entitäten sind (vgl. Eccles 1982, 1994). Man versucht dabei, die leidige Frage auszuklammern, wie denn unter Wahrung physikalischer Gesetze eine solche Interaktion geschehen könnte: Es möge ja sein, dass die Erhaltungssätze für diese Art von Interaktion nicht gelten, oder dass ihr Mechanismen zu Grunde liegen, die jenseits unserer Erkenntnisfähigkeiten liegen.

Der Standpunkt Wilhelm Wundts war so lange verständlich, als man methodisch nur die einfachsten Sinnesleistungen und Reaktionen und ihren Bezug zu Bewusstseinsinhalten erforschen konnte. Er gerät aber dadurch in Schwierigkeiten, dass die Hirnforschung inzwischen zeigen kann, dass auch sehr komplexe kognitive Leistungen, zum Beispiel Wahrnehmungstäuschungen, aufs Engste mit neuronalen Prozessen in bestimmten Teilen der Großhirnrinde [*Cortex*] zusammenhängen. So lassen sich in assoziativen visuellen Cortexarealen Nervenzellen oder Nervenzellverbände nachweisen, die sich bei Kontrast-, Farb- und Formtäuschungen in ihren Antworteigenschaften genauso „verhalten" wie die bewusst wahrnehmende Versuchsperson, indem sie zum Beispiel auf virtuelle, physisch gar nicht vorhandene Kontrastkanten reagieren (Peterhans/von der Heydt 1991; Haynes u. a. 2003).

Ebenso ist es mit den heutigen Methoden sehr wohl möglich, über rein korrelative Untersuchungen hinauszugehen. So kann man durch eine Kombination unterschiedlicher Verfahren wie Elektroenzephalographie (EEG) oder Magnetenzephalographie (MEG), die beide eine hohe Zeitauflösung haben, mit der funktionellen Kernspintomographie (fMRI), die eine hohe Ortsauflösung besitzt, untersuchen, was im Gehirn passiert, *bevor* eine Versuchsperson ein bestimmtes Wahrnehmungserlebnis hat (Noesselt u. a. 2002). Der Prozess des Bewusstwerdens von Wahrnehmungsinhalten benötigt zwischen 200 und tausend Millisekunden. Er ist damit im Vergleich zu unbewussten Hirnprozessen ein durchaus langsamer Vorgang und umfasst die gleichzeitige und hintereinander ablaufende Aktivität vieler Hirnzentren unter Beteiligung von Millionen oder gar Milliarden von Neuronen.

Im Fall der Darbietung eines visuellen Objekts oder einer Szene kann man mithilfe dieser Experimente den Weg visueller Erregung von der Netzhaut über den Thalamus zur primären und sekundären Sehrinde, von dort zu den assoziativen Seharealen und zurück zur primären Sehrinde verfolgen, bis die Versuchsperson Objekt oder Szene schließlich bewusst wahrnimmt bzw. sich entsprechend verbal oder durch Knopfdruck äußert. Ebenso lassen sich unbewusste Prozesse im limbischen System, in den Basalganglien und in der Hirnrinde genau verfolgen, bis eine Person den Willensentschluss erlebt, eine Bewegung auszuführen. Diese Befunde zeigen, dass zwischen neuronalen und mentalen Prozessen keineswegs „nur" eine strikte Parallelität herrscht, sondern dass dem bewussten Erleben notwendig und offenbar auch hinreichend unbewusste neuronale Geschehnisse *vorausgehen*.

Ob sich ein überzeugter interaktiver Dualist durch diese Experimente „bekehren" lässt, ist ungewiss. Immerhin könnte er argumentieren, dass das unabhängig vom Gehirn existierende

Bewusstsein sich genau in dem Augenblick mit den Gehirnzuständen verbindet, in dem primäre und assoziative Hirnrindenareale sich gegenseitig hinreichend organisiert haben. Allerdings wäre es dann mit der vielbeschworenen „Autonomie" des Geistes gegenüber dem Gehirn vorbei, denn offenbar würde dieser hinzueilende Geist nichts an Wirkung hinzufügen, und der interaktive Dualismus würde sich in eine Art Epiphänomenalismus verkehren (der ja letztlich eine Spielart des Dualismus ist).

Zweifellos führen die Erkenntnisse der Hirnforschung zu einer starken Einschränkung des Lösungsraumes im Zusammenhang mit dem Geist-Gehirn-Problem zu Gunsten eines Monismus, Identismus oder Zwei-Aspekte-Ansatzes, aber sie führen nicht zwangsläufig zu Sprachschwierigkeiten. Als Neurobiologe kann ich problemlos formulieren: „Wenn in den und den Hirnzentren die und die neuronalen Prozesse abgelaufen sind, dann entsteht zu einem angebbaren Zeitpunkt in meinem Gehirn der und der Erlebniszustand". Ich gehe dabei zwar von der starken Annahme aus, dass der Erlebniszustand von Hirnprozessen vollständig bedingt ist. Ich muss aber nicht gleichzeitig im Stande sein, die mentalistische Beschreibung, in der von einem Erlebniszustand die Rede ist, in eine neurobiologische Beschreibung zu übersetzen. Ich kann mich also durchaus mit einer „fundamentalen Erklärungslücke" zwischen neuronalem Geschehen und subjektivem Erleben zufrieden geben (vgl. hierzu Pauen 2001; ders./Stephan 2002; Roth 2003a).

III. Der Stellenwert empirischer Untersuchungen zur Willensfreiheit

Problematisch wird die Situation jedoch dann, wenn ich im Zusammenhang mit den Untersuchungen neuronaler Verhaltenssteuerung nach der *Funktion* des Erlebniszustandes selbst frage. Nehmen wir an, es sei tatsächlich nachgewiesen, dass im Zusammenhang mit Willkürhandlungen der bewusste Entschluss „Jetzt will ich nach der Kaffeetasse greifen!" erst auftritt, *nachdem* sich im prämotorischen und motorischen Cortex das so genannte lateralisierte Bereitschaftspotenzial aufgebaut hat (vgl. Haggard/Eimer 1999), dann ergibt sich zwingend die Frage, welche Rolle der bewusste Entschluss bei dem gesamten Vorgang überhaupt spielt. Der Schluss aus solchen Untersuchungen (sofern sie korrekt durchgeführt und interpretiert wurden) lautet, dass die klassisch-philosophische wie auch alltagspsychologische Aussage „mein Arm und meine Hand haben nach der Kaffeetasse gegriffen, weil *ich* dies so gewollt habe!" nicht richtig ist.

Der Neurobiologe wird darauf hinweisen, dass der bewusste Willensakt gar nicht der Verursacher der genannten Bewegung sein könne, weil diese Bewegung bereits vorher durch neuronale Prozesse festgelegt, das heißt kausal verursacht sei. Der subjektiv empfundene Willensakt sei also entweder völlig wirkungslos (wie der Epiphänomenalismus annimmt), oder er habe eine von der Verursachung oder Auslösung der Willenshandlung verschiedene Funktion, etwa im Zusammenhang der Selbstzuschreibung der Handlung (vgl. dazu Jeannerod 1997; Blakemore u. a. 2002; Roth 2003a, b). Entsprechend müsse in der Tat die korrekte Formulierung lauten „Nicht mein bewusster Willensakt, sondern mein Gehirn hat entschieden!" Das Entsetzen mancher Philosophen über solche Aussagen ist verständlich, denn wenn ein Schwerverbrecher vor Gericht sagt: „Nicht ich bin es, mein Gehirn ist es gewesen!", und er bzw. sein Verteidiger sich dann auf Erkenntnisse der Hirnforschung beruft (was bereits mehrfach vorgekommen ist), dann könnte dies schwerwiegende Konsequenzen für das Bild des Menschen als eines – weitgehend – frei und verantwortlich handelnden Wesens haben, das den westlichen Gesellschaftsformen und dem kontinentaleuropäischen Strafrecht zu Grunde liegt. Dürfen Hirnforscher also über die Willensfreiheit überhaupt reden und – wenn ja – in solchen Formulierungen?

Von einer Reihe von Philosophen und anderen Geisteswissenschaftlern wurde jüngst wieder nachdrücklich der Standpunkt vertreten, Hirnforscher dürften sich *grundsätzlich* nicht zu Problemen der Willensfreiheit äußern, weil die Frage nach der Willensfreiheit eine moralisch-ethische, philosophische, juristische und gesellschaftliche Frage sei, aber keineswegs eine Frage der Naturwissenschaften. Ein solcher Standpunkt ist unakzeptabel, weil er fruchtlose Denk- und Sprachverbote ausspricht und auf einer völlig überholten Trennung von Geistes- und Naturwissenschaften beruht. Um diese leider immer noch vorherrschende Trennung zu überwinden, braucht man sich als Hirnforscher oder experimenteller Psychologe nur mit Philosophen, Psychiatern oder Strafrechtlern zusammensetzen und klären, was man überhaupt unter Willensfreiheit verstehen will. Man kann dabei von einem *starken* Begriff von Willensfreiheit ausgehen, wie er nicht nur alltagspsychologisch vorherrscht, sondern auch dem deutschen Strafrecht zu Grunde liegt (Wessels/Beulke 2002). Dieser starke Begriff von Willensfreiheit (auch *Libertarianismus* genannt) besteht im Wesentlichen aus den beiden Annahmen, dass die Willenshandlung einer Person (zumindest teilweise) durch den bewussten Willen und unabhängig von kausal wirkenden Einflüssen bestimmt ist (das Prinzip der *mentalen Verursachung* von Handlungen), und dass die Person für ihre Handlung deshalb verantwortlich ist, weil sie unter identischen inneren und äußeren Umständen (vor allem in ihrem Gehirn) auch eine andere als die von ihr vollzogene Handlung hätte ausführen können (das Prinzip des *Alternativismus*) (vgl. Walter 1998; Pauen 2002).

Wie sich herausstellt, kann man durchaus mit empirisch-experimentellen Mitteln und unter Wahrung höchster philosophischer Ansprüche untersuchen, ob eine Person im traditionellen Sinne willensfrei ist oder nicht. Immerhin geht es hierbei nicht um einen bestimmten subjektiven Eindruck (dieser könnte täuschen), sondern um das Verhältnis von bestimmten Hirnzuständen und bestimmten Handlungsweisen. Man kann zum Beispiel feststellen, ob auf bestimmte Hirnprozesse immer bestimmte Handlungen folgen, oder ob es hier unerklärliche Abweichungen gibt, die eine Eigenwirkung von volitionalen Zuständen andeuten könnten. Man kann auch durch sehr kurze und deshalb unbewusste [*subliminale*] Darbietung von Hinweisreizen, durch Hypnose oder direkte Hirnreizung oder so genannte transkranielle Magnetstimulation eine Person dazu bringen, etwas zu tun, das sie dann als *von ihr zuvor gewollt* bezeichnet.

Solche Experimente wurden inzwischen in größerer Zahl durchgeführt und haben die oben genannte Annahme bestätigt, dass innerhalb [*cortical*] und außerhalb der Großhirnrinde [*subcortical*, zum Beispiel in den so genannten Basalganglien] unbewusst ablaufende Prozesse in der Großhirnrinde zu handlungsvorbereitenden Prozessen führen, die ihrerseits das Gefühl „ich will das jetzt tun!" hervorbringen, und dass auf bestimmte corticale Erregungsmuster [das *lateralisierte Bereitschaftspotenzial*] immer bestimmte Bewegungen folgen. Ebenso wurde in handlungspsychologischen und sozialpsychologischen Untersuchungen die von Psychologen schon lange gehegte Vermutung bestätigt, dass zwischen dem Gefühl, etwas zu wollen bzw. gewollt zu haben, und der tatsächlich ausgeführten Handlung *keine* verursachende Beziehung besteht. Das heißt, manche Versuchspersonen führen unter frei gestaltbaren Bedingungen (zum Beispiel beim Einkaufen) Willenshandlungen aus, die sie überhaupt nicht oder nicht in dieser Weise gewollt haben, behaupten aber anschließend, sich so verhalten zu haben wie ursprünglich intendiert. Diese Untersuchungen zeigen, dass unsere Handlungsintentionen häufig den tatsächlichen Handlungen *nachträglich* angepasst werden, und Personen sich gelegentlich, wenn nicht gar häufig, fälschlich Handlungen zuschreiben können, die sie in Wirklichkeit gar nicht bewirkt haben (vgl. Wegner 2002).

Die von philosophischer Seite oft geäußerte Bemerkung, dies alles möge unter Laborbedingungen vielleicht so sein, im täglichen Leben sei das aber anders, ist kein gutes Argument, denn man kann auch unter Laborbedingungen relativ „lebensnahe" Experimente durchführen. Ebenso unverständlich ist die Ansicht, Hirnforscher dürften sich grundsätzlich nicht zum Problem der Willensfreiheit äußern. Warum sollte ein Hirnforscher Experimente wie die oben genannten zur Überprüfung der möglichen „mentalen Verursachung" von Willenshandlungen machen und dann nichts zur Relevanz seiner Forschungsergebnisse für das Problem der Willensfreiheit sagen? Ähnlich gelagert ist die Situation, wenn Hirnforscher – häufig noch auf Ersuchen staatlicher Stellen – die Gehirne von schweren Gewaltverbrechern [*Soziopathen*] untersuchen (entweder post mortem oder in vivo mithilfe der funktionellen Bildgebung), und dann feststellen, dass sich bei vielen dieser Straftäter auffällige anatomische Defizite, vor allem im unteren Stirnhirn [*orbitofrontaler Cortex*], oder schwere Störungen des Transmitter-, Neuropeptid- oder Hormonhaushalts, finden (vgl. Anderson u. a. 1999; Raine u. a. 1997, 1998, 2000). Dabei müssen sie die Diagnose der Soziopathie gar nicht selbst gestellt haben, um sich über einen möglichen Zusammenhang zwischen den neurobiologischen Befunden und der Schuldfähigkeit im strafrechtlichen Sinne zu äußern.

IV. Sind Aussagen aus der Dritte-Person- und der Erste-Person-Perspektive unvereinbar?

Es kann also nicht darum gehen, dem Hirnforscher Sprachverbote zu erteilen, vorausgesetzt er hat sich philosophisch kundig gemacht (noch besser ist es natürlich, wenn er sich mit einem neurobiologisch kompetenten Philosophen zusammentut). Was bleibt, ist die Frage, wie sich der Hirnforscher denn ausdrücken soll. Ist es also korrekt zu sagen, „nicht der bewusste Willensakt, sondern das Gehirn hat dies entschieden!"? Sollten die genannten Experimente in der oben angegebenen Weise Evidenzen gegen eine „mentale Verursachung" von Willenshandlungen liefern, dann wäre in der Tat der von vielen Philosophen gescholtene Satz „Willensfreiheit ist eine Illusion" korrekt – unabhängig davon, wie unangenehm uns diese Feststellung ist. Unser bewusstes Ich hat nun einmal den unabweislichen Eindruck, es verursache mithilfe des Willens seine Handlungen, und wenn dies nicht den Tatsachen entspricht, dann handelt es sich eben um eine Illusion.

Mir scheint der Satz „nicht das Ich, sondern das Gehirn hat entschieden!" korrekt zu sein, denn „eine Entscheidung treffen" ist ein Vorgang, dessen Auftreten objektiv überprüfbar ist. Auf den linken oder rechten Knopf zu drücken oder (tatsächlich oder virtuell) durch eine linke oder eine rechte Tür zu gehen, ist (oder benötigt) eine Entscheidung, und man kann mit entsprechendem Aufwand experimentell untersuchen, was im Gehirn passiert, bevor und wenn diese Entscheidung getroffen wird. Falls es nun stimmt, dass es *nicht* das wollende und bewusst erlebende Ich ist, welches die Entscheidung über eine Handlung trifft, wer entscheidet dann tatsächlich? Zumindest ist unter diesen Voraussetzungen die Aussage mancher Philosophen „das Gehirn entscheidet nicht – das kann nur das Ich!" *falsch*. Da aus der Dritte-Person-Perspektive eine Entscheidung getroffen wurde und nicht das Ich entschieden hat, kann es nur das Gehirn sein – ein weiterer „Akteur" ist nicht in Sicht! Dabei ist es erst einmal unerheblich, ob diese Entscheidung im Gehirn völlig deterministisch oder unter Auftreten von „Indeterminismen" (für die es im Gehirn im Übrigen keine Hinweise gibt, vgl. Roth 2003a) geschah, sofern diese Indeterminismen nicht systematisch mit bewussten Willensakten zusammenhängen.

Dies bedeutet nichts anderes, als dass alle Vorgänge, deren Auftreten ebenso objektivierbar ist wie „eine Entscheidung treffen", eine Bewegung ausführen, eine Straftat begehen usw. sprachlich auf verursachende Hirnprozesse zurückgeführt werden können, vorausgesetzt dieser Zusammenhang ist empirisch-experimentell erwiesen. *Falls* also nachgewiesen werden kann, dass eine Person immer dann zu einem unverbesserlichen Gewaltverbrecher wurde, nachdem sein orbitofrontaler Cortex durch einen Schlaganfall oder einen Unfall stark verletzt wurde (ein zwingender Nachweis liegt hierfür bisher nicht vor, sondern nur der Aufweis einer starken Tendenz), dann kann man auf der Grundlage all dessen, was man funktionell über den orbitofrontalen Cortex weiß, von einer kausalen Verursachung der Tat sprechen. Der Täter wäre im strafrechtlichen Sinne nicht schuldig, weil er ja nicht anders handeln konnte.

Ein ganz anderer Sachverhalt und ein anderes Sprachproblem liegt vor, wenn wir es nicht mit objektivierbaren Tatbeständen zu tun haben, sondern mit phänomenalen intentionalen oder volitionalen Zuständen wie „fühlen", glauben", „wollen". Bisher ist es nicht möglich, *allein* aus der Beobachterperspektive zu ergründen, wie es ist, etwas zu glauben, zu wollen oder verliebt zu sein. Vielmehr sind wir auf Berichte der Versuchspersonen oder auf unsere eigene Erfahrung (Introspektion, Erste-Person-Perspektive) angewiesen. Wir können natürlich nach körperlichen oder physiologischen Zuständen Ausschau halten, die typischerweise mit diesen psychischen Zustände verbunden sind. So ist der Zustand des Verliebtseins mit deutlichen stressartigen Körper- und Hirnzuständen verbunden; ebenso gelingt es inzwischen, Unterschiede in den Gehirnströmen zu entdecken, wenn jemand etwas weiß oder nur zu wissen glaubt, wenn er eine Bewegung bewusst will oder nur reflexhaft ausführt. Aber die Forschung ist noch nicht so weit, dass man diese Zusammenhänge völlig verlässlich aufzeigen und von einer kausalen Verursachung sprechen könnte.

Zum einen könnte es sein, dass wir einem großartigen Schauspieler oder einem Überzeugungstäter aufsitzen, oder dass die Versuchsperson sich über ihre Gefühle nicht im Klaren ist. Aber selbst wenn die Hirnforschung in der Lage sein sollte, die neuronalen Korrelate und Voraussetzungen auch der kleinsten Seelenregungen anzugeben, so bleibt doch der unvermeidliche „Sprung" von der Beschreibung neuronaler Prozesse zum unmittelbaren Erleben psychischer Zustände. Allerdings kämen wir einer Überbrückung dieses Abgrunds sehr nahe, wenn wir auf Grund der fortgeschrittenen neurobiologischen Erkenntnisse entscheiden könnten, ob jemand tatsächlich bestimmte Gefühle hat oder „nur so tut". Dies ist etwa beim Schmerzempfinden möglich: Nach allem, was wir wissen, sind der zinguläre und insuläre Cortex nur dann aktiv, wenn die Versuchsperson bzw. der Patient tatsächlich Schmerzen empfinden und diese nicht bloß „schauspielern" (Rainville u. a. 1997; Ploghaus u. a. 1999). Ebenso wird eine entsprechende Diagnosemöglichkeit bei der Entscheidung darüber wichtig sein, ob schwere Gewalttäter erfolgreich therapiert wurden und deshalb aus der Haft entlassen werden können, oder ob sie nur „schauspielern" (wofür Soziopathen berüchtigt sind).

Nun kann man als Hirnforscher argumentieren, dass wir im Sinne des radikalen reduktionistischen Materialismus die sicheren neuronalen Hinweise für einen subjektiven Erlebniszustand einfach anstelle des subjektiven Zustands nehmen könnten. Es geht zum Beispiel ja nicht um die soziokulturellen Bedingungen des Verliebtseins oder der Schmerzempfindung, sondern um individuelle Erlebniszustände, und die sind nun einmal nach allem, was wir wissen, aufs Engste mit physiologischen Vorgängen in unserem Körper und unserem Gehirn verbunden (vgl. Roth 2003a). Sollte es so sein, dass zusammen mit einer bestimmten Konzentration von Cortisol und Testosteron und dem Auftreten einer bestimmten EEG-Komponente im Gehirn einer männlichen Versuchsperson beim Anblick einer anderen Person das Gefühl des Verliebtseins *verlässlich* vorausgesagt werden kann (vgl. Bartels/Zeki 2000), ist es dann nicht zulässig zu sagen, „Verliebtsein ist nichts anderes als die Ausschüttung der und der Stoffe in den und den Teilen des Gehirns"?

Folgendes erscheint an solch einem radikal-reduktionistischen Materialismus problematisch. Erstens: Ein reduktionistischer Ansatz ist vor allem dann gerechtfertigt, wenn ich *allein* aus der Kenntnis der anatomisch-physiologischen Bedingungen ein bestimmtes Phänomen voraussagen oder zumindest in seinen wesentlichen Zügen erklären kann (Einstein hat bekanntlich im Rahmen seiner allgemeinen Relativitätstheorie bestimmte Phänomene wie schwarze Löcher oder den Laser vorausgesagt, die erst Jahrzehnte später entdeckt wurden). Aus der Kenntnis bestimmter Eigenschaften der Nervenzellmembran und ihrer Ionenkanäle kann ich die Eigenschaften des Aktionspotenzials mehr oder weniger vollständig erklären und sogar voraussagen, selbst wenn ich vorher noch nie ein Aktionspotenzial beobachtet habe. Ich könnte eventuell sogar auf Grund einer hinreichenden Kenntnis des zu einem Zeitpunkt vorliegenden strukturellen und funktionalen Zustandes des menschlichen Gehirns und der einwirkenden Sinnesreize das *Verhalten* eines Menschen vollständig erklären, sofern mir die entsprechenden mathematischen Hilfsmittel zur Verfügung stünden (was sie leider nicht tun). Ich könnte sogar folgern, dass es irgendwelche „inneren Zustände" geben muss, die „von außen" nicht mehr erfassbar sind. Aber ich könnte nichts darüber aussagen, wie sich diese „inneren Zustände" anfühlen.

Für den Naturwissenschaftler ist dies keine wirkliche „Erklärungslücke", wie von manchen Philosophen (zum Beispiel Levine 1983, 1993; vgl. Pauen/Stephan 2002) behauptet wird. Für den Hirnforscher genügt es zu zeigen: (a) Es gibt im Gehirn „innere Zustände", die extern nicht zugänglich sind; (b) diese „inneren Zustände" sind unabdingbar an extern zugängliche Hirnzustände gebunden; (c) diese von „inneren Zuständen" begleiteten Hirnzustände haben andere Wirkungen (zum Beispiel auf bestimmte Verhaltensweisen, in denen es um eine „semantisch tiefe" Informationsverarbeitung geht) als diejenigen, die *nicht* von solchen „inneren Zuständen" begleitet sind. Es ist für die Hirnforschung zur Erklärung des Verhaltens unwichtig zu wissen, in welcher Weise eine Versuchsperson die Farbe „grün" empfindet, sofern sie sich in ihrem Verhalten oder in ihren Aussagen so verhält, wie die physiologischen Abläufe in den farbspezifischen Arealen der Großhirnrinde vermuten lassen.

Dies bedeutet aber zugleich, dass der Hirnforscher sagen darf, „die und die neurophysiologischen Prozesse in den und den Hirnzentren zeigen verlässlich an, dass die Versuchsperson verliebt ist bzw. grüne Gegenstände sieht". Unzulässig ist es aber zu sagen: „Verliebtsein, grüne Gegenstände sehen oder etwas wollen ist nichts anderes als das Feuern der und der Neuronen", denn zum Verliebtsein, zum grüne Gegenstände sehen und etwas Wollen gehört unabdingbar ein bestimmtes subjektives Erleben. Insofern verbietet es sich, von Nervenzellverbänden als einem empfindenden Subjekt zu sprechen, also „das limbische System von Herrn Meier ist verliebt", „die Großhirnrinde von Frau Müller fühlt Schmerz", „der präfrontale Cortex von Herrn Schmidt will", und zwar auch dann, wenn wir zutiefst davon überzeugt sind, dass bestimmte Hirnprozesse diese Empfindungen hervorbringen. Hier müssen wir uns bescheiden und sagen: „Die und die Vorgänge im Gehirn der Versuchsperson führen verlässlich dazu, dass sie die und die Empfindungen hat".

Ganz anders ist dies, wie oben dargestellt, wenn es um *Verhaltensweisen* geht, weil diese in derselben Beobachtungs- und Beschreibungsebene liegen wie Untersuchungen am Gehirn. Wir können also völlig korrekt feststellen, dass ein Gehirn eine *Entscheidung* trifft, denn dies ist eine objektivierbare Verhaltensweise. Sofern wir unter „Willensfreiheit" ein bestimmtes beobachtbares Verhalten verstehen und nicht nur einen Empfindungszustand (der überdies ja noch täuschen kann), dann dürfen Hirnforscher sagen „es gibt keine Willensfreiheit (im starken Sinne)", vorausgesetzt die Personen verhalten sich stets so, wie auf Grund bestimmter Hirnprozesse voraussagbar und erklärbar ist.

V. Die Unterscheidung von „Gründen" und „Ursachen" bei der Erklärung von Handlungen

Eines der häufigsten von Philosophen, insbesondere im Zusammenhang mit der Debatte um die Willensfreiheit, gegen Hirnforscher vorgebrachten Argumente ist die angebliche Vernachlässigung des fundamentalen Unterschieds zwischen *Ursachen* und *Gründen*. Hirnforscher begehen hier einen *Kategorienfehler*. Hirnprozesse laufen nach dieser Argumentationsweise auf Grund bestimmter Ursachen kausal ab, Menschen aber handeln aus Gründen. Anders ausgedrückt: Gehirne reagieren aus Ursachen, Menschen *handeln* aus Gründen. Der Mensch ist deshalb willensfrei, weil er aus Gründen und nicht aus Ursachen handelt.

Unproblematisch ist eine solche Redeweise, wenn man Dualist ist. Für einen Dualisten gibt es, wie oben erwähnt, zwei Arten von Verursachungen, nämlich eine stofflich-kausale und eine mentale. Handeln aus Gründen ist demnach identisch mit dem Handeln auf Grund mentaler Verursachung, nicht auf Grund neuronaler Prozesse, bei denen es sich um Ursachen handelt. Problematisch wird es hingegen, wenn man – wie inzwischen viele Philosophen dies tun – gleichzeitig davon ausgeht, dass alles Mentale strikt an neuronale Prozesse gebunden ist. Man muss dann wohl der Auffassung sein, dass „Gründe" als etwas explizit *Nicht-Neuronales* irgendwie aus dem neuronalen Geschehen „emergieren" und damit die strikte vollständige neuronale Bedingtheit des Mentalen sprengen. Wie soll sonst der Unterschied zwischen Ursachen und Gründen entstehen? Damit ist man aber bei einem „emergenten Dualismus" angelangt, wie ihn etwa Karl Popper annahm (Popper/Eccles 1982), und der dieselben Schwierigkeiten hat wie der interaktive Dualismus.

Die Frage nach der Unterscheidung von Ursachen und Gründen ist bekanntlich in der modernen Philosophie ausführlich diskutiert worden (vgl. Stoecker 2002). Im Anschluss an den „klassischen" Standpunkt Donald Davidsons, dass Handlungserklärungen Kausalerklärungen sind (Davidson 1963), sehe ich zwei Möglichkeiten, die Beziehung von Gründen und Ursachen zu deuten, ohne in einen Dualismus und seine fatalen Konsequenzen zu verfallen. Erstens kann man Gründe als die *bewusste Erlebnisform* von Gehirnprozessen ansehen, die sich im neurobiologischen Experiment als komplexe Verkettung von neurophysiologischen Ereignissen darstellen. *Gründe* wären danach der „innere", erlebte Aspekt, *Ursachen* der „äußere" neurophysiologische Aspekt eines umfassenderen Dritten, das ganz offenbar deterministisch abläuft, uns aber grundlegend verschlossen ist.

Man kann aber auch „Gründe" in einem anderen Sinn verstehen, nämlich als Erklärungsweise eigener Handlungen sich selbst und den Mitmenschen gegenüber. Wir Menschen stehen in einem Erklärungs- und Legitimationszwang unseres Handelns, der uns bereits in der frühen Kindheit vermittelt wird und der je nach soziokulturellem Kontext verschieden ausfällt. Wir lernen, wie wir möglichst plausibel unsere Handlungsweisen erklären, und diese Erklärungen müssen nicht mit den tatsächlichen Motiven bzw. Ursachen unseres Handelns identisch sein (und sind es häufig auch nicht). Dies hieße: *Wir handeln aus Ursachen, aber wir erklären dieses Handeln mit Gründen.*

VI. Abschlussbetrachtung

Es ist für die Hirnforschung sinnvoll und notwendig, die auf Grund des stürmischen Fortschritts der Hirnforschung in jüngster Zeit von einigen Philosophen vehement vorgebrachte Kritik zum Anlass sprachkritischer und begrifflicher Überlegungen zu nehmen. Wie dargestellt, kann man in enger Zusammenarbeit von Hirnforschern und Philosophen bei der Darstellung des komplizierten Verhältnisses von neuronalen Prozessen und mental-psychischen Erlebniszuständen durchaus zu widerspruchsfreien Aussageweisen gelangen. Die ernst zu nehmende Gefahr liegt in der von Neurowissenschaftlern nicht selten vertretenen Auffassung, es gebe jenseits der neuronalen Vorgänge nichts mehr zu erklären. Sollte sich diese Auffassung weiter verbreiten, so könnte es zu Denk- und Sprachverboten umgekehrter Art kommen, wie es die amerikanische Psychologie über Jahrzehnte unter dem starken Einfluss des radikalen Behaviorismus erfahren hat.

Literatur

Anderson, S. W. u. a. (1999), Impairment of social and moral behavior related to early damage in human prefrontal cortex, in: Nature Neuroscience, 1032–1037.

Bartels, A./Zeki, S. (2000), The neural basis of romantic love, in: NeuroReport, 3829–3834.

Blakemore, S.-J. u. a. (2002), Abnormalities in the awareness of action, in: Trends in Cognitive Sciences, 237–242.

Breidbach, O. (1997), Die Materialisierung des Ich, Frankfurt/M.

Damasio, A. R. (1994), Descartes' Irrtum, München.

Davidson, D. (1963), Actions, Reasons, and Causes, in: The Journal of Philosophy, 685–700.

Eccles, J. C. (1982), The initiation of voluntary movements by the supplementary motor area, in: Arch. Psychiatr. Nervenkr., 423–441.

Eccles, J. C. (1994), Wie das Selbst sein Gehirn steuert, München.

Haggard, P./Eimer, M. (1999), On the relation between brain potentials and the awareness of voluntary movements, in: Experimental Brain Research, 128–133.

Haynes, J. D. u. a. (2003), Neuromagnetic correlates of perceived contrast in primary visual cortex, in: J. Neurophysiol., 2655–2666.

Jeannerod, M. (1997), The Cognitive Neuroscience of Action, Oxford.

Jeannerod, M. (2003), Self-generated actions, in: S. Maasen u. a. (Hrsg.), Voluntary Action, New York.

Kolb, B./Wishaw, I. Q. (1993), Neuropsychologie, Heidelberg.

Levine, J. (1983), Materialism and Qualia, in: Pacific Quarterly, 354–361. Dt.: Gedanken über Qualia, in: Pauen, M./Stephan, A. (Hrsg.), Phänomenales Bewußtsein – Rückkehr zur Identitätstheorie?, Paderborn, 108–121.

Levine, J. (1993), On leaving out what it's like, in: Davies, M./Humphreys, G. W. (Hrsg.), Oxford.

Libet, B. (1985), Unconscious cerebral initiative and the role of conscious will in voluntary action, in: Behavioral Brain Sciences, 529–566.

Libet, B. u. a. (1983), Time of conscious intention to act in relation to onset of cerebral activity (readiness-potential), in: Brain, 623–642.

Noesselt, T. u. a. (2002), Delayed striate cortical activation during spatial attention, in: Neuron, 575–587.

Pauen, M. (2001), Grundprobleme der Philosophie des Geistes und die Neurowissenschaften, in: ders./ Roth, G. (Hrsg.), Neurowissenschaften und Philosophie, München, 83–122.

Pauen, M./Stephan, A. (2002), Phänomenales Bewußtsein – Rückkehr zur Identitätstheorie?, Paderborn.

Peterhans, E./von der Heydt, R. (1991), Subjective contours – bridging the gap between psychophysics and physiology, in: Trends in Neurosciences, 112.

Ploghaus A. u. a. (1999), Dissociating pain from its anticipation in the human brain, in: Science, 1979–1981.

Popper, K. R./Eccles, J. C. (1982), Das Ich und sein Gehirn, München.

Raine, A. u. a. (1997), Brain abnormalities in murderers indicated by positron emission tomography, in: Biological Psychiatry, 495–508.

Raine, A. u. a. (1998), Reduced prefrontal and increased subcortical brain functioning assessed using positron emission tomography in predatory and affective murderers, in: Behav. Sci. Law, 319–332.

Raine, A. u. a. (2000), Reduced prefrontal gray matter volume and reduced autonomic activity in antisocial personality disorder, in: Archives Gen. Psychiatry, 119–127.

Rainville, P. u. a. (1997), Pain affect encoded in human anterior cingulate but not somatosensory cortex, in: Science, 968–971.

Roth, G. (2003a), Fühlen, Denken, Handeln, Frankfurt/M.

Roth, G. (2003b), Aus Sicht des Gehirns, Frankfurt/M.

Stoecker, R. (2002), Handlungen und Handlungsgründe, Paderborn.

Walter, H. (1998), Neurophilosophie der Willensfreiheit, Paderborn.

Wegner, D. (2002), The Illusion of Conscious Will, London.

Wessels, J./Beulke, W. (2002), Strafrecht. Allgemeiner Teil (32. Aufl.), Heidelberg.

Selbsterfahrung und neurobiologische Fremdbeschreibung

Zwei konfliktträchtige Erkenntnisquellen

Von WOLF SINGER (Frankfurt/M.)

I. Ein epistemisches Caveat

Die Aufklärung der neuronalen Grundlagen höherer kognitiver Leistungen ist mit epistemischen Problemen behaftet. Eines folgt aus der Zirkularität des Unterfangens, da Explanandum und Explanans eins sind. Das Erklärende, unser Gehirn, setzt seine eigenen kognitiven Werkzeuge ein, um sich selbst zu begreifen, und wir wissen nicht, ob dieser Versuch gelingen kann. Ein weiteres Problem rührt daher, dass sich das Gehirn evolutionären Prozessen verdankt, die nicht notwendigerweise zur Ausbildung eines kognitiven Systems führten, das unfehlbar ist.

Wir können nur erkennen, was wir beobachten, denkend ordnen und uns vorstellen können. Was für unsere kognitiven Systeme unfassbar ist, existiert nicht für uns. Die Grenzen des Wissbaren werden demnach durch die Beschränkungen der kognitiven Fähigkeiten unseres Gehirns gezogen. Zu fragen ist also, wie es mit der Verlässlichkeit und den Begrenzungen dieses kognitiven Apparates bestellt ist. Und diese Frage fällt in den Zuständigkeitsbereich der Neurobiologie. Unsere kognitiven Funktionen beruhen auf neuronalen Mechanismen, und diese sind ein Produkt der Evolution. Nun deutet wenig darauf hin, dass die evolutionären Prozesse daraufhin ausgelegt sind, kognitive Systeme hervorzubringen, welche die Wirklichkeit so vollständig und objektiv wie nur irgend möglich zu erfassen oder – falls die Welt eine entsprechende Schichtenstruktur aufweisen sollte – gar die Tiefenstrukturen hinter den Phänomenen zu erkennen vermögen. Im Wettbewerb um Überleben und Reproduktion kam es vorwiegend darauf an, aus der Fülle im Prinzip verfügbarer Information nur jene aufzunehmen und zu verarbeiten, die für die Bedürfnisse des jeweiligen Organismus bedeutsam sind. Wie die hohe Selektivität und Spezialisierung unserer Sinnessysteme ausweist, betrifft dies nur einen winzigen Ausschnitt der uns inzwischen bekannt gewordenen Welt. Organismen, die sich in andere ökologische Nischen hineinentwickelten, interessieren sich notgedrungen für andere Eigenschaften der Welt und haben ihre Sinnessysteme entsprechend angepasst. Zusätzlich zu dieser Optimierung der Signalaufnahme kam es darauf an, die verfügbare Information möglichst schnell in zweckmäßige Verhaltensreaktionen umzusetzen. Umfassende Weltbeschreibungen sind dem kaum dienlich. Es erscheint deshalb wenig wahrscheinlich, dass die Evolution kognitive Mechanismen hervorgebracht hat, die solches zu leisten vermögen. Eine Fülle von Beispielen belegt, dass sich unsere kognitiven Systeme die Welt in der Tat auf sehr pragmatische und idiosynkratische Weise zurechtlegen. Obgleich unsere Sinnessysteme nur diskontinuierliche Ausschnitte aus dem physiko-chemischen Kontinuum der Welt aufnehmen, erscheint uns die Welt dennoch als kohärent. Der Grund ist, dass wir Fehlendes ergänzen und über Ungereimtheiten hinwegsehen, um ein schlüssiges Gesamtbild zu erhalten. Unsere Sinnessysteme sind zwar hervorragend angepasst, um aus wenigen Daten sehr schnell die verhaltensrelevanten Bedingungen zu erfassen, aber sie legen dabei keinen Wert auf Vollständigkeit und Objektivität. Sie bilden nicht getreu ab, sondern rekonstruieren und bedienen sich dabei des im Gehirn gespeicherten Vorwissens. Dieses speist sich aus zwei Quellen: Zum einen ist es das im Laufe der Evolution erworbene Wissen über die Welt, das vom Genom verwaltet wird und sich in Architektur und Arbeitsweise von Gehirnen ausdrückt. Zum anderen ist es das zu Lebzeiten durch Erfahrung erworbene Wissen. Gehirne nutzen dieses Vorwissen, um Sinnessignale zu interpretieren und in größere Zusammenhänge einzuordnen. Unsere als objektiv empfundenen Wahrnehmungen sind das Ergebnis solcher konstruktiver Vorgänge. Diese wissensbasierten Rekonstruktionen können dazu beitragen, die Unvollkommenheit der Sinnessysteme teilweise zu kompensieren. Vorwissen kann genutzt werden, um Lücken aufzufüllen, und logisches Schließen kann helfen, Ungereimtheiten aufzudecken. Zudem lassen sich durch technische Sensoren Informationsquellen erschließen, die unseren natürlichen Sinnen nicht zugänglich sind. Der Erfolg wissenschaftlicher Erkenntnisprozesse belegt die Wirksamkeit der kombinierten Anwendung von Messinstrumenten und logischem Schließen, das in der mathematischen Formulierung von Zusammenhängen seine stringenteste Form gefunden hat. Interessant ist jedoch, dass diese Erkenntnisstrategie oft zu Erklärungen führt, die unanschaulich und gelegentlich sogar für die Intuition unplausibel sind. Wir lassen uns jedoch überzeugen, dass auch kontraintuitive Interpretationen zutreffen, wenn sich aus ihnen gültige Voraussagen ableiten oder auf ihrer Grundlage funktionierende Apparate bauen lassen. Aber auch bei diesen rationalen Erklärungen handelt es sich natürlich um Konstrukte unseres Gehirns, denn auch Denkprozesse beruhen auf neuronalen Vorgängen. Sie gehen auf Leistungen der Großhirnrinde zurück, genauso wie die Wahrnehmung. Deshalb bleibt die Sorge, Denken könne auch nicht verlässlicher oder objektiver sein als Wahrnehmen. Je mehr uns die Neurobiologie über die materielle Bedingtheit unserer kognitiven Leistungen aufklärt, umso deutlicher wird, dass wir uns vermutlich vieles nicht vorstellen können und dass wir die Grenzen nicht kennen, jenseits derer unsere Kognition versagt.

Diese Vorbehalte stellen alle abschließenden Behauptungen infrage, denn dem Argument ist schwer zu begegnen, dass jedwede Erkenntnis vorläufigen Charakter hat und sich durch Einbettung in neue Bezüge wesentlich verändern kann. Dennoch können wir nicht umhin zu versuchen, das jeweils Wissbare so zu ordnen, dass es sich in Modelle fügt, die uns kohärent und widerspruchsfrei erscheinen. Offen bleibt, nach welchen Kriterien unser Gehirn seine internen Zustände, in denen sich die Ergebnisse von Datenerfassung und logischen Schlüssen letztlich manifestieren, als kohärent und stimmig beurteilt.

II. Unser Menschenbild zwischen Selbsterfahrung und neurobiologischer Fremdbeschreibung

Zum einen sind da die Attribute unseres Menschseins, die sich uns aus der Ersten-Person-Perspektive erschließen, unsere Gefühle, Wahrnehmungen und Selbsterfahrungen. Die Rede ist von Phänomenen, die wir nur selbst wahrnehmen können, die erst durch unser Erleben in die Welt kommen. Glück, Schmerz, Leid, Stolz, Schmach und Kränkung sind nicht, wenn sie nicht erfahren werden. Und Gleiches gilt für die Inhalte unserer Wertungen, für moralische

Urteile und ethische Setzungen. Schließlich sind da die Phänomene, die aus unserer Wahrnehmung erwachsen, über eine geistige, mentale Dimension zu verfügen, die uns befähigt, frei über uns befinden zu können, zu werten und zu entscheiden. Diese immateriellen Phänomene erleben wir als ebenso real wie die Erscheinungen der dinglichen Welt, die uns umgibt. Sie sind uns allen gleichermaßen vertraut, weshalb wir Bezeichnungen für sie erfinden konnten, auf die wir uns einigen können. Wir sprechen von freiem Willen und wissen, was wir darunter zu verstehen haben. Wir begreifen uns als Wesen, die über Intentionalität verfügen, die fähig sind zu entscheiden, initiativ zu werden und zielbewusst in den Ablauf der Welt einzugreifen. Wir erfahren uns als freie und folglich als verantwortende, autonome Agenten. Es scheint uns, als gingen unsere Entscheidungen unseren Handlungen voraus und wirkten auf Prozesse im Gehirn ein, deren Konsequenz dann die Handlung ist. Diese Überzeugungen erwachsen aus der Erfahrung, dass wir uns unserer eigenen Empfindungen, Wahrnehmungen, Erinnerungen, Absichten und Handlungen gewahr sein und auf diese Einfluss nehmen können. Wir erleben, dass wir diese mentalen Prozesse vor unserem inneren Auge Revue passieren lassen und sie zu Objekten unserer Wahrnehmung machen können. Phänomene, die wir als geistige oder psychische oder seelische bezeichnen, erleben wir als Realitäten einer immateriellen Welt, an deren Existenz unsere Selbsterfahrung jedoch ebenso wenig Zweifel aufkommen lässt wie unsere Sinneswahrnehmungen an der Existenz der dinglichen Welt.

Wir begreifen uns also als beseelte Wesen, die an einer immateriellen, geistigen Sphäre teilhaben, deren Erscheinungen nur der subjektiven Erfahrung zugänglich sind. Zugleich aber, und hier tritt der Konflikt auf, wissen wir uns mit der gleichen Gewissheit als der materiellen Welt zugehörig. Wir rechnen uns zu den Organismen, die ihr In-der-Welt-Sein einem kontinuierlichen evolutionären Prozess verdanken. Dabei erscheinen uns alle Komponenten dieses Prozesses und die zu Grunde liegenden Selbstorganisationsmechanismen als der dinglichen Welt zugehörig, als Naturphänomene, die sich aus der Dritten-Person-Perspektive, also aus der Perspektive eines Beobachters, objektivieren und beschreiben lassen: die Ausgangsbedingungen, die herrschten, bevor Leben in die Welt kam, die physiko-chemischen Wechselwirkungen, die reproduktionsfähige Strukturen ermöglichten, und die evolutionären Gesetzmäßigkeiten, die schließlich die Ausdifferenzierung zu Pflanzen und Tieren einleiteten. Wir gehen davon aus, dass es im Prinzip möglich ist, all diese Phänomene im Rahmen naturwissenschaftlicher Beschreibungssysteme fassen und erklären zu können.

Zu diesen, von der Position eines Beobachters aus beschreibbaren Eigenschaften von Organismen gehört auch deren Verhalten. Wie sich feststellen lässt, ist dieses durch die Organisation des Organismus und insbesondere durch sein Nervensystem determiniert. Das Verhalten von Organismen ist selbst Gegenstand von evolutionären Ausleseprozessen, nicht weniger als die Form eines Flügels. Tiere, deren Verhaltensrepertoire optimale Anpassung an sich verändernde Bedingungen erlaubt, haben im evolutionären Wettbewerb die besseren Chancen. Aus dieser Perspektive erscheint Verhalten somit als eine Variable der belebten, aber dennoch dinglichen Welt, in welcher sich die Evolution ereignete. Folglich muss sich jede Komponente des von außen beobachtbaren, messbaren und objektivierbaren Verhaltens als Folge von Prozessen darstellen lassen, die im Rahmen naturwissenschaftlicher Beschreibungssysteme fassbar sind.

Diese, wie ich glaube, zwingende Einsicht bereitet keinerlei Schwierigkeiten, solange wir mit Verhalten nur jenes von einfach organisierten Tieren meinen. Wir haben kein Problem mit der Einsicht, dass tierisches Verhalten vollkommen determiniert ist, dass die jeweils folgende Aktion notwendig aus dem Zusammenspiel zwischen aktueller Reizkonstellation und unmittelbar vorausgehenden Gehirnzuständen resultiert. Wir haben auch keine Schwierigkeiten anzuerkennen, dass die jeweiligen Gehirnzustände determiniert sind durch die genetisch vorgegebene Organisation des jeweiligen Nervensystems, durch die epigenetischen Einflüsse, die diese Organisation während der Entwicklung modifiziert haben, durch die vielen Lernprozesse, die ebenfalls Modifikationen der funktionellen Architektur von Nervennetzen bewirken, und schließlich durch die unmittelbare Vorgeschichte, die in der Dynamik neuronaler Wechselwirkungen nachschwingt. Wenn es dann doch etwas anders kommt als erwartet, dann nehmen wir an, dass zufällige Schwankungen dafür verantwortlich sind.

Die zunehmende Verfeinerung neurobiologischer Messverfahren hat nunmehr die Möglichkeit eröffnet, auch die neuronalen Mechanismen zu analysieren, die höheren kognitiven Leistungen komplexer Gehirne zu Grunde liegen. Somit werden auch diese, oft als psychisch bezeichneten Phänomene zu objektivierbaren Verhaltensleistungen, die aus der Dritten-Person-Perspektive untersucht und beschrieben werden können. Zu diesen mit naturwissenschaftlichen Methoden untersuchbaren Leistungen zählen inzwischen auch solche, die uns bereits aus der Ersten-Person-Perspektive vertraut sind. Darunter fallen Wahrnehmen, Vorstellen, Erinnern und Vergessen, Bewerten, Planen und Entscheiden, und schließlich die Fähigkeit, Emotionen zu haben. Alle diese Verhaltensmanifestationen lassen sich operationalisieren, aus der Dritten-Person-Perspektive heraus objektivieren und im Sinne kausaler Verursachung auf neuronale Prozesse zurückführen. Somit erweisen sie sich als Phänomene, die in kohärenter Weise in naturwissenschaftlichen Beschreibungssystemen erfasst werden können.

Natürlich sind diese beobachtbaren kognitiven Leistungen mit den zu Grunde liegenden neuronalen Prozessen nicht identisch. Wir verwenden deshalb unterschiedliche Beschreibungssysteme zur Darstellung von Verhaltensleistungen und neuronalen Prozessen, und wir sagen, Verhaltensleistungen seien emergente Eigenschaften neuronaler Vorgänge. Damit soll ausgedrückt werden, dass die kognitiven Funktionen mit den physiko-chemischen Interaktionen in den Nervennetzen nicht gleichzusetzen sind, aber dennoch kausal erklärbar aus diesen hervorgehen.

Dieser Sichtweise steht die von unserer Selbsterfahrung genährte Überzeugung entgegen, dass wir an einer geistigen Dimension teilhaben, die von den Phänomenen der dinglichen Welt unabhängig und ontologisch verschieden ist. Weil wir diese geistige Dimension einer verschiedenen Seinswelt zuordnen, gehen wir davon aus, dass sie aus der dinglichen Welt, die in der Dritten-Person-Perspektive erfasst wird, nicht ableitbar ist. Wir erfahren unsere Gedanken und unseren Willen als frei, als jedweden neuronalen Prozessen vorgängig. Wir empfinden unser Ich den körperlichen Prozessen gewissermaßen gegenübergestellt. Wir erfahren uns als wertende, mit Intentionalität ausgestattete Wesen, die sich selbst und anderen Verantwortung zuschreiben für das, was sie tun, und wir empfinden uns in der Lage, mit unserem Gewissen in Zwiegespräche einzutreten, mit unseren kategorischen Imperativen zu argumentieren, unsere Stimmungen zu beherrschen und uns über diese Handlungsdeterminanten hinwegzusetzen. Uns erscheint unser wahrnehmendes, wertendes und entscheidendes Ich als eine geistige Entität, die sich der neuronalen Prozesse allenfalls bedient, um Informationen über die Welt zu gewinnen und Beschlüsse in Taten umzusetzen. Damit das Gewollte zur Tat wird, muss etwas im Gehirn geschehen, was das Gewollte ausführt. Es müssen Effektoren aktiviert werden, und dazu bedarf es neuronaler Signale. Entsprechend müssen die Sinnessysteme eingesetzt werden, also wiederum neuronale Strukturen, um etwas über die Welt zu erfahren. Bei all dem begleitet uns das Gefühl, dass wir es sind, die diese Prozesse kontrollieren. Dies aber ist mit den deterministischen Gesetzen, die in der dinglichen Welt herrschen, nicht kompatibel.

Wir haben offenbar im Laufe unserer kulturellen Geschichte zwei parallele Beschreibungssysteme entwickelt, die Unvereinbares über unser Menschsein behaupten. Diese Inkompatibilität zwischen Selbst- und Außenwahrnehmung hat die Menschheit beschäftigt, seit sie begann, über sich nachzudenken. Was zunächst nur Ahnung war, wandelt sich jetzt jedoch zu einem nicht mehr verdrängbaren Problem. Verantwortlich für diese Zuspitzung zeichnen vor allem die Naturwissenschaften und in ganz besonderem Maße die Neurowissenschaften. Liefern diese doch zunehmend überzeugendere Beweise dafür, dass menschliche und tierische Gehirne sich fast nicht unterscheiden, dass ihre Entwicklung, ihr Aufbau und ihre Funktionen den gleichen Prinzipien gehorchen. Da wir, was tierische Gehirne betrifft, keinen Anlass haben zu bezweifeln, dass alles Verhalten auf Hirnfunktionen beruht und somit den deterministischen Gesetzen physiko-chemischer Prozesse unterworfen ist, muss die Behauptung der materiellen Bedingtheiten von Verhalten auch auf den Menschen zutreffen.

Was bedeutet nun dieser Konflikt zwischen zwei, wie es scheint, gleichermaßen überzeugenden, gleichermaßen zutreffenden aber inkompatiblen Menschenbildern für unser Selbstverständnis? Wie könnten Lösungen dieses Konfliktes aussehen, und was würde folgen, falls wir solche tatsächlich fänden? Eine Möglichkeit ist, dass es in der Tat ontologisch verschiedene Welten gibt, eine materielle und eine immaterielle, dass der Mensch an beiden teilhat und wir uns nur nicht vorstellen können, wie die eine sich zur anderen verhält. Solche dualistischen Weltmodelle durchziehen die Geistesgeschichte des Abendlandes seit Anbeginn, und Descartes hat die Unterschiede zwischen geistigen und materiellen Sphären wohl am deutlichsten herausgestellt. Aber diese Sichtweise wirft eine Reihe sehr unangenehmer Probleme auf. Eines von ihnen ist, dass dualistische Positionen mit bekannten Verfahren weder durch Nachdenken noch durch Experimentieren bewiesen oder falsifiziert werden können. Als Arbeitshypothese für Erklärungsversuche sind sie somit wenig hilfreich. Dualistische Weltsysteme können behauptet werden, aber sie sind nicht ableitbar, müssen also geglaubt werden. Diese Unangreifbarkeit vermittelt jedoch nur scheinbare Sicherheit, denn es ergeben sich eine Fülle von Folgeproblemen.

Dualistische Weltmodelle bleiben die Antwort auf die Frage schuldig, wann im Lauf der Evolution oder der Individualentwicklung das Geistige vom Materiellen Besitz ergreift und sich zu erkennen gibt. Geschieht dies bei der Verschmelzung von Ei und Samenzelle oder später während der Embryonalentwicklung, oder erst bei der Geburt, oder gar erst dann, wenn Menschenkinder kognitive Leistungen ausbilden, über die Tiere nicht verfügen? Dasselbe Problem ergibt sich bei der Betrachtung der Evolution. Wir nehmen für uns in Anspruch, beseelt zu sein und über eine einzigartige geistige Dimension zu verfügen. Aber warum sprechen wir dies Schimpansen ab, obgleich sie uns in so vielem gleichen? Der Versuch festzulegen, wann der Phasenübergang vom Materiellen zum Geistigen stattfand oder je neu stattfindet, trifft angesichts der Kontinuität evolutionärer und ontogenetischer Prozesse auf unüberwindbare Schwierigkeiten. Als Ausweg bliebe der Panpsychismus, die Annahme, alles sei beseelt. Aber diese Sicht führt ihrerseits zu einer Fülle von Konflikten bei dem Versuch, materiellen Erscheinungen beseelte oder mentale Qualitäten zuzuschreiben.

Ferner stellt sich das besonders unangenehme Problem der Verursachung, für das wir ebenfalls keine denkbaren Lösungen wissen. Wenn es diese immaterielle geistige Entität gibt, die von uns Besitz ergreift und uns Freiheit und Würde verleiht, wie sollte diese dann mit den materiellen Prozessen in unserem Gehirn in Wechselwirkung treten? Denn beeinflussen muss sie die neuronalen Prozesse, damit das, was der Geist denkt, plant und entscheidet, auch ausgeführt wird. Wechselwirkungen mit Materiellem erfordern den Austausch von Energie. Wenn also das Immaterielle Energie aufbringen muss, um neuronale Vorgänge zu beeinflussen, dann muss es über Energie verfügen. Besitzt es aber Energie, dann kann es nicht immateriell sein und muss den Naturgesetzen unterworfen sein. Umgekehrt stellt sich das Problem, wie sich das Immaterielle über die Welt draußen informiert. Wenn wir die Augen schließen, sind wir blind, und auch unser geistiges Auge scheint keine Möglichkeiten zu haben, sich von den Ereignissen draußen ein Bild zu machen. Offenbar muss sich auch der Geist der Augen und der nachgeschalteten neuronalen Mechanismen bedienen, um die Welt wahrzunehmen. Wie also werden die Sinnessignale, die Energie tragenden elektrischen Entladungen der Nervenzellen in die Sprache des immateriellen Geistes übersetzt? Auch dieses Problem ist in keinem der uns zugänglichen Beschreibungssysteme lösbar. Falls die Prämisse gilt, dass Weltdeutungen widerspruchsfrei sein müssen, um zutreffend zu sein, bleiben drei Möglichkeiten: Unsere Selbsterfahrung trügt und wir sind nicht, wie wir uns wähnen, oder unsere naturwissenschaftlichen Weltbeschreibungen sind unvollständig, oder unsere kognitiven Fähigkeiten sind zu begrenzt, um hinter dem scheinbaren Widerspruch das Einende zu erfahren.

Für alle drei Lesarten lassen sich gute Argumente ins Feld führen. Damit diese Abhandlung nicht in ein fatalistisches, alles relativierendes Ignoramus mündet und jede weitere Überlegung gegenstandslos macht, sollen zumindest jene Beschreibungen und Erklärungen als gegeben und zutreffend angesehen werden, die sich aus der Dritten-Person-Perspektive der wissenschaftlichen Betrachtung als konsensfähig, widerspruchsfrei und gemäß der Kriterien von Wiederhol- und Voraussagbarkeit als beweisbar erwiesen haben. Dabei soll jedoch nicht aus dem Blick geraten, dass auch dieses Wissen sich den kognitiven Leistungen menschlicher Gehirne verdankt.

III. Evolution als kontinuierlicher Prozess

Wenden wir uns also trotz dieser epistemologischen Bedenken wieder der eingangs formulierten Frage zu, ob und, wenn ja, über welche Erklärungen die aus der Ersten-Person-Perspektive erfahrenen Phänomene als Folge der Evolution komplexer Gehirne verstanden werden können. Zu prüfen wäre also zunächst, ob uns die Evolution irgendwelche Anhaltspunkte für Diskontinuitäten oder Entwicklungssprünge gibt, die uns das In-die-Welt-Kommen von mentalen Phänomenen erklären könnten, die wir einer anderen Seinskategorie zurechnen als die physiko-chemischen Prozesse im Gehirn. Spätestens seit Abschluss der Sequenzierung des humanen Genoms steht fest, dass sich die molekularen Bausteine von Nervenzellen im Laufe der Evolution kaum verändert haben. Die Nervenzellen von Schnecken funktionieren nach den gleichen Prinzipien wie die Nervenzellen der Großhirnrinde des Menschen. Dies gilt für die molekularen Bestandteile ebenso wie für die anatomische Grundstruktur, für die Mechanismen der Signaltransduktion innerhalb der Zellen ebenso wie für die Kommunikation zwischen Nervenzellen. Ein vergleichbarer Konservatismus kennzeichnet auch die strukturelle Organisation ganzer Gehirne. Obgleich die Evolution im Reich der Wirbeltiere eine beträchtliche Artenvielfalt hervorbrachte, ist die Hirnentwicklung von erstaunlicher Monotonie gekennzeichnet. Die Gehirne werden größer, aber an den Grundstrukturen ändert sich wenig.

Es finden sich immer die gleichen Zentren, und diese weisen immer die gleiche Feinstruktur auf. Die Großhirnrinde einer Ratte ist von der eines Menschen auch unter dem Mikroskop kaum zu unterscheiden. Der einzig wirklich auffällige Unterschied zwischen den Gehirnen verschiedener Säugetierspezies ist die quantitative Ausdifferenzierung der Großhirnrinde. Im Vergleich zu anderen Tieren, und auch dann nur in Relation zur Körpergröße, haben wir, hat der homo sapiens, mehr Großhirnrinden-Neuronen. Das führt zu der sehr unangenehmen Schlussfolgerung, dass offenbar alles das, was uns ausmacht und uns von den Tieren unterscheidet, und damit auch alles das, was unsere kulturelle Evolution ermöglichte, offenbar auf der quantitativen Vermehrung einer bestimmten Hirnstruktur beruht. Diese, so muss gefolgert werden, vermag offenbar Verarbeitungsprozesse zu realisieren, deren schiere Vermehrung geeignet ist, die mentalen Eigenschaften hervorzubringen, die uns von den Tieren unterscheiden. Es scheint, als seien all die geistigen Qualitäten, die sich unserer Selbstwahrnehmung erschließen, durch die besondere Leistungsfähigkeit unserer Gehirne in die Welt gekommen.

Wie also könnte die quantitative Vermehrung eines bestimmten Hirngewebes zur Emergenz dieser neuen mentalen Qualitäten geführt haben, und hat es vielleicht mit der Großhirnrinde etwas Besonderes auf sich? Die Großhirnrinde lässt sich in viele verschiedene Areale einteilen, von denen jedes eine ganz bestimmte Aufgabe erfüllt. Welche Aufgaben dies jeweils sind, wird durch die Herkunft der Signale festgelegt, die einem bestimmten Großhirnrindenbereich zugespielt werden. So erhalten Areale im Hinterhauptlappen ihre Eingangssignale hauptsächlich vom Auge, die im Parietallappen vom Körper selbst und die im Temporallappen vom Gehör. Andere Areale wiederum beschäftigen sich vorwiegend mit Signalen, die bereits von anderen Hirnrindenregionen vorverarbeitet wurden. So finden sich im Frontalhirn Rindenareale, die für die Einbindung des Organismus in den Fluss der Zeit verantwortlich sind. Hier werden Kurzzeitspeichervorgänge realisiert, die es möglich machen, sich gewahr zu werden, dass es ein Vorher, ein Jetzt und ein Nachher gibt. Ebenfalls im Frontalhirn liegen die stammesgeschichtlich rezenten Areale, die so genannten orbito-frontalen Areale, die beim Menschen eine besondere Ausprägung erfahren und für die Einbindung des Individuums in soziale Gefüge verantwortlich sind. Wenn es dort zu Störungen kommt, dann dedifferenziert die Persönlichkeit, die Menschen verlieren ihre moralischen Prinzipien und werden asozial.

Das Faszinierende ist, dass diese verschiedenen Bereiche der Großhirnrinde nahezu die gleiche Feinstruktur aufweisen. Dies impliziert, dass sie nach den gleichen Prinzipien verschaltet sind und somit die gleichen Verarbeitungsalgorithmen anwenden. Da diese offenbar zur Lösung sehr unterschiedlicher Verarbeitungsprobleme eingesetzt werden können, muss es sich um sehr mächtige Algorithmen handeln.

Wenn sich also die Verarbeitungsstrategien in den verschiedenen Hirnrindenarealen kaum unterscheiden, so müssen neu hinzugekommene Funktionen auf der spezifischen Vernetzung der Areale beruhen. In einfachen Gehirnen gelangt Information auf relativ kurzem Weg von den primären sensorischen Arealen, die sich mit der Verarbeitung der Signale von Sinnesorganen befassen, über Querverbindungen zu den motorischen Hirnrindenarealen, in welchen Bewegungsabläufe und Reaktionen auf Sinnesreize programmiert werden. Einfache Gehirne können deshalb auf verschiedene Reizkonstellationen nur mit einem sehr eingeschränkten Verhaltensrepertoire antworten. Bei den höher organisierten Tieren, und das gilt bereits für Ratten, Katzen und Hunde, aber natürlich in besonderem Maße für Primaten, kommen dann weitere Hirnrindenareale hinzu, die ihre Signale nicht mehr von den Sinnesorganen, sondern indirekt über die bereits vorhandenen, stammesgeschichtlich älteren primären sensorischen Hirnrindenareale beziehen. Diese neuen Areale verarbeiten demnach das Ergebnis von hirnrindenspezifischen Verarbeitungsprozessen, und sie tun dies offenbar auf die gleiche Weise, wie die schon vorhandenen Areale Signale aus der Umwelt verarbeiten. Zudem kommunizieren diese neu hinzugekommenen Areale sehr intensiv untereinander. Eine Nervenzelle in der Großhirnrinde empfängt etwa 10 000 bis 20 000 verschiedene Eingangsverbindungen, und die meisten davon kommen von anderen Großhirnrindenzellen. Die Hirnrinde beschäftigt sich also vorwiegend mit sich selbst. In hochorganisierten Gehirnen machen die Eingänge von den Sinnessystemen und die Ausgänge zu den Effektoren einen verschwindend kleinen Prozentsatz der Verbindungen aus.

IV. Metarepräsentationen und Bewusstsein

Zumindest intuitiv wird nachvollziehbar, wie diese geschichtete Architektur über die wiederholte Anwendung immer gleicher kognitiver Operationen zum Aufbau von Metarepräsentationen innerer Zustände führen könnte. Wenn die Ergebnisse primärer kognitiver Prozesse erneut einer Analyse unterzogen werden, kommt dies der Reflexion eigener Wahrnehmungsprozesse gleich. Zieht man in Betracht, dass die Ergebnisse dieser kognitiven Operationen höherer Ordnung ihrerseits wiederum miteinander verglichen und verrechnet werden und dass die Ergebnisse dieser transmodalen Vergleiche wiederum in neu hinzugekommenen Hirnrindenarealen eine abstrakte Kodierung erfahren können, dann lässt sich erahnen, wie phänomenales Bewusstsein, das Sich-Gewahrsein von Wahrnehmungen und Empfindungen, entstanden sein könnte. Es ist dies eine kognitive Fähigkeit, die wir auch Tieren mit höher organisierten Gehirnen zusprechen. Wir bezweifeln nicht, dass sich höhere Säugetiere und insbesondere alle Primaten ihrer Empfindungen gewahr sein können und dass dieses Gewahrsein handlungsrelevant ist. Der Grund für diese Annahme ist, dass die Gehirne der höher organisierten Säugetiere über die gleichen Mechanismen zur Steuerung von Aufmerksamkeit und zur Speicherung von Wahrnehmungsinhalten im episodischen Gedächtnis verfügen wie der Mensch. Für den Menschen gilt, dass Inhalte dann bewusst werden, wenn sie mit selektiver Aufmerksamkeit bedacht werden. Nur dann können sie im episodischen Gedächtnis gespeichert und später wieder einer bewussten Reflexion unterzogen werden. Somit ist wahrscheinlich, dass tierische Gehirne, die über die entsprechenden Selektions- und Speichermechanismen verfügen, phänomenales Bewusstsein aufweisen. Demnach wäre phänomenales Bewusstsein eine operationalisierbare kognitive Leistung, die sich aus der Dritten-Person-Perspektive heraus analysieren lassen sollte. Nachvollziehbar könnte also sein, wie durch Iteration kognitiver Operationen und reflexive Anwendung auf sich selbst Metarepräsentationen eigener Zustände gebildet werden können und somit die eigene Kognition zum Gegenstand von Kognition werden kann.

V. Das Bindungsproblem

Dies beantwortet aber nicht die Frage, „wer" sich letztlich diese Metaprozesse „anschaut", wer die alles koordinierende Instanz sein könnte, die wir mit dem „Ich" gleichsetzen. Die Intuition hält hier eine einfache Antwort bereit. Sie legt uns nahe, dass es irgendwo im Gehirn ein Zentrum geben müsse, in dem alle Verarbeitungsergebnisse zusammenkommen, um einer kohärenten Interpretation unterworfen zu werden. Dort wäre der Ort, wo entschieden und geplant wird, und dort müsste sich auch das „Ich" konstituieren. Nun wissen wir aber heute, dass sich unsere Intuition in diesem Punkt auf dramatische Weise irrt. Schaltdiagramme der Vernetzung der Hirnrindenareale lassen jeden Hinweis auf die Existenz eines singulären Konvergenzzentrums vermissen. Es gibt keine Kommandozentrale, in der entschieden werden könnte, in der das „Ich" sich konstituieren könnte. Hochentwickelte Wirbeltiergehirne stellen sich vielmehr als hochvernetzte, distributiv organisierte Systeme dar, in denen eine riesige Zahl von Operationen gleichzeitig ablaufen. Diese parallelen Prozesse organisieren sich, ohne eines singulären Konvergenzzentrums zu bedürfen, und führen in ihrer Gesamtheit zu kohärenten Wahrnehmungen und koordiniertem Verhalten. Das wirft die schwierige Frage auf, wie sich die vielen, in den verschiedenen Hirnrindenarealen gleichzeitig ablaufenden Verarbeitungsprozesse so koordinieren, dass kohärente Interpretationen der vielfältigen Sinnessignale möglich werden, dass sich klare Festlegungen für bestimmte Handlungsoptionen ergeben und koordinierte motorische Reaktionen ausgeführt werden können. Und schließlich stellt sich die Frage, wie sich ein so dezentral organisiertes System seiner selbst bewusst werden kann. Antworten auf diese Fragen erfordern Lösungen für das so genannte Bindungsproblem. Es gilt, die Selbstorganisationsprozesse zu verstehen, die aus Teilprozessen kohärente Zustände höherer Ordnung entstehen lassen.

Aus Platzgründen sei hier darauf verzichtet, auf die verschiedenen Vorschläge zur Lösung des Bindungsproblems einzugehen. *Pars pro toto* sei hier die Hypothese diskutiert, die wir in Frankfurt verfolgen. Sie geht davon aus, dass die zur Bindung verteilter Aktivitäten erforderliche Koordination über die Definition präziser zeitlicher Relationen zwischen neuronalen Antworten verwirklicht wird. Der Vorschlag ist, dass das Gehirn die zeitliche Dimension als Kodierungsraum nutzt und präzise zeitliche Synchronisation als Code für die Zusammengehörigkeit neuronaler Antworten verwendet. Das neuronale Korrelat eines Wahrnehmungsinhaltes oder einer Entscheidung oder eines vorformulierten Satzes wäre dann ein komplexes raum-zeitliches Muster synchron aktiver Nervenzellen, das sich über hinreichend lange Zeit stabilisiert, um verhaltensrelevant zu sein oder sogar bewusst zu werden.[1]

Francisco Varela, der letztes Jahr verstorben ist und Nicht-Biologen vor allem durch seine Autopoesis-Konzepte bekannt sein dürfte, führte Experimente durch, um die Synchronisationshypothese am Menschen zu überprüfen. Er bat Versuchspersonen, Schwarz-Weiß-Bilder anzuschauen, von denen einige als Profilansichten von Gesichtern identifizierbar waren. Während die Versuchspersonen versuchten, in diesen Bildern Gestalten zu erkennen, wurden über ein dichtes Netz von Elektroden Hirnströme gemessen. Die Versuchspersonen mussten ferner durch Drücken einer Taste angeben, ob sie ein Gesicht erkannt hatten. Jedes Mal, wenn dies der Fall war, traten über den Hirnrindenarealen, die sich mit dem Sehen befassen, kurzfristig hochsynchrone Wellen im Bereich von etwa 40 Hertz auf. Dies war nicht der Fall, wenn die Versuchspersonen die Muster nicht identifizieren konnten. Diese hochsynchronen Zustände dauerten nur etwa 200 tausendstel Sekunden, lösten sich dann auf und wichen einem neuen, ebenfalls synchronen Schwingungsmuster, das jetzt aber von motorischen Hirnrindenarealen ausging und zeitlich mit der Vorbereitung der motorischen Antwort zu-

1 Zusammenfassende Darstellungen dieses Konzeptes finden sich in: Singer (1993), ders./Gray (1995), Singer (1999), Engel u. a. (2001), Engel/Singer (2001).

sammenfiel. Der hochsynchrone Zustand über den Sehrindenarealen stellt sich also nur dann ein, wenn Musterelemente zu einer bewusst wahrnehmbaren Gestalt zusammengebunden werden können. Dies legt nahe, dass das nicht weiter reduzierbare Korrelat eines Wahrnehmungsinhaltes ein hochkoordinierter dynamischer Zustand ist, der sich dadurch auszeichnet, dass die Neuronen, die für die Repräsentation des jeweiligen Inhalts rekrutiert werden müssen, ihre Entladungen über kurze Zeitspannen synchronisieren. Demnach wäre die Repräsentation von Verarbeitungsergebnissen, gleich, ob es sich um Wahrnehmungsinhalte oder motorische Programme, um Gedanken oder Entscheidungen handelt, ein dynamischer Zustand, der durch die koordinierte Aktivität einer sehr großen Zahl räumlich verteilter Nervenzellen charakterisiert ist. Dies müsste dann auch für die Struktur von Metarepräsentationen gelten, also für die Repräsentation der Inhalte der Selbstwahrnehmung. Die Frage, wie diese dynamischen Zustände in Verhaltensreaktionen umgesetzt werden, lässt sich im Rahmen neurobiologischer Beschreibungssysteme zwar noch nicht befriedigend, aber wohl im Prinzip klären.

Weitaus problematischer ist die Frage, wie sich auf der Basis neuronaler Erregungsmuster die subjektiven Konnotationen unserer Wahrnehmungen und Empfindungen konstituieren. Diese Frage führt uns gegenwärtig noch an die Grenzen unseres Vorstellungsvermögens, da sich in ihr die noch unvereinbaren Beschreibungen begegnen, die wir aus den unterschiedlichen Perspektiven der ersten und der dritten Person gewonnen haben.

Nicht weniger problematisch ist die Frage, wie ein solchermaßen distributiv organisiertes kognitives System dazu kommt, sich ein Bild von sich selbst zu machen und sich als autonomes, frei entscheidendes Agens zu empfinden. Da es keinen ersichtlichen Grund gegen die Annahme gibt, dass auch diese Selbsterfahrungsprozesse auf neuronalen Vorgängen beruhen, lässt sich die Suche nach Antworten auf diese Frage nicht weiter aufschieben. Auch wenn sich, was wahrscheinlich ist, derzeit keine konsensfähigen Interpretationen anbieten lassen, scheint es dennoch an der Zeit, Hypothesen zu formulieren, die sich auf das derzeit Gewusste stützen.

VI. Selbstmodell als soziales Konstrukt

Im Folgenden soll der Versuch gemacht werden, die Bedingungen zu identifizieren, die es uns ermöglichen, uns als selbstbestimmende, frei entscheidende Wesen zu erfahren. Eine zentrale Rolle scheint hierbei dem Faktum zuzukommen, dass uns bei weitem nicht alle Vorgänge in unserem Gehirn bewusst werden. Vieles spricht dafür, dass nur die neuronalen Erregungsmuster zu bewussten Empfindungen und Wahrnehmungen führen, die in der Hirnrinde generiert werden. Von diesen wiederum dürfte jeweils nur ein Bruchteil ins Bewusstsein gelangen. Noch wissen wir wenig darüber, durch welche Eigenschaften sich die bewusstseinsfähigen von den unbewusst bleibenden Erregungszuständen unterscheiden. Manches spricht dafür, dass Erregungsmuster nur dann bewusst werden können, wenn ihnen „Aufmerksamkeit" geschenkt wird und sie dadurch ein kritisches Maß an Kohärenz, an Ordnung, an Synchronisation erlangen und diesen Zustand über hinreichend lange Zeit aufrechterhalten können. Ergebnisse aus Versuchen, die dem geschilderten Experiment von Varela ähneln, stützen diese Vermutung. Wendet sich zum Beispiel die visuelle Aufmerksamkeit auf einen bestimmten Ort im Gesichtsfeld, dann nimmt in den dafür zuständigen Regionen der Hirnrinde die Kohärenz neuronaler Oszillationen im hohen Frequenzbereich von 40 Hertz zu, noch bevor Reize auftreten.[2] Dies impliziert, dass viele der vorbereitenden Verarbeitungsprozesse – und schon diese müssen bereits auf sehr komplexen Selbstorganisationsvorgängen beruhen – nicht ins Bewusstsein gelangen. Es scheint, als könnten Erregungsmuster erst dann bewusst werden, wenn sie ein gewisses Maß an Konsistenz erreicht haben, also als Ergebnis eines Verarbeitungsprozesses gewertet werden. Manche der vom Gehirn ausgewerteten Signale haben jedoch prinzipiell keinen Zugang zum Bewusstsein. Wir haben zum Beispiel keinen bewussten Zugriff auf Informationen über unseren Blutdruck oder das Niveau des Blutzuckerspiegels, obgleich diese Variablen sehr sorgfältig gemessen, vom Gehirn ausgewertet und in Regulationsprozesse umgesetzt werden. Der wahrscheinliche Grund hierfür ist, dass diese Verarbeitungsprozesse ohne Beteiligung der Großhirnrinde ablaufen. Aber auch von den Signalen, die von der Großhirnrinde verarbeitet werden und auf die das Bewusstsein im Prinzip Zugriff hat, wird jeweils nur ein kleiner Teil bewusst. Vom kontinuierlichen Strom der Sinnessignale, die im Gehirn verarbeitet und zur Verhaltenssteuerung genutzt werden, ist uns immer nur ein kleiner Ausschnitt bewusst. Nur die Aspekte, denen wir Aufmerksamkeit schenken, werden uns auch bewusst, und nur diese können wir im deklarativen Gedächtnis abspeichern, und nur über diese können wir später berichten. Natürlich hinterlassen auch die unbewussten Verarbeitungsprozesse Gedächtnisspuren und beeinflussen zukünftiges Handeln. Aber wir werden uns dieser Handlungsdeterminanten nicht bewusst und können sie deshalb nicht als Begründungen für unser Tun anführen. Diese Parallelität von bewussten und unbewussten Handlungsdeterminanten ist ein wichtiger Grund dafür, dass wir uns aus der Ersten-Person-Perspektive heraus als freie autonome Agenten erfahren können.

Eine weitere Voraussetzung für die Konstitution eines Selbst, das sich frei wähnt, so mein Vorschlag, ist die soziale Interaktion. Mir scheint unser Selbstmodell wesentlich dadurch geprägt, dass wir uns in den kognitiven Funktionen, in der Wahrnehmung des je anderen spiegeln können, dass wir in Dialoge eintreten können des Formats „Ich weiß, dass du weißt, dass ich weiß" oder „Ich weiß, dass du fühlst, wie ich mich empfinde" usw. Solche iterativen Spiegelungsprozesse könnten die Erfahrung vermitteln, ein autonomer Agent zu sein, der frei über sich verfügen kann. Um in solche Dialoge eintreten zu können, müssen jedoch zwei Bedingungen erfüllt sein. Es sind dies kognitive Funktionen, über die nur menschliche Gehirne verfügen. Zum einen bedarf es der Fähigkeit, eine Theorie des Geistes aufzubauen. Dies bezeichnet die Möglichkeit, sich vorzustellen, was im anderen vorgeht, wenn dieser sich in einer bestimmten Situation befindet. Mit Ausnahme der großen Menschenaffen fehlt Tieren diese Fähigkeit. Lediglich bei Schimpansen wurden bislang Ansätze dafür gefunden. Der Grund ist, dass für diese Leistung Hirnstrukturen erforderlich sind, die erst beim Menschen ihre volle Ausprägung erfahren. Diese evolutionsgeschichtlich jungen Strukturen reifen erst im Laufe der ersten Lebensjahre aus, weshalb auch kleine Kinder keine Theorie des Geistes aufbauen können.

Ein Beispiel soll verdeutlichen, wozu eine Theorie des Geistes befähigt. Man verstecke einen Gegenstand vor den Augen von Beobachtern, schicke dann einen von ihnen vor die Tür, wechsle jetzt das Versteck vor aller Augen, und frage die Beobachter, wo der Hinausgeschickte suchen wird, wenn man ihn hereinruft. Beobachter, die über eine Theorie des Geistes verfügen, werden sagen, der Hereingerufene wird am ursprünglichen Versteck suchen, während Beobach-

2 Vgl. Engel/Singer (2001) für weiterführende Literatur.

ter ohne dieses Vermögen vermuten werden, der Hereingerufene werde an dem Ort suchen, an dem sich der Gegenstand tatsächlich befindet.

Die zweite Funktion, über die dialogfähige Gehirne verfügen müssen, ist sprachliche Kommunikation. Die Gehirne müssen in der Lage sein, abstrakte Relationen symbolisch zu kodieren und syntaktisch zu verknüpfen. Sind diese Voraussetzungen erfüllt, können sich Dialoge der eben skizzierten Art zwischen Gehirnen entwickeln. Gehirne können sich dann in der Wahrnehmung des Gegenübers spiegeln, und ich schlage vor, dass diese Spiegelung zur Entwicklung eines Selbstmodells führt, in dem wir uns als freie, selbstbestimmte Wesen erfahren. Wenn es sich aber bei dieser Erfahrung um ein Phänomen handelt, das nur durch soziale Interaktion in die Welt tritt, dann haben die Inhalte dieser Erfahrung einen anderen ontologischen Status als die Inhalte der Wahrnehmung der dinglichen Welt. Erstere hätten dann den Status von sozialen Realitäten, von kulturellen Konstrukten und Zuschreibungen, die ihre Existenz zwischenmenschlichen Interaktionen verdanken.

VII. Frühkindliches Lernen und Vergessen

Wie aber kommen wir nun zu der unerschütterlichen Überzeugung, dass unser Ich freie Entscheidungen treffen und über Prozesse in unserem Gehirn verfügen kann? Eine erste und vermutlich entscheidende Erfahrung mit der Zuschreibung von Autonomie und Freiheit machen wir schon als Kleinkinder. Eltern bedeuten den Kleinen fortwährend, sie sollten dies tun und jenes lassen, weil andernfalls diese oder jene Konsequenzen einträten. Diese Verweise und die mit ihnen verbundenen Sanktionen erzwingen den Schluss, man könne auch anders und müsse nur wollen. Wir erfahren also schon sehr früh eine Behandlung, die sich durch die Annahme rechtfertigt, wir seien frei in unseren Entscheidungen – eine Annahme, die sich über Erziehung verlässlich von Generation zu Generation tradiert. Wir machen uns also vermutlich eine im Laufe unserer Kulturgeschichte entwickelte Zuschreibung zu Eigen, internalisieren sie und verfahren nach ihr. Möglich ist dies, weil wir bislang auf keine direkt erfahrbaren Widersprüche gestoßen sind. Wenn die Prämisse gilt, dass neuronale Prozesse erst dann bewusst werden können, wenn sie sich Lösungen nähern, dann bleibt die Erfahrung, frei zu sein, widerspruchsfrei, weil wir uns der Aktivitäten nicht gewahr werden, welche die Entscheidungen vorbereiten und zu anderen Lösungen hätten führen können. Die meisten der Strebungen und Motive, die uns letztlich dazu gebracht haben, etwas Bestimmtes und nichts anderes zu tun, bleiben uns verborgen. Wir nehmen oft nur das Ergebnis solcher hirninterner Abwägungsprozesse wahr, schreiben uns dies dann im Moment der Bewusstwerdung als Ergebnis unserer „freien" Entscheidung zu, können es dann noch mit anderen, ebenfalls bewussten Argumenten abwägen und gegebenenfalls modifizieren und erfahren uns so als Herr über unsere Entscheidungen. Da wir unbewusste Motive *per definitionem* nicht wahrnehmen, ergibt sich kein erfahrbarer Widerspruch zwischen der grundsätzlichen Bedingtheit unserer Entscheidungen und unserem Eindruck, wir träfen sie frei. Weil uns alle vorbereitenden, „vorbewussten" Vorgänge in unserem Gehirn verborgen bleiben, erscheint uns das, was im Bewusstsein aufscheint, als nicht-verursacht. Nun lehren uns aber alle Erfahrungen, dass nichts ohne Ursache ist. Wir schreiben deshalb unserem Wollen die Rolle zu, als Auslöser für die schließlich bewusst gewordenen Entscheidungen zu fungieren. Diesem Wollen wiederum billigen wir inkonsequenterweise zu, dass es letztinstanzlich und unverursacht, also frei ist.

Sollte diese Interpretation zutreffen, dann wäre unsere Erfahrung, frei zu sein, eine Illusion, die sich aus zwei Quellen nährt: 1.) der durch die Trennung von bewussten und unbewussten Hirnprozessen widerspruchsfreien Empfindung, alle relevanten Entscheidungsvariablen bewusst gegeneinander abwägen zu können, und 2.) der Zuschreibung von Freiheit und Verantwortung durch andere Menschen. Wenn somit die Überzeugung, frei entscheiden zu können, unter anderem auf frühkindlichem Lernen beruht, also auf der Aneignung von Zuschreibungen, die sich von anderem, das wir durch Erziehung über uns lernen, nicht unterscheidet, dann stellt sich die Frage, warum diese Erfahrung soviel unerschütterlicher ist als die Erfahrung mit anderen sozialen Realitäten. Warum fühlt sich die Erfahrung, frei zu sein, so anders an als andere soziale Realitäten, die ebenfalls über soziales Lernen in unserem Bewusstsein verankert werden, wie zum Beispiel unsere moralischen Setzungen? Ein Grund hierfür könnte sein, dass wir uns an den Lernprozess, über den Wertesysteme vermittelt werden, zumindest teilweise erinnern können, da uns dieser während der gesamten Kindheit begleitet. Die Dialoge hingegen, die uns auf uns selbst verweisen und zur Ich-Konstitution beitragen, setzen sehr früh ein und behalten ihre Inhalte unverändert bei. Diese Dialoge beginnen in einer Entwicklungsphase, in der die Kleinkinder noch kaum über deklaratives Gedächtnis verfügen, also noch nicht in der Lage sind, den Lernprozess selbst zu erinnern. Sie lernen, machen sich das Gelernte zu Eigen, können aber nicht angeben, woher sie wissen, was sie wissen. Man bezeichnet diese Unfähigkeit, den Kontext bewusst zu erinnern, als frühkindliche Amnesie. Kleine Kinder lernen viel und schnell und wenden das Erlernte an, aber wenn sie angeben sollen, woher sie etwas Bestimmtes wissen, dann bleiben sie die zutreffende Antwort meist schuldig. Für die Kleinen erscheint das, was sie wissen, als nicht verursacht, als immer schon gewusst. Und dieses könnte der Grund dafür sein, dass uns später, wenn wir beginnen, über uns nachzudenken, die Inhalte dieses frühen Lernens als nicht verursacht und somit als absolut erscheinen. In der fehlenden Erinnerung an frühe soziale Lernprozesse könnte somit die Ursache liegen für die eigentümliche, transzendente Komponente unseres Selbstmodells, die wir mit unserem Ich verbinden, dieses allen materiellen Prozessen vorausgehende, ihnen gegenübergestellte und von ihnen unabhängige Konstrukt.

VIII. Freie und unfreie Entscheidungen

Bemerkenswert ist nun, dass wir trotz aller Überzeugung, frei zu sein, in der Selbstbewertung und im Urteil über andere zwischen freien und unfreien Akten unterscheiden. Für Erstere sind wir bereit, Verantwortung zu übernehmen, für Letztere fordern wir Nachsicht und machen mildernde Umstände geltend. Aus neurobiologischer Sicht ist diese Unterscheidung jedoch fragwürdig, beruht doch der Unterschied zwischen diesen beiden Beurteilungslagen nur auf dem verschiedenen Grad der Bewusstheit der Motive, die zu Entscheidungen und Handlungen geführt haben. Wir gehen offenbar davon aus, dass Motive, die wir ins Bewusstsein heben und einer bewussten Deliberation unterziehen können, dem freien Willen unterworfen sind, während Motive, die nicht bewusstseinsfähig sind, offenbar nicht dem freien Willen unterliegen. Im Bezug auf die zu Grunde liegenden neuronalen Prozesse erscheint diese Dichotomie wenig plausibel. Denn in beiden Fällen werden die Entscheidungen und Handlungen durch neuronale Prozesse vorbereitet, nur dass in einem Fall der Scheinwerfer der Aufmerksamkeit auf den Motiven liegt und diese ins Bewusstsein hebt und im anderen nicht. Aber der Abwägungsprozess selbst beruht natürlich in beiden Fällen auf neuronalen

Prozessen und folgt somit in beiden Szenarien deterministischen Naturgesetzen. Zutreffend ist lediglich, dass die Variablen, auf denen der Abwägungsprozess beruht, im Falle bewusster Deliberation abstrakterer Natur sind und vermutlich auch nach komplexeren Regeln miteinander verknüpft werden können als bei Entscheidungen, die sich vorwiegend aus unbewussten Motiven herleiten. Der Grund ist, dass Variablen, sobald sie ins Bewusstsein gelangen, sprachlich erfasst, symbolisch kodiert und syntaktisch verknüpft werden können. Wegen der begrenzten Kapazität des Bewusstseins könnte es jedoch sein, dass die Zahl der Variablen, die bewusst überschaut und gegeneinander gesetzt werden können, geringer ist als die Zahl der Variablen, die im Unterbewussten miteinander verrechnet werden können. Der Parameterraum, in dem sich bewusste Entscheidungen vollziehen, muss also nicht notwendig der umfassendere sein. Auch die als frei empfundenen bewussten Entscheidungen werden immer durch eine Vielzahl im Unbewussten verhandelter Prozesse vorbereitet und beeinflusst. Im Folgenden sollen deshalb die neuronalen Mechanismen ausführlicher behandelt werden, die bewussten und unbewussten Entscheidungen zu Grunde liegen.

IX. Die entscheidenden Variablen

Entscheidungen sind das Ergebnis von Abwägungsprozessen, an denen jeweils eine Vielzahl unbewusster und bewusster Motive mitwirken. Diese legen gemeinsam das Ergebnis fest, sind jedoch in ihrer Gesamtheit kaum zu erfassen, weder vom entscheidenden Ich noch vom außenstehenden Beobachter. Hirnforscher behaupten, dass Entscheidungen vom Gehirn getroffen werden, also auf neuronalen Prozessen beruhen. Sie müssen deshalb erklären, wie das Wissen neuronal repräsentiert ist, auf dem Entscheidungen beruhen, wie sich die Motive für Entscheidungen im Nervensystem manifestieren, wie die Abwägungsprozesse organisiert sind, wie das wollende und entscheidende „Ich“ sich konstituiert, und schließlich, welches die Konsequenzen der Antworten für unser Selbstverständnis und die Beurteilung von Fehlentscheidungen sind.

Die Gewissheit, dass unser Wollen und Entscheiden auf neuronalen Vorgängen im Gehirn beruht, verdankt sich der Konvergenz mehrerer, unabhängiger Beobachtungen. Eine Argumentationslinie stützt sich auf die evolutionsbiologische Evidenz einer engen Korrelation zwischen dem Differenziertheitsgrad von Gehirnen und ihren kognitiven Leistungen. Die Verhaltensleistungen einfacher Organismen lassen sich lückenlos auf die neuronalen Vorgänge in den respektiven Nervensystemen zurückführen. Da die Evolution sehr konservativ mit Erfindungen umgeht, unterscheiden sich einfache und hochdifferenzierte Gehirne im Wesentlichen nur durch die Zahl der Nervenzellen und die Komplexität der Vernetzung. Daraus folgt, dass auch die komplexen kognitiven Funktionen des Menschen auf neuronalen Prozessen beruhen müssen, die nach den gleichen Prinzipien organisiert sind, wie wir sie von tierischen Gehirnen kennen.

Zur gleichen Schlussfolgerung zwingen entwicklungsbiologische Argumente: Die Ausdifferenzierung von Hirnstrukturen in der Individualentwicklung geht Hand in Hand mit der Ausbildung immer komplexerer kognitiver Fähigkeiten. Dies gilt auch für die mentalen Leistungen, die den Menschen auszeichnen. Schritt für Schritt erwirbt das Kind die Fähigkeit, sich einer symbolbasierten Sprache zu bedienen, logische Operationen höherer Ordnung auszuführen, ein Ich-Bewusstsein auszubilden und sich dadurch seiner selbst als autonomem Agenten gewahr zu werden. Mit der Ausreifung von Strukturen im Frontalhirn einher geht dann die Gabe, eine Theorie des Geistes zu entwickeln und hochdifferenzierte soziale Kompetenzen zu erwerben. Soweit es nur um diese operationalisierbaren kognitiven Funktionen geht, erscheint deren neuronale Bedingtheit also zwingend. Aber wie verhält es sich mit der Repräsentation sozialer Realitäten, den Glaubens- und Wertesystemen, die ihr In-die-Welt-Kommen der schöpferischen Leistung sozialer Systeme verdanken. Finden auch diese ihren Niederschlag in den neuronalen Prozessen einzelner Gehirne?

X. Wie Wissen in den Kopf kommt

Alles Wissen, über das ein Gehirn verfügt, residiert in seiner funktionellen Architektur, in der spezifischen Verschaltung der vielen Milliarden Nervenzellen. Zu diesem Wissen zählt nicht nur, was über die Bedingungen der Welt gewusst wird, sondern auch das Regelwerk, nach dem dieses Wissen zur Strukturierung unserer Wahrnehmungen, Denkvorgänge, Entscheidungen und Handlungen verwertet wird. Dabei unterscheiden wir angeborenes und durch Erfahrung erworbenes Wissen. Ersteres wurde während der Evolution durch Versuch und Irrtum erworben, liegt in den Genen gespeichert und drückt sich jeweils erneut in der genetisch determinierten Grundverschaltung der Gehirne aus. Das zu Lebzeiten hinzukommende Wissen führt dann zu Modifikationen dieser angeborenen Verschaltungsoptionen. Solange die Hirnentwicklung anhält – beim Menschen bis zur Pubertät –, prägen Erziehungs- und Erfahrungsprozesse die strukturelle Ausformung der Nervennetze innerhalb des genetisch vorgegebenen Gestaltungsraumes. Später, wenn das Gehirn ausgereift ist, sind solche grundlegenden Änderungen der Architektur nicht mehr möglich. Alles Lernen beschränkt sich dann auf die Veränderung der Effizienz der bestehenden Verbindungen. Das seit Beginn der kulturellen Evolution zusätzlich erworbene Wissen über die Bedingungen der Welt, das Wissen um soziale Realitäten, findet also seinen Niederschlag in kulturspezifischen Ausprägungen der funktionellen Architektur der einzelnen Gehirne. Frühe Prägungen programmieren dabei die Vorgänge im Gehirn fast so nachhaltig wie genetische Faktoren, da beide Prozesse sich gleichermaßen in der Spezifikation von Verschaltungsmustern manifestieren.

Dass auch die erst durch Einbettung in Kultur erworbenen Fertigkeiten ihre neuronale Grundlage haben, bestätigen die Ergebnisse der kognitiven Neurowissenschaften. Mentale Akte wie das Mitempfinden des Leids Anderer, das Haben eines schlechten Gewissens, das Unterdrücken einer Reaktion, die Missempfindung sozialen Ausgeschlossenseins oder die Verurteilung einer unfairen Handlung Anderer, all diese intrapsychischen Vorgänge, die ihre Relevanz erst in Bezug auf Andere erfahren, beruhen auf der Aktivierung wohl definierter neuronaler Strukturen. Umgekehrt gilt, dass die gestörte Funktion der entsprechenden Hirnregionen zum Ausfall dieser Leistungen führt. So gilt natürlich auch, dass ein Ersuchen oder ein Befehl – nicht anders als gewöhnliche sensorische Reize – Aktivierungen in ganz bestimmten Hirnregionen auslösen, die erst dann wieder zur Ruhe kommen, wenn der Auftrag erfüllt oder vergessen wird. Somit beeinflussen kulturelle Verabredungen und soziale Interaktionen Hirnfunktionen im gleichen Maße wie alle anderen Faktoren, die auf neuronale Verschaltungen und die auf ihnen beruhenden Erregungsmuster einwirken. Für die Funktionsabläufe in den neuronalen Netzwerken spielt es keine Rolle, ob Verschaltungsmuster durch genetische Instruktionen oder durch kulturelle Prägungsprozesse ihre spezifische Ausbildung erfuhren, ob die Aktivität der Neuronen durch gewöhnliche Sinnesreize oder soziale Signale erfolgte.

XI. Verschiedene Formen des Wissens

Wichtig für die Beurteilung von Entscheidungsprozessen ist, dass genetisch vermitteltes Wissen impliziten Charakter hat, da wir uns an seinen Erwerb nicht bewusst erinnern können. Das Gleiche gilt für früh Erlerntes, weil Hirnstrukturen, die für den Aufbau des deklarativen Gedächtnisses benötigt werden, erst spät ausreifen. Und so kommt es, dass nicht nur angeborenes Wissen, sondern auch ein wesentlicher Anteil des durch Erziehung tradierten Kulturwissens den Charakter absoluter, unhinterfragbarer Vorgaben erhält, von Wahrheiten und unumstößlichen Überzeugungen, die keiner Relativierung unterworfen werden können. Zu diesem impliziten Wissensgut zählen angeborene und anerzogene Denkmuster und Verhaltensstrategien ebenso wie Wertesysteme und religiöse Überzeugungen. Aus dem gleichen Grund haben vermutlich auch die Inhalte unseres Selbstbildes jenen absoluten Anspruch. Wir erfahren früh, dass uns zugeschrieben wird, autonome, in unseren Entscheidungen und Handlungen freie Agenten zu sein, die für ihr Tun verantwortlich sind und deshalb Sanktionen ausgesetzt werden dürfen. Auch an den Erwerb dieser Überzeugung, die wir aus dem auf uns gerichteten Verhalten der Anderen gewinnen, haben wir keine Erinnerung. Das Gleiche gilt für den Prozess, in dem sich unser Ich-Bewusstsein durch Beobachtung unserer Wirkung auf Andere, durch Spiegelung in der Kognition des Anderen konstituiert. Erst das Weltwissen, das nach der Ausbildung deklarativer Gedächtnisfunktionen erworben wird, also in der Zeit, die wir erinnern, wird zu explizit Gewusstem. Wir erinnern den Lernvorgang, können dieses Wissen bewusst rekapitulieren und sprachlich zu Argumenten verwandeln.

XII. Neuronale Grundlagen von Entscheidungsprozessen

Auf Grund evolutionärer Anpassung sind Gehirne daraufhin ausgelegt, fortwährend nach den je optimalen Verhaltensoptionen zu suchen. Sie wenden dabei Verarbeitungsstrategien an, die in ihrer Architektur durch genetische Vorgaben eingeschrieben und/oder durch Erfahrung eingeprägt wurden. Um zu entscheiden, stützen sie sich auf eine ungemein große Zahl von Variablen: auf die aktuell verfügbaren Signale aus der Umwelt und dem Körper sowie auf das gesamte gespeicherte Wissen, zu dem auch emotionale und motivationale Bewertungen zählen. In dutzenden, räumlich getrennten, aber eng miteinander vernetzten Hirnarealen werden Erregungsmuster miteinander verglichen, auf Kompatibilität geprüft, und, falls sie sich widersprechen, einem kompetitiven Prozess ausgesetzt, in dem es schließlich einen Sieger geben wird. Das Erregungsmuster setzt sich durch, das den verschiedenen Attraktoren am besten entspricht. Dieser distributiv angelegte Wettbewerbsprozess kommt ohne übergeordneten Schiedsrichter aus. Er organisiert sich selbst und dauert solange an, bis sich ein stabiler Zustand ergibt, der dann für den Beobachter erkennbar als Handlungsintention oder Handlung in Erscheinung tritt. Welches der vielen möglichen Erregungsmuster als Nächstes die Oberhand gewinnt, ist demnach festgelegt durch die spezifische Verschaltung und den jeweils unmittelbar vorausgehenden dynamischen Gesamtzustand des Gehirns. Falls diese Bedingungen Übergänge in mehrere gleich wahrscheinliche Folgezustände erlauben, dann können auch zufällige Schwankungen in der Signalübertragung zum Tragen kommen und dem einen oder anderen Zustand zum Sieg verhelfen.

Dieses Szenario erscheint uns plausibel für Entscheidungen, die wir unwillkürlich treffen – für die vielen unbewussten Entscheidungen, die uns sicher durch den Alltag bringen. Aber für Entscheidungen, die auf der bewussten Abwägung von Variablen beruhen und die wir als gewollt empfinden, fordert unsere Intuition anderes. Wir neigen dazu, eine von neuronalen Prozessen unabhängige Instanz anzunehmen, die neuronalen Abläufen vorgängig ist: eine Instanz, die sich Sinnessignale und Speicherinhalte bewusst machen kann, daraus Schlüsse zieht, eine Option als gewollt identifiziert und diese dann in Handlung umsetzt. Diese Sichtweise artikuliert sich in zwei Positionen. Eine, die dualistische, postuliert für die wollende Ich-Instanz einen immateriellen Dirigenten, der das neuronale Substrat nur nutzt, um sich über die Welt zu informieren und seine Entscheidung in Handlungen zu verwandeln. Diese Position ist mit dem Verursachungsproblem konfrontiert und mit bekannten Naturgesetzen unvereinbar. Sie hat den Status unwiderlegbarer Überzeugungen. Die andere geht zwar davon aus, dass auch die so genannten „freien Entscheidungen“ vom Gehirn selbst getroffen werden, dass die zu Grunde liegenden Prozesse sich aber aus nicht näher spezifizierten Gründen über den neuronalen Determinismus erheben können. Aus neurobiologischer Sicht ist auch diese Lesart unbefriedigend. Wenn eingeräumt wird, dass das bewusste Verhandeln von Argumenten auf neuronalen Prozessen beruht, dann muss es neuronalem Determinismus in gleicher Weise unterliegen wie das unbewusste Entscheiden, für das wir dies zugestehen. Dies folgt aus der zwingenden Erkenntnis, dass neuronale Vorgänge in der Großhirnrinde nach immer gleichen Prinzipien ablaufen und dass sowohl bewusste als auch unbewusste Entscheidungen auf Prozessen in dieser Struktur beruhen. Wenn dem aber so ist, warum räumen wir den bewussten Entscheidungen einen anderen Status ein als den unwillkürlichen, warum wähnen wir Erstere unserer Intention und Wertung unterworfen und sind bereit, für sie besondere Verantwortung zu übernehmen? Wodurch unterscheiden sich bewusste und unwillkürliche neuronale Prozesse?

XIII. Bewusste und unbewusste Prozesse

Neuronale Vorgänge lassen sich klassifizieren in solche, die grundsätzlich keinen Zugang zum Bewusstsein haben, solche, die wahlweise ins Bewusstsein gelangen können, und solche, die grundsätzlich bewusst sind. Zu den vom Bewusstwerden ausgeschlossenen Vorgängen zählen viele der so genannten autonomen Funktionen, welche für ordnungsgemäßes Funktionieren aller Organe, einschließlich des Gehirns, sorgen. Von den anderen, potenziell bewusstseinsfähigen Vorgängen können jeweils immer nur wenige gleichzeitig ins Bewusstsein gelangen und im Kurzzeitspeicher gehalten werden. Generell gilt, dass nur die Sinnessignale bewusst werden, denen Aufmerksamkeit geschenkt wird, und dass nur die Speicherinhalte ins Bewusstsein gehoben werden können, die während des Speichervorgangs mit Aufmerksamkeit belegt und bewusst erfahren wurden. Die Zuteilung von Aufmerksamkeit unterliegt dabei wiederum einem distributiv organisierten Wettbewerb, der sich in einem weit verzweigten Netzwerk selbst strukturiert und nicht von einem zentralistischen Dirigenten verwaltet wird. Ein starker oder unerwarteter Reiz zieht Aufmerksamkeit automatisch auf sich, aber das Gehirn setzt Prioritäten auch selbst, und das oft unbewusst. Man sucht einen Namen, findet ihn nicht, die Aufmerksamkeit wandert zum nächsten Problem, und plötzlich taucht der gesuchte Name im Bewusstsein auf. Ein Beispiel von vielen, das illustriert, dass unser Gehirn, nachdem sich ein Bedürfnis eingestellt hat, offenbar ganz ohne unser „bewusstes“ Zutun Speicher durchsuchen, die Stimmigkeit des Gefundenen mit dem Gesuchten überprüfen und das Resultat ins Bewusstsein bringen kann. Und dann gibt es die obligat bewussten

Prozesse, zu denen alle sprachlich gefassten Vorgänge gehören. Bewusste Vorgänge unterscheiden sich von unbewussten also vornehmlich dadurch, dass sie mit Aufmerksamkeit belegt, im Kurzzeitspeicher festgehalten, im deklarativen Gedächtnis abgelegt und sprachlich gefasst werden können.

Entsprechend unterscheiden sich die Inhalte, die bewussten Entscheidungen zu Grunde liegen, mitunter von denen, die bei unwillkürlichen Entscheidungen zum Tragen kommen. Bewusste Entscheidungen basieren *per definitionem* auf Inhalten bewusster Wahrnehmungen und auf Erinnerungen, die im deklarativen Gedächtnis als explizites Wissen abgelegt wurden. Bei den Variablen bewusster Entscheidungen handelt es sich also vornehmlich um spät Erlerntes: um ausformuliertes Kulturwissen, ethische Setzungen, Gesetze, Diskursregeln und verabredete Verhaltensnormen. Abwägungsstrategien, Bewertungen und implizite Wissensinhalte, die über genetische Vorgaben, frühkindliche Prägung oder unbewusste Lernvorgänge ins Gehirn gelangten und sich deshalb der Bewusstmachung entziehen, stehen somit nicht als Variablen für bewusste Entscheidungen zur Verfügung. Gleichwohl aber wirken sie verhaltenssteuernd und beeinflussen bewusste Entscheidungsprozesse. Sie lenken den Auswahlprozess, der festlegt, welche von den bewusstseinsfähigen Variablen jeweils ins Bewusstsein rücken, sie geben die Regeln vor, nach denen diese Variablen verhandelt werden, und sie sind maßgeblich an der emotionalen Bewertung dieser Variablen beteiligt.

XIV. Freie und unfreie Entscheidungen

Hier also könnte der Schlüssel liegen zur Frage, warum wir eine Art von Entscheidung als bedingt und die andere als frei beurteilen, obgleich beide auf gleichermaßen deterministischen neuronalen Prozessen beruhen. Offenbar ist es die Natur der Variablen und die Art ihrer Verhandlung. Wir beurteilen Entscheidungen als frei, die auf der bewussten Abwägung von Variablen gründen, also auf der rationalen Verhandlung von bewusstseinsfähigen Inhalten. Entscheidungen, die sich auf diese Weise vollziehen, werden uns voll zugerechnet. Geprüft wird allenfalls, ob die Person zum Zeitpunkt der Abwägung in der Lage war, sich die relevanten Variablen bewusst zu machen und diese bei ungetrübtem Bewusstsein zu verhandeln. Diese Position schreibt dem Bewusstsein eine letztinstanzliche Funktion zu, oder anders, sie setzt die verantwortliche Person mit ihrem Bewusstsein gleich. Sie definiert jenen Anteil am Entscheidungsprozess als „frei“, dessen sich die Person bewusst ist. Diese Interpretation ist nachvollziehbar, denn die Selbst- und Fremdwahrnehmung suggeriert genau dies. Alles, was wir von anderen als Handlungsbegründung erfahren können, ist, was ihnen davon bewusst wird und mitgeteilt werden kann. Dem handelnden Subjekt geht es nicht anders. Auch dieses wird sich nur der bewussten Motive gewahr, und da sie die seinen sind, empfindet es sich als für sie verantwortlich. Das Subjekt erfährt sich zu Recht als Urheber der Entscheidung, die es getroffen hat. Wer sonst käme in Frage?

Die bewussten Motive müssen jedoch keineswegs die entscheidenden gewesen sein, auch wenn es dem inneren Auge, das nur Bewusstes zu sehen vermag, so scheint, als seien die jeweils bewussten Argumente hinreichende und vollständige Begründungen. Zweifel kommen nur selten auf, da in der Regel im Wettbewerb der Entscheidungsprozesse jener Zustand gewinnt, der durch maximale Kohärenz aller Variablen ausgezeichnet ist, der unbewussten wie der bewussten. Es kann aber passieren, dass die auf bewusster Verhandlung von Argumenten aufbauenden und in sich konsistenten Lösungen mit den unbewusst ablaufenden Abwägungsprozessen in Konflikt geraten und unterliegen. Dann heißt es: „Ich habe es getan, obgleich ich es nicht wirklich wollte oder obgleich ich ein ungutes Gefühl dabei hatte". Das bewusste Ich gesteht ein, anderen Kräften unterlegen zu sein. Gelegentlich erfindet es sogar Argumente, um im Nachhinein Entscheidungen zu begründen, deren Motive ihm nicht zugänglich waren. Es ist möglich, einer Person Handlungsanweisungen aufzugeben, ohne dass sie sich dieser bewusst wird. Führt die Person die Handlung aus und soll sich dann zu der Aktion erklären, so gibt sie zumeist eine plausible, rational wohl begründete Antwort im intentionalen Format: „weil ich dies oder jenes wollte". Die angeführten Gründe sind in solchen Fällen naturgemäß unzutreffend und konnten erst nach der Handlung erfunden werden. Dennoch ist die handelnde Person von der Richtigkeit und der verursachenden Natur der angegebenen Gründe überzeugt und schreibt sich die Handlung als gewollte zu. Es scheint, als sei das Gehirn darauf angelegt, Kongruenz zwischen den im Bewusstsein vorhandenen Argumenten und den aktuellen Handlungen bzw. Entscheidungen herzustellen. Gelingt das nicht, weil im Bewusstsein gerade nicht die passenden Argumente aufscheinen, dann werden sie um der Kohärenz willen *ad hoc* erfunden. Und niemand weiß anzugeben, wie hoch bei den alltäglichen, selbst „verantworteten" Entscheidungen dieser fiktive Anteil ist.

Es gibt also nachvollziehbare Gründe, warum wir zwischen unbewussten und bewussten Abwägungsprozessen unterscheiden und Letztere als unserem freien Willen unterworfen wahrnehmen, auch wenn in beiden Fällen der Entscheidungsprozess selbst auf deterministischen neuronalen Prozessen beruht. Wenn aber alle Entscheidungen auf gleichermaßen bedingten neuronalen Prozessen beruhen, warum hat dann die Evolution überhaupt Gehirne herausgebildet, die über zwei Entscheidungsebenen verfügen? Eine nahe liegende Vermutung ist, dass bewusstes Verhandeln von Variablen Vorteile gegenüber den unbewussten Entscheidungsprozessen bietet. Ein offensichtlicher Gewinn könnte die Mitteilbarkeit der Gründe sein. Auch wenn die benennbaren Motive nur Fragmente darstellen, erlaubt ihre Kommunizierbarkeit eine wesentlich differenziertere Bewertung von Verhaltensdispositionen, als dies durch die Beobachtung von Verhalten allein möglich wäre. Diese Mitteilbarkeit hat vermutlich entscheidend zur Entwicklung und Stabilisierung sozialer Systeme beigetragen, weil sie die Option eröffnet, die Äußerungen über getroffene Entscheidungen zu bewerten, Entscheidungen als intentionalen Akt zu interpretieren, Verantwortung für Entscheidungen zuzuschreiben und Sanktionen für unerwünschte Entscheidungen vorzusehen. Und so nimmt es nicht Wunder, dass mit den so genannten freien Entscheidungen nur die bewussten, die mit mitteilbaren Gründen gerechtfertigten, gemeint sind.

Ein weiterer Vorteil bewussten Entscheidens ist, dass die Variablen nach rationalen Diskursregeln verhandelt werden können. Der Abwägungsprozess lässt sich differenzierter gestalten, weil er sich auf erlernte Regeln der Argumentationslogik stützen kann. Aber dieses evolutionsgeschichtlich junge Verfahren hat auch Nachteile. Die rationalen, bewusst herbeigeführten Entscheidungen sind zweifach begrenzt, einmal durch die geringe Zahl der Variablen, die gleichzeitig im Bewusstsein gehalten werden können, und dann durch den vorgängigen Auswahlprozess, der entscheidet, welche Variablen überhaupt ins Bewusstsein gelangen. Somit ist durchaus möglich, dass bei unbewusst ablaufenden Entscheidungsprozessen weit mehr Variablen zueinander in Bezug gesetzt werden als bei den bewussten. Zu vermuten ist allerdings, dass diese unbewussten Abwägungen einfacheren, kompetitiven Regeln folgen als die bewussten Entscheidungen, die von erlernten Regelwerken strukturiert werden. Beide Strategien, die bewussten und die unbewussten, haben somit ihre Vor- und Nachteile, und es scheint nicht ausgemacht, dass die bewussten immer die besseren sind. Der „klinische Blick" des erfahrenen Arztes ist gelegentlich treffsicherer als die rationale Analyse notwendig unvollständiger Messgrößen.

XV. Eine humanere Betrachtungsweise?

Die in der lebensweltlichen Praxis gängige Unterscheidung von gänzlich unfreien, etwas freieren und ganz freien Entscheidungen erscheint in Kenntnis der zu Grunde liegenden neuronalen Prozesse problematisch. Unterschiedlich sind lediglich die Herkunft der Variablen und die Art ihrer Verhandlung: Genetische Faktoren, frühe Prägungen, soziale Lernvorgänge und aktuelle Auslöser, zu denen auch Befehle, Wünsche und Argumente anderer zählen, wirken stets untrennbar zusammen und legen das Ergebnis fest, gleich, ob sich Entscheidungen mehr unbewussten oder bewussten Motiven verdanken. Sie bestimmen gemeinsam die dynamischen Zustände der „entscheidenden" Nervennetze.

Diese Sicht hat Konsequenzen für die Beurteilung von Fehlverhalten. Ein Beispiel: Eine Person begeht eine Tat, offenbar bei klarem Bewusstsein, und wird für voll verantwortlich erklärt. Zufällig entdeckt man aber einen Tumor in Strukturen des Frontalhirns, die benötigt werden, um erlernte soziale Regeln abzurufen und für Entscheidungsprozesse verfügbar zu machen. Der Person würde Nachsicht zuteil. Der gleiche „Defekt" kann aber auch unsichtbare neuronale Ursachen haben. Genetische Dispositionen können Verschaltungen hervorgebracht haben, die das Speichern oder Abrufen sozialer Regeln erschweren, oder die sozialen Regeln wurden nicht rechtzeitig und tief genug eingeprägt, oder es wurden von der Norm abweichende Regeln erlernt, oder die Fähigkeit zur rationalen Abwägung wurde wegen fehlgeleiteter Prägung ungenügend ausdifferenziert. Diese Liste ließe sich nahezu beliebig verlängern. Keiner kann anders, als er ist.

Diese Einsicht könnte zu einer humaneren, weniger diskriminierenden Beurteilung von Mitmenschen führen, die das Pech hatten, mit einem Organ volljährig geworden zu sein, dessen funktionelle Architektur ihnen kein angepasstes Verhalten erlaubt. Menschen mit problematischen Verhaltensdispositionen als schlecht oder böse abzuurteilen, bedeutet nichts anderes, als das Ergebnis einer schicksalhaften Entwicklung des Organs, das unser Wesen ausmacht, zu bewerten. Überschreitet das Fehlverhalten eine Toleranzgrenze, drohen wir mit Sanktionen. Interessanterweise fallen diese Maßnahmen umso drastischer aus, je mehr wir davon ausgehen können, dass dem Delinquenten die Variablen, auf denen die Entscheidung basierte, bewusst sein müssten. Offenbar ahnden wir Verstöße dann besonders streng, wenn sie gegen explizit Gewusstes begangen werden, gegen Wertordnungen also, die über Erziehungsprozesse im deklarativen Gedächtnis verankert wurden. Wir begründen dies, indem wir bewussten Entscheidungen ein besonderes Maß an Freiheit zuschreiben und daraus besondere Schuldfähigkeit, Verantwortlichkeit und Sanktionsnotwendigkeit ableiten.

An dieser Praxis würde die differenziertere Sicht der Entscheidungsprozesse, zu der neurobiologische Erkenntnisse zwingen, wenig ändern. Die Gesellschaft darf nicht davon ablassen, Verhalten zu bewerten. Sie muss natürlich weiterhin versuchen, durch Erziehung, Belohnung und Sanktionen Entscheidungsprozesse so zu beeinflussen, dass unerwünschte Entscheidungen unwahrscheinlicher werden, sie muss Delinquenten die Chance einräumen, durch Lernen zu angepassteren Entscheidungen zu finden und – wenn all dies erfolglos bleibt – sich durch Freiheitsentzug schützen. Nur die Argumentationslinie wäre eine andere. Sie trüge den hirnphysiologischen Erkenntnissen Rechnung, ersetzte die konfliktträchtige Zuschreibung graduierter „Freiheit" und Verantwortlichkeit durch bewusste und unbewusste Prozesse und eröffnete damit einen vorurteilsloseren Raum zur Beurteilung und Bewertung von „normalem" und „abweichendem" Verhalten. Die schwer nachvollziehbare Dichotomie einer Person in freie und unfreie Komponenten wäre damit überwunden. Die Person als ganze würde nach wie vor für all das zur Rechenschaft gezogen, was sie fühlt, denkt und tut, und diese Beurteilung umfasste unbewusste und bewusste Faktoren gleichermaßen. Diese Sichtweise trüge der trivialen Erkenntnis Rechnung, dass eine Person tat, was sie tat, weil sie im fraglichen Augenblick nicht anders konnte – denn sonst hätte sie anders gehandelt. Da im Einzelfall nie ein vollständiger Überblick über die Determinanten einer Entscheidung zu gewinnen ist, wird sich die Rechtsprechung nach wie vor an pragmatischen Regelwerken orientieren. Es könnte sich aber lohnen, die geltende Praxis im Lichte der Erkenntnisse der Hirnforschung einer Überprüfung auf Kohärenz zu unterziehen.

Literatur

Engel, A. K./Fries, P./Singer, W. (2001), Dynamic predictions: oscillations and synchrony in top-down processing, in: Nat. Rev. Neurosci., 2, 704–716.

Engel, A. K./Singer, W. (2001), Temporal binding and the neural correlates of sensory awareness, in: Trends Cogn. Sci., 5 (1), 16–25.

Singer, W. (1993), Synchronization of cortical activity and its putative role in information processing and learning, in: Annu. Rev. Physiol., 55, 349–374.

Singer, W. (1999), Neuronal synchrony: a versatile code for the definition of relations?, in: Neuron, 24, 49–65.

Singer, W./Gray, C. M. (1995), Visual feature integration and the temporal correlation hypothesis, in: Annu. Rev. Neurosci., 18, 555–586.

Das Hirn im Kontext exzentrischer Positionierungen

Zur philosophischen Herausforderung der neurobiologischen Hirnforschung

Von HANS-PETER KRÜGER (Potsdam)

I. Zur kulturellen Ausgangslage der Privilegierung reflexiver Innerlichkeit: das Institut der dünnen Moral und ihre Frage nach den Kriterien für Menschenantlitze

Wir leben in der westlichen Tradition des Christentums, seiner Reformierung und Säkularisierung, in einem merkwürdigen Schisma von kulturell habitualisierten Erwartungen. Einerseits suchen wir, in einer reflexiven Rückbeugung aus dem individuellen Bewusstsein heraus auf unser Inneres zu uns selbst zu kommen. Dort, in diesem Inneren, sei etwas Seelenhaftes. In anderen Kulturen kann das Seelenhafte im Sinne eines mental Belebten überhaupt nicht verortet oder auch im Äußeren verortet werden, weshalb ihnen die Anschauung des und Teilhabe am dort Lebendigen viel wichtiger als die Rückbeugung ins Innere ist. Wir indessen sind es gewohnt, unsere Individualität als Resultat der nach innen gerichteten Reflexion zu verstehen, mithin als eine Innerlichkeit auszuzeichnen, die entsprechend gerichteten Bewusstseinsaufwand erfordert. Andererseits verdanken wir den Aufstieg dieser – zunächst ohnmächtig gekehrten – Haltung zur global vorherrschenden Kultur einer – im Kulturenvergleich – auffälligen Entzauberung der äußeren Welt. In ihr mag es noch symbolisch Reste für Epiphanien des Göttlichen geben, aber diese Offenbarung erfordert – von den Kirchen bis zu den Künsten – einen institutionell gestützten Interpretationsaufwand, der im Gefolge der Säkularisierung immer weiter an die Peripherie geschoben wird. Die äußere Welt wird, durchaus passend zur Beseelung der inneren, einer fortschreitenden Entseelung ausgeliefert, die sie der Manipulation und Instrumentierung zum strategischen Gebrauch für die Zwecke aller Seelen freistellt. Dieser Rückzug ins Innere mit der Freigabe des Äußeren entbindet enorme Lebensenergien zu ihrer ökonomischen und wissenschaftlich-technischen Bewährung im Äußeren. Nun herrscht aber nirgendwo größere Unsicherheit als in der Beantwortung der Frage, wo und wie die Grenze zwischen innerer und äußerer Welt verlaufe. Diese Frage fällt unter den gelebten Voraussetzungen zusammen mit dem Gegensatz zwischen dem seelenhaft Belebten (Innerlichkeit) und dem möglichst nach Regeln oder Gesetzen Beherrschbaren (Äußerlichkeit). Hat man diese – keineswegs unproblematische – Identifikation zweier verschiedener Gegensatzpaare über nun viele Jahrhunderte habitualisiert, liegen noch immer die darin üblichen Fragen nahe: Wie kommt man aus dem Inneren des reflexiv erzeugten Individualbewusstseins heraus zu der Annahme anderer individueller Selbstbewusstseine, die einem doch offenbar äußerlich sind? Und wie kommt man aus der im Äußeren erfolgreichen oder erfolglosen Bewährung wieder zu sich ins Innere?[1]

Derartige Fragen schienen noch halbwegs plausibel beantwortet werden zu können, solange dafür etwas Drittes, der gemeinschaftsstiftende Gottesglaube, als das Absolute in Anspruch genommen werden konnte. Er fungierte hinterrücks als eine gemeinschaftlich geteilte Substanz, von der her man ursprünglich alle Gegensätze ausbilden und künftig wieder zusammenführen könne. Die christliche Offenbarungsreligion formiert die Spannung zwischen der Gottebenbildlichkeit des Menschen und der Gleichheit aller individuellen Menschenantlitze vor einem unergründlichen Gott. Sie ist eine Art von kultureller Semantik, die das Dritte, die Mitwelt, belegt, von der her und zu der hin alle grundlegenden Unterscheidungen gebildet werden.[2] Aber diesen Gottesglauben ereilten die historisch-politisch bekannten Schismen, in denen jedes die Grenze zwischen beseeltem Innen und unbeseeltem Außen anders zog, je nach dem, wer darin nach welchen Kriterien tätiger Bewährung der Glaubensgemeinschaft zugehörig anerkannt wurde. Die substanzielle Deckung des in Anschlag gebrachten Dritten, hier: der christlich beanspruchten Mitwelt, wurde so von Spaltung zu Spaltung dünner. Sie war nicht mehr nur Begrenzung zur Selbstermächtigung im Kampfe, sondern wurde selbst zum Gegenstand von Kämpfen, in denen schon immer mit dem Gegensatz zwischen Innen und Außen gearbeitet wurde. Das Dritte, das Unterscheidungen ermöglicht, wurde gleichsam zum Opfer von deren gegensätzlicher Realisierung. Was Mitwelt war, hätte sein oder werden können, unterlag nun selber der Alternative, entweder befreundetes, da auch seelenhaftes Innen oder befeindetes, da seelenloses Außen zu sein. Die destruktiven Folgen – von den Religions- bis zu den Ideologiekriegen – wurden durch eine Universalisierung der christlichen Moral auf alle Menschenantlitze als die potenziell gläubigen Individuen der kommenden Gemeinschaft beantwortet. Die Form dieser dünnen Moral schien umso universeller zu werden, je radikaler man für reine Vernunftwesen absah von dem substanziell gelebten und strittigen Inhalt der konkreten Ethiken für Naturwesen und Privatbürger. Kants (an Descartes anschließende) transzendentale Subjekt-Philosophie gilt bis heute als ein variierbares Orientierungsmuster für die rationale Begründung eines praktischen Primats der Moral. Aber diese Primatsetzung zu Gunsten des Vernunftwesens Mensch enthält den Preis, das Naturwesen Mensch dualistisch als nur etwas Empirisches abzuwerten. Die praktische Reichweite dieser dünn und formal universalisierten Moral[3] hängt indessen von ihrer Institutionalisierung als Menschenrechte ab, deren Einhaltung wiederum an der Implementierung entsprechender Bürgerrechte hängt. Inzwischen wird – auf traditionelle und neue Weise – um die Teilhabe an den Weltbürgerrechten Krieg geführt.[4]

---

1 Vgl. zur Überwindung dieser dualistisch-hermeneutischen Vorurteilsstruktur in der verschieden interpretierbaren Funktionsstruktur der Ausdrucksverhaltungen, die weder behaviour noch Handlungen von Bewusstseinssubjekten sind: F. J. J. Buytendijk/H. Plessner, Die Deutung des mimischen Ausdrucks (1925), in: H. Plessner, Gesammelte Schriften, Bd. VII, Frankfurt/M. 1982, 121–128.

2 Vgl. zur philosophisch-anthropologischen Unterscheidung zwischen Außen- und Innenwelt vom Standpunkt der Mitwelt H. Plessner, Die Stufen des Organischen und der Mensch (1928), Berlin/New York 1975, 293–308.

3 Vgl. M. Walzer, Moralischer Minimalismus, in: Deutsche Zeitschrift für Philosophie, 42 (1994) 1, 3–13.

4 Vgl. H.-P. Krüger, Die Potenzialität des Menschseins, in: Deutsche Zeitschrift für Philosophie, 49 (2001) 6, 929–939.

Man wird sich in der Philosophie noch fragen dürfen, ob diese säkulare Transformation der christlichen Ausgangssemantik in neue wehrhafte Teilungen hinein die künftige Semantik der Mitwelt in einer kulturell pluralen Globalisierung wird tragen können. Die Frage, ob man diese Transformation als die letzte Instanz anderen Kulturen zumuten darf, berührt auch die Frage, ob es denn in der eigenen Kulturtradition keine Bedürfnisse und Potenziale zur Verbesserung dieser Transformation gibt, so auch in der Expertenkultur neurobiologischer Hirnforschung. Ist die Institutionalisierung einer dünnen Moral, die eine Vielzahl substanzieller Ethiken universalistisch integrieren soll, mehr als eine problemgeschichtliche Notlösung der kulturellen Ausgangslage? Erlaubt sie etwas Drittes, das nicht – der „*Furie* des Verschwindens"[5] gleichend – in dem untergeht, was es künftig fortlaufend kulturell ermöglichen soll? Oder läuft sie, die als Mitwelt überforderte Moral, noch immer Gefahr, in das Drama zurückzulaufen, welches die aus dem Westen stammende „Revolution frisst ihre eigenen Kinder" heißt und sich noch in der nationalstaatlichen Befreiung ehemaliger Kolonien wiederholt hat? Im letzteren Fall könnte die global hegemoniale Institutionalisierung der überforderten Moral das Gegenteil des Intendierten bewirken, was aus der eigenen Geschichte des Westens bekannt ist, nämlich einen ressentimentgeladenen Rücklauf in Rekonfessionalisierung und neue Großideologien.[6] Man muss diese beiden Fragen, die nach der bisherigen moralischen Notlösung, die besser als gar kein Lösungsvorschlag ist, und die nach ihrer praktischen Verkehrung, die nicht automatisch eintreten muss, mithin einer sehr genauen Bedingungsanalyse unterziehen. Insofern das in den neunziger Jahren des 20. Jahrhunderts verkündete „Ende der Geschichte" (F. Fukuyama), das heißt der endgültige globale Sieg westlicher Ordnungsmuster (für Wirtschaft, politische Demokratie und Kultur), auch einen „clash of zivilisations" (Huntington) provoziert oder diesen zumindest nicht bewältigt, wäre die kulturell schöpferische Aufgabe, vor der wir stehen, grundsätzlicher und von anderer Tragweite als das übliche Justieren des Bekannten. Die kulturelle Semantik, die ein globales Zusammenleben in einer Pluralität von Lebensformen langfristig ermöglichen könnte, ist dann nicht schon als fertiges Exportgut da, sondern eine wirklich weltkulturelle Aufgabe.

Bevor ich auf kategoriale Vorschläge in der Diskussion mit der Hirnforschung zur philosophischen Stellung dieser Aufgabe zurückkommen werde, ergeben sich auf dem Rechtswege, in dem die dünne Moral institutionalisiert wurde, Fragen: Woran erkennt man denn unter profan globalen Bedingungen, wer oder was Menschenantlitz trägt, um auch nur Rechtsgüter Trägern zuordnen zu können? Der Rechtsweg der Moral selbst, ihre anwendungsbezogene Durchsetzung, verweist auf Macht- und Wissensformen, die nicht in dem alten Modell einer staatszentrierten und demokratisch souveränen Gewaltenteilung aufgehen. Vom Standpunkt der Grundrechte selbst sollte die Beantwortung der Frage, wer Person ist (lebt, bewusst lebt, sich seiner selbst bewusst lebt), keiner Mehrheitsregel unterstellt werden. Wir würden ansonsten leicht – im Durchlauf empirisch wechselnder Mehrheitsentscheidungen – an jenem Baum sägen, auf dessen Ästen bislang noch alle Personen sitzen dürfen. Die *von oben, von außerhalb der lebendigen Natur* begründete Moral ist spätestens in ihrem Rechtsmedium der Gegenfrage ausgesetzt, wer denn *von unten, aus der lebendigen und künstlich zu verändern-*

5 G.W.F. Hegel, Phänomenologie des Geistes (1807), hrsg. v. J. Hoffmeister, Berlin 1971, 418.

6 Vgl. noch immer bahnbrechend M. Scheler, Das Ressentiment im Aufbau der Moralen (1912), Frankfurt/M. 1978.

den Natur kommend, nach welchen Kriterien Menschenantlitz tragen darf. Wer, wie das in vielen Philosophien immer noch gang und gäbe ist, praktische Normativität als von außerhalb der Natur stammend und womöglich gegen sie begründet, braucht sich in dem dualistischen Rahmenwerk der westlichen Moderne nicht zu wundern, wenn dann den Lebenswissenschaften, darunter insbesondere der Verhaltens- und Hirnforschung, die Rolle zuwächst, die genannten Kriterien festzulegen. Wer Letzteres aber kritisch aufzurollen für nötig hält, muss philosophisch anders ansetzen[7], als nur das alte institutionalisierte Spiel von entweder Geist oder Natur fortzusetzen, das bekanntlich schon öfter, sowohl in der Geistes- als auch Weltgeschichte, *occasione* verlief.

II. Hirnforschung im Kontext von Biomacht und als medizinisch-therapeutische Praktik: ihre soziokulturwissenschaftliche und philosophische Thematisierung

In der westlichen Kulturtradition stellte die Hirnforschung zunächst ein schreckliches Faszinosum dar, eine gleichsam teuflisch attraktive Inversion des Sakralen, des für heilig Gehaltenen. Sie bedurfte zunächst des Verborgenen und des Bündnisses mit Mächten, um doch institutionell betrieben werden zu können. Sie profitierte historisch von Kolonialisierten, Kriminalisierten, von Kriegsverwundeten und Unfallopfern, von bereits aus dem Menschenkreis anderweitig Ausgeschlossenen oder demnächst von ihr selber Auszuschließenden als ihren Gegenständen. Denn sie behandelt ausgerechnet das Innere als Äußeres und provoziert so in dieser Kultur die Gefahr, dass womöglich der letzte Rückzugsposten des Selbstseins im Inneren auch noch veräußert werde. Wer in ihr Fadenkreuz gerät, hat die profane Grenze seiner Zugehörigkeit zum Leben der Seelen bereits verlassen oder soeben wieder in Apparaturen erreicht. Von ihren Hirntodkriterien hängen längst die Zuschreibungen personaler Rechtsträgerschaft und des Rechtsgutes „Leben" ab.[8] Noch heute vergeht kaum ein Interview eines Hirnforschers, in dem dieser nicht gefragt wird, ob er denn dort – im Inneren des Gehirnes – keinem Anhaltspunkt für Seelisches begegnet sei. Seine verneinende Antwort wird inzwischen öffentlich umso leichter tolerierbar sein, als er nicht alle Konsequenzen aus ihr zieht.[9] Wir werden später sehen, wieviel christliche Hermeneutik auch in der neuren Hirnforschung noch nachwirkt, wenn in ihr aus dem hermeneutischen Zirkel der privilegierten Innerlichkeit der hermeneutische Zirkel des Gehirnes wird.[10] Zunächst einmal können sich, aufgeklärt unter Aufgeklärten, die wissenschaftlichen und künstlerischen Weltzugänge in den gesicherten Zentren des Westens diskussionswürdig respektieren und wird die Hirnforschung durch das Dispositiv der Humanität passend vertreten. Abgesehen von einem Rest nötiger Tierexperimente ist ihr jüngster Übergang von zumeist invasiven zu vorwiegend non-invasiven Methoden ein moralischer Fortschritt. Die kulturell brenzlige Auskunft, dieses Innere sei auch als Äußeres behandelbar, ist insoweit zu verkraften, als es aus einer medizinisch-therapeuti-

7 Vgl. zur Umstellung der transzendentalen Frage nach den Ermöglichungsstrukturen menschlicher Erfahrung in die dreifach differenzierte Natur hinein H.-P. Krüger, Die Aussetzung der lebendigen Natur als geschichtliche Aufgabe in ihr, in: Deutsche Zeitschrift für Philosophie, 52 (2004) 1, 77–83.

8 Vgl. G. Lindemann, Unheimliche Sicherheiten, Konstanz 2003.

9 Vgl. W. Singer, Ein neues Menschenbild?, Frankfurt/M. 2003, 87 f.

10 Vgl. ders., Über Bewußtsein und unsere Grenzen, in: A. Becker u. a. (Hg.), Gene, Meme und Gehirne, Frankfurt/M. 2003, 279.

schen Perspektive für die Gesundung und gegen die Erkrankung menschlichen Lebens vorgetragen wird.[11] Die medizinisch-therapeutischen Praktiken scheinen inzwischen – nach dem Zusammenbruch der Totalitarismen und dem siegreichen Reglement rechtsstaatlicher Demokratie – im demokratischen Rahmenwerk der Moral begrenzt gehalten und durch immer erneute Anpassung gesichert werden zu können.

Insoweit gehört die neuere Hirnforschung in den Kontext der humanisierenden Formen von „Biomacht" in einer „Normalisierungsgesellschaft". Foucault hatte den Versuch unternommen, aus der üblichen Fehlalternative entweder Macht oder Freiheit des Subjektes herauszutreten und in den modernen historischen Zusammenhang beider hineinzuführen. Er interessierte sich für solche Machtformen, die durch diskursive Wissensformen objektiviert verschiedene Subjektformen produzieren (hervorbringen, anstacheln, wachsen lassen und ordnen statt ausbeuten, hemmen und vernichten) können.[12] Mit den Ausdrücken „Biomacht" und „Biopolitik" wollte er in der Konsequenz der Säkularisierung „die ‚biologische' Modernitätsschwelle einer Gesellschaft" markieren, die da liege, „wo es in ihren politischen Strategien um die Existenz der Gattung geht. Jahrtausende ist der Mensch das geblieben, was er für Aristoteles war: ein lebendes Tier, das auch einer politischen Existenz fähig ist. Der moderne Mensch ist ein Tier, in dessen Politik sein Leben als Lebewesen auf dem Spiel steht."[13] Was Foucault eine „Normalisierungsgesellschaft" nennt, besagt nicht, „daß sich das Gesetz auflöst oder daß die Institutionen der Justiz verschwinden, sondern daß das Gesetz immer mehr als Norm funktioniert, und die Justiz sich immer mehr in ein Kontinuum von Apparaten (Gesundheits-, Verwaltungsapparaten), die hauptsächlich regulierend wirken, integriert."[14] Die Normalisierungsgesellschaft entwickele sich seit dem 17. und 18. Jahrhundert in der Verbindung zweier Pole, einerseits durch die Disziplinen der Körper Einzelner und andererseits durch die Regulierung der Bevölkerungs- oder Gattungskörper.[15] Zu den ungelösten Fragen der Foucaultschen Konzeption gehört das Problem, worauf hauptsächlich die stalinistischen und nationalsozialistischen Machtformen zurückgeführt werden können. Rührten sie aus einem Mangel an produktiven Normalisierungen her, da die alten unproduktiven, großideologisch auf die alte Souveränität der Staaten setzenden Machtformen noch vorherrschten? Oder kann auch künftig, was Foucault bekanntlich nicht untersucht, nur persönlich vermutet hat, durch keine neue Kombination aus der Normalisierungsgesellschaft und repräsentativer Demokratie eine Verbesserung der Lage erreicht werden?

Man darf über diese ungelöste Frage, die auch niemand sonst für die künftige Globalisierung schon überzeugend beantwortet hat, nicht die Bedeutung vergessen, die der frühe Foucault dem ärztlichen Blick im anthropologischen Kreis moderner Wissensformen beimaß. Im anthropologischen, von göttlicher Transzendenz emanzipierten Kreis der Wissenserzeugung spielt der Mensch seit dem 18. Jahrhundert eine doppelte Rolle. Er wird empirisches Objekt positiver Wissenschaftsdisziplinen und normativer (transzendentaler) Ermöglichungs- und Begrenzungsgrund (Subjekt) seiner Selbstobjektivierungen in geschichtlich wechselnden (quasitranszendentalen) Schüben. In jeder Phase ist das anthropologische Wissen, das die

11 Vgl. ders., Ein neues Menschenbild?, a. a. O., 134 f.

12 Vgl. H. L. Dreyfus/P. Rabinow, Michel Foucault, Frankfurt/M. 1987, 243, 254–257, 275.

13 M. Foucault, Sexualität und Wahrheit, Bd. 1: Der Wille zum Wissen, Frankfurt/M. 1977, 170 f.

14 Ebd., 172.

15 Vgl. auch M. Foucault, In Verteidigung der Gesellschaft (1975–76), Frankfurt/M. 1999, 299.

Gattung Mensch endlich abschließend definieren zu können meint, das also das Ende des Menschen verkündet, der Anfang erneut kritischer Philosophie und umgekehrt das historische Ende einer bestimmten kritischen Philosophie in der nächsten Runde anthropologischer Erkenntnisse eingeläutet.[16] Das anthropologische Ende des Menschen (in seiner vermeintlich abschließenden Definition) und der Anfang des Philosophierens (in der erneuten Wahrung seiner Würde) überholen sich seither von Wettlauf zu Wettlauf. *Der Kampf um das Primat in der Menschenfrage, ob sie anthropologisch definitiv beantwortet oder philosophisch begründet offen gehalten wird, ist selbst die in der Moderne entscheidende Strukturpolitik, in der Macht gewonnen und verloren, entgrenzt und begrenzt wird.*[17]

Wenn man nach einer praktisch-therapeutischen Verbindungsmöglichkeit beider Rollen des Menschen fragt, sowohl empirisches Objekt als auch transzendentales Subjekt von Praxen zu sein, arbeitet Foucault seitens des Objekt-Subjektes den Dichter und seitens des Subjekt-Objektes den Arzt heraus.[18] Beide Muster der praktisch-therapeutischen Verbindung zwischen dem Menschen als Subjekt und Objekt seiner Lebensführung entfalten auch in der philosophischen Tätigkeit ihre Wirksamkeit. Das therapeutische Philosophieverständnis[19] überwiegt – in der einen oder anderen Form – in denjenigen Philosophien des 20. Jahrhunderts – man denke nur an den so genannten späten Wittgenstein –, die nicht an der dualistischen Fehlalternative entweder Objektivität oder Subjektivität festgehalten haben. Sie haben daher auch nicht innerhalb des institutionalisierten Gegensatzes zwischen Natur- und Geisteswissenschaften Wellen schlagen können.[20]

Mir geht es im Folgenden nicht um eine Analyse der neueren Hirnforschung im Kontext produktiver Biomächte, obgleich der Hirnforschung diese soziokulturwissenschaftliche Thematisierung gewiss auch helfen könnte, auf ihre soziokulturellen Funktionsstrukturen aufmerksam zu werden, die zwischen den naturalistischen Fehlschlüssen und den hermeneutischen Zirkeln ihrer Forschungspraktiken liegen. Ich sehe hier auch von Mythenbildungen über vermeintliche Resultate der Hirnforschung in den Medien und von der Propaganda der Lobbyisten für ökonomisch verwertbare Innovationen aus der Hirnforschung ab. Stattdessen halte ich mich im Folgenden an zwei reflektierte Stellungnahmen aus der Hirnforschung selbst, so-

---

16 Vgl. ders., Die Ordnung der Dinge, Frankfurt/M. 1971, 301, 390, 412, 436. Vgl. zur Selbstkorrektur über die Hypothese vom „Tod des Menschen" ders., Der Mensch ist ein Erfahrungstier (1989), Frankfurt/M. 1996, 84f.

17 Vgl. zu dieser Entdeckung die Pionierschrift von H. Plessner, Macht und menschliche Natur (1931), in: ders., Gesammelte Schriften, Bd. V, Frankfurt/M. 1981, 5., 8.–11. Kapitel.

18 Vgl. M. Foucault, Die Geburt der Klinik (1963), München 1973, 208f. Vgl. zu Foucaults Gesamtkonzeption H.-P. Krüger, Zwischen Lachen und Weinen, Bd. II: Der dritte Weg Philosophischer Anthropologie und die Geschlechterfrage, Berlin 2001, 43–61.

19 So haben sich zum Beispiel Viktor von Weizsäcker und Helmuth Plessner bereits 1922–23, also vor ihren Hauptschriften, darüber gestritten, wie das Philosophieren der Ärzte und die therapeutische Haltung im Philosophieren besser in einen Zusammenhang gebracht werden können. Vgl. H. Plessner, Über die Erkenntnisquellen des Arztes, in: ders., Gesammelte Schriften, Bd. IX, Frankfurt/M. 1985, 45–55.

20 Vgl. zur aktuellen Aufwertung klinisch-therapeutischer Perspektiven unter Rückgriff auf Plessners philosophische Anthropologie, die jedoch problematisch angewandt wird: J. Habermas, Die Zukunft der menschlichen Natur. Auf dem Weg zu einer liberalen Eugenik?, Frankfurt/M. 2001, 78, 85, 92, 121.

fern sie ihre strukturellen Zwänge zu erkennen gibt und ihre medizinisch-therapeutischen Forschungsperspektiven ernst nimmt. Ich nehme also an keinem der so beliebten Stellvertreter-Kriege teil, in denen den Hirnforschern die strukturellen Zwänge ihrer Forschungspraktik zugeschrieben werden, um sie dafür dann moralisch verantwortlich zu machen. Gewiss, es gibt Sekten und private Forschungslabors, andere (zum Beispiel jüdische, asiatische) Kulturen mit anderen Kriterien für menschliche Körper, unregulierte Märkte, Diktaturen und terroristische Netzwerke, Überlappungen zwischen all dem Aufgezählten. Die Probleme liegen aber, noch über diese faktischen Unsicherheiten hinausgehend, schwerer, als dass sie sich durch moralische Umverteilungen auf die Schnelle meistern ließen. Die kulturelle Semantik, in der diese moralischen Umverteilungskämpfe als letzte Instanz zählen, kann selbst Teil und muss nicht Lösung der Problemlage sein (vgl. I.). Die Implementierung der dünnen Moral ist nicht nur selbst ein geschichtlich-politisch umkämpftes Phänomen, sondern auch systematisch keine abschließende Antwort auf die Frage nach einem Dritten, dessen Inanspruchnahme sinnvollere Grenzziehungen als die eingewöhnten Dualismen des Entweder-Oder erlaubt. Die Philosophische Anthropologie ist (im 20. Jahrhundert von H. Plessner) als das die lebendigen Phänomene entdeckende und semiotisch spezifizierende Verfahren entwickelt worden, in dem der erwähnte historische Wettlauf zwischen erfahrungswissenschaftlichen Anthropologien und ihren philosophischen Grenzen systematisch formiert werden kann. Sie antwortet philosophisch auf den anthropologischen Kreis, indem sie die Fraglichkeit im geschichtlichen Wechsel der Inhalte der apriorischen (Erfahrung ermöglichenden) und aposteriorischen (Erfahrung auf positiv bestimmte Weise realisierenden) Funktion naturphilosophisch in eine Unbestimmtheitsrelation hinein öffnet.[21]

III. Die Inkongruenz der Subjekt-Kritik aus der Hirnforschung mit den gegenwartsphilosophischen Dezentrierungen des Subjekts: die naturphilosophische Herausforderung der Selbstreferenz des Gehirnes

Von den philosophischen Grenzfragen, die der Hirnforschung entstehen, konzentriere ich mich auf ihre Kritik an dem in unserer Kulturtradition vorherrschenden Menschenbild als Subjekt. Ihre Kritik betrifft vor allem die *rational* verstandene Freiheit des Menschen, der traditionell der höchste Stellenwert beigemessen wird. Diese rational verstandene Freiheit ist phänomenologisch an ein Selbstbewusstsein (Ich-Bewusstsein; Erste-Person-Perspektive) gebunden, das auf diskursive Gründe (Vernunft) in der sprachlichen Interaktion anspricht. Diese Überkreuzung von bewusstem Erleben und sprachlicher Artikulation soll hier kurz „Subjekt" heißen. Es wird nun aber von der neueren neurobiologischen Hirnforschung anders als in der kulturellen Ausgangslage (siehe I.), also nicht dualistisch und gleichsam „von oben" (als Vernunftwesen), sondern ohne dualistischen Sprung „von unten" (als Naturwesen) thematisiert. Von diesem diskursiven Selbstbewusstsein können aufmerkungs-bewusste (nicht ich-bewusste) und unbewusste Verhaltensdimensionen unterschieden werden, insbesondere dadurch, dass für alle drei Interaktionslevels (unbewusst, bewusst, selbstbewusst)

21 Vgl. zum dritten, weder einen positiv bestimmten Monismus noch einen positiv bestimmten Dualismus, dafür aber geschichtliche Pluralisierung ermöglichenden Weg H.-P. Krüger, Zwischen Lachen und Weinen, Bd. II, a. a. O., 2. Teil.

neurophysiologische (zum Beispiel Areale) bzw. neuronale (chemische Verbindungen, elektrische Aktivitätsmuster) Korrelate in ihrer räumlichen und zeitlichen Verteilung eruiert werden. Bei dem diskursiven (vernünftigen) Selbstbewusstsein (Ich-Bewusstsein) handele es sich, so bedeutende Hirnforscher, um ein soziokulturelles Konstrukt, das als Fiktion eine nötige und erklärbare, aber als Illusion eine auch problematische und kritisierbare Wirksamkeit entfalte (Belege unter IV. und V.). Die Hirnforschung ist philosophisch vor allem dadurch relevant, dass sie die Subjekt-Philosophie kritisiert, natürlich nicht im Sinne eines philosophieinternen Streites, sondern im Sinne einer erfahrungswissenschaftlichen Kritik an dem, was ihr wirkungsgeschichtlich an Sedimentierungen der Subjekt-Philosophie begegnet und in der ihr nahe liegenden neurophilosophischen Diskussion bekannt wird. Die verallgemeinernden Urteile aus der Hirnforschung beruhen methodisch auf Korrelaten zwischen den – dank vor allem non-invasiver Meßmethoden – am Gehirn gemessenen neuronalen Aktivitäten einerseits und dem gleichzeitig von außen beobachteten Verhalten der Probanden andererseits. Die Beobachtung dieses Verhaltens von außen erfolgt oft unter Einschluss von Daten aus der aktualen Selbstbeobachtung der Probanden (Patienten), deren ich-bewusstes Selbsterleben so (zum Beispiel in aktual korrelierenden Wahrnehmungsexperimenten) Eingang in die Verhaltensbeschreibung und darüber vermittelt in die Korrelatbestimmung findet.

Was ich seit langem als die kognitive Leistung der neurobiologischen Hirnforschung anerkenne, sind ihre empirisch-methodischen Nachweise für das Paradigma der selbstreferenziellen Funktionsweise des Gehirnes. Im Unterschied zu den so genannten „radikalen Konstruktivisten" (zum Beispiel Maturana) geht es in der neueren Hirnforschung weder vorwiegend *spekulativ* noch *ausschließlich* um eine bestimmte Art und Weise von selbstreferenzieller Systembildung, hier: des einzelnen Gehirnes. Darüber hinausgehend wird in ihr erstens die Kombination dieser Systembildung über strukturelle (zum Beispiel epigenetische) Kopplung mit anderen Systemen zumindest gleicher (andere Gehirne), womöglich anderer Ordnungs-(level)[22] berücksichtigt. Und zweitens handelt es sich in ihr um den über hypothetische Modelle vermittelten Anschluss an empirisch arbeitende Methoden.[23] Da diese erfahrungswissenschaftliche, sowohl paradigmatische als auch empirische Leistung vorliegt, müssen ihre philosophischen Grenzfragen und Kritiken ernst genommen werden. Natürlich ist das Gehirn als Zentralorgan des Organismus relativ und aktual noch abhängiger als andere Organe vom Energie- und Stoffaustausch des Organismus mit der Umwelt. Dies betrifft aber nicht den häufig angenommenen Informationsaustausch des Organismus mit der Umwelt. Ebenso wenig arbeitet laut der neurobiologischen Hirnforschung das Gehirn wie ein Computer.[24] Dank des neuen Paradigmas besteht meines Erachtens empirisch inzwischen kein Zweifel mehr daran, *dass die neuronalen Aktivitäten der Großhirnrinde struktural und funktional auf einer*

22 Vgl. zu H. Maturanas Doppelparadigma der Autopoiesis und der strukturellen Kopplung sowie den Problemen seiner Übertragung (N. Luhmann) auf soziokulturelle Phänomene H.-P. Krüger, Perspektivenwechsel, Berlin 1993, Erster Teil.

23 Vgl. G. Roth, Fühlen, Denken, Handeln, Frankfurt/M. 2001, 122 ff.; W. Singer, Der Beobachter im Gehirn, Frankfurt/M. 2002, 15–33.

24 „Anders als in technischen Systemen ist im Gehirn keine Trennung zwischen Hard- und Software möglich. Im Gehirn wird das Programm für Funktionsabläufe ausschließlich durch die Verschaltungsmuster der Nervenzellen festgelegt. Die Netzstruktur ist das Programm." W. Singer, Der Beobachter im Gehirn, a. a. O., 64, vgl. auch 90.

„Selbstbeschäftigung" untereinander, unter den so genannten „Meta-Repräsentationen" in ihrer räumlichen und zeitlichen Verteilung, beruhen, statt nur „Repräsentationen" aus den sensorischen Organen auf die motorischen Organe gleichsam umzurechnen.[25] „So ließen sich im Prinzip durch Iteration der immer gleichen Repräsentationsprozesse Metarepräsentationen aufbauen – Repräsentationen von Repräsentationen – , die hirninterne Prozesse abbilden anstatt die Welt draußen. Solche Metarepräsentationen aufbauen zu können bringt Vorteile. Gehirne, die dies vermögen, können Reaktionen auf Reize zurückstellen und Handlungsentscheidungen abwägen, sie können interne Modelle aufbauen und den erwarteten Erfolg von Aktionen an diesen messen. Sie können mit den Inhalten der Metarepräsentationen spielen und prüfen, was die Konsequenzen bestimmter Reaktionen wären."[26] *Ohne die selbstreferenzielle Funktionsweise der Großhirnrinde, die bei Menschen relativ signifikant ist und Rückwirkungen auf die Funktionsweise des ganzen Gehirns zeitigt, gäbe es nicht die für menschliche Lebewesen charakteristische Plastizität in ihrer vergleichsweise problematischen (weder instinktsicheren noch einfach reflex-bedingten) Verhaltensbildung.* Letztere weist sowohl kulturgeschichtlich eine enorme Variabilität als auch aktual eine enorme Bandbreite an für „gesund" bzw. „pathologisch" gehaltenen Verhaltensformen auf. Die Problematik menschlicher Verhaltensbildung ist zwar soziokulturell bekannt, aber womöglich solange nicht hinreichend begriffen, wie ihre naturale Ermöglichung, eben die selbstreferenzielle Funktionsweise des menschlichen Gehirnes, unberücksichtigt bleibt. Diese Frage kann in keinem schnell üblichen Reduktionismus-Vorwurf gegen die neurobiologische Hirnforschung übergangen werden.

Es liegt noch ein anderer schneller Einwand gegen die Hirnforschung nahe, der aber nicht so einfach zutrifft, wie er sich auf den ersten Blick anhört. Sie übertrage doch nur das, was man Subjekt geheißen habe, ins Gehirn und mache sich dann eines naturalistischen Fehlschlusses schuldig. Wir werden noch sehen, dass im Sinne des grammatischen Subjekts von Sätzen – tatsächlich und unvermeidlich in der Hirnforschung – das Gehirn (dessen Areale und Funktionen) als das Subjekt auftritt. Dies führt nur in einer *starken, nicht aber schwachen Lesart zu einem naturalistischen Fehlschluss*, an dem die im Folgenden besprochenen Autoren aus der Hirnforschung nicht leiden wollen und den sie auch nur stellenweise begehen. *Es gibt bei ihnen stärker die umgekehrt hermeneutische Vorprojektion von etwas, das – wie Beobachtung, Hypothesenbildung und Überprüfung von Modellen* (vgl. letztes Singer-Zitat) – *nur in der wissenschaftlichen Praktik selbst vorkommt, in die interne Funktionsweise des Gehirnes.* Sowohl naturalistische Fehlschlüsse als auch hermeneutische Projektionen, die zumeist gleichzeitig vorkommen und natürlich aufgedeckt werden müssen, sollten indessen die Philosophen nicht davon abhalten, den trotzdem neuen relevanten Inhalt zu bergen.

Inhaltlich kann man auch als Philosoph, der die eigene Tradition geschichtlich schätzt, nicht leugnen, dass das wirkungsgeschichtlich von Descartes und Kant herrührende Subjekt im Sinne von aktualem und diskursivem Selbstbewusstsein eine Konstruktion war, die mit hierarchischen Unterscheidungen (höher-niedriger) arbeitete und mehr Wert auf die Identität in der Selbstdifferenzierung als auf die Differenz in der Selbstidentifizierung (gegenüber An-

---

25 Vgl. zur plastischen Vorstellung der Selbstbeschäftigung cortikaler Neuronen G. Roth, Fühlen, Denken, Handeln, a. a. O., 214.

26 W. Singer, Der Beobachter im Gehirn, a. a. O., 70 f.

derem und Fremden) gelegt hat. Bei Hegel, der bereits den Vernunftdualismus überwinden wollte, wird zwar schon die Erfahrung, im Anderen bei sich selbst bleiben zu können, erst durch den an Sprache und Institution gebundenen „Geist" reproduzierbar gemacht, im Unterschied zum nur aktualen und individuellen „Selbstbewußtsein".[27] Aber auch Hegel bleibt noch beim Primat der Selbst-Identifikation in Differenzierungen gegenüber dem Primat der Selbst-Differenzierung in Identifikationen, das erst im Verlaufe des 20. Jahrhunderts um sich greift.

Was die neuere Hirnforschung im Hirn entdeckt, ist letztlich gerade keine hierarchische und primär identitär operierende Funktionsweise des Gehirnes, obgleich es solche Momente in ihr gibt. Das Gehirn fungiert zwar als Zentrum des Organismus, nicht aber in sich wie ein hierarchisch-identitäres Gesamtzentrum von funktionsspezifischen Zentren. Es entspricht strukturfunktional keinem Bild, das man sich über Jahrhunderte von einem altsouveränen Herrscher (etwa auf Hobbes „Leviathan") gemacht hat. Es erinnert insbesondere auch nicht mehr an die monologischen Modelle der Selbstbeherrschung durch Selbstbewusstsein gegenüber dem Gegenstands- oder Aufmerkungsbewusstsein: „Areale im Frontallappen, die bei isolierter Betrachtung des visuellen Systems als mögliche Konvergenzzentren in Erscheinung treten, befassen sich lediglich mit der Kontrolle der Aufmerksamkeit und sorgen dafür, daß wir unsere Augen und unseren Kopf den interessanten Objekten zuwenden, nachdem die vielen anderen Areale in einem kompetitiven Abstimmungsprozeß entschieden haben, was interessant ist. Wenn jedoch die anderen Sinnessysteme und motorischen Zentren in das Verbindungsdiagramm miteinbezogen werden, ergibt sich eine Netzwerkarchitektur, die jeden Hinweis auf eine pyramidale Organisation mit einem Konvergenzzentrum an der Spitze vermissen läßt. Man sieht sich vielmehr einem hoch distributiv und parallel organisierten System gegenüber, das auf außerordentlich komplexe Weise reziprok vernetzt ist. Und dies wirft die kritische Frage auf, wie diese vielen gleichzeitig ablaufenden Verarbeitungsprozesse so koordiniert werden können, daß kohärente Interpretationen der Welt erstellt, sinnvolle Entscheidungen getroffen und gezielte Handlungsentwürfe programmiert werden können. Es gibt hier keinen Agenten, der interpretiert, kontrolliert und befiehlt. Koordiniertes Verhalten und kohärente Wahrnehmung müssen als emergente Qualitäten oder Leistungen eines Selbstorganisationsprozesses verstanden werden, der alle diese eng vernetzten Zentren gleichermaßen einbezieht. [...] Wir bezeichnen dieses Problem als das Bindungsproblem."[28] Singer und andere versuchen, die Bindungsprobleme über topologische (räumliche) Feedbacks hinausgehend durch Synchronisation neuronaler Aktivitäten aus dem Grundrauschen heraus und angesichts aktual eingehender Signale zu lösen: „Domänen der Großhirnrinde, die gruppierbare Merkmale repräsentieren und deshalb eng miteinander verbunden sind, scheinen auch ohne Reizung zu kohärentem Schwingen fähig. [...] Falls die spontan auftretenden Kohärenzmuster die Architektur assoziativer Verbindungen widerspiegeln – was noch zu beweisen ist –, würde dies bedeuten, daß die Spontanaktivität Ausdruck eines fortwährenden Generierens von [...] Erwartungswerten ist, an denen einlaufende Signale gemessen und gegebenenfalls über Synchronisation miteinander verbunden werden."[29]

---

27 Vgl. G. W. F. Hegel, Phänomenologie des Geistes, a. a. O., 140, 458 ff. In der Gegenwartsphilosophie versucht R. B. Brandom Hegels Einsichten nach dem „linguistic turn" zu reformulieren. Vgl. ders., Making It Explicit, Cambridge/London 1994.

28 W. Singer, Der Beobachter im Gehirn, a. a. O., 66 f.

29 Ebd., 109.

Roth spricht erhellend unter Anspielung auf Hegels „List der Vernunft“ von der „List des limbischen Systems“[30], unter dem er (nicht unstrittig, da womöglich zu großzügig) die hirnphysiologischen und neuronalen Korrelate für aktual bestimmte Gefühle (Emotionen) und Grundstimmungen (starke Gefühle) zusammenfasst. In Hegels Listmetapher steckt der Gedanke, dass sich etwas nicht direkt, sondern indirekt durch sein Gegenteil verwirklicht. Hatte Hegel diesen Gedanken schon ironisch gegen die Vernunftphilosophie gekehrt, um sie gleichwohl so doch noch geistphilosophisch retten zu können, bezieht Roth diesen Gedanken auf das limbische System, das so Vernunft als Verhaltenskorrelat gleichsam nebenher ermöglicht und einbezieht, wenn und insofern Vernunft in der Wirklichkeit der Erlebensgefühle berät. Hinter dieser nochmals ironischen Umkehrung im Inhalt der grammatikalisch unvermeidlichen Subjektposition tritt dann doch das komplizierte Netzwerk von mehrfach zu durchlaufenden Feedback-Schleifen hervor. So schreibt Roth in seiner zusammenfassenden Interpretation der berühmten Libet-Experimente: „Das Gefühl der *Selbstveranlassung unserer Bewegungen im Willensakt* [...] ist für das Gehirn ein Zeichen, daß vor dem Starten der Bewegung die dorsale und ventrale cortical-limbische Schleife durchlaufen wurde und die exekutiven Zentren der Großhirnrinde zusammen mit dem limbischen System sich damit ‚ausreichend befaßt‘ haben. In diesem Falle baut sich das symmetrische und dann das lateralisierte Bereitschaftspotential auf, und letzteres gibt den ‚Startschuß‘ für die Ausführung der intendierten Bewegung. Das Gefühl des *fiat!*, des *ich will das jetzt* ist demnach die bewußte Meldung dieses neurophysiologischen Vorgangs. Da das Bewußtwerden corticaler Prozesse einige hundert Millisekunden benötigt, tritt dieses Gefühl mit dieser charakteristischen Verzögerung *nach* dem Beginn des Bereitschaftspotentials auf.“[31] Aus dieser hirnphysiologisch-neuronalen „Realität“ werde die „Wirklichkeit“ von Erlebensgefühlen[32] generiert. Roth kritisiert, dass diese Wirklichkeit im dualistisch-vernünftigen Menschenbild einem von außerhalb der Natur, eben aus einem ontologisch unabhängigen Geist kommenden Primat der rationalen Freiheit unterworfen werde.

Wieder einmal auf den ersten Blick gesehen könnte doch diese Subjekt-Kritik aus der Hirnforschung zu den vielen innerphilosophischen Kritiken passen, die der alten, sich auf Descartes und Kant berufenden Philosophie des Subjektes als einem hierarchisch zentrierten Selbstbewusstsein gegolten haben. Ich hatte bereits Foucaults quasitranszendentale Umkehrung der Erklärungsaufgabe erwähnt. Bei ihm wird aus dem transzendentalen Subjekt, das Empirie ermöglicht, das nun selbst Erklärungsbedürftige, weshalb er nach den soziokulturellen Weisen der Produktion von Subjekten als empirischen Produkten fragt. Derrida und Habermas nehmen demgegenüber ihren Ausgangspunkt entweder bei der Urschrift, die den Gegensatz von Rede und Schrift semiotisch-dekonstruktiv unterläuft, oder bei der sprachlichen Intersubjektivität des in der Argumentation fortgesetzten kommunikativen Handelns. Beiden gelingt in ihrem philosophischen Verfahren, wenngleich auf verschiedene Weise, eine Dezentrierung der subjektphilosophischen Tradition, nebenbei gesagt: ohne das Subjekt-Paradigma ganz ersetzen zu können, was noch ein anderes Thema wäre.

---

30 G. Roth, Fühlen, Denken, Handeln, a. a. O., 449.

31 Ebd., 446.

32 Vgl. zum Unterschied von und Zusammenhang zwischen Realität und Wirklichkeit schon G. Roth, Das Gehirn und seine Wirklichkeit, a. a. O., 13. Kapitel.

Auf den zweiten Blick fällt indessen auf, dass all diesen innerphilosophischen Begrenzungen des Subjekts durch seine diskursiv-praktischen Dezentrierungen hindurch gerade eine Philosophie der lebendigen Natur fehlt, durch welche sie an die Hirnforschung und umgekehrt die Hirnforschungen an sie philosophisch anschlussfähig werden könnten. Die Hirnforschung, recht verstanden, revoltiert also nicht gegen die Philosophie als solche, sondern gegen einen bestimmten klassischen *Mainstream* der Subjekt-Philosophie, der noch immer auf naturphilosophischem Gebiete weit verbreitet ist, obgleich ihm inzwischen längst innerphilosophische Kritiken an der Subjekt-Philosophie gegenüberstehen. Aber die Hirnforschung gerät auch unverschuldet in das naturphilosophische Vakuum, das die kulturalistisch-sprachzentrierten Gegenwartsphilosophien erzeugt haben. *Die Herausforderung der Hirnforschung entsteht also auch dadurch, dass die innerphilosophischen Kritiken am Subjekt-Paradigma in auffallender Weise eine anti-naturalistische Stoßrichtung verfolgen, welche einen naturphilosophischen Brückenschlag von und zur Hirnforschung (und darüber hinausgehend überhaupt von und zu den Naturwissenschaften) ausschließt.* Man kann wohl verstehen, aus welchem Zivilisationsbruch im Namen der Naturalisierung im zweiten Drittel des 20. Jahrhunderts heraus die subjekt-kritischen Philosophien ihre Strategien der sprachlich-kulturalistischen „Denaturalisierung" in Anschlag gebracht haben. Abgesehen von dieser zeitgeschichtlichen Motivationslage gab es für den gegenwartsphilosophischen Kulturalismus und Sprachzentrismus auch sachliche Gründe, eben eine nur mehr quasitranszendentale Transformation der alten Geistesmetaphysik anhand der Sprache in spezifisch soziokulturelle Phänomene zu leisten. Da dies aber systematisch gesehen in Fragen der dabei vollkommen vernachlässigten Naturphilosophie nicht weiterhilft, wird man meines Erachtens in der systematischen Gegenwartsphilosophie der philosophischen Herausforderung seitens der Hirnforschung nur gerecht, wenn man auf weder monistische noch dualistische, sondern phänomenal plurale Philosophien der lebendigen Natur und deren semiotischer Rekonstruktion zurückgreift, die im ersten Drittel des 20. Jahrhundert insbesondere von J. Dewey und H. Plessner entwickelt worden sind und Fehlnaturalisierungen nicht erlauben.

IV. Subjekt (aktuales Selbstbewusstsein) und Geist (soziokulturelle Institutionalisierung sprachlicher Mentalität) als Phänomene verschiedener Ordnung. Die schwache oder starke Lesart in der Subjekt-Kritik von Gerhard Roth

Um Verwechselungen mit alten Diskussionen vorzubeugen, hebt G. Roth hervor, dass sich seine starke Abweichung „von dem vorherrschenden, vernunft- und ichzentrierten Menschenbild"[33] auch vom Behaviorismus, von den Triebtheorien (der Psychoanalyse), den Instinkttheorien (Lorenz und Tinbergen) und vom so genannten „Gen-Egoismus" (der Soziobiologie und Verhaltensökologie) klar unterscheide. Der erste Satz in dem folgenden Zitat scheint unproblematisch zu sein, der zweite Satz bringt das neue Argument, das den Vergleich messbarer neuronaler Aktivitäten als Verhaltenskorrelat kategorial zusammenfasst: „Vernunft und Verstand sind eingebettet in die affektive und emotionale Natur des Menschen. Die weitgehend unbewußt arbeitenden Zentren des limbischen Systems bilden sich nicht nur viel früher aus als die bewusst arbeitenden corticalen Zentren, sondern sie geben auch den Rahmen vor,

33 Ders., Fühlen, Denken, Handeln, a. a. O., 453.

innerhalb dessen diese arbeiten."[34] Es geht also sowohl um eine genetische Argumentation, die die zeitlich kausale Priorität in Entwicklungsphasen betrifft, als auch um eine Argumentation, die sich auf gleichzeitige (synchrone) Vorgänge und das darin enthaltene kausale Primat bezieht. Nach dem Wechsel von phänomenologisch beschreibbaren Verhaltensprädikaten (erster Satz des obigen Zitats: affektiv und emotional; Vernunft und Verstand) in deren neuronale Korrelate (zweiter Satz: limbisches System, corticale Zentren) wird nun ein für die Neurobiologie im Ganzen charakteristischer Rückweg aus den Korrelaten in die Beobachtung und Selbstbeobachtung des Verhaltens eingeschlagen. *Dieser Rückweg wird nämlich für die Erklärung gehalten:* „Bewußtsein und Einsicht können nur mit ‚Zustimmung' des limbischen Systems in Handeln umgesetzt werden."[35] Aus der hier noch in Anführungszeichen gesetzten, also nicht wörtlich gemeinten „Zustimmung" des limbischen Systems wird dann im Untertitel und an vielen Stellen des ganzen Buches das Gehirn zu dem Subjekt der Verhaltenssteuerung ohne Anführungszeichen ernannt: „Wie das Gehirn unser Verhalten steuert". Dieses grammatische Subjekt ist zunächst in der Tat etwas anderes als bloße Instinkte, assoziativ gelernte Reflexe, bloße Gene oder symbolisch erschlossene Triebe. Der methodische Fortschritt ist deutlich in den vorangegangenen Kapiteln von Roth demonstriert worden. Es handelt sich um gemessene Daten von neuronalen Aktivitäten und Strukturen, wobei diese Daten aktual korreliert werden können mit der Zuschreibung von Verhaltensprädikaten.

Gleichwohl ergeben sich von Roth eingeräumte Schwierigkeiten für den erklärenden Rückweg aus den neuronalen Korrelaten in die Verhaltensbeschreibung. Zunächst einmal deshalb, weil die auch erfolgreiche Korrelation zwischen Daten aus zwei Phänomenreihen nicht besagt, die eine Reihe könne durch die andere ersetzt werden, sondern nur, dass es einen funktionalen Zusammenhang zwischen beiden (als nötigen Relata der Relation) gibt. Die Korrelation der Daten aus beiden Phänomenreihen enthält als solche noch kein Primat zu Gunsten der einen Seite, um die andere Seite als „Epiphänomen" erklären zu können. Die Markierung der einen, hier neuronalen Seite als der primären, gegenüber den Verhaltensprädikaten als den sekundären ergibt sich aus der Interpretationsrichtung der Korrelation, die als Erklärung, als Relation zwischen *explanans* (wodurch man erklärt) und *explanandum* (was man erklärt), behauptet wird. Der Unterschied zwischen der Korrelation aus Daten zweier Phänomenreihen einerseits und ihrer Interpretation als Kausalerklärung andererseits wird in zwei verschiedenen Lesarten der für Roth zentralen Hypothese über die Rolle des Bewusstseins deutlich.

In der *schwachen Lesart* gibt es eine relationale Entsprechung in beiden Phänomenreihen, die man funktional interpretiert. Diese schwache Lesart vertritt Roth, wenn er von einem „nichtreduktionistischen Physikalismus" schreibt, der es ihm erlaube, gegen einseitige Kausalität [*Epiphänomenalismus*] an im weiten Sinne physikalischer Wechselwirkung zwischen beiden Seiten festzuhalten.[36] Für die pragmatische Funktion des Bewusstseins in der Verhaltensänderung und für die Funktion der Korrelate von Bewusstsein im Gehirn heißt dies dann: Man weiß einerseits aus lebensweltlicher Erfahrung, dass Menschen Gewohnheitstiere sind und zunächst ihr aufmerkendes Bewusstsein, sodann auch ihr diskursives Selbstbewusst-

34 Ebd., 451.
35 Ebd., 452.
36 Vgl. ebd., 190–192.

sein nur in dem Maße bemühen, als die Situationen, in denen sie sich befinden, von ihren habitualisierten Erwartungen im Guten wie im Schlechten abweichen, ohne gänzlich in Angst und Panik zu versetzen. Roth selbst bringt in seinem Buch häufig schöne Beispiele aus dem erlernten Autofahren in im Vergleich zu dem einmal erlernten Verhalten verschieden problematischen Situationen.[37] Dazu will nun andererseits die Annahme und gemessene Bestätigung von neurophysiologischen und neuronalen Korrelaten gut passen, wie die philosophischen Pragmatisten (Ch. S. Peirce, später W. James, J. Dewey, G. H. Mead) sagen würden, die die funktionale Einordnung des Subjekts in die Verbesserung von Verhaltensweisen samt der Korrelatannahme (seit dem Ende des 19. Jahrhunderts) aufgerollt haben. So beschreibt Roth, nachdem er die Korrelate im Einzelnen dargestellt hat, ihr Zusammenwirken wieder in einer funktional zur Verhaltensbeobachtung passenden Sprache: Die spezifizierbaren Bewusstseinszustände treten „in all den Fällen auf, in denen sich das kognitiv-emotionale System mit Geschehnissen und Problemen konfrontiert sieht, die zum einen (aus welchen Gründen auch immer) hinreichend *wichtig* und zum anderen hinreichend *neu* sind. Dies setzt ein un- bzw. vorbewußt arbeitendes System voraus, welches alles, was unser Gehirn wahrnimmt, nach den Kriterien *wichtig* versus *unwichtig* sowie *bekannt* versus *unbekannt* klassifiziert. Dies geschieht durch einen sehr schnellen Zugriff auf die verschiedenen Gedächtnisarten. [...] Nur wenn ein Geschehnis oder eine Aufgabe als *neu* und *wichtig* eingestuft wurde, [...] wird das langsam arbeitende Bewußtseins- und Aufmerksamkeitssystem eingeschaltet, und wir erleben die vollbrachten bewußten Leistungen als ‚Mühe' und ‚Arbeit'. [...] In dem Maße, in dem die Leistungen wiederholt werden, sich einüben und schließlich mehr oder weniger automatisiert und damit müheloser werden, schwindet auch der Aufwand an Bewußtsein und Aufmerksamkeit, bis schließlich – wenn überhaupt – nur ein begleitendes Bewußtsein übrigbleibt. Das explizite, deklarative Bewußtsein ist im Lichte dieser Theorie ein *besonderes Werkzeug des Gehirns.*“[38]

In der *starken Lesart* dagegen, die populärwissenschaftlich in den allgemeinen Medien angesichts der dualistischen Ausgangslage (vgl. I.) provokatorisch zum Tragen kommt, werden das Gehirn, seine internen Strukturen und die in seiner Funktionsweise räumlich und zeitlich verteilten neuronalen Aktivitäten zum Subjekt der Verhaltenssteuerung, wodurch das Verhalten in die Rolle eines Epiphänomens gerät. In der starken Lesart widerspricht sich Roth selbst, wohl aus seiner hermeneutischen Einfühlung in seinen Gegenstand. So heißt auch schon sein neues Buch *Aus Sicht des Gehirns.*[39] Gewiss gehört es zu der Aufgabe der Objektivierung argumentativer Geltungsansprüche, paradigmatisch und methodisch zu kontrollieren, was den erfahrungswissenschaftlichen Gegenständen (hier: Gehirnen) selbst im Unterschied zu der soziokulturellen Forschungspraktik der neurobiologischen Hirnforscher zukommt. Nur kann diese Aufgabe nicht dadurch gelöst werden, dass aus der Praktik auf den Gegenstand hermeneutisch vorprojiziert wird, statt seine methodenabhängige Gegebenheitsweise zu berücksichtigen. Man sieht hier deutlich, vor welchen Verstehensproblemen Erfahrungswissenschaftler in ihren Erklärungsaufgaben stehen. Erfahrungswissenschaftliche *For-*

37 Vgl. unter anderem ebd., 216.

38 Ebd., 230 f. Dementsprechend hatte Roth schon früher das Bewusstsein als das Eigensignal des Gehirnes zum Anlegen neuer oder der Konsolidierung bestehender neuronaler Verknüpfungen bezeichnet. Vgl. ders., Das Gehirn und seine Wirklichkeit, Frankfurt/M. 1996, 213–247.

39 Ders., Aus Sicht des Gehirns, Frankfurt/M. 2003.

*schungs*praktiken sind selbst *Verstehens*praktiken, in denen sich die *lösbaren Erklärungsaufgaben* erst im Maße der Darstellung reproduzierbarer Resultate klar *ausdifferenzieren* lassen.

Die allgemeine Schwierigkeit einer Primatsetzung (zwischen korrelativen Daten aus zwei Phänomenreihen) begegnet auch in dem Problem, welchem Vorgang im Phasenverlauf Priorität zukommt. Das menschliche Gehirn selber kommt nicht fertig auf die Welt. Die Entfaltung der genetischen Strukturen im Wachstum bedarf der Interaktion des Organismus mit Bezugspersonen. Im genetischen Rahmen hängt sowohl die Erstverknüpfung als auch die Konsolidierung bereits bestehender neuronaler Verbindungen von der Epigenese soziokultureller Interaktionen ab. So wenig sich menschliche Gehirne von denen anderer Primaten qualitativ unterscheiden lassen, auffallend seien als qualitativer Unterschied doch „Teile des Broca-Sprachzentrums" und eine „stark verlängerte Reifeperiode des Gehirnes".[40] Zu der genetischen und vorgeburtlichen Determination der Hirnentwicklung kommen „Merkmale, die durch prägungsartige Vorgänge kurz nach der Geburt bzw. in den ersten drei bis fünf Lebensjahren bestimmt werden; besonders wichtig scheint dabei die Interaktion mit den Bezugspersonen (Mutter, Vater) zu sein. Die Bedeutung des frühen Kindesalters wird unterstrichen durch Erkenntnisse über die Entwicklungsdynamik und Plastizität des menschlichen Gehirnes."[41] Sie betrifft insbesondere den Erwerb einer „syntaktischen Sprache", die den Menschen allein von allen anderen Tieren unterscheide.[42] Sprache sei jedoch „ein sozial vermitteltes Vermögen" und diene „nicht in erster Linie dem Austausch von Wissen und dem Vermitteln von Einsicht, sondern der Legitimation des überwiegend unbewußt gesteuerten Verhaltens vor uns selbst und vor anderen. Dies ist ein wichtiges Faktum individuellen emotionalen Überlebens und gesellschaftlichen Zusammenlebens. Sprachliche Kommunikation bewirkt nur dann Veränderungen in unseren Partnern, wenn diese sich aufgrund interner Prozesse der Bedeutungserzeugung oder durch nichtsprachliche Kommunikation mit uns bereits in einem konsensuellen Zustand befinden."[43]

Roth begrenzt die strukturbildenden Rückwirkungen des interaktiven Verhaltens auf neuronale Verbindungen nicht nur auf die frühe Entwicklungsphase bis zum Spracherwerb (im Sinne des Sprachniveaus vom dritten bis zum fünften Lebensjahr), sondern berücksichtigt auch die Entwicklung bis zur Pubertät. „Komplexere kognitive Leistungen des Kindes wie operationales Denken fallen mit dem weiteren Ausreifen des präfrontalen Cortex im Alter von sieben bis elf Jahren zusammen und die Fähigkeit zu abstrakt-logischem Denken einerseits und zur Beurteilung komplexer Situationen, in denen eine komplizierte Verhaltensentscheidung getroffen werden muß, zeigen Kinder bzw. Jugendliche erst ab einem Alter von elf Jahren. Letzteres fällt mit dem Ausreifen des orbitofrontalen Cortex zusammen; hierdurch erst scheint der junge Mensch zur ‚Vernunft' zu kommen."[44] Es ist sicher entwicklungspsychologisch plausibel, dass das Erlernen der sprachlichen an die vorsprachliche Kommunikation und deren emotionalen Konsens als Priorität gebunden wird. Diese Priorität schwingt gewiss auch in späteren Entwicklungsphasen Erwachsener weiter mit, an denen aber – abgesehen von existenziell kritischen Lebenserfahrungen – keine struktur-funktional gravierenden Veränderungen

40 Ders., Fühlen, Denken, Handeln, a. a. O., 451.

41 Ebd., 452.

42 Vgl. ebd., 451.

43 Ebd., 452.

44 Ebd., 337. Vgl. auch G. Roth, Aus der Sicht des Gehirns, a. a. O., 65.

der neuronalen Korrelate durch Interaktionen nachgewiesen werden konnten. Das Sprachniveau von Vorschulkindern darf man noch nicht für diese selbst (im Unterschied zu erwachsenen Beobachtern) mit der syntaktischen Sprache gleichsetzen, die Roth als qualitatives Unterscheidungskriterium menschlicher Lebewesen anerkennt. Die Syntax der Sprache *als* solche, das heißt im Unterschied zur Semantik und Pragmatik der Sprache, tritt für ihre Benutzer erst in der Produktion und Rezeption von Schriftsprache hervor. Erst in ihr kann tatsächlich Vernunft, als die diskursive Verwendung von Gründen und Gegengründen, empirisch verortet werden. Wo Roth abbricht, da die Hirnforschung dazu offenbar keine empirischen Befunde hat, bleiben nun doch wichtige Fragen offen, die die Entwicklung von der Pubertät (hormonal-erotische Kopplung zu *sexes* und *genders*) bis zu den verschiedenen Gemeinschafts- und Gesellschaftsrollen für Erwachsene mit je verschiedenem Habitus und Diskurs betreffen.

In seiner zusammenfassenden Subjekt-Kritik geht Roth dann doch wieder von der schwachen zur starken Lesart der Korrelationen über. Aus der eingeräumten Wechselwirkung wird eine deutliche Primatsetzung der neuronalen Korrelate, die die Wechselwirkung mit interaktiven Verhaltensphänomenen auf die Priorität der frühen Entwicklungsphasen eingrenzt: „In seiner späten, selbstreflektierenden Form ist das Ich wesentlich von der Sprache und damit von der Gesellschaft bestimmt. Dieses Ich ist nicht der Steuermann, auch wenn es sich in charakteristischer Weise Wahrnehmungen, mentale Akte und Handlungen zuschreibt und die Existenz des Gehirnes, seines Erzeugers leugnet. Vielmehr ist es ein virtueller Akteur in einer von unserem Gehirn konstruierten Welt, die wir als unsere Erlebniswelt erfahren."[45] Wie ist nun die Virtualität dieses Subjektes im Unterschied zu dem kausalen Welterzeuger Gehirn zu verstehen? Handelt es sich um eine lebensnötige und womöglich lebensförderliche Fiktion oder um eine gefährliche und daher kritikwürdige Illusion? – Roth verteidigt das Freiheits*gefühl*, da er es für neurobiologisch rational erklärbar hält, nämlich als die Wirklichkeit der Realität. Dagegen hält er aber die *rationale* Freiheit für eine kritikwürdige Illusion, da sie kausal nicht oder nur indirekt zu wirken vermag.

Zum ersten Teil, dem Freiheitsgefühl: „Die subjektiv empfundene Freiheit des Wünschens, Planens und Wollens sowie des aktuellen Willensaktes ist eine Illusion. Der Mensch *fühlt* sich frei, wenn er tun kann, was er zuvor wollte. Unsere bewußten Wünsche, Absichten und unser Wille stehen aber unter Kontrolle des unbewußten Erfahrungsgedächtnisses, wobei in komplexen Entscheidungssituationen der bewußten Analyse dessen, was ‚Sache ist', eine große Bedeutung zukommt. Was aber letztlich getan wird, entscheidet das limbische System. Das Gefühl des freien Willensaktes entsteht, nachdem limbische Funktionen und Strukturen bereits festgelegt haben, was zu tun ist. Wille und das Gefühl der subjektiven Willensfreiheit dienen der Selbst-Zuschreibung des Ich, ohne die eine komplexe Handlungsplanung nicht möglich ist."[46] So nötig das Gefühl der Freiheit sei, so wenig vermag die diskursive Rationalität des Subjekts auszurichten: „Unser bewußtes Ich hat nur begrenzte Einsicht in die eigentlichen Antriebe unseres Verhaltens. Die unbewußten Vorgänge in unserem Gehirn wirken stärker auf die bewußten ein als umgekehrt. Das bewusste Ich steht jedoch unter dem bereits genannten Erklärungs- und Rechtfertigungszwang. Dies führt zu den typischen Pseudoerklärungen eigenen Verhaltens, die aber gesellschaftlich akzeptiert werden. Das bewußte Ich

45 Ders., Fühlen, Denken, Handeln, a. a. O., 452.

46 Ebd., 453.

ist nicht in der Lage, über Einsicht oder Willensentschluß seine emotionalen Verhaltensstrukturen zu ändern; dies kann nur über emotional ‚bewegende' Interaktionen geschehen."[47]

Der springende Punkt besteht nun in folgendem Widerspruch in Roths Konzeption, der nur durch eine neue Thematisierung des Geistigen (als soziokultureller Institutionalisierung sprachlicher Mentalität) im Unterschied zum Erlebens-Subjekt aufgelöst werden kann. Zunächst zu Roths Selbstwiderspruch: Aus der Bejahung des Freiheitsgefühles (als einer rational erklärbaren Erlebensnotwendigkeit von Illusion) und der gleichzeitigen Einschränkung der rationalen Freiheit des Subjektes (auf eine Bedeutung, die kausal nicht oder nur indirekt – über emotional bewegende Interaktionen – wirkt) folgt ein Problem für die eigene Forschung und deren Anwendungen als selber soziokultureller Praktiken. Die eigene neurobiologisch rationale Erklärung mag wahr sein, aber sie wäre als solche – laut Roths eigener Position – nicht nur kausal wirkungsarm (Wirkung im Sinne der Korrelation emotional-limbisch), sondern auch ein hirnphysiologisch determiniertes Freiheitsgefühl. Nehmen wir weiter an, Roth hätte für menschliche Individuen kognitiv Recht, und sein Buch endet mit einem neurobiologischen „Plädoyer für einen *Individualismus*"[48], der zur selbstreferenziellen Funktionsweise des Gehirnes passt, dann entstünde doch die folgende Frage: Wie kann zwischen seinem diskursiv-kognitiv erhobenen Wahrheitsanspruch, seinem dabei persönlich erlebten Freiheitsgefühl und beider kausaler Wirkungsarmut *für andere soziokulturell* unterschieden werden? Zumindest in wissenschaftsförmigen Praktiken sollte doch die empirische Bewährung des Wahrheitsanspruches zum Selektionskriterium erhoben werden! Viele Soziologen würden hier von einer institutionellen Wirksamkeit reden, und die meisten Philosophen würden sie an sprachlich-mentale („geistige") Kriterien binden wollen, welche beide – institutionell und sprachlich-mental – die Interaktionen der beteiligten Individuen überschreiten und sogar Generationen übergreifend überdauern können müssen. *Gerade diese soziokulturelle Institutionalisierung diskursiver Mentalität, die dank der Schriftsprache ein semiotisch-kommunikatives Eigenleben gegenüber Individuen und ihren Generationen gewinnt, fehlt nach allem, was wir von anderen Primaten wissen, diesen.* Hier, wo Roths Erklärung aussetzt, beginnt also erst das der Erklärung Bedürftige.

Seit Hegel hat es sich philosophisch eingebürgert, hier von objektivem (im Unterschied zum subjektiven und absoluten) Geist zu sprechen, also von soziokulturellen (nicht allein individuellen) Mentalitäten, die eine institutionelle und sprachliche Wirksamkeit *sui generis* erlangen (bzw. diese verfehlen, verkehren). Wir sind damit beim letzten philosophisch bedeutsamen Punkt angelangt, nämlich dem Unterschied zwischen dem „Subjekt" im Sinne des diskursiven (vernünftigen) Selbstbewusstseins, wie es von Individuen *aktualisiert* werden kann, und dem, was man „Geist" nennt, also einer institutionell gestützten und in der Schriftsprache Selbstreferenzialität entfaltenden Mentalität, die so soziokulturell gesehen Individuen und deren Generationen aktual und geschichtlich zu übergreifen vermag. Mit in diesem Sinne „geistigen" Phänomenen habe ich in der kulturellen Ausgangslage, dem Schisma von Habitualisierungen (oben I.), begonnen. Aus dem Umstand, dass es „Geist" (bei Hegel: objektiven Geist) nicht ohne strukturelle Kopplung an ein „Subjekt" (subjektiven Geist) gibt, folgt nicht, dass Geist nicht in Phänomenen anderer Ordnung als denjenigen des Subjekts

47 Ebd.

48 Ebd., 457.

(aktualisiertes diskursives Selbstbewusstsein) zugänglich wird. Geistige Phänomene werden empirisch fassbar in der geschichtlichen Eigendynamik soziokultureller Personenrollen, die je einen bestimmten Habitus (für die Aufführung körperleiblicher Bewegungen) und einen bestimmten Diskurs (eine bestimmte Zuordnung von Syntax, Semantik und Pragmatik selbstreferenzieller Sprache) verknüpfen. Die Individualität der Inhaber solcher Rollen, ihre Unvertretbarkeit und Nichtaustauschbarkeit, tritt erst immer wieder im Kontrast zu den Rollenmaßen für die Generationen übergreifende Vertretbarkeit und Austauschbarkeit hervor.[49] Die einfachen oder innovativen Reproduktionswahrscheinlichkeiten von Rollenkörpern hängen von sozialen Organisationen, Institutionen und Systemen für diskursive Gehalte und deren Verkürzungen auf binäre Schematismen ab. Man muss nicht Anhänger einer speziellen Theorie sein, etwa der von M. Foucault, N. Luhmann oder J. Habermas, um doch anerkennen zu können, dass sie auf verschiedene Weise das soziokulturell thematisiert haben, was in der philosophischen Tradition „objektiver Geist“ genannt wurde und von den traditionellen Geisteswissenschaften weder theoretisch noch methodisch bewältigt werden konnte.

Wenn man wie Roth und die meisten angelsächsischen Neurophilosophen, damit „Geist mit empirischen Methoden untersucht werden kann“, diesen „auf *individuell erlebbare Zustände*“ einschränkt „und alle denkbaren religiösen und sonstigen überindividuellen geistigen Zustände“[50] unberücksichtigt lässt, dann kommt man bestenfalls an das aktuale Selbstbewusstsein heran, nicht aber an die Spezifik geistiger Phänomene, die andere Konzepte, Methoden und damit auch andere Empirien erfordert. So ist es zum Beispiel für die soziokulturelle Evolution der menschlichen Spezies gravierend, dass es zu einer externen Emanzipation von individuell hirninternen Gedächtniskapazitäten durch Monumente und Dokumente, Archive und weltweite Networks kommt. Auch die Hirnforschung selbst lebt von dieser weltweiten Emanzipation in ihrer empirischen Einlösung argumentativer Geltungsansprüche, die von anderer Ordnung als aktuale Bewusstseinszustände sind. Man kann aus dem (nicht nur für Roth, sondern auch für mich) beklagenswerten Umstand, dass die meisten so genannten Geisteswissenschaften (im Unterschied zu den Sozial- und Kulturwissenschaften bzw. den Humanwissenschaften im englischen und französischen Sinne) zu keiner erfahrungswissenschaftlichen Erklärung gelangt sind, nicht schlussfolgern, dass es keine geistigen, das heißt zunächst dank selbstreferenzieller Sprache soziokulturellen Phänomene gibt. Es ist einfach Faktum, dass keine anderen Primaten als die Menschen so etwas wie ein World Trade Center errichten und zerstören können. Das schaffen keine Schimpansen, weder im Guten noch im Schlechten. Dieses Beispiel möge zeigen, dass es für die Anerkennung der Spezifik geistiger Phänomene nicht nötig ist, ein ontologisches Geistprinzip außerhalb der natürlichen Welt anzunehmen. Soziokulturelle Phänomene liegen in ihrer Spezifik nicht außerhalb, sondern innerhalb der Möglichkeiten, die in Naturgesetzen beschrieben werden.[51] Sowohl Aufbau als auch Zerstörung des Centers hatten das Gravitationsgesetz einzuhalten. Aber daraus folgt nicht, dass

49 Vgl. zur Individualisierung der Person und zur Personalisierung des Individuums H.-P. Krüger, Zwischen Lachen und Weinen, Bd. I: Das Spektrum menschlicher Phänomene, Berlin 1999, 4. u. 5. Kapitel.

50 G. Roth, Das Gehirn und seine Wirklichkeit, a. a. O., 272.

51 Roths weites Verständnis von physikalischer Erklärung eröffnet die Möglichkeit, für erfahrungswissenschaftliche Erklärungen auch in den Sozial- und Kulturwissenschaften kein außernatürliches Geistprinzip ontologisch in Anspruch nehmen zu müssen. Vgl. ebd., 300 ff.

die soziokulturelle Bedeutung des Aufbaus und der Zerstörung in ihrer Spezifik, darunter auch im Hinblick auf ihre Kriegsfolgen, aus dem Gravitationsgesetz erklärt werden könnte.

Allein für den neurobiologischen Zugang zum aktualen Bewusstsein, nicht zum Geist (als der selbstreferenziell-sprachlichen Eigendynamik soziokultureller Phänomene), mag es ausreichen, wenn Roth gegen den „reduktionistischen Identismus“ (der Geist für nichts weiter als einen neurobiologischen Zustand hält) schreibt: „Geist und Psyche entstehen im Gehirn nur dann, wenn das Gehirn und sein Organismus in bestimmter Weise mit einer Umwelt interagieren und das Gehirn diese Interaktion bewertet. Isolieren wir das Gehirn von seiner Umwelt, dann entsteht kein Geist.“[52] „Geist“ ist keine Kausalität außerhalb der natürlichen Welt, aber auch keine Interaktion mit der *Umwelt* wie das Bewusstsein, sondern die strukturfunktionale Erschließung von *Welt*[53], auch der Welt der Naturwissenschaften als einer besonderen soziokulturellen Forschungspraktik des Erhebens und Einlösens argumentativer Geltungsansprüche in methodischen Darstellungskontexten. Erst an dem Horizont (phänomenologisch) und an dem Kontrast (semiotisch) von *Welt* fallen *Umwelten* als solche auf und können so bestimmt werden. Auf die für die Philosophische Anthropologie kardinale Unterscheidung von Welten und Umwelten komme ich zurück.

V. Das indirekte Hirnprimat in der Iteration zu fünf Phänomengruppen. Wolf Singers zärtliche Vorprojektion der ersten und dritten Person ins Gehirn

W. Singer lehnt (wie G. Roth und die meisten Erfahrungswissenschaftler) einen ontologischen Sprung in dem Sinne ab, dass es außerhalb und unabhängig von der evolvierenden Natur einen Geist kausaler Wirksamkeit gibt. Wie kommt man dann aber erfahrungswissenschaftlich, darunter insbesondere neurobiologisch, an das „Phänomen der Emergenz mentaler Qualitäten“[54] heran? Indem man neue Funktionen „als Folge der Iteration, der wiederholten Anwendung auf sich selbst“[55], begreift. Dies betrifft zunächst Phänomene „lebender Systeme“, die aus einem „Aggregationsprozeß von Molekülen“ hervorgehen, „welcher zu reproduktionsfähigen, ihre Identität erhaltenden Systemen führte. Variiert durch das Würfelspiel der Mutation und bereichert durch die geschlechtliche Rekombination von Genen bringt dieser Trend zu höheren Komplexitätsstufen zwangsläufig eine Vielfalt immer komplexerer Systeme hervor. Dieser autonome, von vielen Zufälligkeiten abhängige Proliferationsprozeß wird nur sekundär entsprechend den darwinistischen Selektionsregeln gesteuert. Dies impliziert, daß zwar Neuentwicklungen, die schaden, ausgemerzt werden, solche aber, die nicht schaden, erhalten bleiben und allenfalls durch weitere Mutationen wieder vergessen werden. Da die darwinistischen Selektionsregeln kompetitiver Natur sind, breiten sich natürlich besonders erfolgreiche Neuerfindungen auf Kosten aller anderen aus. Miterhalten bleiben jedoch all die Funktionen und Leistungen, die zwar selbst keinen Selektionsvorteil bieten, jedoch als Epi-

---

52 Ebd., 289.

53 Max Scheler stellt den (verglichen mit Plessner inkonsequenten) Übergang dar, einerseits die Geistesmetaphysik kausal zu entleeren, sie aber andererseits als eine negative Welterschließung zu reformulieren, in der positive Umweltbestimmungen möglich werden. Vgl. M. Scheler, Die Stellung des Menschen im Kosmos (1928), Bonn 1986, 40–49, 66–71.

54 W. Singer, Der Beobachter im Gehirn, a. a. O., 60; vgl. auch ebd., 72.

55 Ebd., 70; vgl. auch ebd., 64.

phänomen einer Entwicklung mitauftraten, welche ihrerseits einen hohen Selektionsvorteil bietet. Es wäre also durchaus möglich, daß die Fähigkeit zur kulturellen Betätigung lediglich Epiphänomen von Hirnleistungen ist, die andere Selektionsvorteile bedingen."[56] Man merkt schon in diesem Ausgangspunkt, mit welchem Spielraum das evolutionstheoretische Vokabular (Variation und Selektion) zur Erklärung (unter Einschluss von Zufällen und auch für im biologischen Sinne unnütze Epiphänomene) in Anschlag gebracht wird. Zudem sieht man, wie es Biologen schon immer mit einer *Selbstreproduktion* von Lebewesen in Umweltinteraktionen zu tun haben, einer Selbstreproduktion, welche Prozesse der physikalisch-chemischen *Selbstorganisation* fortsetzt und zugleich in der phänomenalen Komplexität übersteigt.[57] Singer wendet seinen frühen Grundgedanken, durch „Iteration zur Emergenz immer neuer Leistungen" zu gelangen, auch auf die nächst spezifischere Phänomenebene der Nervensysteme an, die nach den sensomotorischen Verknüpfungen nochmals die sensomotorischen Schleifen mit Sensoren verbinden, „die den inneren Zustand des Systems signalisieren und die Reizreaktionen davon abhängig machen. Ein wichtiger nächster Schritt ist dann der Übergang von gesteuerten zu geregelten Systemen. In letzteren wird der Erfolg einer Reaktion durch spezielle Rezeptorsysteme gemessen und diese Information wird benutzt, um die Reaktion entsprechend nachzuregeln. Die ersten rückgekoppelten Systeme entstehen. Schon relativ früh finden sich ferner Speicherfunktionen."[58] Dies einmal unterstellt, kommen wir (nach den lebenden Systemen und unter diesen den Nervensystemen) bei der dritten, noch spezifischeren Phänomenebene durch erneute Iteration im Hinblick auf das evolutionäre Wachstum der Großhirnrinde (als Verhaltenskorrelat) an, deren „Metarepräsentationen" wir (unter III.) schon erwähnt haben. „Offenbar genügt es zum Aufbau von Metarepräsentationen, Areale hinzuzufügen, die auf hirninterne Prozesse genauso ‚schauen' wie die bereits vorhandenen Areale auf die Peripherie."[59] Räumlich ließe sich das damit entstehende Bindungsproblem nicht mehr neu (sondern nur durch eine enorme quantitative und sich so selbst im Wege stehende Ausweitung) lösen. Daher die funktional neue Antwort in der Hypothese von der Synchronisation.

Damit entsteht die Möglichkeit, sich dem Spezifikationsproblem der vierten Phänomengruppe des Selbstbewusstseins zu stellen, in dem sich, wie wir oben unter dem Stichwort des „Subjekts" vermerkten, sich zu erleben und dies sprachlich artikulieren zu können, überkreuzen. Während nun Singer für den besonderen Erlebenscharakter von Selbstbewusstsein eine entwicklungspsychologische Erklärung anbietet, die sich auch bei Roth findet und von vielen geteilt wird, begrenzt er den neurobiologischen Erklärungsanspruch auf die Beobachtung einzelner Gehirne, weshalb die sprachlich-soziokulturellen Dimensionen des Selbstbewusstseins anders aufgerollt werden müssen. Zu der entwicklungspsychologischen Begründung: Der frühe Dialog zwischen der Bezugsperson und dem Kind in seinen ersten Lebensjahren „vermittelt diesem in sehr prägnanter und asymmetrischer Weise die Erfahrung, offenbar ein autonomes, frei agierendes, verantwortliches Selbst zu sein, [...] Wichtig [...] ist nun, daß dieser frühe Lernprozeß in einer Phase sich ereignet, in der die Kinder noch

---

56 Ebd., 213.

57 Roth beginnt vergleichbar mit Lebewesen überhaupt als „selbstherstellende und selbsterhaltende Systeme": G. Roth, Das Gehirn und seine Wirklichkeit, a. a. O., 80–82.

58 W. Singer, Der Beobachter im Gehirn, a. a. O., 214 und 216.

59 Ebd., 72; vgl. ebenso ders., Über Bewußtsein und unsere Grenzen, a. a. O., 290.

kein episodisches Gedächtnis aufbauen können. Wir erinnern uns nicht an die ersten zwei bis drei Lebensjahre, weil in dieser frühen Entwicklungsphase die Hirnstrukturen noch nicht ausgebildet sind, die zum Aufbau eines episodischen Gedächtnisses erforderlich sind. Es geht dabei um das Vermögen, Erlebtes in raumzeitliche Bezüge einzubetten und den gesamten Kontext des Lernvorganges und nicht nur das Erlernte selbst zu erinnern. [...] Diese frühkindliche Amnesie scheint mir dafür verantwortlich zu sein, daß die subjektiven Konnotationen von Bewußtsein für uns eine ganz andere Qualität haben als die Erfahrungen mit anderen sozialen Konstrukten. Vielleicht erleben wir diese Aspekte unseres Selbst deshalb auf so eigentümliche Weise als von ganz anderer Qualität, als aus Bekanntem nicht herleitbar, weil die Erfahrung, so zu sein, in einer Entwicklungsphase installiert worden ist, an die wir uns nicht erinnern können. Wir haben an den Verursachungsprozeß keine Erinnerung."[60]

Die sprachliche Seite des Selbstbewusstseins äußert sich in „Dialogen" von der Art wie „ich weiß, dass Du weißt, wie ich fühle" oder „ich weiß, dass Du weißt, dass ich weiß, wie Du fühlst". Es geht hier also in der Tat um eine selbstreferenzielle Sprache, in der sich intersubjektiv sagen lässt, was man in ihr tut, ohne dafür aus ihr ausscheren zu müssen.[61] „Interaktionen dieser Art führen also zu einer iterativen wechselseitigen Bespiegelung im je anderen. Diese Reflexion wiederum ist, wie ich glaube, die Voraussetzung dafür, daß der Individuationsprozeß einsetzen kann, daß die Erfahrung, ein Selbst zu sein, das autonom und frei agieren kann, überhaupt möglich wird."[62] Aber diese Art von Ich-Erfahrungen könne nicht mehr „allein innerhalb neurobiologischer Beschreibungssysteme" behandelt werden, da „sich diese ausschließlich an der naturwissenschaftlichen Analyse einzelner Gehirne orientieren": „Die Hypothese, die ich diskutieren möchte, ist, daß die Erfahrung, ein autonomes, subjektives Ich zu sein, auf Konstrukten beruht, die im Laufe unserer kulturellen Evolution entwickelt wurden. Selbstkonzepte hätten dann den ontologischen Status einer sozialen Realität."[63] Von dem sprachlich vermittelten Ich als kulturellem Konstrukt und sozialer Zuschreibung ergibt sich eine Brücke, und Singer geht es ausdrücklich um „Brückentheorien" zwischen verschiedenen Phänomenbereichen (als „grundsätzlich neuer Qualitäten", aber ohne „ontologischen Sprung" aus der natürlichen Welt heraus[64]), zu den Sozial- und Kulturwissenschaften. Als kritisierbar zeichnen sich so „Politik und Wirtschaft" ab, insoweit sie der hierarchischen Organisationsform eines cartesianischen Konvergenzzentrums folgen.[65] Demgegenüber fielen in der „postmodernen Weltsicht" überraschende Parallelen zwischen der Funktionsweise des Gehirnes und den Problemen unserer „verflochtenen Wirtschafts- und Sozialsysteme" auf, also anderen komplexen Systemen, „die ebenfalls distributiv organisiert sind, lenkender Konvergenzzentren entbehren und dennoch insgesamt koordiniertes, gerichtetes Verhalten zeigen": „Es wäre lohnend, der epistemologischen Frage nachzugehen, ob es unsere postmoderne Welt-

60 W. Singer, Der Beobachter im Gehirn, a. a. O., 74 f.

61 Vgl. J. Habermas, Rationalität der Verständigung, in: ders., Wahrheit und Rechtfertigung, Frankfurt/M. 1999, 102–137.

62 W. Singer, Der Beobachter im Gehirn, a. a. O., 74.

63 Ebd., 73.

64 Vgl. ebd., 177. Auch Roth fordert „Brückentheorien", um aus dem anachronistischen Gegensatz von Natur- und Geisteswissenschaften herauskommen zu können. Vgl. ders., Aus Sicht des Gehirns, a. a. O., 197 ff.

65 W. Singer, Der Beobachter im Gehirn, a. a. O., 169.

sicht ist, die uns komplexe Systeme so sehen läßt, oder ob unsere gegenwärtige Weltsicht durch die Erfahrung mit solchen Systemen geprägt ist.“[66] Dies ist in der Tat eine philosophische Frage nach Mentalem (Geistigem), welches das je aktuale und individuelle Subjekt übersteigt und in den Sozial- und Kulturwissenschaften auch empirisch thematisiert werden kann.

Wir haben es inzwischen also mit einer fortlaufenden Iteration in fünf Phänomenbereiche zu tun. Die Überkreuzung im ursprünglich vierten Phänomenbereich, im Subjekt, das hieß: im sowohl subjektiv erlebten als auch diskursiv artikulierten Selbstbewusstsein, hat sich in die Differenz zwischen dem subjektiv konnotierten Bewusstsein (das entwicklungspsychologisch-neurobiologisch erklärt werden könne) und dem kulturellen Konstrukt für soziale Zuschreibungen im Diskurs verdoppelt. Wir müssen uns nun aber doch die Brücke genauer ansehen, die Singer so einladend vorschlägt. Er vertritt zwar keinen *direkten* Primat der selbstreferenziellen Funktionsweise des Gehirnes als Korrelat für Mentales, wozu Roth in der Konsequenz insofern führt, als er Geist (soziokulturell-sprachliche Mentalität) aufs Subjekt (aktuales Selbstbewusstsein) begrenzt. Aber Singer vertritt dieses Primat doch deutlich in der Form einer evolutionären Priorität, die, wie seine entwicklungspsychologische Argumentation bereits zeigte, in jeder neuen Ontogenese reproduzierbar bleiben muss. Zu der Priorität: Selbstkonzepte und die sie ermöglichenden Kulturen kamen erst in die Welt, „nachdem die Evolution Gehirne hervorgebracht hatte, die zwei Eigenschaften aufwiesen: erstens, ein inneres Auge zu haben, also über die Möglichkeit zu verfügen, Protokoll zu führen über hirninterne Prozesse, diese in Metarepräsentationen zu fassen und deren Inhalt über Gestik, Mimik und Sprache anderen Gehirnen mitzuteilen; und, zweitens, die Fähigkeit, mentale Modelle von den Zuständen der je anderen Gehirne zu erstellen, eine ‚theory of mind‘ aufzubauen, wie die Angelsachsen sagen“.[67] Was hier unter dem Stichwort vom „inneren Auge“ als Problem auffällt und worauf ich sogleich zurückkommen werde, ist die Frage, was aus der soziokulturellen Praktik stammend in die Funktionsweise des Gehirnes vorverlegt wird. Nehmen wir einmal an, die Evolution hätte selbstreferenziell funktionierende Gehirne hervorgebracht und durch die „Herausbildung differenzierter Sprachen“ die Entwicklung von Kommunikationsprozessen ermöglicht, die „schließlich zur Evolution menschlicher Kulturen führte“: Dann gäbe es wohl den *kritischen Grenzbereich* zwischen der vierten und fünften Phänomengruppe, also den „subjektiven Konnotationen von Bewusstsein“, die zugleich soziokulturell als „Konstrukte“ und „Zuschreibungen“ fungieren. Während ihre Subjektivität entwicklungspsychologisch erklärt werden könnte, müsste ihr Charakter, kulturelles Konstrukt und soziale Zuschreibung zu sein, offenbar soziokulturell erklärt werden. „Wenn dem so ist, wenn also die subjektiven Konnotationen von Bewußtsein Zuschreibungen sind, die auf Dialogen zwischen sich wechselseitig spiegelnden Menschen gründen, dann ist zu erwarten, daß die Selbsterfahrung von Menschen kulturspezifische Unterschiede aufweist. Auch kann nicht ausgeschlossen werden, daß bestimmte Inhalte dieser Selbsterfahrung, beispielsweise die Überzeugung, frei entscheiden zu können, illusionäre Komponenten haben.“[68]

Das kritische Problem besteht demnach also *nicht* darin, dass das Subjekt in dem Sinne sprachlich-mental ist, als es *überhaupt* den soziokulturellen Charakter hat, auch als Konstrukt

66 Ebd., 32.
67 Ebd., 73.
68 Ebd., 75.

in der kulturellen Evolution und als Zuschreibung in der sozialen Realität zu fungieren. Kurz gesagt: Ohne strukturelle Kopplung zwischen „Subjekt“ (bewussten Erlebens) und „Geist“ (soziokulturelle Position in der Ausübung sprachlich-selbstreferenzieller Mentalität) überhaupt gibt es keine spezifisch menschlichen Lebewesen. Kritisch wird erst die Frage, welche *bestimmten* soziokulturellen Interpretationen (Mentalitäten) besser oder schlechter zum Erlebenssubjekt passen, ihm gar widersprechen. Da das Subjekt (das Bewusstsein, das sich als subjektiv erlebt) entwicklungspsychologisch objektiviert werden kann, worin die neurobiologische Erklärung den korrelierenden Part für einzelne Gehirne übernimmt, komme es „indirekt“[69] zum Konflikt mit anderen soziokulturellen Interpretationen des Subjekts als Konstrukt und Zuschreibung („Geist“). „Innerhalb neurobiologischer Beschreibungssysteme wäre das, was wir als freie Entscheidung erfahren, nichts anderes als eine nachträgliche Begründung von Zustandsänderungen, die ohnehin erfolgt wären, deren tatsächliche Verursachungen für uns aber in der Regel nicht in ihrer Gesamtheit fassbar sind. Nur ein Bruchteil der im Gehirn ständig ablaufenden Prozesse ist für das innere Auge sichtbar und gelangt ins Bewusstsein. Unsere Handlungsbegründungen können folglich nur unvollständig sein und müssen a posteriori Erklärungen mit einschließen.“[70] Da die Entsprechung bzw. Widersprechung zwischen der neurobiologischen Erklärung und den anderen soziokulturellen Interpretationen (des Subjekts als Geist) *nicht direkt* – an ein und denselben Phänomenen ontologisch derselben Ordnung – ausgefochten werden können, erfolgen sie indirekt, unter anderem auch im Leiden von Patienten. Abgesehen davon, dass der Konflikt zwischen den verschiedenen soziokulturellen Mentalitäten im Großen durch „Gewöhnung“ zu Gunsten der naturwissenschaftlichen Beschreibungen gelöst werde, so Singer, könne er auch „philosophisch“[71] zur Sprache gebracht werden. Stellt man sich philosophisch dem nur indirekt auszufechtenden Konflikt, ergäben sich von Seiten der Singerschen neurobiologischen Erklärungskultur als Kriterien für Kompatibilität: Die anderen soziokulturellen Interpretationen des Erlebenssubjekts als Geist (soziokulturelle Position) sollten ebenfalls keine Ansprüche auf Vollständigkeit (absolute Wahrheit) erheben und auch der empirischen Bewährung ihrer Hypothesen großen Spielraum gewähren. Sie sollten gleichfalls mit selbstreferenziellen Funktionen arbeiten, sodass durch so etwas wie fortlaufende „Iterationen“ Brücken zwischen den ontologisch verschieden zu spezifizierenden Phänomenbereichen entstehen, statt Wirtschaft, Politik und Kultur wie hierarchische Konvergenzzentren zu organisieren, die so als soziokulturelles Verhalten funktional nicht zum Korrelat des Gehirnes passen.[72]

Ich habe mit *Singers indirekter Vergleichsweise der funktionalen Äquivalente für die Selbstreferenz in den verschiedenen Phänomengruppen* grundsätzlich keine Schwierigkeit, ja, ich halte sie für eine *paradigmatische Brücke in die Philosophische Anthropologie*. Es gehört

69 Ebd., 62.

70 Ebd., 75 f.

71 Ebd., 76 und 73.

72 Daher die vielfältigen indirekten Reformvorschläge (ausdrücklich keine direkten Revolutionsvorschläge) zur Erziehung, zur Aufwertung künstlerischer Kultivierung von Emotionen, zur Rechts- und Strafbemessung, auch zur Gesellschaft insgesamt. „Denn ähnlich, wie wir uns durch Anschauung von Hirnfunktionen von hierarchischen Strukturmodellen verabschieden mußten, weil wir erkannt haben, daß die Natur nicht hierarchisch, sondern vernetzt arbeitet, werden wir sehen, daß es unmöglich ist, komplexe Gesellschaften von oben herab zu führen.“ W. Singer, Ein neues Menschenbild?, a. a. O., 95.

auch zur Tradition der Philosophie, dass sie sich um eine argumentative Austragung des Konfliktes zwischen den verschiedenen soziokulturellen Mentalitäten um die angemessene Interpretation und soziokulturelle Positionierung des Subjektes (als der subjektiven Erlebenswirklichkeit des Bewusstseins) kümmert. Gleichwohl, bei aller philosophischen Indirektheit, mit der Singer durch die evolutionäre Priorität des selbstreferenziellen Gehirnes und deren entwicklungspsychologische Reproduktion hindurch vorgeht, scheint mir seine inhaltliche Bestimmung der selbstreferenziellen Funktionsweise des Gehirnes doch an einer enormen hermeneutischen Zärtlichkeit für seinen Gegenstand zu leiden. Er projiziert Unterscheidungen, die in der soziokulturellen Praktik vorkommen, insbesondere in der Praktik der eigenen neurobiologischen Forschung, vor in die selbstreferenzielle Funktionsweise des Gehirnes.[73] Dies betrifft das zitierte „innere Auge" im Gehirn und den Titel seines Buches *Der Beobachter im Gehirn*. Das „innere Auge" ist eine metaphorische Übertragung ins Gehirn, die aber woanders her stammt, nämlich aus der Unterscheidung von Innen- und Außenwelt dank einer Mitwelt (vgl. oben I.).[74]

Der Beobachter, das weiß natürlich auch Singer, ist zunächst identisch mit der Perspektive der „dritten Person", in der wir Phänomene „als außenstehende Beobachter gemeinsam betrachten und analysieren können" nach „intersubjektiv vereinbarten Beobachtungsverfahren".[75] Es ist auch richtig, dass diese Dritte-Person-Perspektive gegenüber der unbelebten Natur relativ unproblematisch ist und der alte Gegensatz zwischen den Wissenschaften der unbelebten Natur einerseits und den Geisteswissenschaften andererseits nicht mehr zutrifft auf die neuen biomedizinischen Wissenschaften wie auch Kulturwissenschaften. Alle diese Wissenschaften haben es schon immer mit Lebensphänomenen zu tun, zu denen sie methodisch erst aus der „Selbsterfahrung", aus der „Ersten-Person-Perspektive"[76], aufbrechen können. Es gehört überhaupt zu den Errungenschaften neuer transdisziplinärer Forschungsrichtungen wie der Bewusstseinsforschung, dass sie die phänomenologische Perspektive der ersten Person anerkennen und in einen methodisch kontrollierbaren Zusammenhang zur Dritten-Person-Perspektive zu bringen versuchen.[77] Zweifellos muss die Forschungspraktik selbst auf einen methodisch kontrollierbaren Wechsel zwischen den Perspektiven der ersten und der dritten Person hin ausgerichtet werden, aber eben, um gerade die – bei allen lebendigen Phänomenen – unvermeidlichen hermeneutischen Projektionen wieder begrenzen zu können. Dabei wird der Perspektiven*wechsel* therapeutisch zwei *Fixierungen* vorbeugen,

73 „Bei der Erforschung des Gehirns betrachtet sich ein kognitives System im Spiegel seiner selbst. Es verschmelzen also Erklärendes und das zu Erklärende." W. Singer, Der Beobachter im Gehirn, a. a. O., 61. Diese hermeneutische Verschmelzung muss nicht sein, da es nach Singer selbst fünf verschiedene selbstreferenzielle Phänomengruppen gibt, die sich alle in ihrer Zirkularität unterbrechen können. Auch naturwissenschaftliche Beschreibungen sind keine „Spiegel", sondern Brechungen der Zirkularität einzelner Gehirne. Vgl. dagegen ebd., 9; sowie ders., Über Bewußtsein und unsere Grenzen, a. a. O., 279.

74 Vgl. zur Spezifik der Innenwelt H. Plessner, Die Stufen des Organischen und der Mensch, a. a. O., 295 ff. Vgl. zum Blick J.-P. Sartre, Das Sein und das Nichts (1943), Reinbek bei Hamburg 1991, 457–538.

75 W. Singer, Der Beobachter im Gehirn, a. a. O., 62 und 176.

76 Ebd., 176.

77 Vgl. auch Th. Metzinger (Hrsg.), Bewußtsein, Paderborn 1995, 18 f.

nämlich einerseits der ausschließlichen Fixierung auf die *Fremdbeobachtung* von *Un*belebtem und andererseits der ebenso exklusiven Fixierung auf die undifferenzierbare *Teilnahme* an allem nur *subjektiv Er*lebten (zum Beispiel in Halluzinationen).[78] Demgegenüber geht es um verschiedene Niveaus der Verschränkung von Perspektiven in eine *teilnehmende Selbstbeobachtung* an Natur, Kultur, darunter Wissenschaft, und Gesellschaft.[79]

Dieses gemeinsame Problembewusstsein einmal vorausgesetzt: Wie kommt nun bei Singer der Beobachter *ins* Gehirn? – Da mich diese Platzierung nicht überzeugt, beginne ich mit dem, was mich überzeugt. Ich verstehe, dass es im Großhirn *Meta*repräsentationen gibt, die etwas anderes als Repräsentationen sind, das heißt anderes als Relationen, die auf chemische oder elektrische Weise die aus den Sinnesorganen kommenden Relationen so verarbeiten, dass motorische Organe verhaltensbildend anschließen können. Gemessen an der biologisch „schnellsten Beantwortung eines gegebenen Reizes", am Reflex, ermöglicht die „höhere" Nerventätigkeit „eine jeweils größere Verlangsamung"[80] der Verhaltensantwort (Positionierung), indem sie die nervöse (bei Singer und Roth: „repräsentative") Verbindung zwischen Sensorik und Motorik unterbricht (hemmt) und aufschiebt (bremst, verlangsamt, also auch nicht verunmöglicht): Die höhere („metarepräsentative") Nerventätigkeit dissoziiert die assoziiert relationale, also „repräsentative" Verbindung von Sensorik und Motorik. Ihre nach innen derart „negative Tätigkeit" ermöglicht nach außen räumlich eine Abstandnahme und zeitlich eine Pause (Distanzierung) im Verhalten. „Sie ist das dazwischen geschobene, vermittelnde und abdämpfende, hemmende, distanzierende Mittel zwischen dem Organismus und seinem Umfeld, so daß durch die Dämpfung der [‚repräsentativen': HPK] Nerventätigkeit das aktiviert wird, was besonders in der Positionalität des Organismus sowieso gegeben ist, und das wird, indem es aktualisiert wird, zu dem sogenannten psychischen Phänomen."[81] Ich verstehe auch, dass biologisch betrachtet die höhere Nervenaktivität nicht grenzenlos negativ sein kann, sondern positiv in die Verknüpfung von Sensorik und Motorik zurückführen muss, weil ansonsten das Lebewesen schlichtweg verhaltensunfähig würde. Insofern müssen sich die Metarepräsentationen nicht nur von den Repräsentationen funktional emanzipieren können, sondern auch einen Rückbezug (Reflexion) auf Repräsentationen gewinnen, also selbst nicht nur meta sein, sondern auch repräsentativ werden können. Ob Singer oder Roth, beide betonen (gegen den radikalen Konstruktivismus der Selbstreferenz einzelner Großhirnrinden) die räumlichen und zeitlichen Rückkopplungsschleifen im Gesamthirn für den Gesamtorganismus. Gleichwohl, für die selbstreferenzielle Funktionsweise der höheren Hirnfunktionen, also innerhalb der Relationierung von Metarepräsentationen (bei Singer: der aktualen Synchronisation neuronaler Aktivitäten im Unterschied zum Grundrauschen), spielen Repräsentationen nur noch die Rolle von Anlässen oder „Gelegenheiten" für den Zirkel (die „Immanenz") des Bewusstseins und seines neuronalen Korrelates. „Je differenzierter Rezeptoren und Gehirn, desto vielfältiger die anklingenden Erregungen, desto mannigfaltiger die Pausen und damit die Struktur des Positionsfeldes. Nervöse Erregungen des sensori-

78 Vgl. zu dem differenzierten Phantasma von Verleiblichungen, in dem sich das medizinische Personal auf hochtechnisierten neurologischen und neurochirurgischen Intensivstationen bewegt und kontrolliert, die ausgezeichnete Studie von G. Lindemann, Die Grenzen des Sozialen, München 2002.

79 Vgl. H.-P. Krüger, Perspektivenwechsel, a. a. O., Dritter Teil.

80 H. Plessner, Elemente der Metaphysik, Berlin 2002, 176.

81 Ebd., 172.

schen (und motorischen) Apparates schaffen dem Lebewesen nur die jeweiligen Gelegenheiten, jene Mittelstellung einzunehmen, als welche und in welcher sein bewußtes Leben sich abspielt."[82]

Ich gebe also zu, dass es innerhalb der neuronalen Korrelate für bewusstes Verhalten ein echtes Problem der Relationierung zwischen *Meta*repräsentationen (der selbstreferenziellen Funktionsweise, topologisch vorgestellt anhand der Großhirnrinde) und *Repräsen*tationen (also verhaltenswirksamen Kopplungen zwischen Sensorik und Motorik, topologisch vorgestellt anhand der anderen Hirne im Gesamthirn) gibt. Ich halte es auch für philosophisch kompatibel und empirisch äußerst plausibel, das Bewusstsein schon in diesem Korrelatkontext als „Eigensignal" des Gehirnes an sich selbst (Roth) und als eine aktual synchronisierende Selbstunterscheidung von seinem Grundrauschen (Singer) zu thematisieren. Das Bewusstsein ist nicht nur Prädikat des nach außen in die Umwelt und zum Lebewesen zurücklaufenden Verhaltenskreises, sondern, da dieser Lebenskreis des Verhaltens durch den Organismus hindurchläuft, in seinen Korrelaten auch Feedback des Hirnes in seiner Funktionsweise an sich selbst. Es mag auch sein, dass das Relationierungsproblem zwischen Metarepräsentationen und Repräsentationen Ähnlichkeit mit dem alten geistes- und bewusstseinsphilosophischen Problem der Reflexion aufweist. Und dies könnte verständlich werden lassen, warum es für Singer zum Einfallstor der oben genannten hermeneutischen Projektionen wird. Ich halte Letztere in dem *Forschungs*kontext von Entdeckungen für heuristisch unvermeidlich, nicht aber in der differenzierten Begründung für die Reproduzierbarkeit der Phänomene im Kontext ihrer *Darstellung*. Der Darstellungskontext muss sie klar unterscheidbar machen von anderen und anders reproduzierbaren Darstellungskontexten. Anderenfalls entsteht eine *hermeneutische Konfusion* zwischen den verschiedenen Phänomengruppen, die doch Singer selbst unterscheidet.

Für diese Unterscheidung empfiehlt es sich, die in unserer Kulturtradition beliebteste Metapher, die *Reflexion* im Sinne einer nach innen rückbezüglichen Spiegelung, zu Gunsten eines jeden der vielen Kontexte von Selbstreferenz aufzulösen und neu zu fassen. Dabei darf hinter das von Singer erreichte Niveau, mindestens zwischen den erwähnten fünf Phänomengruppen unterscheiden zu müssen, nicht zurückgefallen werden, ja, wir werden sehen, dass selbst dies philosophisch noch nicht ausreicht, sobald wir nämlich die Reflexion im Sinne der Selbstreferenz von Sprache berücksichtigen. Sowohl in Singers als auch in Roths Schriften schwingt mir noch zu viel von unserer alten Kultursemantik mit, nämlich eine enorme Hochschätzung für die Innenwelt als den Hort aller Reflexion (vgl. oben I.), bei beiden natürlich gebrochen durch einen wissenschaftlichen Abstand, der doch therapeutischen Zugang bewahren will (vgl. oben II.), Letzteres stärker bei Singer als bei Roth. Wenn die von beiden Autoren auf das Gehirn übertragenen Metaphern im wörtlichen Sinne wahr wären, dann wäre jedes Verhalten im Lebenskreis wenn nicht überflüssig, mindestens aber nur ein Epiphänomen. So übernimmt bei Singer das Gehirn wortwörtlich gesehen die Aufgaben der *scientific community*, indem es Hypothesen generiert, überprüft und korrigiert, obgleich wohl nur Rückkopplungen spezifischer Schwingungsmuster in Netze neuronaler Relationen (also Korrelate) gemeint sein können.[83] Und dies geschehe auf der Grundlage dreier Mechanis-

82 H. Plessner, Die Stufen des Organischen und der Mensch, a. a. O., 261.

83 Vgl. W. Singer, Der Beobachter im Gehirn, a. a. O., 96, 109.

men, durch die „Wissen" ins Gehirn komme, das dann aber doch nur „Vorwissen" und schließlich als „Korrelat" bezeichnet wird[84], weil es kein diskursives Wissen ist. Was wir als Beobachter an Wissen brauchen, um uns das Überleben der Organismen und Gehirne erklären zu können, brauchen nicht diese, wohl aber die Teilnehmer an der soziokulturellen Evolution, ohne die wir nicht einmal überleben könnten. Auch bei Roth schwingt ein gewisser Stolz mit, der auf die selbstreferenziellen Errungenschaften im gesamten Hirninneren, wenn er einerseits gegen die behavioristischen Hypothesen über die Außendetermination des Verhaltens anschreibt und andererseits die rationalistischen Überforderungen des Subjekts durch Geistiges, die ebenfalls, wenngleich anders von außen kommen, kritisiert[85], als ob gleichsam die Seele im limbischen System und dessen herrlichen Rückkopplungsschleifen läge. Dies alles kann ja nicht für die *scientific communities* als argumentativer Geltungsanspruch erhoben werden, weil es dann die konzeptionell tragende Ausgangfrage nach den Korrelaten (oben III.) gar nicht mehr gäbe.

VI. Von der neurobiologischen Naturalisierung der Hermeneutik zur Frage nach den Veränderungspotenzialen der Korrelate in der Welterschließung: die Facta der individuellen Lebensalter und der Generationen in der Weltgeschichte

Was lehren die hermeneutischen Vorprojektionen der sprachabhängigen Beobachter und ihrer Sichtweisen *via* innerer Selbstreflexion ins Gehirn? – Sie lehren, wie schwer es ist, in humanwissenschaftlichen Forschungspraktiken den Unterschied zwischen ihrem schon immer (hermeneutisch selbstverständlichen) Verstehen und der Spezifik ihrer Erklärungsleistungen allererst herausproduzieren zu müssen. Sie nehmen, wie andere soziokulturelle Praktiken auch, in ihrem habitualisierten Vorverständnis wie selbstverständlich teil an dem über Jahrhunderte etablierten und anerkannten „Geist", das heißt an den soziokulturell institutionalisierten und dank der Selbstreferenz von Schriftsprache differenzierbaren Geltungsansprüchen, auch und gerade in der Kritik daran. *Sie nehmen „Geist" in Anspruch für ihre Forschung, ohne ihn zugleich thematisieren und methodisch kontrollieren zu können und obgleich sie andere Mentalitätsauffassungen kritisieren.* Roth und Singer fordern gegen den alten Dualismus von Natur- oder Geisteswissenschaft zu Recht, Geisteswissenschaften mögen nicht nur Verstehenskünste ausbilden, sondern auch Erklärungsleistungen vollbringen.[86] Aber das Umgekehrte gilt in der Überwindung dieses anachronistischen Gegensatzes eben auch: Die neurobiologischen Forschungspraktiken sind Verstehenspraktiken, die das von ihnen selbst nicht kontrollierte Vorverständnis nicht mit ihrer Erklärungsleistung verwechseln sollten. Sie partizipieren, ihrer soziokulturellen Semantik nach betrachtet, noch immer an der Privilegierung der Reflexion aufs Innerliche. *Was früher – hermeneutisch gesehen – im Namen der Seele vorgetragen wurde, wird es heute im Namen des Gehirns.* Die Markierung des Primats zu Gunsten reflexiver Innerlichkeit (mentalitätsgeschichtlich seit Augustin und Rousseau) hat sich nicht geändert, wohl aber das methodische Verfahren. Ich sehe den provozierenden Unterschied, der in der *Naturalisierung des hermeneutischen Vorverständnisses* liegt, aber auch

84 Vgl. ebd., 96, 111.

85 Vgl. G. Roth, Fühlen, Denken, Handeln, a. a. O., 452 f.

86 Vgl. ders., Aus der Sicht des Gehirns, a. a. O., 204–207.

die mentale Kontinuität in der Säkularisierung des Christentums (oben I.) und in der Teilnahme am Wettlauf im anthropologischen Kreis (oben II.), weshalb die neurobiologische Provokation medial die Wellen hochschlagen lassen kann. Kündigt man indessen das hermeneutische Primat reflexiver Innerlichkeit, das neurobiologisch nun im Gehirn naturalisiert wird, auf, wird man frei zur *Anerkennung vieler, auf verschiedene Weise selbstreferenzieller Phänomengruppen, deren Korrelationen sich geschichtlich ändern.* Da man nun nicht mehr die *Selbstreferenz des Gehirnes* mit der *des Lebens überhaupt, des Erlebens-Subjektes, der Sprache überhaupt und der soziokulturellen Mentalität* verwechseln oder die eine als Epiphänomen auf die andere zurückführen muss (vgl. oben III.–V.), entstehen endlich die von der Philosophischen Anthropologie anvisierten Forschungsperspektiven.

Kehren wir, inzwischen an Differenzierungen reicher geworden, zu der Ausgangsfrage (oben III.) nach den hirnphysiologischen und neuronalen Korrelaten nicht mehr nur für das Subjekt als dem aktual sich selbst erlebenden Bewusstsein, sondern auch für die teilnehmend beobachtbaren Positionierungen des sprachlichen Subjekts in Soziokulturen (oben IV.) zurück, dann lässt sich womöglich auch die hirninterne Frage nach dem funktionalen Zusammenhang zwischen Metarepräsentationen und Repräsentationen erneut umstellen. Warum müsste es *für alles,* was soziokulturell an Differenzierungen begegnet und dessen sich aktuale Selbstbewusstseine in ihrer Artikulation besser oder schlechter bedienen, funktional *ebenso differenzierte* Hirnkorrelate geben? Es kann nicht jede/jeder wie der späte Beethoven Streichquartette komponieren. Gewiss, innerhalb der Annahme fester Korrelationen lässt sich empirisch vortrefflich streiten, ob diese Wirkungsrichtung primär ist oder die umgekehrte. Aber sowohl in der einen als auch in der anderen Richtung löst sich die Frage an ihren Grenzen auf, wenn nämlich, wie Roth überzeugend gezeigt hat (oben IV.), die primäre Seite in der Korrelation der sekundären Seite einen nur noch epiphänomenalen Status zuweist. Sobald die Hirnkorrelate Geist und Subjekt zu Epiphänomenen erklären, entfalten diese Korrelate eine gleichsam präformierende Wirkung, die der Evolution nicht gerade förderlich wäre. Es kommt so zum *evolutionstheoretischen Selbstwiderspruch innerhalb des naturalistischen Fehlschlusses.* Auch die Annahme der umgekehrten (nicht von innen nach außen, sondern von außen nach innen gehenden) Wirkungsrichtung innerhalb der Korrelation führt an einer bestimmten Stelle nicht weiter: Dann würden die *Meta*repräsentationen doch wieder zu *Repräsen*tationen von einem *umwelt*bedingten Verhalten, das halt erlernt wurde. *Die ganze Frage nach bestimmten Korrelationen ist in ihren beiden Richtungen* vom Hirn über das Selbstbewusstsein zum Verhalten hin und wieder zurück *zu begrenzt,* eben *auf die Voranpassung von Organismus und Umwelt* aneinander in einem bestimmten Lebenskreis (von Uexküll).

Könnte es zunächst *in* der Funktionsweise des Gehirnes nicht ausreichen, dass sie in den angeborenen Grenzen so selbstreferenziell und plastisch ist, *überhaupt* eine, diese oder jene, aber keine abschließend bestimmte Zuordnung von Metarepräsentationen und Repräsentationen zu erlauben? Und womöglich variiert eben diese Ermöglichung, sowohl angeboren als auch erlernt, sogar so individuell, wie es die Hirnforscher für die von ihnen untersuchten Gehirne behaupten. Roth hat ja für entwickelte Gesellschaften, in denen es genügend viele soziokulturell eingerichtete Umwelten gibt, Recht: „Personen suchen sich eher die Umwelten, die zu ihnen passen, als daß sie sich diesen Umwelten anpassen".[87] Wo kommt aber eine an-

87 Ders., Fühlen, Denken, Handeln, a. a. O., 452.

gemessene Vielfalt von *Um*welten her? Welche Art von *Welt*erschließung ermöglicht deren Bestimmbarkeit? Da müsste wohl doch für eine sozial-institutionelle und kulturell-mentale Pluralisierung der monopolistisch und dualistisch strukturierten Gesellschaften samt ihrem alten „Geist" gestritten werden. Brauchen wir, die Hirnforscher und Philosophen, nicht für die Kritik an bestimmten Korrelationen zu Gunsten anders und hoffentlich besser bestimmter Korrelationen die Unterstellung, dass der Spielraum und die Spielzeit zwischen den Korrelata größer, auch *un*bestimmter sind als bislang angenommen? Gehen wir, auch die Sozial- und Kulturwissenschaftler[88], da nicht eine Unbestimmtheitsrelation ein, statt die Rolle eines allwissenden Gottes übernehmen zu können, die auch weder Roth noch Singer beanspruchen?[89] Um die Eigendynamik in jeder Selbstreferenz jeder Phänomengruppe sich entfalten zu lassen, brauchen wir eine stärkere *Ent*kopplung der Korrelata voneinander, ehe sie in Grenzen neu *ver*koppelt werden können. Gewiss, es gibt einen *kategorischen Rahmen des für Korrelierungen (Gerundium) überhaupt Nötigen. Geist, Sprache, Subjekt müssen lebbar bleiben können. Aber in diesem Rahmen der strukturellen Kopplung verschiedener Selbstreferenzen gibt es einen Konjunktiv des besser/schlechter, des „man müsste, könnte, sollte" besser so als anders korrelieren. Woher sonst sollten die Veränderungspotenziale, der Streit und der Konflikt um Korrelationen in der Geschichte der Menschheit kommen?* Es ist gerade die Frage nach dem „Überschuss" einer jeden Selbstreferenz in jeder Phänomengruppe *über* die bestimmten Korrelationen, die zwischen den Phänomengruppen ermittelt werden, *hinaus* entscheidend dafür, verstehen zu können, dass sich die Korrelationen *ändern* und warum sie sich weltgeschichtlich gesehen nicht haben feststellen lassen. Nur evolutionstheoretisch gedacht, also eine weitere „Iteration", wenn man so will: Wenn Evolution primär auf der Differenz (und nicht auf der Identität) von Variation und Selektion beruht, dann wird Evolution wahrscheinlicher, je „lockerer" (variabler und selegierbarer) die strukturellen Kopplungen zwischen den verschiedenen selbstreferenziellen Funktionen sind. Die philosophische Frage an die Hirnforschung zielt unvermeidlich auf die Änderung der Erklärungsrelation zwischen dem *explanans* und dem *explanandum.*[90]

Ich möchte die Erklärungsaufgabe schließlich hier nicht aus philosophischer Tradition umstellen, da auch sie fragwürdig ist, sondern im Hinblick auf faktisch exemplarische Phänomene, die kein Erfahrungswissenschaftler hinsichtlich des so genannten Tier-Mensch-Vergleiches als der Erklärung bedürftige wird leugnen können.

---

88 So hat der Soziologe N. Luhmann eingeräumt, dass er mit seinem Paradigma selbstreferenzieller *System-Umwelt*-Unterscheidungen die *Welt* als die „letzte unerwähnte Seite aller Unterscheidungen", als „letztes Unbeobachtbares", voraussetzen muss. N. Luhmann, Die Tücke des Subjekts und die Frage nach den Menschen, in: Soziologische Aufklärung 6: Die Soziologie und der Mensch, Opladen 1995, 166.

89 Vgl. zur Kritik an „allen abschließenden Behauptungen" W. Singer, Über Bewußtsein und unsere Grenzen, a. a. O., 287 f. Dazu passt ein „kritisches, aber gleichzeitig von Demut und Bescheidenheit geprägtes Lebensgefühl", das „durchaus Grundlage einer sehr lebbaren Welt sein könnte". Ders., Ein neues Menschenbild?, a. a. O., 66. Roth versteht unter erfahrungswissenschaftlicher Wahrheit „nur ‚maximale Glaubwürdigkeit in einer bestimmten Zeitspanne'", wobei diese Glaubwürdigkeit *verfahrens*abhängig und von der Wissenschaft „selbstreferenziell" ermittelt werde. G. Roth, Aus der Sicht des Gehirns, a. a. O., 207 f.

90 „Was ist es eigentlich, das wir wissen wollen? Der letzte Aspekt der Frage besteht dann darin, daß im gegenwärtigen Stadium der interdisziplinären Bewußtseinsforschung das *Explanandum* alles andere als klar ist." Th. Metzinger (Hrsg.), Bewußtsein, a. a. O., 20.

Erstens: Nach allem, was wir bislang wissen, brauchen andere Primatenspezies keine Weltgeschichte, um stets erneut zu sich selbst kommen zu können. Wo wären faktisch ihre funktionalen Äquivalente an Monumenten und Dokumenten für so etwas wie den Aufbau und die Zerstörung des *World Trade Center*, das seine Vorläufer (Pyramiden, Collosseum) hatte? Wer hat denn schlagende Argumente dafür, dass unsere Weltgeschichte zu Ende ist und das Ende des Menschen in seiner abschließenden Wesensdefinition verkündet werden kann (oben II.)? Niemand, ohne der „Dialektik des Scheins" (Kant) zu verfallen, die entsteht, sobald man Bestimmtes, Bedingtes und Endliches auf Unbestimmtes, Unbedingtes und Unendliches überträgt.[91] Auch die Erfahrungswissenschaften ändern sich daher geschichtlich in ihrem Fragen und Antworten. Menschliche Lebewesen entkommen nicht der ihnen spezifischen Geschichtsbedürftigkeit. Damit wären wir bei der kulturellen Ausgangslage (oben I.) und der philosophischen Infragestellung des anthropologischen Kreises (oben II.) erneut angelangt.

Zweitens: Roth und Singer arbeiten die erfahrungs- und aktivitätsabhängige Strukturierung des Gehirnes heraus.[92] Diese Strukturierung braucht – im so genannten Tier-Mensch-Vergleich ebenfalls faktisch auffällig – eine ganze, zudem kulturgeschichtlich wachsende Generation (derzeit dreimal mehr Zeit als bei Schimpansen), bis die Nachwachsenden als erwachsene und aktuale Inhaber soziokultureller Positionierungspotenziale fungieren können. Daher sagen Libets Experimente über die Korrelation zwischen aktualen Hirnzuständen und aktualen Bewusstseinszuständen herzlich wenig aus. Die Aktualisierung von Zuständen erfolgt im Kontext lebensgeschichtlicher, sich über Jahrzehnte erstreckender Strukturgewinne und -verluste für Funktionen (nicht bestimmte Inhalte). Was (ein bestimmter Inhalt) früher bewusst und selbstbewusst hat aufwendig erlernt werden müssen, kann später funktional längst ins Unbewusste sedimentiert worden sein. Was heute bei einem guten Arzt sofort „emotional-limbisch" funktioniert, kann eine Generation zuvor von ihm eine Dekade lang in begründenden Sprachverwendungen (Studium, Facharztausbildung) angeeignet worden sein. Die Funktionsstruktur menschlicher Verhaltensweisen *ändert* sich weder durch Willkür noch „rational choice" von Augenblick zu Augenblick, sondern durch Lebenserfahrung der Individuen in ihren Lebensaltern und in den Habitualisierungsschleifen von Generation zu Generation.[93] Der menschliche Verhaltenszyklus hat einen Phasenverlauf (Singer: „Zeitfenster"), der als Kontext den je aktual gemessenen Korrelationen von Zuständen erst ihre Semantik verleiht. Diese Funktionsweise zeigt exemplarisch schon das episodische Gedächtnis (etwas in einer Szenerie), umso mehr dessen externe Äquivalente an in den Soziokulturen verteilten Phantasmen. Kurz: In den Kategorien von Plessners Philosophischer Anthropologie habe ich die erfahrungs- und aktivitätsabhängige Strukturierung der Hirnkorrelate die Einspielung[94] der zentrischen Organisationsform auf die exzentrische Positionierungsform genannt, eine Einspielung, die geschichtlich-politisch im „Großen" wie auch im „Kleinen" jeder individu-

91 Vgl. H.-P. Krüger, Die Grenzen der positiven Bestimmung des Menschen: Der „homo absconditus", in: F. Vogelsang (Hg.), Ecce Homo – Was ist der Mensch?, Mülheim an der Ruhr 2003, 61–71.

92 Vgl. W. Singer, Der Beobachter im Gehirn, a. a. O., 119, 166.

93 Abgesehen von den schon erwähnten pragmatistischen Philosophen, die eine zyklische Verbesserung menschlicher Verhaltensgewohnheiten konzipiert haben, gab es auch immer wieder in den Sozial- und Kulturwissenschaften Versuche, die handlungstheoretischen Begründungen durch Habituskonzepte zu ersetzen. Vgl. etwa P. Bourdieu/L. J. D. Wacquant, An Invitation to Reflexive Sociology, Chicago 1992.

94 Vgl. H.-P. Krüger, Zwischen Lachen und Weinen, Bd. I, a. a. O., 94–115.

ellen Lebensgeschichte umstritten ist. In diesen Streit gehen inzwischen auch die gen- und reproduktionstechnologischen Eingriffsmöglichkeiten zur künstlich besseren oder schlechteren Anpassung der zentrischen Organisationsform an die exzentrische Positionierungsform ein.

VII. A-zentrische, zentrische und exzentrische Positionalitätsformen und ihre Organisationsformen. Ein kategoriales Minimum für selbstreferenzielle Phänomengruppen und ihre struktur-funktionalen Kopplungen im Leben

1. Der Unterschied zwischen Personalität, Perspektivität und Aspektivität

Die neurobiologische Hirnforschung anerkennt die Unersetzbarkeit und Inkompatibilität zwischen der Erlebensperspektive der ersten Person einerseits und der erfahrungswissenschaftlichen Perspektive der dritten Person andererseits (oben III.–V.). Sie stellt nach struktur-funktionalen Modellen Korrelationen zwischen den Zuständen in beiden Phänomenreihen her und versucht, diese Korrelationen darstellbar und messbar zu machen. Insofern kann ihr nicht an einem erneuten Auseinanderfallen der beiden Perspektiven in den *Dualismus* entweder der ersten oder der dritten *Person* gelegen sein. Sie muss sowohl die *Perspektive* der so genannten ersten als auch die *Perspektive* der so genannten dritten Person vermitteln. Plessner schlug die Redeweise von einer *Aspektdifferenz* vor, die für personale Verhaltungen charakteristisch ist, gleich welcher Person im grammatikalischen Sinne. Sosehr der Arzt erfahrungswissenschaftlich messbare Gestalten zur Diagnose und Therapie braucht, er geht in seinem Verständnis der Lage als ganze Person keineswegs in diesem fokussierten Aspekt physischer Bestimmungen auf. Wir haben gesehen, zu welcher hermeneutischen Einfühlung auch Hirnforscher wie alle Menschen als Personen neigen. Auch der Patient löst sich nicht als Person auf in die ihn aktual beherrschende Erlebnisperspektive, etwas zu erleiden. Er möge, therapeutisch betrachtet, (wieder) *Person sein können*. Statt also in einen erneuten Dualismus zurückzufallen, müssen wir deutlich zwischen Personalität, deren Perspektiven und deren Aspekten unterscheiden lernen. Es geht nicht um die ausschließliche Feststellung ganzer Personen auf nur diese und keine andere Perspektive, in der entsprechend nur diese und keine anderen Aspekte wahrgenommen und beurteilt werden müssen, sondern um eine Auflösung und Umstellung all dieser üblichen Fehlidentifikationen. *Personen* (aller grammatikalisch fassbaren Perspektiven von der ersten bis dritten Person *singularis* und *pluralis*) nehmen dann und nur dann die *Perspektive* des Lebens ein, wenn sie sich zu der *Differenz* zwischen dem *Aspekt des Physischen* und dem *Aspekt des Psychischen* verhalten. An die Stelle des vermeintlichen Personendualismus, der leider auch die philosophische Diskussion durchgeistert, tritt so eine Aspektdifferenz, die von Personen als dem Dritten (als Neutrum, *nicht* im Sinne des erfahrungswissenschaftlichen Beobachters) her in der Verhaltungsbildung ermöglicht wird.[95] Die phänomenologische Grundeinsicht (die Plessner methodisch von Schelers Neutralisierung des Dualismus übernommen hat) besteht darin, dass nur in dieser funktionalen Dreierstruktur[96] Phänomene ihre *Lebendigkeit von sich aus zeigen*, da sie dann

95 Vgl. H. Plessner, Die Stufen des Organischen und der Mensch, 24–28, 34–36, 81–84, 89, 293, 300–302.

96 Dieser phänomenologischen Methode entsprechen in der semiotischen Rekonstruktion der Phänomene drei-relationale Zeichen, die als „Haltungen“ (später terminologisch: „Verhaltungen“ oder „Positionie-

ebenso wie die sie anschauenden Personen zwischen ihren physischen und psychischen Aspekten *spielen* (regulär oder irregulär, ein- oder ausspielen) können. Anderenfalls würde man lebendige Phänomene schon durch ihre methodische Einklammerung dualistisch abtöten. Insofern Personen leben und Lebendigem begegnen (was hermeneutisch keineswegs selbstverständlich ist), tun sie dies *in* der genannten Aspekt*differenz*, deren Einheit nicht aus ihr, sondern von einem Dritten her ermöglicht wird.

Die Hirnforschung muss sich also keinem neuen Dualismus der ersten und dritten Person hingeben. Sie steht vielmehr – wie alle lebenstherapeutischen Unternehmungen – vor der Frage, unter welchen paradigmatischen und methodischen Bedingungen sie eine Perspektive des Lebens einzurichten vermag, in der ihr Lebendiges spezifizierbar begegnet. Sie kann im Rahmen dieser perspektivischen Aspektdifferenz versuchen, zu positiven Bestimmungen des Spielpotentials zwischen physischen und psychischen Aspekten zu gelangen. Ihre Korrelationen sind eine messbare Auswahl aus jenen strukturellen Kopplungen, die vom Standpunkt des Spielpotenzials auch anders möglich wären. Die wichtigste der oben gesuchten „Brücken" zwischen Hirnforschern, Philosophen und anderen Menschen ist der personale Charakter unser aller Lebensführung, der sich in Perspektiven und deren Aspekte differenzieren lässt. – Bislang habe ich die Aspektdifferenz, der neurobiologischen Perspektivendiskussion gemäß, nur als die Differenz zwischen dem Physischen und Psychischen eingeführt. Plessner spezifiziert sie jedoch für jede (Emergenz ermöglichende) Stufe von Phänomenlevels, die vom Lebendigen überhaupt bis zum darin (einer russischen Puppe ähnlich) enthaltenen Mentalen reichen. Um in der alten Semantik verständlich zu bleiben: Was „oben" (für sozialisierte und enkulturalisierte Personen) als die „Körper-Leib-Differenz"[97] begegnet, beginnt „unten" (in der Unterscheidung lebendiger von nicht-lebendigen Phänomenen, zum Beispiel anorganischen oder toten Körpern) als die Differenz zweier Bewegungsrichtungen, nämlich der von außen nach innen und der von innen nach außen.

2. *Positionalität: Lebende Körper realisieren ihre eigene Grenze raum- und zeithaft in Raum und Zeit*

Diese Divergenz von Bewegungsrichtungen (außen-innen) ist zunächst physikalisch-chemisch fassbar anhand von räumlichen und zeitlichen Gestalten, die nicht nur anorganische, sondern auch organische Körper in Konturen (Schranken) halten und insofern nicht funktional zu spezifizieren vermögen.[98] Was ermöglicht ontisch, dem Ding nicht nur Eigenschaften der physikalisch-chemischen Selbstorganisation, sondern funktional spezifischer solche der biologischen Selbstreproduktion zu prädizieren? Dafür muss es in der Differenz des Dinges, das heißt in der Differenz zwischen seinem Kern und dem Mantel seiner Eigenschaften, einen Anhaltspunkt unter seinen Eigenschaften selber geben: „wenn ein Körper außer seiner Begrenzung den Grenz*übergang* selbst als Eigenschaft hat, dann ist die Begrenzung zugleich

---

rungen") eingenommen werden, um eine funktionale Einheit der Sinnesmodalitäten praktizieren zu können. Vgl. H. Plessner, Die Einheit der Sinne (1923), in: ders., Gesammelte Schriften, Bd. III, Frankfurt/M. 1980.

97 Aus Gründen einer performativen Einführung habe ich mit ihr begonnen. Vgl. H.-P. Krüger, Zwischen Lachen und Weinen, Bd. I, a. a. O., 1. Kapitel.

98 Vgl. H. Plessner, Die Stufen des Organischen und der Mensch, a. a. O., 100.

Raumgrenze und Aspektgrenze und gewinnt die Kontur unbeschadet ihres Gestaltcharakters den Wert der Ganzheitsform. Auf das Verhältnis des begrenzten Körpers zu seiner Grenze kommt es also an."[99] Verhält *sich* der Körper *zu* seinen raumzeitlich gestalteten Konturen, dann von woanders *her*, nämlich *aus* seinem raum*haften* und zeit*haften* Grenzübergang in der Richtungsdivergenz der genannten Bewegungen. Er ist dann raumhaft „In ihm Selber Sein und Aus ihm selber Sein"[100] und zeithaft Sich vorweg und Sich hinterher Sein. „Das Reellsein der Grenze an einer der einander begrenzenden Größen drückt sich für diese aus als die Weise des Über ihr hinaus Seins. Insofern Grenze ein *gegen*sinniges Verhältnis zwischen den durch sie getrennten und zugleich verbundenen Größen stiftet [...], drückt sich das Reellsein der Grenze an dem Realen als die Weise des *Ihm entgegen* Seins aus."[101] Ist der lebende Körper im Übergang seiner Bewegungsrichtungen (als Verhaltung) über ihn (als bloß organische Gestalt) hinaus, ihm entgegen und in ihn hinein, ist er also außerhalb und innerhalb seiner Gestalten, *positioniert* er *sich* (im Unterschied zu nicht-lebendigen Phänomenen oder Medien). Insofern er im Grenzdurchgang „angehoben" wird, kann er sich auch setzen, was Plessner „seinen *positionalen Charakter* oder seine *Positionalität*"[102] nennt. Es ist hier nicht nebenbei möglich, das Prozess- und Entwicklungspotenzial positionalen Daseins durchzugehen, seine ihm eigene Raum- und Zeithaftigkeit, die es in einer „Raum-Zeit-Union"[103] realisiert und durch welche die Brücken zu den Lebenswissenschaften gebaut werden: „Lebendiges Sein beharrt im Werden, indem es ihm selbst vorweg ist. Es ist gegenwärtig, insofern es kommt, die Basis seiner Fundierung in der Zukunft liegt, aus der Zukunft her, ‚im Vorgriff' lebt. Nur in diesem ‚Rücklauf' ist es gesetztes Sein, nur dadurch zeigt es die positionalen Charaktere der raum-zeithaften Union, zeigt es Gebundenheit im absoluten Hier-Jetzt, Selbständigkeit. [...] Die Erfüllung der dreiteiligen, nach den Modis Zukunft, Vergangenheit, Gegenwart gegliederten Zeit als ein kraft seiner Vorwegstruktur, Vorgriffsstruktur rückläufig seine Vergangenheit Sein ist dem Leben, ob es pflanzlich oder tierisch organisiert ist, spezifisch."[104]

3. *Offene und geschlossene Organisationsweisen lebendiger Körper zum Lebenskreis*

Der Blick zurück von der *Positionalität* des lebenden Körpers auf seine *organischen Gestalten*, sowohl seine Rand- als auch Binnengestalten, wirft die Frage nach seinen grundsätzlich möglichen Organisationsweisen auf. Versteht man unter „Organisation" eine Lösung für das Problem, wie es durch Selbstvermittlung der Teile (Organe) zur Funktionseinheit des belebten Körpers so kommen kann, dass er sich zu positionieren vermag, liegt folgender Ausgangspunkt nahe: „In seinen Organen geht der lebendige Körper aus ihm heraus und zu ihm zurück, sofern *die Organe offen sind und einen Funktionskreis mit dem bilden, dem sie sich öffnen*. Offen sind die Organe gegenüber dem Positionsfeld. So entsteht der *Kreis des Lebens*, dessen eine Hälfte vom Organismus, dessen andere vom Positionsfeld gebildet wird."[105]

99 Ebd., 103.
100 Ebd., 104.
101 Ebd., 127.
102 Ebd., 129.
103 Vgl. ebd., 177–184.
104 Ebd., 279 f.
105 Ebd., 191 f.

Während Autarkie nur dem ganzen Lebenskreis zukommt, ist der Organismus darin auf strukturelle Autonomie begrenzt. Demnach muss die Organisationsweise nach innen Fließgleichgewichte zwischen Auf- und Abbauprozessen ermöglichen, die nach außen strukturfunktional eine Vorangepasstheit und aktuale Anpassungen (im Vollzug der Verhaltung) zum Positionsfeld erlauben. Zudem muss dieses Aufeinander-Einspielen beider Verhaltungs- und Organisationsrichtungen zyklisch reproduziert (durch Fortpflanzung, Vererbung und Selektion) werden können. Fragt man nach den strukturfunktionalen Ermöglichungsbedingungen all dieser erfahrungswissenschaftlichen Ausgangspunkte, sowohl im Hinblick auf die Erscheinungsweise der Phänomene selber als auch den personalen und methodischen Zugang zu ihnen, schlägt Plessner philosophisch (nicht als erfahrungswissenschaftlichen Ersatz) eine Revision der biologischen Evolutionstheorie vom Standpunkt des „kategorischen Konjunktivs" der dem Leben wesentlichen, nämlich nötigen und zufälligen Seinsmöglichkeiten vor.[106] „Der Organismus ist in Beziehung zum Positionsfeld *exzentrischer Mittelpunkt.* [...] Er wird damit als Mitte und Peripherie in Einem gekennzeichnet."[107] Er hat sich „gleichsinnig" und „gegensinnig" zum Positionsfeld zu stellen und beides im zyklisch reproduzierbaren Prozess zu synthetisieren, soll Leben real möglich bleiben können. Daraus ergibt sich als ein erster Zwischenschritt die Unterscheidung zwischen der offenen (phänomenal anhand von Pflanzen) und der geschlossenen (anhand von Tieren) Organisationsform lebendigen Daseins. Offen ist diejenige Form, „welche den Organismus in allen seinen Lebensäußerungen unmittelbar seiner Umgebung eingliedert und ihn zum unselbständigen Abschnitt des ihm entsprechenden Lebenskreises macht", während geschlossen diejenige Form ist, „welche den Organismus in allen seinen Lebensäußerungen mittelbar seiner Umgebung eingliedert und ihn zum selbständigen Abschnitt des ihm entsprechenden Lebenskreises macht".[108]

4. Dezentralistische und zentralistische Organisationsformen in der zentrischen Positionalität

Fragt man sich nun, in welchen wesensnötigen Optionen die Schließung der Organisationsform gegenüber ihrem Positionsfeld (phänomenologisch anhand der Sphäre von Tieren) erfolgen kann, gibt es den eher dezentralistischen oder den eher zentralistischen Weg. Die Schließung überhaupt braucht eine gewisse Zentrierung der Organisation nach innen (physisch: Nerven) und außen, sodass es zu einer Frontalstellung gegenüber etwas im Positionsfeld kommen kann, die Plessner „zentrische Positionalität" nennt. Aber diese gewisse Zentrierung kann – im Hinblick auf die Organisation der funktionalen Einheit in der Binnendifferenzierung – funktionsspezifisch in vielen Zentren erfolgen und muss nicht mit einer einzigen allgemeinen Zentralisierung (physisch: Gehirn) aller spezifischen Zentren zusammenfallen. „Entweder bildet der Organismus unter Verzicht auf zentrale Zusammenfassung einzelne Zentren aus, die im losen Verband miteinander stehen und in weitgehender Dezentralisierung den Vollzug der einzelnen Funktionen vom Ganzen unabhängig machen. Dies ist der Weg möglichster Deckung gegen das Feld durch Umgehung des Bewußtseins. Oder der Organismus faßt sich streng zentralistisch unter der Herrschaft eines Zentralnervensystems zusammen und sucht den Vollzug der

106 Vgl. H.-P. Krüger, Zwischen Lachen und Weinen, Bd. II, a. a. O., 111–114, 292–293.

107 H. Plessner, Die Stufen des Organischen und der Mensch, a. a. O., 203.

108 Ebd., 219 und 226.

einzelnen Funktionen unter seine Kontrolle zu bringen. Dies ist der Weg möglichsten Eindringens in das Feld durch Einschaltung des Bewußtseins."[109] Charakteristisch für die dezentralistische Organisation ist „das Zurücktreten der sensorischen hinter den motorischen Apparaten, die Abdeckung der Objektwelt bis auf spärliche Signale zugunsten eines möglichst reibungslosen Ablaufs der für den Körper notwendigen Aktionen. Geringer Fehlerchance entspricht ein geringes Assoziations- oder Lernvermögen."[110] Demgegenüber eröffnet der *lebensimmanente Umschlag des Seins ins Bewusstsein* (psychisch) Lernniveaus und (physisch) zentralnervöse Unterbrechungen und Zuordnungen zwischen den Zuständen in Sensorik und Motorik. „Merken ist gehemmter, Wirken enthemmter Erregung äquivalent. Zwischen beiden spannt sich die Sphäre des Bewußtseins, durch welche hindurch der Übergang vom Merken ins Wirken stattfindet. So ist sie die raumhaft innere Grenze, ist sie die zeithafte Pause zwischen dem von außen Kommenden und dem nach außen Gehenden, der Hiatus, die Leere, die binnenhafte Kluft, durch die hindurch auf den Reiz die Reaktion erfolgt."[111] Die Aktionen müssen nun *„auf Grund* der Empfindungen" des eigenen Körpers geschehen, während gleichzeitig die Notwendigkeit entsteht, „das Umfeld soweit wie irgend möglich durch die Sinnesorgane zu kontrollieren", eine Tendenz, die im Vergleich zur dezentralistischen Form einen „Primat des Sensorischen"[112] aufweist. Die zentralistische Repräsentation (physisch: Gehirn) des eigenen Körpers, des Umfeldes und schließlich der Wirkungen eigener Aktionen im Umfeld resultiert in den „Ringschluß des sensomotorischen Funktionsspiels, dem [das: HPK] Auftreten von Dingen im Merkfeld entspricht"[113], also von nicht mehr nur Signalen für Aktionen. Aber damit führt die zentralistische Steigerung zur Totalrepräsentation zu immer komplexeren Rückkopplungsschleifen, die unterbrechen und verbinden, Fehlerchancen (zum Beispiel Reaktionszeiten) erhöhen und einen Antagonismus von Handlung und Bewusstsein bewirken, das zwischen der Kontrolle eigener Bewegungen und der Aufmerksamkeit für Feldverhalte schwankt. Beide, der dezentralistische und der zentralistische Weg, haben Grenzen in der zentrischen Positionalität. Angeborene (Instinkte) und lernabhängig auszubildende Strukturen (die Öffnung der Verhaltung im Trieb, ihre Bestimmung durch Gewöhnung und die Lösung ihres Problems durch Intelligenz) können einander positional ergänzen.

Obgleich die zur zentrischen Positionalität gehörigen Organisationsformen auf bewusste und außer-bewusste Weise „ein rückbezügliches Selbst oder ein Sich" beinhalten, weist diese mehrfache Rückbezüglichkeit doch deutliche Grenzen auf. Sie wird spontan als die *Einheit* von Körper und Leib *vollzogen*, nicht aber von einem Dritten her als die *Differenz* zwischen Körper und Leib selber *angeschaut*. „Positional besteht hier noch keine Möglichkeit, zwischen dem Gesamtkörper (einschließlich des Zentralorgans) und dem Leib (als der vom Zentralorgan abhängigen Körperzone) zu vermitteln. Positional besteht beides nebeneinander, ohne daß damit die Einheit des Sachverhalts aufgehoben wäre. [...] der Doppelaspekt von Körper und Leib ist der positionale Gegenwert jener physischen Trennung in eine das Zentrum mit enthaltene und eine vom Zentrum gebundene Körperzone."[114]

109 Ebd., 241.
110 Ebd., 248.
111 Ebd., 245.
112 Ebd., 249f.
113 Ebd., 255.
114 Ebd., 237f.

5. *Das Problem der strukturellen Kopplung von exzentrischer Positionalität und zentrischer Organisationsform und damit indirekt aller lebendigen Sich-Bezüge*

„Die Schranke der tierischen Organisation liegt darin, daß dem Individuum sein selber Sein verborgen ist, weil es nicht in Beziehung zur positionalen Mitte steht, während Medium und eigener Körperleib ihm gegeben, auf die positionale Mitte, das absolute Hier-Jetzt bezogen sind. Sein Existieren im Hier-Jetzt ist nicht noch einmal bezogen, denn es ist kein Gegenpunkt mehr für eine mögliche Beziehung da."[115] Hier könnte erst eine *exzentrische Positions*form Abhilfe schaffen, die das physisch-psychische Zentrum der Verhaltensbildung (Mitte) durch Distanzgewinnung von woanders als dem Organismus her zu *dezentrieren* gestattet. Sie lässt sich inhaltlich insbesondere (nicht nur) als sprachliche Mentalität fassen, die soziokulturell positioniert wird[116] und als „Sinn für das Negative" Schimpansen fehlt.[117] Eine dezentrische *Organisations*form haben wir schon in ihren komplementären Grenzen zur zentrischen Organisationsform kennen gelernt. Sie bietet als solche keinen Grenzübergang über die zentrische Positionalität hinaus. Aber die (gegenüber Plessners Zeit neue) Leistung der neurobiologischen Hirnforschung (oben III.) besteht darin, dass sie die dezentrale Organisation *innerhalb* der zentralen Repräsentation (durch selbstreferenzielle Metarepräsentationen) herausgearbeitet hat. Eine sich selber ex*zentrische Organisations*form, etwa als Hintereinanderschaltung physisch von Großhirnrinden und psychisch von Subjekten, würde an Selbst-Paralyse und Überkomplexität zu Grunde gehen.[118] Es hilft aber auch nur eine solche Ex-Zentrierung der Positionalität weiter, die als ex-*zentrische* Positionalität mit der zentrischen Organisationsform überhaupt durch strukturelle Kopplungen verträglich bleibt. Schließlich entsteht in diesem kategorialen Forschungsprogramm die Frage, was sich in der zentrischen Organisationsform ändern muss, damit sie in und mit einer exzentrischen Positionsform strukturfunktional gekoppelt werden kann. Im Anschluss an die neurobiologische Hirnforschung kann die Lösungsrichtung nur lauten: eine derart verallgemeinernde Steigerung der Selbstreferenz (physisch: Metarepräsentationen) in der Funktionsweise des Gehirnes, dass sie an exzentrische Positionierungen anschlussfähig wird.[119] Kurzum: Die Frage der exzentrischen Positionalität, die wir alle selber letztlich in Anspruch nehmen, ist dem Inhalte nach die Menschenfrage bzw. die Frage nach vergleichbar spezifischen, ihr Verhalten de- und rezentrierenden Lebewesen. Wir haben die personale Verhaltung zur Körper-Leib-Differenz, die für die exzentrische Positionalität charakteristisch ist, bereits oben betont. Und wir waren von Anfang an von der erst in der exzentrischen Positionalität möglichen Erschließung der

---

115 Ebd., 288.

116 Vgl. zur soziokulturellen Zweitnatur in Sprache und Geist ebd., 304 f., 311, 340.

117 Vgl. ebd., 270 f.

118 Vgl. zur „widersinnigen Verdopplung des Subjektkerns" in der Organisationsform statt Positionsform ebd., 290 f.

119 Die rekursive Anwendung des neuronalen Funktionsprinzips auf sich selbst im Neocortex hat Plessner noch nicht ausführen können. Sie lässt sich aber in seinen kategorialen Rahmen einordnen (vgl. H.-P. Krüger, Zwischen Lachen und Weinen, Bd. I, a. a. O., 3. Kapitel), der rückbezügliche Einfaltungen der Positionalität in Organisation und rückbezügliche Ausfaltungen der Organisation in Positionalität expliziert. Metarepräsentationen unterbrechen Repräsentationen, wodurch physisch die Einspielung der zentrischen Organisationsform und exzentrischen Positionsform aufeinander überhaupt möglich wird. Vgl. H. Plessner, Die Stufen des Organischen und der Mensch, a. a. O., 244.

Außen- und Innenwelt von einer Mitwelt her ausgegangen (oben I.), die in der westlich-dualistischen Kulturentwicklung in den anthropologischen Zirkel geführt hat (II.).

Wir haben auch das Problem der De- und Rezentrierung von Verhaltungen, das die exzentrische Positionalität ausmacht, bereits (oben IV. und V.) als den kritischen Grenzübergang zwischen dem bewussten Erlebenssubjekt und der soziokulturellen Positionierung sprachlicher Mentalität diskutiert. Und wir haben dabei gesehen, dass sich dieses Problem kategorial erst begreifen lässt, wenn es in die Unterscheidung und den Zusammenhang der Vielzahl von Selbstbezügen des Lebens insgesamt eingeordnet wird. Die Begrenzungen des Bewusstseins-Subjektes nehmen so nur von allen Seiten zu. Im Vergleich zu Singers Iteration hat sich diese Vielzahl von Selbstreferenzen des Lebendigen in dem durchgängigen Unterschied von und Zusammenhang zwischen Positionalitäts- und Organisationsformen ausgeweitet und differenziert (VII.2–5). Vor allem aber hat sich das Verfahren der Ermittlung von Selbstreferenzen und deren strukturellen Kopplungsproblemen verändert. Es erfolgt nicht einseitig physisch, sondern aus der personalen Lebensperspektive und ihrem Doppelaspekt (VII.1), der hermeneutischen Konfusionen und neuen Dualismen vorbeugt. – Ich hoffe, dass so ein kleiner Appetit auf das Studium der Philosophischen Anthropologie entstanden sein mag.

ZWEITE DISKUSSIONSRUNDE

Mit großer Freude darf ich mich im Namen der Zeitschrift für das außergewöhnliche Echo bedanken, das der Schwerpunkt „Hirn als Subjekt?“ im Heft 2/2004 erfahren hat, weshalb wir uns kurzfristig zur Fortsetzung dieser Diskussion entschlossen haben. Die Post, welche einging, gehört beiden damals in der Einleitung in den Schwerpunkt erwarteten Rubriken an: einem zu befürchtenden Streit, der noch aus der zu großen Gemeinsamkeit an hermeneutischen Vorurteilen erwächst, oder einem zu erhoffenden Streit, der längerfristig einen neuen Problemrahmen vorschlägt. Ich darf die Eingänge zur ersten Rubrik nicht übergehen, um für das Verständnis zu werben, warum wir hier allein in der zweiten Rubrik den Disput fortsetzen können, da die erste genügend andere Publikationsmöglichkeiten hat. Die seinerzeit entwickelte und herausfordernde Komplexität emergenter und selbstbezüglicher Phänomengruppen im Lebendigen ist nicht in jedem, sich zudem oft für abschließend haltenden Schnellschuss zu erlegen. Ich danke demgegenüber aber gesondert für die interessanten Informationen aus den verschiedenen, auch untereinander und füreinander unbekannten Diskursen dieser oder jener Spezialisierung, wenngleich wir sie hier nicht abdrucken können, bis in die Psychopathologie und Psychotherapie, die Palliativ- und Rehabilitationsmedizin auch der Schweiz hinein, die alle nicht an der Körper-Leib-Differenz von einem Dritten (Neutrum) her vorbeikommen.

Selbst unter den Kandidaten für die zweite Rubrik bitte ich um Verständnis für eine gewisse Auswahl der Beiträge. Jürgen Habermas, dessen Kyoto-Preisrede hier erscheinen darf, argumentiert für die Unhintergehbarkeit der Teilnehmerperspektiven gegenüber der naturwissenschaftlichen Beobachterperspektive, ohne diesen epistemischen Perspektivendualismus zu ontologisieren. Er kommt dem philosophischen Bedürfnis nach einer nachmetaphysisch einheitlichen Weltsicht durch eine schwache und nicht-reduktive Naturalisierung des Geistes nach: in der Hypothese von einer strukturellen Interaktion zwischen individuellen Gehirnen, die realisieren, und sozialen Kulturen, die Programmen glichen, *via* Leib und sprachlicher Kommunikation. Die soziale Konstruktion des Ich sei so verstanden keine Illusion und Freiheit ohnehin eine bedingte. Wolfgang Detels ebenfalls schwacher Naturalismus verbindet das Prinzip der multiplen strukturellen Realisierbarkeit für mentale Eigenschaften durch physische (oder andere) Eigenschaften mit der Idee der Abwärts-Verursachung als kausalem Filter. Dadurch könne das Vorkommen und die autonome kausale Kraft geistiger Eigenschaften ontologisch in der natürlichen Welt verankert werden. Es sei von philosophischer Seite nicht fair, gleichsam versteckt hinter dem Personenbegriff den Neurobiologen nur einen Kategorienfehler vorzuwerfen, ohne selbst einen Vorschlag zur mentalen Verursachung zu unterbreiten. Seine originelle Konfigurationenmetaphysik geht auch auf eine philosophische Auswertung der Diskussion über die Quantenmechanik zurück, einer Sternstunde in der kritischen Kooperation zwischen Naturwissenschaftlern und Philosophen. An den schon einmal in dieser Kooperation erreichten und womöglich übertragbaren Umgang mit der Unbestimmtheitsrelation, Methodenabhängigkeit und dem Komplementaritätsprinzip erfahrungswissenschaftlicher Erkenntnis erinnert abschließend der Physiker Uwe Kasper, übrigens repräsentativ für viele Leserbriefe. Nach dieser zweiten Runde wären im Falle einer dritten wohl auch wieder die Hirnforscher an der Reihe, wozu ihr zwischenzeitliches „Manifest" genug Anlass gäbe.

Hans-Peter Krüger, Potsdam

Freiheit und Determinismus*

Von JÜRGEN HABERMAS (Starnberg)

In Deutschland wird bis in die überregionale Tagespresse hinein eine lebhafte Debatte über Willensfreiheit geführt.[1] Man fühlt sich ins 19. Jahrhundert zurückversetzt. Denn wiederum sind es, nun unterstützt von der Technik bildgebender Verfahren, Ergebnisse der Hirnforschung, die einer ehrwürdigen philosophischen Auseinandersetzung erneut Aktualität verleihen. Neurologen und Vertreter der Kognitionsforschung streiten mit Philosophen und anderen Geisteswissenschaftlern über die deterministische Auffassung, wonach eine kausal geschlossene Welt für die Freiheit der Wahl zwischen alternativen Handlungen keinen Platz lässt. Den Ausgangspunkt der Kontroverse bilden dieses Mal Ergebnisse einer Forschungstradition, die auf die von Benjamin Libet schon in den 70er Jahren durchgeführten Experimente zurückgeht.[2] Die Ergebnisse scheinen reduktionistische Forschungsstrategien zu bestätigen, die sich zum Ziel setzen, mentale Vorgänge *allein* aus beobachtbaren physiologischen Bedingungen zu erklären.[3] Diese Ansätze gehen von der Prämisse aus, dass das Freiheitsbewusstsein, welches sich Aktoren selbst zuschreiben, auf Selbsttäuschung beruht. Das Erlebnis eigenen Entscheidens ist gewissermaßen ein leerlaufendes Rad. Die als „mentale Verursachung" begriffene Willensfreiheit ist mithin ein Schein, hinter der sich eine durchgängige kausale Verknüpfung neuronaler Zustände nach Naturgesetzen verbirgt.[4]

Dieser Determinismus ist allerdings mit dem alltäglichen Selbstverständnis handelnder Subjekte unvereinbar. Im Alltag kommen wir nicht umhin, uns gegenseitig und bis auf weiteres die *verantwortliche Urheberschaft* für unsere Handlungen zuzuschreiben. Die in Aussicht gestellte wissenschaftliche Aufklärung über die naturgesetzliche Determination unseres

---

* Der vorliegende Text ist die Grundlage für einen Vortrag bei der Entgegennahme des Kyoto-Preises, der 2004 zum vierten Mal – nach Karl R. Popper, Willard van Orman Quine und Paul Ricoeur – an einen Philosophen verliehen worden ist.

1 Ich bedanke mich erneut bei Lutz Wingert, der in dieser Diskussion besser zuhause ist als ich, für detaillierte, auch weiterführende Ratschläge und bei Tilman Habermas für hilfreiche Verbesserungsvorschläge.

2 Chr. Geyer (Hg.), Hirnforschung und Willensfreiheit. Zur Deutung der neuesten Experimente, Frankfurt/M. 2004.

3 G. Roth, Worüber Hirnforscher reden dürfen – und in welcher Weise?, in: Deutsche Zeitschrift für Philosophie, 52 (2004) 2, 223–234, hier 231; in diesem Band: 27–38, hier 35.

4 Die deterministische These ist unabhängig davon, ob wir Naturgesetze probabilistisch interpretieren. Denn Willkür lässt sich nicht auf Zufall zurückführen.

Handelns kann das intuitiv verankerte und pragmatisch bewährte Selbstverständnis von zurechnungsfähigen Aktoren nicht ernsthaft infrage stellen. Die objektivierende Sprache der Neurobiologie mutet dem „Gehirn" die grammatische Rolle zu, die bisher das „Ich" gespielt hat, aber sie findet damit an die Sprache der Alltagspsychologie keinen Anschluss. Die Provokation, die darin besteht, dass „das Gehirn" statt meiner „selbst" denken und handeln soll, ist gewiss nur eine grammatische Tatsache; aber so schirmt sich die Lebenswelt gegen kognitive Dissonanzen erfolgreich ab.

Natürlich wäre das nicht die erste naturwissenschaftliche Theorie, die auf diese Weise am Commonsense abprallt. Sie müsste auch die Alltagspsychologie spätestens dann berühren, wenn sich die technischen Anwendungen des theoretischen Wissens, beispielsweise über die Eingewöhnung therapeutischer Techniken, in die Alltagspraxis einmischen. Techniken, mit denen Erkenntnisse der Neurobiologie eines Tages in die Lebenswelt eingreifen, könnten die bewusstseinsverändernde Relevanz gewinnen, die den Erkenntnissen selbst fehlt. Aber ist die deterministische Auffassung überhaupt eine naturwissenschaftlich begründete These, oder ist sie nur Bestandteil eines naturalistischen Weltbildes, das sich einer spekulativen Deutung naturwissenschaftlicher Erkenntnisse verdankt? Ich möchte die Debatte über Freiheit und Determinismus als eine Auseinandersetzung über die *richtige Weise* der Naturalisierung des Geistes fortsetzen.

Einerseits möchten wir der intuitiv unbestreitbaren Evidenz eines in allen unseren Handlungen performativ mitlaufenden Freiheitsbewusstseins gerecht werden, andererseits wollen wir auch das Bedürfnis nach einem kohärenten Bild des Universums, das den Menschen als Naturwesen einschließt, befriedigen. Kant hat die Kausalität aus Freiheit nur um den Preis eines Dualismus zwischen den Welten des Intelligiblen und der Erscheinungen mit der Naturkausalität versöhnen können. Heute möchten wir ohne solche metaphysischen Hintergrundannahmen auskommen. Dann müssen wir aber das, was wir von Kant über die transzendentalen Bedingungen unserer Erkenntnis gelernt haben, mit dem, was uns Darwin über die natürliche Evolution gelehrt hat, in Einklang bringen.

Ich werde zunächst, in einem kritischen Teil, zeigen, dass die reduktionistischen Forschungsprogramme die Schwierigkeit eines Dualismus von Erklärungsperspektiven und Sprachspielen nur um den Preis des Epiphänomenalismus umgehen können. Der zweite, konstruktive Teil erinnert an die anthropologischen Wurzeln dieses Perspektivendualismus, der eine monistische Sicht der natürlichen Evolution selbst nicht ausschließt. Das komplexere Bild der Interaktion zwischen einem Gehirn, das den Geist determiniert, und einem Geist, der das Gehirn programmiert, ist Ergebnis philosophischer Reflexion und nicht selbst naturwissenschaftliche Erkenntnis. Ich vertrete einen nicht-szientistischen oder „weichen" Naturalismus. Nach dieser Auffassung ist alles und nur das „real", was in wahren Aussagen dargestellt werden kann. Aber die Realität erschöpft sich nicht in der Gesamtheit der regional beschränkten Aussagen, die nach heutigen Standards als wahre erfahrungswissenschaftliche Aussagen zählen.

I. Für und wider den Reduktionismus

Ausgehend von der Kritik an Anlage und Aussagekraft der Libet-Experimente, möchte ich zunächst einen phänomenologisch angemessenen Begriff der Handlungsfreiheit einführen (1). Die analytische Handlungstheorie weist den Weg zu einem nicht-deterministischen Begriff bedingter Freiheit und zu einer Konzeption der verantwortlichen Urheberschaft. Beide erfordern, im Unterschied zu einer kausalen Erklärung aus Ursachen, eine rationale Handlungserklärung (2 und 3). Der Reduktionismus versucht, den epistemischen Zwiespalt zwischen komplementären Erklärungsperspektiven und Wissensformen zu unterlaufen. Die Schwierigkeiten, denen diese Forschungsstrategie begegnet, motivieren die Fragestellung des zweiten Teils: ob der Dualismus epistemischer Perspektiven, der unseren Zugang zur Welt gleichzeitig strukturiert und begrenzt, aus der natürlichen Entwicklung kultureller Lebensformen selbst hervorgegangen sein könnte (4).

(1) Benjamin Libet hatte seine neurologisch beobachteten Testpersonen aufgefordert, eine bestimmte Armbewegung spontan einzuleiten und den Zeitpunkt des Entschlusses zu Protokoll zu geben. Dieser Entschluss geht erwartungsgemäß der Körperbewegung selbst voraus. Kritisch ist aber das Zeitintervall zwischen dem Vorlauf von unbewussten, in den primären und assoziativen Hirnrindenarealen beobachteten Prozessen einerseits und dem bewussten Akt, den die Testperson als ihren eigenen Entschluss erfährt, andererseits.[5] Im Gehirn baut sich offenbar ein handlungsspezifisches „Bereitschaftspotenzial" auf, bevor sich die Person selbst zur Handlung „entschließt". Dieser Befund der zeitlichen Folge von neuronalem Geschehen und subjektivem Erleben scheint zu belegen, dass Gehirnprozesse bewusste Handlungen determinieren, ohne dass der Willensakt, den sich der Handelnde selbst zuschreibt, eine kausale Rolle spielt. Psychologische Untersuchungen bestätigen zudem die Erfahrung, dass Aktoren unter bestimmten Umständen Handlungen ausführen, denen sie erst nachträglich eigene Intentionen unterlegen.

Die Libet-Experimente dürften allerdings die ihnen zugeschriebene Beweislast für die deterministische These kaum ganz schultern können. Die manifeste Versuchsanordnung ist auf willkürliche Körperbewegungen zugeschnitten, die den Aktoren zwischen Absicht und Ausführung der Handlung nur Bruchteile von Sekunden einräumt. Daher stellt sich die Frage, ob die Testergebnisse über diese Klasse von Handlungen hinaus generalisiert werden dürfen. Auch eine in dieser Hinsicht vorsichtige Interpretation entgeht nicht dem weiteren Einwand, dass die Bedeutung der beobachteten Sequenzen unklar bleibt. Das Design scheint die Möglichkeit zuzulassen, dass sich die über den Ablauf des Experiments unterrichteten Versuchspersonen bereits auf den Handlungsplan konzentriert haben, bevor sie sich zur Ausführung der aktuellen Handlung entschließen. Dann würde aber der neurologisch beobachtete Aufbau des Bereitschaftspotenzials nur die Planungsphase widerspiegeln. Gravierender ist schließlich der Einwand, der sich aus prinzipiellen Erwägungen gegen die künstliche Erzeugung von abstrakten Entscheidungssituationen wendet. Wie bei jedem Design stellt sich hier die Frage, was gemessen wird – und die vorgängige philosophische Frage, was denn überhaupt gemessen werden sollte.

Normalerweise sind Handlungen das Ergebnis einer komplexen Verkettung von Intentionen und Überlegungen, die Ziele und alternative Mittel im Lichte von Gelegenheiten, Ressourcen und Hindernissen abwägen. Ein Design, das die Planung, Entscheidung und Ausführung einer Körperbewegung zeitlich eng zusammenpresst und aus jedem Kontext von weiterreichenden Zielen und begründeten Alternativen herauslöst, kann nur Artefakte erfassen, denen genau das fehlt, was Handlungen implizit erst zu freien Handlungen macht: der interne Zusammen-

5 Zur Versuchsanordnung und den späteren Kontrollexperimenten vgl. G. Roth, Fühlen, Denken, Handeln, Frankfurt/M. 2003, 518–528.

hang mit Gründen. Es ist ein Missverständnis, die Freiheit des So-oder-anders-handeln-Könnens im Buridianschen Esel verkörpert zu sehen. In der „nackten" Entscheidung, den rechten oder den linken Arm auszustrecken, manifestiert sich solange keine Handlungsfreiheit, wie der Kontakt zu Gründen fehlt, die beispielsweise einen Fahrradfahrer dazu motivieren können, nach rechts oder nach links abzubiegen. Erst mit einer solchen Überlegung öffnet sich der Freiheitsspielraum, „denn es gehört einfach zum Sinn des Überlegens, dass wir so und auch anders handeln können".[6]

Sobald Gründe ins Spiel kommen, die für oder gegen eine Handlung sprechen, müssen wir unterstellen, dass die Stellungnahme, zu der wir erst durch eine Abwägung der Gründe gelangen wollen, nicht von vornherein festliegt.[7] Wäre die Frage, wie zu entscheiden ist, nicht zunächst offen, brauchten wir gar nicht erst zu überlegen. Ein Wille bildet sich, wie unmerklich auch immer, *im Zuge* von Überlegungen. Und weil ein Entschluss erst in der Folge von wie immer auch flüchtigen und unklaren Erwägungen *heranreift*, erfahren wir uns nur in den mehr oder weniger bewusst vollzogenen Handlungen als frei. Natürlich gibt es verschiedene Typen von Handlungen, etwa triebhafte, habitualisierte, zufällige, neurotisch-zwanghafte Handlungen usw. Aber alle bewusst vollzogenen Handlungen lassen sich retrospektiv auf ihre Zurechenbarkeit hin überprüfen. Andere Personen können einen zurechnungsfähigen Aktor stets für seine absichtlichen Handlungen zur Rechenschaft ziehen: „Was der Handelnde absichtlich tut, ist eben das, was ihm freisteht und für dessen Ausführung er angemessene Gründe hat."[8] Frei ist nur der überlegte Wille.

Auf die Rolle bewusster Abwägungsprozesse hat auch Benjamin Libet später reflektiert. Er hat die Ergebnisse seiner Experimente in einem Sinne gedeutet, die die üblichen Interpretationen in ein anderes Licht rücken.[9] Nun räumt er nämlich dem freien Willen in der Phase zwischen Absicht und Ausführung eine Kontrollfunktion gegenüber unbewusst eingeleiteten Handlungen ein, sofern diese vorhersehbar in Konflikt mit anderen, zum Beispiel normativen Erwartungen geraten würden. Nach dieser Interpretation würde sich der freie Wille immerhin negativ, in der Form eines Vetos gegenüber der bewussten Aktualisierung einer unbewussten, aber nicht gerechtfertigten Handlungsdisposition zur Geltung bringen können.

(2) Peter Bieri hat die Verwirrungen im Konzept einer ursprungslosen, aber Anfänge setzenden Freiheit des Willens in phänomenologisch überzeugender Weise aufgelöst.[10] Wenn der Akt des „freien Entscheidens" bedeutet, dass der Aktor seinen Willen „durch Gründe bindet", schließt das Moment der Offenheit der Entscheidung deren *rationale* Bedingtheit nicht

6 E. Tugendhat, Der Begriff der Willensfreiheit, in: ders., Philosophische Aufsätze, Frankfurt/M. 1992, 334–551, hier 340.

7 Das zur Entgegnung angeführte empiristische Argument, wonach sich Überlegungen in der Funktion erschöpfen, die „emotionale Verträglichkeit" von Handlungskonsequenzen zu prüfen, setzt voraus, was es begründen soll. Vgl. G. Roth, Fühlen, Denken, Handeln, a. a. O., 526 f.: „Wie auch immer das Resultat rationalen Abwägens lauten mag, es unterliegt der Letztentscheidung (!) des limbischen Systems, denn es muss *emotional akzeptabel* sein [...]. Es sind, anders als die Alltagspsychologie es sieht, nicht die logischen Argumente *als solche*, die uns zu vernünftigem Handeln antreiben."

8 D. Davidson, Handlungsfreiheit, in: ders., Handlung und Ereignis, Frankfurt/M. 1985, 99–124, hier 114.

9 B. Libet, Haben wir einen freien Willen?, in: Chr. Geyer (Hg.), Hirnforschung und Willensfreiheit, a. a. O., 209–224.

10 P. Bieri, Das Handwerk der Freiheit, München 2001.

aus. Der Handelnde ist dann frei, wenn er will, was er als Ergebnis seiner Überlegung für richtig hält. Als Unfreiheit erfahren wir nur einen von außen auferlegten Zwang, der uns nötigt, anders zu handeln, als wir nach eigener Einsicht handeln wollen. Daraus ergibt sich ein Konzept bedingter Freiheit, das beide Momente – einer Freiheit unter Bedingungen – gleichermaßen berücksichtigt.

Einerseits gelangt der Aktor nicht ohne Abwägung von Handlungsalternativen zu dem ausschlaggebenden praktischen Urteil, wie er handeln soll. Zwar stellen sich ihm diese Handlungsalternativen innerhalb eines Möglichkeitsspielraums, der durch Fähigkeiten, Charakter und Umstände begrenzt ist. Aber im Blick auf die noch abzuwägenden Alternativen muss er sich zutrauen, so oder auch anders handeln zu können. Denn dem nachdenklichen Aktor verwandeln sich Fähigkeiten, Charakter und Umstände in ebenso viele Gründe für sein situationsspezifisch begrenztes „Können". In diesem Sinne ist er nicht *unbedingt* frei, so oder anders zu handeln. Im Prozess des Nachdenkens gelangt der Aktor nicht zufällig, weil nicht grundlos zu einer rational motivierten Stellungnahme. Einsichten entstehen nicht willkürlich, sie bilden sich nach Regeln. Hätte der zum Handeln Entschlossene anders geurteilt, hätte er anders gewollt.

Andererseits lässt sich die handlungsmotivierende Rolle von Gründen nicht nach dem Modell der Verursachung eines beobachtbaren Ereignisses durch einen vorangehenden Zustand begreifen. Der Prozess des Urteilens *ermächtigt* den Handelnden zum Autor einer Entscheidung. Durch einen kausal erklärbaren Naturprozess würde sich der Handelnde entmächtigt, nämlich seiner Initiative beraubt fühlen. Deswegen ist es nicht nur grammatisch falsch zu sagen: Wenn der Aktor anders geurteilt hätte, hätte er anders wollen „müssen". Der zwanglose Zwang des besseren Arguments, der uns zu „Ja-" und „Nein"-Stellungnahmen motiviert, ist von dem kausalen Zwang einer auferlegten Einschränkung zu unterschieden, die uns nötigt, anders zu handeln, als wir wollen: „Wenn wir die Urheberschaft vermissen, so liegt es daran, dass es uns misslingt, als Denkende und Urteilende Einfluss auf unser Wollen und Tun zu nehmen. Freiheit in diesem Sinne ist nicht nur mit Bedingtheit *verträglich* [...]; sie *verlangt* Bedingtheit und wäre ohne sie nicht denkbar."[11]

Was rationale Motivation durch Gründe heißt, können wir nur aus der Perspektive des Teilnehmers am öffentlichen Prozess des „Gebens und Nehmens von Gründen" (Robert Brandom) erklären. Deshalb muss ein Beobachter das Diskursgeschehen in einer mentalistischen Sprache beschreiben, das heißt in einer Sprache, die Prädikate wie ‚meinen' und ‚überzeugen', ‚bejahen' und ‚verneinen' enthält. In einer empiristischen Sprache müsste er, aus grammatischen Gründen, alle Bezüge auf die propositionalen Einstellungen von Subjekten, die etwas für wahr oder falsch halten, eliminieren. Aus dieser Sicht verwandelte sich das Diskursgeschehen in ein gleichsam hinter dem Rücken der Subjekte ablaufendes Naturgeschehen.

Peter Bieri macht zwar den Versuch, das Konzept bedingter Freiheit mit dem deterministischen Naturgeschehen zu versöhnen: „Das Nachdenken über die Alternativen ist insgesamt ein Geschehen, das mich, zusammen mit meiner Geschichte, am Ende auf einen ganz bestimmten Willen festlegen wird."[12] Aber der hinzugefügte Satz „Das weiß ich, und es stört mich nicht" zeigt, dass hier etwas schief läuft. Mich stört der bedingte Charakter meiner Entscheidung nur solange nicht, wie ich dieses „Geschehen" retrospektiv als einen wie immer

11 Ebd., 166.
12 Ebd., 287 f.

auch implizit ablaufenden Prozess des Überlegens verstehen kann, an dem ich als Diskursteilnehmer oder als ein in foro interno nachdenkendes Subjekt *beteiligt* bin. Denn dann ist es *meine* Einsicht, aus der ich die Entscheidung fälle. Sehr wohl würde mich aber die Determination meiner Entscheidung durch ein neuronales Geschehen stören, an dem ich nicht mehr als Stellung nehmende Person beteiligt bin: Es wäre *nicht mehr meine* Entscheidung. Nur der *unbemerkte* Wechsel von der Teilnehmer- zur Beobachterperspektive kann den Eindruck hervorrufen, dass die Handlungsmotivation durch verständliche Gründe eine Brücke zur Handlungsdetermination durch beobachtbare Ursachen baut.

Das richtige Konzept der bedingten Freiheit stützt nicht jenen voreiligen ontologischen Monismus, wonach Gründe und Ursachen zwei Aspekte derselben Sache sind. Nach dieser Auffassung stellen Gründe die subjektive Seite, sozusagen die „Erlebnisform" neurologisch feststellbarer Vorgänge dar. In den logisch-semantischen Verknüpfungen zwischen propositionalen Gehalten und Einstellungen sollen sich „komplexe Verkettungen neurophysiologischer Ereignisse" spiegeln: „Gründe wären demnach der ‚innere', erlebte Aspekt, Ursachen der ‚äußere' neurophysiologische Aspekt eines umfassenden Dritten, das offenbar deterministisch abläuft, uns aber grundlegend verschlossen ist."[13] Diese naturalistische Deutung beruft sich zu Unrecht auf die von Donald Davidson vertretene „kausale Handlungstheorie", wonach Wünsche und Einstellungen, Intentionen, Überzeugungen und Wertorientierungen dann als die Ursachen einer Handlung gelten, wenn sie die Gründe sind, *aus denen* ein Aktor diese Handlung ausgeführt hat.

Obwohl Davidson selbst den Reduktionismus ablehnt[14], hat die Konzeptualisierung von Gründen als Ursachen eine Lesart der Handlungsfreiheit suggeriert, die die Kluft zwischen dem Geistigen und dem Physischen zu schließen verspricht. Dieses Versprechen kann die Theorie nicht einlösen. Zwar lässt sich der überanstrengte idealistische Begriff einer ursprungslos-unbedingten Freiheit, die die Kraft haben soll, neue Kausalreihen ins Leben zu rufen, aus der Sicht dieser Handlungstheorie entkräften. Aber die Einbettung der Handlungsfreiheit in einen motivierenden Kontext von Gründen kann nicht über die Differenz zwischen Handlungserklärungen aus rationalen Motiven oder aus Ursachen hinwegtäuschen. Ebenso wenig trägt der Begriff der bedingten Freiheit zu der These bei, dass wir diese Handlungserklärungen einander wie zwei Seiten derselben – *einstweilen unbekannten* – Medaille zuordnen können.[15]

---

13 G. Roth, Worüber Hirnforscher reden dürfen – und in welcher Weise?, a. a. O., 232; hier 36.

14 Vgl. D. Davidsons Replik auf R. Rorty in: The Philosophy of Donald Davidson, Chicago 1999, 599: „What I have chiefly emphasized is the irreducibility of our mental concepts. They are irreducible in two senses. First, they cannot be defined in the vocabularies of the natural sciences, nor are there empirical laws linking them with physical phenomena in such a way as to make them disposable. Second, they are not an optional part of our conceptual resources. They are just as important and indispensable as our common-sense means of talking and thinking about phenomena in non-psychological ways."

15 Diese Variante des mit dem Aspektedualismus verknüpften ontologischen Monismus entwickelt Thomas Nagel mit dem Programm der erfahrungswissenschaftlichen Verifizierung eines einstweilen nur postulierten „Dritten". Diese künftige Theorie soll dann die Basis bieten, auf die sich beide komplementären Beschreibungen des Physischen und des Mentalen nach bekannten Vorbildern reduzieren lassen: The Psychophysical Nexus, in: Th. Nagel, Concealment and Exposure, Oxford 2002, 194–235.

(3) Die rationale Erklärung einer Handlung gibt nicht wie eine gewöhnliche Kausalerklärung *hinreichende* Bedingungen für das faktische Eintreten des Handlungsereignisses an. Denn die motivierende Kraft der Handlungsgründe setzt voraus, dass diese für das handelnde Subjekt unter gegebenen Umständen „den Ausschlag geben", also hinreichend sind, um den Willen des Aktors zu „binden". Eine Motivation durch Gründe erfordert nicht nur einen rational Stellung nehmenden Aktor, für den Gründe *zählen*, sondern einen Aktor, der sich durch seine Einsicht *bestimmen* lässt. Wegen dieses Bezuges auf ein Subjekt, das auch wider besseres Wissen handeln kann, ist die Aussage, dass S aus einem Grund G die Handlung H ausgeführt hat, offensichtlich nicht äquivalent zu der Aussage, dass G die Handlung H verursacht hat.[16] Im Unterschied zur gewöhnlichen Kausalerklärung erlaubt die rationale Handlungserklärung nicht den Schluss, dass beliebige Personen unter den gleichen Antecedenzien zur selben Entscheidung gelangen würden. Die Angabe von vernünftigen Handlungsmotiven reicht für eine Umformung der Erklärung in eine Prognose nicht aus. Zur verantwortlichen Autorschaft gehört nicht allein die Motivation durch Gründe, sondern das begründete Ergreifen einer Initiative, die sich der Handelnde selbst zuschreibt: Das macht den Aktor erst zum „Urheber".

Dass „es an ihm liegt", so und nicht anders zu handeln, erfordert beides: Er muss davon überzeugt sein, das Richtige zu tun, aber er muss es auch *selber* tun. Die in der Selbsterfahrung gegenwärtige Spontaneität des Handelns ist keine anonyme Quelle, sondern ein Subjekt, das sich ein „Können" zuschreibt. Und zwar kann sich der Aktor als Urheber verstehen, weil er sich mit dem eigenen Körper identifiziert hat und als ein Leib existiert, der zum Handeln befähigt und ermächtigt. Der Handelnde kann sich von einem organischen Substrat, das als Leib erfahren wird, ohne Beeinträchtigung seiner Freiheit „bestimmen" lassen, weil er seine subjektive Natur als Quelle des Könnens erfährt. Aus der Perspektive dieser Leiberfahrung verwandeln sich für den Handelnden die vom limbischen System gesteuerten vegetativen Prozesse – wie auch alle anderen aus der neurologischen Beobachterperspektive „unbewusst" ablaufenden Prozesse des Gehirns – aus kausalen Determinanten in *ermöglichende* Bedingungen. Insofern ist Handlungsfreiheit nicht nur durch Gründe „bedingte", sondern auch „naturbedingte" Freiheit. Weil der Körper als Leib jeweils der eigene Körper „ist", bestimmt er das, was wir können: „Bestimmt zu sein ist ein konstitutiver Rückhalt der Selbstbestimmung."[17]

Das gilt in ähnlicher Weise für den Charakter, den wir im Laufe einer individuierenden Lebensgeschichte ausbilden. Urheber ist jeweils die bestimmte Person, die wir geworden sind, oder das unvertretbare Individuum, als das wir uns verstehen. Deshalb zählen auch unsere Wünsche und Präferenzen gegebenenfalls als gute Gründe. Allerdings können diese Gründe erster Ordnung durch ethische Gründe, die sich auf unser persönliches Leben im Ganzen beziehen, und erst recht durch moralische Gründe übertrumpft werden. Diese ergeben sich wiederum aus Verpflichtungen, die wir uns als Personen gegenseitig schulden.[18] Kant spricht erst von Autonomie oder freiem Willen, wenn sich der Wille von Gründen dieser Art binden lässt – von Einsichten also, die nicht nur in der Person und dem wohlverstandenen Interesse eines Einzelnen, sondern im gemeinsamen und gleichmäßigen Interesse aller Personen begründet sind. Die Auszeichnung des moralischen Handelns und des kategorischen Sollens hat einen

16 Zu diesem Argument vgl. J. Searle, Freiheit und Neurobiologie, Frankfurt/M. 2004, 28–36.

17 M. Seel, Sich bestimmen lassen, Frankfurt/M. 2002, 288.

18 T. M. Scanlon, What We Owe to Each Other, Cambridge/Mass. 1998.

inflationierten Begriff der ursprungslos-intelligiblen Freiheit begünstigt, die von allen empirischen Zusammenhängen abgeschnitten, in diesem Sinne „absolut" ist.

Die Phänomenologie der verantwortlichen Autorschaft hat uns demgegenüber zu einem Begriff bedingter, in Organismus und Lebensgeschichte verwurzelter Freiheit geführt, der sich weder mit Descartes' Lehre von den zwei Substanzen noch mit Kants Zweiweltenlehre verträgt. Der methodologische Dualismus der Erklärungsperspektiven von Teilnehmern und Beobachtern darf nicht zu einem Dualismus von Geist und Natur ontologisiert werden.[19] Auch rationale Handlungserklärungen gehen davon aus, dass Aktoren bei ihren Entscheidungen in Kontexte eingebettet und in Lebensumstände verwickelt sind. Die Handelnden stehen, wenn sie ihren Willen von dem, was in ihren Kräften steht und was sie für richtig halten, bestimmen lassen, nicht außerhalb der Welt. Sie sind vom organischen Substrat ihres Könnens, von Lebensgeschichte, Charakter und Fähigkeiten, von der gesellschaftlichen und kulturellen Umgebung, nicht zuletzt von aktuellen Gegebenheiten der Handlungssituation abhängig. Aber alle diese Faktoren macht sich der Handelnde gewissermaßen so zu Eigen, dass sie nicht länger wie externe Ursachen auf die Willensbildung einwirken und sein Bewusstsein der Freiheit irritieren können. Der Urheber identifiziert sich mit dem eigenen Organismus, der eigenen verhaltensprägenden Lebensgeschichte und Kultur, den eigenen Motiven und Fähigkeiten. Und das urteilende Subjekt bezieht alle äußeren Umstände, soweit diese als Einschränkungen und Gelegenheiten relevant sind, in die eigene Überlegung ein.

Die bisherige Diskussion hat einen starken, aber nicht-idealistischen Begriff von Handlungsfreiheit entwickelt, der die zu erklärenden Phänomene erst einmal ins rechte Licht rücken soll. Mit diesem Konzept verbindet sich ein Begriff rationaler Handlungserklärung, der auf einen schwer zu überwindenden Dualismus von Erklärungsperspektiven und Sprachspielen aufmerksam macht. Dieser epistemische Dualismus hat zwar nur einen methodischen, keinen ontologischen Sinn. Aber bisher ist unklar, wie er mit einer monistischen Auffassung des Universums, die unserem Bedürfnis nach einem kohärenten Bild der Welt entgegenkommt, in Übereinstimmung gebracht werden kann. Die Anwälte einer reduktionistischen Forschungsstrategie ziehen die Gleichberechtigung der beiden Perspektiven nicht ohne Grund in Zweifel. Denn diese Strategie hat sich gegenüber dem Commonsense immer wieder mit kontraintuitiven Erkenntnissen durchgesetzt. Ein subjektiv empfundenes Phänomen wie Hitze ist auf die Bewegung von Molekülen zurückgeführt worden, und niemand stößt sich an den physikalischen Begriffen, in denen wir Farbdifferenzen und Tonhöhen analysieren. Auch im Hinblick auf die vermeintliche Interaktion zwischen Geist und Gehirn könnten Forschungsansätze, die allein den harten Kausalerklärungen vertrauen und die weichen rationalen Erklärungen in eine illusionäre Alltagspsychologie verweisen, die richtige Antwort haben.

(4) Dafür gibt es auch aus biologischer Sicht ein gutes Argument. Auf dem Wege des erfahrungswissenschaftlichen Realismus haben wir bereits die Selektivität der Wahrnehmungsbereiche überwunden, auf die uns eine zufällige organische Ausstattung einschränkt. Die evolutionäre Erkenntnistheorie betont die funktionale Relevanz des schlussfolgernden

19 Das ist die Alternative, gegen die W. Singer seine deterministische Auffassung profiliert: „Eine Möglichkeit ist, dass es in der Tat ontologisch verschiedene Welten gibt, eine materielle und eine immaterielle, dass der Mensch an beiden teilhat und wir uns nur nicht vorstellen können, wie die eine sich zur anderen verhält." W. Singer, Selbsterfahrung und neurobiologische Fremdbeschreibung, in: DZPh 52 (2004) 2, 235–256, hier 239; in diesem Band: 39–59, hier 43.

Denkens und der theoriebildend-konstruktiven Verarbeitung von Wahrnehmungen für das Überleben der Spezies: „Unsere Sinnessysteme sind zwar hervorragend angepasst, um aus sehr wenigen Daten die verhaltensrelevanten Bedingungen zu erfassen, aber sie legen dabei keinen Wert auf Vollständigkeit und Objektivität. Sie bilden nicht getreu ab, sondern rekonstruieren und bedienen sich dabei des im Gehirn gespeicherten Vorwissens [...]. Gehirne nutzen dieses Vorwissen, um Sinnessignale zu interpretieren und in größere Zusammenhänge einzuordnen [...]. Diese wissensbasierten Rekonstruktionen können dazu beitragen, die Unvollkommenheiten der Sinnessysteme teilweise zu kompensieren. Vorwissen kann genutzt werden, um Lücken auszufüllen, und logisches Schließen kann helfen, Ungereimtheiten aufzudecken [...]. Zudem lassen sich durch technische Sensoren Informationsquellen erschließen, die unseren natürlichen Sinnen nicht zugänglich sind.“[20] Die Rede ist hier vom biologischen Anpassungswert des kollektiven Lernens der organisierten Forschung.

Aber wie verträgt sich diese Auszeichnung des Wissenschaftssystems, dessen Mitglieder in besonderer Weise auf die kooperative Wahrheitssuche und das Abwägen von Gründen trainiert sind, mit dem illusionären Charakter von Gründen und Rechtfertigungen? Wenn wir evolutionstheoretische Prämissen ins Spiel bringen, um den Reproduktionswert der naturwissenschaftlichen Forschung zu erklären, schreiben wir dieser eine bedeutende kausale Rolle für das Überleben der Spezies zu. Das widerstreitet einer neurobiologischen Sicht, aus der diese Praxis wie jede andere Praxis der Rechtfertigung als Epiphänomen eingestuft wird. Diese epiphänomenalistische Auffassung ergibt sich zwingend aus einem reduktionistischen Forschungsansatz. Gründe sind keine beobachtbaren physischen Zustände, die nach Naturgesetzen variieren; sie können deshalb nicht mit gewöhnlichen Ursachen identifiziert werden. Weil sie sich strengen Kausalerklärungen entziehen, dürfen Gründe nur noch die Rolle nachträglich rationalisierender, bloß mitlaufender Kommentare zum unbewussten, neurologisch erklärbaren Verhalten übernehmen. Wir handeln gewissermaßen „aus“ Ursachen, auch wenn wir gegenüber anderen unser Handeln „mithilfe“ von Gründen rechtfertigen.

Damit zahlt der Reduktionismus einen hohen Preis. Wenn Gründe und die logische Verarbeitung von Gründen aus neurobiologischer Sicht keine kausale Rolle spielen, bleibt aus evolutionstheoretischer Sicht rätselhaft, warum sich die Natur den Luxus eines „Raums von Gründen“ (Wilfried Sellars) überhaupt leistet. Gründe schwimmen nicht wie Fettaugen auf der Suppe des bewussten Lebens. Vielmehr sind die Prozesse des Urteilens und Handelns für die beteiligten Subjekte selbst stets mit Gründen verknüpft. Wenn das „Geben und Nehmen von Gründen“ als Epiphänomen abgetan werden müsste, bliebe von den biologischen Funktionen des Selbstverständnisses sprach- und handlungsfähiger Subjekte nicht mehr viel übrig. Warum müssen wir uns gegenseitigen Legitimationsforderungen stellen? Welche Funktionen erfüllt der ganze Überbau von Sozialisationsagenturen, die Kindern eine kausal leerlaufende Nötigung dieser Art andressieren?[21]

Gegen den Epiphänomenalismus des bewussten Lebens hat John Searle den nahe liegenden Einwand erhoben: „Die Prozesse der bewussten Rationalität sind ein so wichtiger Teil

---

20 Ebd., 236; in diesem Band: 40.

21 Die Erklärungen, die Roth (Fühlen, Denken, Handeln, a. a. O., 528 ff.) anbietet, sind merkwürdig tautologisch: Die Frage ist doch, warum die Illusion der Willensfreiheit entsteht, wenn sie keine kausale Rolle spielt.

unseres Lebens, und vor allem ein biologisch so kostspieliger Teil unseres Lebens, dass es sich damit so anders verhielte als alles, was wir von der Evolution wissen, wenn ein Phänotyp dieser Größenordnung überhaupt keine funktionale Rolle im Leben und für das Überleben des Organismus spielen würde."[22] Gerhard Roth hat vermutlich diesen Einwand vor Augen, wenn er das Selbstverständnis von Aktoren, insbesondere die Handlungsfreiheit, die das „virtuelle Ich" sich selber zuschreibt, zur Illusion erklärt, jedoch gleichzeitig davor warnt, Ichbewusstsein[23] und Willensfreiheit[24] als bloße Epiphänomene zu begreifen.

Diese Warnung passt mit Roths eigenen Prämissen schlecht zusammen. Eine eigenständige kausale Rolle des bewussten Lebens fügt sich in den Rahmen eines reduktionistischen Forschungsansatzes nur unter der Voraussetzung ein, dass man „Geist und Bewusstsein [...] als physische Zustände auffasst", die mit anderen physischen Zuständen „in Wechselwirkung stehen".[25] Semantische Größen wie Gründe oder propositionale Gehalte allgemein sind aber nicht als beobachtbare Zustände instantiiert. Roth selbst stuft deshalb Gründe und die logische Verarbeitung von Gründen als Epiphänomene ein.[26] So kann es mit der kausalen Rolle von Ichbewusstsein und Willensfreiheit nicht weit her sein.

Der Reduktionismus, der alle mentalen Vorgänge deterministisch auf die wechselseitigen kausalen Einwirkungen zwischen Gehirn und Umwelt zurückführt und dem „Raum der Gründe" oder, wie wir auch sagen können: der Ebene von Kultur und Gesellschaft, die Kraft zur Intervention bestreitet, scheint nicht weniger dogmatisch zu verfahren als der Idealismus, der in allen Naturprozessen auch die begründende Kraft des Geistes am Werke sieht. Der von unten ansetzende Monismus ist im Verfahren, aber nicht in seiner Konklusion wissenschaftlicher als der Monismus von oben.

Angesichts dieser Alternative gewinnt ein Perspektivendualismus, der unser Freiheitsbewusstsein nicht zwar der natürlichen Evolution, wohl aber der Erklärungsperspektive der heute bekannten Naturwissenschaften entzieht, an Attraktivität. In diesem Sinne erklärt Richard Rorty die grammatische Aufspaltung unserer Erklärungsvokabulare in solche, die den Blick auf beobachtbare Ursachen, und in solche, die ihn auf verständliche Gründe lenken, als Ergebnis einer funktionalen Anpassung unserer Spezies an jeweils verschiedene Umgebungen – die natürliche und die soziale Umwelt. Die Nicht-Reduzierbarkeit des einen Sprachspiels auf das

---

22 J. Searle, Freiheit und Neurobiologie, a. a. O., 50. Die biologischen Gründe, die Singer (Selbsterfahrung und neurobiologische Fremdbeschreibung, a. a. O., 253 f.) für die Ausdifferenzierung einer bewussten Entscheidungsebene anführt, wären nur schlüssig unter der Voraussetzung, dass das Freiheitsbewusstsein als Ausdruck rationalen Handelns keine Illusion ist.

23 G. Roth, Fühlen, Denken, Handeln, a. a. O., 397: „Das Entscheidende ist, dass wir diesen virtuellen Aktor nicht als Epiphänomen ansehen dürfen. Ohne die Möglichkeit zu virtueller Wahrnehmung und zu virtuellem Handeln könnte das Gehirn nicht diejenigen komplexen Leistungen vollbringen, die es vollbringt."

24 Ebd., 512 f.: „Wir können davon ausgehen, dass der Wille kein bloßes Epiphänomen ist, das heißt ein subjektiver Zustand, ohne den alles im Gehirn und im Verhältnis genau so abläuft wie es mit ihm tut."

25 G. Roth, Worüber Hirnforscher reden dürfen – und in welcher Weise?, a. a. O., 253.

26 In dieser Hinsicht ist Gerhard Roth konsequent, vgl. beispielsweise G. Roth, Fühlen, Denken, Handeln, a. a. O., 527: „Es sind, anders als die Alltagspsychologie es sieht, nicht logische Argumente *als solche* (im Text gesperrt), die uns zu vernünftigem Handeln antreiben, sondern die Vorstellungen der hiermit verbundenen Konsequenzen, die uns positiv oder negativ erscheinen."

andere brauche uns nicht tiefer zu beunruhigen als die Nichtsubstituierbarkeit eines Werkzeuges durch ein anderes.[27] Dieser Vergleich dürfte unser Verlangen nach einem kohärenten Bild des Universums freilich nur dann stillen, wenn wir mit Rorty bereit wären, den Wahrheitsanspruch von Theorien unter dem funktionalistischen Gesichtspunkt ihres Anpassungserfolgs einzuziehen.[28] Die Wahrheit von Theorien geht jedoch im Erfolg der Instrumente, die wir mit ihrer Hilfe konstruieren können, nicht auf; und so bleibt das Bedürfnis nach einer monistischen Weltauslegung bestehen. Wenn wir für einen epistemischen Dualismus einen Platz in der Welt selbst finden wollen, weist die pragmatistische Erkenntnistheorie mit dem Vorschlag einer Detranszendentalisierung der kantischen Erkenntnisvoraussetzungen immerhin in die richtige Richtung.

Aus der anthropozentrischen Sicht einer Lebensform von problemlösenden Sprach- und Kooperationsgemeinschaften vergesellschafteter Individuen bleiben die beiden Vokabulare und Erklärungsperspektiven, die „wir" der Welt *auferlegen*, für uns „nicht-hintergehbar". Das erklärt die Stabilität unseres Freiheitsbewusstseins gegenüber dem naturwissenschaftlichen Determinismus. Andererseits können wir den organisch verwurzelten Geist nur solange als eine Entität in der Welt verstehen, wie wir den beiden komplementären Wissensformen keine Geltung apriori zuschreiben. Der epistemische Dualismus darf nicht vom transzendentalen Himmel gefallen sein. Er muss aus einem evolutionären Lernprozess *hervorgegangen* sein und sich in der kognitiven Auseinandersetzung von homo sapiens mit den Herausforderungen einer riskanten Umwelt schon bewährt haben.[29] Die Kontinuität einer Naturgeschichte, von der wir uns, wenigstens *in Analogie* zu Darwins natürlicher Evolution, eine Vorstellung, wenn auch noch keinen theoretisch befriedigenden Begriff machen können, sichert dann – über die epistemische Kluft zwischen der naturwissenschaftlich objektivierten Natur und einer intuitiv immer schon verstandenen, weil intersubjektiv geteilten Kultur hinweg – die Einheit eines Universums, dem die Menschen als Naturwesen angehören.

II. Zur Interaktion von Natur und Geist

Zunächst möchte ich auf die „Nicht-Hintergehbarkeit" der auf kausale bzw. rationale Erklärungen spezialisierten Sprachspiele zurückkommen, weil aus erkenntnistheoretischer Sicht gar nicht klar ist, ob wir eine dieser beiden Perspektiven überhaupt beiseite schieben können (5). Um den methodologisch verteidigten Dualismus in einem „weichen" Naturalismus aufzufangen, erinnere ich im Weiteren an bekannte anthropologische Befunde. Sie sollen plausibel machen, wie ein solcher epistemischer Dualismus aus der Vergesellschaftung der Kognition aufeinander angewiesener Artgenossen entstanden sein könnte (6). Auch ein methodologischer Dualismus begegnet freilich aus neurobiologischer Sicht dem – für die Frage des Determinismus entscheidenden – Problem, wie die „Wechselwirkung" zwischen individuellen Gehirnen und kulturellen Programmen zu begreifen ist (7).

27 R. Rorty, The Brain as Hardware, Culture as Software, in: Inquiry, 47, 2004, 219–235.

28 E. M. Engels, Erkenntnis als Anpassung?, Frankfurt/M. 1989.

29 Vgl. zu diesem „kantischen Pragmatismus" auch meine Einleitung zu: J. Habermas, Wahrheit und Rechtfertigung, Frankfurt/M. 1999, 7–64.

(5) Dass wir hinter den epistemischen Dualismus der Wissensperspektiven „nicht zurückgehen" können, heißt zunächst, dass die korrespondierenden Sprachspiele und Erklärungsmuster nicht aufeinander reduziert werden können. Gedanken, die wir im mentalistischen Vokabular ausdrücken können, lassen sich nicht ohne semantischen Rest in ein empiristisches, auf Dinge und Ereignisse zugeschnittenes Vokabular übersetzen. Darin besteht die Crux jener Forschungstraditionen, die genau das leisten müssen, wenn sie ihr Ziel einer nach üblichen wissenschaftlichen Standards verfahrenden Naturalisierung des Geistes sollen erreichen können.[30] Gleichviel, ob es sich um einen Materialismus handelt, der intentionale Zustände oder propositionale Gehalte und Einstellungen auf physische Zustände und Ereignisse reduzieren möchte, oder um einen Funktionalismus, wonach elektrische Schaltkreise im Computer oder natürliche physiologische Zustände in der Hirnrinde die kausalen Rollen „realisieren" sollen, die mentalen Vorgängen oder semantischen Gehalten zugeordnet werden – auf der grundbegrifflichen Ebene scheitern diese Versuche einer Naturalisierung des Geistes an der erforderlichen Übersetzung. Die von diesen Theorien vorgenommenen Übersetzungen zehren entweder selber unausdrücklich vom Sinn der mentalistischen Ausdrücke, die sie ersetzen sollen; oder sie verfehlen wesentliche Aspekte des Ausgangsphänomens und gelangen so zu unbrauchbaren Umdefinitionen.

Das ist nicht erstaunlich, weil in die Grammatik der beiden Sprachspiele unvereinbare Ontologien eingebaut sind. Seit Frege und Husserl wissen wir, dass sich propositionale Gehalte oder intentionale Gegenstände nicht im Bezugsrahmen kausal wirksamer, raumzeitlich datierbarer Ereignisse und Zustände individuieren lassen. Das lässt sich auch an der Verschränkung des Kausalbegriffs mit dem Funktionskreis instrumentellen Handelns erläutern. Indem wir die Aufeinanderfolge von zwei beobachteten Weltzuständen A und B als eine kausale Beziehung (in dem strengen Sinne, dass der Zustand A eine hinreichende Bedingung für das Auftreten von B ist) interpretieren, lassen wir uns implizit von der Vorstellung leiten, dass wir selbst den Zustand B hervorrufen könnten, indem wir instrumentell in die Welt eingreifen und den Zustand A herbeiführen.[31] Dieser interventionistische Hintergrund des Kausalitätsbegriffs macht deutlich, warum sich mentale Zustände oder semantische Gehalte, die wir nicht auf instrumentellem Wege wie Dinge und Ereignisse manipulieren können, dieser Art von kausalen Erklärungen entziehen.

Da es nicht gelingt, die auf Geistiges und Physisches zugeschnittenen Sprachspiele aufeinander zu reduzieren, drängt sich die interessante Frage auf, ob wir die Welt aus beiden Perspektiven gleichzeitig betrachten *müssen*, um von ihr etwas lernen zu können. Offenbar muss sich die Beobachterperspektive, auf die uns das empiristische Sprachspiel *beschränkt*, mit der eines Teilnehmers an kommunikativen und gesellschaftlichen Praktiken verschränken, um vergesellschafteten Subjekten wie uns den kognitiven Zugang zur Welt zu öffnen. Wir sind Beobachter und Kommunikationsteilnehmer in einer Person.

---

30 Vgl. V. Descombes, The Mind's Provisions. A Critique of Cognitivism, Princeton 2001; und W. Cramm, Repräsentation oder Verständigung? Eine Kritik naturalistischer Philosophien der Bedeutung und des Geistes, Diss. phil., Universität Frankfurt/M. 2003.

31 G. H. von Wright, Explanation and Understanding, London 1971, Part II; vgl. dazu A. Wellmer, Georg Henryk von Wright über ‚Erklären' und ‚Verstehen', in: Philosophische Rundschau, 26. Jahrg., 1979, 1–27, hier 4 ff.

Wir erlernen mit dem System der Personalpronomina die Beobachterrolle der „dritten" Person nur in Verbindung mit den Sprecher- und Hörerrollen einer „ersten" und „zweiten" Person. Nicht zufällig greifen die beiden Grundfunktionen der Sprache – Tatsachendarstellung und Kommunikation – gleichursprünglich ineinander.[32] Dieser sprachphilosophische Blick auf Sprecher und Adressaten, die sich, indem sie die Rollen von erster und zweiter Person austauschen, vor dem Hintergrund einer *intersubjektiv geteilten Lebenswelt miteinander über etwas in der objektiven Welt* verständigen, lässt sich erkenntnistheoretisch umkehren: Die Objektivität der Welt konstituiert sich für einen Beobachter nur zugleich mit der Intersubjektivität der möglichen Verständigung über das, was er vom innerweltlichen Geschehen kognitiv erfasst. Erst die intersubjektive Prüfung subjektiver Evidenzen ermöglicht die fortschreitende Objektivierung der Natur. Darum können die Verständigungsprozesse selbst nicht im Ganzen auf die Objektseite gebracht, also nicht vollständig als innerweltlich determiniertes Geschehen beschrieben und auf diese Weise objektivierend „eingeholt" werden.[33]

In der komplementären Verschränkung von Teilnehmer- und Beobachterperspektive wurzeln nicht nur die soziale Kognition und die Entwicklung des moralischen Bewusstseins[34], sondern auch die kognitive Verarbeitung von Erfahrungen, die uns in der Konfrontation mit der natürlichen Umwelt zustoßen. Wahrheitsansprüche müssen beidem zugleich standhalten, dem Test der Erfahrung und dem Widerspruch, den andere gegen die Authentizität je eigener Erfahrungen – oder gegen unsere Interpretation davon – einlegen können. Damit verhält es sich im Wissenschaftsbetrieb nicht anders als im Alltag.[35]

Begriff und Anschauung, Konstruktion und Entdeckung, Interpretation und Erfahrung sind Momente, die sich auch im Forschungsprozess nicht voneinander isolieren lassen. Experimentelle Beobachtungen sind durch die Wahl eines theoretisch bestimmten Designs folgenreich vorstrukturiert. Sie können die Rolle einer Kontrollinstanz nur insoweit übernehmen, wie sie als Argumente zählen und sich gegenüber Opponenten verteidigen lassen. Die Perspektive des Beobachters, der sich, indem er Erfahrungen macht, in objektivierender Einstellung auf etwas in der Welt bezieht, ist auf dieser Reflexionsstufe erst recht mit der Perspektive eines Teilnehmers am Diskurs verschränkt, der sich, indem er Argumente vorträgt, in performativer Einstellung auf seine Kritiker einlässt: „Erfahrung und Argument bilden zwei unselbständige Bestandteile der Basis oder des Grundes unserer Ansprüche, etwas über die Welt zu wissen."[36]

Aus der Feststellung, dass auch der theoretische Wissenszuwachs von einer komplementären Verschränkung der Beobachter- mit der Teilnehmerperspektive abhängig bleibt, zieht Wingert die Konsequenz, dass die Verständigungsverhältnisse, die nur performativ, aus

32 M. Dummett, Language and Communication, in: ders., The Seas of Language, Oxford 1993, 166–187.

33 Vgl. dazu den klassischen, das heißt immer noch lehrreichen Artikel von: W. Sellars, Philosophy and the Scientific Image of Man (1960), in: ders., Science, Perception and Reality (Ridgeview Publishing Company, Atascadero, Cal. 1991, 1–40).

34 R. Selman, Die Entwicklung sozialen Verstehens, Frankfurt/M. 1984; J. Habermas, Moralbewußtsein und kommunikatives Handeln, Frankfurt/M. 1983, 127–206.

35 Zum Folgenden: L. Wingert, Die eigenen Sinne und die fremde Stimme, in: M. Vogel/L. Wingert (Hg.), Wissen zwischen Entdeckung und Konstruktion, Frankfurt/M. 2003, 218–249; ders., Epistemisch nützliche Konfrontationen mit der Welt, in: L. Wingert/K. Günther (Hg.), Die Öffentlichkeit der Vernunft und die Vernunft der Öffentlichkeit, Frankfurt/M. 2001, 77–105.

36 L. Wingert, Die eigenen Sinne und die fremde Stimme, a. a. O., 240.

der Sicht von Teilnehmern an Praktiken unsrer Lebenswelt zugänglich sind, mit naturwissenschaftlichen Mitteln kognitiv nicht eingeholt, das heißt nicht *erschöpfend* objektiviert werden können. Aus diesem Grunde kann auch eine deterministische Sicht auf die Welt nur eine regional eingeschränkte Geltung beanspruchen. Dieses Argument hat jedoch keineswegs notwendig eine transzendentale Verselbständigung des „Für uns" eines naturwissenschaftlich objektivierten Ansichseienden zur Folge. Vielmehr könnte sich in dem bifokalen Weltzugang von Beobachtern und Teilnehmern, auf den auch noch die objektivierende Naturerkenntnis angewiesen ist, das Ergebnis eines evolutionären Lernprozesses ausdrücken.[37]

(6) Aus einer pragmatistischen Sicht, die Kant mit Darwin versöhnen möchte, spricht die These der Nicht-Hintergehbarkeit dafür, dass die komplementäre Verschränkung anthropologisch tief sitzender Wissensperspektiven gleichzeitig mit der kulturellen Lebensform selbst entstanden ist. Die Hilfsbedürftigkeit des organisch „unfertigen" Neugeborenen und eine entsprechend lange Aufzuchtsperiode machen den Menschen vom ersten Augenblick an von sozialen Interaktionen abhängig, die bei ihm tiefer in die Organisation und Ausprägung der kognitiven Fähigkeiten eingreifen als bei irgendeiner anderen Spezies. Beim Menschen wirkt sich die soziale Existenz auf eine früh einsetzende kommunikative Vergesellschaftung von Kognition und Lernen aus. Michael Tomasello zeichnet die bereits von G. H. Mead hervorgehobene sozialkognitive Fähigkeit, einen Artgenossen als intentional handelndes Wesen zu verstehen[38], als die evolutionäre Errungenschaft aus, die homo sapiens von seinen nächsten Verwandten trennt und zur kulturellen Entwicklung befähigt.[39]

Primaten können intentional handeln und soziale Objekte von unbelebten Gegenständen unterscheiden, aber Artgenossen bleiben für sie „soziale Objekte" im buchstäblichen Sinne, weil sie im Anderen nicht das Alter Ego erkennen. Sie verstehen den anderen nicht in der Weise als intentional handelnden Aktor, dass sie mit ihm im strengen Sinne „intersubjektive" Gemeinsamkeiten aufbauen, während Menschenkinder schon im vorsprachlichen Alter von neun Monaten lernen, *gemeinsam* mit einer Bezugsperson ihre Aufmerksamkeit auf *dieselben* Objekte zu richten. Indem sie die Perspektive eines Anderen übernehmen, verwandelt dieser sich in ein Gegenüber, das ihnen gegenüber die kommunikative Rolle einer zweiten Person einnimmt. Die gemeinsame Perspektive, die schon in diesem frühen Alter aus der Protobeziehung einer ersten zu einer zweiten Person entsteht, ist konstitutiv für den Abstand nehmend objektivierenden Blick auf die Welt und auf sich selbst: „Die neu erworbenen sozialkognitiven Fertigkeiten eröffnen den Kindern die Möglichkeit, dass sie nun etwas über die Welt vom Standpunkt der anderen aus lernen können und dass sie von diesem Standpunkt aus auch etwas über sich selbst lernen können."[40] Auf der Grundlage des sozialen Verstehens wird die kognitive Auseinandersetzung mit der physischen Umgebung abhängig vom kognitiven Umgang *miteinander*. Die Verschränkung der Perspektive des Beobachters innerweltlicher Zustände mit der des Teilnehmers an Interaktionen *vergesellschaftet* die Kognition des Heranwachsenden mit der seiner Artgenossen. Diese Perspektivenverschränkung wird im grammatisch geregelten Austausch der

37 J. Habermas, Wahrheit und Rechtfertigung, a. a. O., 36 ff.

38 G. H. Mead, Geist, Identität und Gesellschaft, Frankfurt/M. 1968; dazu J. Habermas, Theorie des kommunikativen Handelns, Frankfurt/M. 1981, Bd. 2, 9–68.

39 Zum Folgenden: M. Tomasello, Die kulturelle Entwicklung des menschlichen Denkens, Frankfurt/M. 2002.

40 Ebd., 110.

Kommunikationsrollen von Sprecher, Adressat und Beobachter fixiert, wenn das Kind im Zuge des Spracherwerbs das System der Personalpronomina beherrschen lernt.

Während Schimpansen ihre Artgenossen nicht auf Objekte hinweisen und belehren, lernen Menschen sowohl durch Kooperation wie durch Unterricht. Im Umgang mit vorgefundenen kulturellen Artefakten entdecken sie auch auf eigene Faust die darin vergegenständlichten Funktionen. Die Art von Traditionsbildung, Ritualisierung und Werkzeuggebrauch, die man auch bei Schimpansen beobachtet, verraten kein intersubjektiv geteiltes kulturelles Hintergrundwissen. Ohne Intersubjektivität des Verstehens keine Objektivität des Wissens. Ohne die reorganisierende „Anbindung" des subjektiven Geistes und seines natürlichen Substrats, des Gehirns, an einen objektiven Geist, das heißt an symbolisch gespeichertes kollektives Wissen, fehlen propositionale Eintellungen zu einer auf Distanz gebrachten Welt. Ebenso fehlen die technischen Erfolge eines intelligenten Umgangs mit einer derart objektivierten Natur. Erst die *sozialisierten Gehirne*, die an ein kulturelles Milieu Anschluss finden, werden zu Trägern jener eminent beschleunigten, kumulativen Lernprozesse, die sich vom genetischen Mechanismus der natürlichen abgekoppelt haben.

Natürlich trägt auch die Neurobiologie der Rolle der Kultur und der Vergesellschaftung der Kognition Rechnung. So unterscheidet Wolf Singer das angeborene, in den Genen gespeicherte und in der genetisch determinierten Grundverschaltung des menschlichen Gehirns verkörperte Wissen vom individuell erworbenen und kulturell gespeicherten Wissen. Gesellschaft und Kultur nehmen bis zur Adoleszenz einen strukturbildenden, im weiteren Verlauf des Lebens einen Effizienz steigernden Einfluss auf das Gehirn: „Bis zur Pubertät prägen Erziehungs- und Erfahrungsprozesse die strukturelle Ausformung der Nervennetze innerhalb des genetisch vorgesehenen Gestaltungsraums. Später, wenn das Gehirn ausgereift ist, sind solche grundlegenden Änderungen der Architektur nicht mehr möglich. Alles Lernen beschränkt sich dann auf die Veränderung der Effizienz der bestehenden Verbindungen. Das seit Beginn der kulturellen Evolution erworbene Wissen über die Bedingungen der Welt, das Wissen um soziale Realitäten, findet also seinen Niederschlag in kulturspezifischen Ausprägungen der einzelnen Gehirne. Frühe Prägungen programmieren dabei die Vorgänge im Gehirn fast so nachhaltig wie genetische Faktoren, da beide Prozesse sich gleichermaßen in der Spezifikation von Verschaltungsmustern manifestieren."[41]

Diese Aussagen scheinen so etwas wie die „Programmierung" des Gehirns durch kulturelle Überlieferungen und gesellschaftliche Praktiken und damit auch eine Interaktion zwischen Geist und Natur nahe zu legen. Aber die unbestrittene Tatsache, dass alle bewussten und unbewussten Erlebnisse unterschiedslos durch dezentralisierte Vorgänge im Gehirn „realisiert" werden, scheint Wolf Singer zu genügen, um eine Einwirkung der grammatisch geregelten und kulturell gespeisten Prozesse bewussten Urteilens und Handelns auf die neuronalen Vorgänge auszuschließen: „Wenn eingeräumt wird, dass das bewusste Verhandeln von Argumenten auf neuronalen Prozessen beruht, dann muss es neuronalem Determinismus in gleicher Weise unterliegen wie das unbewusste Entscheiden."[42] Aber die *neuronale Realisierung* von Gedanken muss eine gedankliche *Programmierung* des Gehirns nicht ausschließen.[43]

---

41 W. Singer, Selbsterfahrung und neurobiologische Fremdbeschreibung, a. a. O., 249, hier 53.

42 Ebd., 251, hier 55.

43 Dazu auch H.-P. Krüger, Das Hirn im Kontext exzentrischer Positionierungen, in: Deutsche Zeitschrift für Philosophie, 52 (2004) 2, 257–293; in diesem Band: 61–97.

(7) Der objektive Geist ist die Dimension der Handlungsfreiheit. Im performativ mitlaufenden Freiheitsbewusstsein spiegelt sich die bewusste Teilhabe an jenem symbolisch strukturierten „Raum der Gründe“, worin sich sprachlich sozialisierte Geister gemeinsam bewegen. In dieser Dimension vollzieht sich die rationale Motivation von Überzeugungen und Handlungen nach logischen, sprachlichen und pragmatischen Regeln, die sich nicht auf Naturgesetze reduzieren lassen. Warum sollte es nicht, gegenläufig zur Determinierung des subjektiven Geistes durch das Gehirn, auch eine „mentale Verursachung“ im Sinne der Programmierung des Gehirns durch den objektiven Geist geben? Singer bestreitet das im Wesentlichen mit drei Argumenten: (a) Wir wissen nicht, wie wir uns die kausale Einwirkung eines der Beobachtung entzogenen Geistes auf beobachtbare Prozesse im Gehirn vorstellen sollen. (b) Die neuronalen Vorgänge, die durch Aufmerksamkeit ins Bewusstsein treten, sind abhängige Variablen des breiten Stroms unbewusst bleibender Prozesse. (c) Die Neurobiologie kann für das „Selbst“ eines Aktors, der sich bewusste Entscheidungen zurechnet, in dem dezentralisiert operierenden Gehirn kein Korrelat entdecken.

(a) Aus der Nicht-Hintergehbarkeit der komplementär verschränkten Wissensperspektiven ergibt sich in der Tat das „Problem der Verursachung“: Unser kognitiver Apparat ist, wie es scheint, nicht darauf eingerichtet, zu begreifen, wie die deterministischen Wirkungszusammenhänge der neuronalen Erregungszustände mit einer kulturellen Programmierung (die als eine Motivation durch Gründe erlebt wird) interagieren können. Um es in kantischer Terminologie auszudrücken: Es ist unbegreiflich, wie die Kausalität der Natur und die Kausalität aus Freiheit in „Wechselwirkung“ treten können. Allerdings bringt dieses Rätsel beide Seiten gleichermaßen in Verlegenheit. Rätselhaft bleibt einerseits die „mentale Verursachung“ von neurologisch erklärbaren Körperbewegungen durch verstehbare Intentionen. Wenn wir diese Art der Programmierung an Naturkausalität angleichen, geht etwas Wesentliches verloren, nämlich der Bezug auf Gültigkeitsbedingungen, ohne den propositionale Gehalte und Einstellungen unverständlich bleiben.[44] Aber in der umgekehrten Blickrichtung ist der Preis nicht geringer. Der Determinismus muss das Selbstverständnis rational Stellung nehmender Subjekte zur Selbsttäuschung erklären.

Die Kosten des Epiphänomenalismus werden auch durch eine Karikierung der Gegenposition nicht geringer: „Wenn es diese immaterielle geistige Entität gibt, die von uns Besitz ergreift und uns Freiheit und Würde verleiht, wie sollte diese dann mit den materiellen Prozessen in unserem Gehirn in Wechselwirkung treten?“[45] Tatsächlich „existiert“ jedoch der Geist nur dank seiner Verkörperung in akustisch oder optisch wahrnehmbaren materiellen Zeichensubstraten, also in beobachtbaren Handlungen und kommunikativen Äußerungen, in symbolischen Gegenständen oder Artefakten. Neben der propositional ausdifferenzierten Sprache, dem Herzstück kultureller Lebensformen, gibt es viele andere symbolische Formen, Medien und Regelsysteme, deren Bedeutungsgehalte intersubjektiv geteilt und reproduziert werden. Diese Symbolsysteme können wir als emergente Eigenschaften verstehen, die sich mit jenem evolutionären Schub zur „Vergesellschaftung der Kognition“ herausgebildet haben.

Um den ontologischen Status eines in Zeichen, Praktiken und Gegenständen symbolisch verkörperten oder „objektiven“ Geistes nicht zu verfehlen, sind zwei Aspekte wichtig. Der

---

44 L. Wingert, Die Schere im Kopf. Grenzen der Naturalisierung, in: Chr. Geyer (Hg.), Hirnforschung und Willensfreiheit, a. a. O., 155–158.

45 W. Singer, Selbsterfahrung und neurobiologische Fremdbeschreibung, a. a. O., 239 f.; hier 43 f.

objektive Geist ist einerseits aus der Interaktion der Gehirne von intelligenten Tieren hervorgegangen, die die Fähigkeit zur gegenseitigen Perspektivenübernahme entwickelt hatten; und er reproduziert sich wiederum über die kommunikativen und gesellschaftlichen Praktiken der nun in neuer Weise interagierenden „Gehirne“ und ihrer Organismen. Andererseits behauptet der „objektive Geist“ diesen Einzelnen gegenüber eine relative Selbständigkeit, weil der nach eigenen Regeln organisierte Haushalt intersubjektiv geteilter Bedeutungen symbolische Gestalt angenommen hat. Über die grammatisch fixierte Regelung des Symbolgebrauchs können diese Bedeutungssysteme auf die Gehirne der Beteiligten ihrerseits Einfluss nehmen. Im Zuge der Vergesellschaftung ihrer Kognition bildet sich erst der „subjektive Geist“ der in gemeinsame Praktiken eingeübten und zugleich individuierten Teilnehmer aus. So nennen wir das Selbstverständnis der Subjekte, die in den öffentlichen Raum einer gemeinsamen Kultur heraustreten. Als Aktoren entwickeln sie das Bewusstsein, so oder anders handeln zu können, weil sie im öffentlichen Raum der Gründe mit Geltungsansprüchen konfrontiert sind, die zu Stellungnahmen herausfordern.

Die Rede von der „Programmierung“ des Gehirns durch den Geist ruft Bilder aus der Computersprache hervor. Die Computeranalogie legt insoweit eine falsche Spur, wie sie das cartesische Bild von isolierten Bewusstseinsmonaden nahe legt, die je für sich „ein inneres Bild von der Außenwelt“ entwickeln. Damit verfehlt sie jene Vergesellschaftung der Kognition, durch die sich der menschliche Geist auszeichnet. Aber nicht die „Programmierung“ ist das falsche Bild. Offenbar geht auf anthropologischer Entwicklungsstufe aus der intensivierten Interaktion der Artgenossen eine in Zeichen materialisierte Schicht von intersubjektiv geteilten, grammatisch geregelten Sinnzusammenhängen hervor. Obwohl die Physiologie des Gehirns keine Unterscheidung zwischen „Software“ und „Hardware“ zulässt, kann dieser objektive Geist gegenüber dem subjektiven Geist der individuellen Gehirne eine strukturbildende Kraft erlangen. Singer selbst spricht von frühen „Prägungen“ des Gehirns, die mit dem Spracherwerb zusammenhängen. Auf ontogenetischem Wege erwirbt anscheinend das individuelle Gehirn die notwendigen Dispositionen für den „Anschluss“ an die Programme von Gesellschaft und Kultur.

Wolf Singers Skepsis gründet unter anderem darauf, dass der neurologische Beobachter in dem von Sinnesreizen aktivierten Gehirn bei Signalen aus der natürlichen und der kulturellen Umgebung keine Reaktionsunterschiede feststellen kann. Den cerebralen Erregungszuständen sieht man es nicht an, ob sie auf dem Wege der direkten Wahrnehmung einer „blühenden Wiese“ oder einer entsprechenden, jedoch symbolisch codierten Wahrnehmung erzeugt worden sind – etwa durch die Anschauung eines impressionistischen Gemäldes dieser blühenden Wiese oder durch eine bei der Romanlektüre aufsteigende Erinnerung an diese blühende Wiese. Falls sich systematische Unterschiede ergeben, dürften diese sich nicht aus der symbolischen Codierung der Sinnesreize erklären, nämlich als eine Folge der Interpretation, die die blühende Wiese durch den Stil eines Renoirs oder durch den Bedeutungszuschuss im Kontext einer Romanhandlung erhält: „Somit beeinflussen kulturelle Verabredungen und soziale Interaktionen Hirnfunktionen im gleichen Maße wie alle anderen Faktoren, die auf neuronale Verschaltungen und die auf ihnen beruhenden Erregungsmuster einwirken. Für die Funktionsabläufe in den neuronalen Netzwerken spielt es keine Rolle, ob [...] die Aktivität der Neuronen durch gewöhnliche Sinnesreize oder soziale Signale erfolgte.“[46]

---

46 Ebd., 249; in diesem Band: 53.

Niemand bezweifelt die durchgängige kausale Verknüpfung der neurologisch beobachteten Zustände; aber der Umstand, dass kulturelle Programme über Leistungen des Gehirns realisiert werden müssen, nötigt nicht schon zur Nivellierung des Unterschieds zwischen dem Verständnis der Bedeutung wahrgenommener symbolischer Zeichen und der Verarbeitung nicht-codierter „gewöhnlicher Sinnesreize". Allein das *stillschweigend vorausgesetzte* Kausalmodell schließt die Einwirkung eines programmierenden „Geistes" auf Gehirnprozesse aus. Das Gehirn begegnet ja in den symbolisch ausgedrückten propositionalen Gehalten der Zeichen seiner physischen Umwelt nicht unmittelbar, sondern nur vermittelt über ein symbolisch gespeichertes kollektives Wissens, das sich aus den gemeinsamen kognitiven Leistungen vergangener Generationen aufgebaut hat. Über die physikalischen Eigenschaften der empfangenen Signale erschließen sich dem zum subjektiven Geist mutierten Gehirn grammatisch geregelte Sinnzusammenhänge, die den öffentlichen Raum der intersubjektiv geteilten Lebenswelt gegen eine nunmehr objektivierte Umwelt abgrenzen. Und in diesem „Raum der Gründe" strukturiert sich das bewusste Urteilen und Handeln, das für das performativ mitlaufende Freiheitsbewusstsein konstitutiv ist.

(b) Das Phänomen der Willensfreiheit tritt nur in der Dimension *bewusster* Entscheidungen auf. Ein weiterer Einwand beruft sich daher auf die neurologische Irrelevanz der Unterscheidung zwischen bewussten und unbewussten Prozessen: „Zutreffend ist nur, dass die Variablen, auf denen der Abwägungsprozess beruht, im Falle bewusster Deliberation abstrakterer Natur sind und vermutlich nach komplexeren Regeln miteinander verknüpft werden können als bei Entscheidungen, die sich vorwiegend aus unbewussten Motiven herleiten."[47] Aber generell gelangen nur solche Erlebnisse zu Bewusstsein, die Aufmerksamkeit auf sich ziehen, im Kurzzeitspeicher festgehalten, sprachlich artikuliert und aus dem deklarativen Gedächtnis abgerufen werden können. Und diese Erlebnisse bilden allenfalls flüchtige Inseln im Meer der unbewusst bleibenden Vorgänge, die sich nach entwicklungsgeschichtlich älteren und tiefer liegenden Mustern vollziehen.

Der genetische Vorrang der unbewussten vor den bewussten Prozessen legt nahe, dass diese ebenso wie jene deterministischen Naturgesetzen unterliegen. Die erwähnten differentiellen Eigenschaften können nicht erklären, warum sich Bewusstseinsvorgänge der einen Art dem Kausalzusammenhang entziehen sollten, der für die Prozesse der anderen Art zugestanden wird: „Bei den Variablen bewusster Entscheidungen handelt es sich vornehmlich um spät Erlerntes: um ausformuliertes Kulturwissen, ethische Setzungen, Gesetze, Diskursregeln und verabredete Verhaltensnormen. Abwägungsstrategien, Bewertungen und implizite Wissensinhalte, die über genetische Vorgaben, frühkindliche Prägung oder unbewusste Lernvorgänge ins Gehirn gelangen und sich deshalb der Bewusstmachung entziehen, stehen mithin nicht als Variablen für bewusste Entscheidungen zur Verfügung."[48]

Jedoch wäre die genetische Schichtung nur dann ein Argument für den Vorzug einer *durchgängig* deterministischen Betrachtungsweise, wenn wir *von vornherein* ausschließen dürften, dass das Gehirn auch *kulturelle Vorgaben* realisiert, die es über bewusste Prozesse abwickelt. Gewiss erlangen auch kulturelle Programme ohne den Unterbau realisierender Gehirnprozesse keine Verhaltenswirksamkeit. Die Abhängigkeit des bewussten Lebens vom organischen Substrat spiegelt sich sogar in diesem selbst als Leibbewusstsein wider. Während des

47 Ebd., 248; in diesem Band: 52.

48 Ebd., 252; in diesem Band: 56.

Handelns wissen wir uns trivialerweise abhängig von einem Körper, mit dem wir uns als Leib identifizieren. Aber weil wir selbst dieser Leib *sind*, erfahren wir den autoregulativen Organismus als ein Ensemble von ermöglichenden Bedingungen. Handelnkönnen geht mit dem Leibbewusstsein zusammen. Leib, Charakter, Lebensgeschichte werden solange nicht als kausale Determinanten wahrgenommen werden, wie sie als eigener Leib, eigener Charakter und eigene Lebensgeschichte das „Selbst" definieren, das Handlungen zu unseren Handlungen macht.

(c) Der dritte Einwand bezieht sich auf dieses sozial konstruierte „Selbst" des Selbstverständnisses von Aktoren, die davon ausgehen, so oder auch anders handeln zu können. Die Neurobiologie sucht jedoch vergeblich nach einer solchen, alles koordinierenden Instanz im Gehirn, die wir dem subjektiv erfahrenen „Ich" zuordnen könnten. Aus dieser neurologischen Beobachtung schließt Singer auf den illusionären Charakter des Ichbewusstseins und den epiphänomenalen Stellenwert des Freiheitsbewusstseins. Singer betont, „dass sich unsere Intuition in diesem Punkt auf dramatische Weise irrt. Schaltdiagramme der Vernetzung der Hirnrindenareale lassen jeden Hinweis auf die Existenz eines singulären Konvergenzzentrums vermissen. Es gibt keine Kommandozentrale, [...] in der das ‚Ich' sich konstituieren könnte. Hochentwickelte Wirbeltiergehirne stellen sich vielmehr als hoch vernetzte, distributiv organisierte Systeme dar, in denen eine riesige Zahl von Operationen gleichzeitig ablaufen. Diese parallelen Prozesse organisieren sich, ohne eines singulären Konvergenzzentrums zu bedürfen, und führen in ihrer Gesamtheit zu kohärenten Wahrnehmungen und zu koordiniertem Verhalten." Daraus ergibt sich das so genannte Bindungsproblem, nämlich die Frage, „wie sich die vielen, in den verschiedenen Hirnrindenarealen gleichzeitig ablaufenden Verarbeitungsprozesse so koordinieren, dass kohärente Interpretationen der vielfältigen Sinnessignale möglich werden, dass sich klare Festlegungen für bestimmte Handlungsoptionen ergeben und koordinierte motorische Reaktionen ausgeführt werden können".[49]

Für ein Argument gegen Willensfreiheit taugt diese Beobachtung jedoch nur unter der Prämisse, dass der Selbstbezug des verantwortlich Handelnden eine Kommandozentrale voraussetzt, für die es ein neuronales Korrelat gibt. Diese Vorstellung gehört zum Erbe einer Bewusstseinsphilosophie, die das erlebende Subjekt im Selbstbewusstsein zentriert und der Welt als einer Gesamtheit von Objekten gegenübergestellt sieht. Dass sich die neurologische Kritik am Bild einer hierarchischen Ich-Instanz glaubt abarbeiten zu müssen, erklärt sich aus der heimlichen Geistesverwandtschaft der Kognitionswissenschaften und der Neurologie mit dieser Bewusstseinsphilosophie. Ausgehend von der zweistelligen Relation zwischen „Ich" und „Welt" bzw. „Gehirn" und „Umwelt", gelangen beide Seiten zum Paradigma des Geistes als des subjektiven Bewusstseins, das sich aus der Ersten-Person-Perspektive eines erlebenden Subjekts erschließt. Dieser beiden Seiten gemeinsame Begriff des „Mentalen" verdankt sich der Ausblendung der Perspektive der zweiten Person, auf die sich eine erste Person als Teilnehmer an einer gemeinsamen Praxis bezieht.

Wie Wittgenstein unter anderem an der Verwendung des Personalpronomens der ersten Person Singular zeigt, verbirgt sich hinter dem reifizierenden Ich-sagen keine Instanz, auf die wir wie auf eine Entität in der Welt Bezug nehmen könnten.[50] Neben der Indexfunktion über-

49 Ebd., 243; in diesem Band: 47.

50 Vgl. im Anschluss an Wittgensteins Privatsprachenargument die vorzügliche Analyse von: E. Tugendhat, Selbstbewußtsein und Selbstbestimmung, Frankfurt/M. 1979, 4.–6. Vorlesung.

nimmt der Ausdruck „ich“ verschiedene andere grammatische Rollen. Im expressiven Sprachgebrauch erfüllen Erlebnissätze, die mithilfe von „ich“ und einem mentalistischen Ausdruck gebildet werden, die Funktion der Äußerung von Erlebnissen, die das Publikum dem Sprecher zurechnet. Der Vollzug von illokutionären Akten, die mithilfe von „ich“ und einem performativen Ausdruck verbalisiert werden, erfüllt die unthematisch mitlaufende Funktion, für den Sprecher im Netzwerk sozialer Beziehungen einen Platz als Initiator von zurechenbaren Handlungen zu reklamieren.[51] In unserem Zusammenhang ist nun wichtig, dass „ich“ alle diese Funktionen nur als Bestandteil eines Systems von Personalpronomen erfüllt, ohne darin eine irgend privilegierte Stellung einzunehmen.

Das System der Personalpronomina stiftet ein dezentriertes Netz symmetrisch umkehrbarer Beziehungen zwischen ersten, zweiten und dritten Personen. Wenn aber die sozialen Beziehungen, die Alter Ego mit dem Sprecher aufnimmt, Egos selbstreferentielle Beziehungen erst möglich machen, bilden die von Haus aus relationierten Bezugsinstanzen abhängige Variablen in einem übergreifenden Kommunikationssystem. Wohl lässt sich das „Ich“ als eine soziale Konstruktion verstehen[52], aber deshalb ist es noch keine Illusion. Im Ichbewusstsein reflektiert sich gleichsam der Anschluss des individuellen Gehirns an kulturelle Programme, die sich nur über gesellschaftliche Kommunikation, also verteilt über die Kommunikationsrollen von Sprechern, Adressaten und Beobachtern reproduzieren. Die reziprok austauschbaren Rollen der ersten, zweiten und dritten Person dienen auch der individuierenden Einbettung des einzelnen Organismus in den öffentlichen „Raum der Gründe“, worin die vergesellschafteten Individuen zu Geltungsansprüchen Stellung nehmen und als verantwortliche Autoren überlegt, also frei handeln können.

51 J. Habermas, Individuierung durch Vergesellschaftung, in: ders., Nachmetaphysisches Denken, Frankfurt/M. 1988, 187–241. Zur einschlägigen Diskussion zwischen E. Tugendhat, Dieter Henrich und mir vgl. B. Mauersberg, Der lange Abschied von der Bewußtseinsphilosophie, Diss. phil., Frankfurt/M. 1999.

52 Vgl. dazu die Einleitung in: R. Döbert/J. Habermas/G. Nunner-Winkler (Hg.), Entwicklung des Ichs, Köln 1977, 9–31.

Forschungen über Hirn und Geist

Von WOLFGANG DETEL (Frankfurt/M.)

I. Vorbemerkung

Wolf Singer und Gerhard Roth sind Neurobiologen, die über das menschliche Gehirn forschen, aber auch immer wieder über den neurobiologischen Tellerrand hinausschauen. Seit Jahren machen sie sich Gedanken und Sorgen über die Konsequenzen ihrer Forschungsergebnisse für „unser“ Selbstverständnis und für einschlägige philosophische Theorien. Sie erwarten zu Recht, dass Öffentlichkeit und Philosophie die neurobiologischen Forschungen zur Kenntnis nehmen und berücksichtigen. Ich lese die jüngste Artikulation dieser Sorgen und Erwartungen in den Artikeln beider Autoren in Heft 2/2004 dieser Zeitschrift als ein Gesprächsangebot an Öffentlichkeit und Philosophie. Man kann diese intellektuelle Haltung nur begrüßen. Ich möchte daher versuchen, aus Sicht der Philosophie (wie ich sie verstehe) auf dieses Gesprächsangebot einzugehen. Damit verbinde ich die Hoffnung, dass Singer und Roth einige der jüngsten philosophischen Forschungsergebnisse zur Kenntnis nehmen und sich dadurch von einigen ihrer Sorgen befreien können. Allerdings äußern sich beide Autoren gleich zu drei verschiedenen höchst gewichtigen Fragen: Wie steht der Geist zur neurobiologischen Realität? Was sollten wir unter dem Ich oder der Person verstehen? Wie steht es um unsere Freiheit? Ich traue mir nicht zu, alle drei Fragen in einem Paket zu diskutieren, und werde mich daher auf die erste dieser Fragen konzentrieren. Natürlich ist schon diese eine Frage so umfassend, dass ich nicht mehr als einen ersten Einstieg offerieren kann.

II. Zum Status philosophischer und neurobiologischer Aussagen über den Geist

Zunächst möchte ich kurz skizzieren, wie ich den Status philosophischer und neurobiologischer Aussagen zu geistigen Phänomenen verstehe. Einem zentralen „Dogma“ der analytischen Philosophie zufolge gibt es eine klare Arbeitsteilung zwischen Naturwissenschaften und Philosophie: Die Naturwissenschaften reden in synthetischen Sätzen über die Welt, stellen also empirische Theorien auf; die Philosophen reden dagegen in analytischen Sätzen über die Beschreibungen der Welt, machen also begriffliche Vorschläge, unter anderem zu empirischen Theorien. Die analytische Philosophie, die dieser Arbeitsteilung folgt, hat heute ihren ehemaligen Einfluss weitgehend verloren.[1] In den externalistischen Semantiken der post-

1 Der Angriff auf die analytische Philosophie wurde ursprünglich vor allem in Cambridge (Wittgenstein), Harvard (Quine) und Pittsburgh (Sellars) vorgetragen – und später von den Schülern dieses Trios, zum

analytischen Philosophie bricht der scharfe Unterschied zwischen begrifflichen Analysen und empirischen Behauptungen zusammen – so weit jedenfalls, dass Vokabulare, Sprachen und begriffliche Vernetzungen als eine Sorte von Theoriepaketen angesehen werden können, die einen empirischen Bezug auf die Welt aufweisen.[2]

Wenn beispielsweise die philosophische Semantik heute einen „begrifflichen" Vorschlag zum Terminus „Repräsentation" macht, dann ist damit der (fallible) Anspruch verbunden, etwas Richtiges über das Phänomen der Repräsentation in der Welt zu sagen. Daraus folgt, dass sich die „begrifflichen" Vorschläge der Philosophie und „unser" in die natürlichen Sprachen eingebautes Welt- und Selbstverständnis in der Tat, wie Singer und Roth nicht müde werden zu fordern, mit naturwissenschaftlichen Erkenntnissen ins Benehmen setzen müssen – nur dass natürlich auch das Umgekehrte gilt und wir zum Beispiel auch den zum Teil gut bewährten Erkenntnissen, die in die semantischen Netze natürlicher Sprachen eingelassen sind, mit Respekt begegnen sollten.

Einige Formulierungen in den jüngsten Artikeln von Singer und Roth erwecken den Eindruck, dass sie der Hirnforschung den Status einer freistehenden Wissenschaft des Geistes zubilligen – freistehend in dem Sinne, dass die Hirnforschung Beiträge zur Theorie des Geistes liefern kann, die unabhängig oder sogar fundamental gegenüber allen anderen Wissenschaften sind, die sich mit dem Geist beschäftigen. So geht Roth davon aus, dass es unproblematisch ist, wenn die Hirnforscherin Korrelationen zwischen Hippocampus und Lernfähigkeit, oder zwischen der Zerstörung der Amygdala und dem Unvermögen der Erkenntnis furchterregender Geschehnisse, oder sogar zwischen gewissen neurophysiologischen Prozessen und dem Zustand des Verliebtseins konstatiert. Diese Hinweise sind ein wenig irreführend. Der Geist ist ja nicht einfach das Hirn. Nach der gegenwärtigen Standardauffassung, der auch Singer und Roth zu folgen scheinen, sind Zustände oder Aktivitätsmuster des Gehirns nur dann geistige Phänomene, wenn sie die Eigenschaft haben, bewusst oder repräsentational zu sein. Wenn daher Hirnforscher freistehend auf das Hirn schauen, sehen sie von geistigen Eigenschaften buchstäblich nichts. Die „unproblematischen" Sätze, die Roth als Beispiele anführt, enthalten offenbar auch Prädikate wie „furchterregend" oder „lernfähig", deren Verwendung letztlich immer auf die volkspsychologische oder psychologische Sprache zurückgeht, in der sich Versuchspersonen beschreiben müssen. Derartige Sätze sind schlicht und einfach nicht Sätze allein der Hirnforschung. In ihren genaueren Formulierungen erkennen Singer und Roth dies auch an. So bemerkt Roth selbst, dass die Hirnforscher auf Berichte von Versuchspersonen in der Erste-Person-Perspektive angewiesen sind. Und Singer spricht von zwei parallelen Beschreibungssystemen, die gleichermaßen zuverlässig „zu sein scheinen". Der leichte Vorbehalt, der in dieser Formulierung zum Ausdruck kommt, ist allerdings überflüssig, im Gegen-

---

Beispiel v. Wright und Dummett in Cambridge, Davidson und Putnam in Harvard und McDowell und Brandom in Pittsburgh.

2 Diese Einsicht verbreitet zu haben, ist vor allem ein Verdienst der Arbeiten von Quine, Davidson und Sellars. Die Psychologie geht von derselben Idee aus, vgl. zum Beispiel Perner (1991) oder Tomasello (2002). Begriffliche Thesen sind im post-analytischen Denken im Wesentlichen modale Thesen über die Welt (also Behauptungen über de-re-Modalitäten). Eines der Dogmen der analytischen Philosophie war die These, dass es nur de-dicto-Modalitäten gibt. Das postanalytische Denken geht jedoch von de-re-Modalitäten aus. Darum können auch externalistische Semantiken dem Begrifflichen Gerechtigkeit widerfahren lassen, ohne in die Dogmen der analytischen Philosophie zurückzufallen.

teil: Wären die psychologischen Selbstbeschreibungen und Fremdbeschreibungen der Versuchspersonen im Allgemeinen nicht zuverlässig, könnten die Hirnforscher mit ihren Korrelationsthesen überhaupt nicht vom Boden loskommen – das ist ja eine Trivialität. Wir können uns also meinem Eindruck nach darauf einigen, dass die Hirnforschung in Hinsicht auf die Erforschung geistiger Eigenschaften ihrem Status nach nicht freistehend ist. Sie untersucht neuronale Bedingungen und Korrelate psychischer Phänomene, kann aber aus eigener Kraft allein nicht auf geistige Phänomene zugreifen. Das tut ihrer Relevanz für Fragen zum Geist natürlich keinen Abbruch, verweist sie allerdings auf eine Zusammenarbeit mit anderen wissenschaftlichen Analysen geistiger Phänomene.

Ich möchte diesen Punkt durch einige weitere Bemerkungen zu einigen geistigen Phänomenen untermauern, die ein wenig genauer auf Einsichten gängiger Theorien des Geistes eingehen. Wenn ich dabei von „geistigen Phänomenen" oder gar vom „Geist" rede, dann von jetzt an nicht im Sinne einer Art von Substanz, sondern wie meist in diesen Tagen im Sinne von spezifischen Eigenschaften. Dass wir oder andere Tiere über einen Geist verfügen, heißt im Wesentlichen, dass einige der neuronalen Aktivitätsmuster beteiligter Gehirne und vielleicht auch andere physische Zustände die Eigenschaften haben, bewusst oder repräsentational oder beides zugleich zu sein.

III. Über Repräsentationen

Betrachten wir zunächst die Repräsentationalität von Wahrnehmungen, Gedanken oder anderen mentalen Phänomenen wie zum Beispiel von einigen Gefühlen – also den Umstand, dass diese geistigen Phänomene einen semantischen Gehalt haben. Ich führe diesen Topos an, um deutlich zu machen, dass es – vielleicht auch für Hirnforscher und Psychologen – attraktiv sein könnte, sich einem allgemeinen Verständnis des Geistes unter anderem auch mithilfe moderner philosophischer Semantiken zu nähern. Manche Hirnforscher und Psychologen möchten nämlich bereits von Repräsentation reden, wenn sie einen regelmäßigen kausalen Zusammenhang zwischen bestimmten Typen von Situationen und bestimmten neuronalen Aktivitätsmustern im Hirn von Tieren (Menschen eingeschlossen) feststellen, die diese Arten von Situationen beobachten. Wenn wir feststellen können, dass der Umstand, dass dort eine Maus sitzt, im Hirn von Katzen, die die Maus beobachten, regelmäßig ein bestimmtes neuronales Aktivitätsmuster hervorruft, ist man vielfach geneigt zu sagen, dass dieses Muster im Gehirn den Umstand repräsentiert, dass dort eine Maus sitzt. Sollten wir wirklich so reden? Nun – warum nicht? Die Philosophie hat sich heute vom Begriffsessenzialismus verabschiedet. Ob es sich dabei „wirklich schon" um Repräsentation im „eigentlichen" Sinne handelt, ist unerheblich. Aus philosophischer Sicht sollten wir anderen Wissenschaftlern nicht vorschreiben, wie und mit welchen Begriffen sie reden sollen. Allerdings ist aus philosophischer Sicht in diesem speziellen Falle klar, dass diese Art von Repräsentation ohne Inhaltsverlust einfach als bestimmte regelmäßige kausale Verknüpfung zwischen externen Fakten und neuronalen Aktivitätsmustern in Gehirnen beschrieben werden kann. Nichts an dieser Art von Repräsentation gibt uns Aufschluss über einen spezifisch geistigen Aspekt, es sei denn, wir halten diese kausale Verknüpfung für einen spezifisch geistigen Aspekt, weil es sich schließlich um eine Wahrnehmungsreaktion handelt und Wahrnehmungen doch in jedem Falle etwas Geistiges sind. Dieses Proviso ist aber nicht hilfreich, weil es offensichtlich zirkulär ist. Denn wir wollten doch mittels der Repräsentationalität das Geistige erläutern, und nicht umgekehrt. Wer will, kann bereits auf dieser Ebene von Repräsentationalität reden – aber diese Rede ist informationsleer, weil ohne Inhaltsverlust eliminierbar. Und das ist ein guter, wenn auch nicht zwingender Grund, die Rede von Repräsentationalität auf dieser Ebene noch zu vermeiden.

Wenn wir über eine Form von Repräsentationalität theoretisieren wollen, die für eine Theorie des Geistigen interessant ist, müssen wir ein komplexeres psychisches Phänomen einfangen. Das können wir auch den philosophischen Laien sofort klar machen. Wenn ich den Gedanken habe, dass Davidson ein großartiger Philosoph ist, dann habe ich einen Gedanken mit dem Gehalt, dass Davidson ein großartiger Philosoph ist. Dieser Gedanke repräsentiert den Umstand, dass Davidson ein großartiger Philosoph ist – und zwar unabhängig davon, ob er wahr oder falsch ist. Das gilt auch für eine Wahrnehmung mit dem Gehalt, dass dort eine Maus sitzt. Geistige Repräsentation kann erfolgreich sein oder auch eine Missrepräsentation sein. Selbst Halluzinationen haben einen Gehalt. Davon konnte zum Beispiel Orest ein Lied singen, als er wie von „Furien gehetzt" vor den Erinnyen floh. Und diese Struktur kann offensichtlich durch eine einfache kausale Verknüpfung zwischen externen Situationstypen und Arten von neuronalen Aktivitätsmustern in Gehirnen theoretisch nicht eingefangen werden, denn Missrepräsentation ist auf dieser Ebene nicht abbildbar. Wenn man darauf besteht, trotzdem schon auf dieser elementaren Stufe von einer Form von Repräsentationalität zu reden, dann wäre es hilfreich, von Repräsentationalität A und Repräsentationalität B zu reden und anzuerkennen, dass vor allem Repräsentationalität B für eine Erforschung des Geistes interessant ist.

Wenn wir eine Theorie über die geistige Repräsentationalität B machen wollen, müssen wir über die Hirnforschung hinausgehen. Das heißt nicht, dass die Hirnforschung auf dieser Ebene irrelevant wird. Es heißt aber, dass wir auch Phänomene betrachten müssen, die nicht Gegenstand der Hirnforschung sind, nämlich historische Phänomene im Rahmen der Evolution und individueller Lerngeschichten. Wir müssen, mit anderen Worten, eine externalistische Theorie der Gehalte und Bedeutungen anvisieren, deren Slogan schon immer war und noch immer ist, dass Gehalte und Bedeutungen nicht allein im Kopf und also nicht allein im Gehirn sind.

Hier ist als Beispiel der Umriss einer externalistischen Theorie für subsprachliche Gehalte von Wahrnehmungen, die philosophisch interessierten Biologen und Hirnforschern, wie ich hoffe, entgegenkommen und einleuchten könnte.[3] Die grundlegende Annahme ist, dass wir Zeichen und gewissen inneren Zuständen von Organismen einen repräsentationalen Gehalt zuschreiben können, indem wir die echte Funktion dieser Zustände angeben. Der Begriff einer echten Funktion (der natürlich nicht mit dem mathematischen Funktionsbegriff verwechselt werden darf) soll Raum machen für die Idee der Dysfunktion. Dass es zum Beispiel die echte Funktion eines Gehirnzustandes einer bestimmten jetzt lebenden Zecke ist, im Falle des Registrierens von Buttersäure und damit indirekt einer bestimmten Temperatur das Anheften der Zecke auszulösen, heißt nicht, dass dies bei dieser Zecke tatsächlich immer abläuft; es heißt vielmehr, dass dies bei einigen Vorfahren der Zecke so ablief, dass die Wahrscheinlichkeit, dass diese Vorfahren sich angeheftet haben, wenn sie den Buttersäure- und Temperaturfühler hatten, größer war, als wenn sie ihn nicht hatten und sich nur zufällig anhefteten, dass es im Laufe der Zeit immer mehr Zecken mit als ohne diesen Fühler gab und dass diese Story ein wichtiger Teil der Erklärung dafür ist, warum es noch heute Zecken mit

3 Vgl. Millikan (1984). Eine Übersicht über diese Theorie geben Detel (2001a), Detel (2001b) und Detel/Samson (2002).

solchen Fühlern gibt. All das ist damit vereinbar, dass unsere Zecke die Vorrichtung für einen dieser Fühler hat, der nicht mehr präzise oder überhaupt nicht mehr anspringt. Sie wird dann leider daran sterben, aber dennoch bleibt es die echte Funktion ihres Fühlers, beim Vorkommen von Buttersäure das Fallen auszulösen. Diesem Bild zufolge hat ein Ding eine echte biologische Funktion auf Grund seiner Reproduktionsgeschichte und nicht auf Grund seiner aktuellen Dispositionen oder seiner aktuellen Performanz. Darum kann ein Organismus eine echte Funktion auch dann haben, wenn er selbst diese Funktion schlecht oder gar nicht erfüllt. Es ist also die historische Dimension des Begriffes der echten Funktion, die den begrifflichen Spielraum eröffnet, um über Dysfunktionalität reden zu können.

Insbesondere können Gehirne die echte Funktion annehmen, Zeichen und innere mentale Episoden zu produzieren, die 1:1 abbildbar sind auf externe Zustände. Beispielsweise produzieren die Gehirne einiger Bienen Bienentänze, deren Konfigurationen 1:1 abbildbar sind auf geometrische Konstellationen von Sonne, Bienenstock und Nektarquelle; die Bienentänze sind daher Zeichen für die beobachtenden Honigbienen. Wann immer die Gehirne von Organismen diese echten Funktionen haben, können wir sagen, dass die produzierten mentalen Episoden oder Zeichen diejenigen externen Zustände, auf die sie der echten Funktion ihrer Produzentengehirne nach isomorph abbildbar sein sollen, repräsentieren und dass diese externen Zustände ihren (subsprachlichen) Gehalt ausmachen. Aber die Gehirne repräsentationaler Organismen können diese echte Funktion besser oder schlechter erfüllen: Repräsentationalität B ist sowohl mit erfolgreicher Repräsentation als auch mit Missrepräsentation vereinbar.[4]

Dieser historisierte semantische Externalismus wird auch in einigen einflussreichen Semantiken für natürliche Sprachen propagiert. Fodor beispielsweise führt in seiner strikt naturalistischen Semantik zur Erklärung von Missrepräsentation eine Asymmetriebedingung ein, die ebenfalls eine historische Dimension hat: Gewöhnlich lösen etwa Kühe die Worte „Da, Kühe“ aus. Unter ungünstigen Bedingungen können auch Pferde diese Äußerung hervorrufen, aber um eine sprachliche Missrepräsentation handelt es sich nur deshalb, weil in unserer Vergangenheit normalerweise Kühe, und nicht Pferde, die Worte „Da, Kühe“ hervorgerufen haben. Interpretationisten wie Davidson oder Dennett verschärfen diesen Ansatz durch den Gedanken, dass sich Gehalte von Gedanken und Sätzen nur auf der Grundlage einer längeren Geschichte von wechselseitigen Interpretationen und Zuschreibungen von Äußerungen und Gedanken herausbilden.[5]

Philosophische Semantiken, die mit einem historisierten Externalismus operieren, können sicherlich geistige Phänomene wie etwa die subsprachliche gehaltvolle Wahrnehmung theoretisch nicht voll einholen. Biologische und psychologische Forschungen bleiben dafür unverzichtbar. Aber philosophische Semantiken des skizzierten Typs tragen meines Erachtens einiges bei zu einem besseren Verständnis der Repräsentationalität und damit des Geistes. Vielleicht müssen sie sogar herangezogen werden, wenn wir beispielsweise entscheiden wollen, was ein Frosch sieht – Fliegen oder nur kleine schwarze bewegliche Punkte. In jedem Fall aber liefern sie Grundlagen für die Erörterung einiger Fragen, die unser Verständnis vom Geist betreffen. Was wir beispielsweise schon an dieser Stelle sofort sehen können, ist, dass

4 Eine gute Darstellung dieses Gedankens liefert zum Beispiel Neander (1995). Natürlich liefert die Theorie genauere Definitionen. Vgl. dazu Millikan (1984), Detel (2001a) und Detel/Samson (2002).

5 Vgl. Fodor (1990), Davidson (1990).

externalisierte Semantiken ein anti-substanzialistisches Bild vom repräsentationalen Geist entwerfen: Der repräsentationale Geist ist nicht eine Substanz im Kopf, sondern besteht aus mentalen Zuständen, deren Individuierung notwendig von der Geschichte externer Vorgänge und ihrer Effekte auf Familien geistiger Wesen abhängt.[6] Wir sind vermutlich alle zumindest minimale Physikalisten in dem Sinne, dass wir davon ausgehen, dass geistige Episoden über physischen Zuständen supervenieren. Die allgemeine Idee der Supervenienz ist allerdings sehr weich. Es wird ja lediglich behauptet, dass sich alle Unterschiede in den supervenierenden Eigenschaften in der Supervenienzbasis spiegeln. Und doch ist es ein offensichtliches Resultat externalistischer Semantiken, dass repräsentationale Eigenschaften nicht einmal im weichen Sinne über Gehirnzuständen supervenieren. Ihre Supervenienzbasis ist größer als das jeweilige Hirn. So können wir den Slogan ausbuchstabieren, dass Gehalte und Bedeutungen nicht allein im Kopf sind. Und das ist offensichtlich ein recht überzeugender Grund dafür, mit Roth und Singer das Scheitern von Identitätstheorien zu proklamieren, die geistige Zustände mit Gehirnzuständen identifizieren möchten.

IV. Über Emotionen

An einem zweiten Beispiel möchte ich deutlich machen, dass Hirnforschung und experimentelle empirische Psychologie zur konkreten Erforschung einiger geistiger Phänomene zwar zum Teil Wichtiges beisteuern können, aber aus verschiedenen Gründen nur einen begrenzten Anwendungsbereich besitzen. Es handelt sich um den Bereich der Emotionen, der für uns Menschen von so grundlegender Bedeutung ist, weil ohne Emotionen für uns nichts wirklich wichtig wäre. Theoretisch gesehen sind Emotionen unter anderem interessant, weil sie ein Phänomen sind, das im Schnittpunkt physischer, psychischer und sozialer Beziehungen steht. Menschen organisieren ihre sozialen Beziehungen wesentlich über Emotionen und machen sich ihre Handlungen oft durch Verweis auf Emotionen verständlich. Typische Emotionen sind beispielsweise Furcht, Ärger, Neugier, Reue, Verachtung, Verzweiflung oder Liebe. Wir können, denke ich, davon ausgehen, dass emotionale Zustände dieser Art eine Reihe gemeinsamer Merkmale haben: Sie sind mit physiologischen Erregungszuständen, neuronalen Zuständen im limbischen System und physiologischen Expressionen korreliert, sie sind aber auch von qualitativen subjektiven Erlebnis- und Bewusstseinszuständen mit einer Valenz auf der Lust-Unlust-Skala begleitet, und die meisten von ihnen sind repräsentational und haben kognitive Voraussetzungen.[7]

Gerhard Roth gehört zu jenen Hirnforschern, die uns darüber belehrt haben, dass die neurobiologische Grundlage der Triebe und Emotionen das vegetative Nervensystem ist, das

6 Dieser wichtige Punkt wird besonders eindringlich von McGinn (1989) vorgetragen.

7 Vgl. zum Beispiel de Sousa (1987) und Elster (1999), Kap. IV. Es ist vermutlich ratsam, den psychologischen Standardtheorien darin zu folgen, Emotionen von Triebzuständen wie Hunger, Durst oder sexuellen Bedürfnisse zu unterscheiden. Emotionen sind zum Beispiel im Gegensatz zu Triebzuständen nicht auf körpereigene, sondern auf externe Zustände gerichtet (außer im Falle von Stimmungen). Anders als Triebzustände treten sie nicht in festen zyklischen Mustern auf, können durch sehr verschiedene Umstände ausgelöst werden und sind weniger zeitgebunden, das heißt können auch über Erinnerungen wirksam sein. Emotionen bilden wie Triebzustände ein Motivationssystem, sind also innere Zustände, die kausal zu bestimmten Verhaltensweisen führen, und zwar vor allem über die neurophysiologischen Prozesse, die mit ihnen korrespondieren. Allerdings können Emotionen auch ohne Triebe motivieren (vgl. dazu zum Beispiel Izard 1991).

die elementarsten Vorgänge in lebenden Systemen steuert – Nahrungsaufnahme, Verdauung, Fortpflanzung, Flucht, Verteidigung und Angriff. Die Neurobiologie geht davon aus, dass schon sehr einfache Lebewesen – zumindest alle Wirbeltiere – über eine neuronale Grundlage für eine Evaluation externer und interner Zustände verfügen, nämlich das limbische System. Alle emotionalen Leistungen des Gehirns beruhen auf Leistungen des limbischen Systems, die allerdings oft unbewusste evaluative Mechanismen sind. Daher spricht man auf dieser Ebene gern von Affekten. Eine einflussreiche Version einer Affekt-Theorie ist beispielsweise die Theorie der Affektprogramme.[8] Ihre zentrale These ist, dass Affekt-Reaktionen komplex, koordiniert und automatisiert sind: Sie sind komplex, insofern sie verschiedene Komponenten enthalten, nämlich autonome Strukturen des Nervensystems, endokrine und hormonelle Faktoren, muskulär-physiologische Reaktionen und expressiv-muskuläre Reaktionen; sie sind koordiniert, insofern sie gewisse Veränderungen aller genannten Komponenten enthalten, die gemeinsam in bestimmten Sequenzen oder Strukturen auftreten; und sie erfolgen automatisch, insofern sie von bewusster und zum Teil von kognitiver Steuerung weitgehend unabhängig und daher sehr schnell sind. Ein Affektprogramm ist dann die Menge der skizzierten koordinierten und automatisierten Komponenten, die unter anderem ein Abschätzungssystem enthalten, das bestimmt, wann das Affektprogramm aktiv wird, und Anzeige-Mechanismen, die die extern wahrnehmbaren muskulär-expressiven Muster (zum Beispiel des Gesichtes) mit den affektuellen Reaktionen korrelieren. Ein Affekt ist dann der Prozess, der vom Auslöser über Abschätzungssystem und Affektprogramm zu Bewältigungsaktivitäten (zum Beispiel motorischen Reaktionen) führt.[9]

Die Theorie der Affektprogramme ist experimentell gut bestätigt. Vor allem hat sich gezeigt, dass Veränderungen im autonomen zentralen Nervenssystem und in den physiologischen Erregungszuständen zwischen verschiedenen affektiven Zuständen hinreichend differenzieren, und dass es bei allen Säugern eine kleine Menge von fundamentalen Affektprogrammen gibt, die auch bei Menschen vorkommen und daher im Wesentlichen transhistorisch und transkulturell sind: Überraschung, Freude, Ärger, Furcht, Ekel und Trauer (Ekmans Liste). Diese fundamentalen Affekte sind mit grundlegenden Dimensionen des Anpassungsverhaltens verbunden und überwiegend von der Fähigkeit zu individuell-assoziativem Lernen unabhängig.[10] Sie sind zwar unabhängig von höherer Kognition und Sprache, aber gleichwohl kommunizierbar und verstehbar. „Codierung" und „Decodierung" von mimetischen oder muskulären Expressionen fundamentaler Affekte sind empirischen Studien zufolge transkulturell identisch. Affekte sind also nicht nur evaluative Attitüden, sondern gehaltvolle repräsentationale Zustände. Und daher müssen natürlich angemessene semantische Theorien der Repräsentation auch zum Verständnis der Affekte und Emotionen herangezogen werden.

---

8 Vgl. Ekman (1977) und Panksepp (1998).

9 Affekte weisen jeweils zwei verschiedene biologische Funktionen auf: Funktionen, die mit Anpassungsleistungen zu tun haben (in der Literatur meist *coping behavior* genannt), sowie Funktionen, die mit ihren expressiven Mustern zu tun haben [*expressive behavior*]. So hat beispielsweise Furcht die Anpassungsfunktion, eine Fluchtreaktion zu produzieren, und die expressive Funktion, andere Tiere der eigenen Gruppe zur Flucht zu veranlassen.

10 Beispielsweise ist Freude als Akzeptanz und williger Kontakt mit der Einverleibung von Nahrung und Wasser verbunden, aber auch mit Fortpflanzung und Sexualität; Ekel und Abscheu sind mit der Ausscheidung, also Exkretion und Erbrechen gekoppelt.

Affekte können auch von Bewusstsein und Erlebnisqualitäten begleitet sein. Das ist eine der Bedingungen dafür, sie als Emotionen zu kennzeichnen. Es ist – zumindest aus philosophischer Sicht – bemerkenswert, dass Neurobiologie und kognitive Psychologie heute überwiegend davon ausgehen, dass zumindest bei Menschen, und vielleicht auch bei einigen höheren Tieren, bewusste mentale Episoden real vorkommen, sich scharf von unbewussten Episoden abgrenzen lassen, durch eine subjektive Erlebnisqualität ausgezeichnet sind und eine erkennbare biologische Funktion besitzen. Auch die Eigenschaft der Bewusstheit hat neuronale Grundlagen, die zunehmend erforscht werden.[11] Bewusste Emotionen werden vornehmlich von der Psychologie untersucht, weil diese Untersuchung, wie schon erwähnt, immer auch von Selbstbeschreibungen humaner Wesen in der psychologischen Sprache abhängt.

Das alles sind interessante Forschungen, die in eine umfassende Theorie der Emotionen integriert werden müssen. Aber sie reichen nicht aus. Denn eine umfassende Theorie der Emotionen muss sich auch mit „höheren" Emotionen beschäftigen, die an eine soziale Sphäre gebunden sind – Emotionen wie Scham, Schuld, Reue, Anerkennung, Verzweiflung oder Liebe. Die Abgrenzbarkeit höherer Emotionen kann heute als theoretisch etabliert gelten. Die einflussreiche differentielle Emotionspsychologie unterscheidet beispielsweise Emotionen unterhalb von Lernfähigkeit und Sozialität (wie Akzeptanz, Abscheu oder Wut); Emotionen mit Lernfähigkeit und unterhalb von Sozialität (wie Überraschung oder Neugierde); und Emotionen auf der Ebene von Sozialität (wie Geringschätzung, Scham oder Verzweiflung). Eines der einflussreichsten neueren Bücher zur Emotionstheorie, das uns zu erklären verspricht, was Emotionen „wirklich sind", hat diesen Punkt in aller wünschenswerten Klarheit herausgestellt.[12] Diese höheren Emotionen sind zum Beispiel nicht von stereotypen physiologischen Strukturen begleitet und nicht von höheren kognitiven Leistungen abgekoppelt. Und sie sind gewöhnlich auch nicht mit bestimmten expressiven Mustern korreliert. Die höheren Emotionen können – das ist heute Konsens – von biologischen Affekt-Theorien theoretisch nicht eingefangen werden. Aber auch der experimentellen Psychologie sind hier enge Grenzen gesetzt, und zwar im Wesentlichen aus drei Gründen.[13] Der erste Grund ist, dass Studien über höhere Tiere (also vornehmlich über Säuger) wenig Aussagekraft über höhere Emotionen haben, denn die meisten Säuger haben diese Emotionen nicht. Selbst bei Primaten, bei denen sich vielleicht Formen einiger höherer Emotionen nachweisen lassen, fehlt die kognitive Komponente, die für menschliche höhere Emotionen typisch ist, beispielsweise Meinungen zweiter Stufe über Emotionen oder Meinungen über kontrafaktische Situationen als Ursachen für höhere Emotionen. Der zweite Grund ist, dass es offensichtlich ethische und zum Teil auch finanzielle Restriktionen für die experimentelle psychologische Erforschung höherer Emotionen unter Laborbedingungen gibt. Es ist offensichtlich unethisch, und wird hoffentlich immer

---

11 Einen informativen Überblick dazu bietet Roth (2001), vor allem Kap. 8–10, im Anschluss zum Beispiel an Akert (1994) oder Panksepp (1998). Zur Haltung der Psychologie zum Phänomen Bewusstsein ist beispielsweise der große Sammelband von Metzinger (2001) instruktiv.

12 Vgl. Griffith (1997). Auch Damasio beschäftigt sich in seinen Studien zu Emotionen nicht mit dem Problem der Kulturvarianz, vgl. Damasio (1999). Ein wohltuendes Gegenbeispiel ist eines der bislang besten neueren Bücher zum Thema Emotionen, das den neurobiologischen, psychologischen, philosophischen und sozialen Aspekten der Emotionen gleichermaßen Gerechtigkeit widerfahren lässt, nämlich de Sousa (1987).

13 Vgl. dazu genauer Elster (1999).

unethisch bleiben, in menschlichen Klienten starke und tiefe Gefühle etwa der Verzweiflung, der Reue oder der Liebe mit spezifischen repräsentationalen Gehalten artifiziell erzeugen zu wollen, um die Ursachen, Arten, Funktionen, Expressionen und Wirkungen höherer Emotionen zu untersuchen. Und man kann überdies Zweifel daran anmelden, dass eine artifizielle Erzeugung höherer Emotionen im Labor überhaupt gelingen kann. Der dritte Grund für die Beschränkung der experimentellen psychologischen Untersuchung höherer Emotionen ist ihre kulturelle Abhängigkeit. Das genaue Verhältnis zwischen universellen und kulturvarianten Aspekten höherer Emotionen ist zwar bislang alles andere als klar, aber eine gute Arbeitshypothese ist, dass zumindest Beschreibung, Bewertung, Expression, Bestimmung des emotionsauslösenden Verhaltens und soziale Wirkungen von Emotionen kulturell variant sind. Die kulturelle Abhängigkeit höherer Emotionen lässt sich weder biologisch noch psychologisch experimentell unabhängig von kulturwissenschaftlichen Zugriffen erforschen.

Natürlich können Hirnforschung und experimentelle Psychologie Untersuchungen zu höheren Emotionen anstellen, wenn diese Emotionen bereits in kulturwissenschaftlichen Kontexten identifiziert sind. Aber diese Untersuchungen wären dann offenbar nicht freistehend. Die Identifikation höherer Emotionen – einschließlich der Untersuchung ihrer wichtigsten Auslöser, Bewertungen, Beschreibungen, Expressionen und Wirkungen – muss vielmehr auf Quellen zurückgreifen, die historischer, literarischer, künstlerischer und philosophischer Natur sind. Eine umfassende systematische Theorie der Emotionen kann daher nicht darauf verzichten, philosophische Autoren wie Aristoteles, Moralisten wie Montaigne oder La Rochefoucauld, Dichter wie Shakespeare, Historiker wie Toqueville oder einschlägige Werke in Musik und bildender Kunst zu konsultieren, wenn es um die systematische Erforschung höherer Emotionen geht. Eine umfassende Emotionstheorie kann nur in einer Kooperation verschiedener Disziplinen entwickelt werden, von der Hirnforschung über die experimentelle Psychologie und die Psychoanalyse bis hin zu Philosophie, Kulturwissenschaften, Geisteswissenschaften, Kunstgeschichte und Geschichtswissenschaft. Und die theoretische Herausforderung ist, diese verschiedenen Zugriffe methodisch angemessen zu organisieren und miteinander zu integrieren. Das ist zweifellos ein extrem schwieriges Unternehmen, aber sein Erfolg ist die Bedingung für eine angemessene Erforschung geistiger Phänomene wie der Emotionen.

V. Sorgen der Hirnforscher

So weit, so gut – aber werden einige der Sorgen, die Roth und Singer artikulieren, durch unsere Standortbestimmung der Hirnforschung im Rahmen der Untersuchung geistiger Eigenschaften nicht noch verstärkt? Immerhin gehen beide Autoren davon aus, dass geistige Phänomene (einschließlich höherer kognitiver Leistungen) in neuronalen Strukturen des Hirns verankert sind (wenn auch, wie wir jetzt hinzusetzen müssen, die physische Supervenienzbasis umfassender ist), und sie lehnen zugleich die Identitätstheorie ebenso wie den reduktiven Materialismus explizit ab. Sie rechnen sogar ernsthaft mit dem Gedanken der Existenz zweier verschiedener erfolgreicher Beschreibungssysteme, des psychologischen und des biologischen Beschreibungssystems in der ersten bzw. dritten Person (und bei einigen geistigen Phänomenen gibt es, wie wir gesehen haben, sogar mehr als zwei Beschreibungssysteme), und in diesem Gedanken können wir sie aus philosophischer Sicht nur entschieden bestärken.

Vor diesem Hintergrund machen sich Singer und Roth die Art von Sorgen, die sich seit Jahrhunderten alle Wissenschaftler und Philosophen machen, die von unterschiedlichen Beschreibungsmöglichkeiten der Aspekte des Geistigen überzeugt sind – zum Beispiel von naturwissenschaftlichen, psychologischen und kulturwissenschaftlichen Beschreibungen. Sind die unterschiedlichen Beschreibungen gleichberechtigt? Wenn nein, wie vermeiden wir den reduktiven Physikalismus? Wenn ja, wie sollen wir das Verhältnis der verschiedenen Beschreibungssysteme begreifen? Mein Eindruck ist allerdings, dass Singer und Roth diese drängenden Fragen durch einige Zusatzannahmen verschärfen, die sich als unnötig erweisen könnten. Singer zum Beispiel geht nicht nur davon aus, dass „wir" (vermutlich sind „wir" gebildete Menschen westlicher offener Kulturen) in unserer Selbsterfahrung eine Perspektive der ersten Person erleben, in der sich uns Phänomene erschließen, die nur wir selbst erfahren können und die durch unser Erleben erst in die Welt kommen (zum Beispiel Lust und Schmerz, Emotionen, soziale Gefühle, Wertungen, Freiheitserlebnisse); sondern er glaubt auch, dass „wir" dabei einem cartesianischen Dualismus anhängen, der in das moderne Bildungsbewusstsein abgesunken ist und vom Christentum freudig unterstützt wird – dass wir nämlich die geistigen Phänomene als immaterielle Sphäre begreifen, an der wir teilhaben und die wir als ebenso real erleben wie die externe Welt, und dass wir die immaterielle geistige Sphäre als unabhängig und ontologisch verschieden von der dinglichen Welt erfahren, der wir gleichwohl zugleich zuzugehören meinen. Auf der Grundlage dieser Interpretation sieht Singer dann nur noch drei beklagenswert unattraktive theoretische Optionen: den ontologischen Dualismus, den Panpsychismus und den reduktiven Physikalismus. Da Panpsychismus und cartesischer Dualismus unhaltbar sind, werden wir nach Singer zum reduktiven Physikalismus gedrängt. Und daraus folgert er messerscharf, dass eine der folgenden drei schlechten Alternativen wahr sein muss: Entweder unsere geistige Selbsterfahrung ist eine Illusion; oder unsere naturwissenschaftliche Theorienbildung ist unvollständig; oder Selbsterfahrung und Naturwissenschaft sind beide zutreffend, aber unsere kognitiven Fähigkeiten sind zu begrenzt, um den Widerspruch lösen zu können. Das Problem mit dieser Diagnose ist freilich, dass Panpsychismus, cartesischer Dualismus und reduktiver Physikalismus keine erschöpfende Alternative der möglichen Positionen in diesem Feld darstellen.

Roth nimmt eine etwas entspanntere Haltung ein, ohne dass er freilich (meinem Empfinden nach) seinen theoretischen Frieden mit dem Körper-Geist-Verhältnis gemacht hätte. Das liegt vor allem daran, dass auch er von einem bemitleidenswert kargen theoretischen Angebot zur Deutung der Beziehung von Geist und Hirn ausgeht. Neben dem reduktiven Materialismus sieht er nur noch den interaktiven Dualismus (Geist und Gehirn sind zwei wesensmäßig verschiedene Entitäten, die miteinander wechselwirken) und den sprachlichen Dualismus verbunden mit einem ontologischen Monismus (Geist und Gehirn sind nur zwei unterschiedliche Erscheinungen desselben Gegenstandsbereichs, aus den beiden Perspektiven der ersten bzw. dritten Person) auf dem Markt. Den reduktiven Materialismus und den interaktiven Dualismus betrachtet er mit Recht als unhaltbar, sodass nur die dritte Position, die möglicherweise Davidson abgelauscht ist, erwägenswert bleibt und zudem von der Hirnforschung gestützt zu werden scheint. Denn, wie Roth uns belehrt, die Hirnforschung kann heute behaupten: (a) Geistige Zustände sind von Hirnzuständen vollständig kausal bedingt; (b) Hirnzustände gehen den mit ihnen korrelierten geistigen Zuständen oft zeitlich voraus; (c) die Beschreibung geistiger Zustände kann nicht vollständig in eine neurobiologische Beschreibung übersetzt werden; (d) aus Hirnzuständen allein sind geistige Zustände weder ableitbar noch prognostizierbar; (e) Hirnzustände, die von korrelierten geistigen Zuständen begleitet sind, haben andere Wirkungen als Hirnzustände, die nicht von korrelierten geistigen Zuständen begleitet sind; (f) Träger geistiger Zustände sind nicht Gehirne, sondern Personen –

Frau Müller, nicht ihr Gehirn ist verliebt; aber (g) Entscheidungen für bestimmte Verhaltensweisen treffen Gehirne – nicht Frau Müller, sondern ihr Gehirn entscheidet, ihren Mann anzumeckern. These (a) enthält nach Roth keine Erklärungslücke; These (b) ist eine gute Stütze für (g); und Thesen (c) bis (f) wahren die Nicht-Reduzierbarkeit des Geistigen auf das Physische.

Ist das eine widerspruchsfreie und akzeptable Position? Aus philosophischer Sicht handelt es sich allem Anschein nach um eine Art von Typen-Dualismus – eine Position, mit der man beginnen kann zu arbeiten. Aber es gibt eine Reihe von Problemen mit dieser Sicht des Hirnforschers. Die Thesen (a) und (d) könnten leicht als inkonsistent gelesen werden und bedürfen daher einer Qualifizierung. These (a) ist zumindest in Hinsicht auf Repräsentationalität falsch und impliziert überdies das Postulat psycho-physischer Naturgesetze, das nur wenige Experten zu schlucken bereit sind. Und Thesen (a) und (g) implizieren den Epiphänomenalismus des Geistigen. Meines Erachtens könnte Roth ein wenig mehr von Singers theoretischer Unruhe und Sorge um ein einheitliches Weltbild übernehmen, das unsere Intuitionen und Erfahrungen zum Status und zur kausalen Kraft des Geistigen mit dem modernen naturwissenschaftlichen Weltbild integrieren kann. Wir sollten uns nicht mit der These zufrieden geben, dass wir uns und unseren Geist auf zwei ganz verschiedenen Ebenen erfolgreich und irreduzibel beschreiben können, dass wir es jedoch offen lassen können, wie diese beiden Beschreibungssysteme miteinander zusammenhängen, und dass wir einräumen, das Geistige habe keine kausale Kraft. Allerdings stehen wir dann vor wirklich schweren Fragen, an deren Beantwortbarkeit wir mit Singer ernsthaft zweifeln könnten. Mein Eindruck ist allerdings, dass neuere philosophische Überlegungen auf einem Weg sind, der eine gewisse Linderung unserer theoretischen Qualen verspricht. Einige dieser Überlegungen möchte ich im Folgenden skizzieren.

VI. Eine vielversprechende Variante des essenziellen Naturalismus

Beginnen wir mit einer theoretischen Skizze, die beschreiben soll, in welchem genaueren Sinne geistige Eigenschaften in physischen Eigenschaften verankert sind. Es hat sich gezeigt, dass der weiche Supervenienzbegriff, mit dem viele Varianten des nicht-reduktiven Physikalismus gewöhnlich operieren, zu schwach ist, um unseren physikalistischen Intuitionen Genüge zu tun und einen Schlüssel zu liefern für die Art der Beziehung zwischen physischen und mentalen Strukturen. Dies gilt nicht nur für die schwache Supervenienzthese[14], sondern auch für die starke Supervenienzthese, die zwar attraktiver ist und eine notwendige Beziehung zwischen physischen und mentalen Eigenschaften herstellt[15], aber wie die weiche Supervenienz nicht ausschließt, dass physische Eigenschaften über mentalen Eigenschaften supervenieren. Damit ist die physikalistische Intuition der Asymmetrie zwischen geistigen und physischen Eigenschaften verletzt.[16]

14 Diese These behauptet nur für je zwei Dinge in der *aktualen* Welt, dass wenn sie dieselben physischen Eigenschaften haben, sie auch dieselben mentalen Eigenschaften haben, sodass es nur einen kontingenten Zusammenhang zwischen physischen und mentalen Eigenschaften gibt.

15 Vgl. dazu genauer Kim (1984).

16 Der Begriff der globalen Supervenienz ist attraktiver, weil er dem Umstand Rechnung tragen kann, dass die Geschichte eines Wesens zur Formierung von mentalen Eigenschaften (insbesondere zu Gehalten von mentalen Episoden) beiträgt: Die Idee ist zu sagen, dass wenn in zwei möglichen Welten die physischen Eigenschaften gleich auf die Individuen verteilt sind, auch die mentalen Eigenschaften in beiden Welten gleich verteilt sind.

Eine aussichtsreichere Strategie ist, an die Vorstellung der multiplen Realisierung mentaler Eigenschaften in physischen Eigenschaften anzuknüpfen. Auch die Realisierungsthese behauptet einen notwendigen Zusammenhang zwischen physischen und mentalen Eigenschaften. Eine ihrer Varianten führt diese Notwendigkeit auf naturgesetzliche Relationen zurück. Dass eine Eigenschaft G in einer Eigenschaft F realisierbar ist, heißt dieser Vorstellung zufolge, dass alle Dinge, die die Eigenschaft F haben, auf Grund von Naturgesetzen auch alle Merkmale erfüllen, die für die Eigenschaft G kennzeichnend sind. Zugleich soll gelten, dass F nicht in G realisierbar ist.[17] Dass beispielsweise die Eigenschaft, Wasser zu sein, in der Eigenschaft, H_2O zu sein, realisierbar ist, heißt, dass alle Dinge, die H_2O sind, auf Grund von Naturgesetzen flüssig, durchsichtig, für uns trinkbar, geschmacklos etc. sind, das heißt die empirischen Merkmale erfüllen, die für Wasser charakteristisch sind. In eben dieser Weise sollen auch mentale Eigenschaften in physischen Eigenschaften realisiert sein.[18] Wir können daher von einer *nomologischen Realisierungsthese* reden. Wenn wir die Spielarten des Physikalismus, die eine notwendige Beziehung zwischen physischen und mentalen Eigenschaften behaupten, *essenzialistischen Naturalismus* nennen, dann sind die starke Supervenienzthese und die nomologische Realisierungsthese zwei Varianten eines essenzialistischen Naturalismus. Die nomologische Realisierungsthese ist allerdings überzeugender als die starke Supervenienzthese, weil sie klar macht, wie physische mit mentalen Eigenschaften zusammenhängen, und weil sie robust physikalistisch ist.[19]

Die nomologische Realisierungsthese setzt allerdings voraus, dass Naturgesetze Relationen zwischen physischen und psychischen Eigenschaften sein können, das heißt, dass es psychophysische Naturgesetze gibt. Und diese Voraussetzung stößt zum Teil auf Vorbehalte. Denn die Analyse der zu reduzierenden Eigenschaft müsste in Begriffen vorgenommen werden können, mit denen die Naturgesetze beschrieben werden, auf denen die nomologische Reduktion beruhen soll, und diese Voraussetzung ist gewöhnlich nicht erfüllt, schon gar nicht im Falle mentaler Eigenschaften.[20]

Diese Vorbehalte haben in letzter Zeit zu einer Wiederbelebung der Identitätstheorie geführt. Eines der wichtigsten Argumente verweist darauf, dass zwei Eigenschaften auch dann identisch sein können, wenn nicht eine von ihnen in der anderen nomologisch realisierbar ist. Identität kann unabhängig von nomologischen Beziehungen bestehen oder nicht bestehen.[21] Die Identität von Eigenschaften, die hier im Spiel ist, lässt sich als strukturelle Identität kennzeichnen. Wenn zwei Eigenschaften überhaupt identisch sind, sind sie notwendigerweise identisch. Insofern handelt es sich auch hier um eine Spielart des essenzialistischen Natura-

17 Die ontologische Realisierungsrelation, von der ich spreche, ist natürlich nicht eine Realisierung von Typen von Eigenschaften in Typen anderer Eigenschaften, sondern zwischen konfigurierten tokens, also zwischen einzelnen A-Dingen und einzelnen B-Dingen, wo A und B essenzielle Konfigurationen dieser tokens sind. Wenn ich hier und weiterhin von der Realisierung von Eigenschaften oder Konfigurationen in anderen Eigenschaften oder Konfigurationen rede, ist das nur eine bequeme Abkürzung.

18 Oft wird auch reduktive Erklärbarkeit als Kriterium für Realisierbarkeit genannt. Das ist ein wenig unglücklich, weil es einen epistemischen Aspekt in eine ontologische Argumentation einschleust. Es ist eine Folge der ontologischen Realisierbarkeit von G in F, dass wir in einer idealen Physik registrieren, dass G durch F reduktiv erklärbar ist.

19 Vgl. die übersichtliche Zusammenfassung bei Beckermann (2000).

20 Block/Stalnaker (1999).

21 Papineau (1993), Block/Stalnaker (1999).

lismus. Die neuere Identitätstheorie greift gern auf den modernen Essenzialismus zurück. Vielleicht ist Wasser nicht H_2O; aber wenn es wahr ist, dass Wasser H_2O ist, dann ist Wasser notwendigerweise H_2O (und „Wasser" referiert starr auf H_2O). In diesem Fall ist die Eigenschaft, Wasser zu sein, identisch mit der Eigenschaft, H_2O zu sein.

Frank Jackson hat kürzlich eine interessante Lesart des essenzialistischen Naturalismus präsentiert. Die Idee ist zu sagen, dass jede nicht-physikalische Beschreibung aus einer physikalischen Beschreibung von Teilen der Welt folgt. Und dass eine nicht-physikalische Beschreibung B* aus einer physikalischen Beschreibung B von Teilen der Welt folgt, heißt genauer, dass in unserer Welt jedes Phänomen, das B wahr macht, auch B* wahr macht, und dass in jeder möglichen Welt, die mit unserer Welt darin übereinstimmt, dass B wahr ist, auch B* wahr ist. Jede mögliche Welt, die ein physikalisches Duplikat unserer Welt ist, ist auch ein Duplikat simpliciter unserer Welt. In jeder möglichen Welt, die mit unserer Welt beispielsweise darin übereinstimmt, dass die Beschreibung „Dieses Tier ist eine Katze" wahr ist, ist auch die Beschreibung „Dies ist ein Lebewesen" wahr. Wenn wir beschreiben, was an Katzen spezifisch ist, wird der Ausdruck „Lebewesen" gewöhnlich nicht in dieser Beschreibung vorkommen; und wenn wir beschreiben, was an Lebewesen spezifisch ist, wird dabei der Ausdruck „Katze" vermutlich nicht vorkommen. Dennoch ist die Eigenschaft eines Dinges, ein Lebewesen zu sein, nichts jenseits und nichts ontologisch Zusätzliches gegenüber der Eigenschaft, eine Katze zu sein. Und wenn wir eine vollständige Liste aller natürlichen Arten hätten, die die Menge aller Lebewesen erschöpft, und wenn wir eine vollständige Beschreibung aller dieser natürlichen Arten hätten, dann wäre damit nach Jackson auch eine vollständige Beschreibung der Lebewesen geliefert. Faktisch liegen solche vollständigen Listen und Beschreibungen allerdings auf absehbare Zeit nicht vor. Daher ist die Verwendung des Ausdrucks „Lebewesen" und seine spezifische Beschreibung praktisch nicht reduzierbar auf Beschreibungen natürlicher Arten, sondern stellt eine terminologisch unverzichtbare Vereinfachung dar.

Ein weiteres Beispiel ist Wasser. Wir können Wassermengen mithilfe des Wasserstereotyps ‚flüssig, durchsichtig, trinkbar etc.' oder mithilfe der chemischen Struktur H_2O beschreiben. Aber der Stoff, den wir mithilfe des Wasserstereotyps herausgreifen (die so genannte A-Extension von „Wasser"), ist identisch mit dem Stoff, den wir mithilfe der Mikrostruktur H_2O herausgreifen (die so genannte C-Extension von „Wasser"). Wenn wir jedoch der Beschreibung „H_2O" die physikalische Beschreibung der epistemischen Vorrichtungen und der kausalen Beziehungen zwischen H_2O und den so beschriebenen epistemischen Vorrichtungen hinzufügen, dann geht die Beschreibung des Stoffes im Sinne des Wasserstereotyps im ontologischen Sinne nicht hinaus über die skizzierte physikalische Beschreibung. Der Eigenschaftskomplex, durchsichtig, flüssig, trinkbar etc. zu sein, geht nicht hinaus über die Eigenschaft, H_2O zu sein. Daher lässt sich die Beschreibung der A-Extension von Wasser „im Prinzip" durch eine Beschreibung der C-Extension von Wasser ersetzen. Diese These ist damit vereinbar, dass wir Menschen in unserer epistemischen Endlichkeit diese Ersetzung nie werden vornehmen können. In diesem Sinne ist dieser Naturalismus kontrafaktisch und betrachtet das nicht-physikalische Vokabular aus epistemischen Gründen als irreduzibel. Genauso verhält es sich mit dem mentalen Vokabular (lokalisiert auf der A-Ebene) und dem physikalischen Vokabular (lokalisiert auf der C-Ebene). Das ist in Grundzügen Jacksons Lesart des essenzialistischen Naturalismus.[22]

---

22 Eine alte Idee der klassischen Semantik zum Beispiel bei Carnap war, den Begriff der Bedeutung oder Intension durch die These einzuführen, dass zwei Ausdrücke intensionsgleich sind, falls sie in

VII. Eine Revision des Jackson-Essenzialismus

Jacksons Lesart des essenzialistischen Naturalismus ist ein vielversprechender Ansatz. Wir können diesen Ansatz als eine *nicht-nomologische Realisierungsthese* verstehen: Die Wasser-Eigenschaft ist realisiert in der H_2O-Eigenschaft, oder die Temperatur ist realisiert in der mittleren kinetischen Energie der Moleküle. Zugleich sind Wasser-Eigenschaft und H_2O-Eigenschaft oder Temperatur und mittlere kinetische Energie in einem wohldefinierten Sinne identisch miteinander. Diese Identität ist nach Jackson nicht durch Naturgesetze vermittelt, sondern ist ein „begriffliches" Verhältnis, das seinerseits im Rahmen der Theorie möglicher Welten expliziert wird. Insofern schließt sich Jacksons essenzialistischer Naturalismus an die Renaissance der Identitätstheorie an, die offensichtlich die These einer starken Supervenienz impliziert.

Allerdings enthält Jacksons Position eine Identitätsthese, die mit der ontologischen Asymmetrie von realisierenden und realisierten Strukturen, die in vielen Fällen auftritt, nur schwer zu vereinbaren ist. Diese Asymmetrie ist unter anderem dann vorhanden, wenn wir von einer *multiplen* Realisierung ausgehen, wie etwa im Beispiel der Katzen- und Lebewesen-Eigenschaft: Wenn F in verschiedenen G's multipel realisierbar ist, dann ist keines der G's in F realisierbar. F ist dann allgemeiner als jedes der G's. Auch Jacksons epistemologischer Hinweis auf die praktische Unentbehrlichkeit einiger prinzipiell eliminierbarer Vokabulare könnte in dieselbe Richtung weisen. Denn warum sollten uns zum Beispiel gewisse Eigenschaften wie Stereotype empirisch leichter zugänglich sein als zum Beispiel Mikrostrukturen, wenn die Stereotype nicht zumindest zum Teil leichter erkennbare und daher allgemeinere Eigenschaften wären?[23] Wenn P eine speziellere Eigenschaft und Q eine allgemeinere Eigenschaft ist, derart, dass alle P's notwendigerweise Q's sind, sollten wir daher davon ausgehen, dass

---

allen möglichen Welten extensionsgleich sind (das heißt, wenn ihre materiale Äquivalenz logisch wahr ist). Diese Idee enthält die Vorstellung, dass die Intension eines Ausdrucks A jeder möglichen Welt die Extension von A zuordnet – die Intension von A legt für jede mögliche Welt die Klasse derjenigen Individuen fest, die in dieser möglichen Welt unter A fallen (auf die A in dieser möglichen Welt zutrifft). Kurz, Intensionen sind darstellbar als Funktionen im mathematischen Sinne mit dem Definitionsbereich der Menge aller möglichen Welten und dem Wertebereich der Menge aller Teilmengen von Individuen (= Extensionen) in möglichen Welten. Wenn wir diese Idee anwenden, können wir sagen, dass die A-Intension von Wasser eine Funktion ist, die jeder möglichen Welt die A-Extension von Wasser zuordnet, und entsprechend, dass die C-Intension von Wasser eine Funktion ist, die jeder möglichen Welt die C-Extension von Wasser (also H_2O) zuordnet. In vielen Fällen ist uns die Mikrostruktur weniger leicht oder überhaupt nicht empirisch zugänglich. In diesen Situationen bleibt das sprachliche Operieren mit A-Extensionen und A-Intensionen unverzichtbar, obgleich es „im Prinzip" und „idealerweise" zu Gunsten der exklusiven Verwendung von C-Extensionen und C-Intensionen eliminierbar ist.

23 Jackson versucht die Beispiele, die allgemeinere Eigenschaften ins Spiel bringen, in ontologischer Hinsicht auf die Fälle von Identität zu reduzieren. Lebewesen zu sein, soll zum Beispiel identisch sein mit der Erfüllung der Disjunktion aller natürlichen Arten (Katzen, Hunde, Bären...); oder die Größer-Relation zu erfüllen, soll identisch sein damit, die Disjunktion aller Paare (x,y) von Gegenständen zu erfüllen, derart, dass x ein Maß M und y ein Maß N hat, sodass M - N > 0 ist. Allgemeine Eigenschaften sollen damit ontologisch reduzierbar sein. Dieser Schachzug ist jedoch alles andere als plausibel. Im Fall der Lebewesen muss beispielsweise zusätzlich zumindest gelten, dass es kein Lebewesen gibt, das nicht in die Disjunktion aller natürlichen Arten von Lebewesen fällt. Es muss also insbesondere gelten, dass es auch in Zukunft kein Lebewesen gibt, das nicht in diese Disjunktion *oder*

das Faktum Q(x) nicht weniger real ist als das Faktum P(x). Dasselbe gilt im Falle der Standardbeispiele des Wassers und der Temperatur. Einen Stoff in der Welt mithilfe des Wasserstereotyps zu klassifizieren, involviert Akte der Wahrnehmung eines sensitiven Wesens, vielleicht sogar Akte der sprachlichen Beschreibung. Wasser, so könnte man sagen, ist ein Stoff mit einer physikalisch-chemischen Mikrostruktur (H_2O), die auf Wesen mit bestimmten epistemischen Vorrichtungen den kausalen Effekt hat, dass diese Wesen ihn mittels des Wasserstereotyps herausgreifen. Meist ist das Stereotyp eine Eigenschaft, die allgemeiner ist als die Eigenschaft, die entsprechende Mikrostruktur zu haben. Beispielsweise ist die Eigenschaft, für ein bestimmtes Wesen rot auszusehen, oder gefährlich zu sein, allgemeiner als eine bestimmte Mikrostruktur aller beteiligten neuronalen und externen physikalischen Fakten, weil sehr unterschiedliche derartige physikalische Faktenkombinationen ein Ding für das genannte Wesen rot aussehen lassen können.[24]

Wir müssen die nicht-nomologische Realisierungsthese daher revidieren, indem wir sagen: Ein A-Ding ist in einem B-Ding nicht-nomologisch realisiert, wenn A mit B identisch ist oder wenn A allgemeiner als B (und daher partiell identisch mit B) ist. Im Rahmen des Jackson-Essenzialismus bedeutet das: Dass eine Eigenschaft B allgemeiner ist als eine andere Eigenschaft A, heißt: In unserer Welt macht jedes Phänomen p, das A(p) wahr macht, auch B(p) wahr, aber das Umgekehrte gilt nicht; und in jeder möglichen Welt, die mit unserer Welt darin übereinstimmt, dass A(p) wahr ist, ist auch B(p) wahr, aber das Umgekehrte gilt nicht. In diesem Sinne sind die allgemeinen Eigenschaften notwendigerweise mit den speziellen Eigenschaften verbunden. Sie sind daher zwar nicht ontologisch identisch mit einer Disjunktion von spezielleren Eigenschaften, aber ontologisch abhängig von den spezielleren Eigenschaften.[25]

---

eine erweiterte Disjunktion aus den bisherigen und allen neuen künftigen Spezies lebender Wesen hineinfällt. Wenn wir eine Liste aller bisherigen Paare von Gegenständen hätten, von denen der erste größer ist als der zweite, ist dann die Relation *größer sein als* identisch mit den exakten Größenangaben der Paare in der Liste? Offensichtlich nicht, weil es zukünftige Paare derselben Art geben könnte. An keinem Punkt der Raum-Zeit schöpft eine Disjunktion speziellerer Eigenschaften die allgemeineren Eigenschaften aus, mit denen sie notwendigerweise verbunden ist.

24 Ähnliches gilt für thermodynamische Beschreibungen und Messungen von Gasen. Dass einzelne Arten von Phänomenen allgemeine Eigenschaften manifestieren, kann eine empirische oder mathematische Entdeckung sein. Alle Arten von algebraischen Gruppen manifestieren die allgemeine Gruppeneigenschaft, aber das wurde erst recht spät entdeckt. Wie bestimmte Arten von Meerestieren durch den allgemeinen Ausdruck „Fisch" angemessen klassifiziert werden können, wurde ebenfalls erst recht spät entdeckt.

25 Damit sind Gegenbeispiele der folgenden Art entschärft: Könnte man beispielsweise nicht sagen, dass alle Wesen, die Gefühle haben können, notwendigerweise aus Molekülen bestehen müssen? An diesem Punkt müssen wir uns darauf besinnen, dass wir über eine Realisierungsthese reden. Und das heißt, dass wir genauer über individuelle Dinge oder Zustände mit Eigenschaften [*tokens*] reden, die in diesen individuellen Dingen oder Zuständen mit anderen Eigenschaften multipel realisiert sind. Damit ist unser Gegenbeispiel entschärft, denn dieses Gegenbeispiel operiert mit Typen von Eigenschaften. Wenn wir dagegen ein einzelnes bestimmtes geistiges Wesen vor uns haben, das jetzt einen bestimmten Gefühlszustand hat, dann wollen wir gerade nicht behaupten, dass dieses Wesen jetzt notwendigerweise in einem ganz bestimmten physischen Zustand ist; die These über die multiple Realisierung impliziert ja ganz im Gegenteil, dass der bestimmte Gefühlszustand jetzt auch in anderen physischen Zuständen realisiert sein könnte.

Wir können diese Überlegung noch ein wenig schärfer fassen und auf das Verhältnis von physischen und nicht-physischen Eigenschaften anwenden: Wenn S ein bestimmtes einzelnes Ding ist, wollen wir behaupten:

(a) Zu jeder nicht-physischen Eigenschaft M von S gibt es eine physische Eigenschaft P von S, sodass notwendigerweise alle P-Dinge auch M-Dinge sind.

(b) Zu jeder nicht-physischen Eigenschaft M von S und jeder physischen Eigenschaft P von S, derart, dass notwendigerweise alle P-Dinge auch M-Dinge sind, gibt es eine physische Eigenschaft P*, die verschieden ist von P, derart, dass notwendigerweise alle P*-Dinge auch M-Dinge sind.

These (a) ist die (starke) Supervenienzthese, These (b) ist die These über multiple Realisierbarkeit – beide Thesen stoßen übrigens heute auf verbreitete Zustimmung. Und beide Thesen zusammen implizieren gerade meinen Revisionsvorschlag des Jackson-Essenzialismus. Denn wenn wir die nicht-nomologische Realisierungsthese so verstehen, dass typischerweise allgemeine Eigenschaften in speziellen Eigenschaften strukturell asymmetrisch realisiert sind, dann ist das gerade die Kernthese des revidierten Jackson-Essenzialismus.[26] Dieses Bild können wir dann direkt auf das Verhältnis von geistigen und physischen Eigenschaften anwenden, in dem wir behaupten, dass geistige Eigenschaften multipel nicht-nomologisch in physischen Eigenschaften (unter anderem des Gehirns) realisiert sind. Tatsächlich gehen viele der einflussreichsten Theoretiker des Geistes davon aus, dass die mentalen Eigenschaften des Gehirns oder des Körpers oder weiterer physischer Entitäten allgemeiner sind als die physikalischen und chemischen Eigenschaften dieser Entitäten. Beispielsweise sind Algorithmen in Wahrnehmungsprozessen mehrfach realisierbar durch neuronale Vorgänge. Oder die neurobiologischen Eigenschaften des so genannten Gehirnzustandes, der mit einer bestimmten Rotempfindung korreliert sein soll, sind spezieller als die Rotempfindung selbst, denn verschiedene neurobiologische Eigenschaften können mit Rotempfindungen korreliert sein, die wir nicht voneinander unterscheiden können. Ebenso ist die Eigenschaft, diesen Hund zu sehen, extrem allgemein im Verhältnis zu den neurobiologischen und physiologischen Zuständen, durch die sie realisiert wird: Sie kommt zum Beispiel gleichermaßen verschiedenen Katzen zu, die in geeigneter Entfernung, aber aus durchaus unterschiedlichen raum-zeitlichen Positionen auf diesen Hund schauen. Diese unterschiedlichen Positionen haben den Effekt, dass die einzelnen neuronalen Strukturen und auch die einzelnen Algorithmen, die dem repräsentationalen Akt des Sehens dieses Hundes zu Grunde liegen, physikalisch und biologisch unterschiedlich sind.[27]

---

26 Beckermann schlägt folgende Definition vor: Wenn ein System S zur Zeit t in einem (mentalen) Zustand F ist, dann wird F zu t von dem physischen Zustand G realisiert genau dann, wenn S zu t in G ist und G alle monadischen und relationalen Merkmale hat, die für F-Zustände charakteristisch sind (in Beckermann u. a. 1992). Campbell und Bickard loben diese Definition zu Recht, weil sie Raum macht für die Idee, dass realisierte Zustände neue kausale Kräfte haben können (Bickard/Campbell 2000). Tatsächlich ist die strukturelle Realisierungsthese (im Anschluss an Jackson) eine spezielle Variante der Beckermann-Realisation: Sie geht aus Beckermanns Idee hervor, wenn die Realisierung als strukturell (und nicht zum Beispiel als kausal) gedacht wird.

27 Die zuletzt genannten Beispiele mögen zu illustrativen Zwecken taugen, sind aber zu schlicht, wenn man externalistische Theorien des Gehaltes präferiert. Denn diesen Theorien zufolge supervenieren Gehalte nicht allein auf Gehirnzuständen. Eben deshalb rede ich zu Beginn dieses Absatzes von Gehirnen *oder Körpern oder weiteren physikalischen Entitäten*: Damit soll gerade die Menge der Entitäten in der evolutionären Vorschichte angesprochen werden, die zur Formierung von Gehalten beitragen.

Wir können damit die Asymmetrie der Realisierungsrelation bewahren und die funktionalistische Idee der mehrfachen Realisierbarkeit mit der nicht-nomologischen Realisierungsthese verbinden und dadurch dieser Idee eine neue Wendung geben. Denn wir können sagen, dass in vielen Fällen allgemeine Eigenschaften von Dingen durch verschiedene spezielle Eigenschaften derselben Dinge auf mehrfache Weise nicht-nomologisch realisiert werden. Ebenso könnten wir die token-Identitätstheorie heranziehen und ihr eine neue Wendung geben. Denn wir können sagen, dass es schließlich dieselben Dinge, Ereignisse oder Zustände sind, die allgemeinere und speziellere Eigenschaften haben. Die verschiedenen Vokabulare, von denen diese Theorie ausgeht, sind im einfachsten Fall einfach unterschiedlich generelle oder spezielle Beschreibungen derselben Dinge, Ereignisse oder Zustände.

Ich beschäftige mich natürlich deshalb so ausführlich mit Jacksons nicht-nomologischer Realisierungsthese und ihrer Revision, weil es darum geht, ob wir mit der attraktiven Idee von nicht-nomologischer Realisierung an Typen-Identitätsthesen vorbeikommen. Denn nur dann können wir hoffen, die Eigenständigkeit des Geistigen im Rahmen eines moderaten Naturalismus zu wahren. Mein Revisionsvorschlag zielt genau auf diesen Punkt.

Dieser Revisionsvorschlag arbeitet ja mit der Idee, dass einige Eigenschaften von Dingen allgemeiner oder spezieller sind als andere Eigenschaften derselben Dinge. Die Reformulierung dieser Idee durch Jackson ist unter anderem deshalb interessant, weil sie diese Verhältnisse ohne Rückgriff auf nomologische Relationen erläutert und damit die Rede von begrifflichen Verhältnissen nach Quine und Davidson rekonstruiert. Es gibt aber noch einen anderen (mit Jacksons Zugriff konsistenten) theoretischen Rahmen für diese Rekonstruktion. Dieser Rahmen ist meines Erachtens hilfreicher für die Bearbeitung des Problems der mentalen Verursachung. Mein zweiter Revisionsvorschlag des Jackson-Essenzialismus ist, die von Jackson untersuchten Verhältnisse in diesem alternativen Rahmen darzustellen. Dadurch soll vor allem klarer werden, dass die nicht-nomologische Realisierung, von der Jackson spricht, eine *strukturelle Realisierung* ist.

Wir können dafür an eine gut etablierte ontologische Theorie anknüpfen. Es ist nämlich nahe liegend zu sagen, dass B allgemeiner ist als A (begrifflich oder ontologisch) im Sinne des Jackson-Essenzialismus genau dann, wenn A relativ auf B determiniert und B relativ auf A determinierbar ist (*determiniert* und *determinierbar* im Sinne von *bestimmt* und *bestimmbar*, wie in der einschlägigen angelsächsischen Theoriebildung die gebräuchlichen Ausdrücke *determinate* und *determinable*). Die Ausdrücke *determiniert* und *determinierbar* werden gewöhnlich ontologisch folgendermaßen erläutert: (a) Wenn ein Individuum eine determinierte Eigenschaft hat, dann hat es auch die entsprechende determinierbare Eigenschaft; (b) wenn ein Individuum unter eine determinierbare Eigenschaft fällt, dann fällt es notwendigerweise unter eine korrespondierende determinierte Eigenschaft (obgleich durch die wenn-Bedingung nicht festgelegt ist, unter welche). Ontologisch betrachtet handelt es sich hier um ein Verhältnis von Universalien. Das Verhältnis von Genus und Species im traditionellen Sinne ist eine spezifische Variante der Beziehung zwischen determinierten und determinierbaren Eigenschaften, aber diese Beziehung kommt natürlich auch außerhalb der Genus-Species-Relation vor. Reihen determinierter und determinierbarer Eigenschaften oder Relationen wie *grasgrün-grün-farbig, quadratisch-rechteckig-gestalthaft* oder *leicht heller-heller-Intensitätsrelation* enthalten keine Genus-Species-Relation.[28]

---

28 Die Theorie der *determinates* und *determinables* geht der Sache nach natürlich auf Platon und Aristoteles zurück. Die Terminologie wurde erstmals verwandt von W. E. Johnson zu Beginn des 20. Jahr-

Bereits Yablo hat mit überzeugenden Gründen die These vertreten, dass sich geistige zu physischen Eigenschaften verhalten wie determinierbare zu determinierten Eigenschaften. Er führt interessanterweise ein Beispiel für Bewusstheit an: Angenommen, ein bestimmtes Schmerzgefühl ist durch eine sehr reiche und komplexe molekulare Konfiguration K im zu Grunde liegenden Hirn realisiert, dann hätte dasselbe Schmerzgefühl auch durch eine andere Konfiguration, die dem K sehr ähnlich ist, realisiert werden können.[29] Wir haben damit meines Erachtens der verbreiteten – und auch von Roth und Singer – präferierten Intuition von einem weichen Physikalismus, der mit verschiedenen Beschreibungssystemen rechnet, eine klare ontologische Grundlage und Erklärung gegeben.[30]

Vielleicht lässt diese Erklärung allerdings die Frage offen, ob es wirklich plausibel ist, das Verhältnis von mentalen zu physikalischen Eigenschaften analog zu verstehen wie das Verhältnis zwischen determinierbaren und determinierten Eigenschaften. Diese Frage beruht meines Erachtens auf einem verbreiteten Bild von Partikelmetaphysik – also der Idee, dass es basalste (materielle) Partikel oder Energiepakete (als Äquivalente zu materiellen Partikeln) gibt, auf denen immaterielle Strukturen universeller Art aufruhen, um deren Status Nominalisten und Platonisten streiten. Es gibt ein Problem mit diesem Bild – denn es gibt keine basalsten Partikel in materieller oder energetischer Form. Die moderne Physik sagt uns vielmehr, dass die basalsten Entitäten Quantenfelder sind, die keine Existenz unabhängig von ihren Strukturen oder Konfigurationen haben. Quantenfelder enthalten Prozesse, die nur in bestimmten Konfigurationen existieren können. Diese Konfigurationen kommen in unterschiedlichen Allgemeinheits- und Komplexitätsgraden vor. Sie generieren neue Entitäten, sind aber stets essenziell für diese Entitäten. Und dabei können sich offenbar neue und zum Teil allgemeinere Konfigurationen manifestieren, die in den zu Grunde liegenden spezielleren Konfigurationen strukturell realisiert sind.[31]

---

hunderts (vgl. W. E. Johnson, 1921–1924). Später griff Armstrong auf sie zurück, um den immanenten Realismus zu diskutieren (vgl. Armstrong 1978). Armstrong leugnete zunächst die ontologische Existenz von determinables, räumte später jedoch ein, dass einige (quantitative) determinables existieren, nämlich funktionale quantitative Naturgesetze (vgl. Armstrong 1983 und Armstrong 1997). Jüngst hat Johansson überzeugend gezeigt, dass die Annahme einer weitgehend unbeschränkten Existenz von determinables mit guten Gründen verteidigt werden kann, vgl. Johansson (2000). Searle nennt die allgemeine Relation zwischen *determinates* und *determinables* zutreffend „specifier relation" und weist darauf hin, dass eine Species, im Gegensatz zu einer gewöhnlichen determinierten Eigenschaft, eine Konjunktion aus zwei unabhängigen Eigenschaften (Genus und Differenz) ist, vgl. Searle (1959) und Mulligan (1993).

29 Vgl. Yablo (1992). Im Übrigen impliziert dieser Ansatz natürlich, dass Zombie-Welten unmöglich sind. Zu einer intelligenten neueren Verteidigung dieser These vgl. Block/Stalnaker (1999) und Yablo (2000). Auch Karen Bennett argumentiert in ihrem neuesten Papier für diese „kompatibilistische" Notwendigkeitsthese, vgl. Bennett (2004).

30 Spricht der vielfach zitierte empirische Befund, dass in einigen Entscheidungssituationen das Gehirn vor dem Bewusstsein reagiert, gegen die strukturelle Realisierung des Geistigen im Physischen, weil diese Realisierung Gleichzeitigkeit zu erfordern scheint? Ich glaube, nicht. Einerseits handelt es sich nur um wenige spezifische Arten von geistigen Episoden, und andererseits ist nicht sicher, dass die registrierten Reaktionen des Gehirns schon das volle physische Korrelat der entsprechenden feindifferenzierten geistigen Eigenschaften darstellen. Es wäre möglich, dass das Gehirn in diesen Situationen nur mit sehr basalen Aktivitäten zeitlich früher reagiert.

31 Vgl. dazu genauer den informativen Artikel von Bickhard/Campbell (2000).

Wenn wir von diesem Bild einer Konfigurationsmetaphysik ausgehen, dann lässt sich *die Idee einer strukturellen Realisierung* in einem ersten Anlauf anhand eines höchst einfachen Schaubildes veranschaulichen. Wenn X, Y und Z Elemente sind, die intern unterschiedlich konfiguriert sind, und wenn es Relationen zwischen ihnen gibt, deren Struktur bei wechselnden Relata gleich oder ähnlich bleibt, etwa

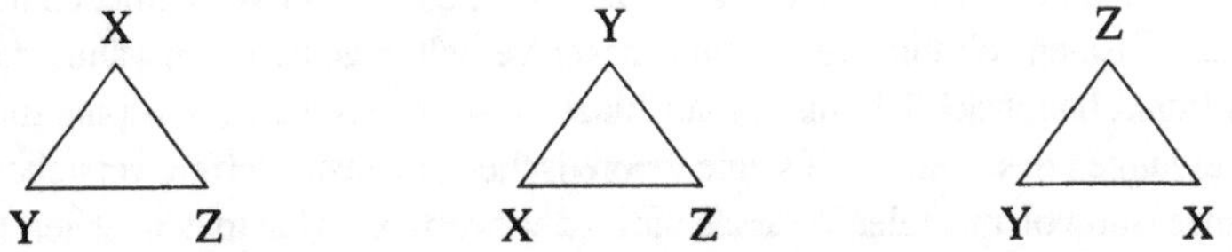

dann ist die Dreieckskonfiguration in drei verschiedenen speziellen Strukturen realisiert. Und dies gälte auch dann, wenn in diesen Konfigurationen die X, Y und Z intern unterschiedlich konfiguriert wären. Auf ähnliche Weise ist zum Beispiel die Relation $x > y$ in allen Paaren a und b multipel strukturell realisiert, für die a ein Maß M und b ein Maß N hat, sodass $M - N > 0$ gilt. Oder die Eigenschaft, eine abelsche Gruppe zu sein, ist multipel strukturell realisiert in allen konkreten abelschen Gruppen, also Mengen mit einer Operation, die die Gruppenaxiome einschließlich der Kommutativität erfüllen. Ähnlich sind so genannte funktionale physikalische Naturgesetze der Form $Q = f(P)$, wo Q und P messbare Parameter sind, multipel strukturell realisiert in allen konkreten Messungen der Form $Q^* = f(P^*)$.[32] Diese allgemeine Darstellung gilt auch für Farbenpaare wie Rot und Scharlachrot, Blutrot, Hellrot etc., oder von Stereotypen und Mikrostrukturen, wenn wir diese Eigenschaften physikalisch strukturell beschreiben, nämlich als bestimmte Konfigurationen von Photonen oder als Konfigurationen auf unterschiedlichen Niveaus, etwa auf chemischer Ebene und einer (wahrnehmbaren) Makroebene. Wir sollten die Relation zwischen determinierten und determinierbaren Eigenschaften daher als eine Beziehung zwischen unterschiedlich allgemeinen oder speziellen Konfigurationen auffassen. Mentale Eigenschaften sind diesem Bild zufolge Konfigurationen von neuronalen und anderen physischen Elementen, die multipel *strukturell* realisiert sind in spezielleren physischen oder biologischen Konfigurationen derselben Elemente.[33]

VIII. Das Problem der mentalen Verursachung

Roth und Singer glauben, dass es die bisherigen Resultate der Hirnforschung erlauben zu sagen, dass unsere Gehirne entscheiden, welches Verhalten wir auf Grund der Bewertung bestimmter gegebener Situationen manifestieren. Viele Philosophen missbilligen diese Redeweise, weil sie der Ansicht sind, dass es ein Kategorienfehler ist, Prädikate wie *Entscheiden* Gehirnen statt Personen zuzusprechen. Diese Reaktion ist meines Erachtens nicht übermäßig hilfreich. Der Personenbegriff sollte aus der Debatte dieser These möglichst herausgehalten werden. Und wir sollten die These der Hirnforscher über die Entscheidungskraft von Gehirnen so verstehen, dass die wesentlichen Ursachen für unser Verhalten in unseren Hirnen zu lo-

32 Vgl. Armstrong (1978), Johansson (2000).

33 Das heißt freilich nicht, dass alle Konfigurationen, die multipel strukturell realisiert sind in physischen Konfigurationen neuronaler und anderer physischer Elemente, mentale Eigenschaften sind. Vgl. im Übrigen den Hinweis auf den Konnektionismus in Anm. 38.

kalisieren sind. Diese These fügt sich perfekt in den Epiphänomenalismus des Geistigen ein, den Roth und Singer vertreten (oder zumindest ihren eigenen Voraussetzungen zufolge vertreten müssen). Die geistigen Eigenschaften werden von physischen Eigenschaften kausal erzeugt und sind daher real, und sie sind zugleich verschieden von physischen Eigenschaften, aber sie wirken nicht kausal in die physische Welt hinein. Also beeinflussen sie unser Verhalten nicht. Was bleibt daher anderes übrig, als zu sagen, dass es im Wesentlichen unsere Hirne sind, die den kausalen Job tun, wenn es um unser Verhalten geht? Ich erwähne diesen offensichtlichen Punkt hauptsächlich, um darauf hinzuweisen, dass die Philosophie die Rede von den Entscheidungen des Gehirnes als eine theoretischen Herausforderung verstehen sollte, ein angemessenes Bild von mentaler Verursachung zu entwerfen. Es hat in den letzten Jahren dazu von philosophischer Seite tatsächlich eine Reihe interessanter Angebote gegeben, und ich möchte daher an diese Angebote anknüpfen, um einen Vorschlag zu skizzieren, der hoffentlich ein wenig mehr Optimismus verbreitet – nicht zuletzt bei den Hirnforschern. Dieser Vorschlag knüpft an meine Revisionen des Jackson-Essenzialismus an.

Es ist heute üblich, das Problem der mentalen Verursachung als Exklusionsproblem zu formulieren. Man geht davon aus, dass das Physische und das Geistige verschieden sind, dass das Reich des Physischen kausal vollständig ist, und dass das Geistige multipel im Physischen realisiert ist (das sind, wie mir scheint, Prämissen, von denen auch die Überlegungen Singers und Roths geleitet sind). Daraus folgt, dass es für jedes Ereignis, und daher insbesondere auch für jedes Verhalten, hinreichende physische Ursachen gibt. Und das bedeutet, dass für das Geistige kein kausaler Job zu tun bleibt – die kausalen Kräfte des Geistigen scheinen „wegzutrocknen“ und damit ausgeschlossen zu werden.[34] In dieser Formulierung des Exklusionsproblems wird angenommen, dass die (möglichen) Kräfte des Physischen und Geistigen kausal im selben Sinne sind. Bemerkenswert ist aber vor allem, dass das Exklusionsproblem auch dann bestehen bleibt, wenn wir erklären könnten, wie das Geistige kausal auf etwas Physisches wirkt. Denn in diesem Fall impliziert die Vollständigkeitsprämisse, dass das Physische kausal überdeterminiert ist. Und damit droht die kausale Kraft des Geistigen erneut wegzutrocknen. Anders formuliert, wenn wir das Problem der mentalen Verursachung als Exklusionsproblem darstellen, können wir sehen, dass die theoretische Herausforderung darin bestehen muss, dieses Problem so zu lösen, dass die Überdeterminierung vermieden wird. Und das scheint nicht leicht zu sein.

Stephen Yablo beispielsweise, an dessen Intuitionen ich hier zum Teil anknüpfe, hält das Problem der mentalen Verursachung bereits mit der Skizze des strukturellen essenzialistischen Naturalismus für gelöst. Wenn die geistigen Eigenschaften tatsächlich multipel strukturell in physischen Eigenschaften realisiert sind, ebenso wie ganz allgemein determinierbare in determinierten Eigenschaften, dann scheinen die geistigen Eigenschaften gleichsam in Verbindung mit ihren physischen Realisierern kausal zu wirken. Wenn ein Ding etwa auf etwas anderes kausal wirkt auf Grund seiner Katzeneigenschaft (zum Beispiel auf einen Hund), dann scheint die Lebewesen-Eigenschaft der Katze implizit kausal mitzuwirken. Denn im Bild des strukturellen Naturalismus sind Katzen-Eigenschaft und Lebewesen-Eigenschaft ontologisch nicht voneinander separierbar. Allerdings können wir in diesem Bild die Überdeterminiertheit nicht vermeiden. Es wäre besser und weitreichender, wenn wir die

34 Vgl. zu dieser Fassung des Exklusionsproblems etwa Block (2003) und Bennett (2004).

Möglichkeit autonomer kausaler Kräfte des Geistigen verteidigen könnten. Ich glaube, dass es tatsächlich eine Argumentationslinie gibt, nach der sich diese Möglichkeit abzeichnet.

IX. Ein attraktives Bild von mentaler Verursachung

Ein geeigneter Ausgangspunkt für diese Linie ist die Konfigurationsmetaphysik. Denn diese Metaphysik zwingt uns nicht zu sagen, dass es letztlich „materielle" Partikel sind, die den kausalen Job tun, während die „immateriellen" Strukturen kausal ineffizient sind. Das Bild ist ja, dass alle Entitäten – unterschiedlich komplexe – Konfigurationen von Quantenfeldern sind, und dass neue oder „höhere" Konfigurationen meist mit neuen kausalen Kräften verbunden sind. Wenn wir die Konfigurationen ändern, dann auch (meist) die kausalen Kräfte. Das Interessante ist nun, dass es bereits in Naturwissenschaften wie Physik, Biologie oder Chemie viele, zum Teil fast triviale Beispiele dafür gibt, dass allgemeinere (determinierbare) Eigenschaften oder Konfigurationen eines Dinges oder Zustandes kausal wirksam sind, ohne dass die spezielleren (determinierten) Eigenschaften oder Konfigurationen, in denen sie strukturell realisiert sind, als kausal wirksam angesehen werden müssen. Zum Teil liegt das daran, dass die Hierarchien struktureller Realisierungen fast unendlich verfeinert werden können. Nehmen wir beispielsweise an, wir erklärten das Picken eines Vogels nach einer Beere unter anderem kausal damit, dass diese Beere rot ist (der Vogel pickt nach allen roten Beeren, weil in seiner ökologischen Nische rote Beeren für ihn nahrhaft sind). Das Rot der Beere ist strukturell realisiert in einem spezielleren Rot, sagen wir Scharlachrot, und das Scharlachrot ist seinerseits strukturell realisiert in einem noch spezielleren Rot, und diese Reihe ließe sich unter zunehmender Verfeinerung fortsetzen. Es macht aber wenig Sinn zu sagen, dass „eigentlich" nur das speziellste Rot, in dem alle allgemeineren Rot-Töne strukturell realisiert sind, hier den kausalen Job tut. Vielleicht gibt es überhaupt keinen letzten speziellsten Rot-Ton; aber selbst wenn es ihn geben sollte, kann unser Vogel ihn nicht identifizieren. Und daher scheint es Sinn zu machen zu sagen, dass derjenige allgemeine (ontologisch stets feiner determinierbare) Rot-Ton, den unser Vogel identifizieren kann, den kausalen Job autonom tut. Wenn, um ein weiteres triviales Beispiel anzuführen, einige Gebäude deshalb zusammenbrechen, weil das Erdbeben mehr als 5 auf der Richter-Skala stark war, dann ist die Stärke von mehr als 5 zugleich strukturell realisiert zum Beispiel in der Stärke 5.7, die ihrerseits wiederum strukturell realisiert ist zum Beispiel in der Reihe 5.713, 5.7138, 5.71386 usw. Auch hier macht es wenig Sinn zu sagen, dass es eigentlich nur der allerspeziellste Wert von kinetischer Energie ist, der den kausalen Job tut. Einige physikalische Eigenschaften der Gebäude sind relevant dafür, in welchem Stärkenintervall das Erdbeben zum Zusammenbruch führt; Verfeinerungen dieses Wertintervalls sind neutral gegenüber diesem Effekt. In der Physik gibt es zahlreiche spezifische Beispiele für diese kausalen Relationen, in der klassischen Physik ebenso wie etwa in der Statistik oder der Thermodynamik.[35] In vielen dieser Beispiele handelt es sich um Verhältnisse zwischen determinierten und determinierbaren physischen Eigenschaften. Darum ist es sicher verständlich, dass man heute meist davon ausgeht, dass so genannte Makro-Konfigurationen neue kausale Kräfte gegenüber den Mikro-Konfigurationen haben, in denen sie strukturell realisiert sind. Nach dem bekannten Generalisationsar-

35 Vgl. vor allem Batterman (2000).

gument gilt dies für alle speziellen Wissenschaften oberhalb der Physik, und also auch für den „mentalen" Fall, also für die Psychologie und den Fall geistiger Eigenschaften – wenn es richtig ist, dass geistige Eigenschaften in physischen Eigenschaften strukturell realisiert sind. Im mentalen Fall liegt aber eine interessante zusätzliche Struktur vor, die zumindest nicht in allen naturwissenschaftlichen Fällen anzutreffen ist. Nehmen wir uns zur Verdeutlichung zwei weitere Beispiele vor.

Die Gastemperatur beispielsweise ist in gewissem Sinne nichts anderes als die Summe der kinetischen Energien der Gasmoleküle, aber als Mittelwert ist auch sie eine Vereinfachung im Komplexen. Und in dieser Vereinfachung ist sie kausal wirksam, nämlich in Hinsicht auf andere makroskopische Dinge. Im Rahmen der Evolution haben sich Lebewesen mit Lungen entwickelt, die nur auf die Temperatur der Luftmengen in ihrer Umgebung kausal reagieren, nicht aber auf die molekularen Schwankungen der einzelnen Gasmoleküle, in denen die Temperatur multipel realisierbar ist.[36] Ein zweites Beispiel: Alle Fliegen sind kleine schwarze bewegliche Punkte, aber nicht alle kleinen schwarzen beweglichen Punkte sind Fliegen. Die Eigenschaft, ein kleiner schwarzer beweglicher Punkt zu sein, ist multipel strukturell realisiert in den Eigenschaften, eine Fliege oder ein Rußpartikel etc. zu sein. Frösche ernähren sich von Fliegen, und in gewisser Weise ist es daher korrekt zu sagen, dass ihr Wahrnehmungsapparat auf Fliegen reagiert. Es sind meist Fliegen, die beispielsweise Photonen aussenden, deren Registrieren den Schnappmechanismus bei Fröschen auslöst. Aber der Wahrnehmungsapparat und Schnappmechanismus der Frösche reagiert nicht darauf, dass gewisse Objekte in ihrer Umgebung die Eigenschaft haben, eine Fliege zu sein, sondern darauf, die Eigenschaft zu haben, ein kleiner schwarzer beweglicher Punkt zu sein. Denn Frösche schnappen nach allen schwarzen beweglichen Punkten, die etwa so groß sind wie Fliegen, völlig unabhängig davon, ob es sich um Fliegen handelt oder nicht. Sie reagieren auf allgemeinere Konfigurationen von Fliegen, also auf die gemeinsame Struktur der Photonen, die von Fliegen, aber auch von andere kleinen schwarzen beweglichen Punkten ausgesendet werden, und zwar einfach deshalb, weil in der evolutionären Geschichte von Fröschen in ihrer Umgebung hinreichend viele kleine schwarze bewegliche Punkte Fliegen waren. Es sind Relationen, die das Gesamtsystem von Fröschen und Fliegen kennzeichnen, die als kausale Filter dafür sorgen, dass innerhalb dieses Systems nur die Eigenschaft gewisser Dinge, kleine schwarze bewegliche Punkte zu sein, kausal aktiv wird. Diese Relationen haben sich in der Evolution durch natürliche Selektion gebildet, sodass die natürliche Selektion in diesen Fällen als allgemeinster kausaler Filter bezeichnet werden kann. Zwar ist in unserem Beispiel die Eigenschaft, ein kleiner schwarzer beweglicher Punkt zu sein, ontologisch abhängig von der Eigenschaft, eine Fliege zu sein, doch ist es in diesem Szenario einzig die allgemeinere Eigenschaft, ein kleiner schwarzer beweglicher Punkt zu sein, die eine kausale Wirksamkeit entfaltet.[37] Daher

36 Diese Hinweise machen im Übrigen die Autonomie *spezieller Wissenschaften* wie der Biologie oder der Immunologie verständlich, die gerade auf Ebenen operieren, die gegenüber physikalischen Realisieren allgemeiner sind. Vgl. dazu Fodor (1997), der eindrucksvoll und überzeugend auf diesen Punkt hinweist. Weitaus expliziter argumentiert Batterman (2000), der zeigt, dass es bereits in der Physik viele Phänomene gibt, deren Makrostruktur kausale Kräfte hat, für die die Details ihrer Mikrostruktur – das heißt jene Details, durch die sich die verschiedenen Mikrorealisierer der Makrostruktur unterscheiden – irrelevant sind.

37 Vgl. bereits Campbell (1974).

wäre es falsch zu sagen, dass es die Eigenschaft ist, eine Fliege zu sein, die den gesamten kausalen Job tut, den wir der Eigenschaft zuschreiben, ein kleiner schwarzer beweglicher Punkt zu sein. Das Wahrnehmungssystem des Frosches filtert in diesem Fall eine allgemeine Konfiguration an der Fliegenkonfiguration heraus. Wenn ein Frosch auf externe kleine bewegliche schwarze Dinge mit einem Schnappmechanismus reagiert, dann müssen Stimuli in Form von Photonen von diesen Dingen auf den Wahrnehmungsapparat des Frosches wirken. Dabei baut der Frosch unter anderem in seinem Gehirn eine neuronale Struktur auf, die sich 1:1 abbilden lassen soll auf die Struktur, die er an Fliegen wahrnimmt, nämlich schwarz, klein und beweglich zu sein.[38]

In diesen Beispielen filtern die Relationen, die zwischen verschiedenen Entitäten bestehen, zum Beispiel zwischen einem Ereignis und einem wahrnehmenden repräsentationalen Wesen, die kausalen Kräfte der beteiligten Relata, das heißt lassen einige dieser Kräfte wirksam werden und blockieren andere. Darum spreche ich hier von *kausalen Filtern*. Diese Filter können insbesondere die kausalen Kräfte determinierbarer Eigenschaften aktivieren und zugleich die kausalen Kräfte der entsprechenden determinierten Eigenschaften, in denen die determinierbaren Eigenschaften strukturell realisiert sind, blockieren. Man hat diese Struktur in letzter Zeit nicht zu Unrecht Abwärts-Kausalität genannt. Allgemein heißt das: Wenn a, b und c konstitutive Elemente des Systems L sind, dann mag etwa eines dieser Elemente, beispielweise a, verschiedene kausale Kräfte haben, die unter anderem auf verschiedene Eigenschaften P und Q von a zurückgehen. Aber a, b und c können Relationen R zueinander aufweisen, die zur Folge haben, dass nur ein Teil der kausalen Kräfte und Eigenschaften von a auf b und c wirken,

38 Es liegt nahe, an dieser Stelle auf den Konnektionismus hinzuweisen. Denn es ist eines der signifikantesten theoriestrategischen Merkmale des Konnektionismus, der traditionellen computationalen Theorie des Geistes die kognitive Relevanz der Strukturerkenntnis [*pattern regonition*] entgegenzuhalten. Die computationale Theorie des Geistes arbeitet mit der Analogie des Computers, der propositionale Einheiten analog zu logischen Verknüpfungen prozessiert. Im Zentrum des Interesses stehen hier kognitive Aktivitäten, die mit dem Folgern, Schließen und Begründen [*reasoning*] zu tun haben, und die Analyse dieser Aktivitäten ist inspiriert durch die formale Logik. Der Konnektionismus arbeitet dagegen mit der spezifischen Eigenschaft neuronaler Netze, Muster auf der In-Put-Seite zu registrieren *und* sie daraufhin auf der Out-Put-Seite in andere Muster abzubilden. Diese Abbildung ist bestimmt durch das Generieren neuronaler Aktivitäten auf den verschiedenen Ebenen [*layers*] der Netze, deren Struktur durch die Alternative Aktivität/Nicht-Aktivität *und* eine bestimmte Gewichtung der neuronalen Einheiten definiert ist. Dabei kann die Art der Abbildung und Transformation von den neuronalen Netzen selbst gelernt werden. Die strukturelle Reaktion scheint also ein wichtiger Baustein externer mentaler Verursachung zu sein. Vor allem aber werden dem konnektionistischen Bild zufolge neuronale Aktivitätsmuster oft nur über gewisse Schwellenwerte weiter prozessiert. Diese Schwellenwerte entsprechen oft gerade den Allgemeinheits- oder Grobheitsstufen, oberhalb derer erst eine Reaktion einsetzt (vgl. zur Übersicht Bechtel 1994). Der entscheidende Einwand gegen den Konnektionismus ist, dass die Theorie mit den Formen des Schließens und der Ebene der Repräsentation nicht fertig wird. Inzwischen wird aber an neuen konnektionistischen Modellen gearbeitet, die mit diesen Herausforderungen umgehen können. Beispielsweise neigen einige Konnektionisten dazu, die neuronalen Strukturen auf den verschiedenen Ebenen der Netze als repräsentational einzustufen, und ich sehe in der Tat keine Schwierigkeiten, dies etwa im Rahmen der teleosemantischen Begrifflichkeit zu tun. Und es gibt bereits Modelle, die die These zu untermauern versuchen, dass das Registrieren von Strukturen letztlich auch dem Folgern zu Grunde liegt.

beispielsweise nur Q(a), nicht aber P(a), und zwar auf Grund von Eigenschaften S und T von b und c. Die kausale Kraft von P(a), die in anderen Situationstypen durchaus gegeben sein mag, wird dadurch geblockt. Dabei kann die Tatsache R(a,b,c) eine kausale Wirkung von Eigenschaften von Teilen von L sein, die zugleich gegenüber P(a), Q(a), S(b), T(c) oft eine neue Tatsache ist, ebenso wie gewisse kausale Wirkungen, die sich allererst aus dieser neuen Tatsache ergeben. Der entscheidende Punkt ist jedoch, dass R(a,b,c) eine Selektion vornimmt, die darüber entscheidet, welche der Eigenschaften von a in L auf b und c kausal wirken und welche nicht. R(a,b,c) ist ein kausaler Filter für kausale Kräfte von a innerhalb des Systems L. Und dabei kann die Eigenschaft Q von a, die durch R als kausal wirksam in L selektiert wird, determinierbar sein gegenüber der determinierten Eigenschaft P von a, deren kausale Wirkung durch R in L geblockt wird.[39]

Auf diese Weise können wir nicht nur die Idee einer nicht-reduktiven Naturalisierung mentaler Eigenschaften ausbuchstabieren, sondern wir können auch zeigen, wie es im Prinzip möglich ist, dass die mentalen Eigenschaften als allgemeinere Eigenschaften natürlicher Entitäten auf autonome Weise kausal wirksam werden können – und zwar ohne dass wir uns auf eine Überdeterminationsthese festlegen müssen. Diese kausale Wirksamkeit ist diachron, nicht synchron – synchrone Abwärts-Kausalität macht begrifflich wenig Sinn und kann empirisch nicht belegt werden.[40] Wenn wir von hier aus auf das Exklusionsproblem zurückblicken, dann zeigt sich, dass es die Vollständigkeitsprämisse ist, die wir als zu einfach zurückweisen

39 Vgl. van Gulick (1993) und die Arbeiten in Andersen u. a. (2000). Viele nicht-triviale Beispiele von Abwärtskausalität in der Biologie werden insbesondere von Moreno und Umerez (2000) angeführt und diskutiert. In seiner Kritik an Kims Verteidigung des Exklusionsprinzips und des Wegtrocknens der kausalen Kraft des Geistigen vertritt Block (2003) offenbar eine ähnliche Strategie, und zwar unter dem Titel *Dekomposition und multiple Komposition*. Block weist beispielsweise darauf hin, dass physikalische Erhaltungssätze (zum Beispiel in Bezug auf den Impuls) über starren Körpern operieren, völlig unabhängig davon, wie die Starrheit in elementareren physikalischen Konfigurationen von Molekülen realisiert ist, aus denen die starren Körper bestehen. Diese Gesetze würden nach Block auch bei alternativen Dekompositionen ihrer mereologischen Konfigurationen bestehen bleiben. Block fasst sein Argument gegen die Kim-Reduktionisten folgendermaßen zusammen: Wir haben in vielen Fällen gute Gründe, folgende drei Thesen für naturwissenschaftlich wahr zu halten: (i) Ua → Ub ist ein Naturgesetz; (ii) Ua hat alternative mereologische Dekompositionen L1 und L2; (iii) L1 und L2 werden von unterschiedlichen Naturgesetzen regiert. Dann ist Ua sowohl in L1 als auch in L2 kausal wirksam wegen (i), ist jedoch nicht identisch mit der Disjunktion von L1 und L2 wegen (iii). Dann ist die Makro-Kausalität in (i) nicht unterfüttert durch die Mikro-Kausalität in (iii).

40 Darauf hat jüngst noch einmal Kim deutlich hingewiesen. Im Übrigen bleibt Kim jedoch bei seinen bekannten Einwänden gegen den Emergentismus, die „objektive" Abwärts-Kausalität und die autonome Kraft emergenter Konfigurationen. Abwärts-Kausalität macht für ihn neuerdings allenfalls auf der begrifflichen und explanatorischen Ebene Sinn. Ich glaube, dass Kims Position im Wesentlichen durch ein zu restriktives Verständnis von Realisierung bedingt ist – nämlich ein strikt nomologisches Verständnis, das nicht mit struktureller Realisierung rechnet. Außerdem bedenkt Kim weder Blocks neuere Argumente in Block (2003) noch die von van Gulick (1993) skizzierte Möglichkeit, dass Relationen gewisse kausale Kräfte ihrer Relata aktivieren oder blocken können. Kurz, das traditionelle Bild von Verursachung, von dem Kim nach wie vor ausgeht, ist zu einfach (vgl. dazu Kim 2000, besonders 318–320, wo er sein altes Argument noch einmal wiederholt, im Vergleich etwa zu Kim 1992). Das von mir präferierte Bild von Abwärts-Verursachung kommt jedoch der Variante, die Emmeche und andere die „mittlere" Version nennen, recht nahe (vgl. Emmeche u. a. 2000).

müssen. Natürlich müssen wir externe und interne mentale Verursachung unterscheiden. Um externe mentale Verursachung handelt es sich, wenn der mentale Zustand einer Kreatur physische Veränderungen bei anderen Kreaturen bewirkt; im Falle interner mentaler Verursachung bewirkt der mentale Zustand einer Kreatur eigene physische Veränderungen.

Wenn von dem Problem mentaler Verursachung die Rede ist, dann wird gewöhnlich die interne mentale Verursachung thematisiert. Bisher habe ich nur Beispiele externer mentaler Verursachung angeführt. Aber aus der bislang entwickelten Perspektive scheint es nicht mehr besonders schwierig zu sein, auch den Fall interner mentaler Verursachung einzuholen. Denn es gibt Kreaturen, zum Beispiel Lebewesen mit Gehirnen, die auch auf eigene Strukturen kausal-strukturell reagieren können, indem diese Strukturen ein bestimmtes eigenes Verhalten oder eine bestimmte Sequenz eigener Verhaltensweisen auslösen. Interne strukturelle Reaktion kommt in vielfältiger Weise auch innerhalb von Lebewesen vor, angefangen vielleicht sogar von den elementarsten Kodierungen auf der Ebene von DNA-Ketten bis hin zu strukturellen Reaktionen auf extrem komplexe Gehirnvorgänge.

Damit ist im Umriss klargestellt, wie sich mentale Eigenschaften eines Dinges zu den physikalischen Eigenschaften desselben Dinges verhalten könnten. Mentale Eigenschaften eines Dinges könnten Eigenschaften des Dinges sein, die im skizzierten Sinne determinierbare Eigenschaften sind relativ zu den determinierten physikalischen Eigenschaften, die ihre strukturellen Realisierer sind. Für die mentalen Eigenschaften gälte dann auch das Prinzip der multiplen strukturellen Realisierbarkeit. Der Vorzug der Strategie, den revidierten essenzialistischen Naturalismus mit der Idee der Abwärts-Verursachung zu verknüpfen, besteht darin, dass wir das Vorkommen und die autonome kausale Kraft geistiger Eigenschaften ontologisch in der natürlichen Welt verankern können, ohne fordern zu müssen, dass diese Eigenschaften physische Eigenschaften sind, die in Physik, Chemie oder Biologie beschrieben werden. Dieses Resultat ergibt sich übrigens auch dann, wenn wir es bevorzugen, die Realisierung der mentalen in physischen Eigenschaften nicht als strukturell, sondern als nomologisch aufzufassen. Entscheidend für das hier entwickelte Bild ist daher die Idee der Abwärts-Kausalität und der kausalen Filter.

Allerdings muss sich diese Analyse noch an den wichtigsten speziellen Klassen von mentalen Zuständen abarbeiten, nämlich an *bewussten* Zuständen und an *repräsentationalen* Zuständen. Und das ist nicht trivial, denn es sollte deutlich werden, dass es die Bewusstheit oder Repräsentationalität ist, die zu den kausalen Kräften mentaler Eigenschaften beiträgt. Die Theorie muss also in dieser Richtung erweitert werden und hat daher schwierige weitere detailreiche Aufgaben vor sich. Aber das ist eine andere Geschichte, die ich in diesem Artikel nicht mehr erzählen kann. Ich hoffe aber, dass bereits jetzt deutlich geworden ist, dass es in der Philosophie eine aussichtsreiche theoretische Strategie gibt, dem Phänomen der mentalen Verursachung beizukommen und unser aller Intuitionen (Roth und Singer eingeschlossen) über die Verschiedenheit des Physischen und Geistigen und über die kausalen Kräfte des Geistigen konsistent in ein naturwissenschaftliches Weltbild zu integrieren.[41]

41 Wir sollten davon ausgehen, dass repräsentationale mentale Zustände mit repräsentationalen Gehalten im Rahmen externalistischer Theorien des Geistes beschrieben werden müssen. Für diese Theorien scheint das Problem mentaler Ursachen besonders gravierend zu sein. Jede Lösung dieses Problems muss zeigen können, dass gehaltvolle repräsentationale Zustände *auf Grund ihres Gehaltes* kausale Effekte haben können. Genau das scheint jedoch gerade in externalistischen Theorien des

X. Schlussbemerkung zu den großen Fragen

Wie zu Beginn dieses Artikels angekündigt, habe ich mich in meinen Überlegungen auf eine Diskussion der Beziehungen zwischen geistigen und physischen Eigenschaften von Gehirnzuständen und externen physischen Eigenschaften beschränkt – also auf eine von drei Fragen, die Singer und Roth aufwerfen. Ich hoffe, deutlich gemacht zu haben, wie heutzutage philosophische Diskussionen dieser Frage gestrickt sind – gleichgültig, ob die geneigte Leserin oder der geneigte Leser meine eigenen positionellen Präferenzen billigt oder nicht. Und darum sei am Ende die Frage erlaubt, ob die Hirnforschung aus ihrer eigenen wissenschaftlichen Kompetenz heraus Argumente für oder gegen diese Art von philosophischen Überlegungen beisteuern kann. Ich muss gestehen, dass ich angesichts dieser Frage ein wenig ratlos bin. Was die Hauptlinien meiner philosophischen Argumentation angeht, sehe ich zurzeit kaum Möglichkeiten, diese Frage positiv zu beantworten (aber ich lasse mich von den Hirnforschern

---

Geistes schwierig zu sein. Denn diese Theorien bestimmen repräsentationale Gehalte mit Rückgriff auf eine lange Geschichte kausaler Wechselwirkungen repräsentierender Kreaturen mit externen Objekten. Und es ist schwer zu sehen, wie diese komplexe Geschichte kausaler oder interpretativer Wechselwirkungen eine kausale Ursache im gewöhnlichen Sinn sein und unsere „Hier-und-Jetzt-Intuition" von kausaler Verursachung (wie Jackson es prägnant formuliert hat) befriedigen kann. Die entscheidenden Ursachen eines Effektes sind dieser Intuition zufolge seine *proximalen* Ursachen. Einige der einflussreichsten Theoretiker halten dieses Problem für so gravierend, dass sie den semantischen Externalismus ablehnen (vgl. Block 1986; Fodor 1987, Kap. 2). Angesichts dieser Situation haben Jackson und Pettit den Vorschlag gemacht, kausale *Effizienz* von kausaler *Relevanz* zu unterscheiden (vgl. Jackson/Pettit 1990, 1990a). Sie exemplifizieren diese Unterscheidung anhand von Dispositionen. Die Disposition der Wasserlöslichkeit, die wir einigen Stoffen zuschreiben, besteht darin, dass diese Stoffe sich auflösen, *wenn* sie in Wasser getaucht werden. Diese Auflösung vollzieht sich auf Grund der molekularen Strukturen von Zucker und Wasser – die *kategoriale Basis* der Disposition. Dann lässt sich behaupten: (a) Jede Disposition hat eine physikalische kategoriale Basis, die allein kausal effizient ist, wenn sie eine Disposition aktualisiert. (b) Jede Disposition ist durch verschiedene physikalische kategoriale Basen aktualisierbar, also vielfach physikalisch realisierbar. (c) Dieselbe physikalische kategoriale Basis kann verschiedene Dispositionen aktualisieren. Dispositionen sind kausal relevant, insofern die Punkte (a)–(c) gelten. Welche der Dispositionen eine physikalische kategoriale Basis aktualisiert, wenn sie mehrere Dispositionen aktualisieren kann, hängt im weitesten Sinne vom Kontext ab, in dem die effiziente Wirkung der physikalischen kategorialen Basis lokalisiert ist. Mentale Zustände sind diesem Vorschlag zufolge kausal relevant wie Dispositionen, während die Gehirnzustände und gegebenenfalls andere physikalische Faktoren, durch die die mentalen Zustände realisiert werden, kausal effizient sind wie die kategorialen Basen von Dispositionen. Becker hat der Idee von Jackson und Pettit kürzlich eine interessante Wendung gegeben, die davon ausgeht, dass die komplexe kausale und evolutionäre Vorgeschichte, die den externalistischen Repräsentationstheorien zufolge konstitutiv ist für mentale Eigenschaften, nicht in *ein* Ereignis zusammengezogen werden kann, das kausal effizient sein könnte (vgl. Becker, im Erscheinen). Allgemein steht hinter jedem einzelnen Ereignis im Prinzip die Menge aller kausal effizienten Faktoren für dieses Ereignis, die in der bisherigen Geschichte des Universums vorgekommen sind. Ein Verweis auf diese Geschichte gibt uns offensichtlich keine Information über die entscheidende Ursache des Ereignisses. Dazu müssen wir eine Auswahl unter all diesen effizienten Ursachen treffen, die oft vom Kontext abhängt, der für eine kausale Erklärung wichtig ist. Damit zeichnet sich nach Becker eine im weitesten Sinne pragmatistische Bestimmung mentaler Ursachen ab. Becker gibt damit der Idee der kausalen Relevanz eine neue Wendung, die sie klarer mit kausal effizienten Faktoren verknüpft. Zugern eines Besseren belehren). Anders steht es natürlich mit den naturwissenschaftlichen (vor allem physikalischen oder biologischen) Beispielen etwa für Abwärts-Kausalität oder mit Bemerkungen zum Konnektionismus, mit denen auch eine philosophische Argumentation etwa zur mentalen Verursachung meines Erachtens unvermeidlich arbeiten muss.[42] Hier können und sollten NaturwissenschaftlerInnen kritisch eingreifen, und dieser Eingriff könnte die philosophische Argumentation durchaus zu Änderungen zwingen.

Interessant scheint mir allerdings zu sein, dass sich aus dem skizzierten philosophischen Bild einige allgemeinere Konsequenzen ergeben, die auch besorgte Fragen zur Deutung unseres heutigen Selbstverständnisses berühren und die sich nach meinem Eindruck mit einigen Resultaten der Hirnforschung überschneiden.

Eine dieser Konsequenzen ist, dass die Frage der Naturalisierung geistiger Eigenschaften erheblich an theoretischer und praktischer Brisanz verliert. Einer der Vorzüge des von mir skizzierten Bildes besteht ja darin, dass es die Idee einer eigenständigen kausalen Wirkung mentaler Eigenschaften entwirft, die den Epiphänomenalismus und die Überdeterminiertheit des Mentalen vermeidet, ohne auf den verbreiteten Gedanken zurückgreifen zu müssen, dass die mentale Verursachung letztlich nur in der kausalen Wirkung jener physikalischen Eigenschaften besteht, in denen die mentalen Eigenschaften strukturell oder nomologisch realisiert sind. Wir könnten von einem weichen Naturalismus sprechen, der uns nicht der Intuition beraubt, dass wir als geistige Wesen auf die Welt einwirken können und Autonomie besitzen. Der weiche Naturalismus könnte (und müsste) weitaus umfassender und detailreicher ausgearbeitet werden, als es meine Skizze vermuten lässt. Und wenn wir den neueren intentionalistischen Programmen der Sozialontologie folgen, dann können wir auf der Grundlage des

---

gleich wird die Nicht-Reduzierbarkeit mentalistischer Erklärungen auf neurophysiologische Erklärungen gewahrt. Der theoretische Preis dieser Idee ist allerdings ein Anti-Realismus in Hinsicht auf mentale Zustände. Es ist ein Verdienst der von Becker präsentierten Analyse, genauer zu begründen, warum die Idee der kausalen Effizienz im Rahmen externalistischer Theorien nur schwer mit mentalen Zuständen verknüpft werden kann. Aber es wäre in meinen Augen vorteilhaft, wenn wir uns dabei nicht auf einen Anti-Realismus mentaler Zustände oder Eigenschaften verpflichten müssten. Ich glaube, dass man mit den von mir skizzierten Überlegungen eine realistische Strategie entwerfen kann, das heißt, dass man zeigen kann, dass die Repräsentationalität eines Gehirnzustandes vielfach durch physikalische und biologische Eigenschaften dieses Gehirnzustandes und der externen Faktoren, die zur evolutionären Vorgeschichte gehören, strukturell realisiert werden kann. Der semantische Externalismus macht verständlich, *warum* repräsentationale Eigenschaften allgemeiner sind als die spezifischen neurobiologischen Aktivitätsmuster und evolutionären Vorgeschichten, durch die sie realisiert werden: Die Gehalte von Gehirnzuständen formieren sich durch strukturell-kausale Reaktionen auf recht allgemeine Eigenschaften von externen Entitäten – zum Beispiel auf die Eigenschaft, ein kleiner schwarzer beweglicher Punkt zu sein, statt auf die Eigenschaft, eine Fliege zu sein. Der kausale Filter, der an diesen externen Dingen die kausale Kraft der allgemeineren Eigenschaften relativ auf bestimmte Kreaturen auswählt, ist letztlich die natürliche Selektion. Sie sorgt als kausaler Filter sowohl dafür, dass repräsentationale Eigenschaften gegenüber ihren Realisierern allgemeinere Eigenschaften sind, als auch dafür, dass diese repräsentationalen Eigenschaften nur auf recht allgemeine Eigenschaften externer Dinge reagieren und auf diese Weise die kausale Kraft allgemeinerer Eigenschaften von externen Dingen mobilisieren.

42 Ich habe diese Beispiele hier aus Raumgründen auf ein fast schon unvertretbares Minimum beschränken müssen. In Detel (im Erscheinen) werden im Anschluss an einschlägige Literatur viel mehr illuminative Beispiele angeführt.

umrissenen Bildes vom Status des Geistigen eine ähnliche Konsequenz für den Bereich des Sozialen formulieren. Ich glaube, dass wir uns damit einer einheitlichen Beschreibung der Welt nähern können, die mit dem naturwissenschaftlichen Weltbild vereinbar und sogar verknüpfbar ist, ohne die ontologische und kausale Eigenständigkeit des Geistigen und Sozialen leugnen zu müssen.

Daraus ergibt sich natürlich auch eine Vorstellung von Freiheit und Determinismus: Freies Handeln ist ein Verhalten, das durch geistige Eigenschaften physischer Dinge verursacht und damit determiniert ist. Freies Handeln ist also determiniert, aber nicht physisch, sondern geistig. Und die Determinanten des freien Handelns, also die geistigen Eigenschaften gewisser physischer Zustände innerhalb und außerhalb des Gehirns, sind ihrerseits ebenfalls oft nicht physisch, sondern geistig determiniert, zum Beispiel im Rahmen von kulturellen Traditionen und sprachlichen Interaktionen.

Und schließlich hat das entwickelte Bild auch religiöse Konsequenzen. Das ist vermutlich für gebildete Menschen von heute eine Selbstverständlichkeit, sollte aber vielleicht doch nicht gänzlich unerwähnt bleiben. Ob wir als Personen nach dem Tode überleben oder ob es einen göttlichen Geist ohne physische Grundlage geben kann, der Sprachen (Gebete) verstehen und als Richter fungieren kann, sind Vorstellungen, die heute einfach nicht mehr Sache des Glaubens, sondern des Wissens sind – besser Sache unserer bestbewährten Theorien, zu denen die heutige Hirnforschung ebenso wie psychologische und philosophische Theorien des Geistes gehören. Und nach diesen Theorien ist die Antwort auf diese Fragen eindeutig negativ – zum Besseren oder Schlechteren. Diese negative Antwort ist nach meinem Eindruck ungefähr so gut gestützt wie die klassische Physik für mittlere Größen, der wir unser Leben alltäglich anvertrauen, zum Beispiel wenn wir Eisenbahn oder Auto fahren. Theologien und Religionen aller Couleurs müssen sich dieser Konsequenz endlich offen stellen, wenn sie nicht langfristig in ein Sektentum abgleiten und ihre gesellschaftliche und moralische Legitimität verlieren wollen. Das bedeutet natürlich keineswegs, dass zum Beispiel Formen der Religiosität und Rituale zur Bewältigung der Todesangst, die heute in verschiedenen Kirchen gepflegt werden, an Bedeutung verlieren. Im Gegenteil, diese Phänomene sollten persönlich, gesellschaftlich und auch philosophisch höchst ernst genommen werden. In philosophischer Hinsicht könnten uns dabei, wie mir scheint, unter anderem Aristoteles und Hegel mit ihrer Arbeit an der Idee einer rationalen Religiosität für naturwissenschaftlich, psychologisch und philosophisch gebildete Menschen große historische Vorbilder sein.[43]

43 Ich danke Ingvar Johansson, Gerson Reuter, Raimo Tuomela, Matthias Vogel und Markus Willaschek für hilfreiche kritische Kommentare zu früheren Versionen dieses Papiers.

Literatur

Akert, K. (1994), Limbisches System, in: D. Drenckhahn/W. Zenker (Hg.), Benninghoff, Anatomie, Bd. 2, München, 603–627.

Andersen, P. B. u. a. (eds.) (2000), Downward Causation. Minds, Bodies, and Matter, Aarhus.

Armstrong, D. (1978), Universals and Scientific Realism, Cambridge.

Armstrong, D. (1983), What is a Law of Nature?, Cambridge.

Armstrong, D. (1997), A World of States of Affairs, Cambridge.

Batterman, R. W. (2000), Multiple Realizability and Universality, in: The British Journal for the Philosophy of Science, 51, 115–145.

Bechtel, W. (1994), Connectionism, in: Guttenplan (1994), 200–210.

Becker, A. (2000), Verstehen und Bewußtsein, Paderborn.

Becker, A. (im Erscheinen), Externalismus und die kausale Rolle des Geistes.

Beckermann, A. (2000), Ein Argument für den Physikalismus, in: G. Keil/H. Schnädelbach (Hg.), Naturalismus, Frankfurt/M., 128–143.

Beckermann, A. (2002), Analytische Einführung in die Philosophie des Geistes, Berlin.

Beckermann, A. u. a. (1992), Emergence or Reduction?, Berlin, Introduction.

Bennett, K. (2004), Why the Exclusion Problem Seems Intractable, and How, Just Maybe, to Tract It (Zugriff auf diesen Text nur im Internet möglich).

Bickard, M. H./Campbell, D. T. (2000), Emergence, in: Andersen u. a. (2000), 322–348.

Block, N. (1986), Advertisement for a semantics for psychology, in: Midwest Studies of Philosophy, 10, 615–678..

Block, N. (2003), Do Causal Powers Drain Away?, in: Philosophy and Phenomenological Research, 67, 110–127.

Block, N./Stalnaker, R. (1999), Conceptual Analysis, Dualism, and the Explanatory Gap, in: The Philosophical Review, 108, 1–46.

Campbell, D. T. (1974), Downward Causation in Hierarchically Organised Biological Systems, in: F. J. Ayala/T. Dobzhansky (Hg.), Studies in the Philosophy of Biology: Reduction and Related Problems, Berkeley/Los Angeles, 179–186.

Damasio, A. (1999), The Feeling of What Happens, New York.

Davidson, D. (1990), Wahrheit und Interpretation, Frankfurt/M.

Detel, W. (2001a), Teleosemantik. Ein neuer Blick auf den Geist?, in: Deutsche Zeitschrift für Philosophie, 49 (2001) 3, 465–491.

Detel, W. (2001b), Haben Frösche und Sumpfmenschen Gedanken? Einige Probleme der Teleosemantik, in: Deutsche Zeitschrift für Philosophie, 49 (2001) 4, 601–626.

Detel, W. (im Erscheinen), Mental Causation and the Notion of Action, in: P. Stekeler-Weithofer/N. Psarros (eds.), Facettes of Sociality – Philosophical Approaches to Co-operative Action, Frankfurt/M. 2005.

Detel, W./Samson, B. (2002), Zum Begriff nicht-mathematischer Funktionen, in: Analyse und Kritik, 24, 100–129.

Dretske, F. (1988), Explaining Behavior, Cambridge/Mass.

Dretske, F. (1993), Mental Events as Structuring Causes of Behavior, in: J. Heil/A. Mele (eds.), Mental Causation, Oxford 1993, 121–136.

Ekman, P. (1977), Biological and Cultural Contributions to Body and Facial Movement in the Expression of Emotions, in: A. O. Rorty (Hg.), Explaining Emotions, Berkeley 1980, 73–102.

Elster, J. (1999), Alchemies of the Mind. Rationality and the Emotions, Cambridge.

Emmeche, C. u. a. (2000), Levels, emergence, and three versions of downward causation, in: P. B. Andersen u. a. (eds.), Downward Causation. Minds, Bodies, and Matter, Aarhus, 13–34.

Fodor, J. (1987), Psychosemantics, Cambridge/Mass.

Fodor, J. (1990), A Theory of Content, Cambridge/Mass.

Fodor, J. (1997), Special sciences: Still autonomous after all these years, in: Philosophical Perspectives, 11, 149–163.

Griffith, P. (1997), What Emotions Really Are. The Problem of Psychological Categories, Chicago/London.

Heil, J. (1998), Philosophy of Mind, London.

Heil, J./Mele, A. (eds.) (1993), Mental Causation, Oxford.

Izard, R. (1991), The Psychology of Emotions, New York.

Jackson, F. (2000), From Metaphysics to Ethics, Oxford.

Jackson, F./Pettit, Ph. (1990), Causation in the Philosophy of Mind, in: Philosophy and Phenomenological Research, 50, 1990, 195–214.

Jackson, F./Pettit, Ph. (1990a), Program Explanation, in: Analysis, 50, 107–117.

Johansson, I. (2000), Determinables as Universals, in: Monist, 1, 101–121.

Johnson, W. E. (1921–1924), Logic, Cambridge.

Kim, J. (1984), Concepts of Supervenience, in: Philosophy and Phenomenological Research, 45, 153–117.

Kim, J. (1992), „Downward Causation“ in Emergentism and Non-Reductive Physicalism, in: Beckermann, A. u. a. (1992), 119–138.

Kim, J. (1993), The Non-Reductionist's Troubles with Mental Causation, in: J. Heil/A. Mele (eds.) (1993), 189–210.

Kim, J. (1998), Mind in a Physical World: An Essay on the Mind-Body-Problem and Mental Causation, Cambridge/Mass.

Kim, J. (2000), Making Sense of Downward Causation, in: Andersen u. a. (eds.) (2000), 305–321.

McClelland, D. (1987), Human Motivation, Cambridge.

McGinn, C. (1989), Mental Content, Oxford/New York.

Metzinger, Th. (Hrg.) (2001), Bewußtsein. Beiträge aus der Gegenwartsphilosophie, Paderborn.

Millikan, R. G. (1984), Language, Thought, and Other Biological Categories, Cambridge/Mass.

Millikan, R. G. (1993), White Queen Psychology and Other Essays for Alice, Cambridge/Mass.

Millikan, R. (2000), On clear and Confused Ideas, Cambridge.

Moreno, A./Umerez, J. (2000), Downward Causation at the Core of Living Things, in: P. B. Andersen u. a. (eds.) (2000), 99–117.

Mulligan, K. (1993), Internal Relations, in: B. Garrett/P. Menzies (eds.), Working Papers in Philosophy, 2, Canberra, 1–22.

Neander, K. (1995), Misrepresenting and Malfunctioning, in: Philosophical Studies, 79, 109–141.

Panksepp, J. (1998), Affective Neuroscience. The Foundations of Human and Animal Emotions, Oxford.

Papineau, D. (1993), Philosophical Naturalism, Oxford.

Perner, J. (1991), Understanding the Representational Mind, Cambridge/Mass.

Roth, G. (2001), Fühlen, Denken, Handeln. Wie das Gehirn unser Verhalten steuert, Frankfurt/M.

Searle, J. (1959), Determinables and the Notion of Resemblance, in: Proceedings of the Aristotelian Society, Suppl., Vol. 33, 141–158.

Sousa, R. de (1987), The Rationality of Emotion, Cambridge/Mass.

Tomasello, M. (2002), Der kulturelle Ursprung des menschlichen Denkens, Frankfurt/M.

Van Gulick, R. (1993), Who's in Charge Here? And Who's Doing All the Work?, in: J. Heil/A. Mele (1993), 233–256.

Van Gulick, R. (2001), Was würde als eine Erklärung von Bewußtsein zählen?, in: Metzinger (Hrg.) (2001), 79–102.

Yablo, St. (1992), Mental Causation, in: Philosophical Review, 101, 1992, 245–280.

Yablo, St. (1997), Wide Causation, in: Philosophical Perspectives, 11, 1997, 251–281.

Yablo, St. (2000), Textbook Kripkeanism and the Open Texture of Concepts, in: Pacific Philosophical Quarterly, 81, 98–122.

Kann die Quantentheorie den Hirnforschern helfen, Probleme zu verstehen?*

Von UWE KASPER (Berlin)

I. Einführung

In einem Interview, in dem es vor allem um die Willensfreiheit des Menschen geht, sagt Wolf Singer:

„Ich würde mich auf die Position zurückziehen, dass es zwei von einander getrennte Erfahrungsbereiche gibt, in denen Wirklichkeiten dieser Welt zur Abbildung kommen. Wir kennen den naturwissenschaftlichen Bereich, der aus der Dritte-Person-Perspektive erschlossen wird, und den soziokulturellen, in dem sinnhafte Zuschreibungen diskutiert werden: Wertesysteme, soziale Realitäten, die nur in der Erste-Person-Perspektive erfahrbar und darstellbar sind. Dass die Inhalte des einen Bereichs aus den Prozessen des anderen Bereichs hervorgehen, muss ein Neurobiologe als gegeben annehmen. Insofern muss, aus der Dritte-Person-Perspektive betrachtet, das, was die Erste-Person-Perspektive als freien Willen beschreibt, als Illusion betrachtet werden [...].“[1]

Und zu der Frage, wie real denn nun unsere Freiheit sei, äußert er sich so:

„[...] Beim freien Willen ist es doch so, dass wohl fast alle Menschen unseres Kulturkreises die Erfahrung teilen, wir hätten ihn. Solcher Konsens gilt im allgemeinen als hinreichend, einen Sachverhalt als zutreffend zu beurteilen. Genauso zutreffend ist aber die konsensfähige Feststellung der Neurobiologen, dass alle Prozesse im Gehirn deterministisch sind und Ursache für eine jegliche Handlung der unmittelbar vorangehende Gesamtzustand des Gehirns ist.“[2]

Diese beiden Zitate klingen so, wie sich die Physiker vor und in der ersten Zeit nach der Entstehung der Quantenphysik sinngemäß ausgedrückt haben. Der naturwissenschaftliche und der soziokulturelle Bereich stehen dabei für zwei Größen, die man nach der klassischen Physik glaubte, *gleichzeitig und ohne Störung der anderen* genau messen zu können. Die Quantenphysik führte zu der Erkenntnis, dass die genaue Messung der einen Größe zur vollkommenen Unkenntnis der anderen führt. Es ist also die Frage, ob man zum Beispiel bei einem Probanden inhaltlich sinnvolles Sprechen (als einen Teil des soziokulturellen Bereichs) klar erkennen kann, wenn man die mit dem Sprechen verbundenen Regionen des Gehirns immer intensiver mit physikalischen und chemischen Methoden beobachtet.

---

* E. F. zugeeignet als Dank und Ermunterung, auch in der Gegenwart zu leben.

1 W. Singer, in: Spektrum der Wissenschaft, Dossier 2, 2002, 42.

2 Ebd.

Die Quantentheorie hat auch gelehrt, dass man Begriffen ihren Geltungsbereich sehr selten ansehen kann. Das Beispiel ist das Bohrsche Atommodell! In diesem Zusammenhang wurde von den *Bahnen* der Elektronen im Atom gesprochen. Tatsächlich lassen sich diese Bahnen aber gar nicht beobachten, und man lernte mit der Zeit, dass man vorsichtig mit Begriffen umgehen muss, die sich im Bereich der Makrophysik gebildet hatten, wenn man Beobachtungen aus dem Bereich der Mikrowelt beschreiben wollte. Warum sollte man zum Beispiel am Begriff der Teilchenbahn für mikrophysikalische Erscheinungen festhalten, wenn man die Bahn nicht beobachten konnte? Aus dieser Sicht scheinen die beiden Zitate einige Formulierungen zu enthalten, die nicht Bestand haben können, *wenn auch unser Gehirn (ähnlich wie die atomare Welt) etwas ist, für dessen Beschreibung unsere Sprache nicht entwickelt worden ist.* Es ist C.F. v. Weizsäcker[3] gewesen, der diese Situation so auf den Punkt gebracht hat: *Die Natur war vor dem Menschen da, aber der Mensch vor der Naturwissenschaft.* Und das gilt nun ja auch für die Hirnforschung.

Sollte die hier vorgetragene Sicht etwas Wahres haben, dann wäre manche Wortmeldung (komme sie nun von Hirnforschern oder Philosophen) Ausdruck eines Missverständnisses dessen, was unsere Sprache zu leisten im Stande ist, und man könnte mit Wittgenstein sagen: „Wovon man nicht sprechen kann, darüber muss man schweigen."

Unten sollen die hier angedeuteten Gedanken etwas ausgeführt werden. Sie beziehen sich auf einen Aspekt von Fragen, die sich zwischen Hirnforschern und Philosophen auf Grund des Fortschritts der Experimentierkunst ergeben haben. Darüber wird ausführlich in Beiträgen für diese Zeitschrift geschrieben.[4]

II. Einige Bemerkungen zur klassischen Mechanik

Beschränken wir uns der Einfachheit halber auf ein System von Massenpunkten. Dann kennen wir nach der klassischen (Newtonschen) Mechanik unter bestimmten mathematischen Voraussetzungen die Lage und die Geschwindigkeit jedes einzelnen Massenpunktes zu *jedem* Zeitpunkt, wenn uns die Kräfte zwischen den Massenpunkten und *die Lage sowie die Geschwindigkeit jedes Massenpunktes zu einem bestimmten Zeitpunkt* bekannt sind. Einschränkungen dieser Behauptung, die sich in der Praxis ergeben und mit Aspekten der Chaostheorie zusammenhängen, wollen wir einmal beiseite lassen.

Prominentes Beispiel ist unser Sonnensystem. Die Planeten wie auch die Sonne können für eine angenäherte Beschreibung erst einmal als Massenpunkte betrachtet werden. Tatsächlich findet man innerhalb hinreichend kleiner Zeitintervalle die Planeten zu einem bestimmten Zeitpunkt an dem berechneten Ort. Das hat auch für andere physikalische Systeme zum Erfolg geführt. So hat sich mit der Zeit die Auffassung festgesetzt, dass sich die Massenpunkte (um bei solchen Systemen zu bleiben) auch dann auf Bahnen bewegen, wenn wir sie nicht beobachten.

3 Vgl. W. Heisenberg, Physik und Philosophie, 6. Auflage, Stuttgart 2000.

4 Vgl. G. Roth, Worüber Hirnforscher reden dürfen – und in welcher Weise?, in: Deutsche Zeitschrift für Philosophie, 52 (2004) 2, 223–234, in diesem Band: 27–38; W. Singer, Selbsterfahrung und neurobiologische Fremdbeschreibung, in: Deutsche Zeitschrift für Philosophie, 52 (2004) 2, 235–255, in diesem Band: 39–59; H.-P. Krüger, Das Hirn im Kontext exzentrischer Positionierungen, in: Deutsche Zeitschrift für Philosophie, 52 (2004) 2, 257–293, in diesem Band: 61–97.

In Wirklichkeit findet bei jeder Beobachtung eine Wechselwirkung (also eine gegenseitige Einflussnahme) zwischen dem zu beobachtenden System und den beobachtenden Instrumenten statt. Um wieder über das Sonnensystem zu sprechen: Diese Wechselwirkung ist so gering, dass sie keinen beobachtbaren Einfluss auf die Bewegung der Planeten hat. Wenn es sich um kleinere Teilchen handelt, muss man sich dann doch schon über mögliche Störungen des physikalischen Systems bei der Beobachtung Gedanken machen. Aber man geht in der klassischen Mechanik davon aus, dass man die durch die Beobachtung herbeigeführte Störung des Systems so gering machen kann, dass man mit der Beobachtung kein wesentlich anderes System erzeugt.

III. Einige Bemerkungen zur Quantenmechanik

Ende des 19. Jahrhunderts hatten sich einige Beobachtungen angesammelt, die nicht mehr im Rahmen der klassischen Physik verstanden werden konnten. M. Plancks Entdeckung Ende 1900 bestand im Wesentlichen darin, dass sich in atomaren Systemen Größen, die die Dimension „Wirkung“ haben (das heißt $\frac{\text{Masse} \times \text{Länge}^2}{\text{Zeit}}$), sprunghaft ändern. (Bei bestimmten Systemen ist dies gleichbedeutend mit der sprunghaften [quantenhaften] Änderung der Energie.)

Zuerst versuchte man durch Einführung von so genannten Quantenbedingungen die Newtonsche Physik „etwas“ abzuändern, um den Beobachtungen Rechnung zu tragen. Bekannt ist das Bohrsche Atommodell, bei dem man durch Quantenbedingungen nur eine diskrete Anzahl von Bahnen für die Elektronen erlaubte. Dieses Vorgehen konnte aber auf die Dauer nicht befriedigen. Und so wurde etwa in den ersten 25 Jahren des 20. Jahrhunderts ein mathematischer Formalismus entwickelt, der die Beobachtungen vorhersagen konnte.

Nach diesem Formalismus gibt es für jedes quantenphysikalische System einen vollständigen Satz von *gleichzeitig ohne Störung* beobachtbaren Größen. Von fundamentaler Bedeutung ist es nun, dass zu solchen vollständigen Sätzen *nicht* sowohl der Ort als auch die Geschwindigkeit[5] eines Teilchens gehören können. Mit anderen Worten: Ort und Geschwindigkeit können nicht gleichzeitig beliebig genau gemessen werden. Je genauer der Ort gemessen wird, um so ungenauer kann die Geschwindigkeit bekannt sein und umgekehrt. Das ist der Inhalt der Heisenbergschen Unschärferelationen. Solche Paare von physikalischen Größen nennt man zueinander *komplementär.* Das soll heißen: Beide Größen repräsentieren verschiedene, einander ausschließende Seiten des physikalischen Systems. Aber zusammen geben sie eine „Vorstellung“ vom betrachteten System.

Jetzt wird auch klar, dass es nach der Quantenmechanik keinen Sinn hat, von der Bahn eines Elektrons im Atom zu sprechen, denn zu deren Berechnung müsste man zwei zueinander komplementäre Größen (Ort und Geschwindigkeit) zu einem bestimmten Zeitpunkt *gleichzeitig* genau kennen, was nicht möglich ist. Das heißt, eine raum-zeitliche Beschreibung eines quantenphysikalischen Systems ist nicht möglich. Nach der Quantenmechanik antwortet uns die Natur immer nur auf die Fragen, die wir durch unsere Apparate an sie stellen.

5 Richtiger müsste es eigentlich „der Impuls“ heißen. Aber für Systeme, in deren Energiebilanz die Geschwindigkeit eines jeden Teilchens nur über ihr Quadrat eingeht, muss man die Geschwindigkeit mit der Masse multiplizieren, um den Impuls zu erhalten.

Aber es gibt auch in der Quantenmechanik eine Größe, die einer raum-zeitlichen Beschreibung unterworfen ist. Das ist die so genannte Wahrscheinlichkeitsamplitude oder Zustandsfunktion: Haben wir ein quantenphysikalisches System vorbereitet, dann gibt das Quadrat des Betrages der Wahrscheinlichkeitsamplitude die Wahrscheinlichkeit für Werte an, die die interessierende Größe annehmen kann. Es ist nach der Quantenmechanik nicht möglich, eine kausale raum-zeitliche Beschreibung für quantenphysikalische Vorgänge zu liefern, wie wir sie aus der Newtonschen klassischen Physik kennen. Kausal ist nur noch die Änderung der Zustandsfunktion.

Begriffe, die in der klassischen Physik vorkommen, haben in der Tätigkeit des Menschen ihren Ursprung. In der Wissenschaft sind sie präzisiert worden. Zu dieser Tätigkeit gehörte für eine sehr lange Zeit nicht das Studium quantenphysikalischer Systeme (und auch des Gehirns). Wenn wir diese Begriffe auch im Bereich der Quantensysteme anwenden wollen, dann kann es nicht verwundern, dass dem Grenzen gesetzt sind. Mit den Unschärferelationen sagt uns die Quantentheorie, in welchem Maße das möglich ist. Bei makrophysikalischen Systemen haben wir im Allgemeinen mit beträchtlich größeren Ungenauigkeiten zu kämpfen als mit denen, die nach der Quantentheorie prinzipiell nicht zu vermeiden sind.

IV. Gedanken eines Laien zur Hirnforschung

Alles, was nun kommt, ist als Frage oder Anregung, nicht aber als Anmaßung zu betrachten.

W. Heisenberg hat sich in seinen Büchern *Physik und Philosophie*[6] und *Der Teil und das Ganze*[7] über den Einfluss geäußert, den die Erkenntnisse, die wir mit der Quantenmechanik gewonnen haben, auch auf andere Bereiche haben können. Insbesondere gibt er in *Der Teil und das Ganze* Diskussionen wieder, die er und Kollegen mit N. Bohr gehabt haben. Unter anderem verweist er darauf, dass es auch im täglichen Leben Situationen gibt, die mit komplementären Begriffen beschrieben werden. Beispiel: Denken und Handeln! Auf der *einen* Seite haben wir das Extrem des „Zauderers", dem sein ständiges Abwägen (Denken) ein Handeln vollkommen unmöglich macht (für ihn ist „Handeln" etwas vollkommen Unbestimmtes). Das andere Extrem ist der „Macher", der (wenn er denn gedacht hat) sich an die Durchsetzung macht und sich nicht mehr durch Einwände (Denken, Bedenken) ablenken lässt. Aber auch Wissenschaft und Religion können ein solches Paar komplementärer Begriffe sein.

Bohr hat die Ansicht geäußert, dass die Kenntnis, ob eine Zelle lebt, komplementär zur Kenntnis ihrer molekularen Struktur ist, das heißt, wenn wir *genau* wissen, dass eine Zelle lebt, können wir nichts mehr über ihre molekulare Struktur sagen und umgekehrt. Aber eine Anzahl von physikalisch-chemischen Untersuchungen an der Zelle wird sie nicht gleich beträchtlich stören (töten). Wir werden also immer noch von einer lebenden Zelle sprechen können, wenn wir den Begriff „Leben" etwas vage halten.

Bei den Aktivitäten des Gehirns, die mit Lebensäußerungen zu tun haben, werden wir nicht bis zu einzelnen Zellen heruntergehen müssen, um zu untersuchen, welcher Art die Beziehung zwischen soziokulturellem Handeln und Hirntätigkeit ist. Vermutlich sind einzelne oder mehrere gekoppelte Areale (besser Bereiche) des Gehirns schon die bedeutsamen Objekte.

---

6 W. Heisenberg, Physik und Philosophie, a. a. O.

7 Ders., Der Teil und das Ganze, München 1993.

Und nun zurück zu den beiden Zitaten in der Einleitung. Es könnte doch sein, dass der naturwissenschaftliche und der soziokulturelle Bereich komplementär zueinander sind, das heißt, eine genaue Kenntnis des eine Bereichs macht die präzise Kenntnis des anderen unmöglich. Wenn man sich aber mit etwas vagen Formulierungen zufrieden gibt und das Hirn nicht mit physikalisch-chemischen Untersuchungen zu sehr stört, dann kann man über beide Bereiche *gleichzeitig* etwas in Erfahrung bringen.

Beide Bereiche für sich geben nun zu einer Vielzahl von Begriffen Anlass. Und es kann so sein, dass für die Mehrzahl von Paaren zweier Begriffe, von denen jeder einem anderen Bereich angehört, gilt, sie seien komplementär zueinander. Aber es werden auch Begriffe existieren, die demselben Bereich zuzuordnen sind und die auch zueinander komplementär sind. Ein Beispiel aus dem naturwissenschaftlichen Bereich (der Physik) sind Ort und Geschwindigkeit. Für den soziokulturellen Bereich könnte man Denken und Handeln nennen. Aber es ist auch nicht auszuschließen, dass es Begriffe gibt, von denen wenigstens einer einem anderen Bereich angehört und die dennoch präzise definiert sind.

Wie steht es nun mit dem Satz, dass „die Inhalte des einen Bereichs aus den Prozessen des anderen Bereichs hervorgehen"? Betrachten wir erst wieder ein Beispiel aus der klassischen Physik. Befindet sich ein Teilchen in einem Kraftfeld, dann hängt seine Energie von seiner Lage und seiner Geschwindigkeit in bestimmter Weise ab. Nach der klassischen Mechanik kennen wir also die Energie des Teilchens, wenn wir Lage und Geschwindigkeit des Teilchens messen. Das ist nicht so, wenn wir uns im Gültigkeitsbereich der Quantentheorie befinden, weil wir Ort und Geschwindigkeit *nicht* gleichzeitig genau messen können. Die Energie ist jetzt eine Größe, zu deren Bestimmung eine eigene Anordnung gefunden werden muss. Der Satz, dass die Energie durch die Lage und Geschwindigkeit des Teilchens gegeben ist, ist in der Quantenphysik falsch. Also: Was im Bereich der klassischen Physik möglich ist (die Kenntnis einer Größe, weil man andere schon gemessen hat), das gilt noch lange nicht nach der Quantentheorie.

Und nun wieder zurück zu besagtem Satz. Solange wir davon ausgehen, dass wir die Inhalte des soziokulturellen Bereichs wie auch die Inhalte des naturwissenschaftlichen Bereichs ohne Einwirkung auf den anderen Bereich präzise bestimmen können, sollten wir beweisen können, dass dieser Satz wahr oder falsch ist. Wenn wir andererseits der Ansicht sind, dass der soziokulturelle und der naturwissenschaftliche Bereich zueinander komplementär sind, dann ist er falsch, weil die präzise Bestimmung des Zustandes des Gehirns die Kenntnis soziokultureller Inhalte vollkommen unbestimmt macht. Vermutlich gibt es auch bestimmte soziokulturelle Tätigkeiten, die scheinbar mit mehreren Gebieten des Gehirns gekoppelt sind. Dann könnte sich zum Beispiel auch ergeben, dass diese „Gebiete des Gehirn zueinander komplementär" sind in dem Sinne, dass die präzise Bestimmung des Zustandes des einen Bereichs die Kenntnis des Zustandes des anderen Bereichs vollkommen unmöglich macht. Und über die entsprechende Beziehung zur in Frage kommenden soziokulturellen Tätigkeit ist dann schon gar nichts zu sagen (siehe das oben zur Bestimmung der Energie Gesagte). Nur wenn wir nicht ganz genau „hinschauen", werden wir eine gewisse Beziehung feststellen können.

Wenn man der Ansicht ist, dass „alle Prozesse im Gehirn deterministisch sind und Ursache für eine jegliche Handlung der unmittelbar vorangehende Gesamtzustand des Gehirns ist", dann glaubt man letztlich, dass das Gehirn ein System ist, das nach den Kausalitätsvorstellungen der klassischen Physik funktioniert: Wir können es beobachten, während der

Mensch seiner Tätigkeit nachgeht. Die bei der Beobachtung notwendig auftretenden Störungen des Gehirns lassen sich aber immer unter eine Grenze drücken, sodass zum Beispiel soziokulturelles Verhalten nicht beeinträchtigt wird. Dann können wir alle Prozesse des Gehirns beobachten (Dritte-Person-Perspektive), die zu Entscheidungen führen, von denen der Beobachtete glaubt (Erste-Person-Perspektive), er träfe sie aus freiem Willen. Und das wäre dann wirklich eine Illusion.

Es ist die Frage, ob dieses Bild richtig ist. Wird man wirklich immer größere Bereiche des Gehirns mit wachsender Präzision ohne merkliche Störungen im soziokulturellen Verhalten des Menschen beobachten können? Wenn das nicht so ist, dann manövrieren sich Hirnforscher nur deshalb im *Rahmen des naturwissenschaftlichen Bereichs* in die Lage, Willensfreiheit als Illusion erklären zu müssen, weil sie Kausalitätsvorstellungen, die sich vor der Hirnforschung gebildet haben, auch in diesem Gebiet als gültig voraussetzen. Das kann aber ein Irrtum sein. Dies heißt nun wiederum nicht, dass wir bei Vorgängen im Gehirn auf Akausalitäten gefasst sein müssen. Es könnte bedeuten, dass immer intensivere Beobachtung des Gehirns eine raumzeitliche, kausale Beschreibung der Vorgänge unmöglich macht.

Selbst von *Vorgängen* im hergebrachten Sinne zu sprechen, ist falsch, weil wir damit eigentlich auch wieder sagen, dass da etwas abläuft, auch wenn wir es *nicht* beobachten.

Nehmen wir ein Beispiel. Der Genuss von Alkohol durch eine Person kann als ein Experiment am Gehirn aus der Sicht des naturwissenschaftlichen und soziokulturellen Bereichs angesehen werden. Um nicht vielleicht weitere Störungen am Gehirn auszulösen, soll nicht versucht werden, die biochemischen Wirkungen des Alkohols zu ermitteln. Der naturwissenschaftliche Aspekt sei nur das Trinken. Es ist hinlänglich bekannt, dass gleichzeitig bei dieser Person Inhalte aus dem soziokulturellen Bereichs mehr oder weniger unklar werden. Man kann nun einwenden, dass die Untersuchung des Gehirns auch mit Methoden erfolgen kann, die das Gehirn weniger stören. Die entscheidende Frage ist es jedoch, ob diese Störungen beliebig klein gemacht werden können, sodass man einerseits „sieht", wie das Gehirn arbeitet, und andererseits die beobachtete Person noch klare Vorstellungen von soziokulturellen Inhalten hat.

Kann man wirklich glauben, dass der Begriff *Willensfreiheit* für eine Person, die über Elektroden und Kabel an Geräten angeschlossen ist, vielleicht noch in einer Röhre liegt und Angst einflößenden Geräuschen ausgesetzt ist, einen klaren Inhalt hat, das heißt, dass sie über dieses Problem sprechen kann? Bringt diese Situation nicht schon eine beträchtliche Störung des Gehirns mit sich? Andererseits ist sie aber wohl unumgänglich, wenn eine Aussage der Form, dass dem Bewusstwerden eine Kette von Vorgängen im Unbewussten vorausgeht, im Rahmen von Kausalitätsvorstellungen einen Sinn haben soll. Vielleicht schließt ja Handeln ohne Fremdbestimmung nach eigenem Wollen gerade die Bestimmung des Zustandes des Gehirns vollkommen aus.

Aber auch wenn man auf eine Beobachtung des Gehirns verzichtet, kann man immer noch fragen, ob die Willensfreiheit des Menschen nicht eine Illusion ist. Dies ist aber dann eine Diskussion, die vollkommen im Rahmen des soziokulturellen Bereichs läuft.

V. Schluss

Jeder, der als Laie die Hirnforschung aus der Ferne beobachtet, ist von den Versuchen beeindruckt, dem Gehirn bei der Arbeit zuzuschauen. Und es ist verständlich, dass die Möglichkeiten der modernen Technik Wissenschaftler geradezu euphorisch werden lassen. Dennoch – man wird an die Zeit erinnert, als die Newtonsche Physik einen Erfolg nach dem anderen feiern konnte. Das führte auch zu dem Glauben, dass man den Schlüssel zum Verständnis von allem gefunden hat. Dem machte die Quantentheorie sehr abrupt ein Ende.

Sicher steht die naturwissenschaftliche Erforschung des Gehirns noch am Anfang, und es werden sicher noch viele Antworten auf *naturwissenschaftliche* Fragen an das Gehirn gefunden werden. Aber vielleicht gibt es doch einen zum naturwissenschaftlichen Bereich *komplementären*, den soziokulturellen Bereich, der sich entzieht, je mehr man sich dem Gehirn mit naturwissenschaftlichen Methoden nähert, und umgekehrt.

Angesichts der möglicherweise vorliegenden Komplementarität der Begriffe Zelle und Leben hat Heisenberg auf die Frage, was man den Forschern denn nun bei einer solchen Lage raten solle, gesagt, dass man nur weitermachen könne wie bisher. Das Gleiche müsste auch bezüglich des hier betrachteten Problemkreises gesagt werden, wenn auch für den naturwissenschaftlichen und den soziokulturellen Bereich komplementäre Begriffe wesentlich wären. Denn dann wäre man mit der Hirnforschung in ein Gebiet vorgedrungen, das sich mit unserer Sprache nicht mehr so beschreiben ließe, wie wir es im Alltag bei verschiedensten Gelegenheiten erfolgreich machen. Aber eine andere Sprache haben wir nun einmal nicht, die der Mikrophysik mit Sicherheit und der Hirnforschung vielleicht besser angepasst wäre.

Vielleicht ist dies ja gerade der Grund für kontroverse Diskussionen: „Die Hirnforschung hat […] für sich bisher keine grundlegende Methoden- und Begriffskritik durchgeführt. Hierfür war sie bisher zu jung und zu vielfältig in ihren Methoden und Gegenständen. Nichtsdestoweniger ist es für eine wissenschaftliche Disziplin unabdingbar, dass sie sich eine logisch-begriffliche Basis schafft, in der festgelegt ist, worüber sie in welcher Weise reden soll.“[8] Und damit bin ich dann wieder am Ausgangspunkt angelangt: Kann die Quantentheorie und ihre Geschichte den Hirnforschern dabei helfen?

---

8 G. Roth, Worüber Hirnforscher reden dürfen – und in welcher Weise?, in: Deutsche Zeitschrift für Philosophie, 52 (2004) 2, 223–234, hier 224; in diesem Band: 27–38, hier 28.

DRITTE DISKUSSIONSRUNDE

Erneut darf ich mich seitens der Zeitschrift für die Vielzahl der Manuskripte und Leserbriefe bedanken, die als Echo auf die im Heft 2/2004 begonnene und im Heft 6/2004 fortgesetzte Diskussion zu den Grenzfragen der neurobiologischen Hirnforschung eingegangen sind. Nochmals bitte ich um Verständnis dafür, dass wir im Hinblick auf den Gesamtverlauf der Diskussion für die Publikation auch in der folgenden dritten Runde stark auswählen mussten, um Wiederholungen zu vermeiden und möglichst neuen Argumenten und Sichtweisen den Vortritt zu lassen. Wie in der zweiten Runde bereits angekündigt, antworten hier zunächst drei Neurobiologen auf die philosophischen Kritiken, die ersten beiden, indem sie direkt auf den Aufsatz *Freiheit und Determinismus* von Jürgen Habermas replizieren, der dritte durch einen allgemeiner gehaltenen Nachtrag.

Flohr stimmt Habermas darin zu, dass der Kern des Freiheitsproblems im Problem der mentalen Verursachung bestehe. Wolle aber Habermas ontologisch gesehen wirklich keinen cartesianischen Dualismus-Interaktionismus wiederbeleben, reiche sein Methoden-Dualismus (zwischen den Perspektiven der Ersten und der Dritten Person) nicht aus, um dieses Problem lösen zu können. Ontologisch könnten mentale Zustände nur im Rahmen des Energieerhaltungssatzes als dissipative Strukturen vorkommen, die – wie andere Zustände, welche in Lebewesen erzeugt werden, auch – thermodynamisch unwahrscheinlich sind und insofern noch nicht Mentales spezifizieren. Für Flohr reduziert die Naturalisierung dann Intentionalität nicht auf ein Epiphänomen, wenn die Funktionsweise des Gehirnes nicht allein syntaktisch verstanden werde, sondern als die Generierung repräsentationaler Strukturen (einer semantischen Maschine) aus einem zunächst syntaktischen Verarbeitungssystem. Würde die Generierung der neuronalen Netzwerkarchitektur so auch semantisch verstanden, wären intentionale Gehalte wirksame Größen in der Natur. Sie könnten nicht von außen, wie Habermas vorschlage, durch einen objektiven Geist programmiert werden.

Roth weist den Reduktionismus-Vorwurf zurück, da sich sein Verständnis der neurobiologischen Erklärung nicht auf das bloße Studium der elektrophysiologischen und elektrochemischen Prozesse (auf der zellulären und suprazellulären Ebene) beschränke. Vielmehr würden die Funktion und die Bedeutung dieser Prozesse aus dem Aktivitätskontext, das heißt durch den Bezug dieser Prozesse zu Verhaltensweisen oder subjektiven Äußerungen der Probanden, verstanden. Da nicht nur die genetischen Dispositionen und prägenden frühkindlichen Erlebnisse, sondern auch die sozialen Erfahrungen und sonstigen Umwelteinflüsse zu physiologischen und strukturellen Veränderungen in der Netzwerkstruktur des Gehirnes führen, könne dieses Netzwerk als ein bedeutungsverarbeitendes und selber intentionales System thematisiert werden. Statt erneut Verhaltensursachen und Handlungsgründe zu trennen, schlägt Roth eine Fundierungsordnung von drei verhaltenswirksamen Ebenen des Gehirnes vor, denen drei Erklärungstypen durch Gründe (unbewusste, bewusst-private und bewusst-sprachlich-soziale Gründe) entsprechen. Man könne mentale Verursachung so verstehen, dass bestimmte neuronale Zustände (in der Regel solche corticaler Netzwerke) mentale Zustände hervorbringen und beide zusammen in einer bestimmten Weise kausal wirksam werden, die bei neuronalen Zuständen ohne mentale Zustände nicht auftritt. Mentales könne nicht ohne Neuronales kausal wirksam sein. Aber daraus folge nicht die Reduktion von Mentalem auf Neuronales. Vielmehr lasse die Fähigkeit der Großhirnrinde zur Selbststrukturierung, zum Entstehen primärer, sekundärer usw. bewusster Repräsentationen, die Grundlage für die Selbstreferenz des Mentalen, seinen eigengesetzlich emergenten Charakter, erklärlich werden.

Auch Singer betont erneut die funktionelle Architektur der Nervennetze, deren Verschaltungsweise durch genetische Faktoren, erfahrungsabhängige frühkindliche Prägungen und vorangegangene Lernprozesse determiniert werde. Gleichwohl folge dieses System selber einer nichtlinearen Dynamik von Trajektorien, die vollkommen deterministisch betrachtet – infolge neuronaler Wechselwirkungen – neue Zustände ermögliche. Diese Resultate seien aber wegen der unübersehbaren Zahl von determinierenden Variablen nicht voraussagbar. Das System könne völlig neue, bislang noch nie aufgesuchte Orte in einem hochdimensionalen Zustandsraum besetzen, was dann als ein kreativer Akt in Erscheinung trete. Singer vermutet, dass es zunächst für die menschliche Spezies um eine evolutionäre Anpassung an eher lineare als nichtlineare, eher niedrig- als hochdimensionale Umweltprozesse, eher an eine Umwelt der klassischen Physik als der Quantenwelt, ging. Daher hätten wir auch kein Sensorium für die Funktionsweise unseres Gehirnes (oder ähnlich hochkomplexer Systeme mit stark nichtlinearem Verhalten wie des Gesellschafts- und Wirtschaftssystems) ausgebildet und suchten alltagspsychologisch noch immer nach Bewegern, hierarchischen Ich-Instanzen, linearer Voraussagbarkeit. Zumindest im akademischen Bereich ließen sich aber für die juristisch und medizinisch problematischen Fälle die Fehlassoziationen im Gebrauch der Freiheits- und Schuldterminologie vermeiden. Selbst wenn man Freiheit wohl verstehe (frei von Zwängen und frei zur Deliberation), liege das Problem klarer in der Frage, wie es zur Kohärenz oder Inkohärenz zwischen bewussten und unbewussten Prozessen komme. Die interindividuell stark schwankende Fähigkeit zur rationalen Verhandlung bewusstseinsfähiger Inhalte könne besser auf einer Skala der Mündigkeit verstanden werden. Die Zuschreibung von Verantwortlichkeit bleibe auch dann gewahrt, wenn man Sanktionen nicht an der Schwere subjektiver Schuld, sondern lediglich an der Normabweichung des Verhaltens orientiere.

Die drei sich anschließenden Beiträge beschäftigen sich aus mathematischer, praktischer und sprachpragmatischer Sicht wieder umgekehrt mit den Grenzen der neurobiologischen Erklärungsversuche und Erklärungsansprüche. Aber sie sparen auch nicht mit starken Hieben gegen den oft implizit bleibenden Dualismus in vielen Philosophien.

Für den Mathematiker Olivier fehlen der Neurobiologie Theorie und formale Modelle des Gehirns, eine Aufgabe, von deren Erfüllung die populären bildgebenden Verfahren eher ablenken. Kein Gedanke, kein Gefühl kann unmittelbar aus der physiologischen Aktivität abgelesen werden. Die leeren Signale müssen erst aus der psychischen Situation der Probanden heraus gedeutet werden. Statt nur in einer physiologischen Sprache (einer Art Landkarte der Fähigkeiten) zu repetieren, was in der psychologischen Beschreibung vorgegeben wurde, gehe es um die begriffliche Klärung des Zusammenhanges von Struktur und Funktion des Gehirns.

Gerade die verfeinerte Beobachtung greife in den Status des Beobachteten ein und verändere ihn auf eine nicht kontrollierbare Weise. Wenn aber ein bestimmter Messvorgang prinzipiell nicht durchgeführt werden könne, sei die formale Konsequenz daraus, dass die infrage stehende Größe nicht präzise definierbar ist. Seien der physische und der psychische Zustand des Gehirns nicht gleichzeitig definierbar, gebe es weder einen vollständigen psycho-physischen Parallelismus noch eine strikte Kausalität in der Psyche. Die Endosicht (für das Erleben) und die Exosicht (für das Beobachten) des Gehirns können nicht zugleich vollständig, sondern nur aspektweise eingenommen werden. Was von den Hirnvorgängen nach draußen dringt, sei nur ein Teil der Endosicht und schaffe Ableseprobleme in der Unschärferelation beider Sichten. Willensfreiheit sei mithin kein entscheidbares Problem. – Diese Einsicht richtet sich, wenn ich Olivier recht verstehe, gegen beide Seiten, sowohl viele Neurobiologen als auch viele Philosophen, beider öffentliche Inszenierung von prinzipieller Entschiedenheit, wo es prinzipiell um keine entscheidbare Frage geht.

Es ist wohl kein Zufall, dass ein Physiker und praktisch erfolgreicher Erfinder, der von seinen Patenten (unter anderem zu Medizintechnik, Werkzeugen, PC-Programmen der Schulmathematik) gut leben kann, die pragmatische Maxime wiederentdeckt, ohne Charles Sanders Peirce zu kennen. Samson plädiert zunächst dafür, die Versuche, Determinismus und Willensfreiheit miteinander verträglich zu machen, endlich aufzugeben und stattdessen den Widerspruch (die Unverträglichkeit) zwischen beiden im Denken voll anzuerkennen. Weder aus der quantentheoretischen Unschärfe noch aus dem, was man fälschlicherweise „chaotische“ Prozesse nenne, folge Nichtkausalität. Auch sei dem starken, offenbar evolutionär bewährten Gefühl der Willensfreiheit nicht durch die Einräumung von Zufällen geholfen. Gleichwohl folge aus der Unverträglichkeit von Willensfreiheit und Determinismus im Denken praktisch keine Unterscheidung, die zu einer Verbesserung des zukünftigen Handelns führen könnte. Obgleich die Annahme der kausalen Vorherbestimmtheit der Willensfreiheit keine echte Chance lässt, ist diese Annahme praktisch nicht realisierbar, und dies nicht nur wegen derzeit begrenzter Rechenkapazitäten. Bei chaotischen Prozessen sei zwar der Endzustand im Prinzip vollkommen vorhersagbar, aber um den tatsächlichen Endzustand herauszufinden, müsste der Anfangszustand mit unendlicher Genauigkeit bestimmt werden, was nicht geht. Daher bleibe die Unverträglichkeit praktisch folgen- und damit bedeutungslos. Sie könne sich niemals zeigen. – Was Olivier formal-theoretisch an Unbestimmtheit begründet, fundiert Samson praktisch. – Die Verbesserung künftigen Handelns sei durch Vorschläge zur Umgehung des Problems der Unverträglichkeit zu leisten. Man könne das starke Moralempfinden und die rechtlich nötige Zuordnung von Verantwortlichkeit abkoppeln von der geläufigen Semantik persönlicher Schuld und persönlicher Leistung als persönlicher Willensfreiheit. Stattdessen ließen sich Belohnungen und Bestrafungen als Maßnahmen des gerechten Ausgleichs im Schicksal aller verstehen. – Hinsichtlich der Reformbemühungen um die gegebene Kultursemantik rückt Samson in die Nähe von Singer und Roth.

Für den Philosophen Schneider besteht (im Anschluss an den späten Wittgenstein) die Aufgabe der Philosophie nicht darin, wie der Mainstream das Leib-Seele-Problem durch begriffliche Arbeit lösen zu wollen, sondern darin, es als Scheinproblem aufzulösen. Es verdanke sich einem Missverständnis der Rede über ‚Inneres‘, das auch bei Roth oder Bieri vorkomme. Verstehe man Sprache als Sprachspiel in einer soziokulturellen Gebrauchspraxis, entfalle das häufig unterstellte Primat der Semantik und der übliche Vorrang der Bezeichnungsfunktion von Wörtern für dinglich vorgestellte Gegenstände. Die Redeweisen über Inneres (Schmerzen, Gefühle, Wollen) müssen nicht missverstanden werden als eine begrifflich verselbständigte Semantik zur Bezeichnung von Gegenständen in einem inneren Teilbereich von Welt, der in Analogie zu und getrennt von dem äußeren Teilbereich der

Welt zu stehen kommt. Dieses Missverständnis hat dann die üblichen Folgen (Dualismus, Identitismus oder Emergenz der phänomenalen und erfahrungswissenschaftlichen Gegenstände). Gemessen daran seien die phänomenalen Gegenstände in den Redeweisen über Inneres kein Etwas (wissenschaftlicher Gegenstand), aber auch kein Nichts (lebenspraktisch bedeutungslos). Nehme man indessen diese Redeweisen so, wie sie von Kindesbeinen an in einer Sprechergemeinschaft sozial (nicht privat) erlernt werden, handele es sich um Geschichten, in die lebendige Menschen verstrickt sind und die sie als Personen im Ganzen zu bestehen haben. Es gehe um keine Aufteilung dieses Ganzen der Lebensführung von Personen in zwei Bestandteile (innere und äußere Gegenstände, die beide aus Vorgängen und Zuständen bestehen sollen). Das Verhältnis dieser Gegenstände erscheint rätselhaft, und aus ihm können die einmal ausgeklammerten Personen nicht wieder zusammengesetzt werden. Hinter einer so genannten Entscheidung stehe nicht im Innern ein einzelner Wille oder ein einzelnes Gehirn. Sie gehöre einer regulären Praxis von Interaktionen an, die nicht im Ganzen, wohl aber in Einzelfällen (der Zurechnungsfähigkeit) problematisch sein kann. Dafür bedürfe sie therapeutisch einer Kausalerklärung, ohne dass dieser Aspekt das Sprachspiel der Personen in ihren Lebensformen ersetzen könnte.

Die Diskussionsrunde wird abgeschlossen von einem Beitrag, der den vorherrschenden Methoden- Dualismus zwischen der Ersten und der Dritten-Person-Perspektive durchbricht. Lindemann untersucht empirisch-soziologisch Labors der neurobiologischen Hirnforschung, aber nicht in der Beschränkung auf die Sozialbeziehungen der Wissenschaftler untereinander, sondern im Hinblick auf die methodischen Verfahren im Umgang mit den Erkenntnisgegenständen. Kritisch gegen Habermas auf der einen und Singer und Roth auf der anderen Seite gewendet, bringt sie Plessners theoretisch-methodische Unterscheidung zwischen geschlossener und offener Frage zur Geltung. Alle modernen Wissenschaften enthalten, postempiristisch verstanden, in ihren Fragen einen Vorentwurf darüber, wie der zu untersuchende Sachzusammenhang beschaffen ist, und garantieren in ihrem Verfahren, dass die Sache auf die Frage antworten kann (Beantwortbarkeit). Darüber hinaus werde aber in der Sozial- und Kultur- oder Geisteswissenschaft in der Fragestellung keine Erscheinung festgelegt, deren Auftreten als Antwort verstanden werden muss. Der Gegenstand erhält dadurch einen Spielraum, in dem er sich selbst im Sinne einer Zweiten-Person-Perspektive interaktiv zeigen kann, das methodische Verfahren enthält also ein offen zu meisterndes Deutungsproblem. Demgegenüber schließe die Naturwissenschaft die Stellung der Frage zur Garantie ihrer Beantwortung in der reproduzierbaren Dritten-Person-Perspektive dadurch, dass auch noch die Datenart, die als Antwort zählt, festgelegt wird und mathematisierbar sein muss. Vor diesem Hintergrund rekonstruiert Lindemann, wie in den Experimenten mit Nervenzellgewebsscheibchen und mit Tieren in Narkose geschlossene Fragen und deren Beantwortung eingerichtet werden. In den Experimenten mit wachen Makaken-Primaten zu höheren kognitiven Leistungen gelinge dagegen die Schließung der Frage nicht bzw. nicht vollständig. Vielmehr sei die Praxis des Experimentierens daran gebunden, dass der sich kognitiv verhaltende Organismus verstanden wird. Während Habermas mit seinem philosophischen Primat des Teilnehmens gemäß Erster- und Zweiter-Person-Perspektiven an einer bereits sprachlich selbstreferenziellen Verständigung – und damit zu weit oben – ansetzen würde, um an die Verstehensdimension des organismischen Verhaltens von Primaten herankommen zu können, gerieten Roth und Singer insofern in einen performativen Selbstwiderspruch, insofern sie ihre Dritte-Person-Perspektive der Kausalerklärung zu weit unten ansetzen, nämlich am Gehirn als Organ. Damit werde die Verstehensleistung verdeckt, die sich in der Experimentalpraxis auf den Organismus richtet.

In der dritten Diskussionsrunde sind wir meines Erachtens präziser und klarer erneut bei jenen Grenzfragen angelangt, von denen wir in der ersten Runde schon einmal ausgegangen waren, während zwischenzeitig die öffentlich inszenierte Fehlalternative „Freiheit *oder* Determinismus“ (man kennt dieses Ideologiebedürfnis aus der überholten politischen Semantik seit zwei Jahrhunderten) etwas einfärbte. Im Feuilleton kam es zu Verkehrungen der Sachzusammenhänge: Gerade die Selbstbezüglichkeit in der Funktionsweise des Gehirns ermöglicht (statt verunmöglicht) einen Freiheitsgewinn des Organismus in seinem Verhalten gegenüber der Umwelt. Ich nehme hier die neurobiologischen Beiträge bei ihrem Wort: Sie haben verdeutlicht, wie sehr es ihnen auf die Funktion und Bedeutung von Hirnprozessen ankommt, was Reduktionismus und Dualismus ausschließen muss. Sollen aber Funktion und Bedeutung der Hirnkorrelate in Verhaltenskontexten und für Verhaltenskontexte ermittelt werden, müssen theoretisch und methodisch die Verstehensprobleme kontrollierbar gemacht werden, die in diesen Kontexten auftreten. Erst durch diese Kontrolle kann überhaupt erklärt werden und kann sich die neurobiologische Erklärungsrichtung vom Gehirn zum Verhalten gegenüber den umgekehrten Erklärungsrichtungen vom Verhalten zum Gehirn behaupten. Das war unser ursprüngliches Thema: Hirn als Subjekt?

Als Moderator der Diskussion würde ich mir für die Abschlussrunde wünschen, dass in der Diskussion folgende Punkte genauer beachtet werden: 1. Sowohl von Neurobiologen als auch von Philosophen werden die folgenden Übergänge in ihrer systematischen Bedeutung nicht ausreichend berücksichtigt: a) der Übergang von *un*belebten Prozessen der Selbstorganisation zu *be*lebten Prozessen der Selbstreproduktion in der Interaktion zwischen Organismus und *Umwelt*; b) unter den belebten Prozessen wäre genauer zu unterscheiden zwischen solchen Prozessen *ohne* eine und solchen *mit* einer Bewusstseinsfunktion im Verhalten, der im Organismus das Organ Gehirn entspricht; c) unter den bewussten Prozessen interessiert genau der Übergang von Prozessen *ohne* Formen zu denen *mit* Formen von Selbstbewusstsein in der symbolisch-sprachlichen Interaktion auf verschiedenen Levels von *Welt*. 2. Die Vernachlässigung dieser Unterscheidungen und Übergänge führt insbesondere zu der Konfusion von *Mentalität* im Sinne von Geist (zum Beispiel in der Diskurspraktik der scientific communities) mit der *Rolle des Bewusstseins* im Verhalten von Säugern (vor allem Primaten), die oft auch *Intentionalität* genannt wird. Während Naturwissenschaftler in ihrer Produktion von Erklärungen für bewusstes Verhalten mit diesem Unterscheidungsproblem ringen, stellen sich Geisteswissenschaftler, die erst bei der sprachlichen Selbstreferenz von Kultur beginnen, nicht diesem Problem. Die bei uns historisch institutionalisierte Trennung zwischen Natur- und Geisteswissenschaft ist durch keine Ontologie der Gegenstände vorgegeben. Es ist sinnvoll, gegen sie nach den Verstehensbedingungen in der Produktion naturwissenschaftlicher Erklärungen und nach den Erklärungsbedingungen in der verstehenden Sozial- und Kulturwissenschaft zu fragen. 3. Wenn man zwischen Mentalität (Geist) und Intentionalität (vorreflexives Bewusstsein) unterscheidet, kann auch eine weitere Verwirrung vermieden werden, die dadurch entsteht, dass zwischen verschiedenen Zeiten ganzer Populationskulturen in der Generationenfolge und augenblicklich erlebbaren und messbaren Zuständen einzelner Lebewesen nicht sorgfältig genug differenziert wird, als gäbe es keine begrifflich differenzierenden Möglichkeiten zu präzisen Zwischenschritten. 4. Die dritte Runde hat erneut gezeigt, wie wichtig es ist, zwischen a) Personen im Ganzen ihrer Lebensführung, b) deren Perspektiven (nicht nur der ersten und dritten, sondern mindestens aller pronominal geläufigen singularis und pluralis) und c) den Aspekten im methodischen Verfahren (im Sinne der Öffnung und Schließung von Fragen) zu unterscheiden. Wo Unbestimmtheit im Ganzen und Gleichzeitigen herrscht, wird gerade die Einschränkung auf Perspektiven und Aspekte zur Bedingung der Bestimmung, ohne an die Stelle der Unbestimmtheit treten zu können (Kants Dialektik der Vernunft). 5. Schließlich wäre ich froh, wenn wir die bereits erhaltenen Verbesserungsvorschläge zur eigenen kulturellen Semantik des Christentums und seiner Säkularisierung in folgender Hinsicht ernst nähmen: Wir können nicht wie selbstverständlich die in jeder Kultur enthaltenen Vor-Urteile zum Maßstab aller Dinge erheben. Ethnozentrismus kann theoretisch und methodisch kontrolliert werden. Universalität wird nicht geschenkt, sondern muss erst in einem Verfahrensprozess der Universalisierung geleistet werden.

Abschließend sei mir als Diskussionsteilnehmer ein Wort gestattet: Ob Neurobiologen oder Philosophen, beiden Seiten fällt es meines Erachtens noch immer schwer, die Konsequenzen aus den Möglichkeiten von Darwins Denkrahmen zu ziehen. Was für Kant noch Newton war, ist seit Peirce für die Philosophie Darwin. Wir verdanken ihm erstens den Doppelprozess von der Individualisierung (gegenständlich noch anhand der genetischen Variabilität gefasst) und von der natürlichen Auslese (anhand des Reproduktionserfolges in der Population einer Umwelt). Schon dieser Doppelprozess schließt Teleologie ebenso wie einen *einzigen* Determinismus aus und lässt sich für die soziokulturelle Evolution anders spezifizieren. Die Evolutionstheorie kommt ohne Prädestination, sowohl in ihrer religiösen als auch in ihrer säkularen Gestalt, aus. Denn Darwin hat zweitens auch das Thema des expressiven Verhaltens der Lebewesen untereinander eröffnet. Daran lassen sich die Dezentrierung der Verhaltensbildung vom Körperleib weg und die Rezentrierung der Verhaltensbildung zum Körperleib zurück bis auf das Niveau von Personen anschließen. Nicht nur das, was in der abendländischen Tradition „Geist" hieß, muss anders verstanden werden, sofern er nicht mehr außerhalb, sondern in der lebendigen Natur vorkommt und sich geschichtlich zu halten vermag. Auch die Natur muss dann anders verstanden werden, wenn sie „Geist" real ermöglicht und ihm unter bestimmten Bedingungen Leben gewährt. Zwei philosophische Traditionen sind besonders geeignet, die von Darwin ansatzweise formulierten Einsichten auszuarbeiten: die Philosophische Anthropologie, mit der ich in der ersten Diskussionsrunde gearbeitet habe, und der amerikanische Pragmatismus. Von George Herbert Meads „Philosophy of the Present", einer Philosophie der Gegenwartsbildung aus der Zukunft und Vergangenheit der Fernsinne in den Nahsinnen, wäre eine Brücke der Vergleichzeitigung zur Hirnforschung zu schlagen.

Ich hoffe, dass wir im nächsten Jahr zu einem provisorischen Abschluss unserer Diskussion gelangen können, wenigstens im Sinne eines Konsenses über die Bestimmtheit des Dissenses und über künftige Forschungsaufgaben. Inhaltlich werden wir darüber hinaus eine neue Diskussion mit den verschiedenen Richtungen der Verhaltenswissenschaften an den schwierigen Stellen des Überganges zu Personen unter den Primaten brauchen, um – bei allem „Kampf" zwischen den Wissenschaftskulturen – in den Sachzusammenhängen weiterzukommen.

Hans-Peter Krüger, Uppsala

Der Raum der Gründe

Von HANS FLOHR (Bremen)

Jürgen Habermas hat wohl Recht, wenn er sich angesichts der gegenwärtigen Debatte über Willensfreiheit in das 19. Jahrhundert zurückversetzt fühlt.[1] Die Fragen, die jetzt wieder gestellt werden, sind alt. Und sie sind, was von den meisten, die sich bisher an dieser Debatte beteiligt haben, übersehen wird, längst beantwortet worden. Im 19. Jahrhundert.

Habermas hat auch Recht, wenn er die Bedeutung, die Ergebnisse der modernen Neurobiologie für das Problem der Willensfreiheit angeblich haben, anzweifelt. Es ist *nicht* so, dass es neuere Erkenntnisse gäbe, die das alte Problem jetzt lösen oder auflösen. Das gilt auch für die Beobachtungen von Benjamin Libet, die Anlass für diese Diskussion waren.[2] Die Befunde sind durchaus unterschiedlich interpretierbar. Libet selbst jedenfalls hat sie nicht als ein Argument gegen den freien Willen aufgefasst.

Kern des Freiheitsproblems, das sieht auch Habermas so, ist das Problem der *mentalen Verursachung*. Wenn wir die Antezedenzien von Handlungen beschreiben wollen, verwenden wir zwei unterschiedliche Strategien: die der Neurobiologie und die der Alltagpsychologie. Die Neurobiologie versucht, Handlungen durch eine Kette physikalisch-chemischer Ereignisse, die in den Sinnesorganen, im Gehirn und in der Körpermuskulatur ablaufen, zu erklären. Bei der Reaktion auf einen Reiz beginnt diese Ereigniskette im Sinnesorgan mit der Umwandlung des Reizes durch das Sinnesorgan in elektrische Impulse. Diese werden über afferente Nerven zum Zentralnervensystem geleitet. Das Zentralnervensystem ist ein Netzwerk von einzelnen Nervenzellen, die untereinander durch Synapsen verknüpft sind. An diesen Kontaktstellen wird das elektrische Signal in ein chemisches Signal umgewandelt, Transmittersubstanzen werden freigesetzt. Diese Substanzen diffundieren zum nächsten Neuron und lösen dort wieder ein elektrisches Signal aus. Die Umwandlung elektrischer Signale in chemische und die Rückverwandlung chemischer Signale in elektrische an den Synapsen sind dem Mechanismus nach gut bekannt. Damit ist im Prinzip auch bekannt, auf welche Weise das einlaufende Signal sich im Netzwerk der Neurone ausbreitet, ein raumzeitliches Aktivitätsmuster erzeugt, mit gespeicherter Information interagiert und „verarbeitet" wird. Dieser Verarbeitungsprozess hängt im Wesentlichen von der Effizienz der beteiligten Synapsen

1 Vgl. J. Habermas, Freiheit und Determinismus, in: Deutsche Zeitschrift für Philosophie, 52 (2004) 6, 871–889; in diesem Band: 101–120.

2 Vgl. B. Libet, Haben wir einen freien Willen?, in: Ch. Geyer (Hg.), Hirnforschung und Willensfreiheit. Zur Deutung der neuesten Experimente, Frankfurt/M 2004.

ab. Schließlich erfasst die Erregung die motorischen Zentren des Gehirns, in denen efferente Signale entstehen, die dann die Muskelkontraktionen erzeugen, die eine Handlung, welche die Reaktion auf den auslösenden Reiz darstellt, erfordert. In dieser neurobiologischen Beschreibung kommen nur physikalische und chemische Termini, aber keine mentalen Ausdrücke vor. Unsere Handlungen haben in dieser Sicht nur physikalisch-chemische Antezedenzien. Nur *Ursachen*. Die Alltagspsychologie – und auch die wissenschaftliche Psychologie – erklären Handlungen mit anderen Begriffen. Handlungen haben *Gründe*. Ihre Antezedenzien sind propositionale Einstellungen: Absichten, Überlegungen, Wünsche, Meinungen, Ergebnisse rationaler Erwägungen. Propositionale Einstellungen sind intentionale Zustände, die dadurch charakterisiert sind, dass sie einen intentionalen Gehalt haben. Ihre Wirksamkeit erklärt sich allein aus diesem Gehalt, eben den Inhalten unserer Absichten, Gedanken, Wünsche etc. Nicht wesentlich für die Wirkung propositionaler Einstellungen ist dagegen die Beschaffenheit des materiellen Trägers, des Vehikels, an das dieser Gehalt gebunden ist. Derselbe Gehalt kann multipel, das heißt durch ganz verschiedene physische Zustände, instantiiert werden. Die Entscheidung für eine bestimmte Handlung ergibt sich dabei aus der Interaktion von intentionalen Gehalten – wie etwa beim Abwägen rationaler Argumente, die für oder gegen eine bestimmte Handlung sprechen. Habermas hat diesen Bereich, in dem die Entscheidungen fallen, den *Raum der Gründe* genannt. Ein Bild, das stark an Poppers dritte Welt erinnert. Die Wechselwirkungen zwischen Gründen – und das ist entscheidend – sind von anderer Art als die harten, kausalen Wechselwirkungen innerhalb der physischen Welt. Wenn Überlegungen, Wünsche, Urteile ins Spiel kommen, dann – so Habermas – herrscht kein Determinismus. Die handlungsmotivierende Rolle von Gründen lässt sich nicht nach dem Modell der Verursachung eines beobachteten Ereignisses durch einen vorangehenden Zustand begreifen.[3] Und: „Der zwanglose Zwang des besseren Arguments, der uns zu ‚Ja'- und ‚Nein'-Stellungnahmen motiviert, ist von dem kausalen Zwang einer auferlegten Einschränkung zu unterscheiden, die uns nötigt, anders zu handeln, als wir wollen."[4] Der Raum der Gründe ist also der Raum, in dem Kausalität im physikalischen Sinne aufgehoben ist. Hier ist deshalb Freiheit möglich. Das Problem der mentalen Verursachung, darin stimme ich mit Habermas überein, ist das Kernproblem der Willensfreiheitsdebatte.

Wir haben also zwei unterschiedliche Erklärungen für menschliches Verhalten: psychologische, die mit propositionalen Einstellungen und mit semantischen Verknüpfungen zwischen propositionalen Gehalten, mit *Gründen* operieren, und physiologische, die das nicht tun, sondern nur physikalisch-chemische Zustände und deren kausale Wechselwirkungen, *Ursachen*, kennen. Daniel Dennett hat diese beiden Erklärungsweisen als „intentional stance" und als „physical stance" bezeichnet.[5] Diese beiden Erklärungsstrategien existieren nicht friedlich nebeneinander, sondern sie bestreiten sich typischerweise gegenseitig ihre Existenzberechtigung. Dabei lautet das *physical stance*-Argument etwa folgendermaßen: Die Welt, zu der auch das Gehirn gehört, ist ein kausal in sich geschlossenes Wirkungsgefüge. Andere Antezedenzien von Handlungen als physikalisch fassbare Ursachen *können* darin nicht vorkommen. Gründe, sofern sie nicht zu den materiellen Entitäten gehören, sind kausal irrelevant.

---

3 Vgl. J. Habermas, Freiheit und Determinismus, a. a. O., 875; in diesem Band: 105.

4 Ebd., 875; in diesem Band: 105.

5 Vgl. D. C. Dennett, Intentional systems in cognitive ethology: The Panglossian paradigm defended, in: Behavioral and Brain Sciences, 6 (1983), 343–390.

Intentionale Verhaltenserklärungen sind daher keine echten Erklärungen. Das *intentional stance*-Argument sieht etwa folgendermaßen aus: Die Beschreibung physikalisch-chemischer Antezedenzien von Handlungen liefert keine echte Erklärung. Man hat das Handeln eines Menschen nur dann verstanden, wenn man die Gründe dafür kennt. Diese ergeben sich aus dem Gehalt seiner inneren mentalen Zustände und den logisch-semantischen Wechselwirkungen zwischen diesen. Gehirne sind nicht nur physikalisch-chemische Geräte, sondern Symbolverarbeitungsmaschinen.

Es scheint klar, dass diese unterschiedlichen Erklärungsstrategien in dieser Form und mit diesem Erklärungsanspruch nicht nebeneinander bestehen können. Sie sind inkompatibel. Irgendetwas ist falsch. Entweder die eine Auffassung oder die andere, oder beide. Aus dieser Sachlage kann man drei verschiedene Schlüsse ziehen. Man kann, wie das Steven Stich oder Paul Churchland tun, folgern, dass die *intentional stance*-Erklärungen der Alltagspsychologie einfach falsch sind.[6] Nur neurophysiologische Erklärungen sind richtig. Das mentalistische Vokabular der Alltagspsychologie sollte deshalb allmählich eliminiert und durch ein neurophysiologisches ersetzt werden. Man kann, zweitens, wie Daniel Dennett, das mentalistische Vokabular instrumentalistisch deuten: Es liefert zwar eine praktisch brauchbare Beschreibung abstrakter Sachverhalte, aber die darin vorkommenden Entitäten sind nicht real in dem Sinne, in dem physikalisch-chemische Entitäten real sind.[7] Mentale Ausdrücke sind Bezeichnungen für funktionale Zustände, Abstrakta und leisten demnach etwas Ähnliches wie das Konzept des Schwerpunktes in der Beschreibung der Bewegung fester Körper. Und man kann schließlich, drittens, folgern, dass mentale Ausdrücke etwas Reales bezeichnen. Sie sind deshalb für die Erklärung von Handlungen notwendig, weil sie besondere innere Zustände bezeichnen, die wirksam sind. Ohne Bezug auf diese Zustände können Handlungen nicht erklärt werden.

Freiheit ist nur dann denkbar, wenn man sich für die letzte Alternative entscheidet. Wenn man das tut, dann ist jedoch eine Konsequenz unvermeidlich. Man muss dann entscheiden, ob man diese als real aufgefassten Zustände *naturalistisch* verstehen will, als eine Teilmenge der in der Welt und im Gehirn vorkommenden physikalischen Zustände, oder ob man sie als ontologisch andersartige Zustände begreifen möchte, die sich nicht in der physischen Welt unterbringen lassen, die nicht physikalisch beschrieben werden können und die nicht den „harten" Kausalgesetzen folgen, sondern übernatürliche, magische Wirkungen, wie sie die Physik nicht kennt, besitzen. Popper und Eccles waren an dieser Stelle konsequent: Sie haben sich für die zweite Alternative entschieden und versucht, den cartesianischen Dualismus-Interaktionismus wiederzubeleben.[8] Habermas versucht das zu vermeiden. Ähnlich wie McGinn nimmt er an, dass unser Verstand grundsätzlich unfähig sei, das Intentionalitätsproblem aufzulösen.[9]

Aber man kann sich um diese Entscheidung nicht drücken. Die angenommenen mentalen Zustände sind an der Erzeugung menschlichen Verhaltens, an der Erzeugung von Bewegungen und sprachlichem Verhalten beteiligt. Sie bedingen physische Zustände des menschlichen Körpers. Irgendwo und irgendwann müssen sie in den Prozessen, die Handlungen vorausgehen, zu Ursachen werden.

---

6 Vgl. S. Stich, Deconstructing the Mind, New York 1996; P. M. Churchland, Matter and Consciousness, Cambridge/Mass. 1988.

7 Vgl. D.C. Dennett, Content and Consciousness, London 1969.

8 Vgl. K. R. Popper/J. C. Eccles, The Self and its Brain, Berlin 1977.

9 Vgl. C. McGinn, The Character of Mind, Oxford 1982.

Für diese letzte und unvermeidliche Entscheidung – naturalistisch oder nicht –, die Habermas nicht trifft, auf die es aber in dieser Debatte *allein* ankommt, hat die Neurobiologie allerdings gute Argumente. Ich möchte dazu drei Bemerkungen machen:

1. Es ist nicht richtig, wie Habermas zu behaupten, wir wüssten, „dass sich propositionale Gehalte oder intentionale Gegenstände nicht im Bezugsrahmen kausal wirksamer raumzeitlich datierbarer Ereignisse und Zustände individuieren lassen".[10] Habermas ignoriert hier eine umfangreiche philosophische Diskussion zur Naturalisierung intentionaler Zustände, auf die ich hier nicht eingehen möchte. Verwiesen sei auf Jerry Fodor, Fred Drestke, Ruth Millikan und Robert Cummins.[11]
2. Ignoriert werden auch Ansätze zu einer Naturalisierung von Intentionalität, die aus der Neurobiologie und aus der Arbeit mit künstlichen neuronalen Netzen stammen. Der kanadische Psychologe Donald Hebb hat 1949 den Vorschlag gemacht, dass mentale Repräsentationen im Gehirn durch einen assoziativen Lernprozess entstehen.[12] Seine Idee: Die Koaktivierung mehrerer Neuronen durch ein Reizmuster wird durch einen in bestimmten Synapsen vorhandenen Koinzidenzdetektor-Mechanismus entdeckt. Wird koinzidente Aktivierung festgestellt, so werden plastische Prozesse induziert, die zu einer Verstärkung der beteiligten Synapsen und damit der Verbindungen zwischen den beteiligten Neuronen führen. Die zusammen aktiven Neurone werden dauerhaft zu einem Zellverband, einem Assembly, verknüpft; ihre Aktivität wird koordiniert. Diese Aktivität des Assemblies spiegelt dann diejenigen Zusammenhänge in der Außenwelt, die die Koaktivierung verschiedener Einzelneurone verursacht haben. Das Assembly bildet die Struktur der Welt durch eine isomorphe Struktur ab. Ursache für die Entstehung interner Relationen sind die in der Außenwelt herrschenden Zusammenhänge. Der Hebb-Algorithmus vermag Zusammenhänge aller Art zu entdecken und abzubilden: kausale Beziehungen, räumliche Verhältnisse, Ähnlichkeiten, logische Beziehungen. Stimuli, die diesem plastischen Prozess nachfolgen, treffen auf ein verändertes neuronales Netz, ein Netz, das etwas über die Struktur der Welt gelernt hat. Sie mobilisieren das gesamte Assembly und werden dadurch in einen Kontext eingebettet, der gespeicherte Erfahrungen über die Außenwelt enthält. Der durch dieses Signal erzeugte Netzzustand wird zum Indikator, der auf die externe Struktur, der das Signal entstammt, und die dort gegebenen Regularitäten verweist.
   Hier existiert eine Idee, wie bedeutungshaltige Zustände auf natürliche Weise in physischen Systemen entstehen können und auf welche Weise eine Netzwerkarchitektur generiert wird, die semantische Zusammenhänge erfasst und respektiert. Intentionaler Gehalt ist für dieses Netz kein Epiphänomen, sondern eine wirksame Größe. Das Entscheidende an dieser Idee ist, dass ein Entstehungs*mechanismus* für computationale Strukturen angegeben wird, der nicht auf eine Instruktion durch ein anderes intentionales System, einen Konstrukteur oder Programmierer rekurriert. Vielmehr wird gezeigt, wie Patricia Churchland das formuliert hat, „wie das Gehirn Repräsentationen aus nicht-repräsentationalen Ereignissen her-

10 J. Habermas, Freiheit und Determinismus, a. a. O., 882; in diesem Band: 112.

11 Vgl. J. Fodor, A Theory of Content, Cambridge/Mass. 1990; F. Dretske, Naturalizing the Mind, Cambridge/Mass. 1995; R. Millikan, Language, Thought and other Biological Categories, Cambridge/Mass. 1984; R. Cummins, Meaning and Mental Representation, Cambridge/Mass. 1989.

12 Vgl. D. Hebb, The Organization of Behavior, New York 1949.

stellt".[13] Einige Zeit, nachdem Hebb seinen Vorschlag gemacht hatte, wurden Synapsen, die nach dem Hebb-Prinzip funktionieren, tatsächlich gefunden. Sie haben unsere Vorstellungen von der Arbeitsweise des Nervensystems tiefgreifend verändert. Der Signalverarbeitungsprozess in einem derartigen Netz besteht nicht, wie das implizit immer angenommen wird, nur aus syntaktischen Prozessen, einer reflexartigen Transformation und Umkodierung von Erregungsmustern durch ein starres Netz, sondern in der Generierung repräsentationaler Strukturen. Aus einem zunächst syntaktischen Verarbeitungssystem entwickelt sich eine semantische Maschine.

Diese Ansätze aus den Neurowissenschaften sind in ihrer Konsequenz für das Intentionalitätsproblem keineswegs ausgelotet. Aber sicher ist, dass das Projekt einer naturalistischen Theorie von Intentionalität nicht erledigt ist. Der Schritt vom ignoramus zum ignorabimus ist nicht gerechtfertigt.

3. Der *ontologische Rahmen*, in dem eine Lösung des Problems der mentalen Verursachung überhaupt gefunden werden kann, ist dagegen seit langem bekannt. 1845 hat Julius Robert Mayer in seinem Aufsatz *Die organische Bewegung in ihrem Zusammenhang mit dem Stoffwechsel* das Gesetz von der Erhaltung der Energie formuliert. Die Welt ist demnach kausal in sich geschlossen, jedes Ereignis hat Ursachen. Eine Einwirkung nicht-physikalischer Entitäten, wenn es diese denn gäbe, auf physikalische Prozesse ist nicht möglich, vor allem nicht eine „mentale Verursachung im Sinne einer Programmierung des Gehirns durch den objektiven Geist", wie Habermas das vorschlägt.[14] Entitäten, die per definitionem *immaterielle* Zustände sind, können keine physischen Wirkungen haben. Mentale Entitäten sind entweder identisch mit bestimmten physikalischen Zuständen oder wirkungslos. Mayer hatte bekanntlich große Schwierigkeiten, seine Einsichten zu vermitteln. Ihre Tragweite, so scheint es, wenn man die gegenwärtige Diskussion in Deutschland ansieht, wird bis heute nicht begriffen. Um die Wende zum 20. Jahrhundert hat Max Rubner in akribischen Versuchen nachgewiesen, dass das Gesetz von der Erhaltung der Energie in vollem Umfang für den tierischen Organismus gilt. Die Annahme, dass bestimmte Eigenschaften von Lebewesen nur durch eine spezifische Lebenskraft erklärt werden könnten, war damit nicht nur überflüssig, sondern falsch. Etwas später haben die amerikanischen Physiologen Atwater und Benedict gezeigt, dass der Energieerhaltungssatz auch für den Menschen gilt. Auch wenn er mental aktiv ist.

   Die Messungen von Atwater und Benedict waren sehr genau. Den Protagonisten eines psycho-physischen Dualismus blieb nur ein Ausweg: die Annahme, dass der Geist möglicherweise mit winzigen, nicht messbaren Energiebeträgen, wie sie in der Quantenmechanik in Betracht kommen, auf das Gehirn einwirken könne. Derartige Hypothesen liegen dem erwähnten Versuch von Popper und Eccles zu Grunde. Neuerdings werden ähnliche Ideen auch von einigen theoretischen Physikern um Roger Penrose verfolgt.[15] Dabei werden zwei Annahmen gemacht. Erstens, dass der immaterielle Geist in quantenmechanische Prozesse ohne Verletzung des Erhaltungssatzes eingreifen könne, und zweitens, dass sich derartige Minieinwirkungen im Gehirn auf die für die Informationsverarbeitung relevante Ebene der makroskopischen neuronalen Prozesse fortpflanzen könnten. Das Gehirn ist in

13 P. S. Churchland, in: ders./T. J. Seynowski, The Computational Brain, Cambridge/Mass. 1992, hier: 251.

14 Vgl. J. Habermas, Freiheit und Determinismus, a. a. O., 886; in diesem Band: 116.

15 Vgl. R. Penrose, Studies of the Mind, Oxford 1984.

dieser Sicht eine Art Schrödingersche Katze. Beide Annahmen sind falsch. Der Energieerhaltungssatz gilt in vollem Umfang auch in der Quantenmechanik. Auch hier können Einwirkungen aus einer immateriellen Sphäre nicht stattfinden. Die Annahme, dass das Gehirn wie eine Schrödingersche Katze funktioniert, müsste durch physiologische Argumente bewiesen werden. Dazu ist nichts in Sicht. Im Gegenteil, es ist typisch für die Arbeitsweise des Gehirns, dass es gegen Rauscheffekte aller Art in besonderer Weise abgeschottet ist. Anders könnte es nicht regelrecht funktionieren.

Umgekehrt spricht alles dafür, dass mentale Zustände den Erhaltungssätzen unterliegen. Man kann mentale Prozesse durch Eingriffe in die Tätigkeit des Gehirns ausschalten (zum Beispiel durch Anästhesie oder Sauerstoffmangel), modifizieren (zum Beispiel durch psychotrope Drogen) oder auch erzeugen (zum Beispiel durch eine transkranielle magnetische Stimulation). Unter denjenigen Eingriffen, die zur Auslöschung mentaler Prozesse führen, ist der Sauerstoffmangel besonders aufschlussreich. Das Gehirn besitzt, verglichen mit anderen Organen, einen sehr hohen Sauerstoffbedarf. Mentale Aktivität erhöht diesen. Jede kurzfristige Unterbrechung der Sauerstoffzufuhr führt zum Bewusstseinsverlust und zur Auslöschung mentaler Aktivitäten. Was bedeutet das physikalisch? Es zeigt, dass mentale Zustände eine Eigenschaft besitzen, die auch für andere Zustände, die in Lebewesen erzeugt werden, charakteristisch ist. Es sind Zustände, die thermodynamisch unwahrscheinlich sind, dissipative Strukturen. Derartige Zustände können nur dann entstehen und bestehen bleiben, wenn der Organismus fortwährend Energie bereitstellt. Im Gehirn wird diese ausschließlich aus Oxydationsprozessen gewonnen, im Sauerstoffmangel bricht die Energiezufuhr sehr schnell zusammen. Die Abhängigkeit mentaler Zustände und Prozesse vom Energiestoffwechsel des Gehirns charakterisiert diese nicht im Detail – etwa als einen bestimmten Informationsverarbeitungsvorgang. Aber sie zeigt, zu welcher Klasse natürlicher Phänomene sie gehören: Es sind dissipative Strukturen – Zustände des Gehirns, physikalische Zustände.

Gehirn, Gründe und Ursachen*

Von GERHARD ROTH (Delmenhorst)

I. Der Perspektiven-Dualismus von Jürgen Habermas

Bei der Diskussion darüber, wie frei oder determiniert der Mensch in seinen Entscheidungen ist, geht es um die zentrale Frage: Ist menschliches Handeln vollständig naturgesetzlich, zum Beispiel im Rahmen der Neurowissenschaften, erklärbar, oder gibt es gute Argumente anzunehmen, dass zumindest Teilaspekte dieses Handelns, nämlich deren mentale „Beweggründe", sich einer solchen Erklärung *grundlegend* entziehen?

Die von zeitgenössischen Philosophen hierbei eingenommenen Positionen sind keineswegs einheitlich. Die Mehrzahl der Philosophen sind offenbar *minimale Naturalisten bzw. Physikalisten*, das heißt, sie lehnen zumindest verbal einen *ontologischen* Geist-Gehirn-Dualismus, das heißt die Vorstellung, es gebe geistige bzw. mentale Zustände ohne eine Realisierung durch Hirnprozesse, ab. Gleichzeitig – und das ist irritierend – geht wiederum die Mehrzahl davon aus, dass der Mensch in seinem Fühlen, Denken und Handeln durch seine Hirnvorgänge *nicht vollkommen* festgelegt ist, sondern dass seine Subjektivität, Gesellschaftlichkeit und damit die *Welt der Gründe* seine biologische Natur, die *Welt der Ursachen*, transzendieren. In diesem Handeln aus Gründen sehen sie Willensfreiheit ermöglicht, die es in einer reinen Welt der Ursachen nicht geben kann. Diese Unterscheidung von einer Welt der Gründe und einer Welt der Ursachen birgt aber die Gefahr in sich, in einen Dualismus zurückzuverfallen, den man überwinden zu wollen vorgibt.

Den wohl prominentesten Versuch dieser Art in jüngster Zeit hat Jürgen Habermas in der vorliegenden Zeitschrift mit dem Aufsatz *Freiheit und Determinismus* unternommen, dem die Rede zur Entgegennahme des Kyoto-Preises 2004 zu Grunde lag.[1] Habermas setzt sich im Zusammenhang mit der Willensfreiheits-Debatte mit Wolf Singer und mir auseinander, in meinem Fall mit den Ausführungen zur Willensfreiheit in meinem Buch *Fühlen, Denken, Handeln* sowie in dem Aufsatz *Worüber dürfen Hirnforscher reden – und in welcher Weise?*, der zuvor in dieser Zeitschrift erschienen ist.[2]

---

* Den Herren Prof. Dr. Michael Pauen (Magdeburg) und Dr. Ralph Schumacher (Berlin) bin ich für die wertvolle Hilfe und kritische Durchsicht dieses Aufsatzes zu großem Dank verpflichtet.

1 J. Habermas, Freiheit und Determinismus, in: DZPh, 52 (2004) 6, 871–890; in diesem Band: 101–120.

2 Vgl. G. Roth, Fühlen, Denken, Handeln, Frankfurt/M. 2003; ders., Worüber dürfen Hirnforscher reden – und in welcher Weise?, in: DZPh, 52 (2004) 2, 223–234; in diesem Band: 27–38.

Das zentrale Anliegen von Habermas im genanntem Artikel ist die Entwicklung eines „weichen“ oder „nicht-szientistischen“ Naturalismus, der sich einerseits gegen einen neurobiologischen Reduktionismus abgrenzt, wie ihn Singer und ich angeblich vertreten, zum anderen aber auch einen „ontologischen Dualismus“ ablehnt. An die Stelle eines ontologischen Dualismus setzt Habermas einen „Perspektiven-Dualismus“: Dieser akzeptiert, dass das Gehirn – wenngleich in bisher nicht verstandener Weise – den individuellen, subjektiven und schließlich den gesellschaftlichen, objektiven Geist hervorbringt. Dieser objektive Geist, die Welt des symbolisch gespeicherten, objektiven Wissens, verselbständigt sich aber gegenüber dem Gehirn, wirkt auf es zurück und „vergesellschaftet“ es.

Gegen die Leugnung von Willensfreiheit durch die Neurobiologen auf der Grundlage eines durchgängigen Determinismus, der nach Habermas nur naturwissenschaftlich beschreibbare *Ursachen* kennt, setzt der Autor (wie er dies seit dem „Positivismus-Streit“ der sechziger Jahre tut[3] und vor ihm viele andere Philosophen[4]) die Erklärung menschlichen Handelns durch *Gründe*. Für Habermas heißt frei handeln *aus Gründen handeln*. Dieses Handeln aus Gründen kann seiner Meinung nach in den neurobiologischen Erklärungsversuchen menschlichen Tuns gar nicht erfasst werden, denn Gründe lassen sich im Gehirn nicht finden, sondern nur Ursachen. Allein schon deshalb ist für Habermas jeder Versuch der Neurobiologen (und der mit ihnen sympathisierenden Psychologen wie Wolfgang Prinz), auf Grund empirisch-experimenteller Grundlage die Willensfreiheit widerlegen zu wollen, von vornherein zum Scheitern verurteilt.

Habermas schließt sich der Anschauung von Peter Bieri an, ein Mensch entscheide und handle dann frei, wenn das Ergebnis seiner Entscheidung auf Überlegungen beruhe, die er für richtig hält.[5] Für Habermas ist vernünftiges, rationales und damit freies Handeln nicht auf der Grundlage von (neurobiologischen) Ursachen erklärbar: „Durch einen kausal erklärbaren Naturprozess würde sich der Handelnde entmächtigt, nämlich seiner Initiative beraubt fühlen“.[6] Während aber Bieri ebenso wie Michael Pauen eine Ko-Existenz von durchgängiger Determiniertheit und Willensfreiheit als möglich ansieht[7], lehnt Habermas einen solchen *Kompatibilismus* ab. Durch vernünftiges Überlegen und Handeln und insbesondere durch Einsicht, Ethik und Moral transzendiert der Mensch den Determinismus allen Naturgeschehens. Dies schließt für Habermas nicht die Relevanz von Wünschen und Präferenzen aus. Sie sind in die Lebensumstände eingebettet, aber der Handelnde macht sie sich zu Eigen und transformiert sie damit in *gute* Gründe. Dies wird von Habermas als ein Akt der Befreiung aus dem ansonsten allmächtigen Natur-Determinismus gesehen.

Habermas bezeichnet, wie bereits erwähnt, seine Position als „Perspektiven-Dualismus“, das heißt das gleichberechtigte Verständnis der Funktionen des Gehirns aus Ursachen und des menschlichen Handelns aus Gründen. Ein solcher Perspektivendualismus ist nach Worten von Habermas nicht „vom Himmel gefallen“, er muss evolutiv aus dem Gehirn entstanden

3 J. Habermas, Zur Logik der Sozialwissenschaften, in: Philosophische Rundschau, (1967), Beiheft 5.

4 Vgl. D. W. Hamlyn, Behaviour, in: Philosophy, 28 (1953), 132–145; G. H. von Wright, Erklären und Verstehen, Frankfurt/M. 1974.

5 P. Bieri, Das Handwerk der Freiheit. Über die Entdeckung des eigenen Willens, München 2001.

6 J. Habermas, Freiheit und Determinismus, a. a. O., 875; in diesem Band: 105.

7 M. Pauen, Illusion Freiheit? Mögliche und unmögliche Konsequenzen der Hirnforschung, Frankfurt/M. 2004.

sein, und zwar im Zusammenhang mit der Entstehung des Menschen und seiner Fähigkeit zu intentionalem Handeln und zu intersubjektiven Gründen und Erklärungen. Diese Fähigkeit ist für Habermas (in Berufung auf Untersuchungen von Primatenforschern wie Tomasello[8]) ausschließlich beim Menschen und nicht einmal bei seinen nächsten Primatenverwandten, den Schimpansen, vorhanden. Auf Grund dieser Fähigkeit entsteht die Welt des „objektiven Geistes", die von *sozialisierten* Gehirnen getragen wird. Gründe können nicht naturalisiert werden, denn sie entstammen der „objektiven Welt" der intersubjektiven Gründe und Erklärungen. Der objektive Geist erlangt „gegenüber dem subjektiven Geist der individuellen Gehirne eine strukturbildende Kraft".[9]

Für Habermas müssen freie Entscheidungen *bewusste* Entscheidungen sein. Da das bewusste Ich als eine sowohl subjektive als auch gesellschaftlich-objektive Instanz auf rein neurobiologischer Ebene nicht erklärt werden kann, muss auch der Prozess der *mentalen Verursachung*, das heißt die Handlungskontrolle durch Intentionen, Einsicht, Verstand und Vernunft, neurobiologisch unerklärt bleiben. Für den Neurobiologen bietet sich deshalb bei seinem Erklärungsanspruch als Ausweg nur ein *neuronaler Reduktionismus* an, der für Habermas verbunden ist mit einem *Epiphänomenalismus*, das heißt der Anschauung, dass beim Entscheiden und Handeln lediglich neuronale Prozesse kausal wirksam und die dabei auftretenden bewussten mentalen Akte wirkungslose Begleiterscheinungen sind. Ein solcher Epiphänomenalismus leugnet nach Habermas aber das Offensichtliche, nämlich die „objektive" soziale Vermitteltheit unseres Handeln.

Im Folgenden will ich mich mit drei von Habermas aufgeworfenen Fragen auseinander setzen, nämlich erstens, ob für die Neurobiologie bei der Erklärung menschlichen Handelns ein Reduktionismus, verbunden mit einem Epiphänomenalismus, unausweichlich ist, zweitens, ob intentionale Zustände aus dem Erklärungsbereich der Neurobiologie notwendig ausgeschlossen sind, und drittens, ob eine grundlegende Unterscheidung zwischen Gründen und Ursachen zwingend ist. Daran schließt sich der Versuch einer Neubestimmung des Begriffs der mentalen Verursachung aus neurobiologischer Sicht an. Auf weitere Aspekte der Diskussion um die Willensfreiheit will ich hier nicht eingehen – dies ist einer gemeinsamen Veröffentlichung mit Michael Pauen vorbehalten.

II. Muss eine neurobiologische Erklärung notwendigerweise reduktionistisch sein?

Aus Sicht von Habermas und vieler anderer philosophischer Kritiker vertreten manche Hirnforscher (zu denen auch ich gezählt werde) einen ungerechtfertigten *neurobiologischen Reduktionismus* in der Debatte um die Willensfreiheit und allgemein bei der Erklärung menschlichen Handelns. Ausgangspunkt dieser lang anhaltenden Debatte ist die Tatsache, dass wir beim Selbsterleben mentaler Zustände keine neuronalen Prozesse und beim Studium neuronaler Prozesse keine mentalen Zustände erfahren. Hieraus folgert der ontologische Dualismus, dass es sich um zwei wesensmäßig verschiedene Welten handelt. Gleichzeitig zeigt aber die Hirnforschung mithilfe der ihr seit einiger Zeit zur Verfügung stehenden Methoden, dass mentale Zustände und bestimmte neuronale Prozesse (vornehmlich solche, die in Teilen der Großhirnrinde ablaufen) aufs Engste miteinander verbunden sind.

8 M. Tomasello, Die kulturelle Entwicklung des menschlichen Denkens, Frankfurt/M. 2002.

9 J. Habermas, Freiheit und Determinismus, a. a. O., 887; in diesem Band: 117.

Wie können wir beide Tatsachen zusammenbringen? Die Antwort lautet für Habermas: Gar nicht – es handelt sich zwar nicht um zwei ontologisch verschiedene Welten, aber doch um zwei Weltsichten oder „Perspektiven“, die nicht zur Deckung gebracht werden können. Will man dennoch einen Monismus oder Identismus herbeiführen, dann kann man nur in einem neurobiologischen Reduktionismus enden, der die Welt des Mentalen entweder, wie es etwa Daniel Dennett tut[10], überhaupt nur als Sprachspiel ansieht, oder zumindest ihre eigenständige Wirksamkeit leugnet. Dann muss man aber erklären, wieso sich die Welt des Mentalen im Rahmen der Evolution des Gehirns überhaupt ausbildete, wenn sie keine Wirkungen ausübt.

Mir scheint, dass der gängige Reduktionismus-Vorwurf im Wesentlichen darauf beruht, dass unter dem Begriff „Gehirnprozesse“ auch in den Neurowissenschaften zwei ganz unterschiedliche Dinge verstanden werden. Unter „Gehirnprozessen“ kann man zum einen die messbaren elektrophysiologisch-neurochemischen Prozesse der Erregungsverarbeitung im Gehirn, wie das Entstehen und die Fortleitung eines Aktionspotenzials oder die Erregungsübertragung an einer Synapse, verstehen. Man kann diese Prozesse direkt an einer einzigen Nervenzelle oder Synapse untersuchen oder mithilfe der Elektroenzephalographie (EEG) oder Magnetenzephalographie (MEG) die Aktivität großer Neuronenverbände oder indirekt (das heißt über die Stoffwechselabhängigkeit dieser Aktivitäten) mithilfe der Positronen-Emissions-Tomographie (PET) und der funktionellen Kernspintomographie (fMRI).

Die *Funktion* oder *Bedeutung* solcher Vorgänge für den Organismus ist damit nicht direkt erfassbar. Wenn ich als Neurophysiologe eine „feuernde“ Nervenzelle registriere, dann kann es für dieses Feuern viele Ursachen geben; zum Beispiel kann sie spontanaktiv sein, auf die Ausschüttung bestimmter neuroaktiver Substanzen im Gehirn oder auf bestimmte sensorische Reize reagieren. Die Aktivität des registrierten Neurons hat für sich allein keine Bedeutung – dies ist die fundamentale „Neutralität des neuronalen Codes“.[11] Es ist deshalb trivialerweise unmöglich, die Funktion oder Bedeutung neuronaler Aktivität auf diese rein neuronalen Prozesse zu reduzieren. Dies wäre dasselbe, als wolle man ein Gedicht von Goethe auf seine Druckbuchstaben oder eine Fuge von Bach auf die Noten oder (im Falle des Spielens) auf das Anschlagen von Klaviertasten reduzieren. Ich vermute, dass diejenigen Kritiker, die den Neurobiologen einen unhaltbaren Reduktionismus vorwerfen, genau diese Bedeutung von „Hirnprozessen“ als rein neurophysiologischen Abläufen meinen.

Gehirne sind aber nicht allein dazu da, elektrische oder chemische Erregungszustände zu verarbeiten, sondern sie erzeugen ein Verhalten, das im Dienste des Lebens und Überlebens des Organismus, einschließlich des sozialen Überlebens, steht. Es ist die Hauptaufgabe der kognitiven und systemischen Neurobiologie, Funktion und Bedeutung neuronaler Aktivitätszustände herauszufinden, die sich stets nur aus dem *Aktivitäts-Kontext* ergeben. Diesen Kontext rekonstruiert man zum Beispiel, indem man bei Tier und Mensch die Aktivitätsmuster einzelner Nervenzellen mithilfe von Mikroelektroden oder ganzer Hirnareale mithilfe der funktionellen Kernspintomographie nach Darbietung bestimmter Reize untersucht oder die Folgen von Verletzungen, Erkrankungen oder operativen Eingriffen auf kognitive Leistungen bzw. das Verhalten studiert. Dabei stellt man etwa fest, dass die Darbietung bedrohlicher Gesichter zu einer starken Aktivierung von Teilen der Amygdala führt und ein Ausfall des Hippocampus eine anterograde und zumindest partielle retrograde Amnesie nach sich zieht.

10 D. Dennett, The Intentional Stance, Cambridge/Mass. 1987.

11 Vgl. G. Roth, Das Gehirn und seine Wirklichkeit, 2. veränderte Aufl., Frankfurt/M. 2000, Kap. 5.

Wenn kognitive Neurobiologen in diesem Zusammenhang von „Hirnprozessen" reden, dann meinen sie in aller Regel *nicht allein* die rein neurophysiologischen und neurochemischen Vorgänge, sondern schließen den funktionellen Zusammenhang dieser Vorgänge mit bestimmten Verhaltensreaktionen oder (im Falle des Menschen) mit inneren Erlebnissen und damit die *Bedeutungsebene* mit ein. So sagt man, dass die Amygdala des Menschen (unter anderem) furchterregende Reize „verarbeitet" und der Hippocampus der „Organisator" des deklarativen Gedächtnisses ist. Natürlich beinhaltet diese Redeweise einen *Kategorienwechsel*, denn Furcht und deklaratives Gedächtnis sind keine Phänomene, die sich aus dem rein neurophysiologischen Geschehen ergeben, aber dieser Kategorienwechsel ist völlig zulässig, falls man zeigen kann, dass in jedem Fall, in dem eine Versuchsperson Furcht vor einem bestimmten Objekt oder Geschehen hat, Teile der Amygdala aktiv sind – und umgekehrt. Dasselbe gilt für den Zusammenhang zwischen der Aktivität des Hippocampus und Leistungen des deklarativen Gedächtnisses. Dieser Kategorienwechsel ist das tägliche Brot der Neuropsychologie, und kein Neuropsychologe wird sich durch den Vorwurf beunruhigen lassen, seine Tätigkeit beruhe auf einem Kategorienfehler.

Ähnlich verfehlt wie der Vorwurf des Kategorienfehlers ist die Kritik mancher Philosophen, die genannten neurobiologischen Untersuchungen, insbesondere die Interpretationen der „bunten Bildchen" der funktionellen Kernspintomographie, seien nichts anderes als reine Korrelationen, die keinerlei verlässlichen Aufschluss über den mentalen bzw. intentionalen Gehalt gäben. Erstens ist die Aufklärung der strukturellen und funktionalen Organisation tierischer Gehirne einschließlich des menschlichen Gehirns soweit fortgeschritten, dass man annäherungsweise erklären kann, *warum* die Amygdala etwas mit angeborener und erlernter Furcht, der Nucleus accumbens etwas mit Belohnung und Belohnungserwartung, der Hippocampus und die umgebende Rinde etwas mit dem deklarativen Gedächtnis und der präfrontale Cortex etwas mit dem Arbeitsgedächtnis und mit Problemlösen zu tun haben. Dies geht bereits weit über eine reine Korrelation mentaler und neuronaler Zustände hinaus.

Überdies ist es inzwischen möglich, den zeitlichen Bezug zwischen bestimmten Hirnprozessen und dem bewussten Erleben relativ genau zu bestimmen. Mithilfe der Kombination von fMRI, die eine hohe räumliche Auflösung besitzt, und MEG, die eine hohe zeitliche Auflösung aufweist, lässt sich zum Beispiel der Prozess der bewussten visuellen Gestalterkennung über die verschiedenen Verarbeitungsebenen von der Netzhaut über den lateralen Kniehöcker zum primären visuellen Cortex und dort weiter zu den vielen sekundären und assoziativen visuellen Arealen und schließlich zurück zu den primären visuellen Arealen verfolgen.[12] Man kann sogar mithilfe der transkraniellen Magnetstimulation (TMS) diesen komplizierten Erregungsfluss genau in dem Augenblick unterbrechen, wenn die assoziativen Rindenareale „absteigend" die primären sensorischen Areale noch einmal aktivieren, und zeigen, dass dann das bewusste Erleben unterbleibt.

Fassen wir zusammen: Das bloße Studium der elektrophysiologischen und elektrochemischen Prozesse auf zellulärer und suprazellulärer Ebene sagt direkt nichts über Funktion und Bedeutung dieser Prozesse aus, sondern dies kann nur über den Aktivitäts-Kontext, das heißt durch den Bezug dieser Prozesse zu Verhaltensweisen oder subjektiven Äußerungen, erreicht werden.

---

12 T. Noesselt, S. A. Hillyard, M. G. Woldorff, A. Schoenfeld, T. Hagner, L. Jäncke, C. Tempelmann, H. Hinrichs und H.-J. Heinze, Delayed striate cortical activation during spatial attention, in: Neuron, 35 (2002), 575–587.

Nur so lässt sich verstehen, *warum* ein bestimmtes Hirnzentrum (meist im Zusammenspiel mit anderen Zentren) eine bestimmte Funktion ausübt. Auch lässt sich inzwischen die zeitliche Reihenfolge der Aktivität bestimmter Hirnzentren bestimmen, sodass man in der Lage ist zu erklären, was passieren muss, *bevor* eine bestimmte Verhaltensweise oder ein bestimmter bewusster Erlebniszustand auftreten.

Es dürfte klar sein, dass die Reduktionismus-Debatte ganz anders ausfallen muss, wenn man unter „Hirnprozessen" nicht nur die rein physiologischen Abläufe versteht, sondern die Tatsache berücksichtigt, dass Hirnprozesse *bedeutungshafte* Prozesse sind. Mit den heutigen experimentellen Mitteln kann man dies nachvollziehen und zumindest in ausgewählten Zusammenhängen zeigen, dass nicht nur genetische Dispositionen und prägende frühkindliche Erlebnisse, sondern auch alle sozialen Erfahrungen und sonstigen Umwelteinflüsse zu physiologischen und strukturellen Veränderungen im jeweiligen Gehirn führen. Diese Veränderungen der Netzwerkstruktur sind der experimentell zugängliche Aspekt der *Entstehung von Bedeutung im Gehirn*. Damit entfällt zumindest ein Hauptargument philosophischer Kritiker, Neurone bzw. Neuronen-Netzwerke könnten nichts mit Bedeutung zu tun haben, und Neurobiologen müssten, da ihnen die Bedeutungsebene entgeht, alles auf rein physiologische Prozesse reduzieren.

III. Lassen sich intentionale Zustände neurobiologisch erklären?

Eine zweite Kernaussage von Habermas (und vieler anderer Philosophen) lautet, intentionale Zustände des Meinens, Wünschens und Wollens, wie sie bei der Begründung menschlichen Handelns auftreten, *transzendierten* notwendigerweise das neuronale Geschehen. Eine solche Kritik geht jedoch am derzeitigen Kenntnisstand der Neurowissenschaften vorbei, denn intentionale Zustände wie irrtümliches Annehmens, das Erwarten von Belohnung, das Befürchten schmerzhafter Ereignisse, Enttäuschung und Unterstellen von Wissen wurden in den letzten Jahren ausführlich untersucht, vornehmlich mithilfe der funktionellen Kernspintomographie. Ich will dies an einigen Beispielen zur Schmerzwahrnehmung erläutern.

In einem typischen Experiment befindet sich eine Versuchsperson im Kernspintomographen. Ihrer Fingerkuppe wird ein leichter (unschädlicher) Schmerzreiz verabreicht. Man kann dann in ihrem sensorischen Cortex sowie im insulären und anterioren cingulären Cortex Aktivitäten beobachten. Dass diese Aktivitäten etwas mit Schmerzwahrnehmung zu tun haben, kann man nicht direkt sehen, sondern man schließt dies aus der Tatsache, dass sie nur dann auftreten, wenn die Versuchsperson berichtet, dass es jetzt weh tut, oder wenn sie auf einen Knopf drückt, auf dem steht: „jetzt Schmerz". Man kann dann aus dem subjektiven Bericht „ich spüre jetzt einen Schmerz im Finger" auf eine Aktivität in der genannten Region des Cortex und umgekehrt vom Auftreten dieser Aktivitäten auf einen Schmerzreiz schließen. Dies stellt neuro(bio)logisches Alltagswissen dar.

Interessanter wird es, wenn Patienten auf sensorischen Schmerzreiz *keine* Schmerzempfindung berichten. Man stellt im sensorischen Cortex des Gehirns solcher Patienten fest, dass der Schmerzreiz zwar als sensorischer Reiz wahrgenommen wird, und die Person sagt dann: „Eine Nadel sticht in meinen Finger, aber dies tut *nicht weh*!" Gleichzeitig stellt man fest, dass der insuläre und anteriore cinguläre Cortex *nicht* aktiv sind. Diese und viele andere Untersuchungen führen zu der inzwischen weithin akzeptierten Anschauung, dass man zwischen *Nozizeption*, das heißt dem Verletzungsreiz, und *Schmerz* als Erlebniszustand unterscheiden muss, und dass zwischen beiden eine komplizierte Beziehung herrscht.[13] Ein *Schmerzerleben* tritt nur auf, wenn der insuläre, anteriore cinguläre und orbitofrontale Cortex aktiv sind; diese limbischen Cortexanteile erzeugen das „Schmerzhafte" am Schmerz. Es gibt also (anders als manche Philosophen behaupten) durchaus Schmerz, der nicht weh tut.

Besonders interessant wird es bei folgendem Versuch[14]: Hierbei wird der Versuchsperson im Kernspintomographen gesagt, sie müsse auf ein grünes und ein rotes Licht achten. Wenn das grüne Licht aufleuchte, geschehe nichts, aber nach dem Aufleuchten des roten Lichtes werde sie einen Schmerzreiz verspüren. Wie erwartet, passiert beim Aufleuchten des grünen Lichtes im Gehirn der Versuchsperson nichts Besonderes. Das Aufleuchten des roten „bedrohlichen" Lichts führt jedoch zu einer vorübergehenden Aktivierung der linken oder linken und rechten Amygdala und einer länger anhaltenden Aktivierung im linken insulären, anterioren und orbitofrontalen Cortex, die, wie bereits erwähnt, mit dem subjektiven Schmerzerleben zu tun haben, sowie im prämotorischen Cortex und in den Basalganglien, die mit Handlungsvorbereitungen (zum Beispiel Schmerzvermeidung) befasst sind. Der Witz des Experiments ist, dass auch nach dem roten Licht nie ein Schmerzreiz verabreicht wird; die Aktivierung der genannten Hirnareale geschieht also allein auf Grund einer *Schmerzerwartung*, und diese wurde allein durch eine *sprachliche Instruktion* erzeugt. Ähnliche Effekte lassen sich auch mithilfe eines hypnotisch erzeugten Schmerzes hervorrufen, in denen die genannten limbischen Areale aktiv sind, aber nicht somatosensorische Areale, die durch eine tatsächliche körperliche Schädigung erregt werden.[15]

Im genannten Beispiel wurden die Schmerzempfindungen allein durch sprachliche Instruktion induziert („wenn das rote Licht aufleuchtet, dann wird es weh tun"; oder: „dein Partner erlebt gerade beträchtliche Schmerzen"), die ihre Wirkung nur in einem ganz bestimmten kommunikativen Kontext erhalten. Generell lässt sich zeigen, dass Schmerzempfindungen hochgradig erwartungs- und erfahrungsabhängig sind. Zugleich kann man feststellen, dass diese Empfindungen nur dann auftreten, wenn die genannten limbischen Zentren aktiviert werden und damit ihr direktes neuronales Substrat bilden.

Kürzlich konnte gezeigt werden, dass beim Anblick des (vermeintlichen) Leidens einer geliebten Person wiederum genau diejenigen limbischen Hirnareale des „Mitleidenden" aktiviert sind, welche subjektives Schmerzempfinden erzeugen.[16] Ähnliche Zusammenhänge zwischen Aktivitäten von Hirnzentren und intentionalen Zuständen ergeben sich, wenn Versuchspersonen etwas erwarten, etwas bedauern oder bereuen oder eine Enttäuschung erleben. Wenn man sich bei Schmerzzuständen noch darüber streiten kann, inwieweit gesellschaftliche Bedingungen eine essenzielle Rolle spielen, ist dies beim „Mitleiden", beim Bedauern oder Bereuen sicherlich unleugbar.

Es zeigt sich also, dass nicht nur Sinneswahrnehmungen und affektive Zustände, sondern alle psychischen Erlebnisse, einschließlich derer, bei denen gesellschaftliche Interaktion und

---

13 B. Bromm/J. E. Desmedt (Hg.), Advances in Pain Research and Therapy, Bd. 22: Pain and the Brain. From Nociception to Cognition, New York 1995.

14 E. A. Phelps, K. J. O'Conors, J. C. Gatenby, J. C. Gore, C. Grillon und M. Davis, Activation of the left amygdala to a cognitive representation of fear, in: Nature Neuroscience, 4 (2001), 437–441.

15 P. Rainville, G. H. Duncan, D. D. Price, B. Carrier und M. C. Bushnell, Pain affect encoded in human anterior cingulate but not somatosensory cortex, in: Science, 277 (1997), 968–971.

16 T. Singer, B. Seymour, J. O'Doherty, H. Kaube, R. J. Dolan und C. D. Frith, Empathy for pain involves the affective but not sensory components of pain, in: Science, 303 (2004), 1157–1162.

Kommunikation eine Rolle spielen, ihre präzise neuronale Grundlage besitzen, und dass ohne diese Grundlage die entsprechenden psychischen Erlebnisse nicht auftreten. Das menschliche Gehirn ist ein intentionales, bedeutungsverarbeitendes System, wobei es sich oft um gesellschaftlich vermittelte Bedeutungen handelt. Wir sind nur deshalb zu intentionalen Zuständen und zur Gesellschaftlichkeit befähigt, weil unser Gehirn Netzwerke besitzt, die sich unter dem Einfluss sozialer Erfahrung, einschließlich sprachlicher Kommunikation, verändern und ihrerseits direkt oder indirekt auf das Handeln einwirken. Die Aussage, intentionale Zustände würden das Hirngeschehen grundsätzlich transzendieren, ist vor diesem Hintergrund nicht haltbar.

IV. Ursachen und Gründe

Der wohl häufigste Vorwurf von Philosophen gegen Hirnforscher, den sich auch Habermas zu Eigen macht, lautet, Handeln lasse sich nicht aus Ursachen, sondern nur aus Gründen rechtfertigen und verstehen. Kurz gesagt: Intentionale Zustände führen zu Handlungen, (neuronale) Ursachen zu Bewegungen.

Unter *Ursachen* versteht man gemeinhin Faktoren, die zusammen notwendig und hinreichend für das Auftreten eines bestimmten Ereignisses sind; in der Regel liegt in diesem Ursache-Wirkungs-Verhältnis eine bestimmte *Gesetzmäßigkeit* vor: Wenn A, B, C (Anfangs- und Randbedingungen)…, dann (mit Notwendigkeit oder einer bestimmten Wahrscheinlichkeit) X (ein Ereignis oder ein Prozess). Das Auftreffen eines Steins auf eine Fensterscheibe ist unter bestimmten Bedingungen (Größe, Geschwindigkeit und Aufprallwinkel des Steins, Härte und Dicke des Glases usw.) die *Ursache* für deren Zerspringen. Man wird nicht davon sprechen, dass das Auftreten des Steines auf die Fensterscheibe der *Grund* für deren Zerspringen war, aber man wird eventuell nach den *Gründen* des Steinewerfers fragen. Gründe sind in diesem Sinne Erklärungen, die in einem sozial-kommunikativen Kontext als „plausible" Antwort auf die Frage: „Warum oder wozu hast du/hat er das getan?" angesehen werden.

Über die Beziehung von Ursachen und Gründen und das damit eng zusammenhängende Begriffspaar Erklären und Verstehen gibt es eine lange philosophische Diskussion, die hier nicht dargestellt werden soll. Im Kern geht es um die Frage, ob Gründe und Ursachen in völlig verschiedener Weise auf das Tun des Menschen einwirken, oder ob Gründe nicht besondere Formen von Ursachen sind, wie dies bereits vor mehreren Jahrzehnten Donald Davidson in mehreren grundlegenden Aufsätzen dargelegt hat.[17] Ähnlich hat Ansgar Beckermann vor zwei Jahrzehnten in seinem Buch *Analytische Handlungstheorie*[18] argumentiert, dass intentionale Erklärungen, das heißt Verstehen, ein bestimmter Typ kausaler Erklärungen sind. Kurz gesagt, kann man Gründe als *intentionale Erklärungen* von Entscheidungen oder Handlungen von Personen vorbringen, das heißt, Personen sagen bzw. man sagt von ihnen, sie hätten etwas so entschieden oder getan, weil sie es *gewünscht* bzw. *gewollt* hätten. Umgekehrt hätte eine

---

17 Vgl. D. Davidson, Actions, Reasons and Causes, in: The Journal of Philosophy, 60 (1963), 685–700; ders., Agency, in: Agent, Action, and Reason, hg. v. R. Binkley u. a., Toronto 1971; vgl. auch C. G. Hempel, Reasons and Covering Laws in Historical Explanation, in: The Philosophy of History, hg. v. P. Gardiner, Oxford 1974, 90–105; F. Dretske, Explaining Behaviour. Reasons in a World of Causes, Cambridge/Mass. 1988.

18 A. Beckermann, Analytische Handlungstheorie, Bd. 2, Frankfurt/M. 1985.

Person etwas *nicht* getan, wenn sie es *nicht* gewollt hätte! Es wird also unterstellt, dass Zustände der Überzeugung, des Wünschens oder Wollens kausal auf das Handeln einwirken können. Bei reinen Bewegungen fehlen solche intentionalen Erklärungen. In der genannten philosophischen Tradition wird also kein Unterschied zwischen Handlungen und Bewegungen als Typen von Verhaltensweisen gemacht, wie Habermas dies tut, sondern vielmehr ein Unterschied im Typ der Erklärung, das heißt, dasselbe Geschehen kann einmal als Handlung und ein andermal als bloße Bewegung angesehen werden. Im Folgenden möchte ich die Auffassung von Beckermann weiter ausführen, dass erstens eine Körperbewegung genau dann eine Handlung ist, wenn es eine Beschreibung gibt, unter der sie eine intentionale Handlung ist, und dass zweitens intentionale Zustände kausalen Charakter haben, wenn sie durch bestimmte physiologische Zustände realisiert werden.

Aus neurobiologischer Sicht gibt es drei Ebenen unseres Gehirns, auf denen Vorgänge verhaltenswirksam werden können.[19] Die *unterste* Ebene ist die der elementaren Reaktionen zur Lebenserhaltung und Bedürfnisbefriedigung, der vegetativen Reaktionen und der affektiven und emotionalen Zustände, die entweder genetisch, entwicklungsbedingt oder durch vorbewusste frühkindliche Erfahrungen und emotionale Konditionierungen festgelegt werden und den unbewussten Kern unserer Persönlichkeit darstellen. Sie bilden den Rahmen all unserer weiteren Entwicklung und des Verhältnisses zu uns selbst, zu den Mitmenschen und zur Welt. Diese Ebene beherrscht das kleinkindliche Verhalten und ist nach einer frühen Phase der Plastizität nicht oder nur schwer zu verändern. Im Gehirn ist sie durch die subcorticalen Anteile des limbischen Systems, vor allem durch Hypothalamus, Amygdala, mesolimbisches System und Teile der Basalganglien, repräsentiert.

Die *mittlere* Ebene umfasst die Welt unserer bewussten, ego-zentrierten Gefühle, Präferenzen und Überzeugungen, also unserer *privaten Handlungsantriebe* (Motive). Diese Ebene entwickelt sich auf Grund unserer individuellen emotional-kognitiven Erfahrung in der Kindheit und Jugend und bestimmt zusammen mit der untersten Ebene das kindlich-jugendliche Verhalten und insgesamt unsere Persönlichkeit im weiteren Sinne. Im Gehirn ist diese Ebene durch corticale limbische Anteile wie den insulären, entorhinalen und anterioren cingulären Cortex, die Hippocampus-Formation, Teile der Basalganglien und eng damit verbundene Teile der Großhirnrinde im engeren Sinne (des sechsschichtigen Isocortex) wie den okzipitalen, parietalen und temporalen Cortex repräsentiert.

Die *oberste* Ebene ist die unserer sprachlich-kommunikativ vermittelten sozialen Existenz. Diese bildet sich im Laufe der Jugend und dann im Erwachsenenalter aus und umfasst den Erwerb von Verhaltensweisen und -regeln, die uns die Zuneigung unserer sozialen Umgebung garantieren. Dabei lernen wir, wie wir unsere Handlungen vor uns selbst und vor anderen zu *rechtfertigen* haben. Im Gehirn ist diese Ebene im Wesentlichen durch den orbitofrontalen und präfrontalen Cortex und die Sprachzentren (Broca- und Wernicke-Areal) repräsentiert.

Diese Ebenen ermöglichen unterschiedliche Typen der Begründung bzw. Erklärung von Verhaltensweisen. Die oberste Ebene ist die der sprachlich-kommunikativen Begründung von Handlungen im Sinne von Habermas. Im genannten Beispiel wird der Steinewerfer – zur Rede gestellt – als Erklärung seiner Tat eventuell sagen, dass er nicht das Fenster, sondern ein ganz anderes Ziel treffen wollte. Dies mag die Wahrheit oder eine Ausrede sein und als *Begründung* akzeptiert werden oder auch nicht. Die zweite Ebene ist die der privaten Gründe: Der Steine-

19 Für Details siehe G. Roth, Fühlen, Denken, Handeln, a. a. O., Kap. 13 und 14.

werfer wird sich zum Beispiel der Tatsache bewusst sein, dass er aus Wut über ein vermeintliches Unrecht den Stein in Richtung des nachbarlichen Hauses geworfen hat. Diese Wut ist für ihn der Grund für die Tat. Die unterste Ebene ist die der tiefliegenden Motive, zum Beispiel eine Ich-Schwäche, aus der eine sehr geringe Frustrationstoleranz resultiert, die dann den aktuellen Wutanfall und den Wunsch nach Rache hervorrief. Diese Ich-Schwäche kann wiederum auf ein Defizit in der frühkindlichen Bindungserfahrung zurückführbar sein. Diese tiefliegenden Motive sind dem Täter in der Regel nicht bewusst und gegebenenfalls für einen Psychotherapeuten erkennbar.

Bei Handlungen interagieren in aller Regel die drei Ebenen miteinander, wenngleich auf asymmetrische Weise: Antriebe der untersten, unbewussten Ebene bestimmen die grundlegenden Muster unseres Verhaltens, die der mittleren Ebene regulieren unsere bewussten privaten Verhaltenspräferenzen, unsere Vorlieben und Abneigungen und damit unsere ganz privaten Handlungserklärungen. Die Abläufe auf der obersten Ebene bestimmen die soziale Einbindung und sprachliche Rechtfertigung unseres Handelns. Die Antriebe auf der obersten Ebene können nur wirksam werden, wenn sie im Einklang mit denen der mittleren Ebene und diese im Einklang mit denen der untersten Ebene sind.

Allen drei Typen von Gründen (den unbewussten, den bewusst-privaten und den bewusst-sprachlich-sozialen) ist gemeinsam, dass sie in *neuromotorische Programme* umgesetzt werden müssen, um handlungswirksam zu werden. Dies geschieht auf höchst unterschiedliche Weise. Die unterste, affektive Ebene greift mehr oder weniger direkt auf die Motorik ein, und deshalb sind die hier angesiedelten Antriebe schwer beherrschbar. Die mittlere, individuell-private Ebene wirkt nur über mehrere Schaltstellen vermittelt auf die Motorzentren ein, und deshalb ist sie leichter zu verändern. Die oberste, sprachlich-kommunikative Ebene ist am weitesten von der Verhaltenssteuerung entfernt, und deshalb kann sie sich weitgehend von den beiden anderen Ebenen entkoppeln: Wir können über Pläne reden, ohne je die Absicht zu haben, sie auszuführen; wir können auf dieser Ebene auch *lügen*, was auf der mittleren und untersten Ebene nicht möglich ist. Man kann sich nicht davon überzeugen, dass man aus Zorn handelte, wenn man keinen Zorn gespürt hat.

Damit der Arm des Werfenden – aus welchen Gründen auch immer – sich bewegt, müssen in motorischen Zentren seines Gehirns Nervenzellen hinreichend aktiv sein, sodass sie über ihre Fortsätze bestimmte Motorsegmente des Rückenmarks erregen, deren Nervenzellen schließlich über die Ausschüttung des Transmitters Acetylcholin Körpermuskeln in geeigneter Weise zur Kontraktion anregen. Die Nervenzellaktivität in den Motorzentren und die Kontraktion der Muskeln sind die unmittelbare (proximale) *Ursache* für die Armbewegung. Diese hat im Nervensystem bzw. Gehirn des Werfenden wieder andere Ursachen, nämlich – sofern es sich um eine willentliche Handlung handelt – Aktivitäten im präfrontalen, parietalen und motorischen Cortex, in den Basalganglien und im Kleinhirn, die dann im motorischen Cortex den Aufbau des Bereitschaftspotenzials bewirken. Wenn das Bereitschaftspotenzial eine hinreichende Stärke erreicht, *verursacht* es die Armbewegung. Damit es zur Aktivität dieser prämotorischen Zentren und zum Auftreten eines Bereitschaftspotenzials kommt, muss es zu einer „Freischaltung" des Zusammenwirkens zwischen Großhirnrinde und Basalganglien kommen, und diese Freischaltung wird durch limbische Zentren außerhalb der Großhirnrinde, vor allem durch die Amygdala und dopaminerge limbische Zentren (Nucleus accumbens, Substantia nigra pars compacta und ventrales tegmentales Areal), verursacht. Diese stehen wiederum mit dem anterioren cingulären, orbitofrontalen und präfrontalen Cortex in Verbindung, die – wie geschildert – Zustände des Bewertens, Wünschens, Planens und Wollens repräsentieren.

Wir sehen also, dass wir bestimmte Aktivitäten des Gehirns selbst als *Ursachen* für die Bewegung und andere Aktivitäten als Repräsentationen, als *Handlungsgründe* ansehen können, die auf der Grundlage sprachlich-kommunikativer Interaktion mit der Umwelt entstehen. Die Unterscheidung zwischen Ursachen und Gründen trennt also nicht das Gehirn von seiner sozialen Umwelt, sondern wird durch die beschriebene Organisation des Gehirns selbst hervorgebracht. Gründe – welcher Art auch immer – müssen, um handlungswirksam zu werden, neuromotorische Ursachen bewirken.

V. Das Problem der mentalen Verursachung

Neurobiologen ebenso wie viele Psychologen und Philosophen gehen in ihrer Mehrzahl davon aus, dass mentale Zustände mit neuronalen Zuständen unauflöslich verbunden sind. Im Rahmen eines solchen Konzepts gerät man – worauf viele philosophische Autoren hingewiesen haben – in die Gefahr einer „Überdetermination". Wenn nämlich Handlungen allein durch neuronale Aktivitäten des Gehirns verursacht werden, dann ist es überflüssig, dass die mit ihnen verbundenen mentalen Zuständen gleichfalls kausal wirksam sind – eine kausale Verursachung genügt ja! Also kann (oder muss) man die mentalen Zustände als überflüssiges Beiwerk, als Epiphänomen ansehen.

Dieses Argument ist aber nicht logisch zwingend. Wie David Papineau gezeigt hat, tritt das Überdeterminations-Dilemma nur auf, wenn wir Mentales und Neuronales intuitiv als unterschiedliche Entitäten auffassen.[20] Auf Grund empirischer Untersuchungen stellen wir aber fest, dass mentale Zustände M nur dann auftreten, wenn bestimmte neuronale Prozesse N gleichzeitig stattfinden (und andere N ihnen vorhergehen). Umgekehrt sind – soweit wir wissen – mit bestimmten N immer bestimmte M verbunden bzw. führen bestimmte N immer zu bestimmten M.

Dies verbietet es uns, einen reduktionistischen Standpunkt im strengen Sinne einzunehmen, der nur das Neuronale als kausal wirksam ansieht. Mentale, das heißt von Bewusstsein begleitete Zustände (zum Beispiel das Erfassen der Bedeutung eines unbekannten Satzes) haben nachweislich *andere* Funktionen als solche ohne Bewusstsein, zum Beispiel wenn wir etwas routinemäßig tun und nicht darüber nachdenken müssen, was wir da tun. So können wir keinen Faden durch ein enges Nadelöhr fädeln, ohne uns darauf zu konzentrieren, und wir können den Sinn eines wissenschaftlichen Vortrags nicht erfassen, wenn wir nicht aufmerksam zuhören. Wird unsere Aufmerksamkeit abgelenkt, dann entgeht uns der Sinn des Vortrags, und wir können den Faden nicht durch das Nadelöhr führen. Wenn wir hingegen denselben Vortrag schon vielfach gehört haben und unser Gehirn sich auf eine Routineverarbeitung einstellt, dann kommt es zu der bekannten Sinnentleerung des Gehörten. Bei der Analyse der neuronalen Geschehnisse stellen wir fest, dass bei Leistungen, die Aufmerksamkeit erfordern, *ganz andere* Hirnprozesse ablaufen als bei solchen, die wir routinemäßig und höchstens mit begleitendem Bewusstsein tun. Bei räumlichen Aufmerksamkeitsprozessen sind immer der parietale und der anteriore cinguläre Cortex und beim Wortverstehen immer das Wernicke-

---

20 D. Papineau, Achtung Lücke!, in: M. Pauen/A. Stephan (Hg.), Phänomenales Bewusstsein – Rückkehr der Identitätstheorie?, Paderborn 2002, 222–242.

und Broca-Sprachareal und ebenfalls der anteriore cinguläre Cortex aktiv. Bei Routinehandlungen hingegen sind Areale der Großhirnrinde nur wenig, die Basalganglien aber stark aktiv.

Bewusstsein ist demnach ein *konstitutives Merkmal* bestimmter Hirnprozesse in dem Sinne, dass bestimmte N bestimmte M hervorbringen und nur mit ihnen *zusammen*, als N-M, in einer bestimmten Weise kausal wirksam werden, und zwar als *physikalische Zustände*. Es gilt allgemein, dass alle Zustände, die durch physikalische Zustände bestimmt werden, ihrerseits physikalische Zustände sind, und zwar unabhängig von ihren sonstigen Eigenschaften und Gesetzmäßigkeiten – die Welt der physikalischen Zustände ist in sich abgeschlossen. Hirnprozesse sind zweifelsfrei physikalische Zustände, und entsprechend sind die mit ihnen unabtrennbar verbundenen mentalen Vorgänge ebenfalls physikalische Zustände. Es ergibt sich also, dass N physikalische Zustände und N-M *andere* physikalische Zustände sind.

Diese nichtreduktionistisch-physikalistische Auffassung des Mentalen geht zweifellos über eine Supervenienz-Theorie hinaus, die N und M als eigenständige Entitäten betrachtet und nur fordert, dass es keinen Unterschied in M ohne einen Unterschied in N geben darf. Diese Forderung ist angesichts der neuen Befunde der Hirnforschung viel zu schwach, insbesondere auch das Gestatten einer multiplen Realisierung von M-Zuständen (ganz unterschiedliche N können zu ein und demselben M führen!). Offensichtlich werden bei diesem Argument „unterschiedliche neuronale Zustände" mit „unterschiedlichen Reizsituationen" verwechselt: Während es durchaus der Fall sein kann, dass unterschiedliche physikalische Reize dieselben neuronalen Zustände hervorrufen (zum Beispiel bei der Farbwahrnehmung oder beim Hören), kenne ich kein zwingendes Beispiel dafür, dass unterschiedliche neuronale Zustände dieselben Bewusstseinszustände hervorriefen (allerdings ist es beim heutigen Stand der experimentellen Technik überhaupt nicht möglich, die Identität von neuronalen Zuständen eindeutig aufzuzeigen!). Andererseits handelt es sich bei der hier vorgetragenen Auffassung nicht um einen reduktiven Physikalismus im Sinne von Kim[21], denn es wird ja nicht behauptet, dass M mit N identisch ist, sondern dass unter bestimmten hirnphysiologischen Bedingungen neben vielen Ns auch N-Ms auftreten.

Ebenso ist meine Auffassung vereinbar mit der Annahme, dass das Mentale Eigengesetzlichkeiten zeigt. Das heißt, es ist für einen nichtreduktionistischen Physikalismus nicht nötig, *alle* Gesetzmäßigkeiten einer „höheren" Ebene aus Gesetzmäßigkeiten einer niederen Stufe ableiten zu müssen, wie dies von manchen Philosophen wie Kim gefordert wird.[22] Für jedes System gilt, dass der Grad der Eigengesetzlichkeit umso stärker ist, je komplexer die Eigenschaften der Komponenten und je komplexer ihre Interaktionsweisen sind. Insbesondere gilt für das Gehirn, dass sich die Komponenten, das heißt die Nervenzellen, durch ihre Interaktion verändern und neue Eigenschaften annehmen, die außerhalb der Interaktion nicht auftreten.[23] Im Bereich unbelebter physikalischer Systeme ebenso wie im Bereich nichtmentaler biologischer Systeme sind solche Emergenzphänomene überall anzutreffen.

Die in der Philosophie des Geistes als „fundamentale Erklärungslücke" bezeichnete Tatsache, nämlich der eigentümliche Erlebnischarakter des Mental-Bewussteins und seine Beschränktheit aus der Ersten-Person-Perspektive, lässt sich aus neurobiologischer Sicht ebenfalls plausi-

21 J. Kim, Physicalism, Or Something Near Enough, Princeton 2005, Kap. 4.

22 Ebd.

23 Hierzu J. Fodor, Special sciences – or the disunity of science as a working hypothesis, in: Synthese, 27 (1974), 97–115.

bel machen.[24] Dass die Großhirnrinde der Sitz oder Produzent von Bewusstsein ist, ergibt sich aus ihrer spezifischen funktionellen und strukturellen Organisation. Der Cortex besteht aus 12 bis 20 Milliarden Nervenzellen, wobei es sich zu mehr als 80 Prozent um große und kleine Pyramidenzellen handelt, und jede dieser Pyramidenzellen ist mit rund 30.000 anderen Pyramidenzellen synaptisch verknüpft, was eine Synapsenzahl von rund einer halben Trillion (5×10^{14}) ergibt.[25] Die corticalen Synapsen sind in der Lage, ihre Leitfähigkeit im Sekundentakt zu erhöhen oder zu erniedrigen, und damit kann sich entsprechend im Sekundentakt das Muster der Erregungsverarbeitung kleinerer oder größerer corticaler Netzwerke (bestehend aus wenigen Hunderttausend bis Milliarden von Nervenzellen) ändern. Diese Veränderung der Erregungsverarbeitung erleben wir als Abfolge von Wahrnehmung, Denken, Vorstellen und Erinnern. Das alle Vorstellung übersteigende Maß an Binnenverdrahtung des Cortex steht im deutlichen Kontrast zu der vergleichsweise geringen Zahl corticaler Ein- und Ausgänge; man kann realistisch annehmen, dass die Zahl der Binnenverknüpfungen zur Zahl der Ein- und Ausgänge im Verhältnis von mindestens einer Million zu 1 steht. Der Cortex ist tatsächlich im Wesentlichen mit sich selbst beschäftigt!

Diese Binnenverknüpfung ist allerdings nicht gleichförmig, sondern folgt dem Prinzip, dass benachbarte Neurone eng miteinander verknüpft sind und weit auseinander liegende Bereiche nur über lange Faserbündel miteinander kommunizieren.[26] Dies führt teils in selbstorganisierender Weise, teils über spezifische sensorische oder limbische Eingänge und spezifische Ausgänge zu einer Ausbildung kleinerer oder mittlerer Netzwerke, die durch ihre interne Verknüpfungsstruktur zu Trägern lokaler Bedeutungsentstehung werden. Auffallend ist schließlich, dass corticale Netzwerke außerordentlich stoffwechselintensiv sind. Während das menschliche Gehirn bereits zehnmal mehr Sauerstoff und Glucose verbraucht, als ihm vom relativen Volumen (2 Prozent des Körpervolumens) her zukäme, ist die Großhirnrinde stoffwechselphysiologisch noch einmal erheblich „teurer“. Der größte Teil wird neben dem Erhalt des Ruhemembranpotenzials über die Natrium-Kalium-Pumpe für die prä- und postsynaptischen Vorgänge bei der schnellen „Umverdrahtung“ corticaler Netzwerke verbraucht. Solch starker Energie- und Materiedurchfluss ist für „dissipative“ ordnungsbildende Systeme fernab vom Gleichgewicht typisch, und die Großhirnrinde ist zweifellos ein „dissipatives System“.

Die große Fähigkeit der Großhirnrinde zur *Selbststrukturierung* ist in Kombination mit der schnellen synaptischen Plastizität und der hohen Binnenverdrahtung die Voraussetzung für das Entstehen primärer, sekundärer usw. bewusster Repräsentationen und zugleich der Grund dafür, dass diese Repräsentationen nur sich selbst und nicht „von außen“ zugänglich sind. Wir müssen also davon ausgehen, dass bestimmte neuronale Prozesse unter spezifischen anatomischen und physiologischen Bedingungen schnell wechselnde Ordnungszustände hervorbringen, die wir als bewusste Wahrnehmungen, Gedanken, Vorstellungen und Erinnerungen erleben.

Die Frage, warum es überhaupt eine Bewusstseinswelt gibt, kann ebenfalls sinnvoll beantwortet werden; diese Antwort soll hier aber nur skizziert werden. Wie Handlungspsychologen seit längerem annehmen, ist die mentale Welt eine zu Gunsten der Handlungsvorbereitung und

---

24 Vgl. hierzu D. Papineau, Achtung Lücke!, a. a. O.

25 G. Roth/U. Dicke, Evolution of the brain and intelligence, in: Trends in Cognitive Sciences, 9 (2005), 250–257.

26 O. D. Creutzfeldt, Cortex Cerebri. Leistung, strukturelle und funktionelle Organisation der Hirnrinde, Berlin 1983.

-steuerung *verkürzte* Darstellung der tatsächlichen Vorgänge, indem sie auf die distalen Abläufe fokussiert ist, zum Beispiel das Greifen meiner Hand nach einem Glas und die proximalen Abläufe, nämlich das komplizierte Zusammenspiel vieler Hirnzentren (motorischer Cortex, Basalganglien, Kleinhirn usw.) und Muskeln, ausblendet. Vielmehr erscheint es uns so, als treibe der Wille, nach dem Glas zu greifen, meine Hand *direkt* an.[27] Ähnliches trifft für die Handlungsplanung zu: Wir stellen uns vor, dass wir uns in die Küche begeben, um eine Tasse Kaffee zu holen, und brauchen uns dabei um die neuronalen und motorischen Mechanismen nicht zu kümmern, die für die Handlungsplanung unwesentlich sind (wir könnten dies auch gar nicht, da sie viel zu kompliziert sind). Und schließlich erfassen wir beim Zuhören die Bedeutung eines Satzes *direkt* und erleben nicht die komplizierten Prozesse, die zwischen dem Innenohr, Hirnstamm, Zwischenhirn und Cortex und dann in den zahlreichen corticalen Arealen ablaufen, die mit Hörempfindungen und Sprachverstehen befasst sind.

VI. Abschlussbetrachtung

Ausgangspunkt meiner Überlegungen war die Feststellung von Jürgen Habermas, dass Handeln ein *Handeln aus Gründen* ist, dass Gründe bzw. intentionales Handeln sich aber dem Erklärungsbereich der Hirnforschung und der Naturwissenschaften grundsätzlich entziehen. Die Hirnforschung kennt nach Habermas nur einen durchgängigen Determinismus der Ursachen und damit eine Reduktion des Handelns auf das Neuronale, nicht aber Handlungskontrolle aus Intentionen, Einsicht, Verstand und Vernunft als Prozesse mentaler Verursachung. Damit muss für die Hirnforschung die Realität des „objektiven Geistes", der Gesellschaft und schließlich auch Willensfreiheit unerklärlich bleiben.

Ich habe zu zeigen versucht, dass keiner dieser Kritikpunkte einer kritischen Überprüfung standhält. Zum Ersten trifft es nicht zu, dass die Hirnforschung notwendig reduktionistisch ist und dass intentionale Zustände nicht im Erklärungsbereich der Hirnforschung liegen. Dies ist nur dann plausibel, wenn man den Begriff der „Hirnprozesse" rein auf neurophysiologische Geschehnisse beschränkt. Das tut aber kein kognitiver Neurobiologe oder Neuropsychologe. Diese Forschung zielt gerade auf den Zusammenhang zwischen neurophysiologischen Prozessen, subjektiven Erlebniszuständen und Verhaltensweisen (bzw. -defiziten) einschließlich kommunikativ-gesellschaftlicher Akte.

Ebenso ist die von Habermas vorgenommene Zuordnung von Gründen zur Welt der Gesellschaft und der Kommunikation und die Zuordnung der Ursachen zur Welt des Gehirns ungerechtfertigt. Im menschlichen Gehirn gibt es unterschiedliche verhaltensrelevante Ebenen, und die oberste davon ist die Ebene der sprachlich-kommunikativen Gründe, auf die Habermas abzielt. Gründe und Ursachen sind unterschiedliche *Erklärungstypen* von Verhaltensweisen, nämlich zum einen Handlungen und zum anderen Bewegungen, sie beziehen sich nicht auf unterschiedliche Verhaltensweisen. Zugleich können Gründe nur verhaltenswirksam werden, wenn sie zu Ursachen werden, und diese Transformation vollzieht sich im Gehirn des Handelnden. Wir handeln (gegebenenfalls) aus Gründen und bewegen uns aus Ursachen, und beides sind Funktionen des Gehirns.

Ich habe versucht, ein plausibles Modell *mentaler Verursachung* zu entwickeln, das mit den Erkenntnissen der Hirnforschung vereinbar ist. Dabei wird angenommen, dass bestimmte neu-

27 W. Prinz, Die Reaktion als Willenshandlung, in: Die Psychologische Rundschau, 49 (1998), 10–20.

ronale Zustände (in der Regel solche corticaler Netzwerke) mentale Zustände hervorbringen und beide zusammen in einer bestimmten Weise kausal wirksam werden, die bei neuronalen Zuständen ohne mentale Zustände nicht auftritt. Man kann also hinsichtlich der kausalen Wirksamkeit das Mentale nicht vom Neuronalen abtrennen, aber man muss das Mentale nicht auf das Neuronale reduzieren, um deren Kausalwirkung zu erklären.

In diesem Zusammenhang habe ich argumentiert, dass mentale Zustände physikalische Zustände sind, da sie – soweit wir wissen – von anderen physikalischen Zuständen (nämlich Hirnprozessen) hervorgebracht werden. Dieses Konzept lässt *Eigengesetzlichkeiten* des Mentalen zu, die sich aus der Kenntnis der rein neurophysiologischen Prozesse nicht ableiten lassen; dies ist eine Systemeigenschaft des Gehirns, insbesondere der Großhirnrinde. Schließlich habe ich ein plausibles Argument für die Tatsache entwickelt, dass das Mentale nur sich selbst zugänglich ist, nämlich die extreme Binnenverdrahtung der Großhirnrinde, die Grundlage der Selbstreferenz des Mentalen ist.

Wann und warum erscheinen uns Entscheidungen als frei?

Ein Nachtrag

Von WOLF SINGER (Frankfurt/M.)

I. Der Konflikt zwischen Intuition und neurobiologischer Evidenz

Es mutet eigentümlich an, dass unsere Intuition Annahmen über die Organisation unseres Gehirnes macht – also jenes Organs, das diese Intuition hervorbringt –, die mit den Erkenntnissen, welche die Naturwissenschaften zu Tage fördern, nicht übereinstimmen. Uns ist, als ob es in unserem Gehirn ein Zentrum gäbe, in dem alle Informationen über die Geschehen in unserem Körper und die Bedingungen der Umwelt zusammengefasst werden. Wir vermuten, dass dies der Ort sein müsste, an dem die Sinnessignale zu Wahrnehmungen werden, an dem Entscheidungen fallen und Vorsätze gefasst werden, an dem Handlungsentwürfe entstehen, und schließlich wäre dies der Ort, an dem das Ich sich seiner selbst bewusst wird. Die moderne Hirnforschung entwirft ein gänzlich anderes Bild. Wir glauben zu wissen, dass das Gehirn in extremer Weise distributiv organisiert ist und dass sich in ihm eine Fülle unbewusster und bewusster Verarbeitungsprozesse parallel vollziehen. Wir müssen davon ausgehen, dass es kein singuläres Zentrum gibt, von dem aus die vielen, an unterschiedlichen Orten gleichzeitig erfolgenden Verarbeitungsschritte koordiniert und deren Ergebnisse zusammengefasst werden könnten.

Dies wirft die interessante Frage auf, warum ein erkennendes Organ zu so unterschiedlichen Schlussfolgerungen kommen kann, je nachdem, ob es sich bei seiner Erforschung auf die Selbsterfahrung oder auf die Fremdbeschreibung durch naturwissenschaftliche Vorgehensweise verlässt. Dieser Frage ist der zweite Teil dieser Abhandlung gewidmet. Es ergeben sich daraus zudem eine Fülle äußerst anspruchsvoller wissenschaftlicher Fragestellungen, da es die Organisationsprinzipien zu erforschen gilt, die es möglich machen, dass ein System, das aus 10^{11} Einzelelementen, den Neuronen, besteht, sich so zu organisieren vermag, dass es trotz seiner dezentra len Struktur in der Lage ist, kohärente Interpretationen seiner Umwelt zu liefern, angepasste Handlungsentwürfe zu erstellen und komplexe motorische Reaktionen zu programmieren. Sich mit diesen praktischen Fragen zu befassen, gehört zum Alltagsgeschäft der Hirnforschung. Hierbei wird das Gehirn als ein Organ wie jedes andere betrachtet, und die Grundannahme ist, dass sich seine Funktionen in naturwissenschaftlichen Beschreibungssystemen darstellen lassen müssen. Diese Überzeugung basiert auf ganz unterschiedlichen, jedoch konvergierenden Argumentationslinien. Zum einen scheint gesichert, dass sich Gehirne, ebenso wie der sie beherbergende Organismus, einem kontinuierlichen evolutionären Prozess verdanken, der zu immer komplexeren Strukturen führte. Ähnlich kontinuierlich vollzieht sich die Individualentwicklung von der Befruchtung bis hin zur Ausdifferenzierung des reifen Organismus, wobei die Differenzierungsprozesse vollständig im Rahmen naturwissenschaftlicher Beschreibungssysteme erfasst werden können. Bemerkenswert ist dabei, dass sich sehr enge Korrelationen herstellen lassen zwischen der Ausreifung bestimmter Hirnfunktionen und dem sukzessiven Auftreten immer höherer kognitiver Leistungen. Diese Evidenzen legen die Schlussfolgerung nahe, dass alle Verhaltensleistungen, also auch die höchsten kognitiven Funktionen, mit ihren psychischen und mentalen Konnotationen, auf den neuronalen Prozessen im Gehirn beruhen müssen. Bislang sind alle Befunde, die diese Schlussfolgerung nahe legen, widerspruchsfrei geblieben. Noch ist es jedes Mal gelungen, für eine definierte kognitive Funktion das entsprechende neuronale Korrelat zu identifizieren. Auch wenn die zu Grunde liegenden Mechanismen noch längst nicht vollständig aufgeklärt sind, gibt es keinen Grund zur Annahme, mentale Vorgänge könnten auf anderen als neuronalen Prozessen beruhen. Dies aber impliziert, dass mentale Prozesse wie das Bewerten von Situationen, das Treffen von Entscheidungen und das Planen des je nächsten Handlungsschrittes auf Prozessen beruhen, die ihrer Natur nach deterministisch sind. Auch wenn es sich bei Gehirnzuständen, die den verschiedenen kognitiven Akten zu Grunde liegen, um dynamische Zustände eines hoch nicht-linearen Systems handeln sollte – was wahrscheinlich ist –, gälte nach wie vor, dass der jeweils nächste Zustand die notwendige Folge des jeweils unmittelbar Vorausgegangenen ist. Sollte sich das Gesamtsystem in einem Zustand befinden, für den es mehrere Folgezustände gibt, die eine gleich hohe Übergangswahrscheinlichkeit aufweisen, so können minimale Schwankungen der Systemdynamik den einen oder anderen favorisieren. Es kann dann wegen der unübersehbaren Zahl der determinierenden Variablen nicht vorausgesagt werden, für welche Entwicklungstrajektorie sich das System „entscheiden" wird. Das System ist auf Grund seiner Komplexität und nichtlinearen Dynamik hinsichtlich seiner zukünftigen Entwicklung offen. Es kann völlig neue, bislang noch nie aufgesuchte Orte in einem hochdimensionalen Zustandsraum besetzen, – was dann als kreativer Akt in Erscheinung tritt. All dies ändert aber nichts daran, dass jeder der kleinen Schritte, die aneinander gefügt die Entwicklungstrajektorien ausmachen, auf neuronalen Wechselwirkungen beruht, die deterministischen Naturgesetzen folgen.

Diese Sicht steht im Widerspruch zu unserer Intuition, zu jedem Zeitpunkt frei darüber befinden zu können, was wir als je Nächstes tun oder lassen sollen. Da gemeinhin angenommen wird, dass die Zuschreibung von Schuld und damit einer der Grundpfeiler unserer Rechtssysteme mit der Existenz dieser Freiheit verbunden seien, werden die Grundthesen der modernen Hirnforschung mit großer Besorgnis rezipiert.

II. Wann betrachten wir Entscheidungen als frei?

Mein Anliegen ist es, einen kleinen Beitrag zu leisten, diese Sorgen zu zerstreuen. Vielleicht nutzt es, sich zunächst zu fragen, was wir meinen, wenn wir sagen, wir hätten frei entschieden. Dabei bedarf der Klärung, wovon wir uns frei wähnen. Vielleicht meinen wir nur, dass wir uns frei entschieden hätten, wenn wir frei von äußeren und inneren Zwängen entschieden haben, wobei nicht weiter hinterfragt werden muss, welchem Mechanismus sich der Entscheidungsprozess selbst verdankt. Wir sagen gemeinhin, eine Person hätte sich frei entschieden, wenn kein Hinweis auf das Vorliegen besonderer äußerer oder innerer Zwänge besteht, wenn der Ausgang der Entscheidung nicht durch Bedrohung oder soziale Abhängigkeiten, durch neurotische Zwänge oder pathologische Triebstrukturen beeinflusst wurde. Wir gehen also offenbar davon aus, dass Entscheidungen dann frei sind, wenn sie über die bewusste Deliberation von Argumenten herbeigeführt werden und ohne den Einfluss von Faktoren erfolgen konnten, die diesen bewussten Akt von vornherein in seinem normalen Ablauf hätten behindern können. Aus eben diesem Grund gelten nicht nur äußere und innere Zwänge, sondern auch Zustände eingeschränkten Bewusstseins als mildernde Umstände.

In der alltäglichen Praxis stellen wir demnach eine enge Verbindung her zwischen frei sein und bewusst sein. Wir attribuieren das Prädikat „frei" jenen Entscheidungsprozessen, die bewusst erfolgen und sich somit auf jene Variablen stützen, die bewusstseinsfähig sind. Dies können jedoch nur die Variablen sein, die im Kurzzeitspeicher des Gehirns und/oder im so genannten deklarativen Gedächtnis abgelegt wurden. Beides ist nur für Inhalte möglich, die mit Aufmerksamkeit belegt wurden. Nur die Variablen, die während ihrer Erfassung mit Aufmerksamkeit belegt und ins Bewusstsein gehoben wurden, gelangen in das deklarative Gedächtnis und können später wieder ins Bewusstsein gehoben werden. Ausgeschlossen bleiben dabei all die Variablen, welche Entscheidungen mit beeinflussen, doch im Augenblick der Entscheidungsfindung nicht den Weg ins Bewusstsein gefunden haben. Dies gilt für all die Lebenserfahrungen, die vor dem dritten bis vierten Lebensjahr gewonnen wurden, da diese wegen des noch nicht ausgebildeten deklarativen Gedächtnisses nicht bewusst erinnert werden können. Dazu zählen ferner die vielen grundsätzlich nicht bewusstseinsfähigen Variablen, die innere, unbewusste Bedürfnisse in den Entscheidungsprozess mit einbringen. Dann sind es all die im Prinzip bewusstseinsfähigen Variablen, die jedoch im Augenblick der Entscheidungssuche nicht ins Bewusstsein gelangten, weil sie nicht mit der dafür notwendigen Aufmerksamkeit belegt wurden. Denn was von den im Prinzip bewusstseinsfähigen Variablen tatsächlich ins Bewusstsein gelangt, hängt wiederum ab von einer Fülle unbewusster Motive, von Verdrängungsmechanismen, von der Art der assoziativen Einbettung der abgespeicherten Inhalte, und schließlich vom Ablauf des gerade anstehenden Entscheidungsprozesses, der die selektive Aufmerksamkeit je nach Bedarf auf ganz bestimmte Inhalte richtet. Nicht zuletzt wird die Zahl der jeweils gleichzeitig verhandelbaren Argumente durch die Kapazität des Arbeitsgedächtnisses begrenzt. Diese wiederum weist starke interindividuelle Variabilität auf und ändert sich zudem in Abhängigkeit von schwankender Konzentrationsfähigkeit und Wachheit.

Diese, als frei bewerteten, bewussten Deliberationen beruhen natürlich, wie alle anderen kognitiven Leistungen, auch auf neuronalen Prozessen, die vorwiegend in der Großhirnrinde ablaufen. Zu welchem Ergebnis der jeweilige Abwägungsprozess konvergiert, hängt damit von einer Vielzahl unterschiedlicher Faktoren ab. Zum einen sind das die Regeln, nach denen der Abwägungsprozess selbst erfolgt. Diese werden durch die funktionelle Architektur der Nervennetze, also durch die Verschaltungsweise der Nervenzellen, vorgegeben. Determinanten dieser Verschaltung wiederum sind zum einen genetische Faktoren, über welche das während der Evolution erworbene Wissen über die Bedingungen der Welt in Hirnarchitekturen übersetzt wird. Hinzu kommen die erfahrungsabhängigen frühkindlichen Prägungen, die nachhaltige Modifikationen der genetisch vorgegebenen Verschaltung bewirken, und schließlich die vorangegangenen Lernprozesse, die über Veränderungen der Effizienz der Verbindungen die neuronalen Netzwerke und damit die von ihnen getragenen Funktionen bleibend verändern. Zudem hängt der Ablauf und damit der Ausgang des jeweiligen Abwägungsprozesses natürlich von der Aktivitätskonstellation ab, die sich im Netzwerk entwickelt hat. Diese Konstellation muss ein gewisses Maß an Instabilität erreicht haben, um den Prozess in Gang zu bringen, der für den Beobachter als Entscheidungsprozess in Erscheinung tritt. Auf der Ebene der neuronalen Netzwerke sind solche instabilen Zustände dadurch charakterisiert, dass unterschiedliche, sich ausschließende Aktivierungsmuster miteinander in Kompetition geraten. Dabei durchläuft das System eine Folge wechselnder Zustände, wobei auf Grund der nichtlinearen Dynamik solcher Trajektorien völlig neue Zustände auftreten können, bis sich schließlich wieder ein stabiler Zustand einschwingt, eine „Lösung" gefunden wurde, eine „Entscheidung" stattgefunden hat. Die dynamischen Zustände des Gesamtsystems hängen dabei nicht nur von der jeweiligen Vorgeschichte ab, sondern werden fortwährend von der Summe aller sensorischen Einwirkungen beeinflusst. Auch ein eben gehörtes Argument zählt zu diesen Einflüssen. Nach seiner Verarbeitung in den Sprachzentren bestimmt dieses als neuronales Erregungsmuster die Entwicklungstrajektorie des Systems in gleicher Weise wie etwa eine frühere Erfahrung, die in der Architektur des Netzwerkes gespeichert wurde.

Oft ist die Behauptung zu hören, unsere Entscheidungen seien frei, weil sie von Argumenten abhängig sind und auf der Ebene von Argumenten verhandelt werden können. Dies bestätigt die oben formulierte Vermutung, dass frei sein mit bewusst sein gleichgesetzt wird; denn sprachlich gefasste Argumente sind Variablen, die grundsätzlich bewusstseinsfähig sind und in der Regel bewusst verarbeitet werden. Doch kann es sein, dass selbst früher gehörte, bewusst abgespeicherte Argumente im Augenblick der Entscheidungsfindung nicht den Weg ins Bewusstsein finden. Sie können dann im rationalen Abwägungsprozess nicht mitverhandelt werden. Dennoch werden sie an den gleichzeitig ablaufenden, unbewussten Abwägungen teilhaben und den bewussten Deliberationsprozess „unbemerkt" beeinflussen.

Aus hirnphysiologischer Sicht beruhen jedoch auch die bewusst ablaufenden Prozesse auf neuronalen Wechselwirkungen, die nach Regeln ablaufen, welche durch die Verschaltung der daran beteiligten Hirnregionen festgelegt sind. Wäre dem nicht so, würden diese Prozesse also nicht determiniert, sondern lediglich die Folge aleatorischer Zustandsänderungen, dann könnte ein Gehirn keine an die Bedingungen angepassten Entscheidungen fällen, könnte sich nicht auf Vorwissen verlassen und der aktuellen Situation Rechnung tragen. Ein Organismus, der so Entscheidungen trifft, würde am Leben scheitern. Bleibt also die Schlussfolgerung, dass auch die bewussten Entscheidungen, die sich vorwiegend auf deklaratives Wissen stützen, also auf meist sprachlich vermitteltes Kulturwissen, nach wie vor auf deterministischen Prozessen beruhen, die von einer kaum überschaubaren Vielfalt von Bedingungen abhängen, inneren und von außen herangetragenen. Dort wo die Entscheidung vorbereitet und gefällt wird, in den entsprechenden Nervennetzen, verwandeln sich all diese Einflüsse in raumzeitlich strukturierte neuronale Erregungsmuster. Diese sind kompetitiven Selbstorganisationsprozessen unterworfen, deren Dynamik von der Systemarchitektur vorgegeben ist. Diese Prozesse bewirken, dass sich von vielen möglichen das jeweils stabilste, man könnte auch sagen: das jeweils konsistenteste beziehungsweise widerspruchsfreieste Erregungsmuster durchsetzt.

Wie also kann es sein, dass wir dennoch von freien und weniger freien Entscheidungen sprechen, und Letzteren, wenn sie als Fehlentscheidungen gewertet werden, mildernde Umstände zuschreiben? Ich vermute, dass der Grund hierfür darin liegt, dass unsere Selbsterfahrung lehrt, dass an unseren Entscheidungen noch mehr Variablen teilhaben als solche, die uns jeweils bewusst werden. Diese im Unbewussten wirkenden Variablen stehen miteinander ebenso in Wettbewerb wie die bewussten, nach rationalen Regeln abwägbaren Argumente. Weil sie nicht im Bewusstsein aufscheinen, vermögen wir deren Wirken nicht zu benennen, sie beeinflussen Entscheidungen jedoch in hohem Maße. Einmal bestimmen sie mit, welche der „frei" verhandelbaren Argumente jeweils ins Bewusstsein gelangen, weil sie die Aufmerksamkeitsmechanismen steuern. Diese Aufmerksamkeit steuernde Wirkung der unbewussten Prozesse wird besonders deutlich, wenn man nach einem bestimmten Inhalt des deklarativen Gedächtnisses sucht, etwa einem Wort, und dieser bewusste Suchvorgang ergebnislos verläuft. Wir vertrauen es dann unbewussten Suchprozessen an, den entsprechenden Speicherinhalt zu suchen und ins Bewusstsein zu heben. Ferner nehmen wir die Wirkung unbewusster Abwägungsprozesse als Intuition wahr, als gutes oder schlechtes Gefühl, als angenehme oder unangenehme vegetative Begleiterscheinung des unbewussten Wettstreits. Diese unbewussten Abwägungsprozesse laufen vermutlich nach anderen, einfacheren Regeln ab als die bewussten, die sich auf kulturell vereinbarte, in der Sprachlogik fixierte Regeln stützen. Dafür können aber im Unterbewusstsein sehr viel mehr Variablen gleichzeitig miteinander verrechnet werden, als dies im Bewusstsein möglich wäre, weil die Kapazität des Bewusstseins in hohem Maße beschränkt ist. Der klinische Blick ist hierfür das adäquate Beispiel. Der erfahrene Arzt erfasst eine Fülle von beobachtbaren Variablen, von denen ihm jeweils nur ein kleiner Teil wirklich bewusst wird, und vergleicht diese mit einem ungeheuren Erfahrungsschatz, von dem auch nur ein Bruchteil jeweils im Bewusstsein explizit ist, und urteilt nach, wie er sagt, seinem „Gefühl". Meist ist er dabei ebenso treffsicher, als wenn er Laborwerte explizit mit gespeicherten Normwerten vergleicht und daraus seine Schlussfolgerungen zieht.

Wir verfügen also über zwei parallel agierende Entscheidungsmechanismen, die sich gegenseitig beeinflussen, die aber nicht notwendig zu dem gleichen Ergebnis führen müssen. Im Fall von Widersprüchen sagen wir, wenn die unbewussten, sich in Intuitionen ausdrückenden Entscheidungsmechanismen über die expliziten, bewussten siegen, wir hätten uns wider besseres Wissen entschieden. Im umgekehrten Fall sagen wir, wir hätten gegen unser Gespür entschieden. In beiden Fällen haben wir das Gefühl, nicht ganz frei entschieden zu haben, und sind mit der Entscheidung nicht zufrieden. Dies verweist darauf, dass wir von einer wirklich freien Entscheidung noch mehr verlangen als nur, dass sie auf der Verhandlung bewusstseinsfähiger Argumente beruht. Wir wollen die Entscheidung auch frei wissen von Widersprüchen, die nicht selten als Zwang erlebt werden, die aus der Dissonanz zwischen unbewussten und bewussten Motiven entstehen. So betrachtet, gibt es dann quantitative Abstufungen hinsichtlich der Freiheit einer Entscheidung. Gänzlich frei und im Sinne der Zurechenbarkeit von allen mildernden Umständen ausgenommen wären demnach Entscheidungen, die unter Heranziehung aller bewusstseinsfähigen Argumente frei von äußeren und inneren Zwängen getroffen werden. Unter äußeren Zwängen wären dabei alle Bedrohungen zu verstehen, die als Konsequenz einer bestimmten Entscheidung antizipiert werden. Zu den inneren Zwängen wären zu rechnen all die Faktoren, welche die Rekrutierung von bewusstseinsfähigen Argumenten einschränken, aber auch die unbewussten Motive, welche bewusste Entscheidungen in bestimmte Richtungen lenken. Ferner wäre Voraussetzung für so definierte „freie" Entscheidungen, dass zum Zeitpunkt der Entscheidung keine das Bewusstsein und dessen Kapazität einschränkenden Bedingungen herrschen dürfen.

Ich denke, dass bei dieser Betrachtungsweise deutlich wird, wie fragwürdig der Versuch ist, jeweils im Nachhinein festzustellen, wie frei eine bestimmte Entscheidung war, wobei mit „frei" nur gemeint ist, wie unbehindert von äußeren und inneren Zwängen der bewusste Deliberationsprozess ablaufen konnte, auch wenn dieser selbst sich natürlich deterministischen neuronalen Prozessen in der Großhirnrinde verdankt. Eine objektive Feststellung dieser Freiheit ist jedoch erforderlich, wenn Freiheit als Voraussetzung für Schuldfähigkeit gesehen und diese wiederum zur Strafbemessung herangezogen wird. Das dem so ist, geht aus der Praxis hervor. Richter sehen sich offensichtlich häufig außer Stande, diese Abwägung vorzunehmen, und bemühen dann den forensischen Psychiater. Dieser verfügt über einen Katalog etablierter Kriterien zur Abgrenzung von normalen und pathologischen psychischen Konstellationen. Er kann dem Richter Auskunft darüber geben, ob die Hirnfunktionen des Täters hinsichtlich bestimmter Eigenschaften der Norm entsprechen. Dabei wird offensichtlich vor allem geprüft, ob der Delinquent in der Lage war, in vollem Besitz seines Bewusstseins zu entscheiden. Was aber ist damit gewonnen, wenn auch der bewusste Deliberationsprozess auf neuronalen Vorgängen beruht, die ihrerseits durch genetische Dispositionen, frühe Prägungen und erlernte Routinen in idiosynkratischer Weise in einer für das Individuum spezifischen Weise ablaufen? Es lässt sich dann lediglich die Feststellung machen, dass der bewusste Deliberationsprozess, der zu der fatalen, strafwürdigen Entscheidung führte, zwar frei von sichtlichen äußeren und inneren Zwängen ablaufen konnte, dass er aber den bekannten Ausgang nahm, weil die den neuronalen Abwägungsprozess determinierenden Bedingungen so ausgelegt sind, dass eben diese und keine andere Entscheidung fallen konnte.

Folgendes Beispiel macht die Problematik des Versuchs deutlich, das Maß der jeweils verfügbaren „Freiheit" und damit die Größe der subjektiven „Schuld" zu objektivieren. Findet sich bei einem Delinquenten, der ganz offensichtlich bei vollem Bewusstsein und ohne Zeitdruck eine fatale Aktion ausgeführt hat, durch Zufall im Nachhinein eine Läsion im Präfrontalhirn, welche die Bahnen unterbrochen hat, die den Ort, wo ethische Normen gespeichert sind, mit den Zentren verbinden, deren Aktivierung erforderlich ist, um Handlungen zu unterdrücken, so würden dem Delinquenten im Nachhinein mildernde Umstände zugesprochen. Den gleichen Effekt wie makroskopisch feststellbare Läsionen können jedoch unsichtbare Fehlverschaltungen haben, die ihrerseits auf vielfältigste Ursachen zurückgehen können. Hierzu zählen genetische Dispositionen, fehlerhaft verlaufene Entwicklungs- und Prägungsprozesse und die ungenügende oder falsche Einschreibung von Lerninhalten. Ferner muss mit ebenfalls unsichtbaren und im Nachhinein nicht mehr nachvollziehbaren Veränderungen im Gleichgewicht neurochemischer Prozesse gerechnet werden oder mit akzidentellen Entgleisungen der Systemdynamik. Es muss also davon ausgegangen werden, dass jemand tat, was er tat, weil just in dem Augenblick sein Gehirn zu keiner anderen Entscheidung kommen konnte, gleichgültig, wie viel bewusste oder unbewusste Faktoren tatsächlich beigetragen haben.

Daraus folgt selbstverständlich nicht, dass abweichendes Verhalten nicht sanktioniert werden darf. Denn dann dürften wir auch unsere Kinder, denen wir Schuldfähigkeit absprechen, weil sie nur über eine eingeschränkte deklarative Kompetenz verfügen und weniger als Erwachsene zur bewussten Verarbeitung von Argumenten fähig sind, für das, was sie tun, weder bestrafen noch belobigen. Wir ziehen die Kinder zur Rechenschaft für das, was sie tun, selbst wenn wir ihnen nur begrenzte Schuldfähigkeit zuschreiben, denn wir machen sie verantwortlich für das, was sie tun. Wir bestrafen und belohnen das Kind in der Absicht, seine Hirnarchitektur so zu prägen, dass es später Entscheidungen treffen wird, die mit den sozialen Normen der Gesellschaft, in welche es integriert werden soll, konform sind.

Und so stellt sich die Frage, ob es nicht zur Klarheit beitrüge, wenn man andere Terminologien verwendete. Selbstverständlich bleibt die Notwendigkeit zur Zuschreibung von Verantwortung unberührt, denn wer sonst als das handelnde Individuum könnte die Tat verantworten. Nachdem sich das, was mit „Freiheit" gemeint ist, offensichtlich nur auf einen kleinen Teil der kognitiven Leistungen von Gehirnen bezieht, nämlich auf die Fähigkeit zur bewussten Abwägung von Argumenten, also Inhalten des deklarativen Gedächtnisses, wäre es vielleicht tunlicher, von Mündigkeit zu sprechen. Je mündiger eine Person ist, umso mehr ist sie in der Lage, sich

Argumente bewusst zu machen und diese nach sprachlogischen Regeln, welche die jeweilige Gesellschaft vorgibt, abzuwägen und dabei jenes Wissen heranzuziehen, das im deklarativen Gedächtnis gespeichert ist. Dabei handelt es sich ganz vorwiegend um explizites, sprachlich fassbares Wissen. Mündigkeit also, verstanden im Sinne von Sagbarkeit. Was also geschähe, wenn wir den diffusen und mit unterschiedlichsten Konnotationen befrachteten Begriff der Freiheit aufgäben und stattdessen von der Kohärenz oder Inkohärenz bewusster und unbewusster Prozesse sprächen, von der interindividuell stark schwankenden Fähigkeit zur rationalen Verhandlung bewusstseinsfähiger Inhalte (diese Fähigkeit könnte man als Mündigkeit bezeichnen) und von Strafe als Sanktion für abweichendes Verhalten, die sich nicht an der Schwere der subjektiven Schuld orientiert, sondern lediglich an der Normabweichung der Handlung. Zumindest im akademischen Bereich könnte diese Begriffsklärung hilfreich sein. Gleichwohl kann es sich als zweckmäßig erweisen, im Rechtsalltag und im Selbstverständnis der Gesellschaft an den Begriffen „Freiheit", „Schuld" und „Strafe für Schuld" festzuhalten, weil jeder, der in unserem Kulturkreis erzogen wurde, damit zwar vage, aber zumindest konsensfähige Inhalte seiner Selbsterfahrung benannt findet.

III. Warum erfahren wir unsere Entscheidungen als frei?

Falls zutrifft, was die Hirnforschung über die neuronalen Grundlagen von Entscheidungsprozessen behauptet, stellt sich die Frage, wie es sein kann, dass sich unsere Intuition irrt, wenn sie sich auf das Organ richtet, dem sie sich verdankt, wenn sie zu ergründen sucht, wie unsere Gehirne organisiert sind und nach welchen Prinzipien sie ihre erstaunlichen Leistungen erbringen. Wie kann es sein, dass die Selbstauskunft, die ein kognitives System über sich gibt, nicht übereinstimmt mit den Ergebnissen, die es erzielt, wenn es sich mit naturwissenschaftlichen Methoden daran macht, seine Bedingungen zu erforschen? Warum haben wir kein rechtes Gefühl für die Funktionsabläufe in unserem Gehirn, die dieses Gefühl hervorbringen? Wie eingangs erwähnt, scheint es uns, als gäbe es in unserem Kopf eine zentrale Instanz, die wir mit unserem bewussten Ich gleichsetzen und die über all die wunderbaren Fähigkeiten verfügt, die uns Menschen ausmachen. Offenbar vermag es diese Instanz, sich der Signale unserer Sinnesorgane zu bedienen, um ein kohärentes Bild der Welt zu entwerfen und sich als autonom agierendes Wesen in einer als lückenlos wahrgenommenen Welt zu erleben. Sie vermag, die Objekte der Welt zu benennen und in Kategorien zu ordnen, Wissen über die Welt zu erlangen und zu speichern, die Gesetzmäßigkeiten von Wechselwirkungen zu erfassen, daraus Schlüsse zu ziehen, Voraussagen zu formulieren, Entscheidungen zu treffen, Handlungen zu planen und auszuführen, diese Prozesse mit wertenden emotionalen Konnotationen zu versehen und sich all dieser Vorgänge zudem bewusst zu sein, sie sich vor dem inneren Auge zu gewärtigen. Weil diese Intuition so evident ist, nimmt nicht Wunder, dass im Laufe der Kulturgeschichte immer wieder Spekulationen darüber angestellt wurden, wo im Gehirn diese allmächtige und alles kontrollierende Instanz sich konstituieren könnte. Es müsse dies, so die plausible Annahme, ein singulärer Ort sein, an dem alle Informationen über die inneren und äußeren Bedingungen verfügbar sind, an dem Entscheidungen getroffen werden und von wo aus alle Handlungen initiiert werden. Selbst Descartes, der die mentalen Prozesse als nicht an die materiellen Vorgänge im Gehirn gebunden, sondern diesen vorgängig sah, der also für die frei schwebende „res cogitans" eigentlich keiner Verortung bedurft hätte, glaubte, nicht ohne eine singuläre lokalisierbare Instanz auskommen zu können. Zumindest die an neuronales Substrat gebundenen materiellen Prozesse im Gehirn bedürften einer zentralistischen Organisation, eines Zentrums, in dem alle sensorischen und exekutiven Funktionen miteinander verbunden werden können.

Wie oben angedeutet, könnte der Gegensatz zwischen dieser, aus der Intuition gespeisten Vorstellung über die Organisation unseres Gehirns und den heute verfügbaren wissenschaftlichen Erkenntnissen kaum drastischer sein. Da aus der Intuition gespeiste Vorstellungen allen Menschen gleichermaßen zugänglich sind, neurobiologische Erkenntnisse aber gemeinhin als Expertenwissen gewertet werden, soll auf Letztere hier etwas ausführlicher eingegangen werden. Untersuchungen der strukturellen und funktionellen Organisation unseres Gehirns belegen, dass es sich hierbei um ein Organ handelt, das in hohem Maße dezentral und distributiv organisiert ist, dass in ihm eine Vielzahl von unterschiedlichen Prozessen parallel in sensorischen und motorischen Subsystemen ablaufen und dass es kein singuläres Zentrum gibt, welches diese verteilten Prozesse verwaltet. An der funktionellen Organisation der Großhirnrinde lässt sich dies besonders gut veranschaulichen. Die Hirnrinde ist die letzte große Erfindung in der Evolution von Gehirnen, denn seit ihrem ersten Auftreten bei niederen Wirbeltieren gab es keine wesentlichen strukturellen Neuerungen. Im Laufe der Evolution nimmt das Volumen der Hirnrinde kontinuierlich zu, wodurch sich die Komplexität der Vernetzungsmöglichkeiten dramatisch erhöht, aber die interne Verschaltung der neuen Areale bleibt unverändert. Es bestätigt dies aufs Neue, wie konservativ die Evolution ist. Nicht nur, dass die molekularen Bausteine von Nervenzellen und die Mechanismen der Signalübertragung seit dem Auftreten einfacher Nervennetze bei Mollusken nahezu unverändert erhalten geblieben sind, auch die Regeln, nach denen Nervennetze Information verarbeiten und speichern, haben sich seither nur wenig verändert. Die bestimmenden Entwicklungsschritte beruhten im Wesentlichen auf einer ungeheuren Zunahme der Komplexität der Vernetzung von Nervenzellen, die in der Großhirnrinde des Menschen ihren vielleicht nur vorläufigen, vielleicht aber auch endgültigen Höhepunkt erreicht hat. Die Großhirnrinde ist modular aufgebaut, wobei ein Modul einem Gewebezylinder mit einem Radius von einem halben Millimeter und einer Länge von etwa 2 Millimetern, also der Dicke der Großhirnrinde, entspricht. In einer solchen Gewebesäule, in der Fachsprache nennen wir sie Kolumne, drängen sich, in sechs Schichten angeordnet, etwa 100.000 Nervenzellen, von denen jede mit durchschnittlich 20.000 anderen kommuniziert. Die Gesprächspartner können dabei in unmittelbar benachbarten Kolumnen, aber auch in weit entfernten Hirnstrukturen liegen. Bemerkenswert ist bei dieser astronomisch anmutenden Komplexität, die in ihrer Dimensionalität der des Universums nicht nachsteht, die globale Gleichförmigkeit. Die Verschaltung der Nervenzellen innerhalb solcher Kolumnen ist naturgemäß von außerordentlicher Komplexität und nur im Groben aufgeklärt, aber sie folgt festen Regeln, und diese sind für alle Kolumnen gleich. Da die Verarbeitungsprozesse in Nervennetzen anders als in Computern nicht von getrennten Programmen gesteuert werden, sondern ausschließlich durch die Verschaltung der Nervenzellen determiniert werden, folgt, dass die von diesen Modulen erbrachten Rechenoperationen für alle Hirnrindenareale dieselben sind, ob sie sich mit der Verarbeitung von visuellen, akustischen oder taktilen Signalen befassen oder der Analyse von Sprache oder der Programmierung von Bewegungen. Der Evolution ist hier offensichtlich die Realisierung eines informationsverarbeitenden Prinzips gelungen, das sich zur Bewältigung unterschiedlichster Aufgaben gleichermaßen eignet. Dies stellt uns vor zwei noch nicht befriedigend beantwortbare Fragen: Erstens, welches mächtige und universelle Prinzip ist hier verwirklicht? Und zweitens, wie kann es sein, dass durch die Vermehrung solcher universeller Module all die neuen Phänomene in die Welt kamen, die wir mit mentalen Prozessen verbinden und die uns so nachhaltig von anderen Primaten unterscheiden – Qualitäten, die es uns Menschen erlaubten, der biologischen Evolution die kulturelle hinzuzufügen? Dass komplexe Systeme fähig sind, durch quantitative Vermehrung ihrer Komponenten Phasenübergänge zu neuen Aggregatzuständen zu durchlaufen und dabei Eigenschaften hervorzubringen, die sich qualitativ nicht nur von den Komponenten, sondern auch von bisherigen Zuständen unterscheiden, ist uns geläufig. Aber wie ist vorstellbar, dass allein die Vermehrung von Großhirnrinde und der dazugehörigen Servicestrukturen zur Emergenz von Leistungen führte, die es uns erlaubten, der materiellen Welt eine geistige Dimension hinzuzufügen, uns unserer Wahrnehmungen und Gefühle gewahr zu werden, eine Innensicht unserer psychischen Verfasstheit zu gewinnen und diese Fähigkeit auch unserem Gegenüber zuzuschreiben? Wir erfahren diese mentalen Phänomene als ebenso real wie die greifbaren Phänomene der dinglichen Welt, wir können sie benennen, sprachlich fassen und uns in diesen Konstrukten der materiellen Welt als autonome Wesen gegenüberstellen, die über eine geistige Dimension verfügen. In dieser Dimension existieren benennbare Phänomene, die in der materiellen Welt keine Entsprechung haben und die traditionell Forschungsgegenstand der Geisteswissenschaften sind: Empfindungen, Wertungen, Moral, Intentionalität, Schuld, ästhetische Kategorien, kurzum, all das, was erst durch den Menschen in die Welt kam. Was also ist geschehen?

Die Evolution hat die Module der Hirnrinde hervorgebracht und einen genialen Weg entdeckt, diese so miteinander zu verschalten, dass durch deren Vermehrung immer differenziertere kognitive Leistungen realisiert werden konnten. In Gehirnen mit vergleichsweise niedriger Komplexität finden sich diese Module zu einigen wenigen sensorischen und motorischen Rindenarealen zusammengefasst. Diesen Arealen obliegt es, die Signale aus den verschiedenen Sinnesorganen zu verarbeiten, sie mit der in ihnen gespeicherten Information zu vergleichen und so aufzubereiten, dass die motorischen Areale daraus angepasste Verhaltensreaktionen ableiten können. Dabei kommunizieren die verschiedenen Sinnessysteme mit den exekutiven Strukturen über kurze Wege und vermitteln ihre Botschaften parallel und weitestgehend unabhängig voneinander. Dies ist der Grund, warum niedere Tiere nicht gut generalisieren, nicht gut vom einen aufs andere schließen können. In komplexeren Gehirnen kommen immer mehr Areale hinzu, die sich nicht mehr direkt mit der Verarbeitung sensorischer Signale befassen, sondern vorwiegend mit der Weiterverarbeitung und Rekombination der Ergebnisse, die in den vorgelagerten, evolutionär älteren Arealen erarbeitet wurden. Bei Primaten widmen sich allein etwa dreißig verschiedene, vorwiegend parallel arbeitende und eng miteinander vernetzte Areale den verschiedenen Aspekten der von den Augen erfassten und in der primären Sehrinde aufbereiteten visuellen Signale. Ein ventraler Teil analysiert Aspekte, die der Identifikation und Klassifikation von Objekten dienen, Konturlinien, Formmerkmale, Texturen, Farbwerte und viele mehr. Ein dorsaler Teil befasst sich mit Merkmalen, die erfasst werden müssen, um Objekte zielsicher greifen und manipulieren zu können, also deren äußere Form, Position und Bewegung. Verletzungen der ventralen Areale führen entsprechend zu Ausfällen der Formwahrnehmung: Objekte verlieren ihre Farbe, oder Gesichter können nicht mehr erkannt werden, und in extremen Fällen wird es unmöglich, Objekte überhaupt zu identifizieren und zu benennen. Man spricht dann von visueller Agnosie. Erhalten bleibt dabei die Fähigkeit, Bewegungen wahrzunehmen oder Objekte zu greifen und ihrer Funktion entsprechend zu manipulieren. Umgekehrt verlieren Patienten mit Läsionen im dorsalen Verarbeitungspfad die Fähigkeit, Objekte zu ergreifen und zu manipulieren, haben jedoch kein Problem, sie zu erkennen und zu benennen. Man spricht dann von visueller Ataxie.

Parallel zur Vermehrung dieser höheren sensorischen Areale, die sich in allen Sinnesmodalitäten vollzieht, treten Areale hinzu, die sich mit der Vermittlung zwischen den Modalitäten befassen, die Assoziationsareale. Ihnen obliegt es, Gleiches im Verschiedenen herauszuarbeiten und modalitätsunabhängige, abstraktere Repräsentationen von Wahrnehmungsobjekten zu erstellen. In den Sprachearealen des Menschen erreicht diese symbolhafte Erfassung des Wahrgenommenen seine höchste Abstraktion. Hinzu kommen Areale im Frontalhirn, die sich mit der Abspeicherung und Bearbeitung vorverarbeiteter, hoch abstrahierter Inhalte befassen wie sozialen Wertesystemen und Verhaltenscodices. Benachbarten Arealen obliegt es, die Ergebnisse der vielen gleichzeitig ablaufenden Prozesse gegeneinander abzuwägen, ausgewählte mit Aufmerksamkeit zu belegen und solange im Kurzzeitspeicher abzulegen, bis sie entweder nicht mehr gebraucht oder in die Langzeitspeicher verschoben werden. Und schließlich hat sich in den Stirn- und Schläfenlappen ein Netzwerk von Arealen herausgebildet, das uns befähigt, uns als mit uns identisch zu begreifen. Dieses Netzwerk reift auch in der Individualentwicklung spät aus, weshalb kleine Kinder noch keine Vorstellung von ihrer Identität entfalten können.

Die gegenwärtig plausibelste Annahme ist, dass sich die hohen, spezifisch menschlichen kognitiven Leistungen dem Auftreten von Hirnrindenarealen verdanken, deren Aufgabe es ist, die Verarbeitungsergebnisse aus bereits vorhandenen Arealen in vielfältigen Rekombinationen erneut zu bearbeiten – und zwar nach den gleichen Algorithmen, die von sensorischen Arealen bei der Bearbeitung von Sinnessignalen angewandt werden. Diese Iteration von kognitiven Operationen immer gleichen Grundmusters befähigt uns offenbar, über hirninterne Vorgänge Protokoll zu führen, uns unserer eigenen sensorischen Prozesse gewahr zu werden, sie zu benennen und uns der Entscheidungen und Handlungsentwürfe, die sich im System konstituieren, zumindest zum Teil bewusst zu werden.

Faszinierend ist dabei die Geschlossenheit der hochentwickelten Gehirne. Nervenzellen in evolutionsgeschichtlich jungen Arealen kommunizieren ausschließlich mit ihresgleichen. Im Vergleich zu den Myriaden von Verbindungen zwischen den zig Milliarden von Hirnrindenneuronen spielen die Verbindungen mit den Sinnesorganen und den Effektoren nur mehr eine marginale Rolle. So machen die Verbindungen zwischen den Augen und den Neuronen in der primären Sehrinde gerade einmal 1 % der Synapsen, der Kontakte zwischen Nervenzellen, aus. Hochentwickelte Gehirne beschäftigen sich also vorwiegend mit sich selbst und verhandeln die ungeheure Menge von Informationen über die Welt, die in ihrer Architektur gespeichert ist. So kommt es, dass sich die Aktivitätsmuster, die auftreten, wenn sich Menschen etwas vorstellen oder das Vorgestellte tatsächlich vor Augen haben, kaum unterscheiden. Im Traum und bei Halluzinationen verschwinden diese Unterschiede gänzlich, weshalb dann Imagination und Realität eins werden.

Wenn es im Gehirn keine zentrale, allen Subprozessen übergeordnete Instanz gibt, wie wird dann die Zusammenarbeit der Milliarden von Zellen in den mit verschiedenen Aufgaben betrauten Arealen der Großhirnrinde koordiniert, wie kann das Gehirn als Ganzes stabile Aktivitätsmuster ausbilden, wie können sich die verteilten Verarbeitungsprozesse zur Grundlage kohärenter Wahrnehmungen formieren, wie findet ein so distributiv organisiertes System zu Entscheidungen, woher weiß es, wann die verteilten Verarbeitungsprozesse ein Ergebnis erzielt haben, wie beurteilt es die Verlässlichkeit des jeweiligen Ergebnisses, und wie vermag es, fein aufeinander abgestimmte Bewegungen zu steuern? Auf irgendeine Weise müssen die Ergebnisse der verteilten sensorischen Prozesse zusammengebunden werden, weil unsere Wahrnehmungen kohärent und nicht fragmentiert sind; und auch für die Steuerung des Gesamtsystems und die Koordination von Handlungen scheint eine zentrale Instanz unerlässlich. Wie bereits angedeutet, gibt es aber weder einen singulären Ort, zu dem alle sensorischen Systeme ihre Ergebnisse senden könnten, noch gibt es eine zentrale Lenkungs- und Entscheidungsinstanz. Offensichtlich hat die Evolution das Gehirn mit Mechanismen zur Selbstorganisation ausgestattet, die in der Lage sind, auch ohne eine zentrale koordinierende Instanz Subprozesse zu binden und globale Ordnungszustände herzustellen. Der Vergleich mit Superorganismen liegt nahe. Auch Ameisenstaaten kommen ohne Zentralregierung aus. Die Mitglieder des Staates kommunizieren über ein eng gewebtes Netzwerk von Signalsystemen und passen ihr individuelles Verhalten entsprechend der lokal verfügbaren Information an. Auch hier hat die Evolution eine geniale Interaktionsarchitektur entwickelt, die sicher stellt, dass sich die Myriaden der lokalen Wechselwirkungen zu global geordneten Systemzuständen fügen.

Wir sind vermutlich noch weit davon entfernt, die Prinzipien zu verstehen, nach denen sich die verteilten Prozesse im Gehirn zu kohärenten Zuständen verbinden, die dann als Substrat von Wahrnehmungen, Vorstellungen, Entscheidungen und Handlungssequenzen dienen könnten. Wir verfügen jedoch über eine experimentell überprüfbare Hypothese, die sich am Beispiel von Bindungsproblemen verdeutlichen lässt, die bei der Verarbeitung sensorischer Signale auftreten. Auf Grund ihrer spezifischen Verschaltung reagieren die Nervenzellen in der Sehrinde selektiv auf elementare Merkmale visueller Objekte: auf Konturen, Texturen, Farbkontraste und Bewegungen. Da sich auf höheren Verarbeitungsstufen Neuronen finden, die auf relativ komplexe Kombination solcher elementaren Merkmale ansprechen, wurde vermutet, dass die Bindung elementarer Merkmale zu Repräsentationen ganzer Objekte dadurch erfolgen könnte, dass die Antworten der elementaren Merkmalsdetektoren in Zellen höherer Ordnung so integriert werden, dass diese Zellen selektiv auf die Merkmalskonstellation einzelner Objekte reagieren. Es müsste dann für jedes wahrgenommene Objekt eine spezialisierte Nervenzelle geben, deren Antwort das Vorhandensein eben dieses Objektes signalisiert. Diese Erwartung ließ sich experimentell nicht bestätigen, und es gibt gute Gründe, warum die Natur diese Option zur Bindung verteilter neuronaler Signale nur für die Repräsentation sehr häufig vorkommender oder sehr bedeutsamer Objekte gewählt hat. Es würde diese Strategie eine astronomisch große Zahl hochspezialisierter Zellen erfordern, um alle wahrnehmbaren Objekte in all ihren unterschiedlichen Erscheinungsformen zu repräsentieren. Zudem wäre es unmöglich, neue, noch nie gesehene Objekte zu repräsentieren und wahrzunehmen, da schwer vorstellbar ist, dass sich im Laufe der Evolution für alle möglichen Objekte entsprechend spezialisierte Zellen ausgebildet haben. Hochentwickelte Gehirne wenden deshalb eine komplementäre, wesentlich flexiblere Strategie an. Objekte der Wahrnehmung, gleich ob es sich um visuell, akustisch oder taktil erfasste handelt, werden durch eine Vielzahl von gleichzeitig aktiven Neuronen repräsentiert, wobei jedes einzelne nur einen Teilaspekt des gesamten Objektes kodiert.

Die nicht weiter reduzierbare neuronale Entsprechung eines kognitiven Objektes wäre demnach ein raumzeitlich strukturiertes Erregungsmuster in der Großhirnrinde, an dessen Erzeugung sich jeweils eine große Zahl von Zellen beteiligt. Ähnlich wie mit einer begrenzten Zahl von Buchstaben durch Rekombination nahezu unendlich viele Worte und Sätze gebildet werden können, lassen sich durch Rekombination von Neuronen, die lediglich elementare Merkmale kodieren, nahezu unendlich viele Objekte der Wahrnehmung repräsentieren, selbst solche, die noch nie zuvor gesehen wurden. An der Repräsentation eines freudig bellenden, mit dem Schwanz wedelnden, gerade getätschelten Hundes müssen sich Neuronen aus weit entfernten Hirnrindenarealen zu einem kohärenten Ensemble zusammenschließen: Zellen des Sehsystems, die visuelle Attribute des Hundes kodieren, müssen mit Zellen des auditorischen Systems kooperieren, welche sich an der Kodierung des Gebells beteiligen, Zellen des taktilen Systems müssen Informationen über die Beschaffenheit des Fells beisteuern, und Zellen des limbischen Systems werden benötigt, um emotionale Bewertungen hinzuzufügen, um anzugeben, ob das Gebell freudig oder bedrohlich ist. All diese verteilten Informationen müssen zu einem kohärenten Gesamteindruck zusammengebunden werden, ohne sich an einem bestimmten Ort zu vereinen. Ferner muss dafür gesorgt werden, dass nur die Signale miteinander gebunden werden, die vom gleichen Objekt herrühren, dass die Signale vom Hund getrennt bleiben von Signalen, die von anderen, gleichzeitig wahrgenommenen Objekten herrühren, von Kindern etwa, die sich an der Streichelaktion beteiligen, und einer miauenden Katze, die ebenfalls Zuwendung sucht. Bei dieser Kodierungsstrategie müssen die Erregungsmuster der Neuronen demnach zwei Botschaften gleichzeitig vermitteln. Zusätzlich zu der Botschaft, dass das Merkmal, für welches sie kodieren, vorhanden ist, müssen sie angeben, mit welchen anderen Neuronen sie gerade gemeinsame Sache machen. Einigkeit besteht, dass die Amplitude der Erregung eines Neurons Auskunft darüber gibt, mit welcher Wahrscheinlichkeit ein bestimmtes Merkmal vorhanden ist. Heftig diskutiert wird jedoch die Frage, worin die Signatur bestehen könnte, die angibt, welche Neuronen jeweils gerade miteinander verbunden sind und ein kohärentes Ensemble bilden.

Wir haben vor mehr als einer Dekade beobachtet, dass Neuronen in der Sehrinde ihre Aktivitäten mit einer Präzision von einigen tausendstel Sekunden synchronisieren können, wobei sie meist eine rhythmisch oszillierende Aktivität in einem Frequenzbereich um 40 Hz annehmen. Wichtig war dabei die Beobachtung, dass Zellen vor allem dann ihre Aktivität synchronisieren, wenn sie sich an der Kodierung des gleichen Objektes beteiligen. Wir leiteten daraus die Hypothese ab, dass die präzise Synchronisierung von neuronalen Aktivitäten die Signatur dafür sein könnte, welche Zellen sich temporär zu funktionell kohärenten Ensembles gebunden haben. Wie so oft erweist es sich, dass die ursprüngliche Beobachtung nur die Spitze des Eisbergs war und dass die funktionellen Bedeutungen der beobachteten Synchronisationsphänomene weit über die zunächst vermuteten hinausgehen. Die vielleicht spannendsten Implikationen könnten die jüngsten Untersuchungen an schizophrenen Patienten haben. Sie verweisen darauf, dass in den Gehirnen dieser Patienten die Synchronisation neuronaler Aktivitäten gestört und unpräzise ist. Wenn zutrifft, dass Synchronisation der Koordination von parallel erfolgenden, räumlich verteilten neuronalen Operationen dient, könnte dies manche der dissoziativen Phänomene erklären, welche diese geheimnisvolle Krankheit charakterisieren. Die Befunde könnten dann tatsächlich Hinweise für eine gezielte Suche nach den pathophysiologischen Mechanismen liefern, die zu dieser Erkrankung führen.

Vieles spricht also dafür, dass wir uns als neuronales Korrelat von Wahrnehmungen komplexe, raumzeitliche Erregungsmuster vorstellen müssen, an denen sich jeweils eine große Zahl von Nervenzellen in wechselnden Konstellationen beteiligen. Je nach der Struktur des Wahrgenommenen können solche koordinierten Zustände weite Bereiche der Großhirnrinde umfassen. Da wir in der Regel mehrere Objekte gleichzeitig wahrnehmen, zwischen ihnen Bezüge herstellen und diese im Kontext der einbettenden Umgebung erfahren, müssen sich zudem in den Nervennetzen der Großhirnrinde mehrere unterschiedliche Ensembles ausbilden können, die zwar voneinander getrennt sein, aber doch in Wechselwirkung stehen müssen. Noch wissen wir nicht, wie dies bewerkstelligt wird. Eine Möglichkeit wäre, dass Ensembles, die unterschiedliche Objekte repräsentieren, in unterschiedlichen Frequenzbereichen synchron schwingen. Wie immer auch die Lösungen für die vielfältigen Koordinationsprobleme in unseren dezentral organisierten Gehirnen aussehen werden, fest steht schon jetzt, dass die dynamischen Zustände der vielen Milliarden miteinander wechselwirkenden Neuronen der Großhirnrinde ein Maß an Komplexität aufweisen, das unser Vorstellungsvermögen übersteigt. Dies bedeutet nicht, dass es uns nicht gelingen kann, analytische Verfahren zu entwickeln, mit denen sich diese Systemzustände erfassen und in ihrer zeitlichen Entwicklung verfolgen lassen. Aber die Beschreibungen dieser Zustände werden abstrakt und unanschaulich sein. Sie werden keine Ähnlichkeit aufweisen mit den Wahrnehmungen und Vorstellungen, die auf diesen neuronalen Zuständen beruhen.

Intuitiv nachvollziehbar ist uns vielleicht noch, dass die Wahrnehmung komplexer dynamischer Strukturen wie Sprache oder Musik auf einer Abfolge ebenfalls komplexer, sich ständig wandelnder Erregungsmuster beruhen muss. Doch selbst hier wird es sich keinesfalls um isomorphe Abbildungen handeln. Tonhöhen werden nicht einfach in neuronale Schwingungen unterschiedlicher Frequenz umgesetzt, sondern sie werden wie Merkmale behandelt, für deren Kodierung Nervenzellen vorgesehen sind. Gänzlich kontraintuitiv ist die Vorstellung, dass das neuronale Korrelat der Wahrnehmung eines taktil oder visuell erfassten soliden Objekts ebenfalls ein hoch abstraktes räumlich und zeitlich strukturiertes Erregungsmuster sein könnte und dass die Repräsentation eines dreidimensionalen, greifbaren Objektes auf die gleiche Weise erfolgen könnte wie die Repräsentation eines Geruches, einer Emotion oder einer Handlungsintention. Immer wird es sich um einen von nahezu unendlich vielen möglichen Zuständen handeln, den ein komplexes System mit hochgradig nichtlinearer Dynamik einzunehmen in der Lage ist. Anders ausgedrückt könnte man sagen, das System bewege sich fortwährend von einem Punkt zum nächsten in einem unvorstellbar hochdimensionalen Raum möglicher Zustände, wobei die Trajektorie dieser Bewegung von der Gesamtheit aller inneren und äußeren Einwirkungen abhängt, denen das System ausgesetzt ist. Auf dieser Wanderung verändert sich das System fortwährend, weil seine funktionelle Architektur durch die dabei gemachten Erfahrungen ständig verändert wird. Es kann deshalb niemals je an den gleichen Ort zurückkehren, und dies ist der Grund dafür, dass wir Zeit als nicht umkehrbar erleben. Das gleiche Objekt wird, wenn es zum zweiten Mal gesehen wird, einen anderen dynamischen Zustand bewirken als beim ersten Mal, es wird zwar als das Gleiche erkannt werden, aber in dem neuen Zustand wird mitkodiert, dass es schon einmal gesehen wurde.

Diese Überlegungen lassen erahnen, mit welch abstrakten Beschreibungen von Systemzuständen wir es zu tun haben werden, wenn wir tiefer in die funktionellen Abläufe unserer Gehirne eindringen, und sie bringen uns zurück zu der eingangs gestellten Frage, warum unser Vorstellungsvermögen so wenig geeignet ist, über die Vorgänge im Gehirn Auskunft zu geben, die diesem Vermögen zu Grunde liegen.

Ich vermute, dass es an der evolutionären Anpassung unserer kognitiven Leistungen an eine Welt liegt, in der es keinen Vorteil brachte, sich mit nicht-linearen, hochdimensionalen dynamischen Prozessen zu befassen. Eine der wichtigsten Funktionen von Nervensystemen ist, lebensnotwendige Information aus der Umwelt aufzunehmen, Gesetzmäßigkeiten ausfindig zu machen, daraus zutreffende Modelle abzuleiten und auf Grund dieses Wissens optimal angepasste Verhaltensstrategien zu entwerfen. All dies dient der Sicherung des Überlebens in einer gefährlichen, sich stetig wandelnden Welt. Die Größe von Tieren, die Nervensysteme entwickelt haben, variiert im Bereich von Millimetern bis wenigen Metern. Folglich haben sich die kognitiven und exekutiven Funktionen der Nervensysteme an Prozesse angepasst, die für Interaktionen von Objekten dieser Größenordnung charakteristisch sind. Es ist das die Welt, in der die Gesetze der klassischen Physik gelten – weshalb wir diese und nicht jene der Quantenmechanik zuerst entdeckten. Es ist die Welt der soliden Gegenstände, der kausalen Wechselwirkungen, der nicht relativierbaren Koordinaten von Raum und Zeit, und es ist die Welt, in der vorwiegend lineare Modelle hinreichen, um den Großteil der für unser Überleben wichtigen Prozesse zu verstehen. Wir beobachten zwar Vorgänge, die eine andere Dynamik aufweisen und unseren Vorstellungen von Kausalität und Linearität zu widersprechen scheinen, aber wir haben Schwierigkeiten, die Gesetzmäßigkeiten intuitiv zu erfassen, die diesen Prozessen zu Grunde liegen. Dies gilt zum Beispiel für alle Prozesse mit hoch nicht-linearer Dynamik, und hierzu gehören unter anderem die Resonanzphänomene, die zu unerwarteten Verstärkungen von Schwingungen führen, das Aufschaukeln von extremen Wetterlagen und die scheinbar völlig unvoraussagbaren Phasenübergänge in chaotischen Systemen. Der Grund, warum wir Schwierigkeiten haben, uns die Gesetzmäßigkeiten vorzustellen, die solche Prozesse hervorbringen, der Grund, warum wir kein rechtes Gefühl für solche nicht-linearen Wechselwirkungen haben, ist vermutlich, dass uns die Ausbildung dieses Vorstellungsvermögens nicht viel weiter gebracht hätte. Modelle von Vorgängen und deren Gesetzmäßigkeiten zu erstellen, ist für Organismen nur dann von Vorteil, wenn sich aus diesen zutreffende Voraussagen ableiten lassen. Für die Entwicklungsdynamik hoch nicht-linearer Systeme ist diese Bedingung nicht erfüllt. Selbst bei Kenntnis der herrschenden Ausgangsbedingungen ist es meist unmöglich vorauszusagen, wie sich das System in Zukunft weiter entwickeln wird. Es bringt also kaum Vorteile, sich mit der Analyse der Interaktionsdynamik hoch nicht-linearer Systeme zu befassen, wenn es darum geht, Modelle von der Welt zu erstellen, von denen zutreffende Voraussagen abgeleitet werden können. Es gab also vermutlich keinen Selektionsdruck für die Ausbildung kognitiver Funktionen zur Erfassung nicht-linearer dynamischer Prozesse – und dies könnte der Grund dafür sein, warum es uns so schwer fällt, uns solche Prozesse vorzustellen. Den gleichen Grund könnte unser Unvermögen haben, die Vorgänge in der Quantenwelt intuitiv zu erfassen. Diese Prozesse spielen beim Entwurf von Überlebensstrategien keine Rolle. Wir haben vermutlich deshalb für deren Wahrnehmung keine Sinnessysteme entwickelt. Unsere Nervensysteme haben sich vielmehr darauf spezialisiert, einige der in unserer makroskopischen Lebenswelt relevanten Signale aufzunehmen und diese auf Gesetzmäßigkeiten hin zu untersuchen, die es erlauben, Voraussagen zu machen.

Diese Beschränkung unserer kognitiven Fähigkeiten könnte eine Erklärung dafür sein, warum unsere Intuition Vorstellungen über die Organisation unseres Gehirns entwickelt hat, die mit der naturwissenschaftlichen Beschreibung dieses Organs nicht übereinstimmen. Das menschliche Gehirn ist fraglos das komplexeste System in dem uns bekannten Universum, wobei komplex nicht einfach für kompliziert steht, sondern im Sinne der Komplexitätstheorie als *terminus technicus* spezifische Eigenschaften eines Systems benennt, das aus sehr vielen aktiven, miteinander auf besondere Weise interagierenden Einzelelementen besteht. Solche Systeme zeichnen sich durch eine hoch nicht-lineare Dynamik aus und sind deshalb in der Lage, Qualitäten hervorzubringen, die aus den Eigenschaften der Komponenten nicht ableitbar sind. Sie können nahezu unendlich viele Zustände in hochdimensionalen Räumen einnehmen und dabei neue, prinzipiell unvorhersehbare Muster ausbilden. Sie vermögen dies, weil sie in der Lage sind, sich selbst zu organisieren und ohne den koordinierenden Einfluss einer übergeordneten Instanz hochgeordnete, metastabile Zustände einzunehmen. Somit sind sie hinsichtlich ihrer Entwicklungstrajektorien grundsätzlich offen. Sie sind kreativ.

Warum aber hat die Natur Gehirne mit diesen Eigenschaften ausgestattet, wenn es doch vornehmlich um die Analyse linearer Prozesse geht? Die Antwort auf die Frage muss unvollständig bleiben, weil wir die Organisationsprinzipien nur im Ansatz verstanden haben. Erkennbar ist jedoch bereits, dass die Versatilität komplexer, nicht-linearer Systeme genutzt werden kann, um Probleme der Informationsverarbeitung sehr viel eleganter zu bewältigen, als dies mit linearen Operationen möglich wäre, selbst wenn es sich bei diesen Problemen um die Analyse vorwiegend linearer Prozesse handelt. Beispiele sind die Mustererkennung, die Bildung von Kategorien, die assoziative Verknüpfung sehr großer Mengen von Variablen, das Treffen von Entscheidungen und die kreative Anpassung an sich ständig ändernde Bedingungen. Der geniale Trick scheint darin zu bestehen, die niedrigdimensionalen Signale, die von den Sinnesorganen geliefert werden, in hochdimensionale Zustandsräume zu transponieren, dort zu verarbeiten und die Ergebnisse dann rückzutransformieren auf den niedrigdimensionalen Raum, in dem die Verhaltensreaktionen stattfinden. Offensichtlich haben wir aber keine Einsicht in die hochdimensionalen, nicht-linearen Prozesse, auf denen unsere kognitiven Leistungen beruhen, sondern nehmen nur die niedrig dimensionalen Ergebnisse wahr. Und da wir kein Sensorium für die in unserem Gehirn ablaufenden Vorgänge haben, stellen wir uns offenbar vor, es müssten in ihm die gleichen linearen Vorgänge ablaufen, die wir den beobachtbaren Phänomenen in der Welt draußen unterstellen. Und dies ist vermutlich der Grund, warum wir glauben, dass es in unserem Gehirn eine zentrale Instanz geben müsse, einen autonomen Beweger, der über die Richtung zukünftiger Entwicklungstrajektorien entscheidet. Lineare Systeme können sich nicht selbst organisieren, sie sind nicht kreativ. Ihre Dynamik bewegt sich in unveränderlichen Zirkeln, und wenn in ihnen Neues entstehen soll, dann müssen strukturierende Einflüsse von außen auf sie einwirken. Anders als selbstorganisierende Systeme bedürfen sie eines Bewegers. Weil wir Linearität annehmen, uns und unser Gegenüber aber als kreativ und intentional erleben, kommt unsere Intuition zu dem falschen Schluss, in unserem Gehirn müsse es eine übergeordnete, lenkende Instanz geben, welche die vielfältigen verteilten Prozesse koordiniert, Impulse für Neues gibt und den neuronalen Prozessen vorgängig über deren zukünftige Ausrichtung entscheidet. Und da wir diese virtuelle Instanz nicht zu fassen vermögen, schreiben wir ihr all die immateriellen Attribute zu, die wir mit dem Begriff des „Selbst“ verbinden: die Fähigkeit, initiativ zu sein, zu wollen, zu entscheiden und Neues zu erfinden.

Diese Begrenzung unseres Vorstellungsvermögens erklärt vielleicht, warum unsere Intuition über die Vorgänge in unserem Gehirn nicht mit dem übereinstimmt, was die Hirnforschung über diese in Erfahrung gebracht hat. Die Einsicht in diese Begrenzung mag uns auch Warnung sein, die aus unserer Intuition abgeleiteten Vorstellungen von uns und der uns umgebenden Welt nicht zur alleinigen Grundlage zu machen für unser Urteilen und Handeln. Dies gilt vor allem dann, wenn wir absichtlich oder gezwungenermaßen in die Dynamik komplexer Systeme der Außenwelt eingreifen. Hierzu zählen sämtliche Systeme unserer Lebenswelt, die aus einer Vielzahl miteinander wechselwirkender aktiver Komponenten bestehen, also soziale und politische Systeme ebenso wie Wirtschaftssysteme und Biotope. All diese Systeme weisen eine hoch nicht-lineare Dynamik auf: Sie organisieren sich selbst, erzeugen fortwährend neue Muster, sind hinsichtlich ihrer zukünftigen Entwicklung nicht festgelegt und warten deshalb mit Überraschungen auf, die nicht prognostizierbar sind.

Als Handelnde sind wir aktive Komponenten solcher Systeme und befördern durch unser Tun deren Dynamik und zukünftige Entwicklung. Und das konfrontiert uns mit einem doppelten Problem.

Auch unserem Handeln in komplexen lebensweltlichen Systemen scheinen wir vorwiegend lineare Modelle zu Grunde zu legen, weil uns die Intuition für deren nicht-lineares Verhalten fehlt. Wir neigen deshalb dazu, das Selbstorganisationsvermögen dieser Systeme zu unter- und deren Lenkbarkeit zu überschätzen. Wir gehen auch hier davon aus, dass die effektivste Strategie zur Stabilisierung und Steuerung dieser Systeme darin besteht, zentrale Instanzen zu etablieren, welche die vielen verteilten Prozesse regulieren und die Entwicklung des Gesamtsystems in die gewünschte Richtung lenken. Ein Blick auf die hierarchischen Strukturen in unseren Gesellschafts- und Wirtschaftssystemen genügt, um zu erkennen, dass wir diese Intuition auch umsetzen. Dabei stellt sich die Frage, ob unser Vertrauen in die Fähigkeiten dieser Instanzen immer gerechtfertigt ist, und ob wir sie nicht gelegentlich überfordern, weil wir von ihnen mehr erwarten, als sie selbst unter optimalen Bedingungen leisten können. Aus prinzipiellen Gründen sind die Entwicklungstrajektorien komplexer Systeme offen und schwer prognostizierbar, und das selbst dann, wenn die Ausgangsbedingungen vollständig bekannt sind – was natürlich in unseren lebensweltlichen Systemen nie der Fall sein wird.

Aus den gleichen Gründen ist nur schwer vorhersehbar, wie sich steuernde Eingriffe auf das Verhalten solcher komplexer Systeme auswirken werden. Meist wird sich erst im Nachhinein und nach längerer Zeit erweisen, welche Konsequenzen eine dirigistische Maßnahme tatsächlich hatte. Und es wäre verfehlt, den Vorwurf des Irrtums zu erheben, wenn es anders kommt als intendiert, weil die Prämisse der Voraussagbarkeit von Konsequenzen nur sehr eingeschränkt gilt. Vor diesem Hintergrund erscheint es sinnvoll, jeweils genau zu prüfen, inwieweit die institutionalisierten Steuerungsmechanismen der Dynamik des zu steuernden Systems entsprechen. Handelt es sich um wenig komplexe Systeme mit vorwiegend linearer Dynamik, dann sind hierarchisch strukturierte, dirigistische Lenkungsstrukturen eine gute Option. Handelt es sich jedoch um hochkomplexe Systeme mit stark nicht-linearem Verhalten, dann ist es vermutlich opportuner, auf die Selbstorganisationskräfte und die Kreativität solcher Systeme zu vertrauen, als der Illusion zu erliegen, man könne diese lenken. Eingriffe müssten sich dann darauf beschränken, die Interaktionsgeflechte und Informationsflüsse so zu gestalten, dass sich die selbstorganisierenden Mechanismen optimal entfalten können. Da wir, wie ausgeführt, geneigt sind, die Vorgänge in der Welt intuitiv in linearen Modellen abzubilden, darf vermutet werden, dass wir mehr zu dirigistischen Maßnahmen tendieren, als es erforderlich und zweckdienlich ist.

Dass sich unsere lebensweltlichen Systeme aber überhaupt soweit entwickeln konnten und dabei leidlich stabil blieben, sollte für sich genommen schon als gute Nachricht gewertet werden und uns ermutigen, der Robustheit dieser durch Selbstorganisation entstandenen Strukturen mehr Vertrauen entgegenzubringen. Kein noch so umsichtiger Planer wäre je fähig gewesen, komplexe Systeme wie unser Gehirn oder unsere sozialen und wirtschaftlichen Gefüge *ab initio* zu entwerfen und so zu konzipieren, dass sie funktionieren und über längere Zeiträume stabil bleiben.

Die Willensfreiheit aus der Sicht einer Theorie des Gehirns

Ein unentscheidbares Problem

Von REINHARD OLIVIER (Bonn)

I. Unschärfe

Das Gehirn als ein organisches System, das auf Grund einer äußerst komplizierten und subtilen Physiologie das produziert, was wir als psychologische oder geistige, kurz als mentale Leistungen erleben (und so bezeichnen), ist ein äußerst empfindliches System und reagiert auf die verschiedenen Beobachtungen und Untersuchungen, psychologischer wie physiologischer Art, sehr sensibel und vielfach in einer Weise, die sich einer systematischen Betrachtungsweise entzieht. So, wie man in der Physik bei einem Elementarteilchen nur sehr begrenzt voraussagen oder berechnen kann, wie es auf Beobachtung reagiert (die nur mithilfe anderer Elementarteilchen erfolgen kann, die mit ihm in eine Wechselwirkung treten), so reagiert auch das Gehirn in seiner mentalen Verfassung auf eine psychologische Beobachtung – die sich als eine Wechselwirkung mit einem anderen mentalen System repräsentiert – in einer kaum vorherzusagenden Weise und entzieht sich damit ebenso einer genauen Festlegung seines Zustandes.

Das Gleiche gilt für physiologische Messungen am aktiven Gehirn. Nicht nur, dass das Bewusstsein einer solchen Messung (durch Elektroden, EEG oder die so genannten bildgebenden Verfahren) eine nicht wirklich abzuschätzende Beeinflussung der Vorgänge impliziert, auch die Korrespondenz zwischen physiologischer und mentaler Aktivität ist zu wenig erforscht und greifbar, um auf diesem Umweg eine präzise und „objektive" Beobachtung der mentalen Vorgänge zu erreichen.

Das Gehirn als ein System, das mentale Zustände produziert, entzieht sich in so nachdrücklicher Weise einer Festlegung, dass man, will man methodisch genau sein, dieses Faktum berücksichtigen muss.

Nehmen wir an, der physiologische Zustand des Gehirns sollte im Rahmen eines Experimentes in allen Einzelheiten gemessen werden, um ihn dann mit dem psychologischen zu vergleichen – und um daraus dann Rückschlüsse zu ziehen. Dazu müssten entweder alle Neuronen abgeleitet oder in einem bildgebenden Verfahren die Aktivität jedes einzelnen Neurons gemessen werden. Von den technischen Schwierigkeiten – um nicht zu sagen: Unmöglichkeiten –, die dies bereitet, abgesehen, würde ein solcher Beobachtungsaufwand mit Sicherheit die Gehirnaktivität in einer nicht abzuschätzenden Weise beeinflussen und zugleich den psychischen Zustand außer Kontrolle bringen.

Ebenso gilt das Umgekehrte: Ein vollständiges und präzises Protokoll eines psychologischen Zustandes eines Probanden (sofern dies überhaupt existiert, siehe unten) erfordert eine absolut ungestörte Innensicht, ein äußerst sensibles Abtasten aller Facetten des Zustandes, das nur vom Probanden selbst geleistet werden kann, und verbietet daher jede von außen erfolgende Aktivitätsmessung, die diesen Zustand ja beeinflussen würde. Gerade die verfeinerte Beobachtung, physisch wie psychologisch, greift unvermeidlich in den Status ein und verändert ihn in einer nicht kontrollierbaren Weise. Das ist eine weitgehende Parallele zum Fall der Elementarteilchen in der Physik. Wenn man aber akzeptieren muss, dass ein bestimmter Messvorgang prinzipiell nicht durchgeführt werden kann, so ist die formale Konsequenz daraus, dass die infrage stehende Größe nicht präzise definierbar ist.

Ich folge damit den Argumenten von Heisenberg in seiner Begründung der Unschärferelation.[1] Dies lässt sich in einer Hypothese fassen:

> *Hypothese 1* (psycho-physische Unschärfe): Der psychologische und der physiologische Zustand des Gehirns ist nicht gleichzeitig definierbar.

Anders als bei der Heisenbergschen Ungleichung lässt sich nicht leicht absehen, ob es eine quantitative Formulierung der Unschärfe gibt. Trotzdem gibt es eine unmittelbare und sehr bemerkenswerte Konsequenz, die in jeder Theorie des Gehirns eine Rolle spielt:

Folgerung aus Hypothese 1: Es gibt keinen vollständigen psycho-physischen Parallelismus.

Damit ist über das Ausmaß der Unsicherheit oder Abweichung noch nichts gesagt, und dies hängt auch mit den Problemen der Ablesbarkeit zusammen (siehe III.), aber es besagt, dass eine Beschreibung auf der physiologischen Ebene sich nicht systematisch auf eine auf der psychischen übertragen lässt.

Es gibt eine weitere Folgerung aus der unvermeidlichen Sensibilität des Gehirns gegen Beobachtung und gegen den Versuch einer Beeinflussung oder Manipulation. Es ist nicht nur unmöglich, den genauen mentalen Status des Gehirns zu einem bestimmten Zeitpunkt festzustellen (dies könnte ja nur durch eine Introspektion geschehen, die die verschiedensten Einzelheiten „abfragen“, das heißt testen müsste – und auch hier spielt das Ableseproblem eine Rolle), sondern auch, einen irgendwie vorgegebenen Status herzustellen. Das lässt sich zwar in groben Zügen bewerkstelligen, zum Beispiel indem ein Proband auf eine bestimmte experimentelle psychologische Situation eingestellt wird, aber das betrifft doch immer nur einen mehr oder minder genau umrissenen Teil der Gesamtheit und nicht das Ganze. Das bedeutet, dass die Randbedingungen einer experimentellen Situation nicht festzulegen oder zu prüfen sind, und infolgedessen können Experimente nicht in einer strikten Form wiederholt werden. Auch das psychologische Ergebnis eines Experimentes kann aus demselben Grund nur unvollständig abgelesen werden. Man kann dies so zusammenfassen: Es gibt kein vollständiges Protokoll eines psychologischen Zustandes.

Natürlich kann man in einem psychologischen Experiment von wichtigen und weniger wichtigen Randbedingungen sprechen, in der Hoffnung oder Annahme, die wichtigen unter Kontrolle zu haben, aber anders als in den physikalischen Experimenten, in denen sich der Einfluss der Randbedingungen abschätzen lässt, gibt es keine Gewissheit, und man kann daher in einem hier nicht weiter präzisierten Sinn nur von einer Streuung in Bezug auf Ereignisfolgen sprechen. Das ist in vielen Fällen auch ausreichend. Nimmt man es aber begrifflich genau, wie es in einer Theorie zu geschehen hat, so bedeuten die gemachten Einwände, wegen

1 Vgl. W. Heisenberg, Über den anschaulichen Inhalt der quantentheoretischen Dynamik und Mechanik, in: Zeitschrift für Physik, 43 (1927), 172–198.

der Nichtwiederholbarkeit und somit Nichtnachprüfbarkeit der Experimente, dass eine strikte Kausalität nicht beobachtet werden kann, und in analoger Weise wie in der Unschärfe folgt:

Hypothese 2: (psychische Kausalität) Es gibt keine strikte Kausalität in der Psyche.

II. Das Fundamentale Prinzip

Es gibt bei der theoretischen Betrachtung des Gehirns, um seine Arbeitsweise zu modellieren und zu verstehen, einen Gesichtspunkt, der sich in viele verschiedene Facetten aufspalten lässt und der wie kein anderer eine Eigenschaft beleuchtet, die einzig dem Gehirn zukommt und es vor allen anderen Systemen auszeichnet. Er drückt sich aus in der mentalen Aktivität des Gehirns, und man kann vermuten, dass er einen Schlüssel für jedes formale Verständnis liefert.

Ich bezeichne dies als *Fundamentales Prinzip*, das die Arbeitsweise des Gehirns beherrscht. Es lautet:

Fundamentales Prinzip: Das Gehirn ist in seiner Wahrnehmung funktional oder dynamisch orientiert, in der Codierung der Wahrnehmungen hingegen strukturell.

Damit wird eine grundlegende und unvermeidliche Aufspaltung der Arbeitsweise des Gehirns beschrieben, die sich insbesondere in jedem Prozess des Verstehens manifestiert und eine Art von Dualität beschreibt. Es heißt insbesondere, dass die Erklärung funktionaler Zusammenhänge und überhaupt jede Funktionalität und Dynamik auf Strukturen zurückgeführt wird, die so beschrieben werden, dass sich aus ihnen die Dynamik erklären lässt. Es heißt auch: Strukturen ohne Dynamik sind leer, Dynamik ohne Struktur nicht erklärbar.

Vom theoretischen Standpunkt aus ist dies die Erkenntnisform des Gehirns, mit der die „Realität" aufgeschlüsselt wird. Man muss es als eine Konsequenz daraus betrachten, dass Methoden, die dieser Aufspaltung folgen und insofern dem Erkenntnisprozess besonders angepasst sind, auch besonders wirksam sind.

In der Tat lassen sich formale Beispiele für solche Methoden angeben, die als Grundlagen einer allgemeinen Gehirntheorie dienen können.[2]

Hier wird ein Beispiel für das Fundamentale Prinzip diskutiert, das eine Verwandtschaft mit der in Hypothese 1 formulierten Unschärfe aufweist, aber nicht mit ihr identisch ist und nicht mit der gleichen Begründung hergeleitet werden kann.

Im Fundamentalen Prinzip wird eine Aufspaltung beschrieben, die aus dem Alltag völlig geläufig ist, nämlich die in Erleben und Beobachten, resp. Teilnehmen und Beobachten. Das betrifft sehr einfache Dinge, aber auch sehr komplizierte, es ist ein universelles Phänomen. Das Erleben ist der inhärenten Dynamik eines Ereignisses zugeordnet, das Beobachten seiner Analyse und Strukturbetrachtung. Ich will diese beiden Attitüden der Auseinandersetzung mit einem Ereignis oder System die Endosicht (für das Erleben) und die Exosicht (für das Beobachten) nennen. Die beiden Begriffe gestatten keine ganz scharfe Definition und bedeuten keine Dichotomie. Das liegt letzten Endes daran, dass sie in einer zwar unsystematischen, aber nicht auflösbaren Verknüpfung miteinander stehen und eine Grenzziehung immer auch etwas Willkürliches besitzt und *ad hoc* vorgenommen werden muss.[3] In der Quantentheorie spricht man

2 Vgl. R. Olivier, Das Gehirn als ein formales System, Mathematisches Institut der Universität Bonn, 2003.

3 Für eine ausführliche Erörterung dieser Gesichtspunkte siehe zum Beispiel: H. Atmanspacher/ G. J. Dalenoort (Hg.), Inside versus Outside, Berlin 1983.

zum Beispiel vom Heisenberg-Schnitt, der die beiden Seiten trennt. Will man ein Phänomen im Ganzen würdigen, so bilden Endo- und Exosicht sich ergänzende Gesichtspunkte.

Was das Gehirn betrifft, so ist seine Endosicht das Erleben selbst – hier trifft untersuchtes und untersuchendes System zusammen –, und die Exosicht ist seine physiologische Erscheinung.

Die Endosicht eines beliebigen Systems ist unvermeidlicherweise zu einem Teil aus dem Nacherleben seiner Dynamik – individuell gefärbt –, aber auch einer sachlichen, das heißt modellartigen Beschreibung zusammengesetzt. Es muss betont werden, dass Endo- und Exosicht Zustände des Gehirns sind, die der Aufspaltung des Fundamentalen Prinzips entsprechen, also verschiedene Verarbeitungsweisen des Gehirns repräsentieren.

Darauf bezieht sich die zweite Unschärferelation, die hier formuliert wird:

Hypothese 3: (Endo-Exo-Unschärfe) Endo- und Exosicht eines Systems können nicht zugleich vollständig eingenommen werden.

Hypothese 3 ist ein Erfahrungssatz, der sich auf die individuelle Gehirnleistung bezieht, bezeichnet also eine Eigenschaft des Gehirns in seiner Aktivität. Sie ist auf der subjektiven Seite des Gehirns ein Analogon zu der klassischen Heisenbergschen Unschärfe, wobei die Endosicht für den Impuls und die Exosicht für den Ort eines Elementarteilchens steht.

Die drei Hypothesen spielen eine Rolle bei einer Theorie des Gehirns als einer Gesamtheit und darüber hinaus auch speziell bei der Frage nach seiner Willensfreiheit.

III. Psychologie als der Zugang zum Gehirn

Der Zugang zu der Funktionalität des Gehirns geht über die Psychologie, und jede Gehirntheorie ist notwendig eine formalisierte Psychologie. Natürlich gibt es die rein physiologische Untersuchung des Gehirns, die die Anatomie einschließt, bei der Form und Verbindung der Nervenzellen, ihr Stoffwechsel, die Reizleitung, die komplizierte Funktionalität der Synapsen, die Aktivität der neurochemischen Substanzen und Weiteres untersucht werden, aber eine reine Beschränkung auf diese Aspekte bringt keinen Aufschluss über die mentalen Fähigkeiten des Gehirns. Die reine Physiologie des Gehirns liefert nur die Randbedingungen, unter denen die geistigen Funktionen ausgeübt werden. Diese Bedingungen sind wichtig für ein realistisches Modell, aber sie reichen nicht aus. Kein Gedanke, kein Wort, kein Gefühl kann unmittelbar aus der physiologischen Aktivität abgelesen werden. Die mit der Elektrode übermittelte neuronale Aktivität und die neuerdings so gern beobachtete Verteilung des Stoffwechsels und der Durchblutung sind in sich leere Signale und müssen gedeutet werden. Die einzige Ausnahme bilden die Motorneurone, deren Aktivität eine Muskelkontraktion impliziert.

Die Deutung dieser vielfachen und außerordentlich komplizierten Signale erfolgt ausschließlich, indem sie einer mehr oder minder genau definierten psychologischen Situation zugeordnet werden, in der sich ein Proband befindet, aus dessen Gehirn sie abgelesen werden. Hier wird ein Mosaik zusammengesetzt, von dem man hofft, dass es sich im Laufe der Zeit zu einem klaren Bild der physio-psychischen Zusammenhänge entwickelt. Ausgangspunkt für dieses Verfahren ist die funktionelle Anatomie, in der, auf Grund von beobachteten Ausfallerscheinungen, darauf geschlossen wird, dass bestimmte anatomische Zentren für bestimmte Fähigkeiten unentbehrlich sind, in dem Sinne, dass bei Zerstörung oder Degeneration dieser Zentren diese Fähigkeiten verschwinden oder beeinträchtigt werden. Das schließt motorische

Zentren ein. Gerade das Studium der Ausfallerscheinungen hat sehr überraschende Einsichten in die Bedingtheiten und die Gliederung geistiger Fähigkeiten geliefert.[4]

Die bildgebenden Verfahren sind eine Art Komplement dazu, indem sie in gewissem Umfang zeigen, welche Zentren bei bestimmten Aufgaben eine erhöhte Aktivität zeigen. Dies lässt sich noch ergänzen durch eine gezielte elektrische Stimulation bestimmter Zentren und Beobachtung der daraus entspringenden Aktivität.

Alle diese Verfahren, obwohl sicher interessant und Einsichten liefernd, die sonst nicht zu erhalten sind, sind dennoch viel zu grob, um fundamentale Einsichten in die Funktionalität des Gehirns zu liefern. Erstens sind die durch sie vermittelten Beschreibungen außerordentlich lückenhaft und ärmlich, vergleicht man sie mit der tatsächlichen Vielfalt von Fähigkeiten und Verhaltensweisen, resp. den unzähligen Variationen spezieller Unfähigkeiten. Zweitens liefern die Verfahren auch bei größter Verfeinerung praktisch keine begriffliche Klärung in Bezug auf den Zusammenhang von Struktur und Funktion des Gehirns, sondern lediglich eine Art von Landkarten der Fähigkeiten und repetieren insofern in einer physiologischen Sprache das, was in der psychologischen Beschreibung vorgegeben wurde. Das ungeheuer komplizierte und sensible Zusammenspiel in der Psyche wird dadurch weder sichtbar noch in anderer Weise zugänglich. Hinzu kommt, dass diese Verfahren keine individuellen Abweichungen beschreiben, sodass man dadurch praktisch alle Gehirne gleichsetzt.

Das berührt natürlich nicht den eventuellen therapeutischen Wert der so gewonnenen Einsichten, denn der beruht ja größtenteils auf einem Wirkungszusammenhang, der seinerseits auch nicht begrifflich geklärt ist oder zu sein braucht.

Aber wenn zehn verschiedene Zentren eine erhöhte Aktivität aufweisen: Wie ist ihr Zusammenspiel, ihre Abhängigkeit? Eine noch heiklere Frage ist die folgende: Wenn sich herausgestellt hat, dass ein bestimmtes Zentrum immer aktiv wird bei einem bestimmten Typ von psychologischer Aktivität, für welche anderen subtilen Aufgaben ist es vielleicht auch zuständig, resp. was bewirkt es eigentlich?

Ein weiterer Einwand gegen dieses Verfahren beruht darauf, dass in einem komplizierten und subtilen Zusammenspiel der Schlüssel keineswegs bei den aktivsten Zentren liegen muss.

Um solche und ähnliche Fragen zu beantworten, ist eine begriffliche Analyse notwendig und eine sehr sorgfältige Betrachtung der infrage stehenden psychologischen Situationen mitsamt ihren verzweigten Randbedingungen und Abhängigkeiten.

Was aber tatsächlich nötig ist, ist eine Umkehrung der Arbeitsrichtung und Fragestellung. Es ist nicht zu fragen: Welche Gehirnzentren werden aktiviert bei einer mutigen Handlung?, sondern: Was ist eine mutige Handlung? – in einer adäquaten Begriffssprache, in der sich eine Verbindung von Struktur und Dynamik zeigt, die die Phänomene des Mutes in einleuchtender Weise beschreibt.

Um es allgemein zu sagen: Es ist ein formales Begriffsgerüst zu entwerfen, sodass mithilfe der darin ausführbaren Konstruktionen ein Strukturmodell des Gehirns entsteht (das sich an das physiologische Erscheinungsbild anlehnt), und so, dass sich auf diesem Modell eine Dynamik definieren lässt, zusammen mit einer konsistenten psychologischen Interpretation, in deren Rahmen sich die grundlegenden und zunehmend auch die abgeleiteten psychologischen Fähigkeiten und tatsächlichen mentalen Aktivitäten des Gehirns beschreiben lassen. Wenn dies entwickelt ist, hat man eine theoretische modellartige Beschreibung dessen, was Mut, ein freier

4 Vgl. etwa O. Sacks, Der Mann, der seine Frau mit einem Hut verwechselte, Reinbek bei Hamburg 1988.

Entschluss, Angst, Bewusstsein usw. sind, als Zustände des Gehirns, und kann darangehen, dies mit den Ergebnissen psychologisch orientierter physiologischer Untersuchungen zu vergleichen und so schrittweise ein einheitliches Gebäude zu errichten.

Die theoretische begriffliche Arbeit ist ein unerlässlicher Schritt für ein Verständnis des Gehirns, das über das Staunen des Beobachters hinausgeht, welches im Grunde naiv ist, auch wenn die Beobachtung einen großen und komplizierten Aufwand erfordert.

Das Gravitationsgesetz ist essenziell mehr als die längste Reihe von Beobachtungen fallender Steine oder kreisender Planeten. Psychologie muss als eine Art von Physik des Gehirns verstanden werden, in der dann die Unschärferelationen eine wichtige Rolle spielen.

Das zielt nicht auf eine Lösung des psycho-physischen Problems, das möglicherweise überbewertet wird. Dieses ist letzten Endes eine andere Formulierung der Diskrepanz von Endo- und Exosicht – in diesem Falle des Gehirns –, die nicht zur Deckung gebracht werden können und zwei verschiedene Seiten eines Gesamtphänomens darstellen. Die Unschärfe impliziert, dass Endo- und Exosicht nicht ineinander übersetzt werden können, und es geht weniger darum, ihre Verbindung zu erklären, als sie in einer adäquaten Form zu beschreiben. Man wird vergeblich nach einer Erklärung für die psychologische Seite der Physis suchen, es scheint unmöglich zu begründen, dass die Gehirnaktivität mentale Phänomene hervorruft oder sich darin äußert, man muss es als *ein grundlegendes Faktum akzeptieren* und versuchen, es in einer hypothetischen Form darzustellen. Dazu gehört die oben genannte modellartige Beschreibung psychologischer Begriffe.

Im aktiven Gehirn sind beide Erscheinungen nebeneinander präsent und führen eine widerspruchslose Koexistenz, separiert durch die Unschärfe, die möglicherweise noch viele Verfeinerungen zulässt. Auch in der Physik und überhaupt in den Naturwissenschaften gibt es die nicht erklärbaren und nur beschreibbaren Grundphänomene, deren sorgfältige Beschreibung allerdings die Grundlage der Theorien bildet.

IV. Das Ableseproblem

Zu den grundlegenden theoretischen Problemen, die nicht allein experimentell gelöst werden können, gehört, was ich das *Ableseproblem* nenne: Welche im Gehirn ablaufenden Vorgänge dringen nach außen und finden so eine Übersetzung, und wie ist der Ableseprozess zu beschreiben?

Was wir ablesen können, ist ein Teil der Endosicht. Es ist wohlbekannt, dass viele wesentliche Vorgänge im Gehirn nicht „erlebt“ werden. So bemerken wir nichts von der Übertragung der Netzhauteindrücke in den visuellen Cortex, und es ist weitgehend ungeklärt, was dort wirklich abgelesen wird und wie es geschieht, das heißt welche Daten der Verarbeitung in den areae 17–24 (oder mehr) nach „außen“ treten, wie das Zusammenspiel dabei mit dem Thalamus ist, usw.

Ich habe an anderer Stelle die Frage formuliert: Was ist ein Kreis? Wie sind die zugehörigen Gehirndaten in präziser Terminologie, warum wirkt seine Rundung so anders als eine gerade Linie, wie hängt der Eindruck von der Strichdicke ab, worin besteht seine Faszination? Von Giotto sagte man, er habe in einem Zug einen vollkommenen Kreis zeichnen können. Was sind die Bestandteile eines solchen Phänomens? Die Ergebnisse der Verarbeitung treten nach außen: Das gilt auch für andere Vorgänge, für Gefühle, Ideen, für Entscheidungen, es gilt ebenso für die Motorik. Es gehört eine viele Jahre währende Übung dazu, einen Geigenton vollendet zu spielen, und Horowitz hat sich Jahre zurückgezogen, um seinen Anschlag auf dem Klavier zu vervollkommnen. Es müssen äußerst differenzierte Vorgänge dafür ablaufen, aber sie werden nicht sichtbar.

Das Ableseproblem bedarf einer theoretischen Behandlung, denn man kann offensichtlich nur theoretisch, auf Grund einer Modellvorstellung, sagen, was „geschieht", aber nicht zugänglich ist. Die bildgebenden Verfahren oder der direkte Zugang mit der Elektrode versagen hier völlig, ebenso das EEG.

Man sieht den Zusammenhang mit der psycho-physischen Unschärfe: Man kann Gehirnaktivitäten messen, ihnen aber keine psychologische Bedeutung zuordnen, weil die Vorgänge sich nicht erkennbar in der Endosicht, das heißt dem Erleben, abbilden. Es ist denkbar, dass in einer genügend fortgeschrittenen Gehirntheorie Unschärfe und Ableseproblem vom gleichen Standpunkt aus formalisiert werden können.

Man begegnet dem Ableseproblem auch in der Quantenphysik: In vielen Quantensystemen sind zwar die „Zustände" beschreibbar und welche Aktivitäten ihnen entsprechen, aber das Zustandekommen selbst ist nicht erkennbar, und zwar in einer, vom Standpunkt dieser Theorie aus, endgültigen Weise. Das hängt unter anderem mit der Autonomie der Quantensysteme zusammen.

Ich glaube, dass eine adäquate Gehirntheorie die fundamentalen Zustände des Gehirns in einer Weise zu beschreiben hat, die eine prinzipielle Nicht-Ablesbarkeit benennt und deutlich macht und ihr einen wohldefinierten Ort zuweist, ebenso wie sie die Teile der Dynamik benennt, die einer systematischen Ablesung zu Grunde liegen. In meiner Vermutung und Vorstellung sind es Größen, die mit Fixpunkten, Eigenwerten und Eigenvektoren zu tun haben, die unter anderem im Zusammenhang mit Darstellungen von Gruppen auftreten, die abgelesen werden können, während das Gros der Dynamik unzugänglich bleibt. Das Ableseproblem hat unzählige Facetten, an die man kaum jemals denkt, zum Beispiel: Wie (und wo) liest man ab, dass $2+2=4$ ist? Komplizierter, aber schwerwiegend in den Wissenschaften: Wie geschieht die Zeichenerkennung? Wie gelingt es, gehirntheoretisch gesprochen, die Bedeutung der Zeichen soweit festzulegen, dass eine formale Präzision möglich ist?

Ein genaues Durchdenken des Ableseproblems eröffnet erkenntnistheoretische Abgründe, auf die ich hier leider nicht eingehen kann.

Ein letzter Aspekt des Problems ist eine weitere Analogie zur Quantenphysik: Gibt es Überlagerungen (Superpositionen) von Zuständen des Gehirns, die jeder für sich eine psychologische Bedeutung haben, nicht aber ihre theoretisch zu beschreibende Superposition? Diese könnte ebenfalls offenbar nicht abgelesen werden und würde eine Art von Zwischenzuständen des Gehirns beschreiben, die ein wichtiger Teil einer Verarbeitungsprozedur, aber nicht direkt messbar sind, und die Anteil haben könnten an autonomen Prozessen, wie sie zum Beispiel Entscheidungen oder Einsichten zu Grunde liegen.

V. Autonome Systeme

Man sollte bei einer modellartigen Betrachtung des Gehirns danach unterscheiden, für welche Arten von Aktivität das Modell entworfen wird. Mit anderen Worten: Für verschiedene Arten psychischer Energie sollten verschiedene, angepasste Strukturmodelle entworfen werden, auf denen dann die gewünschte oder erforderliche Dynamik (sprich: psychische Aktivität) ablaufen kann. Auch dies ist eine Analogie zur Physik. So sind für Kernkräfte und elektro-magnetische Kräfte andere Strukturen für ihre Darstellung erforderlich. Ohne hier auf eine nähere Begründung einzugehen, glaube ich, dass man auf jeden Fall zielgerichtete und autonome Vorgänge voneinander unterscheiden muss.

Zielgerichtete Vorgänge werden im Einzelnen geplant und aus angepassten Teilen in gesteuerter Weise zusammengesetzt, sodass sie ihr Ziel auch wirklich erreichen, autonome Vorgänge haben in diesem Sinne kein Ziel, sondern treten in einer geschlossenen, nicht ohne weiteres zu zerlegenden Gesamtheit zu Tage und stellen ein nicht reduzierbares Ganzes dar. Ein autonomer Vorgang setzt sich gewissermaßen selbst, er ist nicht zweckmäßig in einen größeren eingepasst, für den er entworfen wurde.

Ich gehe hier auf die zielgerichteten Vorgänge und ihre Modellierung nicht ein.

Die Physik suggeriert, dass ein Strukturmodell für autonome Prozesse mit einem gruppentheoretischen Ansatz und mithilfe von Darstellungstheorie zu beschreiben ist. Auf das Gehirn bezogen stellen sich für autonome Prozesse insbesondere zwei Fragen: (1) Wie sind sie zu definieren (im Modell, psychisch und physiologisch)? (2) Wie prüft man oder wie zeigt man ihre Existenz?

Beide Punkte sind nicht leicht zu behandeln, und ich kann nur skizzenhafte Bemerkungen machen.[5]

Zu (1): Ein autonomes System ist mehr oder minder dadurch gekennzeichnet, dass es einen Bereich besitzt, der in seiner Operationsweise nicht beeinflussbar ist – sofern einige Randbedingungen für seine Arbeitsweise erfüllt sind. Ein typisches Beispiel aus der Physik ist eine radioaktive Quelle in Bezug auf ihre Strahlung, oder ein optisch aktives Atom, auch in Bezug auf die Abgabe des Lichtes – das ist die Theorie des schwarzen Körpers, die Max Planck zur Entdeckung der Quantentheorie geführt hat. In beiden Fällen ist die Aktivität typischerweise durch eine statistische Verteilung zu beschreiben. Das Einzelereignis ist nicht vorhersagbar und weder zu forcieren noch aufzuhalten, das heißt, es ist nicht zu steuern.

Es gibt keine Kausalkette, an deren Ende das einzelne Ereignis steht. C. G. Jung hat in seiner definitorischen Beschreibung des Individuationsprozesses und in der Theorie der Archetypen autonome psychische Systeme beschrieben, aber nicht in einer wirklich formalen Weise. Er versucht in diesem Zusammenhang, den Begriff der Kausalität durch den der Sychronizität zu modifizieren, das heißt durch das als sinnvoll erscheinende Zusammentreffen von Ereignissen, für das eine Kausalität nicht erkennbar ist.

In einem einfachen Ansatz kann man sagen: Ein psychisches autonomes System besitzt einen abstrakt aufzufassenden Eingang für psychische Energie (zum Beispiel in Form spezifischer psychologischer Situationen), einen nicht im Einzelnen zu verfolgenden und nicht zu steuernden Verarbeitungsvorgang, und einen Ausgang für das resultierende psychische Ereignis. Der Ausgang ist nicht im Sinne einer Kausalität vorherzusagen.

Man könnte versuchen, von einer statistischen Verteilung zu sprechen, aber das Problem ist die fehlende Grundgesamtheit, auf die man sich dafür beziehen müsste. Die Geschwindigkeit der Verarbeitung, das heißt die Reaktionszeit des Systems, gehört zu den nicht vorherzusagenden Größen, aber sie ist in gewisser Weise von der beteiligten Energie abhängig.

Ein essenzielles Problem ist es, ein autonomes System innerhalb der Psyche, zu der es gehört, abzugrenzen. Es muss in der Person ein gewisses Bewusstsein für die Existenz und Ausge-

---

5 Vgl. R. Olivier, Vollständige Systeme, Mathematisches Institut der Universität Bonn, 1977.

prägtheit des Systems geben, und man muss es sicherlich zu den Bestandteilen der Persönlichkeit rechnen. Außerdem ist das System kontextabhängig resp. themenbezogen, das heißt, es wird aktiv nur innerhalb eines bestimmten Kontextes, und seine Produktion ist innerhalb dieses Kontextes zu verstehen oder zu interpretieren.

Das ist eine Seite der Zugehörigkeit zur Persönlichkeit. Die Kontextabhängigkeit hat eine besondere Konsequenz: Man kann nicht beliebige Situationen in das System eingeben, sondern es ist in dieser Beziehung ebenso autonom wie bezüglich der produzierten Situationen: Das System entscheidet gewissermaßen über den zugelassenen Eingang. (Hier ist das Beispiel des optisch aktiven Atoms instruktiv: Nur Photonen können eintreten.)

Berücksichtigt man die Kontextbezogenheit des Systems, so lässt sich etwas mehr über die Art der produzierten Situationen sagen: Bei anhaltender Aktivität des Systems stellt sich ein – ebenfalls kontextbezogenes – Gleichgewicht unter den produzierten und Ausgangssituationen her, das heißt, das System erfüllt sozusagen eine Gleichgewichtsfunktion. Das ist eine wichtige Ergänzung zu einer „statistischen" Beschreibung.

Um ein Beispiel anzudeuten: Ist der Kontext das System der Gerechtigkeit bzw. eine hinreichend spezifische und eingrenzbare Form der Gerechtigkeit, so wird das System im Sinne einer ausgleichenden Gerechtigkeit operieren. Auf Einzelheiten der Begriffsbildung kann ich hier leider nicht eingehen.

Allerdings fällt das System keine Entscheidungen, sondern es produziert Situationen, die in sich einen neutralen Charakter tragen und die man am besten als Eigenproduktionen der Psyche betrachtet, die in Reaktion auf „Anregungen" entstehen, die in einem bestimmten Kontext auftreten und selbst zunächst innerhalb dieses Kontextes bleiben und vermutlich am besten durch Gleichgewichtsfunktionen (siehe oben) beschrieben werden können. Man kann sie als „grundlegende Einsichten" bezeichnen (siehe dazu auch Abschnitt VI).

Eine physiologische Beschreibung autonomer psychischer Systeme zum Beispiel als ein besonderes neuronales Netzwerk, aus dessen Struktur sich die Autonomie ergeben würde, ist bisher nicht geleistet, erscheint mir aber als ein lohnendes Problem. Hier liegen nach meiner Ansicht bedeutende Aufgaben der physiologischen Hirnforschung in Verbindung mit der Theorie. Es ist vielleicht nicht überflüssig zu bemerken, dass sich von physiologischer Seite kein Widerspruch aus der Existenz autonomer Systeme ergibt.

Zu (2): Die Existenz autonomer psychischer Systeme ist psychologisch, durch die Art ihrer Beschreibung, zwar wahrscheinlich, aber wenn man die formale Definition zu Grunde legt, so beruht sie letzten Endes natürlich auf einer Hypothese.

Ein psychologischer Nachweis stößt auf ähnliche Schwierigkeiten wie die, die zur psychophysischen Unschärfe führen. Es handelt sich hier zudem um Langzeit-Prozesse, die sich experimentell nicht verfolgen lassen, weil man sie nicht abgrenzen kann gegen die übrige psychische Hirnaktivität. Dazu kommt das spezifische Problem, das aus dem Charakter der Systeme resultiert: Da die Eingangs-Situationen nicht frei wählbar sind, könnte das System den Eingang einer Test-Situation verweigern. Das hängt wiederum ab von der Einbettung des Systems in die Gesamtpsyche.

„Man merkt die Absicht, und man ist verstimmt." Eine Anzahl von Testläufen würde die natürliche Funktion des Systems außer Kraft setzen und die nötigen Kontrollen die Arbeitsweise verändern. Es bleibt eigentlich nur, die Arbeitsweise solcher Systeme nachträglich zu beobachten und zu analysieren, was nach meiner Ansicht durchaus ihre Existenz wahrscheinlich macht, aber natürlich kein präziser Beweis ist.

VI. Einordnung der autonomen Systeme

Die Verwendung der Produkte eines autonomen Systems in der Psyche ist nach meiner Ansicht vielfältig, und ich glaube, dass sie sowohl Erkenntnissen als Entscheidungen zu Grunde liegen, aber nicht diese selbst sind. Um dies zu werden, müssen die Produkte des Systems erst noch einem weiteren Prozess unterzogen werden, und die Unterschiede stammen aus der verschiedenen Art der Verwertung.

Der Erkenntnis resp. wissenschaftlichen Gewissheit geht eine „Einsicht" voraus, die subjektiven Charakter hat und erst noch in einem spezifischen (und langwierigen) Vorgang objektiviert werden muss, den ich den Verifikationsprozess nenne – und das mag im Einzelfall gelingen oder nicht.

In Bezug auf eine Entscheidung schließt sich der subjektiven „Einsicht" ein anderer Prozess an, nämlich die Umsetzung in ein Handlungskonzept, was zielgerichtete Anteile hat, und natürlich noch weiter der eigentliche Entschluss, die Einsicht in eine Handlung umzusetzen. Auch dies muss nicht gelingen, und generell muss ein Produkt des autonomen Systems nicht sofort umgesetzt werden – sei es in Gewissheit oder in eine Handlung –, sondern es kann mehr oder minder lange Zeit bereitliegen und eventuell auch ungenutzt bleiben.

Bei Gottfried Benn heißt es:

> „Die Natur will ihre Kirschen machen,
> auch mit wenig Blüten im April
> hält sie ihre Kernobstsachen
> bis zu guten Jahren still."

Es ist die Frage, ob man hier von Einsichten sprechen soll, aber ich habe bisher kein besseres Wort gefunden. Ich möchte damit auf die Gemeinsamkeit des zu Grunde liegenden Prozesses hinweisen und auch auf die Autonomie der wissenschaftlichen Arbeit.

Es geht bei Betrachtungen wie diesen auch nicht um Routine-Entscheidungen, die eventuell sogar noch seriell gefällt werden – so bei den von Libet durchgeführten Experimenten, bei denen der Prozess sogar noch durch die Probanden trainiert wurde.

Entscheidungen, bei denen es sich lohnt, über den Freiheitscharakter zu sprechen, sind wesentliche, mit der Persönlichkeit verbundene, vielleicht sogar existenzielle Entscheidungen. Ich bin nicht in der Lage, hier ein vollständiges Modell für einen solchen Ablauf zu geben, ich glaube aber, dass man die Aktion eines zweiten autonomen Systems postulieren muss, das aus einer Anzahl von Alternativen eine Entscheidung heraussucht, woran sich dann die Handlungsplanung anschließt. Dieses zweite System ist in anderer Weise in die Psyche integriert und bezieht sich in stärkerer Weise als das erste auf das soziale Umfeld, seine Produkte drängen zur Realisierung, das motorische System ist also daran angeschlossen, und nach seiner Aktion brennt sozusagen die Zündschnur.

Analoges gilt für die Umsetzung in wissenschaftliche Gewissheit.

VII. Unentscheidbarkeit

Ich bin fast am Ende meiner Ausführungen. Der aufmerksame Leser hat längst bemerkt, wie sich die einzelnen Bestandteile zu der Perlenkette zusammenfügen, die den Namen trägt: Die Willensfreiheit ist ein nicht entscheidbares Problem.

Es ist aber etwas anderes, die daraus entspringende Wahlmöglichkeit in einen lebendigen Akt umzumünzen. Man kann die Willensfreiheit als eine Annahme akzeptieren, und indem man sich zu der damit verbundenen Verantwortung bekennt, diese als einen Antrieb benutzen, sich dem logischen Gerüst der bloßen Argumentation zu entziehen und das Geheimnis der autonomen Psyche und ihrer Unbestimmtheit als einen wesentlichen Bestandteil des Lebens anzunehmen.[6]

6 Einige der hier gebrauchten Argumente finden sich in verkürzter Form in: R. Olivier, Ein unentscheidbares Problem, in: Die Politische Meinung, November 2004.

Freier (?) Wille

Von ILAN SAMSON (London)

Wir haben das starke Gefühl, dass alles von Kausalität beherrscht wird. Daraus folgt, dass sich aus einer Situation jederzeit unausweichlich die nächste ergibt – wozu sich auf unnachgiebige und beängstigend hartnäckige Weise der Zusatz gesellt: Alles, was jemals geschehen wird, auch in unserem Gehirn, steht unwiderruflich im Voraus fest. Das steht vollkommen im Widerspruch zu unserem starken Gefühl, einen freien Willen zu haben. Die einzige Weise, wie Willensfreiheit mit kausalem Determinismus koexistieren könnte, wäre, dass menschliche Gehirne (fortwährend) einen „absoluten Anfang" machen würden – wie das ominöse Etwas, das am Anfang des Weltalls stand. Da dieser Begriff jedoch auch dann sehr unhandlich ist, wenn es ums Gehirn geht, ist diese Ansicht unbrauchbar (obwohl damit endlich einmal erklärt wäre, was der Grund für Kopfschmerzen ist…).

Die Regenwälder an Papier, die den Bemühungen zur Auflösung dieses Rätsels geopfert wurden, zeugen davon, wie beunruhigend das Rätsel und seine offensichtlichen Auswirkungen sind, und die Ströme an Tinte, die weiter in die Druckerpatronen fließen, zeigen, dass die Probleme keineswegs für behoben erachtet werden.

Bevor es weitergeht, müssen einige Begriffe geklärt werden:

a) Wenn wir von den Faktoren oder Ursachen sprechen, die einen Endzustand determinieren, kann dazu natürlich auch unser Gehirn gehören – unser Wille. Mit „Wille" wird hier das bezeichnet, was dazu führt, dass wir uns bewusst für eine Handlung entscheiden. Es handelt sich nicht um ein plötzliches Ereignis, sondern um einen mentalen Prozess (der oft als „Deliberation" bezeichnet wird) – vergleichbar dem in gut geführten Organisationen, in denen Entscheidungen dadurch getroffen werden, dass man auf Computern Simulations und Optimierungsprogramme der Operations Research und Expertensysteme ablaufen lässt. Natürlich existiert mithin dieser mentale Prozess von „Auswertung und Auswahl", der das neuronale Korrelat dessen darstellt, was sich wie „Wollen" anfühlt. Er wird jedoch von vorhergehenden Ursachen herbeigeführt, genau wie alles andere auch, und daher geht es in dem Streit nicht um die Existenz des „Willens", sondern um seine Freiheit (daher der Titel dieses Aufsatzes). Dass es sich so *anfühlt*, als wären wir frei, dass uns Dinge auf der „Kostenseite" der Deliberation schmerzen und sich auf der „Nutzenseite" wie „von Enthusiasmus erfüllt" anfühlen, unterscheidet sich in keiner Weise von irgendeinem anderen „Erleben", das mit den Vorgängen im Gehirn einhergeht. Der Illusionsaspekt der Willensfreiheit unterscheidet sich in nichts von dem beim „Rot sehen", wenn Licht einer bestimmten Wellenlänge in das Auge fällt. Der einzige Unterschied besteht darin, dass keine prakti-

schen Konsequenzen daraus erwachsen, dass „Rot sehen" eine Illusion ist, während es schwerwiegende Konsequenzen nach sich zu ziehen *scheint*, dass Willensfreiheit eine Illusion ist. (Es ist der Zweck dieses Aufsatzes zu zeigen, dass es *eigentlich* nicht so ist.) Was *ist* dieses bewusste „Erleben"? Die Beantwortung dieser Frage[1] läuft auf eine selbstbezügliche Aufgabe hinaus und läge als solche außerhalb der Reichweite des Gehirns, wenn seine Abläufe aus Assoziationsvorgängen bestehen – wie ich es glaube.
Weshalb existiert diese Illusion des bewussten „Erlebens" – ebenso wie unsere Gefühle, wie „Zufriedenheit", wenn „es wie geschmiert läuft" (zum Beispiel das Verstehen), oder „Frust", wenn etwas hakt, unser Empfinden von Moral und Vergeltung? Es ist wie bei anderen Dingen auch: Sie sind das Ergebnis der Evolution, das heißt, sie sind einfach „herbeimutiert", haben sich als für das Überleben förderlich erwiesen (selbst wenn wir nicht verstehen können, was sie „sind") und sind daher weitergegeben worden.[2]

b) Oft wird zwischen zwei Begriffen unterschieden: „rational" und „irrational", während man in Wirklichkeit *drei* in Betracht ziehen sollte: „rational", „irrational" und „*contra*rational". Das „Irrationale" – das „Unverständliche" (zum Beispiel was „Bewusstsein" ist) – ist für uns unbefriedigend (da das Streben des Gehirns von seinem Wesen her dem Verstehen gilt), aber echte *Probleme* bereitet uns das „*Contra*rationale" – die Widersprüche. Dass aus Willensfreiheit Nicht-Kausalität folgt und umgekehrt, ist ein extremes Beispiel.

Es sind endlos viele Versuche unternommen worden, die sich widersprechenden Vorstellungen Determinismus und Willensfreiheit so zu „justieren", dass sie auf irgendeine Art vereinbar oder verträglich werden – offensichtlich mit geringem Erfolg. Dass ich es hier unterlasse, mich diesen ganzen Ansätzen zuzuwenden (und daraus zu zitieren), liegt nicht an einem endlichen Vorrat an Tinte, Papier, Zeit und Kaffee, sondern hat seinen Grund darin, dass das Ziel hier nicht darin besteht, einen besseren Ansatz dieser Art anzubieten. Nur ein Aspekt soll behandelt werden: die Hoffnung, den Fängen der Kausalität unter Zuhilfenahme der Quantenunschärfe zu entgehen. Erstens: Das ist so, als ob ein depressiver Mensch Aufheiterung auf Begräbnissen sucht – die Sicht der Quantenunschärfe ist kaum dazu angetan, Entzücken auszulösen. Wenn ein „Willensfreier" zum Physiker kommt, um eine Bestätigung dafür zu bekommen, dass die Kausalität aufgehoben ist, geschieht es oft, dass er ihn dabei ertappt, wie er verzweifelt den Weg aus Kopenhagen heraus und zurück zur Vorherbestimmtheit sucht.

1 Im Gegensatz zu der Frage, worin die neuronalen Korrelate des Bewusstseins bestehen. (Was das angeht, steht meine Hypothese für eine notwendige, aber nicht notwendig hinreichende Voraussetzung: ein System mit einer großen Anzahl von Prozessoren, die direkt mit vielen anderen in Kommunikation stehen – *gleichzeitig und inhaltlich verschieden*.)

2 Es trifft zu, dass diese Evolution weiterläuft – nicht monoton, sondern wie beim Schachspiel, wo es fast unmöglich ist, mit Gewissheit mehrere Züge im Voraus zu berechnen. Daher können wir niemals sicher sein, dass Eigenschaften, die sich bis heute durchgehalten haben, sich weiter durchhalten werden. (Randbemerkung: Die Definition für „richtig" sollte in Wirklichkeit sein: wovon sich herausstellen wird, dass es sich am längsten durchgehalten hat. Ist diese Erkenntnis mit Blick auf die oben erwähnte Unvorhersagbarkeit nun nicht vollkommen unbrauchbar? Nicht ganz, da ein pragmatisches Prinzip zu Tage tritt: Sei wie ein Schachspieler – mache dir nie permanente Regeln zu Eigen, schätze die Lage immer wieder neu ein, so gut du kannst.) Bis sich jedoch (wenn überhaupt) neue Empfindungen herausbilden (was mit veränderten Hirnfunktionen einherginge), ist es fruchtlos, die Rolle der existierenden, deutlich wahrgenommenen, je eigenen „Gefühle" leugnen zu wollen.

Zweitens, und weit schlimmer: Während durch Kausalität bloß die Freiheit des Willens untergraben wird, büßt der Wille durch Zufälligkeit (auf Grund von Quanten oder irgendetwas anderem) seine Rolle ganz ein! Es sollte natürlich auch erwähnt werden, dass wir die Grundlage unseres gesamten Denkvermögens untergraben, wenn wir an der Vorstellung von „(vollständige Menge der) Ursachen → eindeutige Wirkung" drehen. Ich bin so verwegen zu behaupten, dass kein Aufwand an Wortakrobatik, egal unter welcher Berufsbezeichnung, daran etwas ändern kann.

Der Ausweg, den ich hier vorschlagen will, besteht daher nicht darin, irgendeine Art der Verträglichkeit zwischen Willensfreiheit und Vorherbestimmtheit zu (er)finden, sondern dem Widerspruch die Zähne zu ziehen – indem gezeigt wird, dass er *wirkungslos* ist. An einem Beispiel verdeutlicht: Gehen wir von einer (nicht völlig) fiktiven Situation aus, in der die einzig lohnenswerte Ortsveränderung für Briten ist, nach Hawaii zu gehen (wobei wir annehmen wollen, dass Hawaii sich auf der genau entgegengesetzten Seite des Erdballs befindet). Wenn es nun ein zwingendes Bedürfnis gäbe, Bewegungen in entgegengesetzte Richtungen als identisch zu betrachten – als was sie offenbar *nicht* betrachtet werden können –, hilft es trotzdem zu wissen, dass es vom Blickwinkel der *tatsächlichen* Bewegung *ohne Bedeutung wäre*, dass sie einander entgegengesetzt wären.

Es gibt drei Bereiche, in denen der Widerspruch zwischen Willensfreiheit und Determinismus von Bedeutung sein könnte: 1. der Konflikt zwischen den Begriffen selbst; 2. die Konsequenzen für unsere Einstellung zu zukünftigen Handlungen; 3. die Betrachtung im Nachhinein, besonders wenn es um Verantwortlichkeit geht.

Ich möchte nun für diese Bereiche zeigen, dass der Widerspruch zwischen Willensfreiheit und Determinismus nicht von Bedeutung ist. (Die Gründe für die „Auflösungen" der ersten beiden Bereiche sind nicht neu, werden hier aber der Vollständigkeit halber – kurz und hoffentlich klar – für diejenigen, die damit nicht vertraut sind, vorgestellt.)

1. Der Konflikt selbst. Eine Weise, wie der Konflikt zwischen Determinismus und Willensfreiheit eine äußerst große und beunruhigende Bedeutung erlangen könnte, wäre, wenn es uns gelänge, den Determinismus dafür einzusetzen, Entscheidungen vorauszusagen oder vorauszuberechnen, und dann zu entdecken, dass noch so viel „freies Wollen" in der Zwischenzeit nie ein anderes Ergebnis bewirkt hat. Wir werden zeigen, dass dies nicht geschehen kann.

Bei der Mehrzahl aller Naturphänomene handelt es sich, wenigstens zum Teil, um das, was (fälschlicherweise) chaotische Prozesse genannt wird. *Aus Unschärfe bzw. Unvorhersagbarkeit folgt jedoch keine Nicht-Kausalität.* Unschärfe bedeutet nicht, dass es keinen Grund *gibt*, warum das Ereignis eintritt oder nicht. Alles hat eine Ursache; es ist bloß so, dass *wir* sie nicht kennen, bzw. nicht dazu in der Lage sind, aus ihr den Endzustand zu berechnen, bevor er eintritt. (In der Quantentheorie gibt es zwar das Thema der Quelle der Unschärfe, aber wir können es uns leisten, uns nicht in diesen Schlamassel hineinzubegeben, da die Richtigkeit des Folgenden davon nicht berührt wird.)

In der jeweiligen Situation bezeichnen wir den Ursprung unserer Unsicherheit als „Zufälligkeit", aber diese Zufälligkeit ist bloß eine scheinbare. Wenn eine Münze „durch Zufall" mit der Rückseite nach oben zu liegen kommt oder ein Regentropfen „durch Zufall" auf unserer Nase landet, „wissen" diese Gegenstände genau, wie sie dahingekommen sind: durch eine Abfolge von ganz bestimmten physikalischen Ursachen. Wir jedoch wissen das nicht; und selbst wenn wir wüssten, wie sie funktionieren, und alle Computer der Welt einsetzten, könnten wir die zur Vorhersage des Schicksals der Münze bzw. des Regentropfens notwendigen Berechnungen nicht zu Ende bringen, bevor sie diesen Ursachen gehorcht hätten. Dafür gibt es zwei Gründe. Der eine ist, dass zu viele Faktoren eine Rolle spielen und dass diese Faktoren miteinander in Beziehung stehen. Der andere, weniger offensichtliche ist, dass die Vorhersage des Ergebnisses dieser Faktoren in bestimmten Situationen davon abhängt, dass ihre „Anfangszustände" mit einem Grad an Genauigkeit bekannt sind, der in der Praxis unmöglich zu erreichen ist. Das sich daraus ergebende Verhalten ist das, was man „Chaos" nennt. Aber es handelt sich dabei bloß um *scheinbares Chaos*, und so sollte man es auch nennen.

Um zu klären, worum es bei dem wichtigen Begriff des (scheinbaren) Chaos eigentlich geht, betrachten wir einen derartigen „chaotischen" Prozess: Er beginnt an einem bestimmten Punkt und endet mit einem bestimmten Ergebnis. Nun wollen wir diesen Durchlauf wiederholen (bzw., was auf dasselbe herausläuft, das Ergebnis mithilfe von Berechnungen vorhersagen).

Bei Systemen, die für uns so intuitiv und vertraut sind wie die, mit denen wir es normalerweise zu tun haben, würden wir erwarten, dass wenn wir bei einem neuen Durchlauf in der Nähe des ursprünglichen Anfangspunktes beginnen, der Endpunkt in der Nähe des ursprünglichen liegt. Falls sich jedoch ein ganz anderer Endpunkt ergibt, würden wir schließen, dass dieses bestimmte System sehr empfindlich ist. Das heißt: Wenn wir uns einfach mehr Mühe gegeben hätten, den Anfangspunkt für den erneuten Durchlauf so hinzubekommen, dass er näher an dem ursprünglichen Anfangspunkt gelegen hätte, *wären* wir in der Nähe des ursprünglichen Ergebnisses herausgekommen. Aber stellen wir uns nun vor, dass, wie nahe auch immer der beim erneuten Durchlauf gewählte Anfangszustand an dem ursprünglichen liegt, wir immer noch nicht in der Nähe des ursprünglichen Ergebnisses herauskommen. Wenn das passiert, haben wir es mit „Chaos" zu tun.

Es gibt keine Wunder: Hätten wir den Durchlauf mit genau dem gleichen Anfangszustand wiederholt, erhielten wir in der Tat wieder das gleiche Ergebnis. Die schlechte Nachricht ist, dass hier mit *genau* auch *genau* gemeint ist. Und zwar *unendlich*! Wenn wir nicht den *wirklich gleichen* Anfangspunkt verwenden, und zwar gleich mit unendlicher Genauigkeit, dann können wir nicht sicher sein, *wie nah* auch immer unser neuerlicher Anfangspunkt an dem ursprünglichen liegen mag, dass wir beim ursprünglichen Ergebnis herauskommen, nicht einmal *irgendwo in der Nähe.*

Da es natürlich in der Praxis unmöglich ist, den Anfangspunkt mit unendlicher Genauigkeit zu messen und festzuhalten, gibt es also keinen Weg, den Endzustand solcher „chaotischen" Prozesse zuverlässig vorherzusagen.

Derartige Situationen treten typischerweise in Systemen auf, in denen das Verfahren beim Ablauf auf „Verzweigungspunkte" stößt. Wenn der ursprüngliche (bzw. angenommene) Durchlauf den Verzweigungspunkt auf der einen Seite „trifft" und der wiederholte (bzw. berechnete) Durchlauf den Verzweigungspunkt auf der anderen Seite, steht der Rest in keiner Beziehung zu der ersten bzw. angenommenen Entwicklung und bleibt daher unbekannt.

Eine deutliche Wahrscheinlichkeit, dass die zwei Durchläufe einen Verzweigungspunkt so genau treffen, dass er sie in unterschiedliche Richtungen weiterlaufen lässt, ergibt sich nur, wenn das System auch noch so beschaffen ist, dass kleine Abweichungen beim Anfangspunkt während der darauffolgenden Schritte stark vergrößert werden, genauer: eine Abfolge vieler Schritte, worin sich in jedem die Abweichung um einen kleinen Betrag erhöht. Wenn zum Beispiel die Abweichung in jedem Schritt um 10 % zunähme, würde sie sich nach jeweils ungefähr 73 Schritten vertausendfachen. Wenn also ein Auseinanderlaufen um einen Zentimeter es unausweichlich machte, dass die Durchläufe unterwegs auf einen „Trennungspunkt" stoßen, träte dieser Fall nach 73 Schritten ein, wenn die Anfangspunkte der Durchläufe bloß ein Millionstel eines Zentimeters voneinander entfernt gelegen hätten. Lägen sie noch einmal eine Million mal näher beieinander, bräuchte es bloß weitere 73 Schritte usw. Aus diesem Grund ist von Prozessen mit einer Vielzahl solcher Schritte zu erwarten, dass sie unvorhersagbar sind.

Die wichtigste Schlussfolgerung, die wir aus dem oben Gesagten ziehen können, ist, dass wir auch dann, wenn die Dinge für immer ungewiss und unvorhersagbar sein mögen, keinen Mystizismus brauchen, um zu erklären, warum sie sich uns entziehen. Situationen ergeben sich auf eine vollkommen kausale Art und Weise. Es sind bloß wir, die nicht mithalten können und an der Aufgabe scheitern, Situationen vorherzusagen, nicht nur weil die erforderliche Menge an Daten und Berechnungen unsere praktischen Fähigkeiten übersteigt, sondern weil sich die erforderliche Genauigkeit sogar allem entzieht, wozu wir *theoretisch* im Stande wären.

Das Auseinanderklaffen von vorausberechneter und tatsächlicher Entscheidung kann also nicht die Grundlage für eine Unterscheidung zwischen Freiheit des Willens und Ungenauigkeit der Vorausberechnung bilden. Willensfreiheit und Unausweichlichkeit der Kausalität sind mithin sich widersprechende Vorstellungen, aber der Widerspruch kann sich niemals zeigen.

2. Eine „Komme was wolle"-Option? Wenn alles sowieso im Voraus feststeht, haben wir dann eine Rechtfertigung dafür, Urlaub von unseren geistigen Mühen mit der Wahl zwischen Handlungen zu nehmen, uns einfach zurückzulehnen und abzuwarten, was geschieht und bei welchen Taten wir uns ertappen? Oder einfach zu tun, wonach uns gerade ist? Gewiss wäre die Unverträglichkeit zwischen Determinismus und Willensfreiheit von größter Bedeutung, wenn der Determinismus eine Rechtfertigung für den Fatalismus wäre.

Aber das geht nicht – weil der „Ablaufplan" dessen, was im Voraus feststeht, die Vorgänge in unseren Gehirnen *mit einschließt*, insbesondere die mentalen Prozesse, die wir als die des „Wollens" oder Überlegens wahrnehmen.

Noch einmal: Es gibt keinen Weg für uns, in Erfahrung zu bringen, *was* der „Plan" enthält: ob wir aufgeben oder durchhalten sollen, Verlockungen nachgeben oder ihnen widerstehen sollen. Diese Situation ist in Wirklichkeit analog dazu, dass die vorherbestimmten Ereignisse von morgen schon bis ins Detail auf einem Zettel festgehalten sind, der in einen Safe eingeschlossen ist, der – ganz gleich, was geschieht – nicht wieder geöffnet werden kann, nicht von einem Safeknacker, nicht mit Semtex, nicht einmal von Leuten, die ein Haus schneller ausrauben, als man die Haustür aufschließt. In einer solchen Situation hat die Vorherbestimmtheit keinerlei Auswirkung, sie ist einfach *bedeutungslos*. Wir tun also das Gleiche, was wir mit dem Gefühl des freien Wollens tun, auch im Bewusstsein der Tatsache, dass alles im Voraus feststeht. Warum? Automatisch, weil diese Erkenntnis uns keinerlei Hinweis oder Anleitung geben kann, was wir anders machen sollen. (Es sei uns nachgesehen, wenn uns langsam der Verdacht beschleicht, dass die allumfassende Vorherbestimmtheit der Natur von gleicher Wirksamkeit wie staatliche Planung ist...)

3. Die Betrachtung im Nachhinein, Verantwortlichkeit. Hierbei handelt es sich um den ernstesten und schwierigsten Aspekt, bei dem die Unverträglichkeit zwischen Determinismus und Willensfreiheit von überhandnehmender Bedeutung ist – wegen ihrer Auswirkung auf das Rechtssystem und den Konsequenzen dort, wo zusätzliche, ebenfalls nicht von der Hand zu weisende Empfindungen mit hineinspielen: Es widerspricht unserem Moralempfinden, wenn Taten bestraft werden, die im Nachhinein betrachtet – wenn der „Plan" bekannt ist – so beurteilt werden können, dass sie nicht das Ergebnis einer Entscheidung der Person waren. Das ist nicht auf die übliche Rechtsprechung zur offensichtlichen Schuldunfähigkeit beschränkt (und ohnehin nicht in der Problematik enthalten). In Wahrheit gibt es keinen Grund, diese Rechtsprechung nicht auf *alles* anzuwenden, was sich ereignet hat – sei es auf die Ausbrüche von Vulkanen oder auf die etwas gemäßigteren, wenn auch komplexeren Ausbrüche des Menschen. Selbst wenn es um nützliche Ziele wie „Abbau" und Abschreckung geht – so notwendig sie auch sind –, kommt es uns nicht „richtig" vor, eine Person zu bestrafen, die in Wirklichkeit keine Wahl gehabt hat.

Andererseits kann der Drang nach Vergeltung nicht verleugnet werden, so sehr manche das auch vorgeben. Er ist nicht ohne Grund entstanden, obwohl ein Empfinden für Zurückhaltung dazu gehört (Auge um Auge, nicht Auge um Auge um Auge um…). Die Evolution hat wahrscheinlich herausgefunden, dass eine Art nicht überleben kann, falls sie sich nur dann zur Verfolgung ihrer Missetäter aufrafft, wenn es ihr dienlich ist – mit dem Ergebnis, dass zu viele Missetäter weiter frei herumlaufen und auch von erzieherischen Maßnahmen unberührt sind, die keine Bestrafung darstellen.

Über dieses Rätsel sind wiederum endlose Debatten geführt worden, mit unbefriedigendem Ergebnis – wie zu erwarten, wenn versucht wird, Widersprüchliches miteinander zu versöhnen. Ich möchte hier eine neue Art und Weise vorschlagen, mit dem Thema umzugehen, eine, die die oben genannten Probleme *umgeht*. Ich will sie mit einer Anekdote einführen: Bevor es Kioske mit hohen, für Jugendliche unzugänglichen Regalen gab, setzte sich der Verkauf von Zeitungen aus einem Kasten mit Zeitungen und einer Dose für Münzen zusammen. Ein Mann nimmt eine Zeitung, starrt auf die Dose und geht weg. Kaum ist er ein Stück die Straße hinunter, ergreift ihn ein Polizist und sagt: „Das kostet Sie 50 Pence für die Zeitung und 50 Pfund Strafe." Der Mann antwortet: „Die 50 Pence sehe ich ein – jeder hat bezahlt, und das sollte ich auch, aber weshalb die Strafe? Wir beide als aufgeklärte Menschen wissen doch, dass ich *keine* wirkliche Wahlfreiheit hatte. Egal, was ich während dieser Handlung gefühlt haben mag, im Nachhinein wissen wir doch, dass die Zeitung auf genau die Weise verlustig gegangen ist, die vorausbestimmt war, und ich bloß das Werkzeug dafür gewesen bin." „Ganz genau", sagt der Polizist/Richter, „aber die 50 Pfund bezahlen Sie nicht für ihre Tat. Es geht nicht bloß um die 50 Pence, die Sie, wie die anderen, zu zahlen bereit sind. Die ‚Strafe' bezahlen Sie auch, wenn auch auf eine andere Weise als all die anderen, die die Zeitung *nicht* gestohlen haben. Sehen Sie, all die anderen, die – unbeaufsichtigt – vor dem Kasten standen, wussten auch, dass sie die Zeitung einfach mitgehen lassen könnten. *Um das nicht zu tun, mussten sie der Verlockung widerstehen.* Das tut weh, das ‚kostet'. Daher hätten Sie in irgendeiner Form *sowieso* bezahlt – selbst wenn Sie das Geld eingeworfen hätten."

Man soll die Macht der Versuchung nicht kleinreden. Das bezieht sich nicht bloß auf reiche Leute, die ihren Ruf aufs Spiel setzen, indem sie Waren im Wert von Pfennigen stehlen. Diese Macht steht hinter jeder bewussten unerlaubten Handlung – vom Diebstahl bis zur Vergewaltigung.

Es ist in der Tat so: Wenn der Verlockung (bzw. anderen Trieben) zu widerstehen ihnen nicht schwerer vorkäme als die Strafe, dann würden Straftäter das Risiko nicht „auf sich nehmen". Schließlich wissen sie, dass sie am Ende wahrscheinlich doch erwischt werden. Vielleicht bloß bei einem bestimmten Prozentsatz der Taten, sodass der „Wert" jeder Verlockung dann bei einem Bruchteil der Strafe liegt. Alles, was man dann tun muss, ist die am Ende verhängte Strafe gegen die Gesamtzahl der Straftaten zu stellen, nicht bloß gegen jene, die es „geschafft" haben, vor Gericht zu stehen.

Statt also fälschlicherweise so zu tun, als gäbe es keinen Konflikt zwischen der nicht von der Hand zu weisenden Notwendigkeit, Missetäter zu bestrafen, und dem moralischen Einwand gegen die Bestrafung Schuldunfähiger, wird das Problem *umgangen*, indem die Bestrafung nicht mit den (möglicherweise unfreiwilligen) Taten in Zusammenhang gebracht wird, sondern mit dem Ausgleich mit dem Schicksal aller anderen, die es ertragen haben, der Verlockung zu widerstehen (bzw. andere Opfer zu bringen, um kein Verbrechen zu begehen): Jeder wird „verdonnert", manche zahlen im Voraus in einer Währung, andere nachträglich in einer anderen. Anders formuliert: Das Rechtssystem ist dazu da, diejenigen „einzuholen", die nicht vorbeugend „bezahlt" haben, und ihnen einen Ausgleich abzuverlangen... Auch wenn er auf verschiedene Weisen zu Stande kommt, ist dieser Schicksalsausgleich akzeptabler als das Entweder-Oder der Bestrafung „nicht-willensfreier" Taten und die Freilassung von Missetätern. Man beachte außerdem, dass die Qual des Ringens mit der Versuchung die gleiche ist, ob dieser Kampf nun vom freien Willen geführt wird oder unausweichlich ist.

Aber nicht verzweifeln – dieser neue Ansatz beruht nicht darauf, dass das Leben nur schlecht ist. Hier ist die andere Hälfte: Es ist fünf Uhr nachmittags. Ohne ihre Aufgaben beendet zu haben, stehen die meisten auf und sind für heute verschwunden. Bis auf einen. Weil er an einem schwierigen Problem festhängt und weit von einer Lösung entfernt ist, bleibt er da und kämpft weiter. Um zwei Uhr nachts fällt er ins Bett, aber wo ist er zehn Minuten später? Zurück am Schreibtisch. Am frühen Morgen ist dem, was von ihm übrig geblieben ist, eine bahnbrechende Leistung gelungen. Es gibt eine ausufernde Zeremonie, und da er während der Ansprachen geschlafen hat, weckt man ihn auf, um ihm den ansehnlichen Preis zu überreichen. Den er sich verdient hat. Oder? Was hat ihn denn wirklich sich die Nacht um die Ohren schlagen und dranbleiben lassen? Stand das nicht, wie alles andere, im Voraus fest? Gewiss kam es ihm wie eine bewundernswerte Anstrengung der Selbstüberwindung vor, aber war es nicht einfach „zwanghaft"? (Wo wir kurz davor stehen, uns scheinbar für etwas Schweres zu entscheiden, ist die Frage erschreckend aufschlussreich, ob man sich wirklich hätte bremsen *können*.)

Es ist genau wie vorhin – das Ich muss tun, was das Ich tun muss, und die Belohnung gibt es nicht für die Leistung. Sie wird als ein gerechter Akt des Ausgleichs für den *großen* Preis ausgeteilt, den alle anderen sich dadurch verschaffen konnten, dass sie um fünf Uhr gegangen sind. Auch das sollte man nicht gering schätzen. Der Trieb weg vom Schreibtisch, weg von Anstrengungen im Allgemeinen, ist eine der gewaltigsten Naturkräfte.

Das ist ebenfalls eine Tatsache: Niemand ist aus seinem Sitz geschleudert worden, jeder wusste, dass eine große Belohnung lockte – was aber offensichtlich nicht so süß war, wie sich der fortdauernden Mühsal zu entziehen. Der Punkt ist wiederum, dass uns „mir egal" zu sagen und sich aus dem Staub zu machen den gleichen Grad an Befriedigung bereitet, unabhängig davon, ob diese Tat frei war oder nicht. Also: Strafen gibt es nicht für die Taten, sondern als gerechten Ausgleich für das, was man sowieso ertragen hätte – auch wenn man sich zurückgehalten hätte. Belohnungen werden nicht für die Leistung verteilt, sondern als gerechter Ausgleich für das, was man sowieso genossen hätte – auch wenn man sich der Mühe *entzogen* hätte.

Im Leben gibt es Gutes und Schlechtes. Das ist akzeptabel, vorausgesetzt, dass es *im Prinzip* für alle gleichermaßen gilt. Dass manche es vor der Tat auf die eine Weise und andere es nach der Tat auf die andere Weise bekommen, ist weniger beunruhigend: Solange niemand Hunger leidet, ist es von *relativ* kleinerer Bedeutung, wer was und wann zu essen bekommen hat.

Zugegebenermaßen bleibt dabei die Frage nach der Quantität außer Acht – die „Wechselkurse“ zwischen den Währungen der verschiedenen Verlockungen (bzw. anderen Ausflüchten) und Arten der Bestrafung. Während man sich bemühen sollte (und kann), es so befriedigend wie möglich einzurichten, ist dieser Aspekt weniger beunruhigend: Wenn ein Unschuldiger zwei Jahre abgesessen hätte, wird das normalerweise als schlimmer empfunden, als wenn einer, dem zwei Jahren zustehen, fünf Jahre abgesessen hätte, obwohl der „Überschuss“ beim Letzteren größer ist.

Zusammengefasst heißt dies: Dadurch, dass Belohnung und Bestrafung mit Fragen der „Gleichheit“ verbunden werden – das heißt: „‚Verlockungen widerstehen‘ vorher = Strafe nachher“ und „‚Sich Belastungen entziehen‘ vorher = Belohnung nachher“ – anstatt mit den Handlungen, hat die Frage, ob sie „frei“ sind oder nicht, keine Auswirkung auf die Haltbarkeit des Belohnens oder Bestrafens.

Konklusion. Anstatt danach zu suchen, wie die offensichtlich unverträglichen Vorstellungen Determinismus und Willensfreiheit doch zu vereinbaren sind, wird stattdessen das Beunruhigende an dem Widerspruch in seine Schranken verwiesen – dadurch, dass gezeigt wird, dass er nicht notwendigerweise Auswirkungen für die Praxis hat. Anders gesagt: Die Frage ist nicht, ob Determinismus und Willensfreiheit unverträglich sind – natürlich sind sie das (und als ein solches Paar stehen sie nicht allein: So ist etwa die nicht unterdrückbare Notwendigkeit eines „absoluten Anfangs“ unverträglich mit dem unvermeidlichen Anfangsgrund dafür) –, sondern ob es *von Bedeutung ist*, dass sie unverträglich sind. Es wurde gezeigt, dass dem nicht so ist: Die Anerkennung einer völligen kausalitätsbedingten Unausweichlichkeit (Determinismus) muss nichts an der Art und Weise ändern, wie wir unter dem Eindruck von Willensfreiheit handeln (ausgenommen ein paar Anpassungen im Vokabular von Anwälten).

Aus dem Englischen von Stefan Giesewetter

Reden über Inneres

Ein Blick mit Ludwig Wittgenstein auf Gerhard Roth*

Von HANS JULIUS SCHNEIDER (Potsdam)

Friedrich Kambartel zum 70. Geburtstag

Ich freue mich, dass sich Naturwissenschaftler bereit gefunden haben, hier an einem interdisziplinären Diskurs teilzunehmen, der für weite Teile der Öffentlichkeit von größtem Interesse ist. Ferner möchte ich meine Rolle als einer der Herausgeber dieser Zeitschrift dazu benutzen zu versichern, dass es nicht um die Frage gehen kann, worüber Hirnforscher nach Meinung der Philosophen reden *dürfen*, sondern allein darum, in welcher Weise wir *nach unserer gemeinsamen Meinung*, um die wir hier noch ringen, sinnvoll reden *können*. Und genau damit hat es die Philosophie zu tun: zu klären, wie überkommene Begriffe zu verstehen und zu präzisieren sind (auch auf Grund neuer wissenschaftlicher Einsichten), damit sie sowohl traditionelle als auch neue Unterscheidungsaufgaben so erfüllen, dass wir als Subjekte und Objekte dieser Unterscheidungen damit einverstanden sein können.

Der folgende Text besteht demgemäß aus zwei ungleichartigen Teilen: Zunächst wird Wittgensteins Versuch dargestellt, das Leib-Seele-Problem durch begriffliche Arbeit nicht zu lösen, sondern aufzulösen. Seine These, die heute in manchen Kreisen zu Unrecht in Vergessenheit zu geraten droht[1], lautet, dass es sich um ein Scheinproblem handelt, das sich einem Missverständnis der Rede über ‚Inneres' verdankt. Als willkommene Folie für die Ausarbeitung dieser Sicht wird mir ein älterer Aufsatz von Peter Bieri über den Schmerz dienen.[2] Der viel kürzere zweite Teil versucht, in dem Beitrag, den Gerhard Roth zur Debatte in dieser Zeitschrift beigesteuert hat[3], diejenigen Stellen namhaft zu machen, an denen die vorher entwickelte Sicht Modifikationen nahe legt. Der nächste Schritt wäre die Frage, über welche begrifflichen Vorschläge eine Einigung erzielbar ist.

---

* Der erste Teil dieses Beitrags ist unter dem Titel „Reden über Inneres. Wittgensteins Auflösung des Leib-Seele-Problems" in leicht modifizierter Form gleichzeitig erschienen in: Rentsch (2005), 126–148.

1 Anders als bei Roth, der sich zentral auf die ‚klassische' Position von Davidson stützt (Roth 2004, 232, in diesem Band: 36), wird hier also eine (noch) Minderheitsmeinung vertreten, nach der zum Beispiel Gründe keine Ursachen sein können; für aktuelle Versuche, dieser Sicht wieder Gehör zu verschaffen, vgl. Schroeder (2001) und Bennett/Hacker (2003); für einen früheren Verständigungsversuch mit Gerhard Roth vgl. Schneider (1995).

2 Bieri (1989); vgl. aus neuerer Zeit Bieri (2001).

3 Roth (2004).

I. Wittgensteins These vom Scheinproblem

Wenn von Wittgensteins Spätphilosophie im Zusammenhang mit ‚inneren Gegenständen' wie zum Beispiel Schmerzen gesprochen wird, ist der Verdacht im Raum, er leugne sie und vertrete die These, es gebe nur Schmerz*verhalten*. Dies wäre abwegig, und Wittgenstein vertritt diese Meinung auch nicht, wie eine Passage aus den *Philosophischen Untersuchungen* zeigt: Ein Gesprächspartner sagt zu ihm: „Aber du wirst doch zugeben, dass ein Unterschied ist zwischen Schmerzbenehmen mit Schmerzen und Schmerzbenehmen ohne Schmerzen." Und er antwortet: „Zugeben? Welcher Unterschied könnte größer sein!" Darauf der Partner: „Und doch gelangst du immer wieder zum Ergebnis, die Empfindung selbst sei ein Nichts." Worauf Wittgenstein antwortet: „Nicht doch. Sie ist kein Etwas, aber auch kein Nichts!"[4] In der These, die Empfindung sei „kein Etwas", sehe ich den Kern seines Auflösungsvorschlags für das Leib-Seele-Problem und zugleich einen Hauptpunkt, in dem ich mit den Ausführungen Roths nicht übereinstimme.

Ein wichtiger Aspekt von Wittgensteins Vorschlag ist sein Widerspruch gegen die Auffassung, wir stünden vor einem Rätsel. In Anlehnung an Ryle[5] lässt es sich durch zwei Fragen formulieren: (1) Wie soll ein immaterielles Gespenst (der Geist oder eine Veränderung *an* ihm, wie etwa ein Schmerz) eine materielle Gliederpuppe (den Körper) in Bewegung setzen können, und (2) wie sollen sich umgekehrt materielle Veränderungen an der Gliederpuppe auf ein immaterielles Gespenst auswirken, das dafür *per definitionem* keine Angriffspunkte bietet? Schon im *Tractatus* bemerkt Wittgenstein: „[...] das Rätsel gibt es nicht"[6], der Aufsatz von Bieri dagegen spricht ausdrücklich von einem Rätsel.[7]

Im Spätwerk bietet Wittgenstein eine Diagnose an, welcher Zug den irrigen Eindruck eines Rätsels erzeugt. Wir werden sehen, dass es ihm nicht darum geht, etwas lebensweltlich Vertrautes zu *leugnen*; seine These lautet im Gegenteil, das Problem entstehe durch eine Ausblendung. Wir könnten uns selbst als Personen nicht verstehen, wenn wir unsere sozialen „Lebensformen" aus der Betrachtung ausschließen. Es sei das leiblich-praktische und sprachliche Daheimsein in diesen Lebensformen, das unser Persönliches (‚unser Inneres') ausmache, nicht ein privates Schauen, das im Wortsinne ‚in uns hinein' gerichtet sei, schon gar nicht in unser Gehirn.

1. Bieris Explikation des Leib-Seele-Rätsels

Ich entwerfe nun ein Beispiel für das Leib-Seele-Problem und beschreibe es so, wie es Bieri seinen Lesern als ein Rätsel zurechtlegen würde: Jemand stellt am Ende einer Wanderung fest, dass er sich eine Blase gelaufen hat. Die Blasenbildung lässt sich als ein *Vorgang* ansehen, zu dem es verschiedenartige Zugänge zu geben scheint. Eine verbreitete Metaphorik unterscheidet den Zugang ‚von innen' vom Zugang ‚von außen'.

Beim *Zugang von innen* trifft die betroffene Person auf einen *Schmerz*. Wir sagen, dass wir ihn *spüren* und von ihm *wissen*. Es ist daher nahe liegend, von einem ‚Etwas' zu sprechen,

4 Wittgenstein (1953), Teil I, § 304. Im Folgenden zitiert als ‚PU' mit der Nummer des Paragraphen des ersten Teils.

5 Ryle (1969).

6 Wittgenstein (1989), 176 (Nr. 6.5).

7 Bieri (1989), 127f., 132.

das wir spüren und wahrnehmen, *von dem* wir wissen. Das Eigentümliche an einem auf diese Weise innerlich wahrgenommenen Gegenstand liegt nach Bieri in seiner *phänomenalen Natur*, die er durch die folgenden drei Eigenschaften charakterisiert: (1) Er fühlt sich auf eine bestimmte Weise an. Der auf Grund einer Blase *schmerzende* Fuß fühlt sich zum Beispiel anders an als ein ‚*eingeschlafener*' Fuß. (2) Ein solcher ‚innerer Gegenstand' existiert nur, solange er empfunden wird, und (3): Er *ist* so, wie er *erscheint*, das heißt, die Unterscheidung von Schein und Sein hat bei phänomenalen Gegenständen keinen Sinn.

Die bildliche Redeweise, hier läge ein Zugang ‚von innen' vor, legt Analogien nahe, die uns in Rätsel verstricken. Das wahrnehmende, erkennende Ich erscheint hier als von der Person verschieden und irgendwo *im* Leib verortet. Je nach Kultur ist sein Ort zum Beispiel das Herz, der Bauch oder der Kopf; nach der heute am weitesten verbreiteten Vorstellung ist der Ort das Gehirn. Dies seelische Ich ist in seinen Tätigkeiten und Erlebnissen aber nicht auf diese eine Leibstelle eingeschränkt, es hat ‚Fühler', die es mit den als weiter außen aufgefassten Bereichen in Kontakt hält. In unserem Fall reicht ein solcher Fühler bis hinunter in den Fuß, sodass das Ich der betroffenen Person auf dem *inneren* Weg eine Information über ihre Blase erwerben kann, durch einen ‚direkten Draht'. Wegen dieses Zugangs ist sie anderen Wahrnehmenden gegenüber privilegiert. Ihr ‚Ich' (ihre Seele) ‚sieht' bzw. ‚fühlt' dieselbe Blase (oder einen ihr aufs Engste zugeordneten ‚phänomenalen Gegenstand': den Schmerz) von innen, die (bzw. den) eine andere Person von außen betrachten kann.

Die Verhältnisse erscheinen aus dieser Sicht so ähnlich wie bei einer frei aufgehängten Projektionsleinwand, vor der auf beiden Seiten Zuschauer sitzen. Die einen sehen von rechts (zum Beispiel aus dem Inneren eines Pavillons) dasselbe (identische) Bild, das die anderen von links (bzw. von außen) sehen. Die gesehene (gespürte) *Sache* (der ‚Gegenstand der Wahrnehmung') ist vom inneren wie vom äußeren *Betrachter* (der Person) so verschieden wie die Leinwand und das Bild auf ihr von den Zuschauern. Aber hier entsteht schon eine Komplikation: Soll das Gesehene als *ein* Gegenstand gedacht werden, der von *zwei* Seiten betrachtet werden kann (die Blase, mit ihren ‚inneren', phänomenalen und ihren ‚äußeren', materiellen Eigenschaften), oder hat man mit zwei verschiedenen Gegenständen zu rechnen, einem *inneren* (phänomenalen), also dem Schmerz, und einem *äußeren* Gegenstand (der Blase, der körperlichen Veränderung)?

Einfacher erscheinen die Verhältnisse beim *Zugang von außen*. Der Wahrnehmende trifft, wenn Schuhe und Socken ausgezogen sind, auf eine sicht- und tastbare Veränderung am (eigenen oder fremden) Leib. Auch der Weg in die Wissenschaft erscheint hier problemlos: Der Betrachter kann die Blase oder ein abgenommenes Gewebestückchen genauer untersuchen und so in Dimensionen und zu Dingen vordringen, die dem bloßen Auge unsichtbar sind.

Bieri stellt drei Aufklärungsprojekte vor, die über das Alltagswissen hinaus verschiedene Zugriffe auf das betrachtete Geschehen darstellen. Sie befassen sich (1) mit der (jetzt von uns mit Vorsicht so zu benennenden) ‚Innenseite', (2) mit der Außenseite und (3) mit dem Verhältnis zwischen beiden:

(1) Für die ‚Innenseite' ist die *personale Psychologie* zuständig. Eine für sie typische Untersuchung könnte zum Beispiel der Behauptung nachgehen, dass ein begeisterter Tennisspieler den Schmerz einer Blase, die sich bei einem wichtigen Spiel entwickelt, später spürt als zum Beispiel ein lustloser Anfänger. Das ‚Wichtignehmen' nennen wir eine Sache der Psyche oder des ‚Inneren' der Person. Wir haben bereits gesehen, dass diese Ausdrucksweise problema-

tisch werden kann, wenn wir die Metapher einer ‚Wahrnehmung nach innen' zu wörtlich nehmen. Wenn wir davon vorläufig absehen, können wir sagen, in der Psychologie bleibe insofern alles auf *einer* ‚Untersuchungsebene', als es um Personen geht und um die ‚Lebensformen' Wittgensteins.

(2) Untersuchungen der zweiten Art werden von Medizin und Biologie unternommen. Sie interessieren sich für Details von körperlichen Funktionen, die am Geschehen beteiligt sind, wobei dies in unserem Kontext insbesondere die Gegenstände der *Neurobiologie* sind.[8] Diese Wissenschaft lässt sich als Fortsetzung des Blicks auf die Blase mithilfe wissenschaftlicher Instrumente verstehen. Ihr geht es nicht um Personen, sondern um Vorgänge an deren Körpern bzw. um Vorgänge an materiellen Gegenständen, die einem Körper entnommen wurden. Bieri spricht an dieser Stelle von ‚Subsystemen' und von Gegenständen und Vorgängen auf einer ‚subpersonalen Ebene': Wir gehen von Personen aus, betrachten dann aber zum Beispiel eine Gewebeprobe, also einen Teil des Körpers der Person. Dies scheint mir für viele medizinische Gebiete in einem ersten Anlauf unproblematisch zu sein, auch für die Neurobiologie. Ich werde aber später auf die Frage eingehen, ob Bieris zusätzlicher terminologischer Zug ebenfalls harmlos ist, nämlich beim umgekehrten Blick (vom Kleineren zum Größeren) von ganzheitlichen biologischen Systemen (im Gegensatz zu ‚*Sub*systemen') so zu sprechen, als könnten damit zugleich Personen gemeint sein.

(3) Das *philosophische* Untersuchungsprojekt schließlich interessiert sich für den *Zusammenhang* zwischen den beiden vorher genannten Bereichen, also zwischen den neurobiologischen und den personalen ‚Vorgängen' (Prozessen, Zuständen, Gegenständen), wobei die eigentlich psychische Seite der personalen Vorgänge bei diesem Modell in den Gegenständen mit phänomenaler Natur gesehen wird, etwa den Schmerzen. Bei dieser Frage geht es um das ‚Leib-Seele-Problem', und hier ist der Ort des Rätsels.[9]

Die These, mit der Bieri es auf den Punkt bringt, lautet: Selbst wenn alle empirischen Fragen gelöst wären (das heißt wenn die Teilgebiete ordentlich beschrieben und wenn alle Korrelationen [im Sinne eines gleichzeitigen Auftretens] zwischen den Vorgängen auf der phänomenalen und auf der neurobiologischen Beschreibungsebene herausgefunden wären[10]),

8 Bieri (ebd., 126) nennt diese neurobiologische Ebene auch die der ‚subpersonalen Psychologie', was insofern einleuchtet, als unter dem Mikroskop keine personalen Gegebenheiten erkennbar sind. Unklar ist allerdings, wie das Subpersonale mit dem Personalen zusammenzudenken ist (sodass der Ausdruck ‚Psychologie' anwendbar bleibt), und ferner, ob (und mit welcher Begründung) das methodische Postulat einer kausalen Geschlossenheit dieser Ebene (Bieri, ebd., 129) sinnvoll ist, oder ob es sich nur auf die Physik erstrecken sollte, nicht aber auf die Lebenswissenschaften; vgl. dazu Schneider (1989), (2004).

9 Die Aufgabe der Psychologie drückt man oft durch die Wendung aus, es gehe ihr um ‚Erleben und Verhalten'. Vorgreifend möchte ich feststellen, dass diese Redeweise das Personale in zwei Teile aufspaltet und nahe legt, das eigentlich Psychische (das dieser Wissenschaft einmal den Namen gegeben hat) sei das Erleben. Von hier ist es nur noch ein kleiner Schritt zu den so genannten ‚phänomenalen Gegenständen' als den Elementen des Erlebens und folglich zur philosophischen Frage, wie die Komponenten ‚Erleben' und ‚Verhalten' zusammengehören, wobei das Verhalten in die Gefahr gerät, im Sinne einer *res extensa* gedeutet zu werden. Auf diese Weise gerät die genannte Aufspaltung in Gefahr, das philosophische Leib-Seele-Problem in die Psychologie zu importieren.

10 Hierin steckt die Voraussetzung, dass sich ‚phänomenale Gegenstände' sprachlich so fassen lassen, dass sie sich zu physischen Prozessen in eine empirisch zu ermittelnde Beziehung setzen lassen.

würde das *Verhältnis* zwischen den beiden Ebenen rätselhaft bleiben. Damit ist gemeint, dass alle wichtigen in der gegenwärtigen philosophischen Diskussion erörterten Optionen zur Beschreibung dieses Verhältnisses unbefriedigend sind. Die Optionen und die verbleibenden ungelösten Fragen sind nach Bieri die folgenden.

(a) Kann hier ein *Kausalverhältnis* vorliegen? Es erscheint fraglich, ob die genannte Kluft tatsächlich kausal überbrückt werden kann. Schon oben hatten wir mit Ryle gefragt: Wie kann eine Maschine auf Gespenster wirken, und wie soll umgekehrt der Einfluss vom Gespenst auf die Maschine wissenschaftlich akzeptabel als *kausale* Wirkung gedacht werden? Wie kann eine Veränderung auf der körperlichen Ebene (meine Hand trifft auf eine Herdplatte) einen phänomenalen Gegenstand (einen Schmerz) hervorbringen, und wie kann dieser zum Beispiel einen Reflex des Wegziehens der Hand auslösen? Die Art dieser Verursachung erscheint rätselhaft, ein strenger Begriff der Kausalität erscheint hier nicht anwendbar, auch wenn uns solche Zusammenhänge lebensweltlich bestens vertraut sind.[11] Diese Diskrepanz spricht für Wittgensteins These, dass unser theoretisches Verständnis des Problems einen Fehler enthält.

Wenn man kausale Beziehungen so auffasst, dass sie im eigentlichen Sinne nur zwischen naturwissenschaftlich fassbaren Gegenständen bestehen, zu denen die phänomenalen gerade nicht gehören, dann entsteht durch eine Festlegung auf ein Kausalverhältnis die Gefahr des Epiphänomenalismus. Die für die Personen relevante phänomenale Seite des körperlichen Prozesses (der Schmerz) erschiene als irrelevante Zutat zu den ‚eigentlichen', nämlich den naturwissenschaftlich untersuchten Prozessen. Man fragt sich: Warum gibt es sie überhaupt, sind sie nicht leerlaufende Begleiterscheinungen, die zum Wesen der Sache nichts beitragen? Das widerspricht starken alltagsweltlichen Intuitionen.

(b) Die zweite Möglichkeit trachtet danach, die gerade genannten Probleme zu vermeiden, und schlägt vor, wir hätten hier eine *Identität*. Die Gegenstände der phänomenalen Ebene sind dann keine zusätzlichen Gegenstände, sondern sie *sind identisch mit* den neurophysiologischen Gegenständen. Diese Position scheint der oben erörterten Intuition gerecht zu werden, mit dem bisherigen Verständnis der phänomenalen Gegenstände als Dingen eigenen Ranges, die wir ‚von innen' wahrnähmen, sei etwas nicht in Ordnung. Daher erscheint es verlockend, nur von einem einzigen Bereich auszugehen. Und der wissenschaftlich zugänglichere von beiden ist offenbar der Bereich der neurophysiologischen Gegenstände. Die Identitätstheorie behauptet dementsprechend, die so genannten phänomenalen Gegenstände seien (entgegen dem ersten Anschein) mit den physiologischen identisch. Dieser Vorschlag passt zur oben erörterten ersten Deutung der Redeweise von der ‚Wahrnehmung nach innen', die meint, man nehme *einen* Gegenstand (zum Beispiel eine Blase am Fuß oder einen Gehirnzustand) einmal ‚von innen' und ein andermal ‚von außen' wahr, ein zusätzlicher ‚phänomenaler Gegenstand' sei entbehrlich.

Aber auch diese Lösungsidee ist unplausibel: Wie kann ein Schmerz, dessen Realität ja niemand leugnen will, mit etwas identisch sein, das von ihm so völlig verschieden erscheint?

11 Diese Vertrautheit mit pragmatischen Handlungsregeln der Art ‚ein Glas Milch vor dem Zubettgehen erleichtert das Einschlafen' bildet das Körnchen Wahrheit in der Auffassung, das fragliche Verhältnis müsse ein kausales sein. Regeln dieser Art können aber nicht als kausale in einem philosophisch akzeptablen Sinn durchgehen (vgl. Bieri 1989, 130, Fn. 4). Eine genauere Erörterung des Begriffs der Kausalität kann im vorliegenden Rahmen nicht erfolgen. Als grundlegend erscheint mir hier noch immer von Wright (1984); vgl. Schneider (1999).

Der für uns essenzielle Aspekt der Sache (dass Schmerzen weh tun) ist auch hier in Gefahr zu verschwinden. Er wird auf der physiologischen Ebene nicht tiefer erklärt, sondern er scheint durch die Identitätsbehauptung gerade als das, was er für uns wesentlich ist, verschwunden zu sein. Was als Erklärung gemeint war, beseitigt das zu Erklärende.

(c) So bleibt als dritte Möglichkeit die These von der *Emergenz*: Sie lautet, es sei eine hinzunehmende Tatsache, dass Systeme mit der Zunahme ihrer Komplexität neue Eigenschaften zeigten, die mit dem Vokabular für die weniger komplexen Stufen nicht beschreibbar seien. Komplexe biologische Systeme könnten eben phänomenale Zustände haben, fertig. Zu Recht stellt Bieri fest, dass dieses dritte Lösungsangebot keine Erklärung darstellt, sondern eine Erklärungsverweigerung.[12]

2. *Wittgensteins Kur*

Können Wittgensteins Überlegungen das Rätsel auflösen? Dafür müsste durchsichtig werden, dass und wie die Art der Fragestellung und die Meinung, es liege ein Rätsel vor, auf einem Fehler beruhen. Um diese Möglichkeit zu erkunden, werde ich zunächst die Grundidee von Wittgensteins Sprachphilosophie darstellen (a), in deren Licht ich dann auf das zu sprechen kommen kann, was er über die Art und Weise zu sagen hat, wie sich Wörter auf ‚Gegenstände' wie Schmerzen ‚beziehen' können. Dabei wird es mir um die Privatheit (b) und die Gegenständlichkeit (c) dieser phänomenalen Gegenstände gehen, deren problematischer Status dadurch eine Klärung erfährt. Wir werden sehen, dass wir ohne sie auskommen können, ohne dafür die Realität des Seelenlebens leugnen zu müssen.

(a) Die späte Sprachphilosophie. Wittgensteins Ausgangsfrage lautet: Worin besteht die Eigenschaft eines Wortes, eine Bedeutung zu haben? Die traditionelle Antwort heißt: Sie besteht darin, dass es für einen oder mehrere Gegenstände steht. Aber Wittgenstein fragt weiter, worin nun diese Eigenschaft des ‚Stehens für etwas' besteht? Diese Frage wird traditionell entweder nicht gestellt oder im Sinne einer Assoziationslehre beantwortet: Man müsse einen bestimmten Laut entweder direkt mit bestimmten Gegenständen verbinden oder indirekt, das heißt auf dem Weg über innere Bilder oder andere Repräsentanten.

Wittgenstein zeigt, dass diese Antwort nicht stimmen kann; sie gilt nicht für alle Wörter und lässt gerade das Wesentliche unerwähnt, denn das bloße Assoziieren von Vorstellungen und Dingen zu gehörten Geräuschen würden wir auch dann nicht das Verfügen über eine Sprache nennen, wenn alle Mitglieder einer so zu Stande gekommenen ‚Sprachgemeinschaft' dieselben Assoziationen hätten.

Seine positive Antwort lautet: Damit ein Wort ‚für einen Gegenstand stehen' kann, muss es eine Verwendung in einer sozialen Praxis haben. Dies ist der erste Schritt. Auch bezogen auf Wörter, bei denen wir nicht bezweifeln, dass sie für etwas stehen (‚Baustein', ‚Ball'), lässt sich das ‚Stehen für etwas' nicht anders verständlich machen als durch den Rekurs auf die Rolle des Wortes in einem ‚Sprachspiel', etwa in der gemeinsamen Tätigkeit, ein Haus zu

12 Bieri (1989), 132. Aus der hier erarbeiteten Perspektive kann man das Körnchen Wahrheit an der Emergenzthese in dem Zugeständnis sehen, dass das einmal aus der Betrachtung ausgeschlossene Personale, solange man auf der durch Abstraktion definierten Ebene bleibt, nicht wieder einzuholen ist. Aus der im Folgenden entwickelten Perspektive könnte man sagen, es gehe Wittgenstein darum, die Emergenztheorie vom Kopf auf die Füße zu stellen.

bauen oder auf Zuruf einander einen Ball zuzuwerfen. Nicht eine geistige Verbindung von Laut und Sache konstituiert in einem ersten Schritt ein rein *semantisches* Verhältnis, das dann in einem zweiten Schritt *zusätzlich* eine Praxis ermöglicht, sondern es verhält sich umgekehrt: Die Gebrauchspraxis ist dasjenige, was Verhältnisse, die wir später ,semantisch' nennen, überhaupt erst entstehen lässt.

Nun liegt die Entdeckung nahe, dass nicht alle bedeutungsvollen Wörter für Gegenstände stehen; man denke an logische Ausdrücke wie ,und' oder ,alle'. Sie sind keinen Gegenständen zugeordnet und haben trotzdem eine Bedeutung. Wenn wir aber Wittgensteins These akzeptiert haben, es sei der *Gebrauch*, der das Bedeutungsvollsein ausmache, entstehen uns hier keine Schwierigkeiten, denn auch für sie gilt: Ihre Bedeutung ist ihr Gebrauch in der Sprache, und dieser ist für denjenigen, der sie versteht, festgelegt. Wir müssen allerdings bereit sein, mit sehr unterschiedlichen Weisen des Gebrauchs zu rechnen, die Fälle einschließen, bei denen es keinen vom Wort bezeichneten Gegenstand gibt. Diese Möglichkeit sollten wir für die ,Wörter für Seelisches' und für unsere Einschätzung des Status der so genannten ,phänomenalen Gegenstände' im Auge behalten.

Die zweite Tatsache, die durch die Gebrauchsperspektive sichtbar wird, besteht darin, dass nicht in allen Fällen, in denen es *grammatisch* so aussieht, als stünde ein Wort für einen Gegenstand, dies auch der Fall sein muss. Zahlwörter sind ein einschlägiges Beispiel. Die Formel vom ,Gebrauch in der Sprache' verweist uns auf die Tätigkeit des Zählens als das hier einschlägige ,Sprachspiel', die Frage nach bezeichneten Gegenständen scheint sich zu erübrigen. Wenn wir aber Sätze wie ,die Zahl 42 ist durch 3 teilbar' betrachten oder die Frage stellen, wovon die Mathematik handelt, können wir unsicher werden: Gibt es da nicht doch ,besondere' (geistige, abstrakte) Gegenstände, für die unsere Zahlwörter stehen? Kommen sie nicht an der Subjektstelle von Sätzen vor, und sind diese nicht manchmal wahr, sodass wir sagen möchten, es müsse etwas geben, *wovon* in diesen Sätzen gesprochen werde? Wir sehen hier, wie eine zunächst nicht gegenstandsbezogene Weise, Bedeutung zu haben, nach einer grammatischen Transformation zumindest den Schein einer Gegenstandsbezogenheit hervorbringen kann.

Wie immer es mit solchen immateriellen Gegenständen genau bestellt sein mag, schon die wenigen genannten Beispiele zeigen, dass Wittgenstein mit seiner These im Recht ist, dass der allgemeine Ausdruck ,Wörter stehen für Gegenstände' tiefe Verschiedenheiten verbirgt. Wir stehen beim ,Reden über Inneres' also nicht nur vor der Frage, ob ein bestimmtes Wort für bestimmte Gegenstände steht, sondern müssen darüber hinaus selbst bei Fällen, in denen wir dies bejahen wollen, untersuchen, *in welchem Sinne* hier von ,Gegenständen' gesprochen wird.

Die traditionelle Weise, die angesprochenen Unterschiede bei Subjektausdrücken aufzufassen, lautet: Wörter können eben für *Dinge* wie Möbel, für *Eigenschaften* wie Farben oder für *Abstrakta* wie Zahlen stehen, – und vor diesem Hintergrund erscheint es selbstverständlich, dass sie auch für ,seelische (phänomenale) Gegenstände und Vorgänge' stehen können. Den Gegenstand zu *benennen*, ist nach dieser Auffassung immer dasselbe, egal ob es sich um Teekräuter, Teppiche, Blasen oder Schmerzen handelt. Die Verschiedenheiten bestehen auf der Ebene der Objekte. Und Entsprechendes gilt für die Vorgänge: Neben den materiellen Vorgängen wie dem Schmelzen von Eisen gibt es seelische Vorgänge wie das Stärkerwerden eines Kopfschmerzes. Die semantische Relation des ,sich auf einen Gegenstand Beziehens' ist nach dieser Sicht immer dieselbe, und welchen genauen Charakter die jeweils bezeichneten Gegenstände haben (und in welchen Relationen sie zu anderen stehen), muss man in vielen Fällen erst noch erforschen.

Wittgensteins alternative Sicht macht sichtbar, dass manche Rätsel nicht darauf zurückzuführen sind, dass die betreffenden Gegenstände und Vorgänge von geheimnisvoller Natur sind, sondern darauf, dass wir Unterschiede in den Arten, wie Wörter bedeutungsvoll sind, vernachlässigt haben. Sind diese durchschaut, dann können wir zum Beispiel wieder problemlos von ‚mathematischen Gegenständen' sprechen, weil wir dann in der Lage sind, den sprachlichen Fallen im Umkreis einer solchen Redeweise aus dem Weg zu gehen.

(b) Wörter für Empfindungen: Der soziale Charakter des Inneren. Nach dieser Vorbereitung kann ich zu der Frage übergehen, auf welche Art Empfindungsausdrücke wie ‚...tut weh', ‚...schmerzt' oder ‚der Schmerz im Fuß ist stechend' bedeutungsvoll sind, und dies wirft auch ein Licht auf Ausdrucksweisen über den ‚Willen' eines Menschen, die bei G. Roth eine Rolle spielen. Die traditionelle Denkweise legt nahe, dass sich solche Wörter auf innere Gegenstände so beziehen, wie sich andere Wörter auf dingliche Gegenstände beziehen. Aber wir haben gesehen, dass wir auf diesem Wege sofort in Probleme und Rätsel geraten.

Nun hatte Wittgenstein gezeigt, dass die Rede von der ‚Herstellung einer Assoziation zwischen Wort und Gegenstand' schon für materielle Dinge nicht ausreicht, um zu sagen, worin das Bedeutungsvollsein des Wortes besteht. Wenn es um die Frage geht, was es für Wörter einer bestimmten Art heißt, Bedeutung zu haben, muss auf eine Praxis verwiesen werden, in der das fragliche Wort verwendet wird und in der dann allenfalls eine Redeweise wie ‚das Wort *Schmerz* steht für ...' konstituiert werden kann, so wie uns erst die Praxis des Zählens einen Satz verstehen lässt wie ‚die römische Ziffer >IV< steht für die Zahl 4'.

Nun ist es offensichtlich, dass ein zu ‚Schmerz' oder zu ‚Wille' gehörendes Sprachspiel anders aussehen muss als ein Sprachspiel, das zu ‚Baustein' oder ‚Ball' gehört. Handlungsweisen mit *Dingen*, in denen Wörter wie ‚Ball' eine Rolle spielen können, sind beispielsweise: sehen, aufschneiden, durch die Lupe betrachten. Aktivitäten dieser Art können für ein zu ‚Schmerz' gehörendes Sprachspiel keine Basis bieten. Was man mit Bausteinen oder Bällen (als paradigmatischen Dingen) machen kann, kann man mit ‚phänomenalen Gegenständen' wie Schmerzen (und auch mit Gegenständen wie Zahlen oder mit dem Willen) offensichtlich nicht machen. Nicht durch seine Einbindung in Aktivitäten *dieser* Art kann also ein Wort wie ‚Schmerz' seine Bedeutung gewinnen, sondern es muss sich um anders geartete Aktivitäten handeln. Diese müssen wir uns nach dem Vorschlag von Wittgenstein vergegenwärtigen, damit wir die Besonderheit der Semantik dieser Ausdrücke verstehen.

Dabei stoßen wir in unserem Fall auf einfache Episoden, die uns aus Kindertagen vertraut sind und denen nichts Rätselvolles anhaftet, wie zum Beispiel: geschubst werden, hinfallen, sich weh tun, zurückschubsen, getröstet und vielleicht verbunden werden. An ihnen ist zunächst ihr *sozialer* Charakter hervorzuheben; es ist für die seelische Entwicklung des Menschen von großer Bedeutung, dass hier mehrere handelnde Personen involviert sind. Schon vor dem Spracherwerb finden wir ein von den Beteiligten verstandenes und geteiltes ‚Schmerzbenehmen', zu dessen Umkreis sowohl das Aufheulen und Trostsuchen gehören können als auch ein Zufügen von Schmerzen. In diese geteilten Episoden des personalen Lebens hinein entwickeln sich dann die zugehörigen verbalen Anteile der Sprachspiele, die das im Handeln bereits Vertraute zunächst durch expressive, quasi-verbale und dann im eigentlichen Sinne sprachliche (unter anderem deskriptive) Handlungen erweitern (PU I, 244, 142).

Das sprachliche ‚Au' und das kindliche ‚du tust mir weh' haben ihren Platz also in einem praktischen Verständigtsein mit anderen, im Kontext einer breiten Palette von sozialen Erfahrungen. Dies ist die oben erwähnte *personale* Ebene der Untersuchung, und hier ist der Ort, an dem aus expressiven Geräuschen wie dem Schluchzen Wörter mit Bedeutung werden können, und zwar so, dass auf den frühen Stufen nicht einmal der Anschein eines ‚Gegenstandes' gegeben ist, für den dies Schluchzen und dann ein Wort wie ‚au' stehen könnte. Auch bei etwas weiter ausgebildeter Sprachkompetenz haben wir an ‚Dingen' oder ‚Gegenständen' nur den Schuh, die Blase und den Fuß, – und wir haben von Anfang an unsere Mitspieler, sodass der verbale Ausdruck ‚*jemand* tut mir weh' verfügbar sein kann, bei dem der Akteur dieses Tuns kein Körperteil und kein geheimnisvoller innerer Gegenstand (ein Schmerz) ist, sondern eine andere Person. Die relevanten Sprachspiele kommen also in Gang, die ‚Wörter für Inneres' gewinnen eine Bedeutung, ohne dass dafür die oben als problematisch erwiesenen ‚phänomenalen Gegenstände' als ‚Dinge' oder ‚Wahrnehmungsobjekte' unterstellt werden müssten, die ‚bezeichnet' werden.[13]

So wie der Hinweis auf die Handlung des Zählens der erste Schritt zur Beantwortung der Frage ist, was die Zahlwörter bedeuten, so ist es der Hinweis auf Episoden wie ‚hinfallen, jemandem weh tun, getröstet werden', der den ersten Schritt zur Beantwortung der Frage bildet, auf welche Weise die so genannten ‚Wörter für Inneres' Bedeutung haben. Mit dieser Deutung verabschieden wir uns vom cartesianische Modell, es gehe hier um eine *Erkenntnis* gewisser innerer Gegenstände, die, einmal erkannt, in einem zweiten Schritt *bezeichnet* werden könnten, sodass die erfolgte Bezeichnung dann in einem dritten Schritt dazu benutzt werden kann, über einen Gegenstand der entsprechenden Art zu *berichten* oder ihn ‚in' einem anderen Menschen zu vermuten. Damit ist das Problem der Privatheit besonderer Gegenstände verschwunden, und die gegenstandsbezogene Deutung der Metapher vom ‚Inneren' einer Person ist verabschiedet.

Die praktische Vertrautheit mit der nicht verbalen Seite der sozialen Handlungsweise des gegenseitigen Sich-weh-Tuns (aus nachträglicher Sicht also: die Vertrautheit *auch* mit den Schmerzen der Mitspieler) geht der sprachlichen Artikulation der *eigenen* Schmerzen im Normalfall voraus. Es kann also keine Rede davon sein, dass es das ‚Wissen' von eigenen ‚inneren Gegenständen' ist, über das wir primär verfügen würden und auf dessen Basis wir dann erst hypothetisch, mithilfe von Indizien, auf die Schmerzen der anderen schließen würden.[14]

(c) Die Gegenständlichkeit der phänomenalen Gegenstände: Kein Etwas, aber auch kein Nichts. Ich komme zurück auf die Frage nach der Gegenständlichkeit der ‚phänomenalen Gegenstände' und damit zu Wittgensteins Diagnose darüber, was uns in das Rätsel des Leib-Seele-Problems hineingeführt hat. Worin sieht er den unauffälligen Fehler, durch den wir in die

---

13 Deskriptive Schmerzäußerungen wie ‚der Schmerz ist stechend' basieren auf Vergleichen mit personenbezogenen Situationen oder Episoden, die in der Sprachgemeinschaft bekannt sind: sich stechen, sich schneiden etc.; vgl. Schneider (1997).

14 Der Fall der absichtlichen Täuschung eines Beobachters durch Verstellen des Benehmens oder ausdrückliches Lügen (‚Schmerzverhalten ohne Schmerzen') ist eine handlungslogisch sekundäre Kompetenz, die nur auf der Basis des *nicht* täuschenden Verhaltens bzw. Redens denkbar ist. Diese Handlungsmöglichkeit des Täuschens lässt sich ebenfalls ohne das Bild von vorliegenden oder nicht vorliegenden ‚inneren Gegenständen' verständlich machen.

Falle geraten? Und wie verhält sich seine Sicht zu der oben im Anschluss an Bieri gegebenen Ausarbeitung des Rätsels? Löst es sich tatsächlich auf? Ich zitiere noch einmal aus den *Philosophischen Untersuchungen*:

> „Wie kommt es zu dem philosophischen Problem der seelischen Vorgänge und Zustände und des Behaviourism? – Der erste Schritt ist der ganz unauffällige. Wir reden von Vorgängen und Zuständen, und lassen ihre Natur unentschieden! Wir werden vielleicht einmal mehr über sie wissen – meinen wir. Aber eben dadurch haben wir uns auf eine bestimmte Betrachtungsweise festgelegt. Denn wir haben einen bestimmten Begriff davon, was es heißt: einen Vorgang näher kennen zu lernen. (Der entscheidende Schritt im Taschenspielerkunststück ist getan, und gerade er schien uns unschuldig.) – Und nun zerfällt der Vergleich, der uns unsere Gedanken hätte begreiflich machen sollen. Wir müssen also den noch unverstandenen Prozess im noch unerforschten Medium leugnen. Und so scheinen wir also die geistigen Vorgänge geleugnet zu haben. Und wollen sie doch natürlich nicht leugnen!" (PU I, 308)

Wittgenstein meint also, mit dem Wort ,Vorgang' seien wir bereits auf eine bestimmte Betrachtungsweise festgelegt, nämlich auf die für *Physisches*, die wir zum Beispiel benutzen, wenn wir das körperliche ,System' des Zusammenspiels der Muskeln, Sehnen und Knochen einer menschlichen Hand untersuchen. Wir haben einen Begriff davon, was es heißt, die Vorgänge an einem solchen System näher kennen zu lernen: Wir werden uns den Zusammenhängen der Einzelteile zuwenden, wir werden sehen, welche Veränderungen an ihnen zu beobachten und welche mit Regelmäßigkeit künstlich auszulösen sind, wir werden das Mikroskop heranziehen etc.

In einem nächsten Schritt können wir mit Wittgenstein feststellen, dass der durch die Ausdrücke ,Vorgang' und ,Zustand' suggerierte vergleichende Schritt, bei dem wir den gut bekannten Fall der Untersuchung von *körperlichen* Prozessen als Hilfe für die Untersuchung des seelischen Bereichs benutzen wollen, nichts leistet. Er zerfällt, die Analogie, die unserem Verständnis weiterhelfen sollte, versagt ihren Dienst. Wir wären nämlich gezwungen, eine gespenstförmige Seele zu postulieren, ein besonderes ,Medium', *an dem* (wie an einem biologischen System) die Vorgänge ablaufen und die Zustände anzutreffen sind. Zugleich soll dieses ,Medium' aber als Subjekt seine eigenen Zustände als ,phänomenale Objekte' so wahrnehmen oder ,erleben' können, wie wir als Personen Gegenstände wahrnehmen (bzw. Episoden erleben), die von uns verschieden sind, – ein Knäuel von Ungereimtheiten.

Wenn ein wissenschaftlich denkender Mensch sich folgerichtig weigert, die Existenz eines solchen ,Gespenstes' zuzugestehen, scheint er damit aber auch die Existenz der seelischen Erscheinungen selbst zu leugnen, etwa die Existenz der Schmerzen oder des Willens, denn wo ein Träger (das „unerforschte Medium") fehlt, kann es offenbar auch keine Vorgänge oder Prozesse *an* diesem Medium geben. Die Leugnung des Seelischen, so erklärt Wittgenstein, war aber gar nicht seine Absicht.

Schauen wir nun noch einmal, wie Bieri zu seiner Formulierung des Rätsels gelangte. Wie wir gesehen hatten, besaß er gute Gründe dafür, die gängigen Lösungsvorschläge nicht zu akzeptieren. Da er aber (wie Wittgenstein) das Seelische nicht leugnen wollte, insistierte er darauf, dass die ,phänomenalen Gegenstände' real sind. Bildlich gesprochen: Er legte sie an einem sicheren Ort ab, ließ aber „ihre Natur unentschieden". Und dann ging er den von Wittgenstein beschriebenen Weg der ,Vorgänge und Zustände', nun aber nicht zur genaueren Erfassung der *seelischen* Seite von Personen (wo er zum „unerforschten Medium“ führt), sondern zur Erfassung ihrer *leiblichen* Seite. Dies geschah in Form eines scheinbar bruchlosen Übergangs von der personalen Ebene (auf der die Wanderer sich zum Beispiel gegenseitig ihre Blasen behandeln) zur Redeweise von den ‚biologischen Subsystemen‘, die sich hier durchaus anbietet, sobald man Instrumente wie das Mikroskop zu Hilfe nimmt.

Wittgenstein hatte festgestellt, dass das an materiellen Prozessen orientierte Bild von den ‚Vorgängen und Zuständen‘ für das Seelische nichts austrägt: Es führt uns zu unverstandenen Prozessen in einem unerforschten Medium. Diesem Weg in die Sackgasse entspricht in Bieris Aufbau der Versuch, den Weg von der Person zum Subsystem dann auch in umgekehrter Richtung zu gehen, das heißt durch die schrittweise Erweiterung und Kombination von solchen Subsystemen wieder zurück zur Person zu gelangen, und damit zum seelischen Zustand des Schmerzes. Eine Person scheint etwas zu sein, das sich aus vielen subpersonalen biologischen Systemen zusammensetzt. Da sich alltagsweltlich sowohl vom schmerzgeplagten *Zustand* einer Person sprechen lässt als auch vom *Zustand* eines (klein oder groß zu denkenden) biologischen Systems, kann es so erscheinen, als könne die Rede von Vorgängen und Zuständen von Systemen die Kluft zwischen Leib und Seele überbrücken, als sei es nur eine Frage der Größe des betrachteten Systemausschnitts, ob von Personen mit ihren seelischen Empfindungen oder ob von den körperlichen Prozessen *an* Personen gesprochen werde.

Bieris Insistieren darauf, dass hier ein Rätsel vorliegt, ist nach meinem Verständnis nun als die These zu lesen, dass dieser Eindruck trügerisch ist. Der Zusammenhang zwischen dem biologischen System und den zunächst nur ‚sicher gestellten‘ phänomenalen Gegenständen bleibt in Wirklichkeit unverstanden, denn Bieri hatte überzeugend gezeigt, dass keine der gängigen Theorien eine befriedigende Überbrückung leistet. Auch die körperbezogene Version des Bildes von den ‚Vorgängen und Zuständen‘ führt also, wenn man sie in der Richtung vom Subsystem zum größeren System denkt, nicht weiter, weil dadurch der seelische Bereich (der ‚phänomenale Gegenstand‘) unerreichbar und rätselhaft wird.

So viel zu Wittgensteins Diagnose. Warum aber erscheint es so nahe liegend, das Bild von den ‚Vorgängen und Zuständen‘ sowohl für eine genauere Betrachtung des Körpers als auch für eine Untersuchung der als selbständig vorgestellten Seele zu benutzen? Die Antwort darauf liegt in der Suggestionskraft bestimmter sprachlicher Wendungen: Wenn mir ein übermütiges Kind beim Spielen einen Reißnagel in den Fuß gestochen hat, kann ich meine Lage dadurch verbessern, dass ich das Objekt herausziehe. In einem solchen Kontext gibt es unproblematische Aussagen wie ‚Peter hat mir wehgetan‘ oder ‚der Reißnagel im Fuß tut weh‘. Die ‚Gegenstände‘ dieser beiden Aussagen sind philosophisch unproblematisch; es sind die Person Peter und der Nagel. Wie ist es nun mit der Aussage ‚die Einstichstelle tut weh‘? Hier wird die vom Nagel verursachte Körperveränderung (die wunde Stelle) sprachlich analog zum körperfremden Gegenstand (zum Nagel) behandelt, der seinerseits bereits in Analogie zum menschlichen Akteur gesehen wurde: Er war das Instrument, die ‚Verlängerung der Hand‘ des Täters. War es erst Peter und dann der Nagel, der mir ‚weh tat‘, so ist es nun die wunde Stelle, die als Akteur erscheint.

Sehe ich beim Untersuchen des Fußes schließlich keine körperliche Auffälligkeit mehr, erlebe ich meine Situation aber trotzdem noch so, *als ob* ein Rest des Nagels in meinem Fuß steckte, dann gelange ich zu zweifelhafteren Satzsubjekten, die entweder mehr ins Körperliche deuten oder stärker in Richtung auf etwas geheimnisvoll Seelisches, auf ‚phänomenale Gegenstände‘. Eher harmlos ist die Ausdrucksweise, ‚es‘ tue noch weh; bei ihr benutzen wir ein grammatisches Subjekt, das bezüglich der Leib-Seele-Unterscheidung neutral ist und ähnlich unverfänglich erscheint wie der Ausdruck ,es regnet'. Wir sagen auch, *etwas im Fuß* tue uns weh und denken dabei vielleicht an einen Fremdkörper wie einen Splitter oder an eine nicht mehr sichtbare körperliche Veränderung, eine sehr kleine Wunde, die ebenfalls ,im' Fuß sein kann. Hier sind es also dingliche Gegenstände oder leibliche, aber unsichtbare Veränderungen, die ,wehtun'.

Von hier aus ist es nur noch ein kleiner weiterer Schritt, wenn wir sagen, ,der Schmerz' im Fuß sei noch da; wir spürten ,ihn' noch, nähmen ihn noch wahr, wüssten von ihm etc. Wie beim grammatischen Subjekt ,*es* tut weh' vermeiden wir damit eine Festlegung, ob wir uns auf einen Fremdkörper oder auf eine Wunde beziehen; wir riskieren mit diesem Schritt aber zugleich, uns auf einen gespenstförmigen Gegenstand der Wahrnehmung und des Wissens festzulegen. So legt die Vorstellung von kleinsten leiblichen Veränderungen (deren genauer Charakter eines Tages unter dem Mikroskop zu erfassen wäre) zugleich die Existenz rein seelischer ,Gegenstände' nahe, bei denen unklar bleibt, mit welchen Methoden sie erforscht werden sollen.

Die Alltagssprache kennt also beides: Einerseits unterstützt sie die Vorstellung, es gehe um etwas Körperliches, auch wenn wir es uns so klein denken oder so weit innen im Körper, dass wir es nicht sehen können. Das kommt der Rede von den ,Zuständen' entgegen, denn von Körperteilen lässt sich problemlos sagen, sie seien in wechselnden Zuständen. Und es ist dann durchaus nahe liegend, metaphorisch von einer ,inneren Wahrnehmung' einer von außen nicht identifizierbaren leiblichen Verletzung zu sprechen. Solche Ausdrucksweisen bleiben aber zunächst gebunden an die Perspektive der Person, weil sie sich auf personale Erfahrungen beziehen: Es ist, *als ob* dies und das mit mir geschieht, *als ob* mir zum Beispiel ein winziger Splitter im Fuß stecken würde.[15]

Wenn wir den Weg zur genaueren Betrachtung des Leibes nun aber rein materiell verstehen, das heißt unter Ausklammerung der Erfahrungen des lebendigen Menschen (was leicht geschieht, wenn die ,Subsysteme' immer kleiner werden), dann werden diese Erfahrungsseiten, wenn man sie nicht leugnen will, leicht zu *phänomenalen* Vorgängen und Zuständen verdinglicht, die es *zusätzlich* zu den materiellen Prozessen zu geben scheint, und dadurch werden sie rätselhaft. Da wir die genauere leibliche Natur (Splitter, innere Verletzung etc.) der Erfahrungen nicht kennen, liegt es nahe, das insofern ungreifbare Innere in Begriffen besonderer, nämlich ,phänomenaler Gegenstände' zu denken, wodurch dann aber der Zusammenhang mit dem nur noch als materieller Körper erscheinenden Leib unklar wird. Wie sind Schmerzen *als phänomenale* Vorgänge an einem materiellen Medium möglich? Wir sind zurück in der von Bieri geschilderten ausweglosen Situation.

Hier ist der Punkt, an dem uns Wittgenstein die Lösung vorschlägt, die an Dingen orientierte Leitvorstellung der ,Vorgänge und Zustände' und die damit verbundene Auffassung davon, worin deren genauere Untersuchung besteht, für den seelischen Bereich fallen zu lassen.[16] Damit verbunden ist als positiver Schritt die Besinnung auf diejenigen ,Sprachspiele', in denen die einschlägigen Wörter ihre Bedeutungen (also ihren Gebrauch) bekommen haben. Wenn wir

15 Vgl. oben, Anm. 13.

16 Ich schlage darüber hinausgehend vor, das Modell auch für den leiblichen Bereich aufzugeben, wenn und soweit es eine Festlegung auf eine ausschließlich auf Materielles beziehbare Sprache erzwingt; vgl. oben, Anm. 8.

uns darauf einlassen, brauchen wir keine ‚phänomenalen Gegenstände' als etwas angeblich Benanntes (das Entsprechende gilt abermals auch für den Willen). Und es scheint mir genau dieser Umstand zu sein, den Wittgenstein mit seiner Formulierung zum Ausdruck bringt, der Schmerz sei ‚kein Etwas'. Das Seelische erkennen wir nicht, indem wir besondere Gegenstände aufsuchen, sondern indem wir schauen, wie die einschlägigen Sprachspiele tatsächlich funktionieren. Dazu müssen wir von den gespensterartigen ‚phänomenalen Gegenständen' (und den komplementär zu postulierenden ‚körperlichen Substraten', den ‚biologischen Systemen') zurückkehren zu den Personen, um die es ja nach Bieris oben referierter Einteilung in der personalen Psychologie eigentlich gehen soll. Diese Wissenschaft wendet sich weder den Einzelheiten eines ‚biologischen Systems' zu, die mit bloßem Auge nicht erkennbar sind, noch ‚Vorgängen und Zuständen' eines gespenstförmigen Mediums, vielmehr handelt sie von sozialen Episoden, in die lebendige Menschen verstrickt sind. Eine genauere Untersuchung verlangt hier nicht das Isolieren eines phänomenalen Gegenstandes, sondern die Betrachtung von Geschichten, in denen Ausdrücke wie ‚Schmerz' oder ‚Trauer' oder ‚ich will es aber' gebraucht werden.

Die Perspektive der Physiologie ist dagegen nach dem heute überwiegenden Verständnis dadurch bestimmt, dass sie auf Zustände und Vorgänge *im materiellen Sinn* eingeschränkt ist. Es handelt sich bei ihr in dem Maße um eine *naturwissenschaftliche* Betrachtungsweise, als sie auf methodische Weise begrenzt und kontrolliert ist, was *per definitionem* bedeutet, dass anderes unbetrachtet bleibt, nämlich Wittgensteins ‚Sprachspiele' und ‚Lebensformen', und das heißt auf dem Stand der vorgetragenen Argumentation: Ausgeklammert bleibt all das, was den ‚Wörtern für Seelisches' ihre Bedeutung verleiht.

Daraus folgt für die Auflösung des Leib-Seele-Rätsels, dass die Einbeziehung des Seelischen nur durch das Rückgängigmachen der Abstraktion erfolgen kann, also weder durch die Hinzufügung eines eigenen, gespensterhaften Reiches seelischer Entitäten noch durch einen Zusammenschluss der isolierten physiologischen Systeme zu einem größeren System, aus dem das Seelische dann ‚emergiert'. Solange der abstrahierende Blick beibehalten wird, kann das, was methodisch ausgeklammert wurde, durch Komplexitätserhöhung nicht wieder hervorgezaubert werden. Die Sprache, die wir zur Beschreibung der ‚Lebensformen' brauchen, lässt sich, wenn wir sie erst einmal verlassen haben, nicht durch eine Verfeinerung des physiologischen Vokabulars und durch Komplexbildung wiederherstellen. Wittgensteins knappe Wendung, der Schmerz sei ‚kein Etwas, aber auch kein Nichts', können wir jetzt (in Anlehnung an einen Buchtitel von Robert Spaemann[17]) positiv ergänzen: Worum es geht bei den Schmerzen und Freuden, bei der Trauer und ihrer Verarbeitung, ist stets ‚Jemand' – kein ‚Etwas' (weder ein biologisches System noch ein rätselhafter ‚phänomenaler Gegenstand'), aber beileibe auch kein ‚Nichts'. Es geht um Personen und ihre oft von Schmerzen durchzogenen Schicksale. Was es zu verstehen gilt, ist das Funktionieren derjenigen Sprachspiele, mit denen wir mit und über Personen sprechen. Wie dies bis in kleine seelische Einzelheiten hinein auf eine an Wittgenstein geschulte Art geschehen kann, hat unter anderem der Phänomenologe und Therapeut Eugene Gendlin vorgeführt.[18]

Nach der hier vorgeschlagenen Interpretation Wittgensteins entsteht der Eindruck vom rätselhaften Charakter des Leib-Seele-Zusammenhangs dadurch, dass man das Ergebnis eines

17 Spaemann (1996).

18 Gendlin (1993), (1999).

Abstraktionsschrittes mit dem Ergebnis der Teilung eines Ganzen in zwei Bestandteile verwechselt. Man erkennt den Abstraktionsschritt, mit dem man das Personale aus der Betrachtung ausschließt, nicht als das Ausklammern eines Aspektes, sondern versteht ihn als die Betrachtung eines Bestandteils, die durch die Untersuchung eines anderen Bestandteils ergänzt werden könnte. So erscheint eine reine Materialität in unüberbrückbarem Gegensatz zu einer reinen Geistigkeit. Bei Wittgenstein wird also das Leib-Seele-Rätsel nicht gelöst, indem der unverstandene Zusammenhang zweier Teile verständlich gemacht wird, sondern es wird aufgelöst durch den Aufweis, dass es gar nicht darum geht, ein Verhältnis zwischen Teilen zu bestimmen.

II. Was bedeutet diese Sicht für die Hirnforschung? Zum Beitrag von Gerhard Roth

Es ist leicht zu sehen, dass die hier entwickelte Perspektive mit Roths Kritik am Dualismus einig geht, die auch eine Kritik an dem von Gethmann treffend so genannten ‚Anlassermodell des Willens' ist.[19] Der Bereich des Inneren (und speziell der des Willens) kann nicht durch das Bild eines kausal wirksamen Seelendings oder eines zusätzlich zur Person agierenden gespenstförmigen *homunculus* erfasst werden. Geistig-seelische Leistungen werden, wo dies korrekt geschieht, *Personen* zugeschrieben, nicht ‚in' ihnen existierenden körperlichen oder unkörperlichen Teilen oder Substanzen. Insofern kann ich auch der Formulierung von Roth, es müsse in der Hirnforschung und in der Untersuchung des ‚Inneren' um ‚denselben Gegenstandsbereich'[20] gehen, dem Wortlaut nach zustimmen, nämlich wenn ich sie als die Aussage nehme, dieser Bereich sei der unseres alltagsweltlich vertrauten sozialen Lebens. *Innerhalb* dieses Terrains gibt es Einschränkungen und Spezialisierungen, zum Beispiel die Betrachtung einer Gewebeprobe unter dem Mikroskop.

So hat Roth seine Aussage aber offenbar nicht gemeint. Denn er hält, anders als Wittgenstein, an der Möglichkeit fest, dass das Individuum über eine primäre, das heißt nicht sozial vermittelte ‚Perspektive von innen' verfügt. Das Geistig-Seelische, so stellt sich im Verlauf seiner Ausführungen heraus, *ist* für ihn das Neuronale, mit der einzigen Zusatzbedingung, dass es, um dies zu sein, nicht von außen, vom Wissenschaftler, betrachtet, sondern ‚von innen', von der untersuchten Person, erfahren oder erlebt wird. Wenn Roth davon spricht, es gehe um ‚denselben Gegenstandsbereich', dann ist das für ihn offenbar der Bereich der Gehirnprozesse, nicht der Bereich der Sprachspiele, der sozialen Erfahrungen von handelnden Personen. Das Motiv für die Beschränkung auf das Neuronale scheint mir bei Roth das von mir geteilte Bestreben zu sein, den Dualismus zu vermeiden.

Da Roth neben dem Dualismus auch einen materialistischen Reduktionismus ablehnt, weil er anerkennt, dass sich der Bereich des Geistig-Seelischen durch das, was sich über das Neuronale sagen lässt, nicht abdecken lässt, sieht er sich genötigt, die These zu erwägen, es gebe Gehirnprozesse, die das Subjekt zwar erlebt, die aber von außen unzugänglich sind.[21] Diese Lösung erscheint mir widersprüchlich und zugleich auf unnötige Weise mystifizierend, sodass ich hier den Vorschlag Wittgensteins vorziehe. Mir bietet sich die Sache so dar: Entweder handelt es sich tatsächlich um Gehirnprozesse, dann müssen sie nach meinem Verständnis (im

19 Gethmann (2004).

20 Roth (2004), 225; in diesem Band: 29.

21 Ebd., 231; in diesem Band: 35.

Prinzip) ‚von außen', das heißt mit der für Neurologisches entwickelten Sprache, zugänglich sein. Oder es handelt sich doch um etwas anderes, das dann aber bei Roth ungeklärt bleibt. Seine Auskunft, es seien zwar Hirnprozesse, aber *qua* erlebte, ist mir unverständlich, weil ich nicht sehe, wie hier der Begriff des Erlebens zu verstehen ist. Was soll es heißen, von einer Person zu sagen, sie erlebe ihre Gehirnprozesse? Diese Redeweise scheint mir genauso problematisch zu sein wie die oben kritisch erörterte Rede von der ‚Wahrnehmung nach innen'.

Die Lage erscheint so ähnlich, wie wenn wir über ein Gemälde Picassos sagen wollten, es *sei* ein physikalischer Gegenstand, habe *als solcher* aber Eigenschaften, die der Sprache der Physik unzugänglich seien. Das ist ein Widerspruch. Die Antwort hätte hier doch wohl zu lauten: Insofern wir ihm Eigenschaften eines Kunstwerks zuschreiben (‚Frühwerk', ‚Vorübung' etc.), *ist* es eben gerade ‚mehr' als ein Gegenstand der Physik, und diese Aussage lässt sich auch dann machen, wenn damit nicht impliziert ist, wir hätten (raum-zeitlich gesehen) nun *zwei* Gegenstände vor uns, den der Physik und den der Kunstgeschichte. Wie oben ausgeführt, bewegen wir uns entweder im Bereich der Personen und Lebensformen (dazu gehört die Kunst), oder wir schränken unseren Blick auf das ein, was physikalisch festgestellt werden kann. Haben wir die Kunstgeschichte aber auf diese Weise ausgeklammert, dann lässt sie sich durch eine Verfeinerung des physikalischen Vokabulars nicht wieder in die Betrachtung hineinholen.

Hier kommen nun die Besonderheiten des Ansatzes von Wittgenstein zum Tragen. Diese sind erstens sein Insistieren darauf, dass wir die Frage, was es für Gegenstände *gibt* und was etwas ‚*ist*', niemals getrennt von unseren Aussagemöglichkeiten betrachten sollten, wie am Fall des Gemäldes einfach zu erkennen ist. Und es ist zweitens sein oben dargestellter Vorschlag, das scheinbar private Seelenleben nicht als Teilbereich in einem Dualismus, sondern radikal als Soziales zu deuten. Beide Schritte Wittgensteins sind für mich Ansätze zur Entmystifizierung, an der auch der naturwissenschaftliche Blick ein Interesse haben sollte. Der Preis dafür ist nun allerdings, dass wir damit vom neurologischen Labortisch zurücktreten und uns darauf besinnen müssen, wie wir über Personen sprechen. Ohne die auf das soziale Handeln von Personen bezogene Sprache, so meine These, kann Seelisches nicht in den Blick kommen. Wir müssen daher die Abstraktion, die zur Isolierung des Neuronalen führte, rückgängig machen, wenn wir zum Seelischen kommen wollen.[22]

An Roths Text zeigt sich, wie aktuell Wittgensteins Diagnose ist, es seien falsche Verdinglichungen wie die Rede von den ‚Vorgängen und Zuständen', die uns in die Irre führten. So spricht Roth zum Beispiel vom Erleben eines Willensentschlusses[23] und fragt sich, ob dieser Vorgang ein kausaler Auslöser der gewollten Handlung sein kann. Mit Recht ist seine Antwort negativ: Ein ‚Vorgang' ist als ‚Anlasser' für die zugeordnete Handlung weder nötig noch plausibel. Hier gibt es nun aber zwei mögliche Anschlussfragen, von denen Roth nur eine ins Auge fasst. Er verharrt auf der Ebene der ‚Vorgänge und Zustände' und stellt die Frage, was denn dann als kausaler Auslöser der entsprechenden Körperbewegung anzusehen ist. Eine legitime Frage nach körperlichen Abläufen, selbstverständlich, aber nicht die einzig mögliche Frage.

Denn wenn man sich mit Wittgenstein auf die Ebene der handelnden und sprechenden Personen begibt, wenn man also die Perspektive der ‚Vorgänge und Zustände' verlässt und die

22 Dies schließt nicht aus, dass später und sekundär (bei weiter entwickelter Sprache) dann auch das individuelle ‚Innenleben' thematisiert werden kann. Jemand sagt von sich zum Beispiel, ‚mir ist, als sei ich hier in einer Prüfungssituation', was ihm vielleicht niemand angemerkt hatte.

23 Roth (2004), 226 f.; in diesem Band: 30 f.

Abstraktion rückgängig macht, dann wird nicht das ‚*Erleben* eines Willensentschlusses' zum Thema, sondern ‚der Wille selbst'. Aus Wittgensteins Perspektive ist dieser nun aber nicht eine besondere Entität aus der anderen Hälfte einer dualistischen Welt. Wie bei den Zahlen und den Schmerzen brauchen wir hier gar keine Gegenstände in einem mehr als grammatischen Sinne, es genügt die Antwort auf die Frage, wann wir berechtigt sind, jemandem einen bestimmten Willen zuzuschreiben. Es geht um soziale Interaktionen, in denen wir lernen, was es heißt, sich in einer Frage zu *entscheiden*: Will man als Kind auf einen Ausflug mitkommen oder nicht? Man lernt, sich innerhalb einer Frist zu einer verbindlichen Antwort durchzuringen und dann später dazu zu stehen. Man hat es ‚selber so gewollt' und darf dann andere dafür nicht verantwortlich machen. Wie im Fall der Zahlen und der Schmerzen bestimmen die sozialen Regeln des Sprachspiels die Bedeutung des Wortes ‚Wille', nicht ein‚benannter Gegenstand' wie das ‚Erleben eines Willensentschlusses'.

Roth ist sich dieser sozialen Ebene durchaus bewusst[24]; er sieht auch, dass es bei den hier auftretenden Zuschreibungen nicht um naturwissenschaftliche Kausalität gehen kann. Wenn wir davon sprechen, jemand komme aus eigenem Willen mit, sprechen wir weder im körperlichen noch im psychologischen Sinne davon, was für Vorgänge in ihm abgelaufen sind (wurde ihm heiß und kalt; hatte er Hassgefühle auf die Eltern?), auch geht es nicht um die Kausalfolgen körperlicher Vorgänge.[25]

Aber genau deshalb besteht hier auch keine Konkurrenz der Erklärungen. Es wird nicht verbal *ein* Kausalverhältnis für eine Handlung deklariert (der Wille als Anlasser verursacht etwas), die in Wirklichkeit eine ganz *andere* (neuronale) Verursachung hatte. Der Rekurs auf den Willen ist bei der Sprachspiel-Deutung weder leerlaufend (gegenstandslos, illusionär) noch eine falsche Kausalaussage. Er hat seinen guten Sinn, der durch die Hirnforschung nicht gefährdet werden kann. Dies liegt nach der hier vorgetragenen Deutung nicht daran, dass es einen neurologisch nicht fassbaren oder generell nicht kommunizierbaren Anteil in dem geben würde, wie es ‚sich anfühlt', einen ‚Willensentschluss' zu erleben, denn um ein solches ‚Gefühl' (um ‚Vorgänge und Zustände') geht es gar nicht, wenn wir sagen, er sei mitgekommen, weil er das so gewollt habe.

Allerdings gibt es hier einen Zusammenhang, auf den Roth mit Recht hinweist[26]: Es ist denkbar, dass eine Untersuchung von Kausalverhältnissen in einem bestimmten Fall zu dem Ergebnis kommt, das Sprachspiel der Willenszuschreibung sei Fehl am Platze, weil gar keine Handlung vorlag. Die Person stand etwa unter dem Einfluss einer Droge, die ein Abwägen, das Bilden eines Willens, unmöglich machte. Eine empirische Untersuchung könnte also im Einzelfall die Zuschreibung einer Handlung durchaus als Illusion erweisen. Und dies müsste in Überlegungen zur Zurechnungsfähigkeit in der Tat berücksichtigt werden. Es ist aber klar,

24 Ebd., 233; in diesem Band: 37.

25 Die Auffassung, *Entscheidungen* seien anders als Willensentschlüsse ‚objektiv' erforschbar (Roth, ebd., 229, 232; in diesem Band: 33, 36), halte ich für ein Missverständnis, das sich der Doppeldeutigkeit des Wortes ‚Entscheidung' verdankt. Roths Argumentation scheint mir nur zu gelten, wo das Wort so gebraucht wird, dass *jedes* Vorliegen eines Verhaltens die Zuschreibung einer Entscheidung rechtfertigt. Dies entspricht durchaus gebräuchlichen Redeweisen, zum Beispiel ‚meine Beine haben mich in die Bar gebracht', das heißt, es ist ohne Nachdenken dazu gekommen. Hierher gehört dann auch ‚mein Gehirn hat entschieden' (oder ‚mein Bauch'), nicht ich. – Im zweiten (‚ernsteren') Sinne funktioniert ‚Entscheidung' aber wie ‚Wille', und es gilt das oben Ausgeführte.

26 Roth (2004), 228, 230, in diesem Band: 32, 34.

dass der Nachweis einer solchen Illusion voraussetzt, dass nicht *alle* Handlungen Illusionen sind, denn sonst würde nicht nur der Begriff der Handlung, sondern auch der der Illusion seinen Sinn verlieren, und was wie eine Position erschien, hätte sich selbst aufgelöst.

Literatur

Bennett, Max R./Hacker, Peter M. S. (2003), Philosophical Foundations of Neuroscience, Oxford.

Bieri, Peter (1989), Schmerz. Eine Fallstudie zum Leib-Seele-Problem, in: Pöppel (Hg.) (1989), 125–134.

Bieri, Peter (2001), Das Handwerk der Freiheit, München.

Esterbauer, Reinhold u. a. (Hg.) (2004), Spiel mit der Wirklichkeit. Zum Erfahrungsbegriff in den Naturwissenschaften, Würzburg.

Gatzemeier, Matthias (Hg.) (1989), Verantwortung in Wissenschaft und Technik, Mannheim.

Gendlin, Eugene (1993), Die umfassende Rolle des Körpergefühls im Denken und Sprechen, in: Deutsche Zeitschrift für Philosophie, 41. Jg., Heft 4, 693–706.

Gendlin, Eugene (1999), Was geschieht, wenn Wittgenstein fragt: „Was geschieht, wenn ...?“, in: Schneider/Kroß (Hg.) (1999), 119–135.

Gethmann, Carl Friedrich (2004), Die Erfahrung der Handlungsurheberschaft und die Erkenntnisse der Neurowissenschaften, in: Debatte. Berlin-Brandenburgische Akademie der Wissenschaften, Heft 1, 45–61.

Köhler, Wolfgang R. (Hg.) (1997), Davidsons Philosophie des Mentalen, Paderborn.

Meggle, Georg (Hg.) (1999), Actions, Norms, Values: Discussions with Georg Henrik von Wright, Berlin.

Pöppel, Ernst (Hg.) (1989), Gehirn und Bewußtsein, Weinheim.

Rentsch, Thomas (Hg.) (2005), Einheit der Vernunft? Normativität zwischen Theorie und Praxis, Paderborn.

Roth, Gerhard (2004), Worüber dürfen Hirnforscher reden – und in welcher Weise?, in: Deutsche Zeitschrift für Philosophie, 52. Jg., Heft 2, 223–234; in diesem Band: 171–185.

Ryle, Gilbert (1969), Der Begriff des Geistes, Stuttgart.

Schneider, Hans J. (1989), Anthropomorphes versus anthropozentrisches Denken. Zur ethischen und wissenschaftstheoretischen Bedeutung einer Unterscheidung, in: Gatzemeier (Hg.) (1989), 34–45.

Schneider, Hans J. (1995), Wie kommt Geistiges zur Sprache? (zu G. Roth/H. Schwegler, Das Geist-Gehirn-Problem aus der Sicht der Hirnforschung und eines nicht-reduktionistischen Physikalismus), in: Ethik und Sozialwissenschaften, 6. Jg., Heft 1, 119–121.

Schneider, Hans J. (1997), „Den Zustand meiner Seele beschreiben“ – Bericht oder Diskurs?, in: Köhler (Hg.) (1997), 33–51.

Schneider, Hans J. (1999), Mind, Matter, and our Longing for the ‚One World‘, in: Meggle (Hg.) (1999), 123–137.

Schneider, Hans J./Kroß, Matthias (Hg.) (1999), Mit Sprache spielen. Die Ordnungen und das Offene nach Wittgenstein, Berlin.

Schneider, Hans J. (2004), Erfahrung und Erlebnis. Ein Plädoyer für die Legitimität interaktiver Erfahrungen in den Naturwissenschaften, in: Esterbauer u. a. (Hg.) (2004), 231–248.

Schroeder, Severin (Hg.) (2001), Wittgenstein and Contemporary Philosophy of Mind, Basingstoke.

Spaemann, Robert (1996), Personen. Versuche über den Unterschied zwischen ‚etwas‘ und ‚jemand‘, Stuttgart.

Wittgenstein, Ludwig (1953), Philosophische Untersuchungen/Philosophical Investigations, New York.

Wittgenstein, Ludwig (1989), Logisch-philosophische Abhandlung/Tractatus logico-philosophicus, kritische Edition, hg. v. B. McGuinness/J. Schulte, Frankfurt/M.

Wright, Georg Henrik von (1984), Erklären und Verstehen, Königstein.

Beobachtung der Hirnforschung*

Von GESA LINDEMANN (Berlin)

In der Debatte zwischen Hirnforschern und Philosophen gibt es eine klare Arbeitsteilung. Das Alltagsgeschäft der einen besteht aus empirischer, das heißt in diesem Fall experimenteller, Forschung, während das der anderen aus der Reflexion auf Begriffe besteht, in die gelegentlich beispielhaft subjektive Erfahrungen oder Ergebnisse empirischer Forschungsarbeit einfließen. An Sonn- und Feiertagen kommen einige Hirnforscher zu den Philosophen zu Besuch und beteiligen sich an der Reflexionsarbeit. Umgekehrte Ausflüge gibt es zumindest im deutschsprachigen Raum nicht. Kein Philosoph betreibt empirische Hirnforschung. In die auf dieser Arbeitsteilung basierende Debatte möchte ich eine neue Perspektive einführen, deren Grundlage ein Alltagsgeschäft der dritten Art ist, nämlich das der soziologisch-empirischen Erforschung der Neurowissenschaften, speziell der experimentellen Hirnforschung. Mit der Letzteren teilt die dritte Perspektive im Prinzip die empirische Ausrichtung. Allerdings ist die Art des empirischen Fragens nicht so weit von einer philosophischen Reflexion entfernt, wie es bei der experimentellen Hirnforschung der Fall ist.

Die Spezifizität der dritten Perspektive lässt sich mit Bezug auf die grammatischen Formen aufzeigen. Singer[1] trennt zwischen Erster- und Dritter-Person-Perspektive, die Erstere ordnet er der Philosophie (und dem Alltagsverständnis) zu, während die Dritte-Person-Perspektive charakteristisch für die erklärende Naturwissenschaft sei. Ein vergleichbarer Bezug auf die grammatischen Formen findet sich bei Habermas. Da er diesen Bezug im Rahmen seiner Auseinandersetzung mit der Sprechakttheorie systematisch ausarbeitet[2], ist es nicht verwunderlich, dass in der Konzeption von Habermas auch eine Perspektive auftaucht, die bei Singer nicht vorgesehen ist: die Zweite-Person-Perspektive.[3] Danach gibt es nicht nur das Ich, das

* Für kritische Anmerkungen danke ich Judith Janoská und Hans-Peter Krüger sowie drei Neurowissenschaftlern der Institute, an denen ich beobachtet habe. Sie haben sich die Mühe gemacht, den Text detailliert zu kritisieren. Ich hoffe, es ist mir gelungen, die Einwände angemessen zu berücksichtigen. Der Aufsatz ist im Rahmen des DFG-Projekts „Bewusstsein und anthropologische Differenz" entstanden, für dessen finanzielle Ermöglichung ich der DFG danke.

1 W. Singer, Selbsterfahrung und neurobiologische Fremdbeschreibung. Zwei konfliktträchtige Erkenntnisquellen, in: DZPh, 52 (2004) 2, 235–255; in diesem Band: 39–59.

2 J. Habermas, Was heißt Universalpragmatik?, in: ders., Vorstudien und Ergänzungen zur Theorie des kommunikativen Handelns, Frankfurt/M. 1984, 353–440.

3 Ders., Freiheit und Determinismus, in: DZPh, 52 (2004) 6, 871–890, vgl. 889, hier: 101–120, vgl. 119.

versucht, sich selbst reflexiv zu erfassen, bzw. das versucht, etwas außer ihm Existierendes zu seinem Objekt zu machen, sondern es gibt eine Zweite Person, deren Existenz zu einem grundlegend anderen Problem führt: dem Verstehen des Du. Das Verstehen des Anderen als ein grundlegendes Problem zu behandeln, bildet eine wichtige Gemeinsamkeit von empirischer soziologischer Forschung und sozialphilosophisch und/oder hermeneutisch orientierten Ansätzen in der Philosophie.[4] Der Unterschied besteht darin, dass die Verstehens-Perspektive in der Soziologie im Sinne der Grundlage eines empirischen Forschungsprogramms verstanden wird. Soziologische Forschung ist empirisch (wie die Hirnforschung), und sie bedient sich eines verstehenden Zugangs (wie zumindest einige Philosophien).[5] Da die Zweite-Person-Perspektive für die Soziologie ebenso charakteristisch ist wie die Dritte-Person-Perspektive für die Hirnforschung, hat dies auch eine vergleichbare Konsequenz: Der Zweiten-Person-Perspektive kommt bei einer soziologischen Beobachtung notwendigerweise ein methodisch begründeter Primat zu. Dies entspricht der umgekehrten Primatsetzung, die von Singer und Roth vertreten wird.[6]

Wenn jede Perspektive aus sich heraus einen methodisch begründeten Primat beansprucht, stellt sich einsichtigerweise die Frage nach dem Verhältnis der verschiedenen Perspektiven zueinander. Wenn die Primatsetzung methodisch und nicht im Sinne einer materialen Gebietsaufteilung begründet ist, hat dies Konsequenzen für eine Grenzziehung zwischen den Erkenntnisansprüchen. Man kann sich in einer methodischen Perspektive jedem Gegenstand zuwenden. Dies schließt die Möglichkeit ein, auch die Sachverhalte zum Gegenstand zu machen, die bislang in einer anderen methodischen Perspektive untersucht wurden. Wenn es sich tatsächlich um eine methodische Primatsetzung handeln soll, schließt dies sogar noch einen weiteren Schritt ein – nämlich die Frage aufzuwerfen, ob es möglich ist, aus der Dynamik der einen Perspektive die Konstituierung der jeweils anderen Perspektive zu erfassen. Aus Sicht der Hirnforschung müsste es dann etwa darum gehen aufzuzeigen, wie Prozesse, die in der Dritten-Person-Perspektive beobachtet werden, dazu führen, dass sich solche Entitäten, nämlich Organismen mit Gehirnen, wechselseitig als Du erfahren. Diese Frage ist eine andere als die nach einer möglichen Reduktion. Sie lautet *nicht*: Lassen sich neuronale Prozesse aufweisen, die als Grundlage mentaler Phänomene begriffen werden müssen? Sie lautet vielmehr: Wie konstituieren neuronale Prozesse die Ebene des phänomenalen Bewusstseins und die Erkenntnis, dass ein begegnender Organismus ein Organismus mit Bewusstsein ist? Wenn das gelingen würde, wäre die Zweite-Person-Perspektive als solche erklärt. Eine solche Aussage setzt vermutlich eine konsistente Theorie des Gehirns als eines materiellen Organs voraus. Da eine solche Theorie noch nicht vorliegt, ist es für Hirnforscher wahrscheinlich noch zu früh, sich eine solche Frage vorzulegen.

---

4 J. Bohman, The Importance of the Second Person: Interpretation, Practical Knowledge, and Normative Attitudes, in: H. H. Kögler/K. R. Stueber (Hg.), Empathy and Agency. The Problem of Understanding in the Human Sciences, Westview 2000, 222–242.

5 Die Annahme, dass es mindestens zwei Akteure gibt, deren Bezug aufeinander durch ein wechselseitiges Verstehen gekennzeichnet ist, findet sich elementar in nahezu allen soziologischen Theorien; vgl. hierzu G. Lindemann, Theorievergleich und Theorieinnovation. Plädoyer für eine kritisch-systematische Perspektive, in: U. Schimank/R. Greshoff (Hg.), Was erklärt die Soziologie?, Münster 2005.

6 Die Beschreibungen in der Dritten-Person-Perspektive bilden für Singer einen Rückzugspunkt, der als zutreffend aufgefasst werden sollte; vgl. W. Singer, Selbsterfahrung und neurobiologische Fremdbeschreibung, a. a. O., 240; in diesem Band: 44.

Aus der Perspektive der Sozial- und Geisteswissenschaften stellt sich das Problem der Perspektivenrelationierung in vergleichbarer Weise. Aus sich heraus beanspruchen sie einen methodologischen Primat der Zweiten-Person-Perspektive. Das ist ebenso unproblematisch wie der umgekehrte Fall. Auch hier stellt sich dann die gleiche Aufgabe hinsichtlich der anderen, nämlich der Dritten-Person-Perspektive: Kann diese nachvollziehbar aus der Zweiten-Person-Perspektive entwickelt werden?[7] Wenn man dies empirisch untersucht, ergeben sich Fragen der folgenden Art: Wird die Dritte-Person-Perspektive in interaktiven Verstehensprozessen hergestellt? Gibt es rekonstruierbare an Bedingungen gebundene Übergänge von der Zweiten-Person-Perspektive in die Dritte-Person-Perspektive? Wenn dies zutrifft, müsste es in der neurowissenschaftlichen Forschung nicht eine Perspektive, nämlich die der Dritten Person, geben, sondern tatsächlich eine Perspektivenpluralität.

Wenn man die Irreduzibilität der unterschiedlichen methodischen Zugänge anerkennt[8], zwingt dies im Weiteren dazu, eine Aussage darüber zu machen, wie das Verhältnis zur jeweils anderen Perspektive konzipiert wird. Wenn gefordert ist, deren Konstituierung auf der Grundlage der eigenen methodischen Entscheidungen zu begreifen, ergeben sich zwei mögliche Konsequenzen: Entweder wird die eine Perspektive auf die andere hin relativiert, womit ein durchgehender Primat einer Perspektive behauptet wird. Oder aber in die Konstruktion der eigenen Perspektive wird die Möglichkeit der Relativierung der eigenen methodisch begründeten Primatsetzung eingebaut. Bislang scheint die erste Alternative die Debatte zu beherrschen: Dies gilt sowohl für die Argumentation von Habermas als auch für die von Singer und Roth. Die Position von Habermas deckt sich an diesem Punkt mit derjenigen von Apel.[9] Dieser hatte mit Bezug auf die Erklären-Verstehen-Problematik einen Primat des Verstehens postuliert. Danach setzt Wissenschaft ein regelorientiertes Handeln voraus, das sich nur einem verstehenden Zugang erschließt. Daraus folgt für Apel auch ein Vorschlag zur philosophischen Theoriearchitektur, den er mit Bezug auf Kant formuliert. Den Primat des Verstehens identifiziert er mit einem Primat der praktischen im Verhältnis zur theoretischen Vernunft. Diese Position hat Habermas[10] weitergeführt, und ich sehe keine Anzeichen dafür, dass er sie in der Diskussion um die Hirnforschung im Grundsatz verändert hätte. Die von Singer und Roth vertretenen Positionen scheinen mir mit einer umgekehrten Primatsetzung zu arbeiten. Für beide – vor allem für Singer – scheint klar zu sein, dass es sich lediglich um einen methodischen Primat der Dritten-Person-Perspektive handelt. Aber es liegt außerhalb ihres Denkrahmens, dass und wie dieser Primat aus sich heraus relativiert werden könnte. Denn die eigene Perspektive

7 Mit Bezug auf die Perspektivendivergenz lässt sich die soziologische Wissenschaftsforschung als umfassender Versuch verstehen, die Bedingungen der Entstehung und Aufrechterhaltung der Dritten-Person-Perspektive zu untersuchen. Als härteste Fälle gelten hierfür Mathematik und Physik. Vgl. hierzu folgende Arbeiten: B. Heintz, Die Innenwelt der Mathematik. Zur Kultur und Praxis einer beweisenden Disziplin, Wien 2000; A. Pickering, The Mangle of Practice: Agency and Emergence in the Sociology of Science, in: American Journal of Sociology, 99 (1993), 559–589.

8 Dass diejenigen Phänomene, die sich nur im Rahmen der von Singer als die Erste-Person-Perspektive beschriebenen Erfahrungsweise ergeben, als solche nicht vollständig in die Phänomene aufgelöst werden können, die sich gemäß der Erfahrungsweise der Dritten-Person-Perspektive zeigen, wird sowohl von Singer als auch von Roth anerkannt.

9 K.-O. Apel, Die Erklären-Vertehen-Kontroverse in transzendentalpragmatischer Sicht, Frankfurt/M. 1979.

10 J. Habermas, Theorie des kommunikativen Handelns, 2 Bde., Frankfurt/M. 1995.

bildet den Punkt, von dem her die Rückversicherung eines gültigen Weltbezuges letztlich möglich ist. Selbst wenn der Weltbezug der Naturwissenschaften nicht als unhintergehbar betrachtet werden kann, so bildet er doch das am ehesten tragfähige Fundament, das sinnvollerweise nicht infrage gestellt werden sollte.

Die alternative Strategie besteht darin, auf Letztversicherungen und gültige Primatsetzungen zu verzichten. Ausgearbeitet findet sich dies bei Plessner[11], dessen Position sich als ein „neutraler Monismus"[12] bezeichnen lässt. Plessner begründet sein Vorgehen damit, dass der beobachtete Gegenstand mindestens zwei Aspekte habe, die sich nur in methodisch unterschiedlichen Perspektiven erschließen lassen. Entsprechend müsse jede Perspektive ihre eigene Relativierung einkalkulieren.[13] Das Entscheidende der Plessnerschen Position liegt darin, dass er für die Verstehensperspektive selbst einen sachlichen Erkenntnisanspruch postuliert. Damit wiederholt sich die Differenzierung zwischen einer normorientierten und einer erkenntnisorientierten Blickrichtung in der Verstehensperspektive selbst. Dass auch in der Verstehensperspektive ein sachlicher Erkenntnisanspruch geltend gemacht wird, kommt darin zum Ausdruck, dass auch diese durch einen methodisch konstruierten Erkenntniszugriff auf den Gegenstand gekennzeichnet ist. In dieser Hinsicht unterscheidet sich die Verstehensperspektive nicht von der Dritten-Person-Perspektive. Die Konstruktion des Erkenntniszugriffs beinhaltet aber zugleich die Anerkennung, dass der Gegenstand in der Erkenntnis grundsätzlich nicht erschöpft werden kann. Daraus ergibt sich die Notwendigkeit der Anerkennung anderer Perspektiven auf den Gegenstand. Man kann ihn zum Beispiel in einer normorientierten Perspektive untersuchen oder auch im Sinne einer Ausschaltung des Verstehens gemäß der Dritten-Person-Perspektive erforschen.[14]

Der Unterschied zwischen Habermas und Plessner lässt sich jetzt so auf den Punkt bringen: Habermas geht es um eine explizierende Rekonstruktion der normativen Bedingungen alltäglichen Verstehens. Diese gelten auch für die Verständigung über wissenschaftliche Tatsachen. Folglich muss es einen grundlegenden und nicht relativierbaren Primat der an Normen orien-

---

11 Auf die Möglichkeiten, die ein Anschluss an die philosophische Anthropologie Plessners für eine Diskussion zwischen Philosophie und Neurowissenschaften bietet, hat Krüger mehrfach aufmerksam gemacht; vgl. H.-P. Krüger, Die Aussetzung der lebendigen Natur als geschichtliche Aufgabe in ihr, in: Deutsche Zeitschrift für Philosophie, 52 (2004) 1, 77–83.

12 Ich entlehne den Terminus „neutraler Monismus" der Arbeit von Vollmer, da er mir in deskriptiver Hinsicht geeignet erscheint; vgl. G. Vollmer, Was können wir wissen?, Bd. 2: Die Erkenntnis der Natur, Stuttgart 1986, 77–83. Ein irgendwie gearteter Anschluss an die evolutionäre Erkenntnistheorie ist damit nicht intendiert.

13 Mit diesem Verzicht auf eine Primatsetzung scheint Plessner in der modernen Philosophie eine Ausnahmeerscheinung zu sein. Obwohl er diese Position ausführlich begründet, kommt es in der Rezeption immer wieder zu dem Missverständnis, dass auch Plessner einen Primat der praktischen Philosophie vertreten würde. Vgl. H. Plessner, Untersuchungen zu einer Kritik der philosophischen Urteilskraft (1920), wiederabgedruckt in: ders., Gesammelte Schriften, II, Frankfurt/M. 1981, 7–321; und andererseits G. Gamm, ‚Abgerissenes Bruchstück eines ganzen Geschlechts'. Philosophische Anthropologie in der Leere des zukünftigen Menschen, in: H.-P. Krüger/G. Lindemann (Hg.), Philosophische Anthropologie im 21. Jahrhundert, Berlin 2006.

14 Es wäre interessant, das Verhältnis Plessners zu weiteren Positionen, etwa der Teleosemantik, zu untersuchen; vgl. W. Detel, Forschungen über Hirn und Geist, in: Deutsche Zeitschrift für Philosophie, 52 (2004) 6, 891–920; hier: 121–150. Dies würde aber den Rahmen dieses Aufsatzes sprengen.

tierten Verständigung geben. Dies entspricht Apels Primat der praktischen Vernunft. Daraus folgt eine strikte Entgegensetzung derjenigen Bereiche, die gemäß einem normorientierten Verständigungsprozess begriffen werden müssen, und derjenigen Bereiche, die einem methodisch-konstruktiven Erkenntniszugriff zugänglich sind. Der Letztere würde der Dritten-Person-Perspektive entsprechen. Im Unterschied dazu begreift Plessner Verstehen ebenfalls als einen methodisch-konstruktiven Erkenntniszugriff. Dadurch wird das Feld der Erkenntnisansprüche in sich differenziert. Im Rahmen einer solchen Konzeption spricht nichts dagegen, den methodisch tragenden Verstehensbegriff zu modifizieren und zu differenzieren. Dies ermöglicht es, Verstehen nicht primär vom Verstehen des sprachlichen Ausdrucks her zu denken, sondern andere Expressivitätsmodi, wie allgemein die Expressivität lebendiger Körper, ebenfalls zu berücksichtigen.[15] Dies beinhaltet einen systematischen Vorschlag dazu, wie die Gegenstände der Biologie in einer verstehenden Perspektive untersucht werden können.[16] Damit formuliert Plessner in umgekehrter Weise ein Programm, das dem der aktuellen Praxis von Neurowissenschaftlern entspricht, die diejenigen Phänomene, die bislang in der Ersten- und Zweiten-Person-Perspektive behandelt wurden, in die Dritte-Person-Perspektive auflösen. Es wird nämlich umgekehrt versucht, im Rahmen der eigenen methodischen Perspektive (Verstehen) die Phänomene zu untersuchen, die bislang im methodischen Rahmen der Dritten-Person-Perspektive erforscht wurden. Da die Grundannahme aber die ist, dass ein Gegenstand sich immer auch anders zeigen kann, muss es Plessner ablehnen, einen Perspektivenprimat festzulegen.

Da Habermas die Zweite-Person-Perspektive prinzipiell weniger im Sinne eines Erkenntnisanspruchs als vielmehr im Sinne einer universal notwendigen Normorientierung versteht, die als solche die Grundlage für jede Analyse abgibt und selbst nicht mehr relativiert werden kann, kann er diesen Schritt nicht nachvollziehen. Für eine Untersuchung der Hirnforschung ist es fruchtbarer, die Zweite-Person-Perspektive im Sinne eines methodisch konstruierten Erkenntnisanspruchs zu verstehen. Eine derartige methodische Ausrichtung erlaubt es, der Hirnforschung auch dann in einer verstehenden Perspektive zu folgen, wenn sie die Gehirne von Tieren zum Gegenstand macht. Dies führt in einem direkten Sinne ins Zentrum der Hirnforschung, denn die Erforschung von Tiergehirnen steht aus ethisch begründeten methodischen Restriktionen im Mittelpunkt der neurowissenschaftlichen Theoriebildung innerhalb der Hirnforschung (siehe unten).

Meine Argumentation werde ich in zwei Schritten vortragen. Zunächst soll Plessners Position in methodologischer Hinsicht skizziert werden (I). Darauf aufbauend, werde ich darlegen, wie sich die neurobiologische Forschung für eine soziologische Beobachtung darstellt (II). Abschließend werde ich diskutieren, was sich daraus für das Verhältnis der verschiedenen Perspektiven zueinander ergibt (III).

I. Die Prinzipien der offenen und der geschlossenen Frage

Im Rahmen seiner erkenntnistheoretischen Begründung der Sozial- und Geisteswissenschaften charakterisiert Plessner deren Erkenntnisperspektive im Unterschied zu denjenigen der Natur-

15 In modifizierter Form überträgt Plessner den Gedanken der prinzipiellen Unergründlichkeit des Gegenstandes des Verstehens auch auf Gegenstände der Natur; vgl. H. Plessner, Macht und menschliche Natur. Ein Versuch zur Anthropologie der geschichtlichen Weltansicht (1931), in: ders., Gesammelte Schriften, Bd. V: Macht und menschliche Natur, Frankfurt/M. 1981, 135–234, hier: 192 f.

16 H. Plessner, Die Stufen des Organischen und der Mensch, 3. Aufl., Berlin 1975.

wissenschaften anhand der Differenz von offener und geschlossener Frage. Die Differenz dieser Erkenntnisprinzipien besteht in Folgendem: Bei einer offenen Frage erhält das Gegenüber einen Spielraum, es kann auf eine nicht vorhergesehene Weise antworten. Das Prinzip der geschlossenen Frage, für Plessner das Charakteristikum der Naturwissenschaften, beinhaltet dagegen einen Bezug zum Gegenüber, der diesem die möglichen Antworten vorschreibt. Das Gegenüber wird in eine Experimentalanordnung eingefügt, die die Antwortmöglichkeiten im Sinne der Frage von vornherein festlegt.

Die Differenzierung gemäß den Prinzipien der offenen und der geschlossenen Frage enthält eine wichtige Vorentscheidung: Es liegt nicht am Gegenstand, ob ein verstehender oder erklärender Zugang angemessen ist, vielmehr hat der wissenschaftliche Zugriff selbst einen konstruktiven Charakter. Die Frage enthält einen Vorentwurf, durch den 1. festgelegt wird, wie das Verhältnis von Erkenntnissubjekt und Erkenntnisobjekt beschaffen ist, 2. was in dieser Erkenntnisrelation überhaupt als ein Gegenstand mit bestimmten Eigenschaften erkannt werden kann und 3. ob im Rahmen dieser Erkenntnisrelation ein erklärender oder verstehender Zugang zum Gegenstand angemessen ist.[17] Wissenschaftliches Erkennen ist für Plessner also in jedem Fall ein Erkennen, das die Erkenntnisrelation gemäß einem Verfahrensprinzip konstruktiv gestaltet. Auf Grund dessen können sowohl das Verfahren selbst als auch die im Rahmen des Verfahrens zu Stande gekommenen Ergebnisse einer rationalen Kritik unterzogen werden. Eine wissenschaftliche Aussage über einen Gegenstand ist immer nur gültig im Rahmen einer Theorie über den Gegenstand, einer Theorie, wie der Gegenstand zum Gegenstand gemacht wird (Beobachtungstheorie) sowie der praktischen Möglichkeiten, den Gegenstand zum Gegenstand der Forschung zu machen. Weiterhin bedarf eine wissenschaftliche Forschung einer Angabe darüber, wie die Ergebnisse auf die Theorie über den Gegenstand zu beziehen sind (Interpretationstheorie).

Mit diesem Verständnis wissenschaftlicher Forschung formuliert Plessner eine postempiristische Position *avant la lettre*, wonach empirische Ergebnisse nicht im Sinne einer Falsifikation von Theorien verwendet werden können, da die empirische Forschung ihrerseits theoretische Annahmen voraussetzt. Im Unterschied zu – den später formulierten – klassischen postempiristischen Positionen[18] findet sich bei Plessner aber darüber hinaus die Einsicht, dass naturwissenschaftliche Forschung ohne den praktisch-experimentellen Zugriff auf das Forschungsobjekt nicht denkbar ist. Diese Erkenntnis wurde erst sehr viel später – vor dem Hintergrund der empirischen Wissenschaftsforschung – in der Wissenschaftstheorie berücksichtigt.[19]

17 In dieser Differenzierung ist unschwer ein Analogon der von Singer in Anschlag gebrachten Unterscheidung zwischen Erster-Person-Perspektive und Dritter-Person-Perspektive zu erkennen. Es handelt sich um ein Analogon und nicht um eine direkte Entsprechung, da die Erste-Person-Perspektive bei Plessner explizit durch die Zweite-Person-Perspektive ersetzt wird. Hierin liegt die Anschlussmöglichkeit für eine soziologische Perspektive. Eine Situierung dieses Ansatzes im Verhältnis zur allgemeinen Diskussion um die Hermeneutik und der soziologischen Theoriebildung findet sich bei: G. Lindemann, Verstehen und Erklären bei Helmuth Plessner, in: R. Greshoff u. a. (Hg.), Verstehen und Erklären. Eine Einführung in methodische Zugänge zum Sozialen, (in Vorbereitung).

18 Vgl. M. Hesse, Revolutions and Reconstructions in the Philosophy of Science, Brighton 1980.

19 Vgl. I. Hacking, Was heißt ‚soziale Konstruktion'? Zur Konjunktur einer Kampfvokabel in den Wissenschaften, Frankfurt/M. 1999. Es scheint Hacking unbekannt zu sein, dass dieser Gedanke zuvor schon von Plessner und Apel formuliert worden war.

Entsprechend seinem verfahrensorientierten Wissenschaftsverständnis begründet Plessner die Notwendigkeit, sich einen Gegenstand erklärend oder verstehend zu erschließen, nicht mit der spezifischen Verfasstheit des Gegenstandes, sondern mit der Art des Fragens. Die Differenz von Erklären und Verstehen basiert auf zwei methodisch divergierenden Prinzipien, Gegenstände zu untersuchen. Plessner spricht von den Prinzipien der geschlossenen und der offenen Frage.[20] Im Rahmen des Prinzips der geschlossenen Frage sind Erklärungen möglich, während im Rahmen des Prinzips offenen Fragens das Verstehen den geeigneten Zugang zum Gegenstand darstellt.

1. *Das Prinzip der geschlossenen Frage*

Wenn das Verfahren der Konstruktion der Erkenntnisrelation am Prinzip der geschlossenen Frage orientiert wird, gestaltet sich der Zugang zum Gegenstand folgendermaßen: In die Frage geht ein Problementwurf ein, der einen Vorentwurf des Gegenstandes enthält. Durch diesen wird konstitutiv festgelegt, als was ein zu untersuchender Gegenstand erscheinen und wie er auf die Forschungsfrage antworten kann. Da durch die Frage festgelegt ist, wie etwas erscheinen kann, spricht Plessner – in Anlehnung an Kant – von einem in die Dinge gelegten *Apriori*. Eine Frage, die einen derart geschlossenen Problementwurf enthält, ist durch dreierlei gekennzeichnet:

1. Die Frage enthält einen Vorentwurf dessen, wie die Sache beschaffen ist.
2. Der Vorentwurf beinhaltet die Garantie der *Beantwortbarkeit*, das heißt, durch die Frage ist festgelegt, dass die Sache auf die Frage antworten kann.
3. Der Vorentwurf ist so beschaffen, dass in der Frage die Garantie der *Beantwortung* enthalten ist, das heißt, die Frage legt fest, wie die Frage beantwortet werden kann – genauer: durch welche Erscheinung, durch welches in der Fragekonstruktion angegebene Datum, die Sache auf die Frage antworten kann.

Eine Forschung gemäß dem Prinzip der geschlossenen Frage erfordert eine maximale Kontrolle des Erkenntnissubjekts über das Erkenntnisobjekt. Die praktisch wirksame Entfaltung einer solchen Kontrolle vollzieht sich Plessner zufolge auf zwei Ebenen, zum einen durch die Eingliederung des Erkenntnisgegenstandes in eine Experimentalanordnung und zum anderen durch die Reduktion von möglichen Daten auf solche, die mathematisierbar sind: „Die naturwissenschaftliche Frage enthält die Garantien ihrer Beantwortbarkeit durch Zuspitzung auf eine Alternative, so daß das Experiment, welches nach dem Problementwurf ausgedacht ist, wie es auch ausfällt, positiv oder negativ, eine These bestätigt oder widerlegt. Das Eintreten oder Nichteintreten einer bestimmten Erscheinung besagt, da von vornherein die alternative Zuschärfung der Frage mit der Einschränkung des Befragten auf eine raum-zeitlich bestimmte, also zu messende und durch das Messen ergründbare Erscheinung erkauft ist, in jedem Fall eine Antwort auf die Frage. [...] Die naturwissenschaftliche Problemstellung bietet daher idealiter mit der Garantie der Beantwortbarkeit zugleich die Garantie der Beantwortung im Sinn der Bestätigung oder Widerlegung einer These. Sie verschafft sich die Garantie in der bewußten Einschränkung ihres Erkenntniszieles auf eindeutige Festlegung ihrer Gegenstände nach den Prinzipien der Messung."[21]

20 H. Plessner, Macht und menschliche Natur, a. a. O., 175 ff.

21 Ebd., 180 f.

Naturwissenschaftliche Erkenntnisse sind also das Ergebnis eines theoretischen und technisch-praktischen Konstruktionsverfahrens. Unabhängig von dem sie bedingenden Konstruktionsverfahren bzw. außerhalb dessen haben sie nicht den Wert einer wahren Erkenntnis. Nur im Rahmen eines solchen Konstruktionsverfahrens kann auch mit Sicherheit angegeben werden, welches Phänomen regelmäßig auf welches andere folgt und ob und inwiefern das eine Phänomen die Bedingung des Auftauchens des anderen Phänomens ist. Mit anderen Worten: Eindeutige und auf messbare Beziehungen gegründete Kausalerklärungen sind an die anerkannte Gültigkeit eines theoretischen und praktischen Konstruktionsverfahrens gebunden.[22]

2. *Das Prinzip der offenen Frage*

Das Prinzip der offenen Frage, das das Verstehen begründet, ähnelt dem Prinzip der geschlossenen Frage darin, dass es sich um eine Frage im Rahmen eines theoretisch konstruierten Problementwurfs handelt. Der Unterschied besteht darin, dass nicht festgelegt ist, wie der Gegenstand auf die Frage antworten kann. Auch die offene Frage enthält einen Vorentwurf ihres Gegenstandes, nur so erreicht sie die Garantie ihrer Beantwortbarkeit, aber sie erreicht nicht die Garantie der Beantwortung. Bezogen auf die drei genannten Punkte ergibt sich Folgendes an Gleichheit und Unterschieden:

1. Die Frage enthält einen Vorentwurf dessen, wie die Sache beschaffen ist. Alles andere wäre für Plessner ein Rückfall in ein vorkritisches Wissenschaftsverständnis. Es geht nicht darum, dem Gegenstand die Führung zu überlassen, sondern die Führung erhält bei einem wissenschaftlichen Vorgehen weiterhin der Vorentwurf der Sache, der in der Frage enthalten ist.[23]
2. Der Vorentwurf beinhaltet die Garantie der *Beantwortbarkeit*, das heißt, durch die Frage ist festgelegt, dass die Sache auf die Frage antworten kann.
3. Der Vorentwurf ist aber *nicht* so beschaffen, dass in der Frage schon die Garantie der *Beantwortung* festgelegt ist, das heißt, durch die Frage wird keine Erscheinung festgelegt, deren Auftreten als Antwort auf die Frage verstanden werden muss. An dieser Stelle liegt die Relevanz der Deutung. Dem Gegenstand wird die Möglichkeit zugestanden, sich von sich aus zu zeigen, und es ist Aufgabe des Erkenntnissubjekts zu sehen, wie sich der Gegenstand im beobachteten Phänomen zeigt. Wenn sich eine Forschung am Prinzip der offenen Frage orientiert, muss sie sich also auf ein interaktives oder kommunikatives Verhältnis zu ihrem Gegenstand einlassen, das methodisch durch das Forschungssubjekt nicht mehr vollständig zu kontrollieren ist.

Das Prinzip der offenen Frage ist also an einem entscheidenden Punkt durch eine andere Konstruktion der Erkenntnisrelation gekennzeichnet: Die Kontrolle, die das Experiment ermöglicht, wird bewusst aufgegeben; zugleich wird die Reduktion von Erscheinungen auf mathematisierbare und damit messbare Daten zurückgenommen. In die Erkenntnisrelation wird dadurch ein spezifischer Freiraum für das Objekt eingebaut. Es erhält die Möglichkeit der Expressivität, das

22 Die Ergebnisse der empirischen Wissenschaftsforschung können als später empirischer Beleg für die Gültigkeit dieser Annahmen gewertet werden; vgl. die Analysen von: A. Pickering, The Mangle of Practice: Agency and Emergence in the Sociology of Science, a. a. O.; K. Knorr Cetina, Die Fabrikation von Erkenntnis. Zur Anthropologie der Naturwissenschaft, Frankfurt/M. 1991.

23 Vgl. H. Plessner, Macht und menschliche Natur, a. a. O., 181.

heißt die Möglichkeit, sein Erscheinen zu gestalten. Dadurch kommt ein neues Moment ins Spiel, denn das beobachtete Phänomen ist jetzt nicht mehr nur ein Datum, das in den Rahmen eines theoretischen Vorentwurfs integriert werden kann, sondern es ist ein Datum, das auf etwas verweist, das selbst nicht direkt erscheint, das sich aber durch dieses Datum zeigt. Das sich im Phänomen von sich aus Zeigende kann nicht mehr beobachtet, es muss verstanden werden: „Während die geisteswissenschaftliche Fragestellung [in die Plessner die Soziologie einbezieht, G. L.] zwar nicht auf die Garantie der Beantwortbarkeit, denn sie will vernünftig und entscheidbar fragen, wohl aber auf die Garantie der Beantwortung verzichten muss, da ihre Gegenstände nicht als Erscheinungen, das heißt in Raum- und Zeitstellen-Festlegungen erschöpfbare Größen genommen werden können. Die Unmöglichkeit einer freien Verfügung über ihre Objekte, wie sie das Experiment darstellt, und die Unmessbarkeit ihrer unräumlichen und unzeitlichen Beschaffenheit findet jedoch in ihrer [...] Verständlichkeit – denn ihre Objekte sprechen sich selber aus und geben sich dem um sie Bekümmerten zu bedeuten – das positive Gegengewicht.“[24]

Damit lässt sich mit Bezug auf die zu Anfang dieses Abschnitts genannten drei Punkte Folgendes feststellen: Offene und geschlossene Frage unterscheiden sich hinsichtlich der Struktur der Erkenntnisbeziehung. Auf Grund der im Rahmen der offenen Frage bewusst aufgegebenen Kontrolle ergeben sich zweitens grundlegende Unterschiede hinsichtlich dessen, als was der Gegenstand erscheinen kann und wie er auf die Frage antwortet. Vor diesem Hintergrund lässt sich drittens begreifen, warum im Fall der geschlossenen Frage ein erklärender und im Fall der offenen Frage ein verstehender Zugang angemessen und möglich ist.

Für Plessner ist nun nicht nur die Erforschung historischer und sozialer Prozesse, das heißt die sozial- und geisteswissenschaftliche Forschung, am Prinzip der offenen Frage orientiert. Stattdessen fordert er, die naturalen Grundlagen personaler Vergesellschaftung ebenfalls diesem Prinzip gemäß zu untersuchen. Da es sich hierbei nicht um ein vor- bzw. unwissenschaftliches Naturverständnis handeln soll, muss er darlegen, wie sich dieses Naturverständnis zum naturwissenschaftlichen Naturverständnis verhält. Prinzipiell gilt, dass naturwissenschaftliche Forschungsergebnisse von den Geistes- und Sozialwissenschaften nicht einfach übernommen werden können, denn es muss in Rechnung gestellt werden, dass das naturwissenschaftliche Naturverständnis einem prinzipiell anderen Methoden- und Gegenstandsverständnis geschuldet ist, das konstitutiv in die Ergebnisse eingeht. Wenn wissenschaftliche Wahrheiten gegen das Verfahren ihres Zustandekommens isoliert werden, degenerieren sie zu irrationalen Setzungen. Soll das vermieden werden, stehen sowohl die Natur- als auch die Geistes- und Sozialwissenschaften vor der Aufgabe, ein Verständnis des Gegenstandsgebiets der anderen Wissenschaften zu erarbeiten, das ihren eigenen methodischen Prinzipien gemäß gewonnen wird. Daraus folgt für die Sozial- und Geisteswissenschaften, dass sie vor der Aufgabe stehen, sich ein methodisch eigenständiges Verständnis derjenigen Phänomene zu erarbeiten, mit denen sich die Lebens- und speziell die Neurowissenschaften experimentell beschäftigen.[25]

24 Vgl. ebd., 181.

25 Die Ausarbeitung dieses Programms ist erfolgt in: H. Plessner, Die Stufen des Organischen und der Mensch, a. a. O. Dort entwickelt Plessner auch systematisch seine Version eines neutralen Monismus, indem er die spezifische Doppelaspektivität lebendiger Dinge zum Bezugspunkt seiner Analyse macht. Bei der Beobachtung der Hirnforschung werde ich mich zunächst an der Differenz von offener und geschlossener Frage orientieren.

II. Beobachtung der neurowissenschaftlichen Forschungspraxis[26]

Von ihrer disziplinären Herkunft her ist meine Arbeit der soziologisch-empirischen Wissenschaftsforschung zuzuordnen, die es sich zur Aufgabe gemacht hat, die praktischen Details der Wissensentstehung, das heißt die alltägliche Forschungspraxis, speziell in den Naturwissenschaften, herauszuarbeiten. Als Methoden der Wahl haben sich dabei ethnographische Methoden etabliert.[27] Die untersuchten Wissenschaften geraten dadurch in den Status einer fremden und zu erforschenden Kultur. Die Aufgabe des Soziologen besteht darin, eine detailreiche Beschreibung der alltäglichen Praxis der untersuchten Kultur zu liefern. Daraus resultieren zwei wichtige Konsequenzen. Wenn die erforschte Wissenschaft, also etwa die Physik, die Mathematik oder die Molekularbiologie, im Sinne einer anderen Kultur betrachtet wird[28], wird die Beziehung zu dieser primär im Sinne einer Objektbeziehung gedacht. Die zweite Konsequenz besteht darin, dass das Ziel der soziologischen Forschung darin besteht, eine detaillierte und systematische Beschreibung der alltäglichen Praxis zu liefern. Dabei erhält im eigenen Selbstverständnis der Gegenstand die Führung, was es mehr oder weniger ausschließt, mit theoretisch begründeten Hypothesen zu arbeiten.

In der hier entwickelten wissenschaftssoziologischen Perspektive, die auf einem neutralen Monismus basiert, wird dieser Forschungsansatz modifiziert. Zunächst einmal ist zu beachten, dass die experimentelle Neurowissenschaft einen doppelten Status hat. Sie ist nicht nur das Objekt der soziologischen Beobachtung, sondern auch ihr direkter Gesprächspartner, wenn es um die Ausarbeitung der eigenen, der soziologischen, methodologischen Forschungsperspektive geht. Dies kommt darin zum Ausdruck, dass die eigene Perspektive und das Problem des Perspektivenprimats nicht nur in der direkten Auseinandersetzung mit Habermas, sondern auch mit Singer und Roth entwickelt werden. Der Objektbezug auf die Neurowissenschaften wird in diesem Abschnitt zum Tragen kommen. Damit verändert sich der Status der Neurowissenschaften. Insofern sie Objekt einer ethnographischen Forschung ist, geht es nicht darum, ob ihre Ergebnisse wahr oder ihre Erkenntnisperspektive und Methoden angemessen sind, sondern es geht darum, die neurowissenschaftliche Forschungspraxis als eine fremde Kultur zu betrachten und als solche detailliert zu beschreiben. Auf dieser Grundlage erfolgt im nächsten Schritt eine weiterführende Interpretation der Daten. In der abschließenden Diskussion werden die beiden eingangs skizzierten erkenntnistheoretischen Alternativpositionen wieder zu direkten Gesprächspartnern werden.

---

26 Die folgenden Ausführungen basieren auf Daten, die im Rahmen einer mehrmonatigen teilnehmenden Beobachtung an mehreren neurowissenschaftlichen Forschungsinstituten gewonnen wurden, sowie auf ergänzenden Experteninterviews mit Neurowissenschaftlern mehrerer Forschungseinrichtungen.

27 „Forschungslaboratorien werden mit den unschuldigen Augen des Reisenden in exotischen Ländern betrachtet. Die dort vorgefundenen Gesellschaften werden mit den objektiven und doch mitfühlenden Augen des Besuchers aus einem ganz verschiedenen kulturellen Milieu beobachtet." So charakterisiert Rom Harré diesen Ansatz im Vorwort zur klassisch geworden Studie von K. Knorr Cetina, Die Fabrikation von Erkenntnis, a. a. O., 13; als weitere klassische Studie vgl. B. Latour/St. Woolgar, Laboratory Life. The Social Construction of Scientific Facts, London 1979.

28 Vgl. für die Physik A. Pickering, The Mangle of Practice: Agency and Emergence in the Sociology of Science, a. a. O.; für die Mathematik B. Heintz, Die Innenwelt der Mathematik, a. a. O.; und für einen Vergleich der Wissenschaftskulturen von Physik und Molekularbiologie K. Knorr Cetina, Wissenskulturen. Ein Vergleich naturwissenschaftlicher Wissensformen, Frankfurt/M. 2002.

Die zweite Besonderheit meiner Studie besteht darin, dass ich die Darstellung an einer theoretisch formulierten These orientiere. Dies ist in der soziologisch-ethnographischen Forschung nicht üblich. Deren Ziel besteht eher darin, eine systematische und detaillierte Beschreibung der beobachteten Kultur zu liefern, wobei dem Gegenstand die Führung zukommt. Im Sinne des an Plessner orientierten Methodenverständnisses wird aber auch Verstehen als ein konstruktiver Erkenntniszugriff aufgefasst. Deshalb ist es angemessen, auch hier eine an Thesen orientierte Forschung zu betreiben. Entscheidend ist, dass dem Gegenstand in der Frage nicht vorgeschrieben wird, wie er zu antworten hat. Die Frage muss so gestellt sein, dass sie beantwortbar ist, und sie muss den Gegenstand in der Beantwortung seiner eigenen Logik gemäß erfassen. Wenn dies der Fall ist, ist das Prinzip der offenen Frage auch dann nicht verletzt, wenn die Frage einer These folgt.

Die These, an der ich die Befragung der neurowissenschaftlichen Forschungspraxis orientiere, lautet:

> Der Alltag der experimentellen neurowissenschaftlichen Forschung ist nicht durchgängig am Prinzip der geschlossenen Frage orientiert. Stattdessen zeichnet sich die alltägliche Praxis durch die stete Reproduktion von Perspektivenpluralität aus. Das heißt, die Forschungspraxis beinhaltet notwendigerweise „Verstehen“.

Der Härtetest für diese These besteht nicht darin aufzuweisen, dass die Diskussionen von Neurowissenschaftlern untereinander durch regelgeleitetes Handeln charakterisiert sind, sondern darin aufzuzeigen, dass das Experiment selbst nicht ohne Verstehen funktioniert. Der schwierigere und ergiebigere Fall ist hier das Tierexperiment, da im Wesentlichen in diesem die Sorte von Daten gewonnen wird, die die Grundlage für eine Theorie des Gehirns als materielles Organ bilden wird. Um dies zu verstehen, ist es erforderlich, auf die handwerklichen Details des Forschungsprozesses einzugehen.

Eine Theorie, die mentale Phänomene durch ihre Reduktion auf neuronale Ereignisse erklären will, muss sich auf die Ebene der Signalverarbeitung des Gehirns begeben. Das heißt, es sollten solche neuronalen Ereignisse untersucht werden, bei denen es wahrscheinlich ist, dass sie auch für das Gehirn selbst relevant sind. Das ist am ehesten der Fall, wenn man die Aktivitäten einzelner Zellen oder kleiner Zellverbände aufnimmt. Die Messung der Veränderungen des Sauerstoffgehalts des Blutes (etwa durch eine funktionelle Magnetresonanztomographie) ist für eine erklärende Theorie nur indirekt von Bedeutung. Solche Veränderungen werden als ein Hinweis darauf gewertet, dass in den entsprechenden Arealen verstärkt neuronale Prozesse stattfinden, weshalb mehr Energie verbraucht wird, wodurch der Sauerstoffverbrauch ebenfalls ansteigt. Dies vorausgesetzt, bietet eine solche Messung Hinweise darauf, wo eine erhöhte neuronale Aktivität zu vermuten ist, aber sie sagt nichts darüber aus, was in diesen Arealen geschieht. Wie die beiden Signaltypen miteinander zusammenhängen, ist noch nicht genau geklärt.[29]

29 Eine solche Klärung ist in technisch-methodischer Hinsicht aufwendig, denn die Ableitung neuronaler Aktivität arbeitet mit empfindlichen Messelektroden, die von den starken elektrisch erzeugten Magnetfeldern leicht gestört werden können, die bei einer Messung des Blutsauerstoffgehalts durch eine funktionelle Magnetresonanztomographie erzeugt werden müssen (vgl. hierzu die Arbeiten von: N. Logothetis u. a., Neurophysiological investigation of the basis of the fMRI signal, in: Nature, 412, 2001, 150–157; J. Niessing u. a., Hemodynamic signals correlate tightly with synchronized gamma oscillations, in: Science, 309, 2005, 948 ff.). Eine mögliche Verbindung der Messung der Veränderungen des

Entsprechend werde ich mich im Weiteren auf die Daten beziehen, die der Beobachtung von Projekten entstammen, die sich der Methode der invasiven Elektrophysiologie bedienen. Dabei werden einem Organismus Elektroden ins Gehirn geschoben, die die elektrischen Signale von einzelnen Zellen und kleineren Zellverbänden erfassen und weiterleiten. Eine solche Forschung darf aus ethischen Gründen zu rein wissenschaftlichen Zwecken nicht an menschlichen, sondern nur an tierischen Probanden[30] ausgeführt werden.[31] Zu den meistverwendeten Probanden gehören Mäuse, Ratten, Katzen und Makaken. Für die Analyse höherer kognitiver Funktionen, die komplexere Lernvorgänge beinhalten, werden fast ausschließlich Makaken verwendet – so auch an den von mir beobachteten Instituten.

Die Frage lässt sich jetzt präzise so stellen: Ist die Interaktion zwischen dem forschenden menschlichen Wissenschaftler bzw. dem Laborassistenten bzw. dem Tierpfleger und dem beforschten Makaken derart, dass in dieser kein Verstehen stattfindet? Das heißt: Ist diese Interaktion durchgängig durch eine Dritte-Person-Perspektive gekennzeichnet, oder gibt es Hinweise auf das Vorhandensein von Verstehensprozessen? Sollte das der Fall sein, ist die zweite Frage, welche Bedeutung ihnen für die praktische Konstruktion und Durchführung des Experiments zukommt. Handelt es sich um Prozesse, die irgendwann ohne weitere Konsequenzen erfolgreich ausgeblendet werden können, oder spielen sie eine fundierende Rolle?

Eine vollständig geschlossene Frage beinhaltet eine nahezu vollständige Kontrolle über das Forschungsobjekt. Je mehr die Kontrolle zurückgenommen werden muss, umso eher ist es wahrscheinlich, dass in der Forschungsbeziehung Elemente der offenen Frage auftauchen. Es ist deshalb erforderlich, die verschiedenen neurowissenschaftlichen Experimentaldesigns daraufhin zu untersuchen, wie umfassend das Gegenüber der Forschung in ein kontrolliertes Verfahren integriert werden kann, das alle Aktivität auf der Seite des Forschers belässt.

Um diese Fragen zu beantworten, werde ich drei Experimentalanordnungen vorstellen. Die Hinsicht, auf die es mir dabei ankommt, ist, wie das Gegenüber der Forschung in der Forschungsbeziehung auftaucht. Auf dieser Grundlage lässt sich im Weiteren diskutieren, ob die Forschungsbeziehung rein im Sinne der geschlossenen Frage begriffen werden kann oder nicht. Bei den drei Experimentalanordnungen handelt es sich um: Experimente an „slices“, an narkotisierten Probanden und an wachen Probanden.

Blutsauerstoffgehalts im Gehirn mit der invasiven Elektrophysiologie könnte so aussehen: In einem ersten Schritt werden die Veränderungen des Blutsauerstoffgehalts gemessen. Dadurch werden die Areale bestimmt, in denen mehr passiert. Auf dieser Grundlage werden die Gebiete ausgesucht, in die anschließend Elektroden eingeführt werden, um die Prozesse der Signalverarbeitung genauer zu untersuchen.

30 Ich benutze den Terminus Proband ohne Rücksicht auf die Spezieszugehörigkeit. Damit orientiere ich mich an der Wortverwendung in der Publikation der Max-Planck-Gesellschaft, Verantwortliches Handeln in der Wissenschaft. Analysen und Empfehlungen, Max-Planck-Forum, Bd. 3, München 2001, 85. Dort wird der Probandenschutz thematisiert.

31 Bei Menschen kommt eine solche Technik nur zum Einsatz, wenn aus therapeutischen Gründen, wie zum Beispiel bei einer Epilepsiebehandlung, Elektroden ins Gehirn eingeführt werden. Diese dienen dazu, bestimmte Hirnareale elektrisch zu stimulieren. Sie können aber auch umgekehrt eingesetzt werden, nämlich dazu, elektro-physiologische Signale von Neuronen abzuleiten und aufzunehmen. Das Hirnareal, von dem abgeleitet wird, wird dabei aber nicht nach Maßgabe einer wissenschaftlichen Fragestellung, sondern nach Maßgabe therapeutischer Erfordernisse festgelegt. Eine im engeren Sinne wissenschaftlich begründete Ableitung kann nur bei nichtmenschlichen Organismen durchgeführt werden.

1. Grade der Kontrolle

a) Slice. Eine maximale Kontrolle findet in Experimenten statt, die an so genannten „slices", an Nervenzellgewebsscheibchen, durchgeführt werden. Dabei handelt es sich um einzelne Nervenzellen bzw. Zellschichten, die aus dem Körper isoliert werden, um sie separat außerhalb seiner zu untersuchen. Sie ermöglichen eine kontrollierte Erforschung physikalischer und chemischer Prozesse auf Zellebene. In einem solchen Experiment können fast alle Parameter optimal kontrolliert werden. Solche Vorgehensweisen setzen aber voraus, dass der Organismus, es handelt sich zumeist um Mäuse, getötet worden ist. In der Forschungsbeziehung Experimentator-slice gelingt die weitestgehende Reduktion auf ausschließlich neuronale Prozesse, die als solche in einer Dritten-Person-Perspektive untersucht werden können. Das schließt nicht aus, dass es dabei zu Ergebnissen kommt, die nicht direkt im Sinne einer Verifikation oder Falsifikation einer Hypothese verwendet werden können, sondern auf einen neuen Sachverhalt hinweisen, bei dem es viel versprechend erscheint, ihn im Weiteren im Rahmen neuer Annahmen zu untersuchen. Das Verhältnis von Hypothesen und Daten ist nicht einseitig. Dass es im Rahmen eines Forschungsprogramms (im Sinne Lakatos') Hypothesen gibt, die durch Daten belegt sind, ist eher der (vorläufige) Abschluss eines Prozesses. Im Prinzip werden immer wieder Daten gewonnen, für die es noch keine Hypothesen gibt, die sie erklären. Dies unterscheidet die neurowissenschaftliche Forschung nicht von physikalischen Experimenten.[32]

b) Probandin in Narkose. Zwischen denjenigen Neurowissenschaftlerinnen, die an slices arbeiten, und denjenigen, deren Fragestellungen eine Forschung am intakten Organismus erfordern, gibt es eine Beziehung freundlichen Spotts, der sich auf die methodischen Vor- und Nachteile der jeweiligen Forschung bezieht. In der hier interessierenden Perspektive ist daran relevant, dass dabei das Problem thematisiert wird, wie gut die Integration des Forschungsobjekts in die Experimentalanordnung gelingt. Die Kritik an die Adresse derjenigen, die am Gehirn im Organismus forschen, lautet: „Ihr wisst gar nicht, was im Detail auf der physikalischen und chemischen Ebene im Gehirn passiert. Es ist unmöglich, bei solchen Experimenten alle Parameter unter Kontrolle zu haben." Die umgekehrte Kritik lautet: „Es ist zweifelhaft, inwiefern die Forschung an Zellen, die aus dem Organismus entfernt worden sind, es überhaupt erlaubt, Rückschlüsse auf das Funktionieren der Zellen in einem Organismus zu ziehen." Solche Kritiken werden wechselseitig anerkannt. Sie belegen, dass die Wissenschaftlerinnen ein Bewusstsein davon haben, welche Probleme die Entfaltung der Kontrolle über den Gegenstand mit sich bringt. Das Problem der Experimente an slices liegt in der Gefahr, dass die Kontrolle zu weit getrieben wird, das heißt, es besteht die Gefahr, dass das zu untersuchende Phänomen nicht mehr als solches existieren kann. Dazu bedarf es eines intakten Organismus, in dem das Organ Gehirn die Funktion einer Eigensteuerung ausübt.[33]

Der entscheidende Schritt in der Rücknahme der Kontrolle besteht darin, das Gehirn im lebenden Organismus zu untersuchen. Dabei gibt es zwei Varianten: die Forschung an narko-

32 Vgl. hierzu die Arbeit von Pickering (The Mangle of Practice: Agency and Emergence in the Sociology of Science, a. a. O.), der herausgearbeitet hat, wie in der Physik Daten, Theorien und Experimentalanordnungen in einem zeitraubenden Prozess aufeinander abgestimmt werden, bis am Ende eine konsistente und robust datengestützte Theorie entsteht.

33 Ich verwende bewusst den ungewöhnlich klingenden Terminus Eigensteuerung, weil ich den Terminus Selbststeuerung für einen komplexeren Sachverhalt reservieren möchte.

tisierten Probanden und diejenige an wachen Probanden. Bei einer narkotisierten Probandin wird die Integration in die Experimentalanordnung weitergehend kontrolliert. Solche Versuche werden zumeist an Katzen und nur in seltenen Fällen an Affen durchgeführt. Ein charakteristisches Merkmal der Forschungsbeziehung besteht in der Begrenzung dessen, wie der Organismus sich steuert. Durch die Narkose wird ausgeschlossen, dass der Organismus sich merkt und seine Bewegungen selbst steuert. Man kann sich die Kontrolle gut an den drei wesentlichen Funktionen der Narkose klar machen, die auch im Tierexperiment beachtet werden. Dabei geht es 1. um die Ausschaltung des Bewusstseins, der Proband merkt weder sich noch seine Umwelt; 2. wird die Rezeption von Schmerzreizen blockiert, dadurch wird verhindert, dass Schmerzreize zu physiologischen Stressreaktionen (Erhöhung des Blutdrucks oder der Herzfrequenz) führen; 3. werden durch die Relaxierung im Rahmen der Anästhesie Bewegungen verunmöglicht. Dies bezieht sich sowohl auf vom Organismus gezielt gesteuerte als auch auf reflektorische Bewegungen. Damit folgt die Anästhesie im Tierexperiment den gehobenen Regeln, die auch für die Anästhesie bei Menschen auf einer Intensivstation oder bei einer Operation gelten. Wenn das Sehsystem untersucht wird, wird der Körper mechanisch in eine Position gebracht, die garantiert, dass der Reiz optimal auf das lichtempfindliche Organ, das Auge, treffen kann. Dies wird erreicht, indem der Kopf des Probanden in einen stereotaktischen Rahmen eingespannt und durch eine mechanische Kontrolle ausgeschlossen wird, dass die Augenlider des Probanden die Augen verschließen. Auf diese Weise wird die Beantwortbarkeit der Frage garantiert, denn es ist nahezu ausgeschlossen, dass der visuelle Reiz nicht im Gehirn des Probanden ankommt.

In einem solchen Experiment geht es darum, wie das Gehirn auf die Reize reagiert und ob sich Muster nachweisen lassen, die entsprechend den applizierten Reizen variieren. Bei der praktischen Durchführung steht zunächst einmal im Mittelpunkt, ob es gelingt, „die Zellen zu treiben", das heißt herauszufinden, ob und wie die elektrische Aktivität der Zellen, die als Signal abgeleitet wird, mit der Veränderung der Reize variiert. Die gemessenen Signale werden nahezu zeitgleich sowohl visuell als auch akustisch dargestellt. Entsprechend kann direkt nachvollzogen werden, ob die Zellen „antworten", wie es in der Sprache des Feldes heißt. In einem solchen Experimentaldesign kommt primär nur eine Ebene in der Forschungsbeziehung zum Tragen. Die visuellen Stimuli werden im Rechner programmiert und dazu in quantifizierbare Größen aufgelöst. Etwa die Form des Stimulus, die Frequenz der Veränderung, die Lichtstärke usw.[34] Entsprechend wird dann danach gefragt, wie die Zellen auf diese Variationen antworten. Dabei ist – wie gesagt – garantiert, dass sie antworten. Der Organismus ist auch derart gut kontrolliert, dass das „wie" seiner Antwort beschränkt ist. Er kann auf den Reiz nur mit elektrischen Spannungsveränderungen der neuronalen Reizverarbeitungsapparatur reagieren. In diesem Rahmen kann es dann durchaus zu Überraschungen kommen hinsichtlich der Muster der neuronalen Erregung, mit denen die Zellen antworten. Dabei handelt es sich aber eher um ein überschießendes Ergebnis. Es fordert nicht dazu heraus, den Organismus zu verstehen. Dieser wird gewissermaßen auf den Status eines organischen Umfeldes der neuronalen Reizverarbeitung reduziert, das durch die Narkose kontrolliert wird. Dabei wird

34 Um ein Beispiel zu geben: Der Stimulus ist ein helles Viereck vor einem dunklen Hintergrund, das in schneller Folge aufleuchtet und verschwindet. Oder ein Viereck aus diagonal verlaufenden schwarzen und weißen Balken, jeder Balken leuchtet dann abwechselnd schwarz und weiß auf, wodurch der Eindruck einer fließenden Bewegung nach oben oder nach unten entsteht.

eine Abwägung vorgenommen: Um zu verhindern, dass der Organismus unter dem Experiment leidet und seine Integration in die Experimentalanordnung nicht mehr toleriert, muss die Narkose tief genug sein, aber um ein gutes Experiment zu ermöglichen, sollte sie nicht zu tief sein. In dieser Abwägung kommt ein Mix aus ethischen und praktischen Elementen zum Tragen. Unter ethischen Gesichtspunkten kommt der Leidensvermeidung die höhere Priorität zu. Aber das gleiche Ergebnis erscheint auch unter praktischen Gesichtspunkten sinnvoll: Das Auftreten von Stressreaktionen oder gar muskuläre Abwehrreaktionen gelten als Faktoren, die ebenfalls zentral durch das Gehirn gesteuert werden. Deshalb würde auch eine zu leichte Narkose die Funktionsweise des Organs Gehirn beeinträchtigen und gute Daten verhindern.[35]

c) Wacher Proband. Am weitestgehenden zurückgenommen ist die Kontrolle der Integration des Probanden in die Experimentalanordnung, wenn dieser wach ist. Es geht in den von mir beobachteten Experimenten um die Analyse höhere kognitiver Funktionen. Beispielhaft seien zwei Experimente genannt: In dem einen geht es um die Wiedererkennung von Objekten, die dem Probanden auf einem Bildschirm präsentiert werden. In dem anderen wird dem Probanden ein optischer Stimulus präsentiert, der spezifisch variiert wird. Die Aufgabe besteht darin, einen Hebel gemäß der Variation des optischen Stimulus zu bewegen. Das Design des erstgenannten Experiments ist folgendermaßen: Zunächst erscheint eine Frucht (zum Beispiel eine Banane) auf einem Bildschirm, das Bild erlischt. Kurze Zeit darauf erscheint entweder das gleiche Bild wieder (Banane) oder ein anderes (Tomate, Aubergine oder Ähnliches). Der Proband hat zwei Knöpfe, um auf die Situation zu antworten. Wenn er bei Übereinstimmung den rechten und bei Nichtübereinstimmung den linken Knopf drückt, bekommt er eine Belohung. Insgesamt werden dem Probanden bis zu 20 verschiedene Objekte präsentiert. Die Abfolge der Objekte ist zufällig. Die Anzahl der Versuche wird kontinuierlich gesteigert. Ein gut trainierter Affe absolviert bis zu 2000 Durchgänge. Wenn der Proband gelernt hat, sich zu der Präsentation der Objekte als einer an ihn gerichteten Aufforderung zu verhalten, auf die er nicht nur in der vorgeschriebenen Weise (durch Knopfdruck), sondern auch korrekt, das heißt durch Drücken des richtigen Knopfes, antwortet, beginnt das eigentliche Experiment, nämlich die Ableitung der neuronalen Aktivität.

Ein solches Experimentaldesign erfordert in mehreren Hinsichten eine Rücknahme der Kontrolle über den Probanden. Seine Selbststeuerung wird nicht durch eine Narkose beeinträchtigt. Ihm wird die Kontrolle auch über die Sinnesorgane gegeben, die für das Experiment wichtig sind. Er kann die Augen selbst öffnen und schließen. Insgesamt beschränkt sich die mechanische Kontrolle des Körpers darauf, dass es dem Probanden verunmöglicht wird, sich vom visuellen Stimulus abzuwenden. Dies erfolgt, indem er in einen so genannten „Affenstuhl" gesetzt wird.[36] Dies beinhaltet eine mechanische Fixierung des Kopfes vermittels eines Implantats. Jetzt kann der Proband den Kopf nicht mehr bewegen.

---

35 Ein Interviewpartner beschreibt den Sachverhalt so: „also das is so ne win-win-Situation. Weil wir haben nichts davon, wenn wenn's dem Tier nicht gut geht oder da haben wir sowieso nichts von, aber [...] wir haben auch keine Daten, die wir verwenden können, wenn's dem Tier nicht gut geht."

36 Der Stuhl ist je nach Experiment unterschiedlich konstruiert. Im Fall des Arbeitsgedächtnisexperiments hat er folgende Form: Es handelt sich um einen Kasten aus Plexiglas, der auf vier Beine montiert ist, die unten Rollen haben. Die Rückwand des Kastens kann nach oben verschoben werden, sodass der Affe in den Stuhl hinein- und aus ihm herausklettern kann. Die Deckelplatte besteht aus zwei übereinander liegenden Platten, bei denen jeweils ein V-förmiges Teil freigelassen ist. Dadurch entsteht in

Beim narkotisierten Probanden reicht es aus, ihn durch mechanische Vorrichtungen und die medikamentöse Kontrolle seiner Eigenaktivität in die Experimentalanordnung zu integrieren. Solche direkt am Körper ansetzenden Kontrollen reichen allerdings bei einem wachen Probanden nicht mehr aus. Hier kommt noch etwas anderes ins Spiel: die Selbststeuerung des Organismus. Dies hat zwei wesentliche Implikationen: Der Proband muss verstehen, was von ihm erwartet wird, und er muss dazu motiviert werden, am Experiment teilzunehmen. Das heißt, die Integration in die Experimentalanordnung beinhaltet eine Selbstintegration.

d) Selbstintegration. Von außen betrachtet stellt sich die Situation so dar. Der Proband soll etwas tun, das heißt, er soll sich zu den präsentierten Objekten wie zu einer Aufgabe verhalten, die an ihn gestellt wird. Er soll die Stimuluspräsentation als ein Problem behandeln, dessen Lösung von ihm eine Aktion erfordert. Dies beinhaltet, dass der Proband eigenständig eine Vermittlungsleistung vollbringt, die zwischen seinem eigenen Zustand und der wahrgenommenen Situation eine Verbindung herstellt, und dass er auf Grund der selbst hergestellten Verbindung eine Aktion ausführt. Dass es sich um eine eigenständige Vermittlungsleistung handelt, die notwendigerweise das Merken des eigenen Zustandes einschließt, kommt darin zum Ausdruck, wie der Proband dazu bewegt wird, am Experiment teilzunehmen. Die Affen erhalten während der Arbeitswoche (Montag bis Freitag) nur Trockenfutter, aber kein Wasser. Die Flüssigkeit, die sie brauchen, müssen sie sich „erarbeiten".[37] Das heißt: Der Proband wird durstig gemacht, er merkt diesen Zustand, und dies soll ihn dazu bewegen, den Zustand zu verändern. Jetzt entsteht allerdings ein Problem, denn der Proband wird nicht einfach durch die Situation determiniert, sondern er kann sich zu ihr verhalten. Es bleiben ihm zwei Möglichkeiten: Er kann am Experiment teilnehmen und sich dadurch Flüssigkeit erarbeiten. Oder: Er kann versuchen, soweit wie möglich auf andere Flüssigkeitsquellen auszuweichen. Die Möglichkeiten dazu ergeben sich im Rahmen der Haltung. Außerhalb des Trainings leben die Affen in kleinen Gruppen in großen raumartigen Käfigen. Im Rahmen der Reinigung der Ställe wird Wasser verwendet. Schließlich kann ein Proband auch versuchen, so wenig wie möglich zu trinken. Wenn der Proband solche Wahlmöglichkeiten hat, bedeutet dies, dass die Experimentalsituation für ihn keine isolierte Episode darstellt, sondern Teil seiner gesamten Lebenssituation ist, zu der er sich eigenständig verhält.

Es passiert immer wieder, dass ein Proband im Stuhl vor dem Stimulus sitzt und nicht arbeitet. In einem solchen Fall müssen die Experimentatoren herausfinden, woran es liegen könnte. Bei der Lösung dieses Problems gehen sie ganz selbstverständlich davon aus, dass ein Proband nicht nur auf den Stimulus reagiert, sondern auf den Stimulus in der Box, in der Laborsituation, der er täglich nur für einen begrenzten Zeitraum ausgesetzt ist. Bei der Diskussion der Frage, woran es liegt, dass ein Proband sich nicht von sich aus ausreichend in die Experimentalsituation einfügt, beziehen Wissenschaftler und technische Assistentinnen immer die Gesamtsituation des Probanden ein. Wenn ein Proband während der Trainingseinheiten nicht ausreichend lange arbeitet, versuchen Wissenschaftlerinnen und technische Assistentinnen zu

---

der Mitte der oberen Abdeckung eine Öffnung, die durch Verschieben einer der beiden Platten vergrößert und verkleinert werden kann. Der Affe muss den Kopf durch die Öffnung stecken, die anschließend schnell genug wieder soweit zugeschoben wird, dass er die Schultern und den Rest des Körpers nicht ebenfalls durchschieben, das heißt entweichen, kann.

37 Bei der Wasserrestriktion wird darauf geachtet, dass die Gesundheit des Probanden nicht gefährdet wird. Dafür werden physiologische Parameter herangezogen.

erdeuten, woran dies liegen könnte.[38] Ausgangspunkt ist das Verhalten. Wenn ein Proband einfach nur schlecht arbeitet, ohne dass es sonst Auffälligkeiten zu berichten gibt, ist es nahe liegend, dass er sich anderweitig mit zu viel Flüssigkeit versorgt. Wenn ein Proband nicht nur schlecht arbeitet, sondern sich obendrein ängstlich oder auffällig unruhig verhält, ist dies eher ein Hinweis darauf, dass er Schwierigkeiten mit anderen Affen hat.[39] Insgesamt wird jede Art von Verhaltensbesonderheit einbezogen. Ausgehend vom Verhalten wird erschlossen, in welcher Lebenssituation sich der Proband befindet und wie er sich zu dieser verhält. Entsprechend wird nach Möglichkeiten gesucht, wie er effizient dazu bewegt werden kann, konzentriert und ausdauernd am Training bzw. am Experiment teilzunehmen. Falls die Gruppensituation des Probanden das Problem sein sollte, wird ausführlich diskutiert, welche Individuen sich mit welchen bislang vertragen haben und bei welchen Konstellationen Rangstreitigkeiten zu befürchten sind. Gruppierungsentscheidungen müssen sehr sorgfältig getroffen werden, denn eine falsche Entscheidung, das heißt eine falsche Einschätzung des Verhältnisses von zwei Individuen, kann schwerwiegende Folgen haben. Streitigkeiten werden unter Makaken aggressiv ausgetragen, wobei es auch zu schweren Verletzungen kommen kann.

Aus Sicht der Experimentatoren stellt Wasserentzug keine negative Sanktion dar. Vielmehr wird die Empfänglichkeit für positive Sanktionen gesteigert. Entscheidend scheint mir dabei zu sein, dass weder negative noch positive Sanktionen direkt das gewünschte Verhalten erzeugen. Noch in der Anwendung des drakonisch anmutenden erzieherischen Mittels liegt eine Form von Anerkennung: Der äffische Proband muss als ein eigenständiger Organismus behandelt werden, der sich selbst merkt und eine eigene Umweltbeziehung entfaltet. Damit wird er praktisch als ein Bewusstsein anerkannt. Schon bei dieser einfachen Form von Bewusstsein scheint es so zu sein, dass er nicht direkt kontrolliert werden kann, sondern er steuert die Wirkung der auf ihn ausgeübten Kontrolle selbst. Von daher erscheint es mir angemessen, davon zu sprechen, dass dem Probanden ein Motiv zugemutet wird, und es liegt an ihm, ob und wie er sich motivieren lässt. Auch eine elementare Deprivation, wie sie ein Flüssigkeitsentzug darstellt, schlägt nicht mechanisch durch.[40] Das heißt, es gilt nicht einfach die Regel, dass weniger Flüssigkeit außer-

38 Um das Folgende zu verstehen, ist eine allgemeine Charakterisierung sinnvoll: Makaken stehen in dem Ruf, die „harten Jungs“ unter den Laboraffen zu sein (vgl. hierzu auch D. Blum, The Monkey Wars, New York 1994, 31 ff.). Auch wenn Makaken in Gefangenschaft aufwachsen, gelten sie als nicht domestiziert und nicht domestizierbar. Ein zurückweisendes oder aggressives Verhalten gegenüber menschlichen Experimentatoren ist eher die Regel. Zudem gibt es starke individuelle Unterschiede: Nicht alle Probanden verhalten sich gleich, und einzelne Probanden verhalten sich gegenüber unterschiedlichen Experimentatoren unterschiedlich.

39 Ein Neurowissenschaftler, mit dem ich die verschiedenen Möglichkeiten diskutiert habe, warum ein Affe sich unruhig oder ängstlich verhält, fügt von sich aus an: Ein solches Verhalten kann auch ein Hinweis darauf sein, dass der Affe erkrankt ist; bei weiblichen Tieren kann ein prämenstruelles Syndrom vorliegen. Schließlich kann etwas an der Lebenssituation insgesamt nicht stimmen: zum Beispiel Lärm im Tierhaus, eine ungewöhnliche Wettersituation, zu viele Leute im Labor. Diese Liste ist keineswegs abschließend zu verstehen. Sie macht deutlich, in was für einer differenzierten Weise das Befinden eines Probanden thematisiert wird.

40 Um sich zu erklären, dass sich Makakenprobanden manchmal nicht leicht durch die Zumutung des Motivs dazu bewegen lassen, sich in die Experimentalanordnung zu integrieren, wird von den Experimentatoren auch auf ein verhaltensbiologisches Wissen rekurriert. Makaken würden als Steppenbewohner auch in ihrer natürlichen Umwelt nicht regelmäßig trinken, das heißt maximal einmal am

halb des Labors zu einer besseren Beteiligung am Experiment führt. Dazu ein Beispiel: Zu denjenigen Probanden, die sich schlecht von sich aus in die Experimentalanordnung einfügten, gehört Magdalena. Sie arbeitet regelmäßig eher kurz. Nach einem Tag, an dem sie wieder einmal schlecht gearbeitet hatte, war es ihr obendrein gelungen, in einer überraschenden Aktion mehrere Stücke Obst im Käfig zu ergreifen. Die Versuche, ihr das Obst wieder abzunehmen, waren erfolglos. Die Aufnahme von Nahrung, die Flüssigkeit enthält, wie Obst und Gemüse, gilt als trainingsbeeinträchtigend und ist deshalb nicht Bestandteil der Nahrung während der Arbeitswoche. Der Doktorand, der sie trainierte, war daraufhin wütend über sich. Denn dies sei unter Lerngesichtspunkten nicht gut, da sie nun für schlechtes Arbeiten auch noch belohnt worden sei. Morgen würde sie dann wahrscheinlich noch schlechter arbeiten. Am nächsten Tag allerdings hat Magdalena die allgemeine Regel außer Kraft gesetzt, wonach nur ausreichender Flüssigkeitsentzug eine Affenprobandin zur Arbeit bewegt. Sie hat für ihre Verhältnisse außergewöhnlich gut gearbeitet.

Wenn es zutrifft, dass Experimentatoren Probandinnen im Forschungsprozess als ein eigenständiges Bewusstsein anerkennen, gilt, dass sie die Probandin verstehen. Nun wäre genauer danach zu fragen, wie sie die Probandin verstehen. An diesem Punkt wären die aktuell diskutierten Theorien des Fremdverstehens heranzuziehen.[41] Es würde den Rahmen dieses Aufsatzes sprengen, dies im Detail auszuführen. Es sei nur ein Beispiel angefügt, das belegt, dass sich im Rahmen des Trainings ein Verstehen der Probanden vollzieht, das auch die Anerkennung mentaler Zustände beinhaltet. Die praktische Anerkennung der Eigenständigkeit der Vermittlungsleistung von Merken und Wirken schließt auch die Anerkennung von Gefühlen und kognitiven Leistungen auf Seiten eines Probanden ein. Das Beispiel: Im Trainingsbuch von Catherine vermerkt der Experimentator, der ihr die Aufgabe beibringt: „wird wütend, wenn ich ihr helfe, soll halt alleine rausfinden, welche Taste sie drücken muss". Das anfängliche Training

---

Tag. Speziell an Wasserstellen seien sie nämlich der Gefahr durch Raubtiere ausgesetzt. Dass die erfolgreiche Zumutung des Motivs sich als so schwierig darstellt, hängt auch damit zusammen, dass in den Labors, in denen ich beobachtet habe, Wert auf Gruppenhaltung gelegt wird. In anderen Instituten wird die Lösung des Motivationsproblems dadurch erleichtert, dass die äffischen Probanden während des Trainings und der Ableitung stärker isoliert werden. In jedem Fall gilt aber, dass weitergehende Zwangsmaßnahmen, wie etwa körperliche Züchtigung, verworfen werden. Dies sei ethisch nicht zu vertreten und darüber hinaus für die Durchführung des Experiments kontraproduktiv, wenn es im Experiment um die Erforschung höherer kognitiver Fähigkeiten geht.

41 Vgl. H. H. Kögler/K. R. Stueber, Introduction: Empathy, Simulation, and Interpretation in the Philosophy of Social Sciences, in: dies. (Hg.), Empathy and Agency. The Problem of Understanding in the Human Sciences, Westview 2000, 1-61. Theorien des Fremdverstehens werden im Englischen als „theory of mind" bezeichnet. Die deutsche Übersetzung erfolgt gemeinhin mit „Theorie des Geistes" (vgl. hierzu D. Perler/M. Wild [Hg.], Der Geist der Tiere. Philosophische Texte zu einer aktuellen Diskussion, Frankfurt/M. 2005). Eine solche Übersetzung halte ich für sinnentstellend und würde „mind" mit „Bewusstsein" übersetzen. Geist meint im Deutschen nicht ein individuelles Bewusstsein, sondern das Verhältnis, in dem mit Selbstbewusstsein begabte Individuen zueinander stehen. Geist bezeichnet also die Ordnung eines Verhältnisses von Individuen und nicht die Bewusstseinszustände, in denen sich ein Individuum befindet. Exemplarisch ausgearbeitet findet sich dies bei Hegel in der *Phänomenologie des Geistes*. Der Geistbegriff Plessners ist in ähnlicher Weise konzipiert (vgl. H. Plessner, Die Stufen des Organischen und der Mensch, a. a. O., 333 ff.). Die Möglichkeit einer solch grundlegenden sachlichen Differenzierung sprachlich präzise und elegant Ausdruck zu verleihen, sollte nicht verspielt werden.

bestand darin, dass der Experimentator die „Pfote" der Probandin geführt hat, um ihr so zu zeigen, was von ihr verlangt wird. Darauf reagierte Catherine wütend. Diese zusammenfassende Beschreibung eines leiblich-affektiven Zustandes bedeutet auf der Verhaltensebene vermutlich, dass sie nach ihm gekratzt und versucht hat, ihm zu drohen. In diesem Fall wird die Deutung des affektiven Zustandes von Catherine für den Experimentator handlungsleitend. Es wäre zwar besser gewesen, wenn er noch mit ihr geübt hätte, da sie noch nicht so weit ist, die Aufgabe allein zu bewältigen. Trotzdem lässt er sie während dieser Trainingseinheit allein arbeiten.

Dass es für das Experiment unerlässlich ist, den bewussten Organismus zu verstehen, kommt auch darin zum Ausdruck, wie auf das Lernen des Probanden referiert wird. Die offizielle Bezeichnung lautet „operantes Konditionieren". In dieser behavioristischen Version des Lernens kann auf die Annahme eines Bewusstseins weitgehend verzichtet werden. Bei der Beschreibung der praktischen Erfahrungen mit dem Organismus, dem sie eine Aufgabe beibringen, greifen Experimentatoren und technische Assistentinnen aber immer wieder zu einem Vokabular, das die kognitive und emotionale Dimension des Vorganges hervorhebt.[42] Die kognitive Dimension kommt auch darin zum Ausdruck, dass Probanden als unterschiedlich begabt eingestuft werden. Der eine lernt es schneller als der andere. Bei der Probandin Magdalena zum Beispiel führen diejenigen, die sie trainieren, ihre zeitweilig schlechten Lernerfolge darauf zurück, dass sie durch das Experimentaldesign unterfordert sei. Es scheint insgesamt so, als würde die alltägliche Beziehung zum Probanden während des Trainings dazu führen, dass die Reduktion auf ein rein behavioristisch zu betrachtendes Lernverhalten nicht gelingt.

Die Anerkennung des äffischen Probanden als ein Bewusstsein muss in ihren Grenzen verstanden werden. Sie beinhaltet lediglich, dass er als ein Akteur mit einem praktischen Wissen behandelt wird. Es wird gesehen, dass er verstehen muss, was er zu tun hat. Das beinhaltet nicht, ihn als ein Selbstbewusstsein anzuerkennen. Der Affe wird nicht als ein Akteur behandelt, der weiß, was er weiß. Es wird auch nicht davon ausgegangen, dass der Affe seinerseits auf die Erwartungen des Experimentators reagiert. Dadurch ergibt sich eine gewisse Asymmetrie in den Beziehungen, denn die Experimentatoren versuchen ihrerseits durchaus zu antizipieren, wie der Proband wahrnimmt und was er für Erwartungen hat.

---

42 Ich zitiere aus dem Trainingsbuch von Cathrine. Es handelt sich um die Darstellungen von zwei verschiedenen Personen, die versuchten, ihr die Aufgabe beizubringen: „First Cathrine answered >50 % correct with random presentation. [...] switched to semi-automatic stimulus mode, first non-matches, then matches. Cathrine got the hang of both." Der Ausdruck „get the hang of it" bezieht sich auf das Erlernen von etwas, das immer wiederholt wird, aber es geht nicht nur um das Einschleifen etwa einer Bewegung, sondern darum, dass man verstanden hat, worum es geht. Etwa so, wie man einen Tanzschritt lernt und irgendwann merkt, dass man es „raus" hat. Ein solches praktisches Know-how beinhaltet nicht, dass man weiß, was man weiß. Die kognitive Dimension wird in einer anderen – deutschsprachigen – Darstellung noch deutlicher. „Cathrine agiert immer noch nach der Methode ‚Krieg-ich-mit-der-Taste-keine-Belohnung-mehr-drück-ich-die-andere'. Sie hat den Zusammenhang immer noch nicht verstanden." Auch der Zusammenhang von Motivation und Lernsituation wird ventiliert: „Cathrine ist ungeduldig, drückt wild und hört frustriert auf. Habe noch mal ½ Stunde geholfen, aber zwecks Zeitmangel muss sie es jetzt alleine lernen. Ist ja auch Sinn der Sache. Sie sollte aber mehr Zeit als 1½ Stunden bekommen, da sie, wie gesagt, viel falsch macht. Außerdem, denke ich, ist es wichtig, dass sie merkt, dass niemand mehr kommt und ihr hilft. Cathrine ist nicht nur ungeduldig, sondern auch bequem."

Damit möchte ich die – unter ethnographischen Gesichtspunkten – überaus verknappte Darstellung der neurowissenschaftlichen Forschungspraxis schließen. Im Weiteren werde ich die Ergebnisse noch einmal genauer auf das Problem der offenen und der geschlossenen Frage beziehen, um mich dann der Frage zuzuwenden, welche Konsequenzen dies für die Positionierung in Bezug auf die eingangs diskutierten Positionen hat.

2. *Die Perspektiven der Zweiten und Dritten Person*

Solange die Selbststeuerung des Verhaltens im Experiment ausgeschaltet werden kann, bieten die Beobachtungen kaum einen Hinweis darauf, dass der Umgang mit dem Probanden ein Verstehen einschließen würde. Der Proband wird nicht im Sinne einer offenen Frage behandelt. Dem entspricht, dass die Forschung durchgängig auf einer Ebene stattfindet: Es geht nur um den Reiz und seine neuronale Verarbeitung. Das Experiment kann sich erfolgreich auf das Gehirn bzw. auf neuronale Zellen fokussieren. Dies erfolgt beim slice durch Herausschneiden und beim narkotisierten Probanden, indem der sich verhaltende Organismus ausgeschaltet wird, dadurch werden das untersuchte Organ bzw. seine Teile experimentell isoliert. Bei der Erforschung der wachen Probandin kommt etwas qualitativ Neues ins Spiel. Der Organismus wird als solcher für das Experiment relevant. Auch hier ist das Ziel der Forschung weiterhin das Organ Gehirn, aber es muss in der Forschungspraxis so genommen werden, wie es für den Organismus fungiert. Wenn der Organismus als Ganzer ins Spiel kommt, wird das Gegenüber der Forschung zu einer offenen Frage. Der Forscher wird abhängig davon, ob die Probandin motiviert ist und wie schnell „she gets a hang of it" (vgl. Fn. 43). Dies ist die unaufhebbare Grundlage des Experiments.

Wenn man dieses Ergebnis auf die Diskussion der Perspektivenprimate zurückbezieht, ergibt sich Folgendes: Es erscheint nicht plausibel, im Sinne von Habermas das Verstehen der Zweiten Person auf solche Beziehungen zu beschränken, in denen eine Orientierung an Regeln stattfindet. Es gibt zumindest in der neurowissenschaftlichen Forschung ein Verstehen, das auf einer weit elementareren Ebene angesiedelt ist. Dieses auf den Organismus bezogene Verstehen erschließt sich der Beobachtung aber erst dann, wenn man den Primat eines normorientierten Verstehens aufgibt. Stattdessen ist es erforderlich, Verstehen als einen konstruktiv gestaltenden Erkenntniszugriff zu begreifen, denn dann wird es möglich, den Neurowissenschaften (kognitiv) verstehend in ihre Praxis zu folgen. Deren Beobachtung zeigt aber auch etwas anderes als einen bruchlosen Primat der Dritten-Person-Perspektive. Dieses nach außen propagierte Selbstverständnis von Singer und Roth entspricht nur teilweise der Realität der alltäglichen Forschungspraxis. Als Adressat des Verstehens hat die Beobachtung den Organismus als Ganzen ausgemacht. Sobald diese Ebene unterschritten wird und das Gehirn bzw. allgemeiner die Apparatur der neuronalen Reizverarbeitung im Experiment isoliert angesprochen wird, scheint es möglich, die Frage zu schließen und die Analyse der Hirnfunktionen im Sinne einer Dritten-Person-Perspektive durchzuführen. Es entspricht aber einem performativen Selbstwiderspruch, dies auch für diejenigen Forschungen zu behaupten, die sich auf den lebendigen, sich selbst steuernden Organismus als Ganzen richten. Denn diese Forschung kann nicht darauf verzichten, ihre Probanden zu verstehen.

Wenn dies zutrifft, muss die Forschungssituation der Neurowissenschaften als hybrid charakterisiert werden. Aus diesem Grund erscheint es wenig sinnvoll, ihre Praxis im Sinne eines Monismus zu begreifen, der einen Perspektivenprimat beinhaltet, wie es bei einem *reduktiven*

Monismus der Fall ist. Stattdessen erschließt sich die praktisch relevante Perspektivenpluralität erst dann, wenn man einen *neutralen Monismus* zu Grunde legt. Denn nur so kann die Unhintergehbarkeit des Verstehens begriffen werden, wenn es darum geht, Erklärungen zu erzeugen.

Wenn man dies voraussetzt, ergibt sich auch eine Stellungnahme zum Problem des freien Willens. Das gegenseitige Missverstehen von Habermas auf der einen und Singer und Roth auf der anderen Seite lässt sich vor dem Hintergrund dieser Überlegungen auf grundlegende, theoriesystematische Gründe zurückzuführen. Solange die dadurch bedingten Verabsolutierungen der jeweiligen Perspektivenprimate gelten, wird sich an der Fruchtlosigkeit der Debatte wenig ändern. Von der hier entwickelten dritten Perspektive stellt sich das Problem des freien Willens so dar: Sich selbst steuern ist etwas, das sinnvollerweise nur dem Organismus als Ganzem zugesprochen werden kann. Entsprechend muss auch die Rede von Entscheidungen immer auf den Organismus als Ganzen bezogen werden. Entscheidung in diesem Sinne meint eine Antwort auf die aktuellen Verhaltensanforderungen, indem die Wahrnehmung der Situation mit dem Merken der eigenen Befindlichkeit vermittelt wird. In dieser Perspektive lassen sich elementare Freiheitsspielräume bereits bei nichtmenschlichen Primaten ausmachen. Das Gehirn wäre dabei als das Organ zu verstehen, durch das der Organismus sich selbst steuert. Es ist das Mittel, durch das der Organismus einen Freiheitsspielraum gegenüber der Umgebung gewinnt und ausfüllen kann. Folglich wäre es unangemessen, davon zu sprechen, das Gehirn würde entscheiden, denn dadurch würde das Organ der Selbststeuerung mit dem Vollzug der Steuerungsleistung identifiziert, dessen Subjekt der Organismus als Ganzer ist, das heißt das organisch gebundene Subjekt. Auf Grund des Zuschnitts ihrer jeweiligen Perspektivenprimate verfehlen sowohl Habermas als auch Singer und Roth die Ebene des organischen Subjekts. Habermas setzt gleichsam zu hoch an und übergeht die Ebene der organismischen Bindung von Subjekten. Singer und Roth setzen dagegen zu tief an, denn sie unterschreiten in ihrer auf das Organ Gehirn fixierten Forschung die Ebene, in der ein Verstehen des Entscheidungsvollzugs des situierten organischen Subjekts möglich wäre.

Alle an der Diskussion Beteiligten scheinen die Intuition zu haben, dass es gut wäre, diese Alternativen zu vermeiden. Singer und Roth erkennen die Irreduzibilität der Ersten-Person-Perspektive an, und Habermas beschränkt den Dualismus auf einen Methodendualismus. Die Umsetzung dieser Intuition würde aber weitergehende Konsequenzen erfordern: In die organbezogenen Erklärungen müsste die Selbstbezüglichkeit des Organismus als Ganzem einbezogen werden, und Verstehen und Selbstbezüglichkeit dürfte nicht auf Sprache und regelgeleitetes Handeln beschränkt werden.

VIERTE DISKUSSIONSRUNDE

Das Sprachspiel verantwortlicher Urheberschaft und das Problem der Willensfreiheit: Wie lässt sich der epistemische Dualismus mit einem ontologischen Monismus versöhnen?*

Von JÜRGEN HABERMAS (Starnberg)

In einer Zeitschrift, die den programmatischen Titel *Gehirn und Geist* trägt, haben elf führende Neurowissenschaftler ein vollmundiges Manifest veröffentlicht, das über den Kreis der Konkurrenten im Verteilungskampf um knappe Ressourcen hinaus Aufmerksamkeit gefunden hat.[1] Die Autoren kündigen an, „in absehbarer Zeit" psychische Vorgänge wie Empfindungen und Gefühle, Gedanken und Entscheidungen aus physikochemischen Vorgängen des Gehirns erklären und voraussagen zu können. Deshalb sei es geboten, das Problem der Willensfreiheit heute schon als eine „der großen Fragen der Neurowissenschaften" zu behandeln. Die Neurologen erwarten von den Ergebnissen ihrer Forschungen eine tiefgreifende Revision unseres Selbstverständnisses: „Was unser Bild von uns selbst betrifft, stehen uns also in absehbarer Zeit beträchtliche Erschütterungen ins Haus."

Es wäre nur zu begrüßen, wenn die Neurowissenschaftler ein Problem lösen könnten, das Philosophen seit Jahrhunderten kontrovers behandeln; Kompetenzstreitigkeiten führen zu nichts.[2] Die jüngste Dramatisierung des Streites scheint jedoch eine ironische Wendung zu nehmen: Das Problem lenkt nämlich den Blick geradewegs auf die Struktur des Seienden im Ganzen und zieht nun auch Naturwissenschaftler in den Sog der philosophischen Spekulation.

Diese „metaphysische Versuchung" erklärt sich aus drei starken Intuitionen, die miteinander im Wettstreit liegen. Als handelnde Personen sind wir *erstens* von der Eigenständigkeit und kausalen Wirksamkeit des Geistes überzeugt. Wir haben die Gewissheit, dass wir aus freien Stücken handeln und etwas in der Welt bewirken können. Als erkennende Subjekte gehen wir *zweitens* von der epistemischen Autorität der Naturwissenschaften aus, die allen, aber auch nur den in der Welt gesetzmäßig variierenden Zuständen und Ereignissen kausale Wirksamkeit zuschreiben. Als wissenschaftlich aufgeklärte Personen, die auf ihre eigene Stellung in der natürlichen Welt reflektieren, sind wir

---

* Für hilfreiche Einwände und kritische Ratschläge bedanke ich mich bei Joel Anderson, Philip Clayton, Tilmann Habermas und Lutz Wingert.

1 Vgl. hierzu die Nummer 6/2004 der Zeitschrift *Gehirn und Geist*. Die Antwort der Psychologen befindet sich in der Nummer 7–8/2005 von *Gehirn und Geist*.

2 M. R. Bennett/P. M. S. Hacker, Philosophical Foundations of Neuroscience, Oxford 2003.

schließlich von der Einheit eines Universums überzeugt, das uns als Naturwesen einschließt. Hinter jeder dieser Intuitionen stehen die wohldurchdachten Argumente, die wir sowohl für die kausale Wirksamkeit des Geistes als auch für die naturgesetzliche Determination alles innerweltlichen Geschehens und für eine monistische Verfassung des Universums anführen können. Mit dieser dritten ontologischen These möchten wir gerne einen Dualismus vermeiden, den uns der *prima facie* zwischen den beiden ersten Thesen bestehende Widerspruch aufdrängt. Eine dualistische Aufspaltung der Welt in Natur und Geist ist unplausibel, weil die unbedingte Freiheit eines Geistes, der das naturgesetzlich determinierte Weltgeschehen, gleichsam von außen eingreifend, überdeterminiert, von Zufall nicht zu unterscheiden wäre.

Niemand leugnet *das Phänomen* der Willensfreiheit. Freilich hängt es von der angemessenen Beschreibung eines erklärungsbedürftigen Phänomens ab, nach welcher Art von Erklärung wir jeweils suchen müssen. Ich werde deshalb zunächst die Willensfreiheit an dem Ort aufsuchen, wo sie auftritt – im Sprachspiel verantwortlicher Urheberschaft (I). Aus der Alltagsperspektive stellt sich sodann *das Problem der Willensfreiheit* in Gestalt der Frage, ob die prospektiven Fortschritte der Neurowissenschaften dieses Sprachspiel unterminieren. Das möchte ich am forensischen Diskurs der Zuschreibung von Verantwortung für strafbare Handlungen prüfen (II). Aus philosophischer Sicht spiegeln sich die praktischen *Grenzen der* naturwissenschaftlichen *Selbstobjektivierung* handelnder Personen in den begrifflichen Problemen der Übersetzung von kategorial verschiedenen Sprachspielen und Erklärungsmustern. Darin drückt sich ein Dualismus von Wissensperspektiven aus, der freilich die ontologische Frage nach der monistischen Verfassung einer den Menschen als Naturwesen einschließenden Welt nicht erledigt (III). Auf diese Problemlage antworten die Philosophen mit einem vielstimmigen Konzert. Naturalisten halten an der Voraussetzung einer materialistisch begriffenen, kausal geschlossenen Welt fest und folgen im Wesentlichen einer von zwei Strategien: Der Kompatibilismus versucht, das Problem der Willensfreiheit mit dem Nachweis zu entdramatisieren, dass das Sprachspiel verantwortlicher Urheberschaft mit der deterministischen Annahme des Nicht-anders-handeln-könnens sehr wohl vereinbar ist (IV). Die nicht-eliminativen und die nicht-reduktiven Spielarten des Materialismus wenden sich vom handelnden Subjekt ab und der Welt zu. Aus der Sicht einer mentalistischen Geist-Körper-Ontologie versuchen sie, der phänomenalen Eigenständigkeit, wenn nicht gar der kausalen Wirksamkeit des Geistes gerecht zu werden (V). Diese szientistischen Lösungsstrategien scheitern an der methodischen Fiktion eines exklusiven „Blicks von Nirgendwo", der sich einer problematischen Entkoppelung der objektivierenden Perspektive des naturwissenschaftlichen Beobachters von der eines Teilnehmers an der Forschungspraxis verdankt. Wenn sich aber die komplementäre Verschränkung unseres beobachtenden Zugangs zur objektiven Welt mit der Teilnahme an intersubjektiv geteilten Praktiken der Lebenswelt als nicht-hintergehbar erweist, legt sich die dritte Option einer erkenntnistheoretischen Wendung nahe (VI). Aber auch diese Reflexion auf die lebensweltlichen Grundlagen der naturwissenschaftlich konstituierten Gegenstandsbereiche dispensiert nicht von der ungelösten Frage, wie der in soziokulturellen Lebensformen verkörperte Geist sich selbst als Produkt der natürlichen Evolution verstehen kann (VII).

I. Das Phänomen der Willensfreiheit

Spontaneität des Verhaltens schreiben wir bereits Tieren zu; erst intentional handelnden Personen unterstellen wir Willensfreiheit. Der Inhalt dieser Unterstellung zeigt sich, wenn einer den anderen zur Rechenschaft zieht: „Warum hast Du Dir einen roten Pullover gekauft?" – „Wie konntest Du nur so wütend werden?" – „Warum hast Du ihm nicht aus der Patsche geholfen?". Wenn wir nach Gründen für unser Handeln gefragt werden, kommt uns zu Bewusstsein, was wir schon während des Handlungsvollzuges stillschweigend angenommen hatten: *Wir hätten auch anders handeln können*; *und es hat an uns gelegen, so und nicht anders gehandelt zu haben*. Zum Inhalt des im Hintergrund performativ mitlaufenden Freiheitsbewusstseins handelnder Personen gehören diese beiden üblicherweise unterschiedenen Momente: die mehr oder weniger überlegte Entscheidung zwischen Alternativen und das mehr oder weniger spontane Ergreifen einer Initiative.[3] Das *Andershandelnkönnen* macht auf die kognitive Dimension der Abwägung von Gründen, die *Selbstbestimmung* auf die volitive Dimension der Urheberschaft aufmerksam.

Die Präsupposition der Willensfreiheit ist notwendig für die Zuschreibung von „Verantwortung", die handelnde Personen „tragen". Im Alltag können wir, wenn nicht ausdrücklich andere Regelungen bestehen – also jenseits der *rechtlich* gewährten Freiheiten, tun und lassen zu können, was man will –, für unser Handeln zur Verantwortung gezogen werden. Dann müssen wir „Rede und Antwort stehen", nämlich Gründe angeben, warum wir so und nicht anderes gehandelt haben. Willensfreiheit ist eine zum Sprachspiel verantwortlicher Urheberschaft gehörende Voraussetzung. Der Inhalt dieser Präsupposition erschließt sich nur *Teilnehmern*, die als Hörer oder Sprecher eine performative Einstellung gegenüber Zweiten Personen einnehmen, während er *für Beobachter*, also aus der Sicht einer unbeteiligten Dritten Person, unzugänglich bleibt.

Das Sprachspiel verantwortlicher Urheberschaft zieht sich als ein integraler Bestandteil kommunikativen Handelns durch das alltägliche Leben hindurch; indem es einen bestimmten Aspekt dieses Handelns – die Ja- und Nein-Stellungnahmen zu kritisierbaren Geltungsansprüchen – akzentuiert, bringt es den Akteuren zu Bewusstsein, dass sie sich *immer schon* in einem Raum verpflichtender Gründe bewegen und dass sie sich von diesen Gründen affizieren und in Anspruch nehmen lassen sollen. Das Sprachspiel macht das Moment des unausdrücklichen Sollens explizit, das im bloßen Modus einer Vergesellschaftung über kommunikatives Handeln enthalten ist. Diese Verbindlichkeit epistemischer Gründe ist für Kohärenz und Triftigkeit unserer Meinungen, die der praktischen Gründe für Erfolg und normative Beurteilung des Handelns auch dann relevant, wenn wir ohne großes Nachdenken etwas Selbstverständliches tun, also individuellen Neigungen oder gesellschaftlichen Routinen folgen. Auch dann schulden wir einander Gründe und setzen uns Lob oder Tadel aus.

Der starke, in vielen Fällen kontrafaktische Gehalt der unterstellten Willensfreiheit kommt zum Vorschein, wenn moralische Erwartungen enttäuscht werden: „Wie konntest Du ihn nur so beleidigen?" Erst unter dem Rechtfertigungsdruck *moralischer Vorwürfe* oder Skrupel wird retrospektiv klar, was die Gesellschaft von einer *reflektierten Ausübung* der Willensfreiheit erwartet. Die handelnde Person soll sich

3 Zur Phänomenologie der Willensfreiheit vgl. P. Bieri, Das Handwerk der Freiheit, München 2001.

- des Umstandes bewusst sein, dass sie in einem kulturell umschriebenen „Raum der Gründe" steht und für Gründe pro und contra empfänglich ist; sie soll
- ihr praktisches Urteil von einer Abwägung einschlägiger Gründe abhängig machen; und
- sich den kognitiv Ausschlag gebenden Grund auch als Aktor zu Eigen machen.

Diese anspruchsvollen Bedingungen spezifizieren das in einem ausgezeichneten Sinne „freie" Handeln als ein reflektiertes, aus Einsicht in objektive Gründe bestimmtes Handeln, sodass die manifesten Gründe auch zu den tatsächlichen Motiven – oder Ursachen – des Handelns gehören und nicht nur unbewusst bleibende Motive verdecken.[4] Mit jeder dieser drei Bedingungen verbinden sich Konnotationen, die in philosophischen Freiheitsbegriffen ausbuchstabiert worden sind:

(a) Freiheit hängt ab von der *Fähigkeit zu Reflexion und Selbstreflexion*, also der Bereitschaft zum innehaltenden Zurücktreten von sich und der Situation. Das Bewusstmachen von Motiven und Umständen befreit vom Druck der Unmittelbarkeit. Das antike Ethos des bewussten Lebens findet noch ein empiristisches Echo, wenn John Locke Willensfreiheit in Triebaufschub und reflektierter Güterabwägung begründet sieht.[5] Freies Handeln erfordert reflektierte und in die Zukunft ausgreifende Handlungsorientierungen.

(b) Bei der reflektierten Ausübung der Willensfreiheit verbindet sich mit dem Abwägen von Gründen *das Bewusstsein, auch anders handeln zu können*. Denn unsere Stellungnahmen zu kritisierbaren Geltungsansprüchen sind zwar rational, also durch das relative Gewicht der Gründe motiviert, aber nicht kausal verursacht. Gründe können in Kontexten der Rechtfertigung unsere Stellungnahmen schon deshalb nicht wie natürliche Ursachen determinieren, weil sie sich im holistisch verfassten Raum der semantischen Beziehungen nur transitiv, nach besseren und schlechteren Gründen ordnen lassen. Es gibt kaum „schlagende" Argumente, meistens nur Ausschlag gebende Gründe; es gibt den zwanglosen Zwang des *besseren* Argumentes – und auch den nicht immer. Das Bewusstsein der Freiheit ist auch von der *Erfahrung der Unentschiedenheit* zwischen gleichgewichtigen Gründen geprägt. Diese Intuition liegt vielen Spielarten des Indeterminismus zu Grunde.

(c) Schließlich muss der reflektiert Handelnde nicht nur Überlegungen anstellen, er muss den rechtfertigenden Grund auch als Motiv seinem Handeln zu Grunde legen. Die Intuition, dass es „an uns liegt", so oder anders zu handeln, erklärt sich aus dem Umstand, dass der Aktor seiner Überzeugung tatsächlich folgt. Er hätte auch gegen besseres Wissen handeln können. *Selbstbestimmung* bedeutet, *die Willensstärke zu haben, sich im Handeln von genau den Gründen bestimmen zu lassen, von denen man selbst überzeugt ist.* Wer anders handelt, hat ein schlechtes Gewissen oder wenigstens ein mulmiges Gefühl.

4 Diesem reflektierten Gebrauch der Willensfreiheit entspricht ein „starker" Begriff von Verantwortung; vgl. S. L. Hurley, Justice, Luck and Knowledge, Cambridge/Mass. 2003, 56: „Tight responsiveness to objective reasons provides a condition of responsibility that is maximal in two dimensions": und zwar im Hinblick auf die Dimensionen der überlegten Entscheidung und der Willensstärke.

5 J. Locke, Essay Concerning Human Understanding, Ch. XXI: Of Power.

Kierkegaard legt diese kantische Konzeption von Freiheit seinem literarischen Gegenspieler Sokrates in den Mund.[6]

Im Begriff der Willensfreiheit gehen diese drei Momente eine unübersichtliche Verbindung ein. Jedes einzelne leistet einen anderen Beitrag zur Spezifizierung der Freiheit, die wir allen intentional handelnden Personen zuschreiben. Der Umstand, dass Personen in einem „Raum der Gründe" stehen, beleuchtet zunächst den *Modus der Verursachung* von Handlungen. Gründe gewinnen, wenn sie die Rolle von Motiven übernehmen, die zur Erklärung einer Handlung ausreichen, eine kausale Wirksamkeit, die sie von Haus aus, als semantische Gehalte, nicht besitzen. Wirksam werden sie auf dem Wege über

- die symbolische Verkörperung von Gründen in kulturellen Überlieferungen,
- die soziale Verankerung von Gründen in sanktionsbewehrten Institutionen oder Verhaltenserwartungen sowie über
- die kommunikative Verarbeitung von Gründen in Interaktionszusammenhängen, die durch die rational motivierende Kraft kritisierbarer Geltungsansprüche koordiniert werden.

Aber *handlungsmotivierende* Kraft gewinnen diese in Kultur und Gesellschaft kursierenden Gründe erst, wenn sie aus diesem „objektiven Geist" in den subjektiven, das heißt ins Bewusstsein von Personen Eingang finden, die dafür ihrerseits durch Sozialisationsprozesse vorbereitet worden sind.[7] Der menschliche Organismus des Neugeborenen bildet sich, wie sehr er dazu auch durch seine genetische Ausstattung „vorprogrammiert" sein mag, erst dadurch zur Person, dass er an die intersubjektiv geteilten Sinnzusammenhänge des kulturellen Programms „angeschlossen" wird. Personalität zeichnet sich durch eine ontogenetisch frühe *Vergesellschaftung der Kognition* aus, die dann auch die Struktur des Handelns und der Motivbildung prägt.[8]

Diese Zusammenhänge gilt es zu beachten, wenn wir die Präsupposition der Willensfreiheit als Reflex eines bestimmten Modus der Verursachung begreifen. Im Gegensatz zu Kant möchte ich freilich „Kausalität aus Freiheit" so bestimmen, dass sie sich im Sinne eines „weichen Naturalismus" dem Ganzen einer nicht-szientistisch begriffenen Natur einfügt.[9] „Freie" Handlungen sind (unter dieser Beschreibung) keineswegs „unbedingte" Handlungen, also ursprungslose Eingriffe in den natürlichen Lauf der Dinge. Aber die Bedingungszusammenhänge, aus denen Handlungen verständlich gemacht und gegebenenfalls auch erklärt werden können, sind begrifflich anderer Art als die Zusammenhänge naturgesetzlich verknüpfter Ereignisse. Soweit sich Personen in ihrem Handeln von Gründen leiten lassen, beugen sie sich der logisch-semantischen und im weiteren Sinne „grammatischen"

---

6 S. Kierkegaard, Die Krankheit zum Tode, Zweiter Abschnitt, zweites Kapitel: „Die Sokratische Definition der Sünde".

7 Zu dieser Konzeption vgl. J. Habermas, Theorie des kommunikativen Handelns, Frankfurt/M. 1982, Bd. 2, 182–228.

8 Vgl. die mit Daten der vergleichenden Primaten- und Säuglingsforschung belegte These zur frühkindlichen Entwicklung der sozialen Kognition bei: M. Tomasello, Die kulturelle Entwicklung des menschlichen Denkens, Frankfurt/M. 2002. Zur Theorie der sozialen Kognition vgl. auch J. Habermas, Moralbewußtsein und kommunikatives Handeln, Frankfurt/M. 1983, 127–206.

9 Siehe unten, Abschnitt VII.

Verbindlichkeit von intersubjektiv geteilten Regelsystemen, die ihnen *nicht zur Verfügung stehen.* Andererseits „zwingen“ diese Regeln nicht in der Art von Naturgesetzen. Die Objektivität der Gründe ist auf Resonanz von Seiten eines subjektiven Geistes angewiesen, der sich selbst steuert. Der Raum der Gründe bildet das Milieu für Geltungsansprüche, die Stellung nehmende Personen gegenseitig erheben.

Diese Akte kann der Handelnde nicht gleichzeitig als kausal verursachte Ereignisse wahrnehmen. Die normative Struktur von Abwägungsprozessen und die Fehlbarkeit ihrer Resultate machen es für einen Beteiligten konzeptuell notwendig, in praktischen Überlegungen von der Prämisse des Andershandelnkönnens auszugehen. In der rationalen Motivation für ein „Ja“ oder „Nein“ mischt sich der pull der Herausforderung durch gute Gründe mit dem push der Antwort einer Stellung beziehenden Person, die damit eine Verpflichtung eingeht. Die Freiheit, die allgemein in Diskursen und Denkprozessen, in besonderer Weise aber in Prozessen vernünftiger Willensbildung operiert, lässt sich als *eine durch Einsicht geleitete Selbstbindung* analysieren.

Aber praktische Einsichten müssen sich in Handlungen umsetzen, wenn von „Kausalität aus Freiheit“ die Rede sein soll. Personen – die einzigen Wesen, die handeln können – sind sozialisierte Lebewesen aus Fleisch und Blut. Die Sozialisation macht die hochentwickelten, mit komplexen Gehirnen ausgestatteten Organismen reif für den „Anschluss“ an die Kommunikationsnetze, über die eine Gesellschaft ihr kulturelles Programm „sendet“. Die Interaktionen zwischen Geist und Gehirn, Kultur und Organismus sind einstweilen undurchsichtig. Aber offenbar gewährleisten Sozialisationsprozesse keine nahtlosen „Anschlüsse“. Der „reflektierte Gebrauch“ der Willensfreiheit ist eine Idealisierung. Auch wenn wir grundsätzlich allen Personen Willensfreiheit zuschreiben, variiert jeweils das Maß an *Reflexivität und Willensstärke* je nach kognitiver Ausstattung, Charakter und Umständen. Wir verwenden „Freiheit“ als komparativen Begriff. Der Umfang des Überlegungsspielraums hängt von der Bereitschaft ab, nach Möglichkeit eine anstehende Entscheidung im Lichte erreichbarer Gründe zu prüfen. Überdies erscheint uns der Wille einer Person umso stärker, je besser sie in der Lage ist, aus genau den Gründen zu handeln, die für sie rational den Ausschlag geben.

Allerdings ist ein hoher Grad an Reflexivität und Willensstärke nur in Ausnahmesituationen erforderlich. Die exzentrischen Erwartungen an einen reflektierten Gebrauch der Willensfreiheit passen schlecht zum *Hintergrund*charakter des *beiläufigen* Freiheitsbewusstseins. Das intuitive Bewusstsein, einen freien Willen zu haben, ist der Reflex einer sprachpragmatischen Voraussetzung und begleitet alle unsere – auch die normalerweise unreflektiert ausgeübten – Handlungen. Im Alltag bringen die retrospektiv eingeforderten Gründe eher unklare Regungen, Dispositionen, Vorlieben und Wertorientierungen ans Licht, die das Handeln vorreflexiv steuern. Diese Motive gehen auf Stimmungen, Präferenzen, Neigungen und Charaktereigenschaften zurück, spiegeln herrschende Traditionen, eingewöhnte Praktiken und gesellschaftliche Normen. Interessanterweise können wir auch für die Folgen unreflektierter Handlungen, die wir aus solchen charakterlich oder gesellschaftlich sedimentierten „Gründen“ vollziehen, zur Rechenschaft gezogen werden. Wir haften auch für die Folgen fahrlässigen Handelns. Denn solange „wir“ es sind, denen eine inkriminierte Handlung zugerechnet werden darf, operieren auch die gewissermaßen zur Routine geronnenen Handlungsmotive – jene Gefühlsreaktionen, Einstellungen und Gewohnheiten, die nicht durch den Filter expliziter Überlegungen hindurchgegangen sind – mit unserem Einverständnis. Nur diese implizite Zustimmung bildet eine ausreichende Grundlage für Kritik und Reue, das Eingeständnis von Fehlern und die entsprechenden Konsequenzen (die Bitte um Entschuldigung, Wiedergutmachung, Verzeihung usw.).

Aus ihrer charakterlichen Verankerung oder konventionellen Selbstverständlichkeit werden problematische Handlungsgründe erst in Konfliktfällen aufgescheucht. Erst in Fällen gestörter gesellschaftlicher Integration sorgt das Sprachspiel verantwortlicher Urheberschaft für eine Mobilisierung der Gründe in diskursiver Rede und Gegenrede. Dann klinkt die Logik praktischer Diskurse gewissermaßen ein – und in dieser Logik finden wir eine Erklärung für den gesuchten Zusammenhang von hoher Reflexivität und Freiheit. Denn praktische Diskurse gehorchen einer *Hierarchisierung der Gründe*, wonach ethische über pragmatische Gründe und moralische wiederum über ethische Gründe triumphieren.[10] Und jeder Perspektivenwechsel, mit dem eine neue Kategorie von Gründen zum Zuge kommt, verlangt eine höhere Stufe der Reflexion, sodass in die diskursive Mobilisierung von Handlungsgründen eine reflexionssteigernde Dynamik eingebaut ist.

Pragmatische Gründe, die sich auf jeweils aktuelle Wünsche oder gegebene Präferenzen beziehen, werden gegebenenfalls von ethischen Gründen, mit denen sich längerfristige Interessen zur Geltung bringen, „ausgestochen". Diese können ihrerseits von moralischen Gründen „übertrumpft" werden.[11] Ethische Gründe greifen in der Zeitdimension weiter aus als pragmatische Gründe, bleiben aber wie diese der selbstbezogenen Perspektive des „für mich" oder „für uns" Guten verhaftet. Allein rechtliche und moralische Gründe zielen aus einer dezentrierten Perspektive auf das „für alle gleichermaßen" Gute – oder Gerechte – ab. Mit jeder Operation einer Überbietung der pragmatischen durch ethische, oder der ethischen durch moralische Gründe wächst mithin die Komplexität der Überlegungen und der Grad an Reflexion. Wenn längerfristige ethische Überzeugungen mit Neigungen kollidieren, oder wenn grundsätzliche moralische Überzeugungen mit persönlichen Wertorientierungen zusammenstoßen, müssen Verallgemeinerungen vorgenommen werden. Die ethische Betrachtungsweise generalisiert über lebensgeschichtlich wechselnde, die moralische über gesellschaftlich und kulturell entgegengesetzte Interessenlagen hinweg.

Diese logische *Aufstufung* praktischer Gründe erklärt die Tatsache, dass wir vom „Gebrauch der Freiheit" in einem *komparativen Sinne* sprechen können. Natürlich entscheiden Kontext und Handlungssituation darüber, wann von den handelnden Personen ein mehr oder weniger reflektierter Gebrauch der Willensfreiheit erwartet werden kann. Aber der interne Zusammenhang von Reflexivität und Freiheit macht verständlich, warum Kant den Namen des *freien Willens* oder der *Autonomie* der Fähigkeit vorbehält, *moralisch vernünftige* Entschlüsse zu fassen und auszuführen. Für ihn gilt als autonom, wer den eigenen Willen an Normen bindet, die er sich aus moralischer Einsicht selbst gegeben hat. Erst dieser Begriff bringt die kognitive und die voluntative Dimension der vernünftig begründeten Urheberschaft – zum einen die Einsicht in das, was moralisch geboten ist, zum anderen die Adoption und Befolgung der moralisch verpflichtenden Norm – vollständig zur Deckung. Freilich dürfen wir diesen moralisch zugespitzten Begriff der Autonomie

10 J. Habermas, Vom pragmatischen, ethischen und moralischen Gebrauch der Vernunft, in: ders., Erläuterungen zur Diskursethik, Frankfurt/M. 1991, 100–118.

11 Dazu aus rechtstheoretischer Sicht: R. Dworkin, Bürgerrechte ernstgenommen, Frankfurt/M. 1984.

nicht, wie Kant selbst, im Sinne einer *ursprungslos-unbedingten*, aus dem Bereich des Intelligiblen in die Welt der gesetzmäßig variierenden Erscheinungen hineinwirkenden Kausalität begreifen.

Im grammatischen Rahmen des Sprachspiels verantwortlicher Urheberschaft erscheint auch die moralische Freiheit nur in der deflationierten Gestalt einer bedingten, in lebensweltlich kontextualisierte Gründe eingelassenen Freiheit. Allgemein verstehe ich unter Willensfreiheit *den Modus der Selbstbindung des Willens auf der Basis von einleuchtenden Gründen.* Willensfreiheit charakterisiert eine Seinsweise – die Art, wie handelnde Personen im Raum der Gründe existieren und wie sie sich von kulturell überlieferten und gesellschaftlich institutionalisierten Gründen affizieren lassen. Das Sprachspiel verantwortlicher Urheberschaft eröffnet einen Horizont, innerhalb dessen sich das ganze Spektrum der Willensfreiheit zwischen „freiem Willen" und „Willkür" erstreckt – vom angesonnenen reflektierten Gebrauch bis zur normalen oder eingewöhnten Ausübung der Willensfreiheit. Dabei verstehen sich die Personen keineswegs als reine Geister, die sich im Denken und Handeln stets von guten Gründen motivieren lassen. Wir rechnen vielmehr mit fehlbaren Personen, die oft nicht die relevanten Umstände in Betracht ziehen und die guten Gründe mit ihren anderen Motiven keineswegs immer in Einklang bringen *können.* Und dies so wenig, dass selbst die Unterstellung der Willensfreiheit von solchen Defiziten berührt wird, sei es in den Dimensionen des Überlegungs- und Entscheidungsspielraums oder der Willensschwäche.

So setzen wir uns Vorwürfen aus, wenn wir über spontanen Wünschen und Impulsen wohlverstandene eigene Interessen vernachlässigen, oder wenn wir langfristige Lebensziele an die Befriedigung aktueller Bedürfnisse verraten, oder wenn wir uns auf Kosten anderer bereichern und ungerührt über Elend und Unrecht hinweggehen. In diesen Fällen eines pragmatisch unklugen, eines ethisch unbesonnenen oder moralisch hartleibigen Verhaltens appellieren Vorwürfe an die Willensfreiheit der angeklagten Person. Wir werfen anderen – oder uns selbst – vor, dass sie – oder wir – die einschlägigen Gründe nicht berücksichtigt haben. Entweder fehlte ein reflexives Innehalten überhaupt, oder die praktische Überlegung war unzureichend, die Entscheidung kurzschlüssig, oder andere Motive waren stärker als die wohlerwogene Absicht. Aus der Sicht des Kritikers hat sich der Gescholtene nicht zu einem hinreichend reflektierten Gebrauch seiner Willensfreiheit „durchgerungen". Andererseits kann dieser sich gegen unberechtigte Vorhaltungen zur Wehr setzen. Die zur Rechenschaft gezogene Person kann die ihr zugeschriebene Verantwortung zurückweisen, sei es, dass sie gar nicht der Täter war, oder sei es, dass sie trotz der Urheberschaft für das inkriminierte Verhalten triftige Entschuldigungen anführen kann.[12] Innerhalb des Sprachspiels, das grundsätzlich Willensfreiheit voraussetzt, werden *Grenzen der Willensfreiheit* anerkannt.[13]

12 Siehe unten, Fußnote 17.

13 Natürlich hängt es von gesellschaftlichen Erwartungen ab, wann und wo zwingende Umstände oder das Versagen der geistigen, seelischen und körperlichen Verfassung als hinreichende Gründe für eine kurzschlüssige Handlung, für eine unzureichende Überlegung oder die Lähmung der Entschlusskraft zählen.

II. Das Problem der Willensfreiheit im strafrechtlichen Diskurs

Die Phänomenologie der Willensfreiheit erreicht mit dem Diskurs über deren Grenzen einen Punkt, an dem sich das Thema des Verhältnisses von Determinismus und Freiheit aufdrängt – und damit das „Problem der Willensfreiheit“. Solange es um Einschränkungen der Freiheit – des Überlegungs- und Entscheidungsspielraums und der Willensstärke – geht, ist das, was begrenzt wird, noch vorausgesetzt. Erst wenn das problematisierte Handeln, im naturalistischen Durchgriff durch die propositionalen Einstellungen des Aktors, unmittelbar auf ein naturgesetzlich determiniertes Geschehen zurückgeführt wird, entfällt diese Voraussetzung. Die Willensfreiheit verwandelt sich, wenn sie im Kontext eines Sprachspiels, worin sich Personen durch Gründe affizieren lassen, keinen Sitz mehr findet, in eine mysteriöse Erscheinung. Die Motivation durch Gründe ist die einzige mit Willensfreiheit verträgliche Art der Determination. Sobald diese durch die Kausalität naturgesetzlich determinierter Ereignisse ersetzt wird, zerfällt das Phänomen – und dies schon aus grammatischen Gründen.

Die Neurowissenschaftler vertreten in dem eingangs erwähnten Manifest die Auffassung, dass alle geistigen Akte und Erlebnisse nicht nur, was unbestritten ist, über Gehirnvorgänge realisiert, sondern von Hirnzuständen kausal vollständig bestimmt werden. Wenn die neurologische Forschung, wie behauptet, heute schon den Schlüssel in der Hand hält, um in naher Zukunft beliebige Handlungsmotive und Abwägungsprozesse allein aus dem naturgesetzlich determinierten Zusammenwirken neuronaler Vorgänge zu erklären, müssen wir Willensfreiheit als eine fiktive Unterstellung betrachten. Denn aus dieser Sicht dürfen wir einander nicht länger unterstellen, dass wir anders hätten handeln können, und dass es an uns gelegen hat, so und nicht anders gehandelt zu haben. Ja, die Referenz auf „uns“, als handelnde Personen, verliert unter neurologischen Beschreibungen jeden Sinn. Das menschliche Verhalten wird dann nicht von Personen entschieden, sondern von deren Gehirnen festgelegt: „Who or what is this ‚we‘ that inhabits the brain? It is a commentator and interpreter with limited access to the actual machinery, more along the lines of a press secretary than a president or boss.“[14]

Konsequenterweise halten Wolf Singer und andere eine Revision des Selbstverständnisses handelnder Personen vor allem im Hinblick auf die Annahme mentaler Verursachung für unumgänglich. Wenn wir die komplexe Verursachung des menschlichen Verhaltens unmittelbar in den Erregungsmustern des Gehirns suchen müssen, ist die Vorstellung, dass Personen durch absichtliche Interventionen Zustandsänderungen in der Welt hervorrufen können, abwegig. So etwas wie eine „Abwärtskausalität“ vom „Geist“ zum „Gehirn“ gibt es dann nicht. Erst recht scheinen wir uns über den Zusammenhang von Reflexivität und Freiheit zu täuschen. Aus neurologischer Sicht besteht die Ironie von Verantwortungs- und Rechtfertigungsdiskursen darin, dass die in der Hierarchie der Gründe Ausschlag gebenden Argumente auf der jeweils höheren Reflexionsstufe nur noch ratifizieren können, was in den bewusstseinsferneren Regionen des Gehirns längst festgelegt worden ist.[15] Im Falle

14 D. C. Dennett, Freedom Evolves, London 2003, 244 f.

15 G. Roth schichtet die kausalen Abhängigkeiten des Verhaltens jeweils nach der Beteiligung von subcorticalen und corticalen Hirnregionen: Auf der untersten Stufe sind vegetativ gesteuerte af-

einer Dissonanz zwischen Ergebnissen bewusster und unbewusster Abwägungsprozesse sitzen die unbewussten am längeren Hebel, weil sie eine sehr viel größere Menge an Variablen gleichzeitig verarbeiten können.[16] Das Sprachspiel verantwortlicher Urheberschaft bricht ohne die beiden Pfeiler der Unterstellung der kausalen Wirksamkeit des Geistes und des Zusammenhangs von Reflexivität und Freiheit in sich zusammen.

Die Unterminierung des Sprachspiels lässt sich am strafrechtlich institutionalisierten Schuld- und Strafzumessungsdiskurs schrittweise nachvollziehen. Im Medium des zwingenden Rechts, das die Ansprüche der Moral zugleich ermäßigt und präzisiert, wird dieser Diskurs an strenge Regeln gebunden.[17] Das Strafprozessrecht übersetzt die Alltagslogik der Zuschreibung von Verantwortung für inkriminierte Handlungen in formale Verfahren der Prüfung von Entschuldigungs- und Schuldausschließungsgründen. Im Anschluss an die Feststellung des Unrechtstatbestandes muss geprüft werden, ob dem Angeklagten die Tat auch persönlich zugerechnet werden darf, ob gegebenenfalls entschuldigende Umstände vorlagen, und ob sich der Täter überhaupt schuldig machen konnte. Naturwissenschaftliche Erklärungen des Verhaltens aus physikalischen, chemischen oder organischen Ursachen bleiben nur solange ein Bestandteil dieses Diskurses, wie sie einer Defizitanalyse dienen und das Fehlen oder die Blockierung einer *grundsätzlich unterstellten* Willensfreiheit diagnostizieren. Sobald jedoch der Naturalismus diesen Erklärungstyp *auf alles Verhalten ausdehnt*, geht es nicht länger um eine Fixierung von Grenzen der Willensfreiheit, sondern um deren Liquidierung. Wenn ein Angeklagter nicht nur im Ausnahmefall, sondern in der Regel für seine Handlungen unverantwortlich ist, muss die Unterstellung von Willensfreiheit entfallen – die Anklage selbst verliert jeden Sinn.

Die Implosion des Sprachspiels der Zuschreibung von Verantwortung ist ein Grenzfall, der sich aus der Logik des Sprachspiels selbst rekonstruieren lässt. Die Frage nach den im Einzelfall vorliegenden Grenzen der Willensfreiheit stellt sich aus der Sicht der Strafrechtsdogmatik als die Frage, wie weit eine Person für einen von ihr verwirklichten Unrechtstatbestand persönlich verantwortlich gemacht werden kann. Die Suche nach strafmindernden und entschuldigenden oder Schuld ausschließenden Gründen erfordert einen Perspektivenwechsel vom Teilnehmer, der anklagt oder *rechtfertigt*, zum analysierenden Beobachter, der unter Berücksichtigung von Umständen, äußeren und inneren Zwängen, ein Verhalten *erklärt*. Das Strafgesetzbuch bemüht sich um eine Standardisierung der wichtigsten Fälle.[18] In

---

fektive Zustände, auf der mittleren Stufe ich-zentrierte Gefühle, Präferenzen und Überzeugungen und auf der bewusstseinsnächsten Stufe kommunikativ vermittelte und moralische Gründe wirksam. Er entwirft so ein suggestives Bild von der „Nachträglichkeit" diskursiver Rechtfertigungen (vgl. G. Roth, Gehirn, Gründe und Ursachen, in: Deutsche Zeitschrift für Philosophie, 53 (2005) 5, 699 f., in diesem Band: 179 f.; vgl. auch ders., Fühlen, Denken, Handeln, Frankfurt/M. 2003).

16 W. Singer, Wann und warum erscheinen uns Entscheidungen als frei?, in: Deutsche Zeitschrift für Philosophie, 53 (2005) 5, 710 f.; in diesem Band: 190 f.

17 Vgl. zur Rekonstruktion des Strafrechts aus Grundsätzen des demokratischen Rechtsstaates, welche den Sinn der strafrechtlichen Zurechnung nicht in kriminalpolitischen Zwecken (der Sozialsteuerung und Prävention), sondern im Akt des Verantwortlichmachens von moralischen Personen und Staatsbürgern in ihrer Eigenschaft als demokratischen Mitgesetzgebern erkennt, die herausragende Studie von: K. Günther, Schuld und kommunikative Freiheit, Frankfurt/M. 2005.

18 Für eine Belehrung über den Stand der Diskussion und die einschlägige Literatur sowie für die ins Detail gehenden Korrekturvorschläge bedanke ich mich erneut bei Klaus Günther (vgl. auch dessen

der Kodifikation des StGB handelt es sich um wenige typische Fälle. Bei der Abwägung der Schuld gelten äußere, die *Handlungs*freiheit und das heißt den Alternativenspielraum einschränkende Ausnahmesituationen wie der nicht-rechtfertigende Notstand (zum Beispiel die Preisgabe eines fremden Menschenlebens um der Rettung des eigenen Lebens willen)[19] oder innere, die *Willens*freiheit, das heißt den Überlegungs- und Entscheidungsspielraum einschränkende Zwänge wie psychische Erregungszustände („Schrecken und Verwirrung“ beim Notwehrexzess) als „Entschuldigungen“ im Sinne von „schuldmindernden“ Gründen. Belastende lebensgeschichtliche oder soziale Umstände (wie persönliche und wirtschaftliche Verhältnisse) oder bestimmte psychische Zustände (Totschlag im Affekt), die eine mangelnde Einsichts- und Selbststeuerungsfähigkeit erklären, können bei der Strafzumessung als „strafmildernde“ Gründe in die Waagschale fallen.

Diese rationalen Alltagserklärungen, die Handlungen mit dem Hinweis auf außergewöhnliche Situationen, Zwangslagen und Motivationen verständlich machen, beziehen sich auf das Selbstverständnis handelnder Personen, die sich von Gründen leiten lassen. Sie „entschuldigen“ ein inkriminiertes Verhalten damit, dass es für die angeklagte Person am Tatort und zur Tatzeit plausible Gründe gab, von einer gebotenen Norm abzuweichen. Auch die anspruchsvolleren sozialwissenschaftlichen und psychologischen Erklärungen folgen diesem Muster. Erst bei der Begründung von „Schuldunfähigkeit“ kommen neben rationalen Erklärungen (wie im Falle des „unvermeidlichen Verbotsirrtums“) auch andere, objektivierende Erklärungen wie Strafunmündigkeit einerseits und körperliche oder geistige Funktionsstörungen („krankhafte seelische Störungen“) andererseits als schuldausschließende Gründe in Betracht. Während das fehlende Bewusstsein der Rechtswidrigkeit in unserem Zusammenhang irrelevant ist, sind die beiden anderen Fälle umso interessanter: Sie nehmen nämlich implizit auf die fehlende Schuldvoraussetzung der Willensfreiheit Bezug.

Die Gesellschaft geht auf Grund von alltagspsychologischen Annahmen oder entwicklungspsychologischen Erkenntnissen davon aus, dass bei Heranwachsenden bis zu einem normativ festgesetzten Lebensalter (in Deutschland bis zum 14. Lebensjahr) die Fähigkeit *fehlt*, den Willen auf Grund praktischer Überlegungen an Normen zu binden. Zur Begründung des Strafmündigkeitsalters können nomologische Erklärungen herangezogen werden. Aber erst bei der medizinischen Begutachtung schwerer Funktionsstörungen oder Krankheiten, die beim Täter zum *temporären oder chronischen Ausfall* der Einsichts- und Selbststeuerungsfähigkeit führen, spielen naturwissenschaftliche Erklärungen eine systematische Rolle. Bei solchen Diagnosen gelten Täter auf Grund mangelnder „Zurechnungsfähigkeit“ (ein unbestimmter Begriff, der inzwischen aus dem Vokabular des deutschen Strafrechts entfernt worden ist) als nicht schuldfähig. Abgesehen von der ontogenetisch begründeten und gesellschaftlich definierten Unmündigkeit, öffnet der Kernbereich von

---

Diskussionsbeitrag: Das Strafrecht und der Schuldbegriff. Eine alte Diskussion mit neuen Impulsen, Forschung Frankfurt, 2005, Heft 4, 26–31).

19 K. Günther macht mich darauf aufmerksam, dass im Kontext des Strafrechts der Ausdruck „rechtfertigen“ den speziellen Sinn annimmt, für einen besonderen Fall die Rechtswidrigkeit auszuschließen, also die *ausnahmsweise* Übereinstimmung mit der Rechtsordnung festzustellen. Diese terminologische Einengung berührt nicht die allgemeine Rolle, die „Entschuldigungen“ im Diskurs der – im weiteren Sinne verstandenen – Rechtfertigung von Handlungen spielen. Wenn nicht anders vermerkt, verwende ich den Ausdruck „rechtfertigen“ wie bisher im alltagssprachlichen Sinn.

Krankheiten und Ausfallserscheinungen der „biologisch-psychiatrischen Stufe“ das Tor, durch das naturwissenschaftliche Erklärungen in den juristischen Diskurs der Zuschreibung von Verantwortung Eingang finden.

Dieser Unterschied zwischen Entschuldigungsgründen und dem Schuldausschließungsgrund der Schuldunfähigkeit wird oft vernachlässigt, weil sie die gleiche Rechtsfolge haben: Der Täter wird nicht bestraft. Ein Teil der deutschen Strafrechtsdogmatik jedoch, der sich eher an systematischen Gesichtspunkten als an Strafzwecken orientiert, betont trotz der gleichen Rechtsfolge die Unterscheidung zwischen „entschuldigenden“ und „schuldausschließenden“ Gründen.[20] Unter den Voraussetzungen vorhandener Schuldfähigkeit und bestehenden Unrechtsbewusstseins begründen Entschuldigungen nur eine Schuldminderung, indem sie erklären, warum der Handlungsspielraum bzw. der Überlegungs- und Entscheidungsspielraum des Angeklagten zur Tatzeit *eingeschränkt* waren. In diesen Fällen wird angenommen, dass die Fähigkeit zu Orientierung und Selbstbindung *innerhalb* dieses durch äußere Umstände oder innere Zwänge eingeschränkten Spielraums intakt bleibt, sodass auch ein „entschuldigter“ Täter nicht nur objektiv „rechtswidrig“, sondern nach wie vor „schuldhaft“ handelt. Der *fortbestehende* Schuldvorwurf wird nur in der Rechtsfolge abgemildert, das heißt, es wird auf Strafe verzichtet.[21] Demgegenüber erklären „schuldausschließende“ Gründe, warum der Täter *unfähig* war, sich überhaupt in seinem Handeln von Gründen leiten zu lassen. Da ihm die Fähigkeit zu verantwortlicher Urheberschaft fehlte, konnte er sich nicht schuldig machen.

In unserem Zusammenhang ist nun interessant, dass entsprechende naturwissenschaftliche Verhaltenserklärungen *immer* zur Konsequenz der Schuldunfähigkeit führen. Ihnen liegt nämlich der deterministische Begriff der Ereigniskausalität zu Grunde. Sobald Handlungen nicht mehr aus *verständlichen* Motiven und *beurteilten* Umständen, sondern nur noch im Lichte von Naturgesetzen, also mithilfe organischer Veränderungen, chemischer Vorgänge oder physikalischer Einwirkungen erklärt werden, tritt „Naturkausalität“, wie wir sagen, an die Stelle einer (wie auch immer präjudizierten und eingeschränkten) Handlungsrationalität. Solche Erklärungen beziehen sich auf ein naturgesetzlich determi-

---

20 H.-H. Jeschek/Th. Weigand, Lehrbuch des Strafrechts, 5. Aufl., § 43, II.; K. Kühl, Strafrecht, Allgemeiner Teil, 5. Aufl., § 12, Rn. 1–12; dagegen C. Roxin, Strafrecht, 4. Aufl., § 19, Rn. 56–57.

21 Das trägt dem ambivalenten Sinn Rechnung, den „Entschuldigungen“ schon im Alltagsleben haben; vgl. J. Gardner, The Gist of Excuses, in: Buffalo Criminal Law Review, 1 (1997), Heft 2, 588: „In one sense, being responsible for what was done means bearing the adverse normative consequences of is having been done. Many people who make excuses, for example those who make them in a criminal court, are denying that they should bear responsibility in this sense. But they are not denying their responsibility in a second sense which is normally [...] a precondition of responsibility in the first sense. By making excuses people are, on the contrary *asserting* their responsibility in this sense. Being responsible for our actions is none other than being in that condition in which our actions are amenable, in principle to justification and excuse.“ Von einem kantischen Standpunkt aus ist die rechtsdogmatische Schlussfolgerung interessant, die Gardner aus dieser Unterscheidung für eine Kritik an den empiristischen Strafrechtstheorien zieht: „Criminal lawyers tend to be fixated with responsibility in the first sense I mentioned, and tend to take it for granted that any doctrine that serves to acquit the accused, and therefore to avert the adverse normative consequences for her action, is as good as any other so far as the accused is concerned. I have always found this an astonishing assumption which implies that nobody who is tried in the criminal courts has, or even deserves to have, any self-respect.“ (590)

niertes Geschehen, das durch Abwägungsprozesse, handlungsmotivierende Gründe und Intentionen in dem wie folgt erläuterten Sinne „hindurchgreift".

Während sich im Strafverfahren sozialwissenschaftliche und alltagspsychologische Erklärungen grundbegrifflich auf Defizite beziehen, die Personen entweder in ihrer Handlungsfreiheit oder in ihrer für die Willensbildung relevanten, also *immer noch vorausgesetzten* Wahrnehmungs-, Urteils- und Entscheidungsfähigkeit *beeinträchtigen*, beziehen sich naturwissenschaftliche Erklärungen auf chemisch nachweisbare Einwirkungen (zum Beispiel beim Alkoholexzess), oder auf neurologische Befunde (zum Beispiel bei einem Gehirntumor), oder auf genetische Dispositionen (schwere Depressionen sind ein umstrittenes Beispiel), also allgemein auf Ursachen, die sich physiologisch, das heißt *unmittelbar* über ein organisches Geschehen auf das Verhalten einer Person *auswirken*. Weil auf dieser Beschreibungsebene Personen und deren Handlungen aus grammatischen Gründen nicht vorkommen können, lassen naturwissenschaftliche Erklärungen auch keine Rückschlüsse auf kausal wirksame propositionale Einstellungen (wie Wünsche oder Überzeugungen) zu. Vielmehr wird das *als Handeln interpretierte Verhalten* einer Person ohne Bezugnahme auf deren Stellungnahmen im Raum der Gründe kausal erklärt. In diesen Fällen ist die normative Zumutung sinnlos, die Person hätte genauer überlegen und anders entscheiden können.[22]

Das naturalistische Weltbild, das mit dem Anspruch auftritt, dass in Zukunft allein die Naturwissenschaften das Verhalten von Personen zuverlässig erklären können, gewinnt aus der Perspektive dieses Schuldausschließungsdiskurses öffentlichkeitswirksame Brisanz. Bei der Feststellung der Grenzen der Verantwortung eines Angeklagten besteht bisher eine Alternative zwischen dem einen und dem anderen Erklärungsmuster: Naturalistische Erklärungen werden im Strafrechtsdiskurs erst dann herangezogen, wenn eine Handlung nicht mehr aus rational nachvollziehbaren Motiven verständlich gemacht werden kann. Der Ausschluss von Schuld bildet die Ausnahme von der Regel. Wenn nun aber die wissenschaftlichen Experten fordern, die Unterscheidung zwischen komplementären Erklärungsmustern einzuziehen, verliert die naturalistische Art der Erklärung abweichenden Verhaltens den Bezug zur Norm verantwortlicher Urheberschaft. Während die naturwissenschaftliche Erklärung bis heute die Rolle hat, Ausnahmen von der Regel verantwortlichen Handelns festzustellen, würde sich in Zukunft die Ausnahme zum Regelfall verkehren. Damit verlöre die Frage nach Grenzen der Verantwortung ihren Sinn. Unter der Prämisse, dass unbewusste Hirnzustände nicht nur temporär das unterstellte Vermögen mentaler Verursachung beeinträchtigen oder außer Kraft setzen, sondern alle geistigen Zustände *vollständig* determinieren, kollabiert das Sprachspiel verantwortlicher Urheberschaft – und als dessen Variante der Rechtsdiskurs überhaupt.[23]

---

22 Ebd., 589: „The focus on making sense of people's actions in the light of their reasons rightly brings to the surface the important point that those whose reasoning can't be made sense of in this way, whether because of profound mental illness or infancy or sleepwalking or (on some interpretation of it) post-hypnotic suggestion, are not responsible for their actions and therefore need no excuses for what they do."

23 Diese Konsequenz zieht W. Singer in einem Interview: Die Welt jenseits der Oszillografen, in: Forschung Frankfurt, 2005, Heft 4, 86: „Im Strafrecht wird ja behauptet, dass sich das Strafmaß an der subjektiven Schuld orientiert, was häufig durch Gutachten von Sachverständigen geklärt werden soll. Nach meiner Auffassung sind aber die forensischen Psychiater mit der Bestimmung der

Eine entsprechende Revision muss das Strafrecht ganz auf soziale Verhaltenskontrolle umstellen, sodass sich Sanktionen fortan nicht mehr an der normativ beurteilten Schwere vermeintlicher Schuld, sondern lediglich an den Folgen der beobachteten Normabweichung orientieren (und auf Sicherheitsgewahrsam oder sozialtherapeutische Maßnahmen reduzieren). Da die Neurologie Freiheit im Sinne verantwortlicher Urheberschaft als Illusion durchschaut[24], können wir bestenfalls mit einer nachträglichen Harmonisierung der bewussten Gründe mit den Weichenstellungen unbewusster Prozesse rechnen. Statt „Freiheit" soll, einem Vorschlag von Singer zufolge, besser von „Mündigkeit" die Rede sein, aber dies auch nur in einem eigenartigen Sinn von „Sagbarkeit". Immerhin könne die „interindividuell stark schwankende" Fähigkeit, Ergebnisse unbewusster Prozesse zur Sprache zu bringen oder „sagbar" zu machen, dazu dienen, beunruhigende Inkohärenzen zwischen bewussten und unbewussten Prozessen zu vermeiden. Angesichts dieser Art von *newspeak* fragt man sich, was die Anpassung dissonanter Überlegungen an Intuitionen, die das Ergebnis vorgängiger unbewusster Prozesse spiegeln, mit „Mündigkeit" zu tun hat.[25] Mit einer verordneten Umdefinition ist es wohl nicht getan.

Schuldfähigkeit hoffnungslos überfordert. Sie gestehen verminderte Schuldfähigkeit zu, wenn sie zum Beispiel einen Gehirntumor entdecken, weil der die ‚normalen' Hirnfunktionen einschränkt. Als Neurobiologen wissen wir aber, dass genetisch bedingte Fehlverschaltungen, frühe Prägungsprozesse oder degenerative Erkrankungen zu den gleichen Beeinträchtigungen oder Veränderungen von Entscheidungsprozessen führen können wie ein sichtbarer Tumor. Wir können sie nur nicht erfassen, zumindest zur Zeit nicht. Und darin sehe ich eine schreckliche Inkohärenz. Wenn wir hier nicht wirklich messend objektivieren können, dann gilt es, ein anderes Konzept zu finden. Wir sollten dann die Kausalketten ‚subjektive Schuld bestimmt Strafmaß' und ‚subjektive Schuld bemisst sich an Freiheit' nicht zugrundelegen." (Vgl. auch W. Singer, Grenzen der Intuition: Determinismus oder Freiheit, in: R. M. Kiesow u. a. (Hg.), Summa. Festschrift für Dieter Simon, Frankfurt/M. 2005, 537.)

24 In diesem Sinne auch: D. Wegner, The Illusion of Conscious Will, Cambridge/Mass. 2002, 98: „The unique human convenience of conscious thoughts that preview our actions gives us the privilege of feeling we wilfully cause what we do. In fact, unconscious and inscrutable mechanisms create both conscious thought about action and the action, and also produce a sense of will we experience by perceiving the thought as the cause of the action. So, while our thoughts may have deep, important, and unconscious causal connections to our actions, the experience of conscious will arises from a process that interprets these connections, not from the connections themselves."

25 So der Vorschlag von: W. Singer, Wann und warum erscheinen uns Entscheidungen als frei?, a. a. O., 712 f.; in diesem Band: 192 f. Klaus Günther (in: Das Strafrecht und der Schuldbegriff, a. a. O., 31) betont den Gegensatz zwischen den kriminalpolitischen Konsequenzen der Hirnforschung und den Reformbemühungen einer selbstkritischen Strafrechtswissenschaft. Beide stimmen in der humanistischen Prämisse überein, „dass es ungerecht ist, auch dann noch Schuld vorzuwerfen und zu strafen, wenn ein Mensch diese Freiheit zum Zeitpunkt der Tat nicht mehr hatte. Der ‚aufklärerische Humanismus der Hirnforschung' zielt jedoch darüber hinaus: In Frage gestellt wird jene Überzeugung selbst. Hier trennen sich die Wege [...]. Würde das freiheitliche Menschenbild selbst preisgegeben, könnte gar nicht mehr gestraft werden. Würde sich die Strafe nicht mehr auf Schuld stützen, bliebe nur noch der Schutz der Allgemeinheit als Strafzweck."

III. Performative Grenzen der Selbstobjektivierung

Unabhängig von der Frage, ob die neurowissenschaftliche Desillusionierung des Freiheitsbewusstseins zutrifft oder nicht, ist die Forderung nach einer Revision des Selbstverständnisses handelnder Personen leichter erhoben als eingelöst. Kann der Handelnde sein normativ geprägtes Bewusstsein an eine objektivierende Selbstbeschreibung anpassen, der zufolge die eigenen Gedanken, Intentionen und Handlungen von Gehirnprozessen nicht etwa nur realisiert, sondern vollständig determiniert werden? Oder stößt dieser Versuch performativ, also im Vollzug von alltäglichen oder wissenschaftlichen Praktiken, an *Grenzen der naturalistischen Selbstobjektivierung*?[26] Das Problem ist zunächst konzeptueller Art.

Im Alltag müssen wir davon ausgehen, dass unser Handlungswissen – alles Wissen, von dem wir uns als Handelnde leiten lassen (können) – mit unserem (jeweiligen) Wissen von der Welt in Einklang steht. Dieses „Müssen" drückt einen begrifflichen Zusammenhang aus: Was wir „gelernt" haben und zu „wissen" meinen, können wir nicht absichtlich unterdrücken. Verlernen und vergessen sind Defizite, die auftreten, aber keine möglichen Ziele, die wir intendieren und erreichen könnten. Wir können eine „Schere im Kopf", die Dissonanzen auf dem Wege einer Abschottung des Handlungswissens gegen ungemütliche Aspekte des Weltwissens abschneidet, nicht nach Belieben handhaben. Das erkennende Subjekt tritt nicht nur der Welt gegenüber, sondern weiß sich selbst als eine unter anderen Entitäten in der Welt. Daher schlägt das Weltwissen reflexiv auf den Wissenden zurück. Die kumulative Erweiterung des Weltwissens kann die Stellung, die sich *erkennende* Subjekte als zugleich in der Welt *handelnde* Subjekten zuschreiben müssen, nicht unberührt lassen. Das begründet übrigens den internen Zusammenhang zwischen Wissenschaft und Aufklärung: „Aufklärung ist nicht primär Wissensfortschritt, sondern Naivitätsverlust."[27] Mit den Namen von Newton und Darwin verbinden wir objektive Erkenntnisfortschritte, die eine fortschreitende Dezentrierung unseres Selbstverständnisses erzwungen haben – Schübe der Relativierung der Stellung des Menschen in der Welt, die zugleich als Schübe der Desillusionierung und der Befreiung empfunden worden sind.

Auch Freuds Entdeckung des Unbewussten konnte noch als Emanzipation verstanden werden, weil eine erfolgreiche Analyse unbewusst wirksamer Motive dazu verhelfen sollte, den Spielraum von Reflexion und Selbststeuerung zu erweitern – aus ‚Es' soll ‚Ich' werden. Dass mit der neurowissenschaftlichen Aufklärung über die Illusion der Willensfreiheit eine begriffliche Grenze der Selbstobjektivierung überschritten wird, zeigt sich am Eintreten des entgegengesetzten Effekts. Dieser Schub zur Naturalisierung des Geistes müsste nämlich die Perspektive, aus der ein Zuwachs an Weltwissen als Emanzipation von Beschränkungen erfahren werden kann, selbst auflösen.[28] Mit der Fiktion des ‚Selbst' zerfällt die Referenz für ein Selbstverständnis, das für Revisionen offen ist. Diese Fiktion

---

26 Dieser Frage geht L. Wingert nach: ders., Grenzen der naturalistischen Selbstobjektivierung, in: D. Sturma, Philosophie und Neurowissenschaften, Frankfurt/M. 2006, 240–260.

27 Vgl. den einleuchtenden Kommentar zu diesem Satz von Max Horkheimer in: E. Martens/H. Schnädelbach, Philosophie, Hamburg 1985, 31–35.

28 Das zeigt sich an den neurowissenschaftlich begründeten Vorschlägen zur Reform des Strafrechts; siehe Günthers Argument in Fußnote 25.

wird ersetzt durch das Bild eines Bewusstseins, das wie eine Marionette an einem undurchschaubaren Gewirr von Drähten hängt: „We can't possibly know (let alone keep track of) the tremendous number of mechanical influences on our behavior because we inhabit an extraordinary complicated machine."[29]

Kant hat „Mündigkeit" als das Vermögen bestimmt, sich seines Verstandes ohne Leitung eines anderen zu bedienen. Unter einem „vernünftigen Gebrauch" des Verstandes können wir die Fähigkeit einer Person verstehen, sich von Gründen affizieren zu lassen und zu ihnen Stellung zu nehmen. Diese Fähigkeit muss natürlich organisch ermöglicht werden; die handlungssteuernden Operationen müssen über Gehirnzustände realisiert werden. Aber sobald wir die Annahme von möglichen *Interaktionen* zwischen diesem Substrat und der Ebene der semantisch verfassten, symbolisch verkörperten, nach grammatischen Regeln kommunizierten Gedanken, Intentionen und Erlebnisse zu Gunsten einer einseitigen *Determination* des „Geistes" durchs „Gehirn" preisgeben, zerfällt der begriffliche Rahmen für entsprechende, sozial erzeugte Referenzen. Gedanken, Intentionen und Erlebnisse lassen sich nur Personen zuschreiben, die sich als solche in Zusammenhängen sozialer Interaktion erst bilden. Erst im Laufe der Ontogenese lernen Kinder, die pragmatischen Rollen von Sprechern, Hörern und Beobachtern einzunehmen und die korrespondierenden Selbstverhältnisse aufzunehmen.[30]

Das personale Selbstverständnis steht und fällt begrifflich mit der Differenzierung zwischen Tun und Geschehen, wobei „Tun" noch einmal nach spontanem Verhalten überhaupt und intentionalem oder „selbst initiiertem" Handeln differenziert wird. Die objektivierende Neubeschreibung von Personen und deren Verhalten, die uns die Neurowissenschaften zumuten, zieht diese Grundunterscheidungen ein: „Are decisions voluntary? Or are they things that happen to us? From some fleeting vantage points they seem to be the pre-eminently voluntary moves in our lives, the instances at which we exercise our agency to the fullest. But those same decisions can also be seen to be strangely out of our control. We have to wait to see how we are going to decide something, and when we do decide, our decision bubbles up to consciousness from we know not where. We do not witness it being made: we witness its arrival. This can lead to the strange idea that Central Headquarters is not where we, as conscious inspectors, are; it is somewhere deeper within us, and inaccessible to us."[31]

Diese objektivierende Beschreibung könnte, wenn sie den Stand der neurowissenschaftlichen Forschung auf angemessene Weise illustriert, zwar *eine Illusion zerstören*, aber nicht *zur Aufklärung beitragen*, weil mit *dieser* Illusion auch der Selbstbezug zu einem Subjekt zerfiele, das allein in der Lage wäre, seine Naivität zu verlieren. Es sei denn, das Subjekt dieses jüngsten Wissensfortschritts besäße die paradoxe Fähigkeit, die Personalunion mit sich als einem handelnden Subjekt aufzulösen, das sich über seine Stellung in der Welt Illusionen machen und darüber aufklären lassen kann.[32]

---

29 D. Wegner, The Illusion of Conscious Will, a. a. O., 27.

30 Zu George Herbert Meads einschlägiger Theorie der Ich-Entwicklung vgl. H. Joas, Praktische Intersubjektivität, Frankfurt/M. 1980, Kap. 4 und 5; J. Habermas, Theorie des kommunikativen Handelns, Frankfurt/M. 1981, Bd. 2, 9–68.

31 D. C. Dennett, Elbow Room: The Varieties of Free Will worth wanting, Cambridge/Mass. 1984, 78.

32 Zu dieser kompatibilistischen Auffassung siehe unten, Abschnitt IV.

Die Grenze naturalistischer Selbstobjektivierung wird mit Beschreibungen überschritten, unter denen sich Personen nicht mehr als Personen wiedererkennen können. Naturwissenschaftliche Beschreibungen beziehen sich – über die Abstraktionsstufen der theoretischen Begriffsbildung vermittelt – auf ein raumzeitlich identifizierbares und grundsätzlich nomologisch erklärbares, also deterministisches Geschehen. Wie wir von Husserl und Frege gelernt haben, lassen sich die für Personen bestimmenden Fähigkeiten und Leistungen in solchen Geschehenskategorien sowenig unterbringen, wie sich die nicht-extensionalen Bedeutungsgehalte von Propositionen und Gedanken in die extensionalen Begriffe der Neurologie übersetzen lassen. Wie Wittgenstein beharrlich zeigt, verkörpern sich semantische Gehalte nur in symbolischen Äußerungen, Artefakten oder Zeichensystemen, deren Bedeutung uns verschlossen bleibt, solange wir die entsprechenden grammatischen Erzeugungsregeln nicht beherrschen, sondern nur das physische Substrat beschreiben. Wie sollen wir die Meditation eines Mönches auf das synchron beobachtete Erregungsmuster von Gamma-Oszillationen seiner Hirnrinde beziehen, wie sollen wir die elektroenzephalographisch festgestellte Korrelation zwischen einer Glaubenserfahrung und einem neuronalen Zustand deuten? Die Schwierigkeit besteht darin, dass sich die Sprachspiele, Vokabulare und Erklärungsmuster, deren wir uns in solchen Fällen jeweils bedienen müssen, nicht aufeinander reduzieren lassen.[33]

Beschreibungen von Personen und deren Gedanken oder Praktiken lassen sich nicht ohne Bedeutungsverlust oder Sinnverschiebung in eine behavioristische oder physikalische Sprache übersetzen. Alle Versuche der begrifflichen Reduktion scheitern an der intersubjektiven Verfassung eines intentional auf die Welt gerichteten, über propositionale Gehalte kommunizierenden, an Geltungsstandards und Regeln orientierten Geistes.[34] Diese logische Kluft zwischen Handeln und Geschehen wird oft metaphorisch überspielt. Ein für neurowissenschaftliche Darstellungen nicht untypisches Beispiel ist die rhetorische Angleichung von Gründen an Ursachen – etwa die Assimilation des „Wettbewerbs“ der unbewusst wirkenden Variablen, die der neurologischen Beobachtung zugänglich sind, an das Muster des Wettbewerbs von Argumenten, welche die Stellungnahmen von Personen zu Geltungsansprüchen ausdrücken. Der nach logisch-semantischen Regeln beurteilte Wettbewerb um das bessere Argument verlangt eine andere Beschreibung als die kausale Folge von Zuständen im limbischen System: „Der verkannte Unterschied liegt darin, dass es im Fall des Hin und Her von Gründen einen semantisch beschreibbaren Konflikt gibt [...] einen Widerstreit zwischen Urteilen im Hinblick auf das, was wahr oder falsch bzw. richtig oder falsch ist. Ein solcher Widerstreit ist etwas anderes als ein Wechsel von körperlichen Zuständen. Diese können sich nicht widersprechen.“[35]

Lutz Wingert zeigt einleuchtend, dass sich Personen unter der angebotenen neurologischen Selbstbeschreibung auch als *lernende* Personen unverständlich werden. Die Forschungspraxis selbst müsste sich für die Beteiligten in ein opakes Unternehmen ver-

33 Die funktionalistische Deutung der Korrelationen zwischen Hirnzuständen und den Gehalten von Repräsentationen, der sich G. Roth (Gehirn, Gründe und Ursachen, a. a. O., 694 f.; in diesem Band: 174 f.) anschließt, verschiebt nur das Problem, dazu L. Wingert (Grenzen der naturalistischen Selbstobjektivierung, a. a. O., 244 ff.).

34 W. Cramm, Repräsentation oder Verständigung?, Diss. phil., Universität Frankfurt 2003.

35 Zum Folgenden L. Wingert, Grenzen der naturalistischen Selbstobjektivierung, a. a. O., 250.

wandeln. Die Forscher würden unter der neurologischen Selbstbeschreibung eines „Dialogs von Gehirnen" nicht mehr verstehen können, was es bedeutet, theoretische Annahmen im Lichte besserer Gründe zu korrigieren, also einen Wissenszustand zu verbessern oder gar nach neuen Erkenntnissen zu suchen. Denn Wissen und Wissenszuwachs sind unheilbar normative Begriffe, die sich allen Anstrengungen einer empiristischen Neubeschreibung widersetzen.[36]

Was sich hier widersetzt, ist, wohlgemerkt, nicht die Subjektivität des bewussten Lebens, die wir auch Tieren zuschreiben. Der begriffliche Einwand gegen grenzüberschreitende Selbstobjektivierungsversuche stützt sich nicht in erster Linie auf den sperrigen ontologischen Status von Erlebnissen, sondern auf eine für das Selbstverständnis konstitutive Unterscheidung zwischen Sein und Sollen. Gewiss, Erlebnisse stellen eine merkwürdige Sorte von nur subjektiv zugänglichen Tatsachen dar. Die Qualität, wie „es sich anfühlt", in einem solchen Zustand zu sein, lässt sich grundsätzlich nicht in einer physikalischen, auf Gegenstände in der Welt zugeschnittenen Sprache ausdrücken.[37] Solche Erlebnistatsachen machen auf eine irritierende Unvollständigkeit der objektivierenden Weltbeschreibung aufmerksam. Aber der Mentalismus greift zu kurz, wenn er die Grenze der Selbstobjektivierung an der *Subjektivität* des Erlebens statt an *Personalität* festmacht. Vor allem die paradigmatische Auszeichnung von Erlebnissen mit fehlenden oder schwachen propositionalen Gehalten (wie Schmerzen und Stimmungen) verführt dann dazu, den so genannten Strom der Erlebnisse analog zum beobachtbaren Geschehen in der Welt als eine Folge introspektiv zugänglicher „mentaler Zustände" zu objektivieren.

Einstellungen, die Personen zu Sachverhalten oder zu anderen Personen einnehmen, sind keine Erlebnisse, die man haben oder nicht haben kann, sondern Akte, die man vollzieht.[38] Dieser performative Charakter erklärt sich aus dem Umstand, dass die propositionalen Einstellungen und deren Gehalte zu regelgeleiteten und gemeinsam ausgeübten Praktiken gehören, die sich nach Normen richten und *fehlschlagen* können. Urteile und Äußerungen, Absichten und Handlungen müssen sich, da sie dem Scheitern ausgesetzt sind, „bewähren" können. Unter einer objektivierenden Beschreibung, die aus begrifflichen Gründen die Differenz zwischen dem Gelingen- und Misslingenkönnen einer Operation zu Gunsten eines faktischen Geschehens – das ist, wie es ist – einziehen muss, kann sich eine Person nicht als solche wiedererkennen.

Wie sollte beispielsweise ein Argumentationsteilnehmer, der zweifelnde Opponenten von der Wahrheit seiner Aussage zu überzeugen versucht, gleichzeitig die Gewissheit haben können, dass die Gesamtheit „menschlicher Interaktionen, einschließlich seines eigenen Verhaltens, schon immer im Voraus festgelegt war"?[39] Ein soziologischer Beobachter mag ein bestimmtes rhetorisches Verhalten als Manipulation oder Abrichtung, also als

36 Ph. Kitcher, The Naturalist Return, in: The Philosophical Review, 101 (1992), Heft 1, 53–115.

37 Th. Nagel, What is it like to be a bat?, in: ders., Mortal Questions, Cambridge/Mass. 1979, 165–180.

38 Auch „Erlebnisse" haben oft nur einen rudimentären Gehalt. Aber wir „befinden" uns in solchen Zuständen und „bilden" sie nicht wie Gedanken und Absichten. Das heißt andererseits nicht, dass Intentionen ohne Bezugnahme auf ihr Erlebnissubstrat angemessen beschrieben werden können. Zum Scheitern der bekannten naturalistischen Versuche, Intentionalität ausschließlich mit Bezug auf ihre funktionalen Wirkungen in der Welt zu erklären, vgl. D. Sturma, Philosophie des Geistes, Stuttgart 2005, 86 ff.

39 J. Nida-Rümelin, Über menschliche Freiheit, Stuttgart 2005, 41.

Versuch beschreiben, den Adressaten zu einer erwünschten Reaktion zu *veranlassen*. Auch wenn dieser Teilnehmer sich daraufhin die Perspektive des Beobachters zu Eigen macht, kann er sein manipulierendes Gegenüber immer noch als eine Person verstehen, die unter Vortäuschung verständigungsorientierten Handelns auf ihn einwirken, also einen kausalen Einfluss auf ihn ausüben möchte. Aber eine neurologische Beschreibung desselben Vorgangs könnte er sich nicht mehr auf ähnliche Weise zu Eigen machen, weil darin die Rolle eines „mentalen Verursachers" gar nicht mehr vorkommt. Denn handlungsmotivierende Gründe lassen sich ebenso wenig auf kausal wirksame Ereignisse reduzieren wie die entsprechenden Vokabulare, denen diese Begriffe jeweils gehören.

Ein Naturalist muss sich von solchen Argumenten, die auf den Nachweis eines performativen Selbstwiderspruchs hinauslaufen, nicht entmutigen lassen. Auf die Problemlage, die ich skizziert habe, antworten die Philosophen erwartungsgemäß in vielen Stimmen. Gegenüber den pragmatistischen Fürsprechern des Commonsense, die sich über die Revisionsfestigkeit unseres begrifflich immunisierten Freiheitsbewusstseins nicht ohne weiteres hinwegsetzen, haben die Naturalisten einen starken Verbündeten im realistischen Erkenntnisanspruch von Naturwissenschaften, die sich in modernen Gesellschaften die Autorität einer Instanz erworben haben, die über fehlbares Weltwissen entscheidet. Unter der naturalistischen Prämisse eines *durchgängig* naturgesetzlich determinierten Weltgeschehens bieten sich zwei Optionen an. Die eine Seite sucht einen konzeptuellen Ausweg aus der Sackgasse, indem sie das vermeintliche Problem, das sich im Hinblick auf Grenzen der Selbstobjektivierung stellt, als gegenstandslos entlarvt (IV). Die andere Seite versucht, geistigen Zuständen im ontologischen Rahmen einer physikalistisch begriffenen Welt einen angemessenen Platz zu sichern (V). In beiden Fällen stoßen wir auf dasselbe Problem: Lässt sich die Teilnehmerperspektive der Beobachterperspektive derart ein- und unterordnen, dass wir „uns" – nicht nur als handelnde und sprechende Subjekte, sondern auch noch als erkennende Subjekte im Vollzug der Akte des auf uns „selbst" gerichteten Erkennens – objektivierend einholen und aus einem fiktiven Nirgendwo beobachten können?

IV. Drei kompatibilistische Argumente

Nach kompatibilistischer Auffassung verdankt sich das Problem der Willensfreiheit einer künstlichen Zuspitzung von konkurrierenden, jedoch tatsächlich vereinbaren Beschreibungen.[40] Die Intuition, dass man nicht kratzen soll, wo es nicht juckt, ist in drei exemplarischen Varianten ausbuchstabiert worden. Da für die Zuschreibung von Verantwortung die Prämisse des Andershandelnkönnens irrelevant ist, ist das Bild einer materialistisch begriffenen und kausal geschlossenen Welt mit dem Sprachspiel verantwortlicher Urheberschaft vereinbar (1). Dieses Argument wird durch die weitere Überlegung gestützt, dass die belie-

40 Eine Bemerkung zur Terminologie: Auch meine Position zielt auf die Einbeziehung des menschlichen Geistes und seiner komplementär verschränkten Wissensperspektiven in das wissenschaftlich erforschbare Universum der Natur; zugleich unterscheidet sie sich jedoch von dem „kompatibilistisch" genannten Mainstream durch die Ablehnung der szientistischen These, dassdieses Universum als Gegenstandsbereich nomologisch verfahrender Naturwissenschaften (nach dem Normalvorbild der heutigen Physik) hinreichend bestimmt ist.

big verlängerbare kausale Ahnenreihe der Gründe in Kontexten der Rechtfertigung keine Rolle spielt (2). Schließlich soll sich der Umstand, dass das Wissen von der deterministischen Verfassung der Welt das Selbstverständnis handelnder Personen nicht berühren muss, allgemein aus dem begrenzten Horizont einer handelnden Person erklären, die unter riskanten Bedingungen des Nichtwissens so oder so auf die Abwägung von alternativen Erwartungen angewiesen ist (3).

(1) Im Anschluss an eine klassische Überlegung von G. E. Moore[41] soll der Handelnde das voluntaristische Verständnis seines Entschlusses mit der Tatsache vereinbaren können, dass der Entstehungsprozess des entsprechenden Willensaktes naturgesetzlich determiniert ist. Denn auch in einer kausal geschlossenen Welt kann sich die handelnde Person sagen, dass sie anders hätte handeln können. „Können" freilich in dem Sinn, dass sie anders gehandelt haben „würde", wenn sie es so gewollt hätte.[42] Eine handelnde Person wird sich einen Willen, wie immer dieser auch verursacht worden sein mag, selber zuschreiben, wenn sich der Entschluss nur aus ihrem eigenen praktischen Urteil begründet. Wer aus Gründen handelt, fühlt sich (und ist) für seine Handlung verantwortlich, auch wenn er nicht anders hätte handeln können.

Harry Frankfurt hat den Grundgedanken, dass Freiheitsbewusstsein und Determinismus vereinbar seien, weil die Zuschreibung von Verantwortung nicht vom Bestehen alternativer Handlungsmöglichkeiten abhängt[43], mit vielfältigen Science-Fiction-Beispielen untermauert: „In a Frankfurt case the agent is not able to do otherwise because in the alternate sequence a fail-safe mechanism kicks in. But the operative causes are such that this mechanism actually never intervenes. The intuition Frankfurt cases appeal to is that this feature of the alternate sequence is irrelevant. An actual-sequence condition sufficient for blame can be met, even if the alternate-sequence ability-to-do-otherwise condition is not."[44] Susan Hurley befreit diese These von gewissen Schwächen artifizieller Gedankenexperimente. Sie rekurriert auf den gewöhnlichen Fall einer Person, die aus Willensschwäche von ihrem „guten Vorsatz" abweicht, und stellt die rhetorische Frage, ob diese Person nicht für ihr Handeln in jedem Fall verantwortlich zu machen ist, gleichviel ob sie objektiv hätte anders handeln können oder nicht.

Beispiele dieser Art haben eine gewisse Plausibilität, weil sie den Wechsel von der Teilnehmer- zur Beobachterperspektive ausblenden. Ein Beobachter, der das Verhalten einer anderen Person bewerten soll, muss zunächst feststellen, wofür diese Person überhaupt verantwortlich zu machen ist. Er erkundigt sich nach Gründen, aus denen die Person gehandelt hat. Ob der Beobachter Determinist ist oder nicht, spielt für die Zuschreibung von Verantwortung keine Rolle: Für den Beobachter ist die Frage, ob die Person auch anders hätte handeln können, kein Thema. Aber für die handelnde Person war sie sehr wohl relevant. Für sie hätte nämlich die Abwägung zwischen Handlungsalternativen jeden Sinn verloren, wenn sie erwarten musste, dass nur der eine Weg offen stand, den sie ohnehin, in

41 G. E. Moore, Freier Wille, in: U. Pothast (Hg.), Freies Handeln und Determinismus, Frankfurt/M. 1978, 142–156.

42 J. Nida-Rümelin, Über menschliche Freiheit, a. a. O., 19 ff.

43 H. G. Frankfurt, Alternative Possibilities and Moral Responsibility, in: Journal of Philosophy, 66 (1969), 829–839.

44 S. R. Hurley, Justice, Luck, and Knowledge, a. a. O., 61 f.

der Folge eines deterministisch festgelegten Abwägungsprozesses eingeschlagen hat.[45] Daher sind Frankfurts Beispiele so konstruiert, dass die handelnde Person von diesem Umstand keine Kenntnis hat.[46] Sie darf sich der Illusion hingeben, auch anders handeln zu können.

So bleibt die Vereinbarkeit von Determinismus und Freiheitsbewusstsein bestenfalls eine kompatibilistische Wahrheit *über* handelnde Personen. Damit daraus eine Wahrheit *für* die Personen selbst werden kann, empfiehlt es sich, auf den Charakter und die Rolle jener Prämissen zu achten, die aus der Teilnehmerperspektive letztlich für Entscheidungen den Ausschlag geben. Wir können uns das Muster für Begründungen praktischer Urteile so zurechtlegen, dass der Handelnde von persönlichen Vorlieben ausgeht und über Werte oder Präferenzen höherer Ordnung zu jenen ‚personalen Präferenzen' zurückfragt, die letztlich für das eigene ethische Selbstverständnis konstitutiv sind. Wenn nun die für die Willensbildung maßgebenden Wertorientierungen in der je eigenen Identität verankert sind, wird die handelnde Person das Bewusstsein haben, *selbst* entschieden zu haben, ganz unabhängig von der Frage, ob sie *die Entstehung* der tragenden Prämissen ihrerseits – und damit die Entstehung der letztlich entscheidenden Handlungsmotive – als Kette kausal verknüpfter Ereignisse begreifen muss.

Auf Grund dieser Überlegung bietet Michael Pauen die folgende Definition von Freiheit an: „Frei im Sinne dieser Konzeption handelt eine Person, die in einer bestimmten Situation x statt y wählt, genau dann, wenn sich die Entscheidung für x und gegen y auf die personalen Präferenzen der Person zurückführen lässt."[47] Dieser Vorschlag zielt ebenfalls auf eine Entkoppelung der Genesis von der Geltung der praktisch Ausschlag gebenden Gründe, aber nun in der Weise, dass die gegebenenfalls deterministisch beschriebene Entstehung der Beweggründe das Bewusstsein der räsonierenden und entscheidenden Person nicht berühren muss. Und der Fehler geht wiederum auf eine Vernachlässigung des Perspektivenwechsels zurück, der nötig ist, wenn diejenigen Wertorientierungen, die das Selbst des personalen Selbstverständnisses fixieren, einmal von innen als Prämissen und das andere Mal von außen als Wirkungen eines kausal erklärbaren Vorgangs beschrieben werden. Aus der Sicht des Handelnden lässt sich die eine Beschreibung nicht *folgenlos* durch die andere ersetzen.

Gründe stehen in semantischen Beziehungen zu anderen Gründen. Sie setzen sich grundsätzlich der Kritik durch Gegengründe aus, während kausal erklärbare psychische Zustände oder Episoden einander nicht widersprechen können. Trotzdem geht das kompatibilistische Argument davon aus, dass Personen letztlich aus Gründen handeln, die sich bei genauer Betrachtung als kausal erklärbare Effekte zu erkennen geben – und unter *dieser* objektivierenden Beschreibung einer diskursiven Abwägung entzogen sind. Das Freiheitsbewusstsein einer Person, die sich im Raum der Gründe nicht mehr *ungehindert* bewegen

45 Dasselbe gilt auch für den Deterministen, sobald er nicht länger in der neutralen Rolle des Beobachters über die Verantwortung einer Dritten Person urteilt, sondern als Teilnehmer am Sprachspiel verantwortlicher Urheberschaft einer Zweiten Person, die ihm antworten kann, Verantwortung zuschreibt. Denn in dieser Situation muss er sich auf Vorwürfe, Schuldbekenntnisse oder Entschuldigungen einlassen, die den Charakter bestreitbarer Stellungnahmen verlieren müssten, wenn die Beteiligten davon ausgehen würden, dass der Handelnde ohnehin keine Alternative hatte.

46 Vgl. S. L. Hurley, Justice, Luck and Knowledge, a. a. O., 66: „unbeknownst to her".

47 M. Pauen, Illusion Freiheit?, Frankfurt/M. 2004, 96.

und nicht mehr *alles* in Frage stellen kann, muss aber Schaden nehmen. Auch die identitätsbildenden Wertorientierungen begegnen dem Handelnden, während er Überlegungen anstellt, nicht als mentale Ereignisse, sondern als implizit bejahte Urteile.[48]

Sogar für ihren Charakter darf die erwachsene Person verantwortlich gemacht werden. Zugleich mit der Willensfreiheit wird ihr nämlich unterstellt, dass sie sich kritisch mit dem eigenen Bildungsprozess auseinander setzen konnte. Erst eine ‚kritische Aneignung' der eigenen Lebensgeschichte entscheidet darüber, welche der prägenden Traditionen wir jeweils ‚mit Willen und Bewusstsein' fortsetzen, und von welcher wir uns distanzieren. Auch das Fehlen eines solchen reflexiven Einschnitts in der Adoleszenz zählt als eine Entscheidung für Kontinuität.[49]

(2) Als eine Ergänzung dieses kompatibilistischen Argumentes lässt sich die Überlegung verstehen, dass wir in Kontexten der *Rechtfertigung* aus der „kausalen Ahnenreihe" einer Handlung nicht dieselbe Menge von Ursachen für relevant halten wie in Kontexten der *Erklärung*.[50] Willensfreiheit, also die Fähigkeit, auf Grund praktischer Urteile selbstbindende Entscheidungen zu treffen, unterstellen wir nur im Rechtfertigungskontext. Hier zählen Entscheidungsgründe als mögliche Handlungsmotive, und diese sind für das Problem der Verantwortungszuschreibung auch ausreichend. Zwar können in solchen Kontexten auch Erklärungen, die den Wechsel von der Teilnehmer- zur Beobachterperspektive erfordern, eine Rolle spielen. Aber in diesem Kontext dienen, wie wir gesehen haben, kausale Erklärungen nur dazu, die Grenzen festzustellen, jenseits derer eine Person für ihre Handlungen nicht mehr, oder nicht mehr voll verantwortlich gemacht werden kann. Eine Dissonanz zwischen Freiheit und Determinismus kann auch dann nicht auftreten, weil Fragen der Verantwortungszuschreibung nur unter der Prämisse sinnvoll sind, dass Personen im Allgemeinen aus freien Stücken handeln.

Die Einbeziehung von Erklärungen in Kontexte der Rechtfertigung verändert nicht den illokutionären Sinn des übergreifenden Zusammenhanges, in dem sich Personen von weiter zurückreichenden Ursachenketten nicht irritieren lassen müssen. Allein die kontextabhängige Relevanz der *leitenden* Fragestellung, so das Argument, sorgt für die subjektiv entlastende Entkoppelung der (andernfalls beunruhigenden) *Genesis* eines Willensaktes von der *Geltung* entsprechender Rechtfertigungsgründe. Erst wenn wir von Kontexten, in denen ein Teilnehmer den anderen *zur Rechenschaft* zieht, zu *Kontexten der Erklärung* von Hand-

48 Siehe auch die Replik von J. Nida-Rümelin auf Michael Pauen in: Information Philosophie, Januar 2006, 24–31.

49 Ich verstehe Kierkegaards Darstellung des „ethischen Stadiums" so, dass das kritisch erworbene ethische Selbstverständnis genau den Charakter ausdrückt, als der man von anderen anerkannt werden möchte. Implizit stimmt man damit auch dem Reservoir der Gründe zu, das die bejahten Charaktereigenschaften bereitstellen (vgl. J. Habermas, Die Zukunft der menschlichen Natur, Frankfurt/M. 2001, 17 ff.).

50 Zum Folgenden M. Willaschek, A Contextualist Account of Free Will (Ms. 2005), mit Bezugnahme auf die Diskussion zwischen J. Hawthorne (Freedom in Context, in: Philosophical Studies, 104 (2001), 63–79) und R. Feldmann (Freedom and Contextualism, in: J. K. Campbell u. a., Freedom and Determinism, Cambridge/Mass. 2004, 255–276). Ich bedanke mich bei M. Willaschek für metakritische Einwände und erläuternde Kommentare.

lungen und Handlungszusammenhängen übergehen, richtet sich das Interesse auf langfristige Kausalzusammenhänge.

Die Schwäche des Arguments besteht in der pauschalen Verwendung des Begriffs „kausale Erklärung“. Denn zu prüfen ist ja, wie sich ein naturalistisches Weltbild, das nur noch nomologische Verhaltenserklärungen gelten lässt und so die explanatorische Rolle verständlicher Handlungsmotive *verdrängt*, auf das intuitive Freiheitsbewusstsein handelnder Personen auswirkt. Wohl stützen sich im forensischen Diskurs entschuldigende und schuldausschließende Gründe auf kausale Erklärungen, die den Bedingungszusammenhang eines normabweichenden Verhaltens aus der Beobachterperspektive darstellen. Dabei übernehmen jedoch rationale und naturalistische Erklärungen verschiedene Rollen und wirken sich, wie wir gesehen haben, auf das personale Selbstverständnis auf je andere Weise aus.

In Fällen rational nachvollziehbarer Handlungserklärungen liegt die Verträglichkeit von Kausalität und Freiheit auf der Hand, weil Gründe in rationalen Handlungserklärungen eine analoge Rolle spielen wie in Rechtfertigungen. „Notstand“ kann im Rechtfertigungskontext nur als Entschuldigung dienen, wenn dieser Grund im Erklärungskontext als die Ursache der inkriminierten Handlung zählt, und das heißt: wenn die betreffende Person *aus diesem Grund* gegen eine Norm verstoßen hat. Sobald sich jedoch schuldausschließende Gründe wie in Fällen eines Alkoholexzesses oder eines schweren psychiatrischen Befundes auf nomologische Erklärungen stützen, schließen die naturgesetzlichen Kausalzusammenhänge die Unterstellung von Willensfreiheit aus. Der Angeklagte *konnte* nicht anders handeln, wenn für den Zeitpunkt der Handlung eine Verbindung zwischen Handlungsursachen und möglichen Handlungsgründen gar nicht bestanden hat. Infolgedessen implodiert das Sprachspiel verantwortlicher Urheberschaft, sobald die Verallgemeinerung naturalistischer Erklärungen die Prämisse der Willensfreiheit aus dem Verkehr zieht.

Eine Anfangsplausibilität bezieht das kontextualistische Argument bestenfalls aus dem Umstand, dass es stillschweigend nur *einen* Typ von Erklärungen in Betracht zieht. Tatsächlich ist es jedoch nicht der Kontext der Rechtfertigung, der das Freiheitsbewusstsein intakt lässt, sondern ein Erklärungstyp, der sich im Unterschied zu naturalistischen Erklärungen auf die Überlegungs- und Entscheidungsspielräume handelnder Personen bezieht. Anders als die Ereigniskausalität, die sich auf physikalische Zusammenhänge zwischen Umwelt und Organismus oder auf Netzwerke innerhalb des Organismus erstreckt, wirkt die semantisch vermittelte Kausalität von Gründen über kulturelle Überlieferungen, Sozialisationsprozesse, gesellschaftliche Normen auf Wahrnehmungen und Affekte, Überlegungsprozesse und Handlungsmotive ein und unterminiert deshalb nicht das personale Selbstverständnis handelnder Subjekte. Das gilt für komplexe geschichts- und sozialwissenschaftliche oder ökonomische Erklärungen nicht weniger als für einfache narrative und alltagspsychologische Erklärungen.[51]

(3) Kompatibilistische Argumente haben das Ziel zu zeigen, dass die Vorstellung des kausal geschlossenen Universums für das Bewusstsein verantwortlicher Urheberschaft irrelevant

51 Die kausalen Zusammenhänge, auf die sich sozialwissenschaftliche und ökonomische, auch historische und die meisten psychologischen Verhaltenserklärungen stützen, beschwören keine Debatten über Freiheit und Determinismus herauf, weil die theoretischen Annahmen jeweils in der Begrifflichkeit von kommunikativ vermittelten Interaktionen, Überlieferungen, Institutionen und

ist. In diese Reihe passt auch die These von Daniel Dennett, dass es für risikobewusste und intelligente Lebewesen wie uns gleichgültig ist, ob sie Freiheit für eine Illusion halten oder nicht: „There are those who don't believe in free will and thereby don't have free will, and there are those who do believe in free will and thereby actually have free will."[52] Das heißt nicht, dass das naturalistische Weltbild falsch wäre; als Philosoph macht sich Dennett für den Determinismus stark. Obgleich wir keineswegs alle physikalischen Gesetze kennen oder jemals kennen werden, haben wir gute Gründe, uns das Universum aus der Sicht eines Laplaceschen Dämons so vorzustellen, dass es in jedem Augenblick exakt nur einen möglichen Verlauf künftiger Weltzustände zulässt. Demnach kann es keine zwei verschiedenen Welten geben, die denselben Ausgangszustand haben. Wenn irgendein Paar von zwei möglichen Welten auch nur einen Weltzustand gemeinsam hat, wird jede der beiden Welten die zutreffenden Beschreibungen aller auf diesen Zustand folgenden Weltzustände erfüllen. Aber für Lebewesen, welche die Evolution mit dem Vermögen rationaler Wahl ausgestattet und zu intelligentem Handeln unter Ungewissheit verurteilt hat, macht es in der Praxis keinen Unterschied, ob wir die Welt materialistisch begreifen und für kausal geschlossen halten oder nicht.

Auch aus der Perspektive des wissenschaftlichen Beobachters können wir uns klar machen, dass die Vorstellung einer deterministisch verfassten Welt nicht zu der lähmenden Konsequenz der „Unausweichlichkeit" aller Ereignisse führen muss. Vielmehr existiert in der Welt organisches Leben, das Designs zur Vermeidung von Risiken und zur Abwehr schädlicher Einwirkungen auf den Organismus hervorgebracht hat, eine Differenz zwischen vermeidbaren und unvermeidbaren Ereignissen. Je intelligenter die Lebewesen, umso effektiver sind entsprechende Schutzvorrichtungen – und umso weniger plausibel ist die Annahme, dass uns eine deterministische Auffassung daran hindern könnte, innerhalb eines begrenzten Alternativenspielraums über die Wahl der jeweils besten Optionen nachzudenken, um eigene Interessen durch kluge Entscheidungen zu fördern: „This proves that ‚evitability' can be achieved in a deterministic world"[53] und „it follows that the truth or falsity of determinism should not affect our belief that certain unrealized events were nevertheless ‚possible', *in an important everyday sense* of the word."[54]

Die vom Autor selbst hervorgehobene Einschränkung der Aussage auf den Alltagssinn der modalen Ausdrücke macht schon auf den stillschweigend vorgenommenen Perspektivenwechsel aufmerksam, den kompatibilistische Argumente immer wieder ausnutzen. Dieselbe Gefahr, die sich *für eine* unter Bedingungen des Nichtwissens *handelnde Person* als vermeidbar, und dasselbe Ziel, das sich aus dieser Beteiligtenperspektive als erreichbar darstellt, begreift der Wissenschaftler *aus der Perspektive des Beobachters* als „an sich" determinierte Weltzustände. Die Rede von „Optionen" und „vermeidbaren Risiken" ist

gesellschaftlichen Situationen sowie von entsprechenden Interpretationen und Überzeugungen, Interessen und Wünschen, Dispositionen und Gefühlen formuliert sind. Dadurch bleibt die Verbindung zu Stellung nehmenden Personen im Raum der Gründe gewahrt. Jenseits der Biologie kommt selbst die Systemtheorie nicht ohne den Grundbegriff sprachlich kommunizierten Sinns aus. Um die explanatorische Unvollständigkeit rationaler Handlungserklärungen auszugleichen, müssen freilich empirische Annahmen über Strukturen und einschränkende Bedingungen die *kausale* Wirksamkeit prima facie *verständlicher* Handlungsmotive wahrscheinlich machen.

52 D. C. Dennett, Freedom Evolves, a. a. O., 13.

53 Ebd., 62.

54 Ebd., 77.

nur mit Bezug auf die Perspektive sinnvoll, die intelligente, aber bedürftige und verletzbare Personen einnehmen, wenn sie auf der Grundlage begrenzter Informationen und fehlbarer Erwartungen eine wahrgenommene Situation deuten, um im Lichte ihrer Interessen mit den für sie unüberschaubaren Kontingenzen fertig zu werden. Um den Widerspruch zwischen dem naturalistischen Weltbild und dem Selbstverständnis handelnder Personen auszuräumen, genügt es daher nicht, *aus der Vogelperspektive des Wissenschaftlers* festzustellen, dass solche Alternativen und Freiheitsgrade nur *aus der Perspektive von Beteiligten* bestehen. Denn die handelnden Personen sind trotz der Endlichkeit eines situierten Verstandes, der den Weltlauf nur in engen Grenzen vorauszusagen vermag, mit den Personen, die gleichsam von außen oder oben auf die Welt im Ganzen schauen, identisch. Was die eine weiß, kann die andere nicht einfach ignorieren.

Die Unempfindlichkeit gegenüber dem *Eigensinn* der Perspektive von Teilnehmern, die uns hier wiederum begegnet, erklärt sich aus der szientistischen Grundannahme, dass die naturwissenschaftlich objektivierende vor der teilnehmenden Perspektive *Vorrang genießt.* Gerade unter dem evolutionstheoretischen Gesichtspunkt, den Daniel Dennett (über die Grenzen der Evolutionsbiologie hinaus) einnimmt, verliert dieser Szientismus seine Selbstverständlichkeit. Die Endlichkeit eines aus der natürlichen Evolution hervorgegangenen und in der Welt situierten Geistes spricht vielmehr gegen die fraglose Unterordnung der teilnehmenden Perspektive, aus der uns die objektive Welt zunächst im praktischen Umgang mit unbeherrschten Kontingenzen begegnet, unter einen transzendenten Standpunkt jenseits der Welt, der kein bloßer „Standpunkt" mehr sein darf: „Es ist gerade die Idee einer absoluten, letztgültigen, ultimativen Beschreibung ‚des Universums', die inkonsistent ist. *Sie* ist die Fiktion, aus der – und der allein – sich ergibt, dass unser Freiheitsbewusstsein von außen betrachtet fiktiv ist. Sobald man sieht, dass die Fähigkeit zur Teilnahme an Praktiken der Rechtfertigung für alles Erkennen – und jeden verständlichen Begriff des Erkennens – grundlegend ist, bricht diese Konstruktion zusammen."[55]

V. Naturalistische Erklärungen des epistemischen Dualismus

Auch mit einem Scheitern des Kompatibilismus muss sich der Naturalist nicht geschlagen geben. Warum sollte der Anspruch, dass die Neurologie eines Tages geistige Zustände hinreichend erklären kann, nicht auch dann berechtigt sein, wenn dieses Wissen praktisch, also im Vollzug der Verwirklichung einer Handlungsabsicht nicht mit der Selbstbeschreibung der Handelnden als Personen in Einklang gebracht werden kann? Der mögliche Erfolg dieses Programms wird nicht von den Konsequenzen abhängen, die er „für uns" in der Lebenswelt haben würde. Für den Naturalisten empfiehlt es sich, die epistemische, auf das Bewusstsein von Akteuren bezogene Betrachtungsweise aufzugeben, um stattdessen ontologisch zu untersuchen, welchen Platz geistige Zustände in einer materialistisch begriffenen und kausal geschlossenen Welt einnehmen.

55 M. Seel, Teilnahme und Beobachtung. Zu den Grundlagen der Freiheit, in: Neue Rundschau, 116 (2005), Heft 4, 141–153. Ähnlich kritisiert Thomas Nagel (The View from Nowhere, Oxford 1986) die objektivistische Verselbständigung der Beobachterperspektive, allerdings in Opposition zur Ersten-Person-Perspektive.

(1) Die Ansätze eines nicht-eliminativen bzw. nicht-reduktionistischen Materialismus haben das Ziel, der phänomenalen Eigenständigkeit oder gar der kausalen Wirksamkeit des Geistes gerecht zu werden, ohne die naturalistische Annahme preiszugeben, dass sich die Struktur der Welt aus ihrer naturwissenschaftlichen, letztlich physikalischen Beschreibung erschließen lässt. Hier stehen weder die materialistische Beschreibung der Elemente, aus denen sich die Welt zusammensetzt, noch deren kausale Geschlossenheit zur Disposition. Die Konzeptionen unterscheiden sich aber danach, wie sie „Eigenständigkeit" und „Kausalität" verstehen. Die tonangebende Version, die im naturalistischen Lager als unproblematisch angesehen wird, begnügt sich damit, die Komplexitätsstufe des Geistes durch „emergente" Eigenschaften im schwachen Sinne zu charakterisieren.

Eigenschaften der Reproduktion wie Selbstorganisation, Wachstum und Evolution, Stoffwechsel, Fortpflanzung und so weiter treten auf der Stufe des organischen Lebens, Eigenschaften der Subjektivität wie Empfindung, spontane Bewegung, Wahrnehmung und so weiter bei höher organisierten Lebewesen in Erscheinung.[56] Emergente Eigenschaften kommen aber auch schon in der anorganischen Natur vor. Es sind Eigenschaften, die erst auf der Ebene des jeweiligen Systems, nicht schon auf der Ebene seiner Komponenten auftreten; sie ergeben sich aus neuartigen Konstellationen dieser Bestandteile. Der Aspekt der Neuartigkeit lässt sich unter dem diachronischen Gesichtspunkt der Evolution näher bestimmen. „Emergent" nennen wir dann Eigenschaften, die aus neuen Konstellationen entstehen und vor ihrer ersten Exemplifizierung auch nicht vorausgesagt werden konnten.[57] Wenn sich nun personale Eigenschaften wie Intentionalität und Sprachkompetenz in ähnlicher Weise wie die erwähnten biologischen Eigenschaften als „emergent" verstehen und kausal erklären ließen, fügte sich der Geist in eine materialistisch beschriebene und kausal geschlossene Welt ein.

Allerdings müsste es auch in diesem Fall gelingen, das Geschehen auf der Systemebene in seine Bestandteile zu zerlegen und mithilfe eines theoretischen Modells so abzubilden, dass wenigstens im Prinzip erklärt werden kann, wie das systemische Geschehen aus dem gesetzmäßigen Zusammenwirken dieser Elemente zu Stande kommt. Für alle im schwachen Sinne emergenten Eigenschaften bedeutet ein solches Vorgehen, „dass Systeme, die lebendig sind oder Geist haben – seien sie natürliche oder artifizielle Systeme – aus den gleichen basalen Bausteinen bestehen wie die unbelebten Dinge der Natur".[58]

Nehmen wir einmal an, dass den Neurowissenschaften eine Naturalisierung des Geistes *in diesem methodischen Sinne* gelingen würde. Dann könnten sie, obgleich das Mentale keinen vom Physischen verschiedenen ontischen Status einnehmen würde, der phänomenalen Eigenständigkeit von Intentionen und Erlebnissen insofern Rechnung tragen, als diese unter die Beschreibung emergenter Eigenschaften fallen. Mit der „phänomenalen Eigenständigkeit" gewönnen allerdings mentale Eigenschaften noch keine „kausale Wirksamkeit". Weil die physikalischen Gesetzmäßigkeiten, die das Zusammenwirken der elementaren Bausteine bestimmen, durch alle Emergenzstufen hindurchgreifen, bleibt für so

56 G. Toepfer, Der Begriff des Lebens, in: U. Krohs/G. Toepfer (Hg.), Philosophie der Biologie, Frankfurt/M. 2005, 157–174.

57 A. Stephan, Emergente Eigenschaften, in: U. Krohs/G. Toepfer (Hg.), Philosophie der Biologie, a. a. O., 88–105.

58 Ebd., 91.

etwas wie Willensfreiheit durch mentale Verursachung auch in einem solchen Universum kein Platz.

Demgegenüber beharrt Donald Davidson auch auf einer Erklärung dieser rätselhaften Intuition, die er noch einmal mit einem trockenen Beispiel illustriert: „Hat jemand die *Bismarck* versenkt, dann haben verschiedene geistige Ereignisse wie etwa Wahrnehmungen, Urteile, Entscheidungen, absichtliche Handlungen und Meinungsäußerungen beim Versenken der *Bismarck* eine Rolle gespielt."[59] Davidson geht (mit vielen anderen analytischen Philosophen) davon aus, dass sich geistige Ereignisse weder durch psychophysische Gesetze noch durch definitorische Beziehungen zwischen verschiedenen Theorieebenen auf physikalische Ereignisse reduzieren lassen. Andererseits lehnt er ebenso die Vorstellung einer Interaktion zwischen geistigen und physischen Ereignissen und damit die Vorstellung einer Abwärtskausalität ab. Er bedient sich des Begriffs der Supervenienz von Eigenschaften, um die Erfahrung mentaler Verursachung unmittelbar ontologisch zu erklären: Alle Ereignisse sind physischer Natur, aber einige dieser Ereignisse „tragen" gewissermaßen außer ihren physischen auch noch mentale Eigenschaften. Sie weisen immer dann, wenn sie die physische Eigenschaft Kx haben, zugleich die mentale Eigenschaft Gx auf.

Gemessen am Ziel der Argumentation, den geistigen Tätigkeiten einen Platz in einer durchgängig physikalistisch erklärten Welt zu reservieren, kann auch dieser „anomale Monismus" nicht überzeugen. Es ist nämlich überflüssig, die Existenz einer besonderen Art von Eigenschaften zu postulieren, wenn diese in einem materialistisch begriffenen Universum, in dem nur Ereignisse aufeinander einwirken können, „keine kausale Arbeit leisten".[60] Davidsons Versuch, den Geist vor der Reduktion zu bewahren, scheint ungewollt auf dessen Eliminierung hinauszulaufen. Ich brauche an dieser Stelle auf die Einwände von Jaegwon Kim nicht näher einzugehen. Wenn man am Ziel der Argumentationsstrategie gleichwohl festhalten will, steht nur noch die Option offen, den Gesetzesbegriff der Kausalität zu erweitern oder zu ergänzen. Neuere Auffassungen verzichten auf die Vorstellung einer nomologischen Realisierung von geistigen Eigenschaften in einer kausal geschlossenen Welt physischer Ereignisse. Sie operieren entweder mit der Annahme einer Unterdetermination höherer Emergenzstufen durch physikalische Gesetze[61] oder statten Eigenschaften und Konfigurationen von Eigenschaften mit kausalen Kräften aus.[62]

(2) Die Plausibilität der bisher behandelten Erklärungsversuche leidet allgemein an einer mentalistischen Verkürzung des erklärungsbedürftigen Phänomens, die sich dem ontologischen Kurzschluss zwischen Geist und Gehirn verdankt. Wenn der „Geist" in der Menge derjenigen mentalen Ereignisse aufgehen soll, die jeweils von der Gehirntätigkeit eines einzelnen menschlichen Organismus hervorgerufen werden, schrumpft der im Kommunika-

59 D. Davidson, Geistige Ereignisse, in: ders., Handlung und Ereignis, Frankfurt/M. 1985, 291–316, hier: 292.

60 J. Kim, The Myth of Nonreductive Materialism, in: R. Warner/T. Szubka (Hg.), The Mind-Body Problem, London 1994, 242–260, hier: 246: „What does no causal work does no explanatory work either; it may as well not be there."

61 J. Nida-Rümelin, Über menschliche Freiheit, a. a. O., 74 ff.

62 W. Detel, Forschungen über Hirn und Geist, in: Deutsche Zeitschrift für Philosophie, 52 (2004) 6, 891–920; in diesem Band: 121–150.

tionszusammenhang von Kultur und Gesellschaft symbolisch verkörperte Geist zum Epiphänomen. Mit der Auflösung des „objektiven Geistes" in mentale, das heißt im Bewusstsein lokalisierte Ereignisse zerfällt aber das Milieu, worin sich der subjektive Geist erst bildet. Die Folge ist eine übervereinfachte Konzeptualisierung der Beziehungen zwischen Geist und Gehirn. Würde der menschliche Geist seine eigene Genealogie erkennend eingeholt und sich gewissermaßen selbst „begriffen" haben, wenn es einem Neurologen gelänge, mithilfe einer geeigneten Theorie, beliebige Ausschnitte seines eigenes Bewusstseinslebens zu beschreiben?

Wolfgang Prinz sieht für die Psychologie eine gute Chance, die in physikalistischen Forschungsprogrammen auftretende Erklärungslücke zwischen subjektivem und objektivem Geist auszufüllen, um so dem Phänomen der Willensfreiheit besser gerecht zu werden.[63] Aus der Sicht eines psychologischen Konstruktivismus nutzt er die Einsichten, die Wittgenstein aus der Analyse von Sätzen der Ersten Person gewonnen hatte, für eine überzeugende Kritik an der Vorstellung des introspektiven Zugangs zu je eigenen Erlebnissen.[64] Der Inhalt von subjektiven Erfahrungen ist das Ergebnis von Interpretationen, die „die Eingangsinformationen nach eigenen Kategorien und mit eigenen Darstellungsmitteln verarbeiten".[65] Dabei ist nicht ganz klar, wem die Inhalte ihre kategoriale Form verdanken; wie wir später sehen werden, dürfen das nicht schon die grammatischen „Darstellungsmittel" einer intersubjektiv geteilten Sprache sein.

Im nächsten Schritt erklärt Prinz Handlungsentscheidungen mithilfe von Präferenzen, Handlungswissen und Situationsbewertungen. Das Zustandekommen von Entscheidungen wird als ein anonymer Vorgang des Zusammenwirkens psychologischer Variablen beschrieben, „ohne dass da jemand wäre, der sie trifft". Handlungen werden allerdings Personen zugeschrieben, die sich als Personen, das heißt als ein Selbst erfahren. Also müssen die „Wissensstrukturen, die das ‚Selbst' tragen, gemeinsam mit den Wissensstrukturen für Präferenzen, Handlungswissen und Situationsbewertungen aufgebaut werden".[66]

Der entscheidende Schritt ist die Erklärung der Genese des Selbst als Ergebnis einer sozialen Interaktion, worin sich die Aktoren gegenseitig Entscheidungsfähigkeit und Autorschaft zuschreiben. Das personale Selbstverhältnis soll aus der Antwort auf Erwartungen einer „Diskurssituation" entstehen, die für jeden Aktor eine „selbstförmige Rolle bereithält". Das Modell für diese Lernsituation, worin sich einer „im Spiegel" der anderen so verstehen lernt, wie die anderen ihn verstehen, ist offensichtlich der Erwerb einer Umgangssprache, die mit dem System der Personalpronomina entsprechende Kategorien bereitstellt. Das System von ‚ich', ‚du' und ‚er' lernt das Kind in dem Maße korrekt anzuwenden, wie es in die reziprok austauschbaren Kommunikationsrollen von Sprecher und Hörer hineinwächst und reflexiv die Einstellung der Ersten zur Zweiten Person auf sich

63 W. Prinz, Bewußtsein und Ich-Kommunikation, in: G. Roth/W. Prinz, Kopf-Arbeit. Gehirnfunktionen und kognitive Leistungen, Heidelberg 1996, 451–466.

64 Vgl. E. Tugendhat, Selbstbewußtsein und Selbstbestimmung, Frankfurt/M. 1979, Vorlesung 5 und 6.

65 W. Prinz, Kritik des freien Willens. Bemerkungen über eine soziale Institution, in: Psychologische Rundschau, 55 (2004), Heft 4, 198–206, hier: 200: „Was immer wir aus der Introspektion über psychische Prozesse zu wissen glauben – dieses Wissen ist stets das Produkt selektiver Repräsentation, inhaltlicher Fokussierung und kategorialer Überformung." (201)

66 Ebd., 203.

selbst lenkt, um schließlich beide Perspektiven mit der Beobachterperspektive einer Dritten Person zu verbinden.[67]

Prinz begreift „Person" und „Selbstinstanz" in diesem Sinne als Einrichtungen oder „Institutionen". Sie erfüllen die Funktion der Verantwortungszuschreibung und machen damit die Selbstorganisation von Gesellschaften möglich. Denn mit der Lokalisierung von Handlungsentscheidungen in der „Person" finden Verhaltenserwartungen erst einen Adressaten für mögliche Strafen und Gratifikationen. Diese Analyse scheint sich nahtlos an die Konzeption der Willensfreiheit als einer notwendigen Präsupposition des Sprachspiels verantwortlicher Urheberschaft anzuschließen: „Institutionen bringen Intuitionen hervor [...]. Freiheitsintuitionen werden in sozial regulierten Diskursen ausgebildet und tragen dann selbst zu ihrer Aufrechterhaltung bei."[68] Proponenten der Willensfreiheit könnten ganz zufrieden sein: Als soziale Konstruktion ist der freie Wille natürlich ein „Artefakt". *Alle* symbolischen Ausdruckformen, in denen Kultur und Gesellschaft existieren, sind eine künstlich erzeugte Realität, die sich allein im Medium menschlicher Kommunikation erhält.

Andererseits bleibt die Antwort auf die Frage, ob der Mensch nun einen freien Willen hat oder nicht, eigentümlich unklar – „eigentlich nicht, aber praktisch doch". Das Wort „Artefakt" erhält den Klang einer ins Fabelreich verwiesenen Existenz, wenn der Autor seine Abhandlung mit dem Satz beginnt: „Aus der Sicht der Psychologie über den freien Willen zu reden ist ähnlich wie aus der Sicht der Zoologie über das Einhorn zu reden: Man spricht über Dinge, die in der Ontologie dieser Disziplin eigentlich nicht vorgesehen sind."[69] Hier spricht der Psychologe als Naturwissenschaftler, der von der kausalen Geschlossenheit eines naturgesetzlich determinierten Weltgeschehens *a priori* ausgeht. Deshalb muss sich der psychologische Konstruktivismus, der für die phänomenale Eigenständigkeit des objektiven Geistes sorgt, mit einem neurobiologischen Materialismus verbünden, der für die Reduktion sorgt und dem emergenten Geschehen von Kultur und Gesellschaft die kausale Eigenwirksamkeit abspricht. Prinz hält die Tür für eine neurologische Reduktion der höherstufigen Phänomene offen: Das Handlungswissen und die personale Selbstwahrnehmung können nur „auf der Grundlage subpersonaler Prozesse zustande kommen".[70] Bewusste Überlegungen tragen bestenfalls zu einem Elaborieren unbewusst ablaufender Entscheidungsprozesse bei, sollen aber ihrerseits mithilfe psycho-physischer Gesetze auf Gehirnprozesse zurückgeführt werden können.

Mit diesem Schritt kehrt das Problem des Übergangs zurück: Wie gelangen wir von der Beschreibung des neuronalen „Geschehens" zur Beschreibung konstruktiver „Leistungen", ohne die Bedeutung von Konstruktion und gegenseitiger Attribution zu erschleichen? Die Beschreibung der „sozialen Konstruktion des Selbst" bezieht ihre Plausibilität aus der stillschweigenden Voraussetzung von Interaktionsformen, deren Entstehung aus subpersonalen Prozessen doch erst erklärt werden soll. Vorausgesetzt wird die Fähigkeit zur Kommunikation in einer Sprache mit grammatisch vorstrukturierten Leerstellen, die Heranwachsende

67 Das ist unter dem Titel des Erwerbs von Sozialperspektiven in der Forschungstradition von Lawrence Kohlberg untersucht worden.

68 W. Prinz, Kritik des freien Willens, a. a. O., 204.

69 Ebd., 198.

70 Ebd., 204.

in der Folge von asymmetrischen Spiegelungen und Attributionen ausfüllen. Aber das können sie nur lernen, wenn es schon kompetente Sprecher gibt, die Attributionen vornehmen können. Auch eine mentalistisch, also auf die Beobachterperspektive beschränkte Attributionstheorie[71] kann nicht erklären, wie sprachförmige Interaktionsformen aus anonymen, noch selbst-losen, vorpersonalen Wissensstrukturen hervorgehen können; sie setzt nämlich immer schon Interaktionsteilnehmer voraus.

Dieser Versuch, das „Selbst“ als Instanz der gegenseitigen Verantwortungszuschreibung für Handlungen naturalistisch zu erklären, hat das Verdienst, den über Kommunikation hergestellten Zusammenhang des subjektiven und des objektiven Geistes ernst zu nehmen. Der Versuch scheitert, weil sich die soziale Verfassung des menschlichen Geistes, die sich in interpersonalen Beziehungen entfaltet, nur aus der Perspektive von Teilnehmern erschließt und nicht in die Perspektive eines Beobachters, der alles zum innerweltlichen Geschehen objektiviert, eingeholt werden kann. Wiederum erweist sich die szientistische Voraussetzung eines buchstäblich utopischen „Blicks von Nirgendwo“ als problematisch. Das verrät schon die unfreiwillige Komik eines bekannten Buchtitels: *Aus der Sicht des Gehirns* lässt sich gar nichts wahrnehmen, weil „das Gehirn“ nichts anderes benennt als Ausschnitte aus einem beobachtbaren Geschehen.

Hilary Putnam hat aus der Kritik am „Gottesstandpunkt“ konsequent den Gedanken eines „internen Realismus“ entwickelt. Er gibt sich, ohne den universalistischen Wahrheitsanspruch wissenschaftlicher Erkenntnis preiszugeben, Rechenschaft über den trivialen Umstand, dass „wir“ – die in der Welt situierten sprach- und handlungsfähigen Subjekte – selbst es sind, die aus dem Horizont einer jeweiligen Lebenswelt den bestmöglichen kognitiven Zugang zur objektiven Welt suchen.[72] Der Widerstand des personalen Selbstverständnisses gegen eine naturalistische Selbstbeschreibung erklärt sich aus der Nichthintergehbarkeit eines Dualismus von Wissensperspektiven, die sich miteinander verschränken müssen, um dem in der Welt situierten Geist einen orientierenden Überblick über seine Situation zu ermöglichen. Auch der Blick des vermeintlich absoluten Beobachters kann die Bindung an einen Standpunkt, nämlich den einer ideal erweiterten Argumentationsgemeinschaft, nicht abstreifen.[73]

71 Zur Kritik vgl. L. Wingert, Grenzen der naturalistischen Selbstobjektivierung, a. a. O., 252 ff.

72 H. Putnam, Realism and Reason, Philosophical Papers, Bd. 3, Cambridge/Mass 1983; ders., Realism with a Human Face, Cambridge/Mass. 1990. Zu Putnam auch A. Müller, Referenz und Fallibilismus, Berlin/New York 2001. Die verwandte Konzeption eines kantischen Pragmatismus behandele ich in der Einleitung zu: J. Habermas, Wahrheit und Rechtfertigung, Frankfurt/M. 1999, 7–64.

73 G. H. Mead hat den von Charles Sanders Peirce eingeführten transzendentalen Begriff einer idealen oder vollständig inklusiven Forschergemeinschaft (dazu K.-O. Apel, Der Denkweg von Charles S. Peirce, Frankfurt/M. 1975) zur komparativen Idee einer „ever wider community“ gewissermaßen detranszendentalisiert (zur kontroversen Verarbeitung dieser pragmatistischen Denkanstöße vgl. die Auseinandersetzung zwischen Richard Rorty und mir in: R. B. Brandom (Hg.), Rorty and His Critics, Oxford 2000, 1–64).

VI. Die Nicht-Hintergehbarkeit komplementär verschränkter Wissensperspektiven und die erkenntnistheoretische Wende

Die beiden Wissensperspektiven des Beobachters und des Teilnehmers lassen sich auf „Weltperspektiven" zurückführen, die gleichursprünglich in unserer Form der sprachlichen Kommunikation verankert sind. Wenn sich Personen miteinander über etwas verständigen, richten sie, während sie an gemeinsamen Praktiken inmitten ihrer *intersubjektiv* geteilten *Lebenswelt* teilnehmen, ihren Blick auf Dinge und Ereignisse in der *objektiven Welt*. Es ist nicht die Subjektivität eines Bewusstseinslebens, die Menschen von anderen Lebewesen unterscheidet, sondern die Verschränkung der intersubjektiven Beziehungen zwischen Personen mit deren objektivierender Einstellung zu etwas in einer intentional auf Abstand gebrachten Welt. Die sprachliche Sozialisierung des Bewusstseins und das intentionale Verhältnis zur Welt konstituieren sich gegenseitig in dem zirkulären Sinne, dass eines das andere begrifflich voraussetzt.

Die pragmatischen Universalien der Umgangssprache stiften für Sprecher und Hörer, die sich ihrer bedienen, um miteinander über etwas zu kommunizieren, einen doppelten Weltbezug: Indem sich die Teilnehmer im Horizont einer gemeinsamen Lebenswelt *als Erste und Zweite Personen* aufeinander beziehen, nehmen sie zugleich *in der objektivierenden Einstellung einer Dritten Person* auf Gegenstände in der Welt Bezug, von denen etwas ausgesagt werden kann. Die Teilnehmer an einer solchen Verständigungspraxis verstehen sich als Personen, die einander für ihre Äußerungen Gründe schulden. Diese aus performativen Zusammenhängen bekannten Eigenschaften werden Personen auch dann zugeschrieben, wenn sie selber, zusammen mit ihren Praktiken und lebensweltlichen Kontexten, als „etwas in der Welt Vorkommendes" beobachtet und beschrieben werden. Das erklärt, warum die intentionalistischen Ausdrücke, um die ein zur Beschreibung von Personen und deren Äußerungen geeignetes Vokabular angereichert werden muss, nur im Gebrauch von Interaktionsteilnehmern, die sich gegenseitig als Zweite Personen aufeinander einstellen, eingeübt und auf diesem performativen Wege erlernt werden können.

In diesem Zusammenhang ist ein berühmter Essay von Wilfrid Sellars, der sich einen stark vereinfachenden Blick auf die archaischen Anfänge der Gattungsgeschichte gestattet, von Interesse.[74] Zunächst scheint es nahe gelegen zu haben, auch die Natur, das Geschehen in der objektiven Welt, in die sozialen Beziehungen der intersubjektiv geteilten Lebenswelt einzubeziehen – also unheimliche Naturkräfte zu personalisieren. In dem Maße jedoch, wie die Menschen mit den Risiken einer überraschenden Natur zurechtkommen mussten, hat der Eigensinn der Probleme zu einer fortschreitenden Desozialisierung der Beschreibungen genötigt. Mit der Ausdifferenzierung einer Ding-Ereignissprache, die auf beobachtbare und letztlich physikalisch messbare Zustände in der Welt zugeschnitten ist, verband sich eine Differenzierung in wichtigen Grundbegriffen (wie Gesetz und Norm, Sein und Sollen, Ursache und Motiv) wie auch in den entsprechenden Erklärungsmustern. Damit konnte sich erst das kognitive Potenzial entfalten, das in den von Anbeginn verschränkten Weltperspektiven von Teilnehmern und Beobachtern jeweils angelegt ist. Die Rationalisierung sowohl der alltäglichen als auch der professionell und handwerklich tra-

---

74 W. Sellars, Philosophy and the Scientific Image of Man, in: ders., Science, Perception, and Reality, London 1963, 1–40

dierten Umgangserfahrungen führte schließlich zur Entstehung wissenschaftlicher Disziplinen.

Diese Entwicklung verlief mehrgleisig, je nach den spezifischen *Formen* des Umgangs: Dinge und Ereignisse ließen sich manipulieren und herstellen oder hervorrufen; Pflanzen und Tiere wurden kultiviert, gehütet oder gezüchtet; mit anderen Personen war man kommunikativ in gemeinsame Praktiken, Erfahrungen und Geschichten verstrickt.[75] Aber am Ende ist die Entwicklung der modernen Wissenschaften auf die Alternative von „Erklären“ und „Verstehen“ als den beiden maßgebenden Methoden hinausgelaufen.[76] In den Naturwissenschaften zielen die Theoriestrategien – trotz der bis heute nicht überwundenen „Reibungswiderstände“ der organischen Natur in den Lebenswissenschaften – auf die Erfassung von deterministischen oder probabilistischen Gesetzmäßigkeiten und auf die nomologische Erklärung von physikalisch messbaren Vorgängen ab, in den Geistes- und Sozialwissenschaften auf die Explikation und Deutung von semantischen und empirischen Zusammenhängen hermeneutisch erschlossener Daten.[77] Auch wenn die Theoriebildung in diesen „weichen“ Disziplinen wegen des sinnverstehenden Zugangs zum Objektbereich auf eine intentionalistische Begrifflichkeit angewiesen bleibt, ist das methodische Vorgehen auch hier demselben Ideal wissenschaftlicher Objektivität verpflichtet.

Die Philosophie wiederum zehrt von der begriffsanalytischen Klärung eines intuitiven Wissens, das sich (wie in den hermeneutischen Wissenschaften) nur aus der Teilnehmerperspektive erschließt. Ja, die Philosophie hat sich, solange sie die Stellung des Menschen im Ganzen der Natur metaphysisch erklärte, fraglos innerhalb der lebensweltlichen Perspektive bewegt. Erst seit dem 17. Jahrhundert sieht sie sich mit der Frage konfrontiert, was es für den Menschen bedeutet, *sich selbst* von einer wissenschaftlich objektivierten Natur her zu verstehen. Der Naturalismus hat diese Herausforderung, im Sinne einer fortschreitenden Selbstobjektivierung des Menschen unter naturwissenschaftlichen Beschreibungen, radikalisiert. Erst diese Forderung, das „manifeste“, aus der lebensweltlichen Perspektive entworfene Menschenbild durch eine wissenschaftlich objektivierende Selbstbeschreibung des Menschen zu *ersetzen*, löst den Konflikt zwischen den normalerweise *arbeitsteilig verschränkten* Wissensperspektiven aus. Erst wenn die naturwissenschaftliche Theoriebildung in den Gegenstandsbereich der Psychologie vorstößt und die Leistungen des normativ verfassten und kulturell eingebetteten Geistes nicht mehr nur als lebensweltlichen Hintergrund und Ressource der Forschungspraxis *voraussetzt*, sondern selber noch auf neurologische Vorgänge reduziert, stellt sich die Frage nach dem Vorrang der objektivierenden vor der teilnehmenden Perspektive. Bis dahin schien die eigensinnige Ausschöpfung der Rationalitätspotenziale in *beiden* Dimensionen des Weltumgangs – einerseits des Umgangs mit dem, was uns *nur* innerhalb der objektiven Welt begegnet, andererseits des Umgangs mit dem, was uns auch, wenn auch *zunächst* performativ in der Lebenswelt, zugänglich ist – parallel zu verlaufen, also Ausdruck derselben Rationalisierung lebensweltlichen Wissens zu sein.

---

75 P. Janich, Kultur und Methode, Frankfurt/M. 2006.

76 K.-O. Apel (Hg.), Neue Versuche über Erklären und Verstehen, Frankfurt/M. 1978.

77 Zur Kritik des Programms der Einheitswissenschaften vgl. J. Dupré, The Miracle of Monism, in: M. De Caro/J. Dupré (Hg.), Naturalism in Question, Cambridge/Mass. 2004, 36–58.

Wilfrid Sellars untersucht, was die Naturalisierung des Geistes für Personen bedeutet, die sich bis dahin aus den Lebensbezügen ihrer gewohnten Welt fraglos als Personen verstanden haben. Bemerkenswerterweise stellt sich für Sellars die Alternative zwischen dem „wissenschaftlichen" und dem „manifesten Bild des Menschen" nicht als ein Konflikt dar, der zu Gunsten des Vorrangs der einen oder der anderen Perspektive entschieden werden kann. Sellars ist überzeugt, dass die doppelte Perspektive *als solche* zum richtigen Selbstverständnis des Menschen gehört, weil die – kantisch verstandene – Moral dem wissenschaftlichen Weltbild nicht aufgeopfert werden dürfe: „To say that a certain person desired to do A, though it is his duty to do B but was forced to do C, is not to describe him as one might describe a scientific specimen. One does, indeed, describe him, but one does something more. And it is this ‚something more' which is the irreducible core of *the framework of persons* [...]. From this point of view, the irreducibility of the personal is the irreducibility of the ‚ought' to the ‚is'."[78]

Man kann diese Auskunft so verstehen, dass Versuche der naturwissenschaftlichen Selbstobjektivierung des Menschen auf den festgefügten lebensweltlichen Rahmen eines personalistischen Selbstverständnisses stoßen, von dem wir nicht *wollen* können, dass er sich unter revisionistischen Beschreibungen auflöst. Aber man kann Sellars' These auch in dem starken Sinn verstehen, dass wir die in den Kommunikationsformen kulturellen Lebens verwurzelten und miteinander verschränkten Perspektiven des wissenschaftlichen und des manifesten Menschenbildes gar nicht hintergehen *können*: Wir können von der Teilnehmerperspektive nicht absehen, denn es „gibt keine Beobachtung ohne wenigstens virtuelle Teilnahme".[79] Diese Einsicht bringt zwar die ontologische Frage, wie denn nun das Universum selbst verfasst ist, nicht zur Ruhe. Aber wenn die naturalistischen Optionen auf den hartnäckigen Widerstand eines nichthintergehbaren Perspektivendualismus stoßen, liegt eine dritte Option nahe: Kants transzendentale Wende ernst zu nehmen und auf die pragmatischen Bedingungen unseres kognitiven Zugangs zur Welt zu reflektieren.

Die Nicht-Hintergehbarkeit des epistemischen Dualismus lädt zu einer transzendentalen Auffassung ein, der zufolge der Naturalismus die Natur der Naturwissenschaften mit dem Universum der den Menschen einschließenden Natur verwechselt. Aber ein transzendentaler *Idealismus*, der den Naturwissenschaften den Stachel des realistischen Erkenntnisanspruches zieht, hat heute keine starken Evidenzen für sich. Auch wenn die komplementäre Verschränkung der Wissensperspektiven zur sprachlichen Verfassung soziokultureller Lebensformen gehört, spricht alles dafür, dass diese selbst wie die übrigen animalischen Lebensformen Ergebnis der natürlichen Evolution sind. Jedenfalls gibt es keine überzeugenden Gründe für die Ansiedlung der symbolischen Ausdrucksformen und der Operationen des menschlichen Geistes an einem intelligiblen Ort (oder Nicht-Ort) jenseits des in Raum und Zeit identifizierbaren innerweltlichen Geschehens.

Daher rührt die weitverbreitete Skepsis gegenüber einer erkenntniskritischen Einschränkung des „wissenschaftlichen Weltbildes". Andererseits drängt sich mit den Schwierigkeiten, denen auch ein nicht-reduktiver Materialismus begegnet, die Frage auf, wie denn die Naturwissenschaften ihre Gegenstandsbereiche kausalgesetzlich modellieren. Die Reflexion auf die lebensweltlichen Grundlagen der Konstruktion naturwissenschaftlicher

78 Sellars (1963), 39 f.

79 M. Seel, Teilnahme und Beobachtung, a. a. O., 145.

Gegenstandsbereiche ist schwer von der Hand zu weisen. Aber kann sie die ontologische Frage nach der Verfassung eines den Menschen als Naturwesen einschließenden Universums verdrängen? Die erkenntnistheoretische Wendung darf nicht den starken transzendentalen Sinn haben, die intersubjektiven Bedingungen des Zugangs zur objektiven Welt gegen weitere, empirisch informierte Nachforschungen zu immunisieren. Sie könnte vielleicht das Tor zu einer detranszendentalisierenden Naturgeschichte öffnen, deren „Natur“ aus dem Korsett einer physikalistischen Ontologie befreit worden ist.

Gewiss, die Wissenschaftsgeschichte erinnert uns an die erstaunliche Serie von Erfolgen einer reduktionistischen Forschungsstrategie, der es immer wieder gelungen ist, auch komplexe und höherstufige Phänomene aus dem gesetzmäßigen Zusammenwirken ihrer physikalischen und biochemischen Bestandteile zu erklären. Das naturwissenschaftliche Weltbild zeichnet den Weg von den Teilchen zu Atomen und Molekülen, von dort zu Gasen, Flüssigkeiten und Festkörpern, sowie von den anorganischen Stoffen zu den Genen, dem ganzen Organismus und den Arten. Aber wir können bestenfalls darauf *wetten*, dass uns die gleichen nomologischen Erklärungsmuster, die gleichen experimentellen Methoden und Messverfahren nun auch den Weg von den Neuronen zu Bewusstsein und Kultur eröffnen werden.[80]

Bei der Höhe des Einsatzes sollten wir zwei Umstände berücksichtigen, die gegen eine solche Wette sprechen. Zum einen fehlt bei dieser Emergenzstufe, wegen des Dualismus der Wissensperspektiven, eine für den Erfolg von Reduktionen notwendige Bedingung, nämlich eine einheitliche Terminologie für geistige Operationen und Gehirnzustände. Das kann man auch so illustrieren: „Die Aussage, dass das Bewusstsein aus Neuronen, Synapsen und Neurotransmittern *besteht*, macht keinen Sinn.“[81] Es ist ganz unklar, in welcher Sprache psycho-physische Gesetzmäßigkeiten formuliert werden könnten. Zum anderen führt das suggestive Bild einer wohlgeordneten Hierarchie von naturwissenschaftlichen Theorien, worin sich eine Theorie an die andere *anschließt*, in die Irre. Drastische Erklärungslücken bestehen schon innerhalb der Physik, und erst recht beim Übergang zur Biologie: „Die kausale Modellierung von Naturvorgängen nach physikalischen, chemischen und biologischen Gesetzmäßigkeiten ist uneinheitlich und lückenhaft. Wer [meint] […], der Bereich des Physischen oder Physikalischen sei geschlossen, sollte das bedenken. Von einer kausalen Geschlossenheit naturwissenschaftlicher Erklärungen jedenfalls kann derzeit keine Rede sein. Schlimmer noch: Was in dieser Aussage eigentlich der Terminus ‚kausal‘ bedeuten soll, ist schon angesichts der heutigen physikalischen Theorien uneinheitlich und unklar.“[82]

Wenn sich die Natur selbst der kausalen Modellierung bisher keineswegs lückenlos fügt, ist es angebracht, auf den Zusammenhang der Theoriebildung mit den konstruktiven Leistungen der Forschungspraxis zu achten. Forschungsgemeinschaften konstituieren Gegenstandsbereiche, indem sie einen kategorialen Rahmen festlegen und sich darüber verständigen, wie Phänomene beschrieben und Daten gesammelt werden *sollen*. Im Anschluss an Kant und Husserl, Peirce und Dewey hat sich eine transzendentalpragmatische Deutung

80 Ph. Clayton, Mind and Emergence, Oxford 2004, 31 f.

81 B. Falkenberg, Was heißt es, determiniert zu sein?, in: D. Sturma, Philosophie und Neurowissenschaften, a. a. O., 67.

82 Ebd., 53.

der naturwissenschaftlichen Forschungspraxis herausgebildet.[83] Nach dieser Lesart sind die grundbegriffliche Konstituierung von Gegenstandsbereichen und die experimentelle Herstellung von Messdaten in vorwissenschaftlichen Praktiken verwurzelt.[84] Der Rückgang auf die Grundlagen der Forschungspraxis in der Lebenswelt nötigt keineswegs zur Abkehr von einer realistischen Deutung naturwissenschaftlicher Erkenntnis.[85] Aber der Wechsel der Argumentationsebene vom vermeintlich direkten Zugriff auf die ontologische Verfassung der Welt zur Reflexion auf die Bedingungen unseres kognitiven Zugangs zu dieser Welt ist kein trivialer Zug. In unserem Zusammenhang sind zwei Konsequenzen vor allem wichtig.

Zum einen verzichten wir auf die szientistische Grundannahme, dass sich die „Natur" der nomologisch verfahrenden Naturwissenschaften mit der „Natur im Ganzen" deckt.[86] Für die Dekonstruktion des Naturalismus spielt der interventionistische, auf Kant und Peirce[87] zurückgehende und von Georg Henrik von Wright weiter entwickelte Begriff der Kausalität eine entscheidende Rolle.[88] Wenn gesetzesartige Generalisierungen, die sich auf irreale Konditionalsätze stützen, konzeptuell auf die Vorstellung von instrumentellen Handlungen (im Sinne der intentionalen Erzeugung von Effekten in der Welt) angewiesen sind, umfasst die „Natur" der Naturwissenschaften alles, aber auch nur das, was sich von der Wirklichkeit unter dem Aspekt der technischen Verfügbarmachung objektivieren lässt. Sie deckt sich mit dem, was sich an der Realität unter Gesichtspunkten möglicher kausaler Erklärungen, bedingter Voraussagen und erfolgskontrollierter Eingriffe erschließt. Diese Einschränkung könnte erklären, warum die Forschungspraxis selbst nicht ohne Rest auf die Objektseite gebracht und vollständig als innerweltlich determiniertes Geschehen beschrieben werden kann.[89] Wie gezeigt, können die intersubjektiven Bedingungen des wissenschaftlich objektivierenden Zugangs zur Welt nicht wiederum vollständig in diese objektivierende Blickrichtung eingeholt werden.

83 In diesem Kontext spielt der von P. Lorenzen inspirierte Konstruktivismus eine herausragende Rolle; vgl. P. Janich, Konstruktivismus und Naturerkenntnis, Frankfurt/M. 1996; ders., Das Maß der Dinge. Protophysik von Zeit, Raum und Materie, Frankfurt/M. 1997.

84 Abgesehen von Putnams internem Realismus hat sich die analytische Wissenschaftstheorie, wenn ich recht sehe, mit solchen Zusammenhängen im Wesentlichen nur im Hinblick auf die quantentheoretische Unschärferelation befasst. Zur so genannten Kopenhagener Deutung vgl. C. F. von Weizsäcker, Die Einheit der Natur, München 1971, 223 ff.

85 J. Habermas, Realismus nach der sprachpragmatischen Wende, in: ders., Wahrheit und Rechtfertigung, a. a. O., 7–64.

86 Vgl. A. Danto, Art. Naturalism, in: The Encyclopedia of Philosophy, hg. v. P. Edwards, New York 1961, 448–450.

87 Zu Kant und Peirce vgl. F. Kambartel, Erfahrung und Struktur, Frankfurt/M. 1968; bzw. J. Habermas, Erkenntnis und Interesse, Frankfurt/M. 1968, 143 ff.

88 G. H. von Wright, Explanation and Understanding, London 1971.

89 Die in wissenschaftlichen Lernprozessen nicht-hintergehbare Perspektivenverschränkung hat L. Wingert am Zusammenspiel von Begriff und Anschauung, Konstruktion und Entdeckung, Interpretation und Erfahrung analysiert: ders., Die eigenen Sinne und die fremde Stimme, in: M. Vogel/L. Wingert (Hg.), Wissen zwischen Entdeckung und Konstruktion, Frankfurt/M. 2003, 218–249; vgl. auch G. Keil/H. Schnädelbach (Hg.), Naturalismus, Frankfurt/M. 2000, 7–46.

Zum anderen bewahrt uns diese reflexive Wendung von vornherein vor einer Reduktion des Geistes auf mentale Ereignisse. Wenn wir „das Mentale" an seinem eigenen Ort, nämlich in den grammatischen Regeln und semantischen Gehalten der kommunikativen Alltagspraxis aufsuchen, wird klar, dass sich der subjektive Geist der Intentionen und Erlebnisse nicht von den symbolischen Formen des objektiven Geistes abtrennen lässt. Wir dürfen, was wir in Sätzen der Ersten Person *ausdrücken* können, nicht aus dem pragmatischen Zusammenhang einer expressiven Kommunikation lösen[90] und zu *darstellbaren* mentalen Episoden vergegenständlichen.[91] Erst das Ganze aus intentionalem Weltverhältnis, Sprachkompetenz, gegenseitiger Perspektivenübernahme und Intersubjektivität der Verständigung macht geistige Phänomene wie Erlebnisse, Meinungen und Absichten möglich. Der „Geist" setzt sich aus diesen emergenten Eigenschaften, welche für die Verfassung soziokultureller Lebensform konstitutiv sind, zusammen.

VII. Naturgeschichtliche Detranszendentalisierung des erkennenden Geistes?

Eine solche erkenntnistheoretische Wende trägt dem epistemischen Dualismus Rechnung, entfernt uns aber von einem ontologischen Monismus, der das Rätsel auflöst, welchen Platz der lebensweltlich situierte Geist mit seiner Perspektivenstruktur in der Natur selbst einnimmt. Interessanterweise gibt Kant an entlegener Stelle[92] einen kryptischen Hinweis auf das Aposteriori der „ursprünglichen Erwerbung" apriorischer Anschauungsformen und Verstandesbegriffe: „Es muss doch ein Grund dazu im Subjekte sein, der es möglich macht, dass die gedachten Vorstellungen so und nicht anders entstehen und noch dazu auf Objekte, die noch nicht gegeben sind, bezogen werden können, und dieser Grund wenigstens ist angeboren." Auch das „Angeborene", so muss man Kant hier entgegen seinen eigenen systematisch entfalteten Intentionen verstehen, hat einen Ursprung in der Zeit. Aber verlieren wir nicht, sobald wir hinter die auf den Aspekt der Verfügbarmachung eingeschränkte nomologische Konzeption der Natur zurückfragen, jeden kognitiven Halt? Aus anderen lebensweltlichen Konfrontationen – und Formen des Umgangs – mit Natur stammen immerhin andere Konzepte, beispielsweise die Begriffe der natürlichen Evolution und der Naturgeschichte.[93] Heute müssen wir Kant nicht mehr mit Newton, sondern mit Darwin versöhnen[94] – eine Forderung, die schon Helmuth Plessner erhoben hat. Aber warnen möchte ich vor einer vorschnellen Antwort auf die Frage, wie denn nun die Natur der

---

90 E. v. Savigny/O. Scholz, Wittgenstein über die Seele, Frankfurt/M. 1995.

91 H. J. Schneider, Reden über Inneres, in: Deutsche Zeitschrift für Philosophie, 53 (2005) 5, 743–760; in diesem Band: 223–239.

92 Hierauf hat mich Rudolf Langthaler hingewiesen: I. Kant, Über eine Entdeckung, in: ders., Werkausgabe, hg. v. W. Weischedel, Bd. III, 337 f.

93 M. Quante, Ein stereoskopischer Blick? Lebenswissenschaften, Philosophie des Geistes und Begriff der Natur, in: D. Sturma, Philosophie und Neurowissenschaften, a. a. O., 124–145. Die philosophische Tragweite des Benjaminschen Begriffs der Naturgeschichte hat Adorno schon sehr früh erkannt: Th. W. Adorno, Die Idee der Naturgeschichte, in: ders., Sämtliche Schriften, Bd. 1, Frankfurt/M. 1973, 345–365.

94 J. Habermas, Freiheit und Determinismus, in: Deutsche Zeitschrift für Philosophie, 52 (2004) 6, 871–890; in diesem Band: 101–120.

Naturgeschichte beschaffen ist, die sich in der Natur der Naturwissenschaften nicht erschöpft.

Mit dem Programm einer naturgeschichtlichen Detranszendentalisierung der notwendigen intersubjektiven Bedingungen, unter denen wir die beobachtbaren Prozesse der äußeren wie der eigenen Natur objektivieren, verändert sich der Sinn der ontologischen Fragestellung selbst. Wenn wir den *epistemischen Vorrang* des sprachlich artikulierten lebensweltlichen Horizonts nicht überschreiten können, kann sich der *ontologische Vorrang* einer sprachunabhängigen Realität in unseren Lernprozessen nur dadurch zu Wort melden, dass diese unseren Praktiken *Beschränkungen* auferlegt und das Zusammenspiel von Konstruktion und Erfahrung indirekt lenkt. Dann ist aber die abbildende Repräsentation der Wirklichkeit das falsche Modell für die uns mögliche Art der Erkenntnis; keine ontologische Fragestellung gibt der Metapher vom „Spiegel der Natur" ihre suggestive Kraft zurück.[95]

Die Welt besteht aus allem, worauf wir in wahren Aussagen Bezug nehmen können. Sehr viel mehr ist dazu nicht zu sagen. Als *Gesamtheit der Gegenstände* möglicher wahrer Aussagen fassen wir die herausfordernden Beschränkungen zusammen, durch die uns die Welt nötigt, etwas über sie lernen, während wir mit der *Gesamtheit der Tatsachen* das antizipieren, was wir am Ende aller Tage von der Welt über sie gelernt haben können. Was für uns überhaupt die Relevanz von Erkennbarem gewinnt, hängt nicht allein von der Welt, sondern ebenso von unserer Position in der Welt ab. Daher ist die Welt *selbst* ein projektiver Grenzbegriff: Sie besteht aus *Gegenständen* möglicher Referenzen, nicht aus den sprachabhängigen *Tatsachen*, die wir von diesen Referenten aussagen.

Nach der sprachpragmatischen Wende bleibt ein Realismus ohne Repräsentation übrig.[96] Natürlich sagen Tatsachen etwas über die Welt aus – aber „wir" sind es, denen sie etwas sagen. Dass diese Tatsachen nur „uns" als sprachfähigen, aus natürlicher Evolution hervorgegangenen Lebewesen, die in bestimmten Relationen zur Welt stehen, eine Orientierung geben, schmälert nicht die Wahrheit und den Realitätsgehalt der Tatsachenaussagen. Andererseits gibt es keine Aussagen aus dem Off, Aussageinhalte „an sich", die ihre Herkunft verleugnen, oder Gedanken, die Freges und Poppers dritte Welt bevölkern und darauf warten, von der Wissenschaft entdeckt zu werden. Aussagen müssen behauptet werden können, und Behauptungen haben ihren Ort. Daher zeichnen sich ontologische Aussagen dadurch aus, dass sich noch in ihrem Inhalt die grammatische Form der Sprache spiegelt, in der sie ausgedrückt werden – und damit die Lebensform ihrer Sprecher. Die Ontologie, der man noch Aussagen zutraut, wird uninteressant, während die Ontologie, die in Gestalt einer Naturphilosophie ein weitergehendes Interesse beanspruchen könnte, kein rechtes Zutrauen mehr findet.

Nicht als ob Spekulationen über Linien kausaler Einflussnahmen, die im Rahmen desselben Energiehaushaltes nicht nur von unten nach oben (von den physischen und organischen zu den psychischen und soziokulturellen Stufen), sondern auch abwärts (von den höheren zu den niederen Komplexitätsstufen) verlaufen, unmotiviert wären.[97] So lädt

95 Ich teile die Kritik, wenn auch nicht die kontextualistischen Schlussfolgerungen von: R. Rorty, Der Spiegel der Natur, Frankfurt/M. 1981.

96 J. Habermas, Wahrheit und Rechtfertigung, a. a. O., 40 ff.

97 Ph. Clayton, Mind and Emergence, a. a. O.

beispielsweise die zunehmende Komplexität der Selbstorganisation in der Abstammungsreihe der Arten zur Vorstellung einer Schichtenontologie „stark" emergierender Entwicklungsstufen ein. Auch ich vermute, dass grammatisch geregelte Kommunikationen und geistige Operationen, die über Vorgänge im Gehirn realisiert werden, aus einem „Zusammenwirken" von kulturellen Programmen und neuronalen Prozessen, also nicht-reduktionistisch erklärt werden müssen.[98] Aber diese Vorstellung ist solange nichtssagend, wie wir für die „Interaktion" zwischen Vorgängen, die auf verschiedenen Beschreibungsebenen mithilfe verschiedener Kategorien von „Verursachung" beschrieben werden, keinen Begriff (und für das Folgeproblem der Vereinbarkeit der Energieerhaltungssätze mit einer solchen Abwärtskausalität keine befriedigende Lösung[99]) haben. Die Tradition der romantischen Naturphilosophische lässt sich nach der pragmatistischen Fortsetzung der junghegelianischen Deflationierung steiler Erkenntnisansprüche nicht ungebrochen fortsetzen.

Sosehr uns auch die Vielfalt der in Physik, Biologie und Psychologie vorliegenden Erklärungsansätze dazu ermutigen mag, mit dem naturalistischen Weltbild, das auch noch den Versionen des nicht-reduktiven Materialismus zu Grunde lag[100], zu brechen, so groß ist für eine Naturphilosophie, die aus den disparaten Ergebnissen der Einzelwissenschaften *intentione recta*, also *in ontologischer Blickrichtung auf das Seiende im Ganzen*, eine Synthese herstellt, die Schwierigkeit, mit dem nachmetaphysischen Denken[101] auf Augenhöhe zu bleiben.[102] Im Hinblick auf den supponierten Vorrang der Beobachter- vor der Teilnehmerperspektive verhält sich die Naturphilosophie nicht weniger unvorsichtig als ihr Gegenspieler; nur die Besetzung des „Gottesstandpunktes" wechselt: An die Stelle des subpersonalen Gehirns tritt ein wie auch immer kaschierter Nachfolger des absoluten Geistes.

Beide Seiten nehmen unsere Bindung an die komplementäre Verschränkung der Wissensperspektiven nicht hinreichend ernst. Das möchte ich am Beispiel der Willensfreiheit erläutern. Die Debatte über Willensfreiheit lenkt den Blick auf das auffällige Phänomen, dass der Spielraum der Spontaneität des Verhaltens von Organismen im Laufe der Evolution zunimmt: „One can trace the exponential increase in what are often called ‚degrees of freedom' to more and more complex organisms – from the production of amino acids by genes through cell homeostasis and on to the complex functioning of organs, and from the relative simplicity of single-celled organisms through the diversified functioning found in

98 J. Habermas, Freiheit und Determinismus, a. a. O., 871–890; in diesem Band: 101–120.

99 H. Putnam, The threefold cord mind, body, and world, New York 1999, 78 f.; H. Flohr, Der Raum der Gründe, in: Deutsche Zeitschrift für Philosophie, 53 (2005) 5, 684–690; in diesem Band: 165–170.

100 J. Dupré, The Miracle of Monism, a. a. O., 36–58.

101 Zum Sprachgebrauch: J. Habermas, Motive nachmetaphysischen Denkens, in: ders., Nachmetaphysisches Denken, Frankfurt/M. 1988, 35–60.

102 Dieser Gefahr ist sich Ph. Clayton sehr wohl bewusst, wenn er diesen Weg einschlägt: ders., Neuroscience, Person, and God: An Emergentist Account, in: Zygon, 35 (September 2000), 639: „The hierarchy of the sciences itself offers evidence of principles that are increasingly divergent from bottom-up physicalist explanation. Functionalist explanations play a role in the biological sciences (from cell structures through neural systems to eco studies) that is different from the structure of explanation in fundamental physics, just as intentional explanations play a role in explaining human behavior that is without analogy at lower levels. An emergentist view of the person is thus not an argument against science but rather consistent with the pattern that we find emerging in the natural hierarchy of sciences."

most animals to the staggering complexity of neuronal connections in the human brain. Degrees of freedom, it seems, correlate directly with increases in complexity of structure and function."[103] Wie werden diese Phänomene aus Sicht von Naturalismus und Naturphilosophie erklärt?

Der Naturalismus erklärt den Anschein zunehmender Freiheitsgrade als Artefakt von Beobachtern, die organisches Verhalten mit der zunehmenden Komplexität der biologischen Systeme immer schlechter voraussagen können. Aus demselben Grunde schreiben sich Personen – Lebewesen, die mit Reflexionsfähigkeit ausgestattet sind – in der Interaktion miteinander gegenseitig Willensfreiheit zu. Handelnde Personen können ihr eigenes Verhalten ebenso wenig wie das Verhalten anderer Personen voraussagen, obwohl es weitgehend von internen, aber unbewussten, also der Selbstreflexion unzugänglichen Prozessen naturgesetzlich determiniert ist. Diese Interpretation geht stillschweigend davon aus, dass die naturwissenschaftlich objektivierende Beschreibung des Neurologen durch das Selbstverständnis der handelnden Person hindurchgreift, wobei dieses wiederum als Resultat der Selbstbeobachtung einer erlebenden Person begriffen wird.

Aus szientistischer Sicht darf von „Wissen" nur unter der Bedingung die Rede sein,

- dass es aus der Perspektive einer Dritten, sei es das Weltgeschehen oder sich selbst beobachtenden Person erworben, interpretiert und geprüft wird, und
- dass es aus der objektivierenden Einstellung einer erfolgskontrolliert handelnden, insofern auf Voraussagen angewiesenen Person verwendet werden kann.

Diese Voraussetzung ist freilich alles andere als selbstverständlich. Denn damit wird *a priori* der Beitrag ausgeblendet, den die Teilnehmerperspektive zum Erwerb und zur Verwendung des uns möglichen Wissens leistet. Daran setzt die Kritik der Bewusstseinsphilosophie an. Sie versteht die evolutionäre Errungenschaft eines epistemischen Selbstverhältnisses ganz anders als die Evolutionsbiologie.

Die Bewusstseinsphilosophie geht von der Selbsterfahrung des epistemischen Subjekts aus. Sie beschreibt die Spontaneität von Verhalten und Erleben nicht *als etwas in der Welt* Vorkommendes, sondern als eine *leistende Subjektivität*, die eine Stellung *gegenüber der Welt* im Ganzen einnimmt – die Welt steht ihr als die Gesamtheit möglicher Objekte von Vorstellungen und Handlungen gegenüber. Deshalb darf das Selbstbewusstsein nicht so verstanden werden, als wäre die mit sich vertraute Subjektivität gleichsam sich selbst als ein Objekt unter anderen gegeben. Das Selbstbewusstsein der Person stellt ein Wissen dar, das auf Grund des privilegierten Zugangs zum je eigenen Erleben die Exklusivität einer gegen empirisches Wissen abgeschirmten Gewissheit genießt. Die von der Beziehung zur Zweiten Person losgelöste Perspektive der Ersten Person genießt Vorrang vor der Beobachterperspektive. Aus der Sicht dieses nicht-hinterfragbaren epistemischen Selbstverhältnisses steht das vorreflexive Bewusstseinsleben *insgesamt* unter der formalen Bedingung *möglicher* Selbstreferenz.[104]

Unter dem Gesichtspunkt der Evolution von Willensfreiheit ist diese Denkfigur nicht ohne Interesse für eine Naturphilosophie, die die Bewusstseinsphilosophie auch in metho-

103 Ph. Clayton, 5. Vorlesung aus einer 2006 an der Universität Frankfurt veranstalteten Vortragsreihe: „Formen der Freiheit, Als-ob-Freiheit und asymptotische Freiheit".

104 Dieter Sturma (Das Selbstverständnis der Person, in: Jahrbuch für Psychologie, 13 (2005), Heft 3, 249) interpretiert Kants transzendentale Apperzeption in diesem Sinne: „Das bedeutet zwar nicht,

discher Hinsicht beerbt, indem sie den absoluten Vorrang der Perspektive der Ersten Person übernimmt. Unreflektiert ablaufende Bewusstseinsprozesse, die wir bei Tieren als ein Geschehen beschreiben, nehmen, sobald sie sich unter der Bedingung möglichen Selbstbewusstseins vollziehen, *als solche* eine andere Qualität an. Sie verwandeln sich unter der Bedingung der Selbstreferenz gleichsam mit einem Schlage in die *bewussten Leistungen* von Personen, die auf Grund ihres Selbstverhältnisses über die jeweilige Lebensgeschichte hinweg eine Identität ausbilden und damit zum Adressaten der Zuschreibung von Verantwortung werden. Um diesen evolutionären Übergang in Kategorien der Bewusstseinsphilosophie beschreiben zu können, muss die Naturphilosophie allerdings die Perspektive eines höherstufigen Subjektes einführen, aus der sie das Wissen, das der subjektive Geist reflexiv von sich selbst gewonnen hat, noch einmal objektiviert und in die Darstellung des Bildungsprozesses dieses Geistes einbringt. Eine Naturphilosophie, die die menschliche Freiheit vor der naturalistischen Reduktion auf diesem Wege bewahren möchte, tritt insofern das Erbe der Bewusstseinsphilosophie an, als sie sich über die nicht-hintergehbare Verschränkung der Beobachter- mit der Teilnehmerperspektive zu Gunsten des Vorrangs einer ins Absolute erweiterten, die Perspektiven aller übrigen Subjekte in sich aufnehmenden Erste-Person-Perspektive hinwegsetzt.

Demgegenüber muss der Versuch einer naturgeschichtlichen Detranszendentalisierung unseres gleichsam „artspezifischen Erkenntnis-Aprioris" der Nicht-Hintergehbarkeit komplementär verschränkter Wissensperspektiven Rechnung tragen. Wir können weder den Kommunikationszusammenhang von Kultur und Gesellschaft aus der „Sicht des Gehirns" begreifen, weil es diesen „Blick von Nirgendwo" – die zu einem „An sich" reifizierte Beobachtung – nicht gibt. Noch können wir unseren endlich dimensionierten Geist ins Unendliche expandieren, um vom Standpunkt eines absoluten Beobachters aus die natürliche Evolution als Vorgeschichte des Geistes zu rekonstruieren. Trivialerweise müssen wir mit den im Laufe von Kultur- und Wissenschaftsgeschichte entwickelten Bordmitteln der organisierten Forschung zurechtkommen, wenn wir erklären wollen, wie die genetisch gesteuerten Evolutionsprozesse – mit dem Ergebnis einer exponentiellen Beschleunigung des Entwicklungstempos – auf die Bedingungen kulturellen Lernens umgestellt werden konnten.

Der Erklärungsversuch geht von der metatheoretischen Annahme aus, dass jene Strukturen der Lebenswelt, die gleichzeitig für unser personales Selbstverständnis wie für unseren kognitiven Zugang zur objektiven Welt konstitutiv sind, selber aus einem evolutionären *Lern*prozess hervorgegangen sind. Denn die Möglichkeit objektiver Naturerkenntnis ist nur dann gegeben, wenn sich die aus der Perspektive von Teilnehmern philosophisch analysierten Ermöglichungsbedingungen (in Abhängigkeit von der organischen Ausstattung unserer Spezies) ihrerseits aus der Beobachterperspektive als das Ergebnis von kognitiv relevanten Auslese- und Anpassungsprozessen begreifen lassen.

Offensichtlich markieren die Fähigkeit zu gegenseitiger Perspektivenübernahme[105] und die Beherrschung einer propositional ausdifferenzierten Sprache einen tiefen evolutionären Einschnitt. Mit dem Übergang von Subjekt-Umwelt-Beziehungen zum intentionalen Welt-

---

dass jeder Zustand oder Akt des Bewusstseins sich selbst durchsichtig sei. Gleichwohl müssten Bewusstseinsverläufe so beschaffen sein, dass sich in ihnen das jeweilige Subjekt seine Identität über die Zeit hinweg bewusst werden könne."

105 M. Tomasello, Die kulturelle Entwicklung des menschlichen Denkens, Frankfurt/M. 2002.

und reflexiven Selbstverhältnis von Personen, die mit anderen Personen eine Lebenswelt intersubjektiv teilen, ist die Kooperation von Artgenossen auf die Grundlage einer *vergesellschafteten* Intelligenz umgestellt worden. Solche Bedingungen, die für kulturelles Lernen überhaupt notwendig sind, können wir, da wir die komplexeren Formen der Intentionalität und Intersubjektivität immer schon in Anspruch nehmen und intuitiv beherrschen, gleichsam „von innen" rekonstruieren. Aber die Genese dieser Ermöglichungsbedingungen werden wir wohl erst verstehen, wenn wir die natürliche Evolution selber auf eine nicht-metaphorische und gleichwohl nachmetaphysische Weise als „Lernprozess" verstehen. Erst eine gelungene Naturalisierung des Geistes wird auch die angemessene Interpretation derjenigen „Vernunft" liefern, die schon in der subhumanen Natur am Werk ist – und damit eine Explikation des einstweilen provisorisch verwendeten Begriffs der „Naturgeschichte" möglich machen.

Wie dem auch sei, die Einheit eines Universums, dem die Menschen als Naturwesen angehören, würde ich in der Kontinuität einer „übergreifenden" Naturgeschichte suchen, von der wir uns wenigstens in Analogie zum Darwinschen Erklärungsansatz eine Vorstellung, wenn auch noch keinen befriedigenden Begriff machen können. Heute können wir unter anderem aus der physischen Anthropologie, aus Entwicklungsbiologie und Entwicklungspsychologie, aus der vergleichenden Ontogenese von Kindern und Schimpansen, auch aus Sprachforschung, Kulturgeschichte und Archäologie verstreute Evidenzen zusammensuchen, um die eine oder andere Geschichte von der Entstehung soziokultureller Lebensformen zu erzählen. Bei diesen Metanarrativen ist die Versuchung groß, Erklärungsmechanismen, die sich an einem Objektbereich bewährt haben, aufs Ganze zu verallgemeinern. Daniel Dennett überträgt beispielsweise mithilfe der evolutionären Spieltheorie den „Darwinschen Algorithmus" von der Veränderung des Genpools auf die Fortbildung von Traditionen, um in Analogie zur Entstehung der Arten auch moralische und wissenschaftliche Innovationen zu erklären.[106]

Ob die großen Erzählungen durch Theorien ersetzt werden können, ist natürlich eine offene Frage. Aber wenn es eines Tages aussichtsreiche Kandidaten für eine Theorie geben sollte, mit denen der Geist seine eigene Genealogie „einholt", werden vermutlich in deren Konstruktion auch Begriffe „von oben" eingehen. Schon die synthetische Theorie der Evolution muss mit nicht-physikalischen Grundbegriffen wie „Selbsterhaltung", „Fitness" und „Anpassung" operieren. Diese Begriffe zehren einerseits von der Selbsterfahrung einer Existenz, die weiß, wie es ist, ein Leib zu sein, andererseits von dem kulturell erworbenen Wissen, wie man in Praktiken der Hege, Pflege und Züchtung mit Pflanzen und Tieren umgeht.[107] Mit diesem Beispiel will ich nur an den kritischen Blick einer rekonstruktiven Wissenschaftsgeschichte erinnern, die den Wechsel der Begriffsebenen beim Übergang von physikalischen zu biologischen oder von neurologischen zu psychologischen und soziologischen Beschreibungssystemen rational nachvollzieht. Sie lässt sich dabei von der Absicht leiten, einen Erfahrungsgehalt zu entschlüsseln, der sich in der begriffsbildenden Produktivität unserer Erkenntnisfortschritte niedergeschlagen hat.[108]

---

106 D. C. Dennett, Freedom Evolves, a. a. O., Ch. 6–7.

107 P. Janich/M. Weingarten, Wissenschaftstheorie der Biologie, Stuttgart 1999; M. Gutmann, Biologie und Lebenswelt, in: U. Krohs/G. Toepfer (Hg.), Philosophie der Biologie, a. a. O., 400–417.

108 Vgl. dazu die imponierende, ein großes wissenschaftsgeschichtliches Material begriffsanalytisch bewältigende Studie von: A. Ros, Materie und Geist, Paderborn 2005.

In den synthetischen Gehalten der jeweils höherstufigen und komplexeren Unterscheidungen gerinnen jene konstruktiven Vorgriffe auf das *für uns* Relevante und Zugängliche, die von der als objektiv unterstellten Wirklichkeit gewissermaßen attestiert worden sind. Wenn die natürliche Genealogie des sich selbst einholenden, als Produkt der Natur begreifenden Geistes nicht in Metaphysik zurückfallen soll, wird sie sich kompromisslos an den Ergebnissen der empirischen Wissenschaften orientieren müssen; aber die empirischen Erkenntnisse werden zu diesem Projekt nur etwas beitragen, wenn wir sie zugleich im Kontext ihrer eigenen Entstehungsgeschichte *interpretieren*. Erst im Lichte der Umstände und der Praktiken des Wissenserwerbs verrät uns das, was wir über die Welt – und uns als Entitäten in der Welt – gelernt haben, zugleich etwas (für unser Selbstverständnis Relevantes) über die Genese des lernenden Geistes selber.

Willensfreiheit, Urheberschaft und Zufall[1]

Von ARNO ROS (Magdeburg)

1. Vorbereitende Bemerkungen

Im Anschluss an eine weit zurückreichende, bereits von Aristoteles[2] hervorgehobene Tradition bezeichnen wir ein Individuum als „frei", wenn es selber der Urheber dessen ist, was es tut. Die so verstandene Freiheit tritt in zwei Formen auf: als Handlungs- und als Willensfreiheit. Ein Individuum ist in seinen Handlungen frei, wenn es die Handlungen zu vollziehen vermag, die es vollziehen will. Ein Individuum ist in seiner Willensbildung frei, wenn es – unter der Nutzung seiner Fähigkeit zum Überlegen – selber der Urheber seiner Absichten ist, wenn es, wie wir in diesem Zusammenhang auch sagen, imstande ist, sich die Ziele seines Handelns überlegtermaßen selber zu setzen.

Um in diesem Sinn frei zu sein, muss ein Individuum unter anderem zwei Bedingungen erfüllen. Zum einen muss es über ein hinreichendes Bewusstsein seiner selbst verfügen: Es muss wissen können, woraus die Aktivität besteht, zu der es sich entscheidet. Angenommen Fritz legt, mit Wissen seines Tuns, einen sich an einer Maschine befindenden Hebel um; und angenommen, diese Handlung hat die für Fritz gänzlich unerwartete Folge, dass eine Explosion ausgelöst wird, die Fritz verletzt. Dann würden wir zwar sagen dürfen, dass Fritz den Hebel freiwillig betätigt hat. Aber dass Fritz sich freiwillig verletzt hat, wäre unzutreffend.

Die zweite wichtige Anforderung, der ein Individuum genügen muss, um als frei gelten zu können, besteht daraus, dass ein solches Individuum in der Situation, in der es handelt beziehungsweise eine Entscheidung trifft, über mehr oder weniger große Spielräume möglicher Aktivitäten verfügen muss. Frei ist ein Individuum nur dann, wenn es diesem Individuum möglich wäre, die Aktivität, die es in einer bestimmten Situation vollzieht, auch zu unterlassen, beziehungsweise an ihrer statt eine andere Aktivität zu vollziehen. Sollte Fritz aufgrund eines plötzlich eintretenden Ereignisses eine Schreckreaktion zeigen und dabei ein Glas Wasser umwerfen, würden wir diese Aktivität, da ihr ein zwangsweise ablaufender Reflex zugrunde liegt, nicht als eine frei vollzogene Aktivität beschreiben.

Bei beiden Bedingungen handelt es sich freilich lediglich um notwendige, nicht um hinreichende Bedingungen für das Vorliegen von Handlungs- beziehungsweise Willensfreiheit. Dass Fritz einen Hustenanfall erleidet, mag ihm durchaus bewusst sein – aber das

1 Ich danke Henning Moritz und Philipp Teichfischer für Hinweise und Kritik.

2 Vgl. zum Beispiel *Nikomachische Ethik*, III, 1–3; *Eudemische Ethik*, II, 6, 1222b17.

besagt nicht, dass er aus freien Stücken hustet. Und wenn sich die Tatsache, dass Fritz bei der Fahrt in der Metro einen neben ihm stehenden Mitfahrer anrempelt, einem bloßen Zufall verdankt, wäre es zwar auch möglich gewesen, dass es nicht zu jenem Anrempler gekommen wäre – aber das hieße nicht, dass Fritz jenen Mitfahrer freiwillig unsanft berührt hat. Die hinreichenden Bedingungen dafür, um von jemandem sagen zu dürfen, dass er frei ist, sind vielmehr erst dann erfüllt, wenn über die beiden soeben genannten notwendigen Bedingungen hinaus auch die bereits eingangs genannte Anforderung erfüllt ist: Wenn wir ihn als den Urheber dessen, was er tut, auffassen dürfen, wenn wir ihm die von ihm vollzogene Aktivität zurechnen können, wie es auch heißt.

Empirisch begründete Bedenken gegen die Existenz von Handlungs- und Willensfreiheit

Ob es tatsächlich Individuen gibt, die im soeben umschriebenen Sinne über Handlungs- und Willensfreiheit verfügen, ist strittig. Insbesondere die Existenz von Individuen mit der Fähigkeit zur freien Willensbildung ist des Öfteren bezweifelt worden.

Zweifel dieser Art können entweder durch den Hinweis auf bestimmte Erfahrungen oder durch Überlegungen grundsätzlicher Art motiviert sein.

Bedenken gegen die Existenz von Individuen mit der Fähigkeit zur freien Willensbildung, die sich auf Erfahrungsbefunde stützen, stehen freilich unter einer bestimmten Einschränkung: Auch wenn sie berechtigt sind, verfügen sie immer nur über eine begrenzte Reichweite. Man kann unter Berufung auf geeignete Erfahrungsbelege zu zeigen versuchen, dass ein einzelner Mensch eine bestimmte Aktivität ohne hinreichendes Wissen seines Tuns, aufgrund bloßen Zufalls und/oder aus einer Zwangssituation vollzogen hat, und dass jener Aktivität daher kein freier Willensentschluss zugrunde lag. Und man kann vielleicht auch aus der Erfahrung ableitbare Gründe für die Überzeugung haben, dass sehr viel mehr Menschen, als wir gemeinhin meinen, in sehr viel mehr Fällen, als wir üblicherweise glauben, nicht selbst die Urheber ihres Tuns sind. Aber der Rückgriff auf Erfahrungen vermag keinen Beweis dafür zu liefern, dass es *überhaupt* keine Individuen mit der Fähigkeit zur freien Willensbildung gibt. Denn ein solcher Beweis ließe sich nur dann führen, wenn man zeigen könnte, dass unter all den Individuen, die es auf der Welt gegeben hat und noch gibt, kein einziges ist, welches zu irgendeinem Zeitpunkt die Bedingungen für die Zuschreibung von Willensfreiheit erfüllt. Dergleichen tatsächlich zu zeigen ist aber selbstverständlich nicht möglich.

Diese Einschränkung gilt auch für Versuche, die Existenz von Individuen mit der Fähigkeit zur freien Willensbildung unter den Bedingungen eines wissenschaftlich geführten Experiments zu überprüfen, so, wie dies beispielsweise der Neuropsychologe Benjamin Libet seit den sechziger Jahren des 20. Jahrhunderts unternommen hat.[3] Tatsächlich ist die Aussagekraft dieser Experimente, die vielerorts für Aufsehen gesorgt haben, in diesem Fall sogar in zweifacher Hinsicht begrenzt.

---

3 Vgl. die zusammenfassende Darstellung in Libet (2004) und Libet (2005).

Die eine Begrenzung ergibt sich aus den bereits angesprochenen Gründen. Zwar geht nach der Auffassung einiger Neurowissenschaftler aus den von Libet realisierten Experimenten hervor, wie sehr wir uns in unserer Überzeugung, es in bestimmten Situationen mit freien Willensentschlüssen zu tun zu haben, täuschen können. Aktivitäten, welche die im Experiment untersuchten Personen als Resultate eigener Willensentschlüsse auffassten, stellten sich nämlich, so diese Deutung der Experimente, als Aktivitäten heraus, die in Wirklichkeit durch Prozesse im Gehirn jener Personen verursacht wurden, welche bereits abgeschlossen waren, bevor die Versuchspersonen meinten, sich frei zu der in Rede stehenden Aktivität zu entscheiden. Aber selbst wenn diese Deutung der Ergebnisse jener Experimente berechtigt wäre, würde sie eben nur für die Individuen gelten, die unter den besonderen Bedingungen eines solchen Experiments untersucht worden sind. Der Übergang von solcherart erzielten partikulären Aussagen zur universellen Aussage, dass es überhaupt keine Individuen mit der Fähigkeit zur freien Willensbildung gibt, wäre der bekannten Schwierigkeiten induktiver Schlussverfahren wegen methodisch unzulässig.

Die zweite Einschränkung, die man im Hinblick auf die von Libet durchgeführten Experimente in Rechnung stellen muss, ergibt sich daraus, dass bereits die soeben angesprochene Deutung dieser Experimente Probleme aufwirft.

Für diese Probleme gibt es einen Grund, der mit Eigenheiten dieser Experimente zusammenhängt, die, von einem etwas anderen Blickwinkel her betrachtet, gerade ihren besonderen Reiz ausmachen. Normalerweise bleiben wir dann, wenn wir Existenzbehauptungen zu überprüfen versuchen, im Rahmen der Untersuchungsverfahren, die durch die Begriffe nahe gelegt werden, welche in der strittigen Existenzbehauptung auftreten. Wenn wir feststellen wollen, ob es in einem bestimmten Raum einen Besen gibt oder nicht, werden wir den fraglichen Raum auf der Basis unseres Wissens davon, was einen Besen kennzeichnet, durchsuchen. Wir werden diesen Raum normalerweise nicht unter Anlegung von Kriterien für das Vorkommen gewisser Molekülansammlungen durchsuchen, auch wenn uns klar ist, dass Besen unter manchen Umständen auch in dieser Weise – als eine Ansammlung von Molekülen – beschrieben werden könnten. Genau von einem solchen Übergang von einem Verfahren für die Klassifikation von Gegenständen zu einem anderen, von einem „Feld" von Begriffen zu einem anderen, wird indes in den Experimenten Libets Gebrauch gemacht, nur dass hier zwischen Begriffen der Psychologie („Willensentschluss", „Handlung", usw.) und Begriffen der Neurobiologie („Nervenzellen", „Aktionspotentiale", usw.) gewechselt wird. Bei dergleichen Übergängen aber ist besondere Sorgfalt nicht nur in der Durchführung des jeweiligen Experiments, sondern auch in der Klärung der Begriffe vonnöten, die zur kontrollierten Planung, Beschreibung und Deutung des Experiments herangezogen werden. In diesem Fall lässt sich unter anderem zeigen, dass die Zeiträume, die wir normalerweise im Auge haben, wenn wir von der „Entscheidung" zu einer Handlung und deren späterer „Realisierung" sprechen, wesentlich umfassender sind als die Zeiträume, innerhalb derer die von Libet und seinen Mitarbeitern gemessenen neuronalen Aktivitäten stattfanden – was allein schon zu einer wesentlich veränderten Interpretation der Ergebnisse dieser Experimente führt.[4]

4 Vgl. dazu Helmrich (2004). Tatsächlich hat Libet selbst seine Experimente keineswegs als Belege für die Nicht-Existenz von Willensfreiheit interpretiert. Sie seien vielmehr Belege dafür, dass Menschen in einer von ihnen nicht kontrollierbaren Weise mit Handlungsmöglichkeiten konfrontiert werden

Prinzipiell begründete Bedenken gegen die Existenz von Handlungs- und Willensfreiheit

Anders als die durch empirische Belege gestützten Bedenken gegen die Existenz von Individuen mit der Fähigkeit, frei zu handeln und sich ihren Willen frei zu bilden, sind die durch Überlegungen prinzipieller Art begründeten Bedenken sehr wohl geeignet, die Existenz solcher Individuen *überhaupt* in Frage zu stellen.

Bedenken dieser Art gibt es im Wesentlichen in zweierlei Form. Im einen Fall wird bestritten, dass es Individuen mit Spielräumen unterschiedlicher Aktivitätsmöglichkeiten überhaupt geben kann – womit also eine der beiden oben genannten notwendigen Bedingungen für das Vorliegen von Handlungs- und Willensfreiheit nicht erfüllt wäre.[5] Die Bedenken des zweiten Typs leiten sich aus der Überzeugung ab, dass sich der Begriff von Individuen, die Urheber ihrer eigenen Handlungen und Willensentschlüsse sind, so sehr gegenüber allen Versuchen einer rationalen Rekonstruktion sperre, dass man auf ihn, und damit dann auch auf die Begriffe der Handlungs- und Willensfreiheit, besser verzichte.

Die Möglichkeit der Existenz von Individuen, die über Spielräume unterschiedlicher Aktivitäten verfügen, wird insbesondere von Befürwortern deterministischer Positionen in Abrede gestellt. Deterministen behaupten nämlich entweder (in der „ontologischen" Variante des Determinismus),

(1) dass alle Geschehen in der Welt, alle bei einem beliebigen Gegenstand anzutreffenden Eigenschaften und alle von einem beliebigen Gegenstand vollzogenen Aktivitäten mit anderen Geschehen, Eigenschaften und Aktivitäten in einem durch ausnahmslos geltende empirische Gesetze vollständig bestimmten Zusammenhang stehen – so, dass ein jedes Geschehen, eine jede Eigenschaft und eine jede Aktivität durch andere Geschehen, Eigenschaften und Aktivitäten vollständig bestimmt wird.

Oder sie behaupten (in der „epistemischen" Variante des Determinismus),

(2) dass das Eintreten eines jeden Geschehens, das Vorliegen einer jeden Eigenschaft und der Vollzug einer jeden Aktivität eines beliebigen Gegenstands sich unter dem alleinigen Rückgriff auf ausnahmslos geltende empirische Gesetze vollständig erklären ließen.

Und weder die eine noch die andere These lässt sich offenbar mit der Annahme vereinbaren, dass es Individuen geben kann, die imstande sind, in einer bestimmten Situation zwischen unterschiedlichen, ihnen gleichermaßen zur Verfügung stehenden Aktivitätsmöglichkeiten zu wählen.

Ein Teil der Schwierigkeiten, die sich mit dem Begriff von Individuen verbinden, welche die Urheber ihrer eigenen Handlungen und Willensentschlüsse sein sollen, gilt im

können – um dann aber frei darüber zu entscheiden, ob sie von der einen oder anderen dieser Möglichkeiten Gebrauch machen möchten.

5 Gelegentlich wird auch bezweifelt, dass es Individuen gibt, die der anderen jener beiden Bedingungen (es müsse sich um Individuen handeln, die über ein hinreichendes Wissen von dem verfügen, was sie tun) genügen. Zweifel dieser Art sind allerdings zumeist allein gradueller und nicht grundsätzlicher Natur. Ich lasse sie daher im Folgenden unberücksichtigt.

Grunde nicht erst für diesen Begriff, sondern auch schon für allgemeinere, jenen Begriff als einen Unterbegriff einschließende Begriffe, so zum Beispiel für den Begriff der Lebewesen.

Man bedenke nur, dass wir gewohnt sind, unter einem Lebewesen etwas zu verstehen, was kein Körper „ist", sondern einen Körper „hat". Mit einer solchen Wendung soll offenbar zum Ausdruck gebracht werden, dass Lebewesen von ihrem Begriff her etwas sind, was sich irgendwie „gegenüber" einem bestimmten, nämlich „ihrem" jeweiligen Körper befindet. Nicht umsonst hat Helmuth Plessner bei seiner Charakterisierung der einfachsten „Stufe des Organischen" davon gesprochen, dass Lebewesen das Merkmal der „Positionalität" aufwiesen[6]. Aber was genauer besehen mit solchen Formulierungen gemeint ist, ist unklar. Denn was soll es eigentlich sein, was sich hier gegenüber einem bestimmten Körper „positioniert"? Kann man darauf zeigen, und so erläutern, was mit dem Begriff „Lebewesen" gemeint ist, ähnlich wie wir auf Beispiele für „karmesin" zeigen würden, um jemandem, der nicht weiß, was unter jener Farbbezeichnung zu verstehen ist, aus seiner Verlegenheit zu helfen? – Offenbar nicht, denn das, worauf man zeigen kann, ist anscheinend immer nur der Körper, nicht aber die Instanz, die diesen „hat". Aber wie hat man die Rede von einer solchen Instanz dann zu verstehen?

Dergleichen Unklarheiten nehmen sogar noch zu, sobald man vom allgemeinen Begriff der Lebewesen zu spezielleren Begriffen übergeht, und sich so wieder dem Begriff von Individuen mit der Fähigkeit zur Handlungs- und Willensfreiheit annähert. Deutlich erkennbar wird dies unter anderem dann, wenn man den gemeinhin von uns verwendeten Begriff des Handelns und des Trägers möglicher Handlungen, des „Handlungssubjekts", etwas genauer betrachtet.

Handlungen gelten uns nämlich als Aktivitäten, die von ihrem jeweiligen Träger „selber hervorgebracht" werden, die unter der „Führung (*guidance*)" des jeweiligen Handlungssubjekts stattfinden, wie Harry G. Frankfurt diesen Sachverhalt einmal charakterisiert hat[7]. Unter Handlungen verstehen wir also offenkundig etwas anderes als ein biologisch beschreibbares und erklärbares Verhalten wie zum Beispiel einen Fluchtreflex, der ja, wie wir zu sagen gewohnt sind, „bei" einem Individuum „abläuft", ihm „widerfährt". Nur wirft auch dies sogleich wieder Fragen auf. Denn was soll mit der Rede vom „Hervorbringen" von Handlungen eigentlich zum Ausdruck gebracht werden? Dass hier einer (das Handlungssubjekt) eine bestimmte *Wirkung* „hervorbringt", so wie zum Beispiel ein Windstoß, der an einem Baum hängende Blätter bewegt, wird es ja wohl nicht sein. Und die Behauptung, dass man es hier mit einer *besonderen Form* von Kausalbeziehung, genannt „Akteurskausalität", zu tun habe[8], stellt lediglich einen speziellen Term zur Bezeichnung des sich hier stellenden Problems zur Verfügung, keineswegs aber liefert sie auch schon eine Lösung dieses Problems.

Eine befriedigende Antwort auf die sich in diesem Zusammenhang aufdrängenden Fragen hat sich auch in den neueren Überlegungen zur Handlungstheorie bisher nicht finden lassen. Donald Davidson hat sich daher sogar dafür ausgesprochen, in Zukunft davon abzusehen, dass uns Handlungen als Aktivitäten gelten, die von ihrem jeweiligen Träger selber

6 Plessner (1928), 129 ff.

7 Frankfurt (1978). Vgl. dazu Stoecker (2000).

8 Vgl. Chisholm (1977).

hervorgebracht werden: Das sei etwas so Mysteriöses, dass man die Hoffnung aufgeben solle, für diesen Zug unserer herkömmlichen Sprache eine rationale Erklärung zu finden.[9]

Reaktionen aus dem Kreis der Neurowissenschaftler

Auch unter den Vertretern der aktuellen Neurowissenschaften haben sich zwar keineswegs alle, wohl aber eine ganze Reihe von Autoren aus solchen und verwandten Überlegungen heraus ausdrücklich zu der Auffassung bekannt, dass es zumindest so etwas wie Willensfreiheit im Grunde nicht gebe.[10]

Aus dem Determinismus – der nach der Meinung dieser Autoren grundsätzlich zu bejahen ist – folge, dass auch hochkomplexe chemische Gebilde wie Nervensysteme und Gehirne letztlich nichts anderes als deterministische Systeme seien: Ihre Eigenschaften und Aktivitäten seien durch ausnahmslos geltende empirische Gesetze bestimmt und würden sich vielleicht auch irgendwann einmal, sobald man den bereits begonnenen Weg zur Erkenntnis dieser Gesetze nur genügend fortgesetzt habe, aus der Anwendung solcher Gesetze lückenlos erklären lassen. Und da alles dafür spreche, dass Handlungen und psychische Aktivitäten vollständig auf den Prozessen beruhen, die im Gehirn des jeweiligen Trägers dieser Aktivitäten ablaufen, habe man auch Handlungen und psychische Aktivitäten als grundsätzlich determinierte Phänomene aufzufassen, und nicht als etwas, was sich freien Willensentschlüssen verdankt.

Darüber hinaus sollte man nach Meinung vieler Neurowissenschaftler angesichts der Probleme, die mit dem traditionellen Begriff von Handlungssubjekten als „Urhebern" ihrer Handlungen und Willensentscheidungen verbunden sind, auf diesen Begriff am besten verzichten und an seine Stelle einen anderen Begriff treten lassen. Zwar sei natürlich nicht zu bestreiten, dass wir gewöhnlich das Tier oder den Menschen als Ganze als diejenigen auffassen, die sich – unter Nutzung bestimmter Teile ihres Körpers, einschließlich ihres Gehirns – beispielsweise auf der Suche nach Nahrung befinden, sich einem Partner zuwenden, oder sich um einen möglichst hohen Platz in der Rangordnung ihrer sozialen Gruppe bemühen. Nur müsse man sich darüber im Klaren sein, dass dies irreführende, durch ihre Verknüpfungen mit dem herkömmlichen Subjektbegriff systematisch belastete Formulierungen sind. Was man in Wirklichkeit als Träger von Handlungen und psychischen Aktivitäten aufzufassen habe, sei das Gehirn des jeweiligen Individuums selbst, oder eines der Areale dieses Gehirns – wobei das Gehirn und seine Areale ausschließlich als materielle, physikalisch-chemisch zu beschreibende Gegenstände aufzufassen seien. Der Untertitel von Gerhard Roths Monographie *Fühlen, Denken, Handeln* lautet daher nicht umsonst *Wie das Gehirn unser Verhalten steuert*. Und in einer von vielen weiteren Formulierungen dieser Art heißt es innerhalb dieser Monographie, dass es das menschliche Gehirn sei, das Wahrnehmungen, Gedanken, Vorstellungen, Erinnerungen, Gefühle, Wünsche und Pläne habe.[11]

9 Davidson (1985), 80–87. Vgl. auch Honderich (1995), 163; D. C. Dennett (2003), 100 f.

10 Vgl. zum Beispiel, neben vielen weiteren Bemerkungen gleichen Inhalts, Roth (2003), 526, 530; Singer (2002), 62; Singer (2005), 711, in diesem Band: 191; Prinz (2004).

11 Roth (2003), 395.

Einwände gegen die prinzipiell begründeten Bedenken an der Existenz von Handlungs- und Willensfreiheit

Ob die beiden soeben genannten prinzipiellen Bedenken gegen die Existenz von Handlungs- und Willensfreiheit – die Bedenken, die sich aus dem Determinismus, und die, die sich aus einer Kritik am Subjektbegriff ableiten – tatsächlich haltbar sind, ist allerdings fraglich. Sobald man diese beiden Bedenken nämlich ausdrücklich so weit ausformuliert, wie es in ihnen systematisch impliziert ist, wird kenntlich, dass sie sich in Widersprüche verstricken.

Was den Determinismus betrifft, ist es wichtig, sich darüber im Klaren zu sein, dass mit seiner Kernthese nicht nur etwas über Grundbeschaffenheiten der Welt ausgesagt wird. Durch eine solche Aussage wird vielmehr auch eine bestimmte – sprachliche – Handlung vollzogen und ein Geltungsanspruch erhoben. Und selbst wenn man zugesteht, dass wir womöglich noch nicht alle wichtigen Details dessen geklärt haben, was wir vernünftigerweise unter „einen Geltungsanspruch erheben“ verstehen sollten – eines jedenfalls ist offenkundig: Mit einer Aktivität, deren Realisierung durch ausnahmslos geltende empirische Gesetze bestimmt wird, haben wir es hier nicht zu tun. Wenn der strenge Determinismus wahr wäre, dürfte dies aber nicht sein. Denn auch das Aufstellen von Geltungsansprüchen ist selbstverständlich eine in der Welt stattfindende Aktivität, und damit etwas, was in den Anwendungsbereich der Kernthese des Determinismus fallen können muss.[12]

Ein analoger Einwand gilt auch im Hinblick auf die Bedenken gegenüber dem Begriff von Lebewesen als Entitäten, die keine Körper „sind“, sondern einen Körper „haben“, oder gegenüber dem Begriff von Handlungssubjekten als Entitäten, die imstande sind, ihre Aktivitäten selber „hervorzubringen“. Es ist richtig, dass es Schwierigkeiten bereitet, zu verstehen, was es mit solchen Formulierungen auf sich hat. Und solange wir in unseren Versuchen zur rationalen Rekonstruktion solcher begrifflicher Eigentümlichkeiten keine nennenswerten Erfolge erzielt haben, ist in der Tat auch nicht auszuschließen, dass sich in diese Teile unserer herkömmlichen Praxis der Unterscheidung und Einordnung von Gegenständen Sinnloses eingeschlichen hat. Aber dass dergleichen Fehler mehr als lediglich *partikuläre* Fehler sind; dass sie die Sinnhaftigkeit so gut wie *aller* Begriffe beeinträchtigen, mit denen wir uns gegenwärtig in unserem Umgang mit anderen sowie uns selbst zu verständigen versuchen, das ist etwas, womit sich nicht ernsthaft rechnen lässt.

Schließlich besteht selbst die wissenschaftliche Forschung keineswegs allein daraus, dass man sich mit bestimmten Gegenständen, den „Forschungsobjekten“, befasst. Wissenschaft betreiben, ohne dass die an diesem Unterfangen Beteiligten einander Fragen stellen, sich über die Deutung von Erfahrungsbefunden austauschen, um Begründungen oder Erklärungen bitten, ihre Ziele aufeinander abzustimmen versuchen, usw. – das ist etwas, was es aus schlechterdings nicht abweisbaren begrifflichen Gründen nicht geben kann. Und wie anders sollte man dergleichen Betätigungen verstehen, wenn nicht so, dass sie die wechselseitige Anerkennung der jeweiligen Mitforscher als für ihre Fragen, Behauptungen, Begründungen, Erklärungen usw. verantwortliche Subjekte einschließen? Wer

12 Vgl. zu neueren Beispielen für eine solche, sich im Ansatz bereits bei Epikur findende Argumentation Janich (2006); Krüger (2004), 273; in diesem Band: 76; Habermas (2006), Abschnitt III, in diesem Band: 277–281.

solche Einschätzungen als begriffsbedingte Fehldeutungen menschlicher Tätigkeiten auffasst, schuldet eine Antwort auf die Frage, mit welchen begrifflichen Mitteln Menschen die wissenschaftlichen Probleme, um deren Lösung sie sich bemühen, sonst überhaupt formulieren können sollen. Bisher jedenfalls steht eine solche Antwort aus, und es ist auch nicht abzusehen, dass sich an dieser Sachlage Wesentliches ändern wird.

Zufall und Notwendigkeit

Weder ein strenger Determinismus noch eine radikale Kritik an Begriffen wie dem des Handlungssubjekts lassen sich also hinreichend umfassend formulieren, ohne sich in Widersprüche zu verstricken. Aber ist der strenge Determinismus nicht ein unaufgebbarer Bestandteil einer wissenschaftlichen Annäherung an die Welt? Und gilt nicht weiterhin, dass sich beispielsweise die Rede von einem Subjekt, das seine Aktivitäten „selber hervorbringt", jeder methodischen Rekonstruktion entzieht? Bleibt uns also womöglich keine andere Position als die, auf die bereits Hume sich zurückgezogen hatte: Das Eingeständnis, dass wir sowohl in unserer alltagsweltlichen wie wissenschaftlichen Praxis gar nicht umhinkommen, von Grundannahmen und Unterscheidungen Gebrauch zu machen, deren Rationalität wir aufgrund der uns zur Verfügung stehenden theoretischen Mittel nicht nachzuweisen vermögen?[13] – Das wäre bedauerlich. Aber in Wirklichkeit bleiben durchaus noch andere Möglichkeiten als die einer resignativen Skepsis.

Werfen wir zunächst noch einmal einen Blick auf den strengen Determinismus. Gegen ihn spricht nicht nur, dass er nicht widerspruchsfrei formulierbar ist. Denn selbst wenn man von diesem Einwand absieht, lässt sich dem strengen Determinismus vorhalten, dass seine Kernthese auf eine jener eigentümlichen Behauptungen über Grundbeschaffenheiten der Welt hinausläuft, die sich prinzipiell weder beweisen noch widerlegen lassen: Der strenge Determinismus ist unbeweisbar, weil er in seinen beiden möglichen Varianten (der „ontologischen" und der „epistemischen") auf die weiter oben genannten universellen Behauptungen über einen unbegrenzten Bereich von Gegenständen hinausläuft, und dergleichen Behauptungen nun einmal niemals vollständig bestätigt werden können; und er ist unwiderlegbar, weil man im Hinblick auf jeden einzelnen Fall von Eigenschaften und Aktivitäten, deren strenge Determiniertheit sich bisher noch nicht nachweisen ließ, behaupten kann, dass er sich auf deterministische Naturgesetze zurückführen lasse, die man bisher nur noch nicht kenne.[14] Und worin der wissenschaftliche Wert von Behauptungen mit solchen Eigenheiten liegen soll, ist nicht recht einzusehen.

Die Geschichte der europäischen, beziehungsweise europäisch geprägten Wissenschaften kennt zahlreiche Fälle der Konfrontation mit solchen prinzipiell unüberprüfbaren Aus-

---

13 Zu einer modernen Variante einer solchen Position vgl. zum Beispiel McGinn (1996).

14 Vgl. Stegmüller (1983), Kap. VII, Abschnitte 8 und 9, sowie die den gesamten Diskussionszusammenhang mustergültig abdeckende, an Stegmüller anschließende Studie von Günter Koch, *Kausalität, Determinismus und Zufall in der wissenschaftlichen Naturbeschreibung* (Koch 1994). Zu einer plastischen Darstellung der vielfältigen Rolle von Zufällen in der Alltagswelt – und unserer angeborenen Neigung, auch dort kausale Zusammenhänge zu sehen, wo es eigentlich keine gibt – vgl. Klein (2004).

sagen. Und seit langem bereits steht ein probates Gegenmittel zur Verfügung, um sich angesichts solcher Aussagen nicht in unentscheidbaren Auseinandersetzungen zu verlieren: Was sich hier empfiehlt, ist ein Schritt *menschlicher Selbstbescheidung*, ein Schritt der ausdrücklichen Beschränkung auf das, was uns Menschen als endlichen Wesen an tatsächlich überprüfbaren Einsichtsmöglichkeiten zur Verfügung steht.[15]

Bleibt man bei dem, was sich auf der Basis des gegenwärtigen Stands von Einsichten mit methodisch-wissenschaftlichen Mitteln belegen lässt, ergibt sich denn auch ein ganz anderes, differenzierteres Bild der Welt, als das vom Determinismus gezeichnete: Die Welt, in der wir leben, ist zwar offenkundig keine streng indeterministische Welt; aber sie ist auch keine streng deterministische Welt. Sie ist vielmehr eine Welt, in der sich Gesetzmäßigkeiten und Zufälle vielfältig miteinander vermischen.

Die Physik hat sich aus guten Gründen seit dem ausgehenden 19. Jahrhundert zunehmend vom streng deterministischen Naturverständnis der Neuzeit distanziert: Klassische Naturgesetze wie zum Beispiel Newtons Gravitationsgesetz oder Maxwells Gleichungen der Elektrodynamik wurden als Beschreibungen idealer Fälle identifiziert, deren Anwendung auf reale Fälle durch thermodynamische Prozesse beschränkt ist; die Quantenphysik begnügt sich von vornherein mit Aussagen über die Wahrscheinlichkeit von Zuständen; und Theorien über die Entstehung des heutigen Weltalls greifen unumgänglicherweise mehrfach, so zum Beispiel dort, wo es um Erklärungen für das Entstehen erster vergleichsweise stabiler Verbindungen von Wasserstoff- und Heliumatomen geht, auf Zufallsgeschehen zurück.[16] Physikalische Erklärungen von Naturereignissen sind daher im Regelfall, wie Brigitte Falkenburg zu Recht hervorgehoben hat, Erklärungen, in denen von einer mehr oder weniger komplexen Mischung von determinierten und indeterminierten Geschehen ausgegangen und auf „ein *Patchwork* von deterministischen und indeterministischen Gesetzen" zurückgegriffen wird.[17]

Das Bild von den Gegenständen der Natur, das sich so ergibt, orientiert sich nicht mehr am Modell eines für alle Zeiten von störenden Einflüssen unberührt bleibenden idealen reibungslosen Pendels. An die Stelle dieses Bildes ist vielmehr die Überzeugung getreten, dass Gegenstände der Natur sich in einer partiell zufallsbedingten und daher unumkehrbaren Weise ändern können und dabei zwischen geordneten, Gesetzmäßigkeiten zu erkennen gebenden Zuständen und Phasen der Unordnung wechseln. Theorien der Selbstorganisation von chemischen Stoffen beispielsweise kommen, abgesehen von der Verwendung chemischer Reaktionsgleichungen, ohne die Annahme von zufallsbedingten und damit irrever-

15 Es kann daher nur verwundern, wenn beispielsweise Gerhard Roth zunächst zugesteht, dass eine „präzise empirisch-experimentelle" Überprüfung der Behauptung, dass das Gehirn ein deterministisches System sei, prinzipiell nicht möglich ist – und kurz darauf dann behauptet, es könne „wenig Zweifel" daran geben, dass es selbst bei den „hochstufigen Prozessen in unserem Gehirn, die für die Steuerung des Verhaltens zuständig sind, deterministisch zugeht." (Roth 2003, 507 bzw. 531). Wesentlich realistischer ist die von zum Beispiel Cornelius Weiller vertretene Auffassung, derzufolge gilt: „Gehirne sind [...] durch die Fähigkeit zur Plastizität außerordentlich komplexe Systeme mit inhärentem Vermögen, unvorhergesehen oder offen zu reagieren. Eine eventuelle Determinierung ist auch mit neuesten neurowissenschaftlichen Techniken derzeit nicht annähernd begründbar." (Clausberg/Weiller 2004, 246).

16 Vgl. dazu Feynmann (2003), 153.

17 Falkenburg (2006), 51.

siblen Schwankungen nicht aus.[18] Dasselbe gilt auch und insbesondere für die Theorien der Selbstorganisation chemischer Stoffe zu biologischen Stoffen.[19] Die Darwinsche Evolutionstheorie ist geradezu ein Paradigma einer Theorie, in der – mit einem Buchtitel von Jacques Monod zu sprechen[20] – Zufall und Notwendigkeit sich in vielfacher Weise verschränken. Die Entwicklungsbiologie entfernt sich zunehmend von der Vorstellung eines genetischen Determinismus.[21] Und innerhalb des Kreises der Neurowissenschaftler herrscht keineswegs Einigkeit darüber, dass Gehirne als deterministische Systeme begriffen werden sollten; nicht wenige Vertreter dieser Disziplin befürworten vielmehr die Auffassung, dass Gehirne als eine Art „Darwin-Systeme" zu verstehen seien.[22]

Die Orientierung an einem nur noch partiell deterministischen Bild der Welt ist im Übrigen auch geeignet, bestimmte Zweige der Philosophie aus der Sackgasse zu befreien, in die sie geraten sind. In den Auseinandersetzungen über die Möglichkeit von freien Willensentscheidungen, die innerhalb der Philosophie stattgefunden haben, ist man großenteils von der Annahme ausgegangen, dass es ausschließlich zwischen einem strengen Determinismus und einem strengen Indeterminismus zu wählen gelte.[23] Nun ist leicht zu sehen, dass es dann, wenn der strenge *Indeterminismus* Recht hätte, keine Willensfreiheit geben kann. So gilt zum Beispiel – um nur an eines der in diesem Zusammenhang relevanten Argumente zu erinnern[24] –, dass wir unter einer freien Willensentscheidung eine Aktivität verstehen, die zumindest in wesentlichen Teilen unter der Kontrolle desjenigen steht, der sie vollzieht: Unter anderem dies ist schließlich damit gemeint, wenn wir das Subjekt freier Aktivitäten als deren „Urheber" bezeichnen. Eine zufällig ablaufende Aktivität dagegen ist eine Aktivität, die dem Träger dieser Aktivität *widerfährt*, statt von ihm kontrolliert zu werden. Und da es dem strengen Indeterminismus zufolge nur zufällig eintretende Geschehen geben kann, ist damit auch die Möglichkeit von Willensfreiheit ausgeschlossen.

---

18 Vgl. Prigogine/Stengers (1986).

19 Vgl. Eigen/Winkler (1975).

20 Monod (1971).

21 Vgl. Stotz (2005).

22 Vgl. zum Beispiel Edelmann (1993); Edelmann (1995); Calvin (1993). Vgl. auch die von Hermann Haken unternommenen Versuche, Prinzipien der Synergetik auf die Untersuchung von Gehirnen anzuwenden (Haken/Haken-Krell 1997). – In den Details ihrer Darlegungen sehen übrigens auch W. Singer und G. Roth sich mitunter genötigt, entgegen ihrem sonst bekundeten Credo auf Zufallsereignisse zurückzugreifen. Schließlich sind gerade W. Singer wichtige Untersuchungen über die bemerkenswerte Plastizität und Spontaneität menschlicher Gehirne zu verdanken. Folgerichtig heißt es zum Beispiel bei ihm: Die Entwicklung individueller Gehirne hänge „oft von kleinen, mitunter zufälligen Fluktuationen der Umgebungsbedingungen" ab (Singer 2002, 57), und auch im Gehirn selbst könnten „zufällige Schwankungen in der Signalübertragung zum Tragen kommen" (Singer 2004, 250; in diesem Band: 54) sowie „spontan generierte hochkomplexe raumzeitliche Kohärenzmuster" eine wichtige Rolle spielen (Singer 2002, 109). G. Roth macht überdies auf Indizien aufmerksam, denen zufolge „bei der Konfrontation mit schwierigen Problemen Netzwerke des Stirnhirns in ein erhöhtes ‚Rauschen' (als ‚gezieltes Zufallselement') versetzt werden, um neue, ungewöhnliche Verknüpfungsstrukturen zu erzeugen, die wir dann subjektiv als besonders kreative Einfälle erleben." (Roth 2003, 525).

23 Eine knappe und immer noch mustergültige Darstellung der Schwierigkeiten, die sich aus einer solchen Ausgangssituation ergeben, findet sich in der Einleitung, die Ulrich Pothast dem von ihm herausgegebenen Sammelband *Freies Handeln und Determinismus* vorangestellt hat (1978).

24 Eine kurze Übersicht über einschlägige Argumente findet sich in Kane (2003), 301–305.

Nicht wenige Philosophen sind dieses Befunds wegen zu der Auffassung gelangt, dass man, wenn man sich überhaupt eine Chance zur „Rettung" der Möglichkeit von Willensfreiheit bewahren will, statt vom strengen Indeterminismus vom strengen Determinismus auszugehen habe. Wobei dies dann allerdings dazu nötigt, nunmehr zu zeigen, dass die Möglichkeit von freien Willensentscheidungen, trotz allen gegenteiligen Anscheins, mit dem strengen *Determinismus* vereinbar ist. Eben dieses Vorhaben ist speziell seit G. E. Moore[25] prägend für viele der aktuellen philosophischen Beiträge zur Diskussion um die Möglichkeit von Willensfreiheit.[26]

Erfolgreich, so muss man allerdings feststellen, sind diese Bemühungen nicht gewesen. Befürworter der Auffassung, dass Determinismus und Willensfreiheit miteinander vereinbar seien, berufen sich zumeist darauf, dass es Variationen der Ausgangsbedingungen geben könne, unter denen eine bestimmte Aktivität realisiert wird, und dass eben diese Variationen es dann ermöglichen, zu sagen, das betreffende Individuum hätte etwas anderes tun können, als es faktisch getan hat.[27] Übersehen wird dabei jedoch, dass mit dem herkömmlichen Begriff der Willensfreiheit die Existenz von Spielräumen unterschiedlicher Aktivitäten für Situationen unterstellt wird, die in allen ihren für die jeweilige Aktivität wichtigen Eigenheiten gerade *nicht* variieren.[28]

In Wirklichkeit sind die sich hier einstellenden Aporien freilich durchaus vermeidbar. Voraussetzung dafür ist allerdings, dass man sich von dem in der aktuellen Physik, Chemie und Teilen der Biologie ohnehin seit längerem preisgegebenen Glauben verabschiedet, zwischen einem strengen Determinismus und einem strengen Indeterminismus wählen zu müssen. Hat man sich dies erst einmal klar gemacht; hat man sich erst einmal klar gemacht, dass in der Welt, in der wir leben, geordnete Abläufe, die gewisse Gesetzmäßigkeiten zu erkennen geben, und Zufallsereignisse vielfältig ineinander greifen, ist der Weg frei, um einen neuen Blick auf uns selbst als Individuen zu werfen, die sich die Fähigkeit zum Vollzug freier Handlungen und freier Willensentscheidungen zuschreiben. Tatsächlich gibt es, wie wir sehen werden, gute Gründe für die Annahme, dass Individuen dieser Art unter dieser Voraussetzung durchaus als etwas begriffen werden können, was nicht im Widerspruch zur Natur steht, sondern einen Teil der Natur darstellt: Sie (wir) sind ein zwar recht ungewöhnlicher, gleichwohl aber durchaus methodisch nachvollziehbarer Fall einer besonderen Verschränkung von zufällig eintretenden Geschehen und geordneten Abläufen.[29]

---

25 Moore (1975).

26 Zu einer ebensolchen Einschätzung der aktuellen Diskussionssituation innerhalb der Philosophie gelangt auch P. v. Inwagen (2003, 38): „The main contested question in current discussions of free will is not, as one might expect, whether we *have* free will. It is whether free will is compatible with determinism."

27 Vgl. zu einer derartigen Argumentation zum Beispiel Dennett (2003), 75 ff.; Pauen (2004).

28 Ohnehin ist nicht recht einzusehen, inwiefern es mit einer deterministischen Position vereinbar sein soll, davon auszugehen, dass zu einem bestimmten Zeitpunkt unterschiedliche Randbedingungen für den Vollzug einer Aktivität möglich gewesen wären.

29 H.-P. Krüger (2005, 684; in diesem Band: 164) hat zu Recht darauf hingewiesen, dass es gegenwärtigen Philosophen häufig noch schwer falle, „die Konsequenzen aus den Möglichkeiten von Darwins Denkansatz zu ziehen." Die folgenden Ausführungen sind ein Versuch, diesem Defizit abzuhelfen. – Auf einen Vergleich mit den ähnlich ansetzenden Überlegungen von David Wiggins (2003) und Robert Kane (1996, 2003) muss ich an dieser Stelle aus Platzgründen verzichten. Ein

Synthetischer Materialismus

Auch was die Bedenken gegenüber dem traditionellen Begriff des Subjekts möglicher Handlungen angeht, zeichnen sich, wie ein Blick auf Teile der neueren Diskussion um das Geist-Materie- beziehungsweise Leib-Seele-Problem zeigt, gegenwärtig durchaus Alternativen zu einer skeptisch-resignativen Position ab. Zwar hat diese Diskussion nach einer weithin geteilten Einschätzung bisher noch zu keinem abschließenden, systematisch befriedigenden Ergebnis geführt. Immerhin ist jedoch zumindest eine Auffassung für viele, die gegenwärtig an dieser Diskussion teilnehmen, konsensfähig: Wenn es jemals eine Theorie geben sollte, die uns hilft, zu begreifen, warum es Individuen gibt, die über die Fähigkeit zum Vollzug psychischer Aktivitäten wie zum Beispiel freier Willensentscheidungen verfügen, dann muss dies eine Theorie sein, die insbesondere zwei Anforderungen genügt:

- Es muss eine Theorie sein, die den wesentlichen Merkmalen jener Individuen tatsächlich gerecht wird, statt diese Merkmale zu eliminieren oder auf die wesentlichen Merkmale anderer Arten von Gegenständen zu reduzieren.
- Es muss eine Theorie sein, die dazu verhilft, die Beziehungen zwischen materiellen Phänomenen und Individuen, denen sich psychische Zustände und psychische Aktivitäten zuschreiben lassen, in einer systematisch nachvollziehbaren Weise verständlich zu machen, ohne zu diesem Zweck auf nicht-natürliche Phänomene wie zum Beispiel eine als Substanz verstandene Seele oder einen Geist zurückzugreifen.

Es ist üblich, Theorien, die diesen beiden Bedingungen entsprechen, unter der Bezeichnung „nicht-reduktiver Materialismus" zu führen. Auf diese Weise soll zunächst einmal kenntlich gemacht werden, dass nach einer Theorie gesucht wird, die sich von zum Beispiel panpsychistischen oder substanzpluralistischen Positionen abgrenzt (deswegen „Materialismus"). Und es soll darüber hinaus auch deutlich werden, dass man sich um eine Alternative zu „klassischen", aporetisch gebliebenen Varianten des Materialismus, so zum Beispiel zum eliminativen Materialismus, zu identitätstheoretischen Varianten des Materialismus, usw., bemüht (daher „nicht-reduktiver" Materialismus).

Jürgen Habermas hat eine zentrale Anforderung an solche Theorien auf die einleuchtende Formel gebracht, dass sie imstande sein müssten, eine „übergreifende Geschichte der Natur" zu erzählen, die uns dazu befähigt, uns selbst als Individuen mit eben den geistigen Fähigkeiten, von denen wir nach bestem gegenwärtigen Wissen beim Erzählen dieser Geschichte Gebrauch machen, als Ergebnis einer schrittweisen Entwicklung der Materie zu verstehen.[30] Denn nur wenn dieser Forderung genügt wird, kann es gelingen, einem sich

wichtiger Unterschied zuden Ausführungen von Wiggins und Kane ergibt sich aus dem besonderen Gewicht, welches die Darstellung zunehmend komplexer werdender Formen des Ineinandergreifens von Zufall und Ordnung der hier befürworteten Position zufolge besitzt. Der Blick auf eine solche Entwicklungslinie liefert zugleich auch, wie sich zeigen wird, die Antwort auf den beispielsweise von Daniel C. Dennett (2003, 136 f.) gegenüber Kane erhobenen Einwand, dass es bisher nicht gelungen sei, zu klären, an welcher Stelle innerhalb eines Entscheidungsprozesses Zufallsereignisse einfließen können, ohne dass dies die Möglichkeit ausschließt, den Träger dieser Entscheidungen als deren Urheber aufzufassen.

30 Habermas (2006), Teil VII: in diesem Band: 298–304. Ähnlich auch bereits Thomas Nagel (2003, 124 f.): „Wenn die natürliche Ordnung universelle, mathematisch schöne physikalische Grundge-

aus der gegenwärtigen Diskussionssituation heraus ergebenden zentralen Desiderat zu genügen: „Einerseits möchten wir der intuitiv unbestreitbaren Evidenz eines in allen unseren Handlungen performativ mitlaufenden Freiheitsbewusstseins gerecht werden, andererseits wollen wir auch das Bedürfnis nach einem kohärenten Bild des Universums, das den Menschen als Naturwesen einschließt, befriedigen."[31] Und was die Erfüllung dieses Desiderats angeht, gibt es mittlerweile, wie im Folgenden gezeigt werden soll, durchaus Anlass zur Hoffnung.

Nun enthalten Geschichten immer zwei Komponenten: In ihnen wird von bestimmten Ereignissen und von Zusammenhängen zwischen diesen Ereignissen erzählt; und in ihnen wird von Begriffen Gebrauch gemacht, mit Hilfe derer jene Ereignisse benannt und in Zusammenhänge gebracht werden können. Faktisch können Geschichten daher eine Form annehmen, die irgendwo zwischen zwei Extremen angesiedelt ist: Zwischen der bloßen Verwendung vorgegebener Begriffe; und der ausdrücklichen Thematisierung der Begriffe, die das Erzählen von bestimmten Geschichten überhaupt erst ermöglichen sollen. Die sich als empirische Wissenschaft verstehende Geschichtsschreibung befindet sich dicht bei dem ersten dieser beiden Extreme; Stufentheorien wie zum Beispiel Hellmut Plessners *Stufen des Organischen und der Mensch* sind Beispiele für Extreme des entgegengesetzten Typs; und die Erzählungen von der Evolution der Natur, der Ontogenese von Individuen und der Entwicklung der menschlichen Kultur, die sich zum Beispiel in den Werken von Karl Marx, Sigmund Freud, George Herbert Mead, Jean Piaget und Konrad Lorenz finden, haben von beidem: Es sind Geschichten mit dem Anspruch auf empirische Triftigkeit – und zugleich Geschichten, mit denen uns bestimmte Unterscheidungen, und ein Verständnis der Zusammenhänge zwischen diesen Unterscheidungen, nahe gebracht werden soll.

Ziel der folgenden Ausführungen ist es, zu zeigen, auf welchem rational nachvollziehbarem Weg man zu einigen vergleichsweise allgemein angelegten Unterscheidungen gelangen kann, mit Hilfe derer es vielleicht einmal möglich sein wird, eine Geschichte der Natur zu erzählen, die bis zum Entstehen von Individuen mit der Fähigkeit zu freien Willensentscheidungen führt. Ich komme im Folgenden zu diesem Zweck noch einmal auf die weiter oben bereits angesprochenen Begriffe für Lebewesen und Handlungssubjekte zu-

---

setze in der von uns entdeckten Art enthalten kann, warum sollte sie dann nicht auch ebenso fundamentale, uns jedoch unbekannte Gesetze oder Restriktionen enthalten können, die mit den Gesetzen der Physik vereinbar sind und die Entwicklung bewusster Organismen verständlich machen, von denen einige die Fähigkeit besitzen, durch anhaltende kollektive Anstrengung einige der fundamentalen Wahrheiten über ebendiese natürliche Ordnung zu entdecken?"

31 Habermas (2004), 872; in diesem Band: 102. – W. Singer hat mehrfach den Verdacht geäußert, dass der Versuch, sich unter Nutzung des eigenen Gehirns über die Grundeigenschaften eben dieses Gehirns Klarheit zu verschaffen, notwendigerweise in Zirkel führen müsse (so zum Beispiel Singer 2002, 6; Singer 2004, 235; in diesem Band: 39). „Übersetzt" in die soeben genannte Forderung läuft dies auf die Befürchtung hinaus, dass sich eine Erzählung, die uns über die Entstehung der kognitiven Mittel aufklärt, die wir zum Zweck dieser Erzählung verwenden, unumgänglicherweise in Zirkel verstricke. Doch Befürchtungen dieser Art sind, wie bereits Wittgenstein gezeigt hat, gegenstandslos. Denn Zirkel können nur auf der Ebene der Beziehung zwischen den *Inhalten* von Begründungen beziehungsweise Erklärungen auftreten. Hier aber hat man es mit einer Beziehung zwischen dem Inhalt und dem *Vollzug* bestimmter Darlegungen zu tun. Vgl. dazu Ros (1989–1990), Bd. III, 242 ff., 262 ff.

rück, und werde überdies noch einen Blick auf einen weiteren, dritten Begriff, den der Person, werfen.[32]

Um die Übergänge zwischen diesen Begriffen verstehen zu können, um beispielsweise verstehen zu können, warum wir Lebewesen von ihrem Begriff her als Entitäten auffassen, die einen Körper „haben", und Handlungssubjekte als Individuen, die ihre Aktivitäten „selber hervorbringen", wird es allerdings nicht ausreichen, die Begriffe des jeweils als systematisch unproblematisch aufgefassten Begriffsfelds mit Hilfe allein formallogischer Mittel in mehr oder weniger komplexer Weise miteinander zu kombinieren. Zusätzlich wird es erforderlich sein, von unserer Fähigkeit Gebrauch zu machen, ein und denselben Gegenstand gedanklich in unterschiedliche räumliche und zeitliche Zusammenhänge einzubetten. Denn wie sich zeigen wird, hängen mögliche Rekonstruktionen der Übergänge zwischen unseren Begriffen für materielle Phänomene, Lebewesen, Handlungssubjekte und Personen wesentlich von unserer Fähigkeit und Bereitschaft ab, manche empirisch nachweisbare Konstellationen von Phänomenen nicht nur als Anhäufungen von isoliert für sich auftretenden Elementen, sondern auch als Teile eines aus einem bestimmten raumzeitlichen Muster bestehenden Ganzen zu deuten. Wir haben nur dann Chancen, uns aus den Aporien traditioneller materialistischer Ansätze zu befreien und die in diesen Ansätzen steckenden Möglichkeiten zu nutzen, wenn wir nicht-reduktive materialistische Ansätze zu Ansätzen eines *synthetischen* Materialismus weiterentwickeln.[33]

2. Lebewesen

Es ist üblich, komplexe chemische Gebilde, wie sie im Lauf der Evolution der Natur durch eine Mischung von Zufällen und gesetzmäßig ablaufenden Geschehen entstanden sind, in zwei große Klassen zu unterteilen. Kennzeichnend für chemische Gebilde der einen dieser beiden Klassen ist der Umstand, dass bei ihnen Aktivitäten ablaufen können, welche dazu führen, dass sich aus ihnen heraus Gegenstände der Art entwickeln, zu der auch sie selbst gehören. Kennzeichnend für chemische Gebilde der zweiten Klasse hingegen ist, dass ihnen eben jene Eigenheit fehlt.

Zur ersten dieser beiden Klassen gehörende chemische Gebilde bezeichnen wir gewöhnlich auch als „Lebewesen". Denn mit dem Ausdruck „Lebewesen" meinen wir chemische Gebilde, die aufgrund ihrer Fähigkeit zur Replikation – der Fähigkeit zur Verdopplung beziehungsweise ganz allgemein der Vervielfachung ihrer jeweiligen DNA als der biochemischen Moleküle, auf die die Ausformung jedes einzelnen der betreffenden chemischen Gebilde zurückgeht – in der Lage sind, aus sich selbst heraus neue chemische Gebilde

32 H.-P. Krüger (2005, 683; in diesem Band: 163) hat vorgeschlagen, in zukünftigen Überlegungen insbesondere drei Übergängen besonderes Augenmerk zu widmen: Dem von der unbelebten zur belebten Natur; dem von belebten Prozessen ohne Bewusstsein zu solchen mit Bewusstsein; und dem von bewussten Prozessen ohne sprachlich vermitteltes Selbstbewusstsein zu solchen mit einem solchen Selbstbewusstsein. Diesen Übergängen entsprechen in der hier verwendeten Terminologie die Übergänge von unbelebter Materie zu im engeren Sinne verstandenen Lebewesen, von im engeren Sinne verstandenen Lebewesen zu im engeren Sinne verstandenen Handlungssubjekten, sowie von im engeren Sinne verstandenen Handlungssubjekten zu Personen.

33 Vgl. dazu Ros (2005).

entstehen zu lassen, welche im Wesentlichen die gleichen Merkmalen wie sie selbst aufweisen.

Abgesehen von ihrer Fähigkeit zur Replikation besitzen Lebewesen, um es zu wiederholen, noch eine weitere auffallende Eigenheit: Sie gelten uns bereits von ihrem Begriff her als Gegenstände, die keine Körper *sind*, sondern einen Körper *haben*. Und da zumindest auf den ersten Blick gesehen unklar ist, was es mit dieser eigentümlichen Charakterisierung auf sich hat, können diejenigen, die dem herkömmlichen Begriff des Subjekts möglicher Handlungen und möglicher Willensentscheidungen mit Skepsis gegenüberstehen, ihre Bedenken allein schon damit begründen, dass sich jener rätselhafte Zug des allgemeinen Begriffs der Lebewesen auf die spezielleren Begriffe der Handlungs- und Willenssubjekte überträgt.

Zwar begnügen sich nicht wenige, die solche Bedenken zurückweisen möchten, mit dem Hinweis darauf, dass wir nun einmal so reden, und dass jeder, der von diesen Redeformen abweicht, einen „Kategorienfehler" begehe. Aber eine solche Reaktion ist unzureichend. Der bloße Umstand, dass man bestimmte Begriffe bereits seit längerem zu gebrauchen gewohnt ist, liefert schließlich, mit Kant zu sprechen, noch keinen „Rechtsgrund" für die Annahme, dass diese Begriffe tatsächlich sinnvoll (Kant: „objektiv gültig") sind.[34] Was in solchen Zusammenhängen geboten ist, ist die Angabe methodisch nachvollziehbarer und nachweislich wünschenswerter Schritte, die es ermöglichen, von den Begriffen, die innerhalb der jeweiligen Diskussionssituation als unproblematisch betrachtet werden dürfen, zu jenen Begriffen überzugehen, deren Sinnhaftigkeit zur Diskussion steht. Für die hier verfolgten Zwecke wäre es also erforderlich, nachzuweisen, dass es methodisch nachvollziehbare und wünschenswerte Schritte gibt, die uns von einer allein physikalisch-chemischen Beschreibungsweise bestimmter chemischer Gebilde zu einer Beschreibungsweise führen, im Rahmen derer diese Gebilde als „Lebewesen" – und damit dann auch als Entitäten, die keine Körper sind, sondern einen Körper haben – gedeutet werden können.

Ein solcher Nachweis ist nun freilich durchaus möglich. Um ihn führen zu können, ist es allerdings unumgänglich, kurz auf eine weitere Eigenheit einzugehen, die Lebewesen bereits von ihrem Begriff her besitzen: auf den Umstand, dass sich manche ihrer Eigenschaften und Aktivitäten teleonomisch, das heißt unter Verweis auf Zweckmäßigkeiten, erklären lassen.[35]

Teleonomische Erklärungen

Nehmen wir ein Bakterium, das sich gerade in eine bestimmte Richtung bewegt hat. Eine typische teleonomische Erklärung für diese Aktivität könnte lauten, dass das Bakterium dies getan habe, „um" sich einer in seiner Nähe befindenden Glucoselösung anzunähern oder „um" sich von einem in seiner Nähe befindenden Zellgift wie zum Beispiel Phenol zu entfernen.

34 I. Kant, Kritik der reinen Vernunft, A 84 f./B 116 f.

35 Der in der Biologie mittlerweile weithin gebräuchliche Begriff der teleonomischen Erklärungen geht auf C. Pittendrigh (1958) zurück. Ebenso wie zum Beispiel die psychologischen Erklärungen sind die teleonomischen Erklärungen eine Unterklasse der teleologischen Erklärungen. Im Unter-

In der wissenschaftstheoretischen Literatur ist die Sinnhaftigkeit solcher Erklärungen lange ebenso umstritten gewesen, wie dies heute noch vielerorts für die Rede von Lebewesen als Entitäten, die keine Körper sind, sondern einen Körper haben, gilt. Erwecken solche Erklärungen doch den Anschein, als wolle man mit ihnen das Eintreten eines Ereignisses unsinnigerweise dadurch erklären, dass man auf ein weiteres Ereignis verweist, dessen Eintreten später liegt als das des zu erklärenden Ereignisses. Noch Ernest Nagel hat daher – wenn auch erfolglos – versucht, teleonomische Erklärungen dadurch von den ihnen anscheinend anhaftenden Mängeln zu befreien, indem er vorschlug, sie als eine spezielle Art kausaler Erklärungen zu interpretieren.[36] Mittlerweile ist es jedoch, insbesondere aufgrund der Arbeiten von Larry Wright[37], gelungen zu zeigen, dass die Einwände gegen teleonomische Erklärungen auf ein Missverständnis dessen zurückgehen, was mit diesen Erklärungen eigentlich beabsichtigt ist.

Die Pointe der Überlegungen Wrights leitet sich aus dem bereits angedeuteten Umstand ab, dass Lebewesen aus Ansammlungen von chemischen Stoffen beziehungsweise biochemischen Molekülen bestehen, die das Resultat einer Geschichte sind, welche zwei besondere Merkmale aufweist:

- sie sind das Resultat einer Kette von Geschehen, im Laufe derer sich aus vorgegebenen Ansammlungen von biochemischen Molekülen einer bestimmten Art immer wieder neue Ansammlungen derselben Art gebildet haben;
- diese Geschehen sind häufig dadurch unterstützt worden, dass es sich bei diesen Molekülansammlungen um chemische Gebilde handelt, welchen irgendwann im Laufe ihrer Entstehungsgeschichte die Fähigkeit zugewachsen ist, Aktivitäten zu vollziehen, die sich positiv auf ihren eigenen Fortbestand und ihre Replikationsfähigkeit auswirken können.

Hält man sich dies vor Augen, zeigt sich nämlich, dass man eine solche Molekülansammlung *in unterschiedlicher Weise beschreiben und in ihren Eigenschaften und Aktivitäten erklären kann*:

Man kann einmal davon *absehen*, dass es sich hier um eine Molekülansammlung mit einer bestimmten Geschichte handelt und dieses materielle Gebilde ausschließlich als solches – als ein Agglomerat von Proteinen, Kohlehydraten, Fetten, Nukleinsäuren, Wasser, usw. – beschreiben. Die Erklärung dafür, dass das Gebilde, das wir gerade unter dem Mikroskop betrachten, sich einer Glucoselösung annähert, ergibt sich dann allein aus einer Analyse der chemischen Reaktionen zwischen den Molekülen, aus denen das Bakterium sich zusammensetzt, und jener Glucoselösung.

Man kann sich aber auch darum bemühen, den Entstehungshintergrund dieser Molekülansammlung gleichsam *mitzusehen*. Man kann also beispielsweise versuchen, schon bei der Beschreibung dessen, womit man es hier zu tun hat, kenntlich zu machen, dass hier ein

---

schied zu den psychologischen Erklärungen – in denen, wie ihr Name bereits andeutet, auf psychische Phänomene wie zum Beispiel Absichten und Überzeugungen verwiesen wird – greift man im Zuge teleonomischer Erklärungen lediglich auf Formulierungen mit zum Beispiel „um … zu“ oder „damit“ zurück.

36 Nagel (1961), Kap. 12; Nagel (1977).

37 Wright (1973); Wright (1976). Vgl. auch die Zusammenfassung dieses Ansatzes in Sober (2000), Kap. 3.7.

Gegenstand vorliegt, der aufgrund einer speziellen Entstehungsgeschichte über die Fähigkeit verfügt, Aktivitäten zu vollziehen, mit Hilfe derer er imstande ist, zumindest in vielen Fällen seinen Fortbestand und seine Replikationsfähigkeit zu sichern. Und wenn man zu einer solchen Ebene der Beschreibung jenes materiellen Gebildes wechselt, ergeben sich andere Möglichkeiten der Einordnung und Erklärung seiner Eigenschaften und Aktivitäten als bei einer Herangehensweise, innerhalb derer man sich ausschließlich der Unterscheidungen bedient, die in der Physik und der Chemie üblich sind. Wobei eine der sich hier eröffnenden Erklärungsmöglichkeiten die teleonomische ist. Deren Sinn besteht nämlich gar nicht daraus (wie in der wissenschaftstheoretischen Diskussion ursprünglich angenommen worden war), uns zu Einsichten über die *Ursachen für die Realisierung einer bestimmten Aktivität* zu verhelfen, sondern zu Einsichten über einen bestimmten Zug der *Entstehungsgeschichte der jeweiligen Aktivitätsfähigkeit.* Die Behauptung, dass ein bestimmtes Bakterium sich in eine bestimmte Richtung bewegt hat, „um" auf diese Weise in die Nähe einer sich dort befindenden Nährstofflösung zu gelangen, ist – neben anderem – als ein Hinweis darauf zu verstehen, dass das Entstehen einer solchen Aktivitätsfähigkeit sich auf die Überlebenschancen von Individuen dieser Art positiv ausgewirkt hat.[38]

Warum Lebewesen keine Körper sind, sondern einen Körper haben

Doch was hat die so verständlich gemachte Möglichkeit einer teleonomischen Erklärung der Aktivitäten einiger spezieller Arten von chemischen Gebilden damit zu tun, dass wir diese Gebilde auch als „Lebewesen" deuten können, und damit als Entitäten, die keine Körper sind, sondern einen Körper haben? – Das erweist sich bei genauerer Betrachtung als eine Folge dessen, dass man die genuin biologische Beschreibung und Erklärung, die also, in der unter anderem von „zweckmäßigen" Aktivitäten die Rede ist, nur dann haben kann, wenn man nicht nur den Begriff der betreffenden *Aktivitäten*, sondern auch den Begriff der *Träger* dieser Aktivitäten in einer bestimmten Weise modifiziert. Und der Grund dafür wiederum liegt darin, dass die Rede von Aktivitäten, die in einer bestimmten Hinsicht „zweckmäßig" sind, systematisch eng mit einer ganz bestimmten Anwendung der Unterscheidung zwischen Gesamt- und Teilaktivitäten verknüpft ist.

Bei der Anwendung der Unterscheidung zwischen Gesamt- und Teilaktivitäten auf *materielle* Aktivitäten gelten unter anderem die folgenden beiden Regeln:

R1: Als Gesamtaktivitäten klassifizierte materielle Aktivitäten werden grundsätzlich dem jeweiligen – in diesem Zusammenhang als ein einheitliches Ganzes aufgefassten – materiellen Gebilde, häufig also einem bestimmten Körper, zugesprochen.

R2: Als Teilaktivitäten klassifizierte materielle Aktivitäten werden grundsätzlich einem der Teile des jeweiligen materiellen Aktivitätsträgers, und nicht etwa diesem selbst, zugesprochen.

38 Zu einer ausführlicheren Darstellung der hier sehr verkürzt skizzierten Beziehungen zwischen den innerhalb eines solchen Zusammenhangs zur Anwendung kommenden unterschiedlichen Typen empirischer Erklärungen vgl. Ros (2005), Teil IV, Kap. 2.2.

Stellen wir uns beispielsweise eine Wanderdüne vor. Von einer Wanderdüne können wir – im Einklang mit der Regel R1 – sagen, dass *sie* sich, verursacht durch den Einfluss des Windes, von einem bestimmten Ort zu einem anderen bewegt. Und was die Teilaktivitäten betrifft, aus denen sich diese Bewegung der Wanderdüne zusammensetzt, würden wir – im Einklang mit der Regel R2 – beispielsweise sagen, dass sie aus den Bewegungen der zahllosen *Sandkörner* bestehen, welche die Wanderdüne bilden. Wir kämen nicht auf den Gedanken, zu sagen, dass die *Wanderdüne* die Sandkörner bewegt.

Hat man es hingegen mit Aktivitäten zu tun, die man als *zweckmäßige* Aktivitäten deutet, so gilt neben anderen die folgende Regel

R3: Als zweckmäßig, und damit als teleonomisch erklärbar gedeutete Teilaktivitäten werden grundsätzlich einem als eine übergreifende Ganzheit gedeuteten Aktivitätsträger, und nicht etwa einem von dessen Teilen, zugesprochen.

Am Beispiel des Bakteriums verdeutlicht, das sich in Richtung auf eine Glucoselösung bewegt: Zu den Teilaktivitäten, die zu dieser Bewegung gehören, mögen Bewegungen von Wimpern gehören, die sich auf der Membran des Bakteriums befinden. Und wenn wir diese Wimpernbewegungen nun als Bewegungen kennzeichnen wollen, die zu einem bestimmten Zweck geschehen, kommen wir nicht umhin, zu sagen, dass es nicht eigentlich die *Wimpern* sind, die sich bewegen, sondern dass es das *Bakterium* ist, das die Wimpern bewegt – um sich so der Glucoselösung anzunähern. Nur so kann nämlich sprachlich zum Ausdruck gebracht werden, dass die jeweils betrachtete Teilaktivität in solchen Fällen eine *der Erhaltung des gesamten Organismus dienende Funktion* (in diesem Fall der Nährstoffaufnahme) erfüllt.

Freilich stellt sich damit aber auch ein Problem. Denn die Regeln R2 und R3 widersprechen sich. Laut Regel R2 gilt: Sobald man die Aktivitäten, die man einem Aktivitätsträger zuschreibt, gedanklich oder sogar faktisch in Teilaktivitäten zerlegt, muss man auch den jeweiligen Aktivitätsträger gedanklich oder faktisch in Teile zerlegen: Die jeweiligen Teilaktivitäten eines materiellen Gegenstands dürfen nicht diesem, sondern nur einem seiner Teile zugeschrieben werden. Im Gegensatz dazu gilt laut Regel R3 für die Träger von teleonomisch erklärbaren Teilaktivitäten: Um den Zweckmäßigkeitscharakter solcher Aktivitäten sprachlich kenntlich machen zu können, müssen ihre Träger aus dem Träger der jeweiligen Gesamtaktivität bestehen.

Wie soll man aus diesem Widerspruch herauskommen? – Die Lösung des sich hier stellenden Problems, die sich im Laufe der Entwicklung der uns geläufigen Sprache entwickelt hat, besteht daraus, dass sich im Hinblick auf die Träger biologisch verstandener Aktivitäten ein spezieller Kunstbegriff bildete: Der Begriff der Lebewesen als Entitäten, die keine Körper sind, sondern einen Körper haben.

Wittgenstein hat im Rahmen seiner Spätphilosophie immer wieder dazu aufgefordert, sich von der zwar auf den ersten Blick ganz natürlich wirkenden, genauer betrachtet aber irreführenden Auffassung zu lösen, dass die Wörter unserer Sprache, und damit auch die mit vielen dieser Wörter verknüpften Begriffe, ausschließlich dazu dienten, etwas zu bezeichnen, auf das man mit den Fingern zeigen kann.[39] Der Begriff „Lebewesen" ist ein weiterer Beleg dafür, wie berechtigt diese Aufforderung ist. Denn ähnlich wie beispielsweise

39 Vgl. zum Beispiel Wittgenstein (1969), §§ 11–14.

beim Begriff der negativen Zahlen hat man es beim Begriff „Lebewesen" mit einem Begriff zu tun, der gleichsam „zu Rechnungszwecken" in unserer Sprache entstanden ist.

Entscheidend ist, dass man von bestimmten *Aktivitäten* sprechen möchte, und dass man von diesen Aktivitäten so sprechen möchte, *dass ihre funktionale Einbettung in einen bestimmten Entstehungshintergrund bereits bei ihrer Beschreibung kenntlich wird.* Nun gehören Aktivitäten – anders als bloße Prozesse wie zum Beispiel „schneien" oder „donnern" – aus bestimmten, systematisch gut nachvollziehbaren Gründen zu etwas, was im Rahmen der in unserer Sprache üblichen Einteilungsweisen immer nur als Attribut, als „etwas von etwas", vorkommen kann: Aktivitäten ohne einen Träger, dem sich diese Aktivitäten zusprechen lassen, kann es nicht geben. Also werden auch diese Aktivitäten einem Träger zugesprochen. Nur kann dieser Träger nicht mehr der sein, von dem man dann spricht, wenn man sich auf materielle, speziell körperliche Gegenstände bezieht. Denn die Begriffe für diese Art von Aktivitätsträgern sind für jene Fälle reserviert, in denen man von Gegenständen ohne jene funktionale Einbettung sprechen möchte. Und so kommt es zur Bildung eines Begriffs für eine neue und sehr spezielle Art von Aktivitätsträgern.

Dass sich im Laufe der Entwicklung einer Sprache neue Verfahren der Unterscheidung und Einordnung von Gegenständen bilden, schließt freilich nicht notwendigerweise ein, dass die von diesen Veränderungen betroffenen Individuen auch bereits im vollen Umfang wissen, was in einem solchen Falle mit ihnen geschieht. Insbesondere die auf den ersten Blick ganz natürliche Neigung zu einem naiv-realistischen Verständnis der Bedeutung von Wörtern drängt förmlich zu der Auffassung, dass beispielsweise ein Begriff wie der der „Lebewesen" für ein irgendwie dingliches Etwas stehen müsse, das sich gleichsam „über" oder „neben" bestimmten körperlichen Entitäten befindet. Doch hier wie in manchen anderen Zusammenhängen auch kommt es darauf an, dieser Neigung zu widerstehen. Denn bei näherer Betrachtung zeigt sich, dass sie zu einem groben Missverständnis eines eminent wichtigen Zugs bestimmter Teile unserer herkömmlichen gesellschaftlichen Praxis des Unterscheidens und Einordnens von Gegenständen verleitet.

Aber angenommen, es gelingt, sich von der Neigung zu einem quasi-dinglichen Verständnis dessen zu befreien, was mit dem Begriff „Lebewesen" gemeint ist; und angenommen, die soeben skizzierte Rekonstruktion dieses Begriffs erwiese sich als haltbar. Wie hat man die These, dass der Begriff des Lebewesens ein „zu Rechenzwecken" entstandener Hilfsbegriff ist, dann zu interpretieren? Besagt sie, dass das, was es „eigentlich" in der Welt gibt, nur die physikalisch und chemisch beschreibbaren Phänomene sind, und dass die biologischen Phänomene nur eine Fiktion sind, die wir zu bestimmten praktischen Zwecken ersonnen haben? – Selbstverständlich nicht, auch wenn eine solche Auffassung in Teilen der philosophischen Literatur gelegentlich vertreten worden ist.[40] Denn die oben genannten Zusammenhänge zwischen der Aktualisierung einer bestimmten Aktivitätsfähigkeit und der unter Umständen weit zurück reichenden Geschichte des Entstehens dieser Fähigkeit gibt es natürlich tatsächlich. Aber es sind eben komplizierte *Zusammenhänge*, und nicht einzelne, für sich genommene Geschehnisepisoden oder gar einzelne Dinge, die wir hier im Auge haben. Und entsprechend komplex fällt auch die Struktur der

40 So zum Beispiel von Daniel C. Dennett, der eine solche, üblicherweise als „instrumentalistisch" bezeichnete Auffassung zumindest in seinen früheren Schriften, so zum Beispiel in *Intentional Stance* (1987), vertreten hat.

Begriffe aus, die wir verwenden, um die Existenz von Gegenständen, die sich unter solche Begriffe subsumieren lassen, notieren zu können.[41]

Lebewesen und Freiheit

Und die Freiheit? Sind Lebewesen allein schon aufgrund ihrer Fähigkeit, Aktivitäten vollziehen zu können, die in einer bestimmten Hinsicht „zweckmäßig" sind, als „frei" zu bezeichnen? – Selbstverständlich nicht. Schließlich gibt es keinen Grund, Lebewesen, die allein solche Aktivitäten zu vollziehen vermögen, bereits als „Urheber" ihrer eigenen Aktivitäten aufzufassen. Gleichwohl weisen im engeren Sinne zu verstehende Lebewesen eine Eigenschaft auf, die sie von den allein materiellen Gegenständen unterscheidet, und die im Hinblick auf den Versuch einer allmählichen Annäherung an den Freiheitsbegriff von besonderer Bedeutung ist.

Wir haben uns bereits vergegenwärtigt, dass man nur dann von einem Individuum sagen kann, dass es „frei" sei, wenn es über mehr oder weniger weit reichende Spielräume möglicher Aktivitäten verfügt. Und wir haben uns ebenfalls bereits vergegenwärtigt, dass über solche Spielräume verfügen nicht einfach heißen kann, dass manche Aktivitäten eines solchen Individuums nicht determiniert sind, sondern sich einem bloßen Zufall verdanken. Denn etwas zufälligerweise tun, heißt nicht, dass man selber der „Urheber" dieser Aktivität ist – was aber gegeben sein müsste, um von einer im vollen Wortsinn „frei" vollzogenen Aktivität sprechen zu können. Wenn es zwischen zufällig eintretenden Ereignissen und frei vollzogenen Handlungen beziehungsweise freien Willensentscheidungen tatsächlich eine systematische Beziehung gibt, dann, so hatten wir daher vermutet, allenfalls in der Form, dass Zufallsereignisse und geordnete Abläufe in einer sehr speziellen Weise ineinander greifen.

Mit einem ersten besonderen Fall des Ineinandergreifens von Zufallsereignissen und geordneten Abläufen haben wir es nun bei den Lebewesen zu tun. Denn bei Lebewesen können zufällig eintretende Ereignisse dazu führen, dass sich Aktivitätsfähigkeiten entwickeln, die es den Besitzern dieser Fähigkeiten ermöglichen, in geordneter Weise Aktivitäten zu vollziehen, mithilfe derer sie sich fortpflanzen und gegenüber widrigen, ihre Existenz bedrohenden Umweltbedingungen behaupten können. Lebewesen sind also aufgrund einer für sie kennzeichnenden Verschränkung zwischen zufällig eintretenden Ereignissen und eine bestimmte Ordnung aufweisenden Aktivitätsfähigkeiten grundsätzlich imstande, *sich in einem gewissen Sinne von ihren Umweltgegebenheiten zu distanzieren*. Nicht umsonst besteht die Erklärung für den Vollzug einer bestimmten, als solche interpretierten Lebensäußerung daher auch nicht mehr daraus, dass man, wie in der Physik und Chemie, auf bestimmte *Ursachen* verweist, die eine bestimmte Aktivitätsänderung *bewirken*. Eine

41 Aus Überlegungen heraus, die mit diesem Gedankengang verwandt sind, hat Wittgenstein darauf hingewiesen, dass beispielsweise unser alltagssprachlicher Begriff der Empfindung nicht dazu dient, ein „Etwas" (nämlich ein isoliertes dingliches oder episodisches Phänomen) zu bezeichnen, und gleichwohl kein Begriff von etwas ist, was es nicht gibt. Vgl. Wittgenstein (1969), § 304, sowie weitere, sich auf Wittgenstein beziehende Nachweise in Ros (2005), 149 f. Vgl. auch Schneider (2005).

solche Erklärung besteht vielmehr daraus, dass man auf einen *Reiz* verweist, demgegenüber sich das jeweilige Lebewesen mit einer bestimmten „Reaktion" *einstellt*.

3. Handlungssubjekte

Da Handlungssubjekte zu den Lebewesen zählen, gilt auch von ihnen, dass sie keine Körper sind, sondern einen Körper haben. Aber abgesehen davon weisen Handlungssubjekte von ihrem Begriff her einige Eigenheiten auf, die im engeren Sinne verstandenen Lebewesen (Einzellern, Pilzen, Pflanzen, niederen Tieren) fehlen. Eine dieser Eigenheiten besteht aus dem weiter oben bereits genannten Umstand, dass wir Handlungssubjekte als Aktivitätsträger verstehen, welche die ihnen zugeschriebenen Aktivitäten, die „Handlungen" also, „selber hervorbringen".

Auch angesichts dieses, zumindest auf den ersten Blick ebenfalls mysteriös wirkenden Zugs unserer herkömmlichen Sprache lohnt es sich, bis zum ausdrücklichen Beweis des Gegenteils an der Annahme festzuhalten, dass zentrale Eigenheiten einer historisch gewachsenen sozialen Unterscheidungspraxis in der Regel nicht grundlos entstanden und über längere Zeiträume hinweg bewahrt worden sind. Beim Versuch, dem eventuellen rationalen Kern jenes Zugs unseres Handlungsbegriffs auf die Spur zu kommen, empfiehlt es sich allerdings, sich die Angelegenheit etwas zu vereinfachen und sich, zumindest zu Beginn, auf einen *elementaren* Begriff des Handelns zu konzentrieren. Zwar haben wir nicht selten dann, wenn wir von „Handlungen" sprechen, Aktivitäten eines Individuums im Auge, welches das, was es tut, auch noch sprachlich benennen und womöglich sogar rechtfertigen kann. Von solchen Fällen „sprachlich vermittelter" Handlungen sollte man indes zunächst einmal absehen und sich auf jene Handlungen konzentrieren, die bereits von (noch) nicht sprachfähigen Individuen vollzogen werden können.

Ein typisches, und zugleich auch besonders aufschlussreiches Beispiel für in diesem Sinne zu verstehende Handlungen sind alle die Aktivitäten, die innerhalb der Ethologie als „intelligentes Verhalten" bezeichnet werden.

Einer bereits von Max Scheler vorgeschlagenen Begriffsbestimmung zufolge vollzieht ein Lebewesen dann ein „intelligentes Verhalten" (und damit zugleich eine elementare Handlung), wenn es „ohne Probierversuche oder je neu hinzutretende Probierversuche ein sinngemäßes – sei es ‚kluges', sei es das Ziel zwar verfehlendes, aber doch merkbar anstrebendes, d. h. ‚törichtes' (‚töricht' kann nur sein, wer intelligent ist) – Verhalten neuen (sc. Typs), weder art- noch individualtypischen Situationen gegenüber vollzieht, und zwar plötzlich und vor allem unabhängig von der Anzahl der vorher gemachten Versuche, eine triebhaft bestimmte Aufgabe zu lösen."[42] Versuchen wir auch hier, die Frage zu klären, ob sich einzelne, methodisch nachvollziehbare Schritte angeben lassen, die es erlauben, von Begriffen, die innerhalb unseres gegenwärtigen Diskussionszusammenhangs als unproblematisch gelten dürfen (und dazu gehören jetzt ja nicht nur Begriffe der Physik und Chemie, sondern auch der Biologie), zu einem solchen Begriff überzugehen!

42 Scheler (1998), 32.

Erste Ansätze zu einer Beantwortung dieser Frage finden sich schon in den handlungstheoretischen Überlegungen von Charles Sanders Peirce.[43] Innerhalb der Neurowissenschaften sind solche Ansätze beispielsweise von Nicholas Bernstein seit dem Ende der dreißiger Jahre des 20. Jahrhunderts erstmals formuliert worden.[44]

Die für den von uns gegenwärtig verfolgten Kontext entscheidende systematische Pointe dieser Überlegungen liegt in dem Hinweis darauf, dass sich im Laufe der Entwicklung von Lebewesen auf der Erde einige wenige Arten von Individuen herausgebildet haben, bei denen sich *die Beziehung zwischen dem Entstehen und der Aktualisierung einer ihrer Verhaltensfähigkeiten anders darstellt als dies bei der deutlich überwiegenden Zahl der anderen Lebewesen der Fall ist* – und dass genau dies den methodisch entscheidenden Anlass dafür geben kann, um die bis zu diesem Punkt systematisch in Rechnung gestellten Begriffe für Aktivitäten (und Träger von Aktivitäten) in einer bestimmten Hinsicht zu erweitern.

Entstehen und Aktualisierung von Aktivitätsfähigkeiten bei Handlungssubjekten

Für die weitaus meisten Lebewesen ist kennzeichnend, dass das Entstehen und die Aktualisierung einer Verhaltensfähigkeit bei ihnen zwei deutlich voneinander unterschiedene Geschehen sind, und dass es unterschiedlicher Erklärungen bedarf, um verständlich zu machen, warum es zu einem Geschehen entweder der einen oder der anderen Art gekommen ist. Soll geklärt werden, warum es bei den Individuen einer bestimmten Art zum *Entstehen* einer neuen Verhaltensfähigkeit gekommen ist, werden entweder evolutionsbiologische Überlegungen oder Überlegungen, wie sie innerhalb der Entwicklungsbiologie üblich sind, herangezogen. Das heißt, man verweist entweder auf zufällig entstandene Varianten im Erbgut der Individuen einer Spezies sowie auf die Umstände, die das Fortbestehen einer solchen Variante begünstigt haben. Oder man bezieht sich auf innerhalb der Lebensgeschichte eines Individuums ablaufende Prozesse der Reifung, der Prägung oder des Lernens. Soll hingegen geklärt werden, warum ein Individuum ein bestimmtes Verhalten *aktualisiert* hat, wird man auf eine mehr oder weniger komplexe Konstellation von äußeren und/oder inneren Reizen hinweisen, die das jeweilige Verhalten, wie man dann sagt, „ausgelöst" hat.

Das Auffallende an den Individuen hingegen, die ein im Sinne Max Schelers verstandenes intelligentes Verhalten beziehungsweise eine Handlung vollziehen, ist, dass sich an genau dieser Stelle etwas geändert hat: Entstehen und Aktualisierung einer bestimmten Verhaltensfähigkeit (oder das Entstehen der Bereitschaft zu einer solchen Aktualisierung) sind bei diesen Individuen, anders als in den soeben genannten Fällen, nicht mehr scharf voneinander getrennt, sondern zeitlich eng zusammengerückt und können infolgedessen auch systematisch aufeinander bezogen werden.

Die generellen physiologischen Veränderungen, welche die Voraussetzung für solche Fälle gewährleisten, dürfen mittlerweile als hinreichend geklärt gelten. Sie bestehen daraus,

---

43 Vgl. dazu Kappner (2004), Kap. 2.3.

44 Bernstein (1967). Vgl. dazu die Zusammenfassung der Überlegungen Bernsteins bei A. R. Lurija (1992, 249 ff.). Zu Überlegungen innerhalb der neueren neurobiologischen Literatur, welche die Ansätze von Peirce und Bernstein zumindest der Sache nach fortführen, vgl. Damasio (1995), 140–155, sowie Grush (1999).

dass die Verhaltensweisen, die von nicht-intelligenten, aber lernfähigen Tieren *vollständig* realisiert werden müssen, damit es bei ihnen beispielsweise zu einem operanten Lernen (einem Lernen durch „Versuch und Irrtum“) kommt, nunmehr *nur noch in einer auf ihre neuronalen und hormonalen Komponenten verkürzten Weise auftreten* – mit der Folge, dass sie lediglich „im Kopf“ des jeweiligen Individuums abzulaufen brauchen.

In einem gewissen Sinne kommt es also auch in solchen Fällen dazu, dass angesichts einer für das jeweilige Individuum neuartigen Situation „spontan“, das heißt in einer unter anderem durch Zufälle geprägten Weise neue Verhaltensfähigkeiten entstehen, unter denen die eine oder andere sich als eine Verhaltensfähigkeit erweist, die aufgrund individuenspezifischer Prozesse des Bekräftigens bestimmter neuer Verhaltensweisen auf Dauer gestellt wird und sich anschließend durch geeignete Reize auslösen lässt – so, wie es für das operante Lernen wesentlich ist. Nur ist dieser Ablauf für einen normalen Beobachter, der ein solches Geschehen „von außen“ zu verfolgen versucht, in diesen Fällen nicht, oder jedenfalls nicht mehr in seinem gesamten Umfang, wahrnehmbar, da die motorischen Anteile der in einer solchen Situation realisierten Verhaltensweisen in einem mehr oder weniger vollständigen Maße fortfallen.[45] Die anschließende Aktualisierung eines auf diese Weise erworbenen Verhaltensschemas muss für einen solchen Beobachter daher in der Tat, ganz wie Scheler schreibt, wie ein Verhalten wirken, das „sinngemäß“ ist, obwohl es „ohne vorherige Probierversuche“ stattfindet. Aber in Wirklichkeit hat man es hier mit einer Sachlage zu tun, für die sich zwei verschiedene Möglichkeiten der Beschreibung anbieten.

Die eine Möglichkeit besteht daraus, dass man trotz aller Schwierigkeiten des Zugangs zu den neuronalen Prozessen im Gehirn eines Individuums bei den Unterscheidungsverfahren bleibt, die innerhalb der Biologie üblich sind. Man insistiert in einem solchen Fall also darauf, bei der für die Biologie wesentlichen Trennung zwischen dem Entstehen eines bestimmten Verhaltensschemas und seiner Aktualisierung zu bleiben. Dass beide Geschehen in den hier interessierenden Fällen zeitlich eng miteinander gekoppelt sind, wird zwar selbstverständlich notiert; man nimmt diese Sachlage aber nicht zum Anlass, neue Unterscheidungen einzuführen.

Bis vor wenigen Jahrzehnten hatten im Rahmen dieses Ansatzes entwickelte Überlegungen freilich überwiegend den Charakter bloßer theoretischer Annahmen. Erst seit den in den siebziger Jahren des 20. Jahrhunderts entwickelten neuen technischen Hilfsmitteln der Neurowissenschaften beginnt diese Sachlage sich zu ändern. Zwar schließt der komplizierte apparative Aufbau, dem man Individuen zum Zweck neurowissenschaftlicher Versuche auch heute noch unterwerfen muss, weiterhin aus, die Gesamtheit all dessen experimentell zu erfassen, was zu den neuronalen Komponenten eines im hier gemeinten Sinne verstandenen Handlungsvollzugs gehört.[46] Aber es scheint mittlerweile nicht mehr gänzlich ausgeschlossen, die zum Beispiel im präfrontalen Cortex und im limbischen Sys-

---

45 Man beachte allerdings die zahlreichen Zwischenstufen zwischen einem operanten Lernen und der hier gemeinten Situation: Sie reichen vom Lernen durch exploratives beziehungsweise spielerisches Verhalten bis hin zu jenen Fällen, in denen man beispielsweise noch an der Mimik des jeweiligen Individuums ablesen kann, welches Verhalten gerade „im Kopf“ ausprobiert wird.

46 Das dürfte einer der Gründe dafür sein, dass die spontan eintretenden neuronalen Abläufe, die der hier befürworteten Auffassung nach ein wesentlicher Bestandteil von Handlungen sind, in der bisherigen Literatur selten herausgestellt wurden.

tem ablaufenden neuronalen Aktivitäten nahezu direkt zu beobachten, auf welche die ursprünglich auch äußerlich sichtbaren, zum Zweck des Lernens zu vollziehenden Verhaltensweisen bei handelnden Individuen verkürzt sind.

Die andere Möglichkeit zur Beschreibung der momentan gemeinten Fälle hingegen ergibt sich daraus, dass man die Besonderheiten solcher Fälle zum Anlass nehmen kann, um das Entstehen und die Aktualisierung eines neuen Verhaltensschemas nicht mehr, wie in der Biologie üblich, als zwei voneinander getrennte Geschehnisabläufe aufzufassen, sondern als Teilgeschehen eines einzigen, übergreifenden Gesamtgeschehens – wobei man dann für dieses übergreifende Gesamtgeschehen einen einzigen, zusammenfassenden Ausdruck zur Verfügung stellt: den des „intelligenten Verhaltens" beziehungsweise „Handelns". Es ist also ein Schritt des Umdeutens von bestimmten Elementen zu Teilen eines übergreifenden Ganzen, des „Zusammensehens" von Geschehen, die bisher nur als mehrere für sich allein ablaufende Geschehen wahrgenommen werden konnten, der die Erweiterung der bisher als unproblematisch aufgefassten Unterscheidungsverfahren um den Begriff des Handelns erlaubt.

Warum Handlungssubjekte ihre Handlungen „hervorbringen"

Die soeben skizzierte Sachlage macht zugleich auch verständlich, warum Handlungssubjekte von ihrem Begriff her als Individuen gelten, die ihre Handlungen „selber hervorbringen". Diese Charakterisierung des Handlungsbegriffs soll ja, wie erinnerlich, darauf aufmerksam machen, dass Handlungen Aktivitäten sind, an denen ihr jeweiliger Träger aktiv beteiligt ist (statt dass sie „bei" ihm lediglich „ablaufen"). Und das ist in der Tat ein wesentliches Kennzeichen des Aktivitätskomplexes, mit dem man es hier zu tun hat. Sobald man diesen Aktivitätskomplex nämlich wirklich als eine übergreifende Gesamtaktivität begreift, gehören zu dieser Gesamtaktivität unter anderem auch die „im Kopf" realisierten Probeaktivitäten. Und das sind Aktivitäten, die die Gestalt mitbestimmen, welche die schlussendlich dann auch äußerlich sichtbar vollzogene Aktivität besitzt. Betrachtet man die Aktivitätsfähigkeiten, über die ein Individuum verfügt, als etwas, was zum wesentlichen Kern eines solchen Individuums gehört, kann man sogar sagen, dass Handlungssubjekte imstande sind, mit einigen ihrer, partiell spontanen Aktivitäten an der Formung dessen, was sie selber sind, mitzuwirken.[47]

In den Überlegungen, die in der bisherigen, speziell philosophischen Literatur entwickelt worden sind, um verständlich zu machen, was es mit dem „Hervorbringen" von Handlungen auf sich hat, ist häufig davon ausgegangen worden, dass eine Handlung aus einem für das jeweilige Handlungssubjekt bereits fertig vorliegenden Aktivitätsschema bestehe, und dass unter dem „Hervorbringen" der irgendwie vom jeweiligen Handlungssubjekt mit Hilfe eines Willensentschlusses verursachte Akt der Auslösung dieses Schemas zu verstehen sei.[48] Dass solche Überlegungen zu unauflöslichen Aporien geführt haben (denn muss

47 Man hat es hier folglich mit einem speziellen, noch vergleichsweise einfachen Typ dessen zu tun, was R. Kane (2003, 305 ff.) als „self-forming actions" bezeichnet.

48 Das Modell wird gelegentlich, speziell von seinen Kritikern, als „Anlassermodell" des Willens bezeichnet. Vgl. dazu Gethmann (2006).

nicht auch jener Willensentschluss noch als etwas aufgefasst werden, was durch das jeweilige Subjekt selbst „hervorgebracht" worden ist?), ist nicht weiter verwunderlich. Denn in ihnen wird von vornherein von einer in die Irre führenden Grundannahme ausgegangen.

In Wirklichkeit besteht ein wesentlicher Zug dessen, was wir als „Handlung" bezeichnen, nämlich daraus, dass die jeweilige Form, das Schema einer solchen Aktivität keineswegs bereits von vornherein festliegt. Diese Form *entsteht* vielmehr erst im Rahmen des gesamten Handlungsvollzugs (oder im Rahmen des Entstehens der Bereitschaft für den Vollzug einer Handlung)[49] – mit Hilfe zum Teil spontan auftretender, auf ihre neuronalen Komponenten verkürzter Teilaktivitäten, unter denen sich im Regelfall einige finden, welche es erlauben, die endgültige Form der Handlung flexibel auf die Besonderheiten der jeweiligen einzelnen Aktivitätssituation abzustimmen. Und der Ausdruck „hervorbringen" dient in diesem Zusammenhang nicht etwa als Bezeichnung für ein Kausalverhältnis, sondern als ein eigenständiger Operator, mit Hilfe dessen versucht wird, dieser eigentümlichen Verschränkung zwischen dem Entstehen und der Aktualisierung eines Aktivitätsschemas gerecht zu werden.

In einem engen Zusammenhang damit steht, dass der Begriff des Handlungssubjekts durchaus nicht als Begriff für ein mysteriöses zugleich dingliches wie nicht-dingliches Gebilde zu verstehen ist, das in diesem Fall vermeintlich auch noch über die Fähigkeit verfügt, bestimmte Aktivitäten in einer ebenfalls mysteriösen Weise zu verursachen. Ähnlich wie schon der Begriff des Lebewesens sollte der Begriff des Handlungssubjekts vielmehr als ein Kunstbegriff verstanden werden, der ein Resultat des Versuchs ist, für unseren Zugang zur Welt wichtige zeitliche und funktionale Zusammenhänge zwischen bestimmten Aktivitäten durch die Einführung geeigneter Begriffe als solche kenntlich zu machen – was im Rahmen der Logik unserer Sprache unter anderem nur dann möglich ist, wenn man diese Aktivitäten einem einzigen übergreifenden Aktivitätsträger zuspricht.

Warum Handlungssubjekte ihre Handlungen aus psychischen Beweggründen hervorbringen

Es lässt sich unschwer zeigen, dass auf der Basis einer solchen Explikation des Handlungsbegriffs zahlreiche weitere, bislang unverständlich gebliebene Eigenheiten unserer Rede von Handlungen ebenfalls rational einsichtig gemacht werden können. Besonders bemerkenswert ist, dass sich vor diesem Hintergrund verständlich machen lässt, aus welchem Grunde wir dann, wenn wir erklären wollen, warum jemand eine bestimmte, als Handlung zu verstehende Aktivität vollzogen hat, nicht mehr auf Reize im Sinne der Biologie oder gar auf Ursachen im Sinne der Physik und Chemie zurückgreifen können, sondern auf psychische Aktivitäten wie zum Beispiel Vorstellungen und Entscheidungen oder psychische Einstellungen wie zum Beispiel Überzeugungen, Absichten und Motive verweisen müssen.

---

49 Dies wird häufig nicht nur in der philosophischen, sondern auch in der neurowissenschaftlichen Literatur nicht, oder zumindest nicht hinreichend, in Rechnung gestellt. Vgl. dafür zum Beispiel die Analyse der neuronalen Teilaktivitäten einer Handlung, die H. Flohr in „Der Raum der Gründe" (2005, 685 f.; in diesem Band: 165 f.) vorträgt.

Handlungen bestehen, wie gesagt, aus Aktivitäten, die der jeweilige Träger dieser Aktivitäten selber mitgestaltet. Will man erklären, warum eine bestimmte Handlung vollzogen worden ist, bedarf man daher Unterscheidungen, die genau dieser Eigenheit von Handlungen gerecht werden. Und dazu gehören Begriffe wie der des Reizes oder der Ursache gerade nicht. Denn diese Begriffe verwenden wir, um auf etwas zu verweisen, was auf einen bestimmten Aktivitätsträger ohne dessen eigenes Zutun einwirkt. Ganz anders dagegen viele der Begriffe für psychische Phänomene: Diese Begriffe sind seit ihrem erstmaligen Entstehen vor vielleicht dreitausend Jahren gerade darauf zugeschnitten, einzelne Aspekte jener Aktivitäten hervorzuheben, mit denen ein Handlungssubjekt selber zur Ausgestaltung einer von ihm vollzogenen Handlung beigetragen hat.[50]

Dies besagt selbstverständlich nicht, dass eine Aktivitätskonstellation, die wir normalerweise als Handlung beschreiben und erklären würden, nicht auch mit Hilfe der Begriffe der Biologie (und letztlich auch der Physik und Chemie) erfassbar wäre und dass es nicht sogar gute Gründe dafür geben kann, so vorzugehen. Nur muss man sich darüber im Klaren sein, dass man mit dem Übergang zur biologischen Begrifflichkeit (einschließlich des Übergangs zu Begriffen der Neurobiologie) einen bestimmten Preis zu zahlen hat: Man muss es dann aufgeben, das, was die Begriffe des Handelns und der psychischen Phänomene als einen übergreifenden Zusammenhang zu sehen erlauben, weiterhin als solchen wahrzunehmen. Denn die Begriffe der Biologie sind nun einmal nicht dafür gedacht, Fälle zu beschreiben und zu erklären, in denen das Entstehen und die Aktualisierung einer bestimmten Aktivitätsfähigkeit einen einzigen übergreifenden Aktivitätskomplex bilden. Sie sind für jene Fälle gedacht, in denen das Entstehen und die Aktualisierung einer bestimmten Aktivitätsfähigkeit zwei getrennt zu behandelnde Geschehnisse sind, die einmal im Rahmen der Evolutions- beziehungsweise Entwicklungsbiologie und einmal im Rahmen der Funktionsbiologie erörtert werden müssen.

Angenommen, wir wollen erklären, warum ein Primat zum ersten Mal in seinem Leben, ohne vorheriges Ausprobieren, und ohne dazu aufgrund einer angeborenen Fertigkeit imstande zu sein, zwei Rohre unterschiedlicher Dicke zusammensteckt, und sich anschließend mit Hilfe des so entstandenen Geräts eine sonst für ihn nicht erreichbare Frucht angelt. Eine solche Aktivität ohne weitere begriffliche Vorkehrungen biologisch als einen Reflex zu deuten, der durch einen bestimmten Reiz ausgelöst worden ist, ist nicht möglich. Denn der Begriff des Reizes ist im Hinblick auf Individuen gebildet worden, welche über eine entweder ererbte oder erlernte Aktivitätsfähigkeit verfügen, die es innerhalb einer bestimmten Situation nur noch zu aktualisieren gilt. Und diese Voraussetzung ist hier ja gerade nicht erfüllt. Um im Hinblick auf einen solchen Fall gleichwohl im Rahmen der Biologie verbleiben zu können, ist es daher erforderlich, nicht nur Überlegungen im

50 Ausführlicheres dazu findet sich in Ros (2005), Teil V, Kap. 2.5. Wie bereits Bruno Snell (1975) gezeigt hat, sind das erstmalige Entstehen der Begriffe für psychische Phänomene und das Entstehen der Fähigkeit, Personen als sich selbst mitbestimmende, sich an *Gründen* orientierende Individuen auffassen zu können, nur zwei Aspekte ein und desselben historischen Vorgangs. Die von Wilfrid Sellars (1999) vertretene Auffassung hingegen, derzufolge das Entstehen von Begriffen für psychische Phänomene aus dem Wunsch heraus verstanden werden müsse, Hypothesen über die *Ursachen* menschlicher und tierischer Verhaltensweisen zu entwickeln, verdankt sich einer bloßen, durch keine historischen Belege gedeckten Spekulation.

Rahmen der Funktionsbiologie (was hat die Aktualisierung einer bestimmten Aktivitätsfähigkeit ausgelöst?), sondern auch Überlegungen im Rahmen der Entwicklungsbiologie (wie hat sich eine bestimmte Aktivitätsfähigkeit entwickeln können?) heranzuziehen. Und das ist, wie gesagt, selbstverständlich möglich. Nur zerlegt man mit diesem Schritt ein Geschehen, das wir gewöhnlich als ein einziges, übergreifendes Geschehen auffassen würden, in unterschiedliche Geschehenselemente.

Will man diesen Preis nicht zahlen – und dafür kann es, je nach Kontext, genau so gute Gründe geben wie für den Schritt des Zerlegens von Aktivitätseinheiten –, braucht man andere Begriffe, andere Weisen des Unterscheidens und Einordnens von Gegenständen als die in der Biologie üblichen. Man braucht unter anderem Begriffe für von dem betreffenden Individuum vollzogene Aktivitäten, die man äußerlich nicht, oder jedenfalls nicht zur Gänze, beobachten kann, und die im Kontext der jeweiligen Aktivitätssituation erstmals zur Ausgestaltung und schließlich auch zur Realisierung einer bestimmten Aktivität führen. Und so kommen wir beispielsweise zu der Erklärung, dass unser Primat jene beiden Rohre deswegen zusammengesteckt habe, weil er sich *vorgestellt* hat, dass ein solches Tun ihn zu ganz bestimmten Aktivitätsmöglichkeiten verhelfen würde, und weil er sich – vor dem Hintergrund des *Drangs* nach der Frucht – diese Aktivitätsmöglichkeiten verschaffen *wollte*.

Hirn als Subjekt?

Wie bereits weiter oben erwähnt, haben einige Neurowissenschaftler es sich zur Gewohnheit gemacht, nicht das Subjekt einer Handlung, sondern eines seiner Teile: das Gehirn oder bestimmte Areale des Gehirns, als den eigentlichen Träger von psychischen Phänomenen wie zum Beispiel Gefühlen, Wünschen und Wahrnehmungen auszugeben. Dass man damit von herkömmlichen Weisen der Klassifizierung von Gegenständen abweicht, ist unverkennbar: Wer so vorgeht, benutzt Begriffe, die entwickelt worden sind, um bestimmte Aspekte eines Ganzen (eines als Ganzes aufgefassten Handlungssubjekts) beschreiben zu können, in einer mit dem ursprünglichen Verwendungszweck dieser Begriffe nicht zu vereinbarenden Weise zur Beschreibung von Teilen jenes Ganzen. M. R. Bennett und P. M. S. Hacker haben solche Formulierungen daher, einem sich im Ansatz bereits bei Aristoteles findenden Hinweis folgend[51], als „mereologische Fehlbeschreibungen" kritisiert.[52]

Nun sind Abweichungen von einer traditionell eingespielten Praxis des Unterscheidens und Einordnens von Gegenständen natürlich nicht per se falsch, sondern können gut begründet sein. In diesem Fall liegt der Abkehr von der sonst üblichen begrifflichen Praxis häufig die ebenfalls schon angesprochene Überzeugung zugrunde, dass der herkömmliche

51 Aristoteles, *De anima*, I.4, 408b14–15.

52 Bennett/Hacker (2003), Teil I, Kap. 3. (Den von Bennett und Hacker benutzten Ausdruck „mereological fallacy" mit „mereologischer Fehlschluss" zu übersetzen, wäre im Hinblick auf das, was mit diesem Ausdruck tatsächlich gemeint ist, zu eng.) Diese Kritik hat im Übrigen nichts mit der Unterscheidung zwischen Fällen zu tun, in denen Begriffe für psychische Phänomene von einem Individuum einmal zur Selbstdarstellung und einmal zur Beschreibung eines anderen Individuums verwendet werden, obwohl G. Roth (2004, 221) dies eigentümlicherweise unterstellt.

Begriff des Handlungssubjekts einer rationalen Rekonstruktion unzugänglich sei und daher gegen den Begriff eines Trägers von Zuständen und Aktivitäten ausgetauscht werden müsse, der sich zumindest im Prinzip ausschließlich mit den (methodisch wohl rekonstruierbaren) begrifflichen Mitteln der Physik und der Chemie beschreiben lasse. Und das sei der Begriff des Gehirns, beziehungsweise des einen oder anderen Teils des Gehirns.

Vor dem Hintergrund der soeben vorgetragenen Überlegungen ist eine solche Position indes aus mehreren Gründen nicht haltbar:

(1) Es ist richtig, dass es offenbar in so gut wie allen entwickelteren menschlichen Gesellschaften eine starke Tendenz dazu gibt, den Begriff des Handlungssubjekts (oder mit diesem Begriff in Verbindung gebrachte Begriffe wie den des Geistes oder der Seele) als Begriff einer irgendwie dingähnlichen Substanz aufzufassen, die einen bestimmten materiellen Gegenstand, ihren Körper, mit Hilfe rational nicht recht nachvollziehbarer Eingriffsmöglichkeiten so zu manipulieren vermag wie ein Marionettenspieler seine Puppen. Und dass einer solchen Interpretation des Begriffs des Handlungssubjekts gewichtige Einwände gegenüberstehen, ist mittlerweile weithin unstrittig. Nur sollte man sich darüber im Klaren zu sein, dass diese Einwände zunächst einmal allein eine bestimmte *Deutung* des Begriffs des Handlungssubjekts berühren. Dass dieser Begriff *selbst* durch diese Kritik getroffen wird, wäre nur dann der Fall, wenn sicher wäre, dass jene Deutung die einzig adäquate Charakterisierung des Begriffs des Handlungssubjekts darstellt. Dies aber trifft, wie mit den vorausgegangenen Darlegungen zu zeigen versucht wurde, keineswegs zu. Denn in Wirklichkeit ist der Begriff des Handlungssubjekts ein Hilfsmittel, um ein bestimmtes Muster von Zusammenhängen zwischen den Aktivitäten mancher besonders weit entwickelter Individuen kenntlich machen zu können. Und natürlich gibt es gute Gründe dafür, von der sich so bietenden, methodisch rekonstruierbaren Möglichkeit des gedanklichen „Synthetisierens" bestimmter Elemente zu Teilen eines Aktivitätsganzen unter bestimmten Umständen auch Gebrauch zu machen – ganz so, wie wir es im alltagsweltlichen Umgang miteinander bereits seit geraumer Zeit, das heißt seit dem erstmaligen Entstehen der Begriffe für Handlungen und psychische Phänomene, tun.

(2) Die Begriffe für psychische Phänomene sind, wie gesagt, unter anderem entstanden, um bestimmte Aktivitäten benennen zu können, mit denen ein Handlungssubjekt selber an der Ausgestaltung einer von ihm zu vollziehenden Handlung mitwirkt. Nun gehören diese Begriffe, ähnlich wie viele andere Begriffe auch, einem speziellen „Feld" von weiteren sprachlich vermittelten Verfahren des Unterscheidens und Einordnens von Gegenständen an, einem Begriffsfeld, zu dem in diesem Fall naturgemäß auch die Begriffe für Handlungen und Handlungssubjekte gehören. Löst man die Begriffe für psychische Phänomene aus diesem Feld heraus und verwendet sie zur Beschreibung der Aktivitäten von Aktivitätsträgern, die von ihrem Begriff her keine Handlungssubjekte, sondern bloße Teile von diesen sind, gibt es daher zwei Möglichkeiten: Im einen Fall wird suggeriert, dass die jetzt in Betracht gezogenen Aktivitätsträger – zum Beispiel das Gehirn, der präfrontale Kortex, das limbische System, usw. – im Grunde so aufzufassen seien wie das, was üblicherweise unter einem Handlungssubjekt verstanden wird. Im zweiten Fall wird unterstellt, dass sich der Sinn der in diesem neuen Kontext verwendeten Begriffe für psychische Phänomene in einer bestimmten, im einzelnen genauer ausführbaren und nachweislich nutzbringenden Weise verändert habe.

Es versteht sich, dass die erste dieser beiden Möglichkeiten systematisch unhaltbar ist: Das Gehirn, oder einzelne Areale des Gehirns, werden hier so beschrieben, wie wir sonst beispielsweise die Mitglieder eines Orchesters beschreiben würden, die ihr jeweiliges Instrument aus dem Wissen von ihrer Rolle in der Gesamtheit einer Musikaufführung einsetzen. Und von den Kriterien, die erfüllt sein müssen, um einen Aktivitätsträger in dieser Weise beschreiben zu können, sind das Gehirn und seine Areale weit entfernt.

Gegen die zweite Möglichkeit hingegen ist im Prinzip nichts einzuwenden – vorausgesetzt freilich, es liegt tatsächlich eine methodisch befriedigende Erläuterung des neuen Sinns der in Rede stehenden Begriffe vor, und vorausgesetzt auch, man orientiert sich beim faktischen Gebrauch dieser Begriffe genau an dieser Erläuterung, statt ihren alten Sinn weiterhin mitschwingen zu lassen. Wie Bennett und Hacker ausführlich gezeigt haben, wird die Art und Weise, in der manche Neurowissenschaftler ursprünglich psychologische Begriffe zur Charakterisierung von Hirnzuständen und Hirnaktivitäten verwenden, diesen beiden Anforderungen jedoch nicht gerecht.[53]

(3) Aus der soeben genannten Sachlage ergeben sich Folgen, welche die neurowissenschaftliche Forschung mit Sicherheit eher behindern statt sie zu fördern. Natürlich besteht ein genuines wissenschaftliches Interesse daran, beispielsweise in Erfahrung zu bringen, welche neuronalen Prozesse ablaufen müssen, damit ein Individuum imstande ist, ein intelligentes Verhalten zu vollziehen. Wie kommt es dazu, dass sich im Gehirn neue Möglichkeiten motorischer Abläufe bilden? Wie kommt es dazu, dass sich die eine oder andere dieser neu entstandenen Möglichkeiten im Gehirn konsolidiert (dass sie „selegiert“ wird), während andere wieder verschwinden? Welche neuronalen Konstellationen ermöglichen es, dass es Individuen gibt, bei denen die Selektion einer unter anderem durch Zufälle entstandenen neuen Aktivitätsfähigkeit in einer engen systematischen Beziehung zu einer bestimmten Situation der möglichen Aktualisierung dieser Fähigkeit erfolgt? Das sind einige der in einem solchen Zusammenhang wichtigen neurowissenschaftlichen Fragen. Und solche Fragen werden nur scheinbar beantwortet, wenn man beispielsweise behauptet, dass Teile des präfrontalen Kortex auf „gespeichertes Wissen“ zurückgreifen, und dass das limbische System Aktivitätsalternativen „bewerte“. Denn wenn der Begriff des Wissens und der des Bewertens nicht zuvor einer methodisch präzisen neurobiologischen Umdeutung unterworfen worden sind – und das scheint in keiner der bisher vorliegenden neurowissenschaftlichen Studien gelungen –, sind es eben weiterhin Begriffe der Psychologie, und was an der gemeinten Stelle in neuronaler Hinsicht geschieht, bleibt ungeklärt.

Tiere, Handlungssubjekte und Freiheit

Für Lebewesen, so haben wir uns weiter oben vergegenwärtigt, ist kennzeichnend, dass zufällig eintretende Veränderungen in ihrem Erbgut zum Entstehen von Aktivitätsfähigkeiten führen können, deren Aktualisierung es ihnen nicht nur erlaubt, sich fortzupflanzen, son-

53 Ebd., Teil I, Kap. 3.2. Eine gewisse Ausnahme stellt in dieser Hinsicht der Begriff der Repräsentation dar. Ursprünglich als Begriff für eine psychische Aktivität – die des Vorstellens – gemeint, wird er in manchen neueren Untersuchungen als Begriff für eine kausale Beziehung verwendet.

dern auch, sich gegenüber widrigen Umgebungsbedingungen zu behaupten. Diese bereits bei Lebewesen zu beobachtende Tendenz zur Verschränkung von Zufallsereignissen mit eine bestimmte Ordnung aufweisenden Aktivitätsfähigkeiten sowie zum damit zusammenhängenden Entstehen von ersten Ansätzen für Eigenständigkeit setzt sich bei den Handlungssubjekten fort.

Eine in dieser Hinsicht wichtige Zwischenstufe zwischen einfacheren Lebewesen und Handlungssubjekten stellen die Lebewesen dar, die wir gewöhnlich als *Tiere* bezeichnen, und zwar speziell aufgrund des Umstands, dass viele Tiere über die Fähigkeit verfügen, zu *lernen* und sich in einer *ortsungebundenen Weise zu bewegen*.

An der Fähigkeit, neue Aktivitätsfähigkeiten erlernen zu können, ist zunächst einmal bemerkenswert, dass Lernen in vielen Fällen – so zum Beispiel beim operanten Lernen (dem Lernen durch „Versuch und Irrtum"), beim Lernen durch exploratives Verhalten und beim Lernen durch Spiel – dadurch zustande kommt, dass das lernende Individuum durch zum Teil „spontanes", das heißt zufallsbedingtes Tun in einem gewissen Sinne selber zum Entstehen eigener neuer Aktivitätsfähigkeiten beiträgt. Darüber hinaus fällt auf, dass zumindest die soeben genannten Formen des Lernens nur dann möglich sind, wenn das jeweilige Individuum über hinreichende Freiräume zum Ausprobieren unterschiedlicher, sich spontan einstellender Aktivitätsmöglichkeiten verfügt.

Dabei versteht es sich im Übrigen, dass die Filtermechanismen, die im Laufe des Lernens zur Selektion neu entstandener Aktivitätsfähigkeiten führen, anderer Art sein müssen als die Filtermechanismen, die bei der biologischen Evolution wirksam werden. Innerhalb der biologischen Evolution hängt die Selektion neuer Aktivitätsfähigkeiten davon ab, inwiefern es den mit einem entsprechend veränderten Erbgut ausgestatteten Individuen gelingt, ihrerseits fortzeugungsfähige Individuen hervorzubringen: Ob eine neu entstandene Verhaltensfähigkeit auf Dauer gestellt wird, entscheidet sich hier im Zuge der Generationenfolge. Beim Lernen hingegen müssen die Mechanismen, die zur Konsolidierung einer neu entstandenen Verhaltensfähigkeit führen, bereits im Laufe der Entwicklungsgeschichte eines einzelnen Individuums zur Geltung kommen können.[54]

Wie seit langem bekannt, sind es die sogenannten Erbkoordinationen – instinktive Verhaltensweisen wie sie zum Beispiel bei einer durch entsprechende Reize ausgelösten Flucht, der Nahrungsaufnahme, dem Sexualverhalten, usw., ablaufen –, die in vielen Fällen als solche Filtermechanismen wirksam sind: Die Realisierung einer neu entstandenen Verhaltensfähigkeit, die zu einer Situation führt, welche geeignet ist, Aktivitäten der Nahrungsaufnahme auszulösen, hat in der Regel die Bekräftigung einer solchen Verhaltensfähigkeit zur Folge; die Realisierung einer neu entstandenen Verhaltensfähigkeit, die dazu führt, dass das jeweilige Tier mit einer für dieses Tier gefährlichen, einen Fluchtreflex auslösenden Situation konfrontiert wird, hat in der Regel zur Folge, dass jene neue Verhaltensfähigkeit nicht erhalten bleibt, usw.[55]

---

54 Bekanntlich gilt dies nicht allein für Aktivitätsfähigkeiten, die erlernt werden: Auch Prozesse der durch Besonderheiten der jeweiligen Umweltgegebenheiten mitbestimmten Ausbildung eines Immunsystems, der Reifung und der Prägung erfordern individualgeschichtlich wirksam werdende Selektionsverfahren.

55 Vgl. Eibl-Eibesfeldt (1987), Kap. 13.4 („Die angeborene Lerndisposition"). In der englischsprachigen Literatur wird statt von „Erbkoordinationen" häufig von „angeborenen regulatorischen Dispositio-

Was die Fähigkeit zur ortsungebundenen Bewegung angeht, so ist sie innerhalb des hier verfolgten Zusammenhangs speziell deswegen bedeutsam, weil sie zumindest in den entwickelteren Fällen damit einhergeht, dass das jeweilige Tier imstande ist, zwischen Veränderungen seiner Beziehung zu Teilen seiner Umwelt zu unterscheiden, die mal dadurch zustande kommen, dass sich ein *Teil der Umgebung* bewegt, und mal dadurch, dass sich das *Tier selbst* bewegt. Wie bereits Erich von Holst in bahnbrechenden neurophysiologischen Studien herausgestellt hat[56], sind dies die ersten Ansätze dafür, dass Individuen auftreten, von denen sich, wenn man sie als *Ganze*[57] auffasst, nicht mehr sagen lässt, dass sie bloßen „Reizen" ausgesetzt seien: Da wir es an dieser Stelle mit Individuen zu tun haben, die erste Ansätze der Fähigkeit zeigen, in ihren Aktivitäten den Unterschied zwischen subjektiv bedingtem Schein und objektiv Gegebenem in Rechnung zu stellen, muss man ihnen, wenn man diese Fähigkeit als solche zur Kenntnis nehmen will, auch erste Ansätze der Fähigkeit zur Erkenntnis von *Objekten* zuschreiben. Hier wie in anderen Zusammenhängen auch ist das Entstehen einer besonderen Form von Subjektivität mit einem Zuwachs an Möglichkeiten zum Gewinn von „objektiven" Erkenntnissen über Teile der Welt verbunden.

So bedeutsam die Fähigkeit, zu lernen, und die Fähigkeit, den Unterschied zwischen subjektiv und objektiv bedingten Veränderungen der Beziehung zu Teilen der Umwelt in Rechnung zu stellen, freilich auch sind: Sie schließen noch nicht notwendigerweise mit ein, dass die Besitzer dieser Fähigkeiten bereits imstande sind, selber an der *Aktualisierung* einer ihrer Aktivitätsfähigkeiten mitzuwirken. Eben dieser Zug ist, wie bereits dargestellt, erst für die Individuen kennzeichnend, die wir als „intelligent" und damit auch als Handlungssubjekte bezeichnen. Und er ist es zugleich, der – jedenfalls der hier befürworteten Auffassung nach – dazu berechtigt, von diesen Individuen zu sagen, sie seien imstande, ihre eigenen Aktivitäten mitzugestalten und in diesem Sinne „selber hervorzubringen".

Gleichwohl ist aber nicht zu verkennen, dass auch die im engeren Sinne zu verstehenden, (noch) nicht sprachfähigen Handlungssubjekte insbesondere zwei wesentliche Kennzeichen dessen, was wir unter Freiheit, speziell unter Willensfreiheit, verstehen, noch nicht aufweisen.

---

nen" oder „homöostatischen Mechanismen" gesprochen. Vgl. dazu zum Beispiel Damasio (1995), 245; Damasio (2003), 41–45. Entscheidende Anstöße zum Verständnis speziell der neuronalen Teilkomponenten, die den hier gemeinten Aspekten des Lernens zugrunde liegen, gehen auf Forschungen zurück, die der Kanadier James Olds seit den fünfziger Jahren des 20. Jahrhunderts durchgeführt hat. Vgl. Olds (1977). – Wie ihr Name bereits zu verstehen gibt, sind Erbkoordinationen ein Ergebnis der biologischen Evolution. Der Fortbestand einer bestimmten Erbkoordination hängt daher davon ab, ob sie die Überlebens- und Fortzeugungschancen der Individuen, die über diese Erbkoordination verfügen, fördert oder zumindest nicht beeinträchtigt. Dies besagt bemerkenswerterweise allerdings nicht, dass alles, was aufgrund der bestätigenden Funktion mancher Erbkoordinationen gelernt wird, per se dazu führt, dass sich die Überlebens- und Fortzeugungschancen des jeweiligen Individuums erhöhen oder zumindest nicht verringern. Zwischen dem, was gelernt wird, und der biologischen Funktion einer beim Lernen wirksam werdenden Erbkoordination kann es vielmehr zu Spannungen kommen. Ein typisches Beispiel dafür sind die zahlreichen Formen erlernten Suchtverhaltens.

56 Vgl. dazu von Holst/Mittelstaedt (1950).

57 Man beachte, dass der Subjektbegriff auch hier wieder ein Hilfsmittel ist, um Zusammenhänge zwischen bestimmten Aktivitäten kenntlich zu machen.

Das eine, was ihnen zum Besitz der im vollen Wortsinn verstandenen Freiheit fehlt, ist die Fähigkeit, über ein explizites Wissen von sich selbst, speziell von ihren eigenen Handlungen, zu verfügen. Zwar ist es unumgänglich, dass auch schon im engeren Sinne verstandene Handlungssubjekte in einem impliziten, „prozeduralen" Sinne von sich selbst, und damit auch von ihren eigenen Aktivitäten, wissen können. Die Fähigkeit, den Unterschied zwischen subjektiv und objektiv bedingten Veränderungen ihrer Beziehung zu Teilen ihrer Umwelt in Rechnung stellen zu können, ist ein besonders deutliches Beispiel dafür: Diese Fähigkeit schließt notwendigerweise die Fähigkeit ein, zu wissen, welche Position und Lage man mit seinem Körper im Raum einnimmt und welche Bewegung man gerade mit Hilfe des eigenen Körpers vollzieht. Nur braucht dieses selbstbezügliche Wissen eben noch kein explizites, „propositionales" Wissen zu sein.[58]

Der zweite Grund, der dagegen spricht, bereits im engeren Sinne verstandene Handlungssubjekte als „frei" aufzufassen, hängt mit der Art und Weise zusammen, in der es bei ihnen zur Selektion von Aktivitätsfähigkeiten kommt. Anders als bei Tieren sind die im Zuge einer solchen Selektion ablaufenden Geschehen bei Handlungssubjekten zwar, wie wir gesehen haben, auf ihre neuronalen und hormonalen Bestandteile reduziert: Die unter anderem aufgrund von Zufällen neu entstehenden Verhaltensfähigkeiten müssen nur noch im Gehirn realisiert werden, um eine gleichfalls nur noch im Gehirn ablaufende Erbkoordination auszulösen, welche sodann zur Bekräftigung oder zur Auflösung der einen oder anderen dieser Aktivitätsfähigkeiten führt.[59] Aber dies ändert natürlich nichts daran, dass diese Filtermechanismen im engeren Sinne verstandenen Handlungssubjekten weiterhin, als Teil ihres biologischen Erbes, vorgegeben sind.[60] Auf die Beschaffenheit dieser Filtermechanismen selber einzuwirken sind Individuen dieses Typs noch außerstande. Und so wäre es daher auch aus diesem Grunde unangemessen, bereits im engeren Sinne

---

58 Zur Funktion und zu unterschiedlichen Formen selbstbezüglichen Wissens vgl. A. Ros, „Unmittelbares Selbstbewusstsein: Woraus es besteht und wie es sich entwickelt haben kann".

59 Im Zusammenhang mit diesen Überlegungen ergibt sich auch eine Möglichkeit, verständlich zu machen, warum chemische Abläufe im Körper eines Individuums durch psychische Aktivitäten („mental") verursacht sein können: Die auf ihre neuronalen Bestandteile reduzierten Aktivitäten im Gehirn eines Individuums, die Teile dessen sind, was wir *psychologisch* beispielsweise als „Vorstellungen" beschreiben, können im Gehirn zur Auslösung von Erbkoordinationen führen, die ebenfalls auf ihre neuronalen Bestandteile verkürzt sind (und die wir *psychologisch* zum Beispiel als Komponenten affektiver Zustände wie „verliebt sein" oder „sich ängstigen" einordnen würden). Und da diese Relikte von Erbkoordinationen die Ausschüttung von Hormonen wie zum Beispiel Serotonin oder Adrenalin beinhalten, bringt eine von einem Handlungssubjekt vollzogene psychische Aktivität in solchen Fällen bestimmte chemische Veränderungen im Körper dieses Subjekts mit sich. Ausführlicheres dazu findet sich in Ros (2005), Teil V, Kap. 2.6.

60 Erklärungen für das Entstehen von kognitiven Fähigkeiten, die sich vor diesem Hintergrund bei Handlungssubjekten entwickeln, sind mithin einerseits entwicklungspsychologischer und andererseits evolutionsbiologischer Natur: Die Aufgabe evolutionsbiologischer Erklärungen ist es in diesem Zusammenhang, verständlich zu machen, wie es zum Entstehen eines bestimmten erblichen Selektionsmechanismus gekommen ist; die Aufgabe entwicklungspsychologischer Erklärungen ist es, verständlich zu machen, wie ein vorgegebener erblicher Selektionsmechanismus innerhalb der Individualentwicklung zur Selektion bestimmter kognitiver Fähigkeiten geführt hat. In der neueren Literatur werden evolutionsbiologische Überlegungen über das Entstehen von erblichen Mechanismen des Lernens bei Handlungssubjekten (oder gar Personen) allerdings häufig unter dem etwas missverständlichen Titel „Evolutionspsychologie" geführt. Vgl. Buss (2003).

verstandene Handlungssubjekte im vollen Wortsinn als Urheber ihrer eigenen Aktivitäten, und damit als frei zu bezeichnen.

4. Personen

Ein wesentliches Kennzeichen von Personen ist, dass es sich bei ihnen um Individuen handelt, die imstande sind, sich in ihren Aktivitäten an „Regeln“ beziehungsweise „Normen“ zu orientieren.[61]

Die deutsche Bezeichnung „Regel“ leitet sich aus dem lateinischen Wort „regula“ ab. Und wie bereits aus diesem lateinischen Ausdruck ersichtlich, ist mit einer Regel eine Art „Richtschnur“ oder „Maßstab“ gemeint, etwas mithin, was man heranziehen kann, um zu prüfen, ob eine bestimmte Handlung „richtig“ oder „falsch“ ausgeführt worden ist.

Eine Handlung, mit der man sich an einer Regel orientiert, eine „regelvermittelte“ Handlung also, sollte nicht mit einer „regelmäßigen“ Handlung verwechselt werden. Eine regelmäßige Handlung ist eine Handlung, die „aus Gewohnheit“ unter bestimmten Umständen immer wieder vollzogen wird. Kommt es zu einer Abweichung von einer solchen Regelmäßigkeit, würden wir sagen, dass diese Gewohnheit für das betreffende Individuum offenbar nicht immer gilt. Weicht ein Individuum hingegen von einer sonst von ihm befolgten Regel ab, würde dies allein noch nicht rechtfertigen, zu sagen, dass die Regel für dieses Individuum nicht immer gelte: Es kann auch sein, dass die Regel für dieses Individuum weiterhin sehr wohl gilt, dass es sie in diesem Fall aber *falsch angewendet* hat.[62]

Die Aktivitäten bestimmter Individuen damit erklären zu können, dass sie aufgrund der Orientierung an einer bestimmten Regel vollzogen worden seien, ist etwas, was sich keineswegs von selbst versteht. Die Handlungen eines im engeren Sinne verstandenen Handlungssubjekts beispielsweise erlauben eine solche Erklärung noch nicht: Diese Handlungen lassen sich ausschließlich psychologisch, beispielsweise unter Hinweis auf die Absichten und Überzeugungen des jeweiligen Handlungssubjekts, erklären. Daran ändert sich auch dann noch nichts, wenn Handlungen Teile mehr oder weniger komplexer sozialer Interaktionen sind, wenn sie beispielsweise aus Handlungen bestehen, deren Subjekte sich darum bemühen, den Handlungserwartungen zu genügen, die andere Subjekte an sie herantragen: auch derartige Fälle berechtigen lediglich dazu, nach geeigneten psychologischen Erklärungen zu suchen. Mit einer grundsätzlich neuen, regelbezogene Erklärungen ermöglichenden Sachlage hat man es erst von dem Moment an zu tun, in dem Individuen auftreten, welche Anlass geben, davon zu sprechen, dass sie manche Handlungserwartun-

61 Im Rahmen von Daniel C. Dennetts bekannter und einflussreicher Unterscheidung zwischen drei möglichen „Einstellungen“ zur Welt – der physikalischen, der funktionalen und der intentionalen (psychologischen) – ist die Möglichkeit regelbezogener Beschreibungen und Erklärungen von Aktivitäten eigentümlicherweise nicht vorgesehen. Handlungszusammenhänge, wie sie zum Beispiel in der Soziologie, der Politikwissenschaft, der Sprachwissenschaft oder den Philologien thematisiert werden (um von der Philosophie ganz zu schweigen), lassen sich daher im Rahmen des Ansatzes von Dennett nicht adäquat berücksichtigen. Vgl. Dennet (1987).

62 Wesentliche Teile der neueren Diskussion des Regelbegriffs verdanken sich Anregungen des späten Wittgenstein. Vgl. dazu zum Beispiel Hacker 1993, 111 f., sowie die ganz an Wittgenstein orientierte Darstellung des Regelbegriffs bei Peter Winch (1966), Kap. I.8 sowie II.3–II.5.

gen nicht mehr allein als Handlungserwartungen in Rechnung stellen, die *Andere* an sie herantragen, sondern auch als Handlungserwartungen, die sie *selbst* sich gegenüber hegen.

Man beachte freilich erneut, dass dergleichen Situationen den Übergang von einer Ebene des Beschreibens und Erklärens zur anderen zwar methodisch *ermöglichen*, aber keineswegs *notwendig* machen. Wir haben weiter oben gesehen, dass die Aktivitäten eines Lebewesens durchaus allein physikalisch-chemisch und die Aktivitäten eines Handlungssubjekts allein biologisch beschrieben beziehungsweise erklärt werden können. Analog dazu gibt es auch keine von den Beobachtungsgegebenheiten allein her begründbare Notwendigkeit, Aktivitäten einer Person, die man als regelorientiert auffassen *könnte*, auch *tatsächlich* in diesem Sinne zu beschreiben und zu erklären: Man kann auch dabei bleiben, sie lediglich mit Hilfe psychologischer Begriffe zu erfassen.

Nur gilt dort wie hier, dass solche „reduktionistischen" Einstellungen mit Kosten verbunden sind. Im Fall der „physikalistischen" Deutung von Lebewesen muss man auf die Möglichkeit verzichten, deren Aktivitäten als Ergebnis einer Geschichte zu sehen, im Laufe derer einmal entstandene Fähigkeiten zum Vollzug dieser Aktivitäten von einer „Elterngeneration" an ihre Nachkommen weitergegeben und so auf Dauer gestellt wurden. Im Fall der „biologistischen" Deutung von Handlungssubjekten gibt man die Möglichkeit preis, Entstehen und Aktualisierung einer bestimmten Aktivitätsfähigkeit als Teile eines übergreifenden Aktivitätsganzen wahrzunehmen. Und im Rahmen der „psychologistischen" Deutung von Personen versagt man sich die Möglichkeit, diese Individuen als Individuen zu verstehen, die manche der an sie herangetragenen Handlungserwartungen als *eigene* Handlungserwartungen auffassen: Aus dem Blickwinkel einer ausschließlich psychologistischen Herangehensweise heraus betrachtet stellt beispielsweise das Freudsche Über-Ich nicht einen Teil einer als ein einheitliches Ganzes aufzufassenden Person dar, sondern besteht aus mehr oder weniger verallgemeinerten Anderen, denen gegenüber das in diesem Kontext ausschließlich als im engeren Sinne verstandene Handlungssubjekt sich zweckrational einzurichten versucht.[63] –

Schon George Herbert Mead hat vermutet, dass das Entstehen von Individuen, die sich als Individuen mit der Fähigkeit zur Orientierung an Regeln auffassen lassen, eng mit dem erstmaligen Erwerb der Fähigkeit verknüpft ist, von einer Sprache Gebrauch zu machen.[64] Ein wichtiger Grund, der zugunsten dieser Annahme spricht, liegt darin, dass zu Regeln gewordene Handlungserwartungen in einem mehr oder weniger großen, unter anderem durch Zufälle bestimmten Ausmaß von einer sozialen Gruppe zu einer anderen variieren können – dass sie den Individuen einer solchen Gruppe weder durch ihre eigene Natur noch gar durch die sie umgebende äußere Natur vorgegeben sind. Darüber, was jeweils als gemeinsam verpflichtende Regel gilt, muss man sich daher immer wieder neu abstimmen. Und die Form, in der diese Abstimmungen vorgenommen werden können, besteht daraus, dass man dem jeweiligen Gegenüber mit Hilfe geeigneter sprachlicher Mitteln zu erläu-

---

63 Ausführlicher zu diesem letzten Übergang zwischen unterschiedlichen Beschreibungs- und Erklärungsebenen Ros (2005), Teil VI, Kap. 2. – Abgesehen von den soeben genannten Grenzen der Leistungsfähigkeit reduktionistischer Positionen gilt natürlich weiterhin, dass eine strikt reduktionistische Einstellung, wie bereits weiter oben ausgeführt, sich nicht vollständig ausformulieren lässt, ohne mit der Logik des eigenen Tuns in Widerstreit zu geraten.

64 Mead (1934).

tern versucht, woraus die betreffende Regel der eigenen Überzeugung nach besteht, und dass man dessen Versuche, dieser Regel zu folgen, beispielsweise mit Wörtern wie „ja" oder „nein" lobt oder tadelt.

Dies besagt selbstverständlich nicht, dass man erst dann eine Sprache sprechen – und sich demzufolge an bestimmten Regeln orientieren – kann, wenn man imstande ist, die zu dieser Sprache gehörenden semantischen Regeln in aller Ausführlichkeit zu beschreiben. Dass jemand im Besitz einer wohlüberdachten Definition für den Ausdruck „Wasser" ist, ist keine Voraussetzung dafür, um von ihm sagen zu dürfen, dass er den Gebrauch dieses Wortes beherrscht. Aber wenn die betreffende Person nicht einmal imstande ist, *Beispiele* und *Gegenbeispiele* für das anzugeben, was sie unter „Wasser" versteht, würden wir zögern, von ihr zu sagen, dass sie den Gebrauch dieses Wortes wirklich kennt.

Haben sich erst einmal Individuen entwickelt, die imstande sind, eine Sprache zu sprechen, ist es überdies auch möglich, dass diese Individuen Regeln entwickeln, die sich nicht mehr allein auf den Gebrauch sprachlicher Zeichen beziehen, sondern auf den Vollzug von Handlungen, die selber nichtsprachlicher Natur sind: Regeln für die Auswahl und die innerhalb der jeweiligen sozialen Gruppe praktizierte Art der Verteilung von Essbarem beispielweise, für den Zugang zu innerhalb der Gruppe verfügbaren Werkzeugen und Waffen, usw.

Formen der Verschränkung von Zufall und Ordnung

Aufgrund ihres Sprachbesitzes sind Personen Individuen, die, anders als im engeren Sinne zu verstehende Handlungssubjekte, in einem mehr oder weniger weit reichenden Ausmaß über ein explizites Wissen von sich selbst verfügen können. Zwar in keineswegs allen[65], wohl aber einigen Fällen sind Personen imstande, die Handlungsalternativen, die sich ihnen stellen, sowie die Gesichtspunkte, welche ihre Wahl zwischen diesen Alternativen bestimmen, ausdrücklich zu benennen. Aber mit dem Auftreten von Personen ist auch noch eine weitere Neuerung verbunden: Für Personen ist kennzeichnend, dass bei ihnen zufällig eintretende Geschehen in einer neuen Form zum Entstehen von Aktivitäten führen können, die eine bestimmte Ordnung aufweisen.

Im Rückblick auf die bisher hier vorgetragenen Überlegungen lässt sich insbesondere zwischen den folgenden vier Typen der Verschränkung von Zufall und Ordnung unterscheiden:

(1) Kosmische und erdgeschichtliche Evolution: Zufallsereignisse können zum Entstehen neuer chemischer Verbindungen führen, die Aktivitätsfähigkeiten besitzen, deren Aktualisierung sich unter bestimmten Umgebungsbedingungen auf den Fort-

65 Der Umstand, dass zahlreiche Handlungen des Alltags von Personen in einer nicht, oder nur halbwegs bewussten Weise vollzogen werden, wird von nicht wenigen Neurowissenschaftler als Grund dafür betrachtet, zumindest diese Handlungen dem Gehirn zuzuschreiben (vgl. dazu zum Beispiel Koch 2004, 230, der in diesem Zusammenhang allerdings auch erwägt, von „Zombie-Agenzien" zu sprechen). Aber auch dies läuft auf einen irreführenden Gebrauch wohl etablierter, nachweislich sinnvoller Verfahren für die Klassifizierung von Gegenständen hinaus. Sinnvoller wäre es, davon zu sprechen, dass Personen immer nur ein Teil dessen bewusst ist, was sie als *Handlungssubjekte* und zum Teil auch bereits als *biologische Wesen* sind und tun.

bestand jener chemischen Verbindungen positiv auswirkt und diese somit stabilisiert.

(2) Biologische Evolution: Zufallsereignisse können zum Entstehen von Lebewesen mit neuen Aktivitätsfähigkeiten führen, die sich „vererben" lassen und so über Generationen von Individuen hinweg auf Dauer gestellt werden.

(3) Individuelle Entwicklung durch Lernen: Zufälligerweise von einem Lebewesen vollzogene Aktivitäten können im Laufe der individuellen Geschichte dieses Lebewesens zum Entstehen von neuen Aktivitätsfähigkeiten führen, die durch vererbte individueninterne Systeme des „Filterns" neuer Aktivitätsfähigkeiten bekräftigt werden.

(4) Handlungssubjekte: Zufälligerweise von einem Handlungssubjekt vollzogene interne, das heißt auf ihre neuronalen Bestandteile verkürzte Aktivitäten können zum Entstehen von neuen Aktivitätsfähigkeiten führen, die durch vererbte interne, ebenfalls auf ihre neuronalen Bestandteile verkürzte Systeme des „Filterns" neuer Aktivitätsfähigkeiten bekräftigt werden.

Das Entstehen von Personen nun ist gleichbedeutend mit dem Entstehen eines weiteren, fünften Typs der Verschränkung von Zufall und Ordnung. Denn für Personen ist wesentlich, dass sie über Filter für die Selektion von zufallsbedingt bei ihnen entstehenden neuen Aktivitätsfähigkeiten verfügen, die aus *Regeln* dafür bestehen, was in bestimmten Situationen zu tun beziehungsweise zu unterlassen ist. Wobei Regeln Filter für die Selektion von Aktivitätsfähigkeiten sind, von denen die Besitzer dieser Fähigkeiten in einem mehr oder weniger großen Ausmaß *explizit wissen*, und die sie im Zuge des sprachlich vermittelten Austauschs, den sie untereinander pflegen, *selber aushandeln*. Von nun an gibt es Lebewesen, bei denen Verfahren für die Selektion von neu entstandenen Aktivitätsfähigkeiten zur Geltung kommen, die nicht, oder jedenfalls nicht mehr unmittelbar, ein Teil ihres biologischen Erbes sind. Diese Selektionsverfahren sind vielmehr ein Resultat der Geschichte der Kultur, in der Lebewesen dieses Typs aufwachsen, und damit das Resultat einer Entwicklung, an deren Fortführung und weiterer Ausgestaltung diese Lebewesen selber mitwirken – womit zugleich gesagt ist, dass sie sich von einer solchen Entwicklung auch zumindest bis zu einem gewissen Ausmaß *distanzieren* können.[66] Dass jemand zwischen unterschiedlichen Handlungsmöglichkeiten wählt, indem er sich an einer bestimmten Regel orientiert, ist daher gleichbedeutend mit einem Akt der *Bindung* an eine solche Regel, an eine bestimmte Ordnung.

Die Bedeutung, die diese Konstellation für die Geschichte menschlicher Gesellschaften besessen hat, wird man schwerlich überschätzen können. Und sie erlaubt es zugleich auch, zu sagen, dass es sehr wohl Individuen geben kann, welche zumindest annäherungsweise

66 Wie man unschwer erkennt, ist die Entwicklung des neuzeitlichen Freiheitsbegriffs dadurch geprägt, dass man sich einmal mehr am Modell von Individuen orientiert, die im engeren Sinne zu verstehenden Handlungssubjekten gleichen, und einmal mehr am Modell von Individuen, die Personen darstellen. Innerhalb der durch Thomas Hobbes und John Locke geprägten Tradition überwiegt jenes, innerhalb der durch Jean-Jacques Rousseau und Immanuel Kant bestimmten Tradition dieses Modell.

die zu Beginn der hier vorgetragenen Überlegungen genannten Kriterien für das Vorliegen von Handlungs- und Willensfreiheit erfüllen.

Personen und Freiheit

Zwar verfügen auch schon im einfachsten Sinne verstandene Lebewesen über die Fähigkeit, sich gegenüber widrigen Umweltgegebenheiten in einem mehr oder weniger großen Ausmaß zu „behaupten" – weswegen wir gewöhnlich sagen, dass einige der in ihrer Umwelt eintretenden Ereignisse für sie nicht bloße „Ursachen", sondern „Reize" seien, „denen gegenüber" sie in einer bestimmten Weise „reagieren". Manche Tiere zeigen im Zusammenhang mit ihrer Fähigkeit zum operanten, explorativen oder gar spielerischen Lernen eine bemerkenswerte Fähigkeit, Freiräume des Ausprobierens von Aktivitätsmöglichkeiten zu nutzen. Darüber hinaus schließt die Fähigkeit zur ortsungebundenen Bewegung bei vielen Tieren die Fähigkeit ein, sich in ihren Aktivitäten auf den Unterschied zwischen subjektiv und objektiv bedingten Veränderungen ihrer Beziehung zu Teilen ihrer Umwelt einzustellen – was es zumindest im Ansatz erlaubt, ihnen nicht nur die Fähigkeit zur Reaktion auf Reize, sondern auch zum Umgang mit „Objekten" zuzusprechen. Und beides sind Eigenheiten, die im engeren Sinne verstandene Handlungssubjekte in einem noch deutlicher ausgeprägten Maße aufweisen. Denn Handlungssubjekte sind sogar imstande, Freiräume des Ausprobierens von Aktivitätsmöglichkeiten ausschließlich „im Kopf", und daher in einer besonders flexiblen Weise, zu nutzen. Aber die Art von Eigenständigkeit, die Personen besitzen, oder zumindest im Prinzip besitzen können, geht in zweierlei Hinsicht auch noch über diese Konstellationen deutlich hinaus.

Die eine für das Verständnis des Begriffs der Willensfreiheit wichtige Eigenheit, in der Personen sich von im engeren Sinne verstandenen Handlungssubjekten unterscheiden, hängt mit ihrer Fähigkeit zusammen, von sich selbst und ihren eigenen Aktivitäten in einer explizit formulierbaren Weise zu wissen. Erinnertes, Gesehenes, Gehörtes, selbst Erfundenes usw. kann unter Nutzung dieser Fähigkeit in einer mehr oder wenigen bewussten Weise besonders vielfältig kombiniert werden und so dazu verhelfen, dass das allein „im Kopf" mögliche, unter anderem durch Zufälle mitgeprägte, ungeplante Ausprobieren von Handlungsalternativen sich enorm zu erweitern vermag. Nicht umsonst spielt die Aktivierung dieser Fähigkeit in vielen Formen der Psychotherapie eine entscheidende Rolle.[67]

Der zweite wichtige Zug, der es erlaubt, Personen als Individuen zu verstehen, die wesentliche Anforderungen für die Anwendung des Begriffs der Willensfreiheit erfüllen, ergibt sich aus dem bereits genannten Punkt, dass Personen zumindest grundsätzlich gesehen nicht nur über Spielräume bei der Ausgestaltung und Wahl von Handlungen, sondern auch noch über Spielräume bei der Ausgestaltung und Wahl der von ihnen herangezogenen *Standards* („Regeln", „Normen", „Kriterien") für die Ausgestaltung und Wahl von Handlungen verfügen. Wobei im Übrigen auch hier das durch Zufälle mitgeprägte Ausprobieren eine wichtige Rolle spielen kann. Denn wie bereits Wittgenstein ausführlich gezeigt hat, ist nicht einmal der Versuch, einer bestimmten Regel zu folgen, durch diese Regel in jeder Hinsicht eindeutig determiniert – ganz zu schweigen davon, dass Personen

67 Vgl. dazu zum Beispiel Kittel (2005), 14.

zumindest im Prinzip auch imstande sind, sich von einem Teil der Regeln, welche ihnen die eigene Kultur zunächst einmal nahe legt, zu distanzieren.

Und die neuronalen und hormonalen Prozesse, die im Gehirn von Personen ablaufen, wenn sie Entscheidungen treffen? – Daran, dass die Teilaktivitäten, aus denen sich eine solche psychische Aktivität zusammensetzt, tatsächlich aus solchen Prozessen bestehen, und nicht etwa daraus, dass eine mysteriöse, „Geist" oder „Seele" genannte Instanz in einer methodisch undurchschaubaren Weise auf den Körper der betreffenden Person Einfluss nimmt, kann es keinen vernünftigen Zweifel mehr geben. Aber im Gegensatz dazu versteht sich die weitergehende Annahme, aus dieser Sachlage ergebe sich, „dass mentale Prozesse wie das Bewerten von Situationen, das Treffen von Entscheidungen und das Planen des je nächsten Handlungsschrittes auf Prozessen beruhen, die ihrer Natur nach deterministisch sind"[68], keineswegs von selbst, ebenso wenig wie die sich aus dieser Annahme ergebende und von manchen Autoren auch ausdrücklich befürwortete Auffassung, dass es so etwas wie Willensfreiheit nicht geben könne.

Tatsächlich gehen Behauptungen wie die soeben genannten über das, was sich empirisch belegen lässt, deutlich hinaus. Halten wir noch einmal kurz fest: Der strenge Determinismus ist, ebenso wie sein Gegenstück, der strenge Indeterminismus, weder beweisbar noch widerlegbar. Wie in anderen vergleichbaren Fällen auch empfiehlt sich daher angesichts dieser Situation ein Akt der Bescheidung auf das, was sich aktuell belegen lässt. Und eine daran anschließende realistische Einschätzung der Sachlage führt zu dem Eingeständnis, dass wir offenbar in einer Welt leben, in der Zufallsereignisse und geordnete, eine bestimmte Gesetzmäßigkeit zu erkennen gebende Abläufe vielfältig ineinander greifen.

Ist dies erst einmal als Ausgangsgrundlage weiteren Nachdenkens akzeptiert, kann man auf die Suche nach unterschiedlichen Fällen der Verschränkung von Zufall und Ordnung gehen. Und eine solche Suche zeigt: Es sind rational nachvollziehbare und mit zahlreichen Beispielen aus der Erfahrung illustrierbare Modelle denkbar, die unter anderem verständlich machen, wie aus lernfähigen, mit einem entwickelteren Gehirn ausgestatteten Tieren Handlungssubjekte werden können, und wie diese wiederum sich zu Individuen – den „Personen" – entwickeln können, die in einem mehr oder weniger großen Ausmaß über die Fähigkeit zum Vollzug freier Willensentscheidungen verfügen.

Eine wichtige Implikation solcher Modelle ist es, dass sich aus ihnen forschungsleitende Annahmen und Fragen im Hinblick auf die hirnphysiologischen Veränderungen ableiten lassen, zu denen es bei jenen Übergängen gekommen sein muss. So ist zum Beispiel, was die Entwicklung von im engeren Sinne zu verstehenden Handlungssubjekten zu Personen angeht, insbesondere klärungsbedürftig, in welchem Verhältnis die im einen Fall im Laufe der biologischen Evolution und im anderen Fall im Laufe der Geschichte einer Kultur entstandenen individueninternen Filter für die Selektion neu entstehender Handlungsfähigkeiten zueinander stehen.

Es gibt viele soziale Regeln, die sich als Resultat der kulturellen Anverwandlung biologisch entstandener Verfahren der Selektion von Handlungsmöglichkeiten verstehen lassen.[69] Insbesondere die Regeln, deren Befolgung mit starken Gefühlen verknüpft ist, fußen häufig auf solchen im Erbgut von Menschen angelegten Selektionsmechanismen –

68 Singer (2005), 708; in diesem Band: 188.

69 Ein besonders interessanter Fall ist in dieser Hinsicht das Inzestverbot. Vgl. dazu Bischof (1985).

und damit auch auf den neuronalen und hormonalen Prozessen, die zu den Teilaktivitäten dieser Mechanismen gehören.[70] Aber in vielen anderen Fällen kann es dazu kommen, dass Regeln Filter für die Wahl zwischen Handlungsalternativen darstellen, für die es innerhalb der bei den jeweiligen Individuen vorliegenden vererbten Mechanismen der Selektion von Handlungsmöglichkeiten keine oder allenfalls eine annäherungsweise Grundlage gibt. Regeln für eine bestimmte Art der Verteilung gesellschaftlicher Macht, des Umgangs mit Sexualität, der Fürsorge für Andere, der Art der Bekleidung, usw., lassen es in vielen Fällen noch lohnenswert erscheinen, sie auf einen möglichen biologischen Hintergrund hin zu überprüfen. Viele der für einzelne Sprachen geltenden semantischen und syntaktischen Regeln hingegen sind besonders deutliche Beispiele für Regeln ohne eindeutige biologische Basis. Und nach der biologischen Grundlage jener Regeln zu suchen, an die man sich beispielsweise mit dem Akt der Gründung einer Gesellschaft mit beschränkter Haftung oder einer Kommanditgesellschaft bindet, wäre von vornherein unsinnig.

Nicht umsonst ist es sogar möglich, dass die entweder biologisch oder kulturell entstandenen Mechanismen für die Selektion von Handlungsalternativen in einem gespannten Verhältnis zueinander stehen. Schließlich wird man davon ausgehen müssen, dass es keine entwickeltere menschliche Gesellschaft gibt, in der nicht ein Teil dessen, was in biologischer Hinsicht möglich wäre, oder vielleicht sogar ausdrücklich bekräftigt werden würde, kulturell bedingter Umstände wegen verboten ist. Und man wird auch davon ausgehen müssen, dass es in allen entwickelteren menschlichen Gesellschaften Normen gibt, welche den in diesen Gesellschaften lebenden Individuen Handlungen abverlangen, die ihnen von ihrer biologischen Veranlagung her eigentlich widerstreben. Es ist eine der in theoretischer Hinsicht besonders faszinierenden Aufgaben zukünftiger neurobiologischer Forschungen, zu klären, welcher Art die neuronalen Teilaktivitäten sind, die bei den überwiegend oder sogar ausschließlich kulturell bedingten Verfahren der Selektion von Aktivitätsmöglichkeiten zur Geltung kommen.

Grenzen und Wandlungen von Freiheit

Wenn die bisher vorgetragenen Überlegungen sich als haltbar erweisen sollten, ist es also durchaus möglich, die Existenz von Individuen mit der Fähigkeit zur Handlungs- und Willensfreiheit als ein Ergebnis der Entwicklung bestimmter Teile der Natur zu begreifen. Freilich ist die Freiheit, mit der man es hier zu tun hat, selbstverständlich keine *absolute* Freiheit des Handelns und Wollens. Dass Personen „Urheber“ ihrer eigenen Handlungen und Willensentscheidungen sein können, besagt, dass sie an der Ausgestaltung und Wahl dessen, was sie tun, *mitwirken* können. Wobei ein solches „Mitwirken“ insbesondere in zweierlei Hinsicht eingeschränkt ist: Dass sich einer Person Spielräume unterschiedlicher Handlungsalternativen eröffnen, wird unumgänglicherweise durch das Eintreten von subjektextern und/oder subjektintern eintretenden Zufällen mitgeprägt; und solche Spiel-

70 Vgl. dazu insbesondere die Arbeiten von A. R. Damasio, so zum Beispiel die drei Monographien „Descartes' Irrtum“ (1995); „Ich fühle, also bin ich“ (2001) sowie „Der Spinoza-Effekt“ (2003). Zur Kritik an einigen begrifflichen Eigenheiten der Untersuchungen Damasios vgl. Bennett/Hacker (2003), 210–216.

räume eröffnen sich grundsätzlich immer nur innerhalb eines mehr oder weniger engen, der jeweiligen Person vorgegebenen Rahmens.

Nicht nur, dass die materielle, gesellschaftliche und politische Beschaffenheit der Welt, in der Personen leben, sowie ihre eigene physische und emotionale Verfassung den Spielräumen möglicher Aktivitäten, über die Personen verfügen, Grenzen setzen. Darüber hinaus gilt auch, dass das Wissen von der Welt, von anderen Personen und von sich selbst, über das Personen verfügen, nie so weit reicht, dass sich wirklich alles, was für die Wahl zwischen unterschiedlichen Handlungsoptionen relevant sein könnte, überblicken ließe. Und schließlich ist auch das Ausmaß, in dem Personen imstande sind, an der Bestimmung der Regeln mitzuwirken, die sie in manchen Fällen bei der Wahl zwischen Handlungsalternativen heranziehen, in vielerlei Hinsicht eingeschränkt.

Ebenso selbstverständlich ist allerdings, dass die Grenzen der Handlungs- und Willensfreiheit von Personen in allen soeben genannten Hinsichten zumindest in einem gewissen Ausmaß variieren können, und dass es in diesem Sinne Gewinne und Verluste von Freiheit geben kann. Nicht selten sind es gerade solche – nur aus übermäßiger Ferne gering wirkende – Gewinne oder Verluste von Freiheit, die aus der Sicht davon Betroffener über die Qualität des eigenen Lebens entscheiden.

Eines von zahlreichen Beispielen für Unterschiede im Ausmaß von Freiheit hängt mit dem Wissen von den Regeln zusammen, an denen sich Personen bei der Wahl zwischen Handlungsalternativen orientieren können. Wie bereits erwähnt, muss man zwar, um sich überhaupt an einer Regel orientieren zu können, zumindest ein wenig vom Inhalt dieser Regel wissen. Aber dieses Wissen kann sich bereits darin erschöpfen, dass man imstande ist, Beispiele und Gegenbeispiele für die korrekte Befolgung der betreffenden Regel anzuführen. Überdies gilt, dass jemand zwar imstande sein kann, sich am *Inhalt* einer bestimmten Regel zu orientieren – und dabei zugleich noch weit entfernt davon sein mag, zu wissen, was eine *Regel* ist, und dass die Orientierung einer Regel einen Akt der Bindung darstellt, den man zumindest in manchen Fällen auch unterlassen kann. Und so sind denn die Aktivitäten, mit denen Individuen faktisch an der Ausgestaltung der bei ihnen zur Geltung kommenden sozialen Regeln mitwirken, in vielen Fällen Aktivitäten, deren Subjekte allenfalls in Ansätzen wissen, was sie gerade tun.

Tatsächlich besteht eine der wichtigsten Strukturveränderungen, die menschliche Gesellschaften im Laufe ihrer Geschichte durchlaufen haben, gerade darin, dass sich das in diesen Gesellschaften verfügbare Wissen von ihren eigenen Regeln als Regeln sukzessive verändert hat.

Ein erster wichtiger, weit in die vorhistorischen Phasen der Entwicklung menschlicher Gesellschaften zurückreichender Übergang wurde dort erreicht, wo sich das Empfinden entwickelte, dass die Inhalte bestimmter, hier noch im weiteren Sinne zu verstehender Gesetzmäßigkeiten nicht einfach nur hinzunehmen seien, sondern einer Begründung beziehungsweise legitimierenden Erklärung bedürfen. Mythische beziehungsweise in umfassender angelegte Glaubenssysteme eingebettete religiöse Erzählungen vom Ursprung der Welt sind die Form, in der offenbar alle menschlichen Gesellschaften dieses Bedürfnis zunächst zu befriedigen versucht haben.

Wesentlich später dann, innerhalb der europäischen Kulturgeschichte seit der Sophistik des ausgehenden 5. Jahrhunderts v. Chr., bildete sich die Fähigkeit heraus, zwischen im weiteren Sinne zu verstehenden Gesetzmäßigkeiten zu unterscheiden, die einmal von Natur (*physis*) und einmal, als *nomoi*, aufgrund menschlicher Vereinbarungen gelten.[71] Und erst damit kommt es erstmals dazu, dass der Begriff der Regel beziehungsweise der Norm überhaupt als Begriff zur Verfügung gestellt wird.

Auch dieser Schritt ist, wie man weiß, für die weitere Entwicklung menschlicher Kulturen von immenser Bedeutung gewesen. Im Umfeld dieser Entwicklung entstehen Individuen, welche im Hinblick auf die kulturellen Standards, an die sie sich im Zuge der Bewertung von Handlungsalternativen binden, zwischen *kollektiven* und *individuellen* Standards zu unterscheiden vermögen – so, wie dies innerhalb der europäischen Tradition erstmals durch die frühgriechische Lyrik, die Gedichte von Archilochos und Sappho beispielsweise, belegt ist. Und es ist ein Schritt, der es Menschen ermöglicht hat, sich sowohl der sie umgebenden Welt wie auch sich selbst in einer im weiteren Sinne wissenschaftlichen Weise anzunähern. Wobei „im weiteren Sinne wissenschaftlich" heißt: Mit methodischer *Anwendung* von Regeln für den Gewinn von Wissen über die Welt und den Menschen, wie auch mit methodischer *Reflexion* über diese Regeln.

Innerhalb dieses Rahmens erzielte Aufklärungen über materielle Voraussetzung menschlicher Handlungs- und Willensfreiheit sind immer willkommen. Dies gilt auch für die der neueren neurowissenschaftlichen Forschung zu verdankenden, faszinierenden Einsichten über Zusammenhänge zwischen der Entwicklung und der Struktur menschlicher Gehirne und der Handlungs- und Willensfreiheit von Personen, zumal diese Einsichten ja in nicht wenigen Fällen sogar bereits neue Möglichkeiten der Therapie krankheitsbedingter Beeinträchtigungen eröffnet haben. Sinnvoll geplant und verstanden, werden diese Forschungen daher, wie Christian Schwägerl zu Recht schreibt, neuronale Prozesse „als ermöglichende Kräfte von Lernen, Abwägen und freiem Willen hervortreten (lassen) anstatt als einschränkende Determinanten"[72]. Absurd hingegen wäre es, wenn man versuchen wollte, unter Nutzung eben des Freiheitsgewinns, der mit dem Entstehen von Wissenschaften innerhalb der Entwicklung menschlicher Gesellschaften erreicht worden ist, die Existenz oder sogar die Möglichkeit von – im Einzelnen wie auch immer begrenzter – Freiheit zu bestreiten.

Literatur

Bennett, Max R./Peter M. S. Hacker (2003), Philosophical Foundations of Neuroscience, Malden, MA.

Bernstein, Nicholas (1967), The Co-ordination and Regulation of Movements, Oxford usw.

Bischof, Norbert (1985), Das Rätsel Ödipus. Die biologischen Wurzeln des Urkonflikts von Intimität und Autonomie, München/Zürich, 3., überarb. Aufl. 1991.

Buss, David M. (2003), Evolutionspsychologie – ein neues Paradigma für die psychologische Wissenschaft?, in: A. Becker/C. Mehr/H. H. Nau/G. Reuter/D. Stegmüller (Hg.), Gene, Meme und Gehirne. Geist und Gesellschaft als Natur, Frankfurt/M., 137–226.

71 Vgl. Heinimann (1980); Guthrie (1969), 55–134. Zur Vorgeschichte des Gegensatzes zwischen „nomos" und „physis" vgl. Wismann (2006). – Da die Menschen grundsätzlich frei sind, sich ihre *nomoi* selber zu setzen, sieht die europäische Philosophie sich seit der Sophistik mit der Frage konfrontiert, ob es methodisch nachvollziehbare Möglichkeiten gibt, im Hinblick auf die Bildung von *nomoi* zwischen sinnvolle Ordnung erzeugender Freiheit und bloßer Willkür zu unterscheiden. Zu Versuchen, Teile der Geschichte der europäischen Philosophie als Geschichte einer zunehmend differenzierter werdenden Antwort auf diese Frage zu verstehen, vgl. Ros (1989–1990); Heinemann (2001).

72 Schwägerl (2004), 243.

Calvin, William H. (1993), Die Symphonie des Denkens. Wie aus Neuronen Bewußtsein entsteht, München/Wien (The Cerebral Symphony: Seashore Reflections on the Structure of Consciousness, New York 1989).

Chisholm, Roderick M. (1977), Freiheit und Handeln, in: Georg Meggle (Hg.), Analytische Handlungstheorie, Bd. 1, Frankfurt/M., 354–387 (Freedom and Action, in: Keith Lehrer (Hg.), Freedom and Determinism, New York 1966, 11–44).

Clausberg, Karl/Cornelius Weiller (2004), Wie Denken aussieht. Zu den bildgebenden Verfahren der Hirnforschung, in: Geyer 2004, 245–249.

Damasio, Antonio R. (1995), Descartes' Irrtum. Fühlen, Denken und das menschliche Gehirn. München/Leipzig (Descartes' Error. Emotion, Reason and the Human Brain, New York 1994).

Damasio, Antonio R. (2001), Ich fühle, also bin ich. Die Entschlüsselung des Bewusstseins, München (The Feeling of What Happens. Body and Emotion in the Making of Consciousness, New York 1999).

Damasio, Antonio R. (2003) Der Spinoza-Effekt. Wie Gefühle unser Leben bestimmen, München (Looking for Spinoza. Joy, Sorrow, and the Feeling Brain, Hartcourt 2003).

Davidson, Donald (1985), Handeln, in: ders., Handlung und Ereignis Frankfurt/M. 73–98 (Agency, in: R. Binkley u. a. (Hg.), Agent, Action, and Reason, Oxford 1971, 3–25. Wiederabgedruckt in: Donald Davidson, Essays on Actions and Events, Oxford 1980).

Dennett, Daniel C. (1987), The Intentional Stance, Cambridge/Mass./London 1987.

Dennett, Daniel C. (2003), Freedom Evolves, London.

Edelmann, Gerald M. (1993), Unser Gehirn – ein dynamisches System. Die Theorie des neuronalen Darwinismus und die biologischen Grundlagen der Wahrnehmung, München/Zürich (Neural Darwinism. The Theory of Neuronal Group Selection, New York 1987).

Edelmann, Gerald M. (1995), Göttliche Luft, vernichtendes Feuer. Wie der Geist im Gehirn entsteht, München/Zürich (Bright Air, Brilliant Fire – On the Matter of the Mind, New York 1992).

Eibl-Eibesfeldt, Irenäus (1987), Grundriß der vergleichenden Verhaltensforschung. Ethologie, 7., überarbeitete und erw. Aufl. München, Zürich, zuerst 1978.

Eigen, Manfred/Ruthild Winkler (1975), Das Spiel. Naturgesetze steuern den Zufall, München/Zürich.

Falkenburg, Brigitte (2006), Was heißt es, determiniert zu sein? Grenzen der naturwissenschaftlichen Erklärung, in: Sturma (Hg.) (2006), 43–74.

Feynman, Richard (2003), Vom Wesen physikalischer Gesetze, München (The Character of Physical Law, Cambridge/Mass. 1967).

Flohr, Hans (2005), Der Raum der Gründe, in: Deutsche Zeitschrift für Philosophie, 52. Jg., Heft 5, 685–690, in diesem Band: 165–170.

Frankfurt, Harry (1978), The Problem of Action, in: American Philosophical Quarterly 15/1978, 157–162; wiederabgedruckt in: Alfred R. Mele (Hg.), The Philosophy of Action, Oxford1997, 42–52.

Gethmann, Carl Friedrich (2006), Die Erfahrung der Handlungsurheberschaft und die Erkenntnisse der Neurowissenschaften, in: Sturma (Hg.) (2006), 215–239.

Geyer, Christian (Hg.) (2004), Hirnforschung und Willensfreiheit. Zur Deutung der neuesten Experimente, Frankfurt/M.

Grush, Rick (1999), Wahrnehmung, Vorstellung und die sensomotorische Schleife, in: Frank Esken/Dieter Heckmann (Hg.), Bewußtsein und Repräsentation, Paderborn, 2. Aufl. 1999, 169–192.

Guthrie, W. K. C. (1969), A History of Greek Philosophy. Vol. III: The Fifth-Century Enlightenment, Cambridge.

Habermas, Jürgen (2004), Freiheit und Determinismus, in: Deutsche Zeitschrift für Philosophie, 52. Jg., Heft 6, 871–890, in diesem Band: 101–120.

Habermas, Jürgen (2006), Das Sprachspiel verantwortlicher Urheberschaft. Das Problem der Willensfreiheit: Wie lässt sich der epistemische Dualismus mit einem ontologischen Monismus versöhnen?, in: Deutsche Zeitschrift für Philosophie, 54. Jg., Heft 5, 669–707, in diesem Band 263–301.

Hacker, P. M. S. (1993), Wittgenstein. Meaning and Mind. Part I: Essays (= Vol. 3 of an Analytical commentary on the Philosophical Investigations), Oxford/Cambridge/Mass.

Haken, Hermann/Maria Haken-Krell (1997), Gehirn und Verhalten. Unser Kopf arbeitet anders, als wir denken, Stuttgart.

Heinemann, Gottfried (2001), Studien zum griechischen Naturbegriff. Teil I Philosophische Grundlegung: Der Naturbegriff und die „Natur", Trier.

Heinimann, Felix (1980), Nomos und Physis. Herkunft und Bedeutung einer Antithese im griechischen Denken des 5. Jahrhunderts, Darmstadt (zuerst 1945).

Helmrich, Herbert (2004), Wir können auch anders: Kritik der Libet-Experimente, in: Geyer (Hg.) (2004), 92–97.

Holst, Erich von/Horst Mittelstaedt (1950), Das Reafferenzprinzip. (Wechelwirkungen zwischen Zentralnervensystem und Peripherie), in: Naturwissenschaften 37/1950, 464–476, wieder abgedr. in: ders., Zur Verhaltensphysiologie bei Tieren und Menschen. Gesammelte Abhandlungen, Bd. I, München 1969, 135–166.

Honderich, Ted (1995), Wie frei sind wir? Das Determinismus-Problem, Stuttgart (How Free Are You? The Determinism Problem, Oxford/New York 2002).

Inwagen, Peter van (2003), An Argument for Incompatibilism, in: Gary Watson (Hg.) (2003), 38–57.

Janich, Peter (2006), Der Streit der Welt- und Menschenbilder in der Hirnforschung, in: Dieter Sturma (Hg.) (2006), 75–96.

Kane, Robert (1996), The Significance of Free Will, New York/Oxford.

Kane, Robert (2003), Responsibility, Luck, and Chance: Reflections on Free Will and Indeterminism, in: Gary Watson (Hg.) (2003), 299–321. Zuerst in: Journal of Philosophy 96 (1999), 217–240.

Kappner, Stefan (2004), Intentionalität aus semiotischer Sicht. Peirceanische Perspektiven, Berlin/New York.

Kittel, Ingo-Wolf (2005), Hirnforschung und Willensfreiheit, in: Magazin des Bundesvorstands der Vertragstherapeuten 3, 12–14.

Klein, Stefan (2004), Alles Zufall. Die Kraft, die unser Leben bestimmt, Reinbek bei Hamburg.

Koch, Christof (2004), Die Zukunft der Hirnforschung. Das Bewusstsein steht vor seiner Enthüllung, in: Christian Geyer (Hg.) (2004), 229–234.

Koch, Günter (1994), Kausalität, Determinismus und Zufall in der wissenschaftlichen Naturbeschreibung, Berlin.

Krüger, Hans-Peter (2004), Das Hirn im Kontext exzentrischer Positionierungen. Zur philosophischen Herausforderung der neurobiologischen Hirnforschung, in: Deutsche Zeitschrift für Philosophie, 52. Jg., Heft 2, 258–293, in diesem Band 61–97.

Krüger, Hans-Peter (2005), Hirn als Subjekt? Grenzfragen der neurobiologischen Hirnforschung III, in: Deutsche Zeitschrift für Philosophie, 53. Jg., Heft 5, 679–684, in diesem Band: Einleitung in die dritte Diskussionsrunde, 159–164.

Libet, Benjamin (2004), Haben wir einen freien Willen?, in: Christian Geyer (Hg.) (2004) 268–289 (Do we have free will?, in: Journal of Consciousness Studies, 6/1999, 47–57).

Libet, Benjamin (2005), Mind Time. Wie das Gehirn Bewusstsein produziert, Frankfurt/M. (Mind Time. The Temporal Factor in Consciousness, Harvard 2004).

Lurija, Alexander R. (1992), Das Gehirn in Aktion. Einführung in die Neuropsychologie, Reinbek bei Hamburg (Osnowy nejropsichologii, Moskau 1973).

McGinn, Colin (1996), Die Grenzen vernünftigen Fragens. Grundprobleme der Philosophie, Stuttgart (Problems in Philosophy. The Limits of Inquiry, Oxford 1993).

Mead, George Herbert (1934), Mind, Self and Society. From the standpoint of a social behaviorist, Chicago.

Monod, Jacques (1971), Zufall und Notwendigkeit. Philosophische Fragen der modernen Biologie, München (Le hasard et la nécessité, Paris 1970).

Moore, George Edward (1975), Freier Wille, in: ders., Grundprobleme der Ethik, München, 119–132. Wiederabgedruckt in: Ulrich Pothast (Hg.) (1978) 142–156 (Ethics, London 1912).

Nagel, Ernest (1961), The Structure of Science. Problems in the Logic of Scientific Explanation, London.

Nagel, Ernest (1977), Teleology revisited: goal directed processes in biology, in: Journal of Philosophy 74, 261–301.

Nagel, Thomas (2003), Relativismus und Vernunft, in: Matthias Vogel, Lutz Wingert (Hg.), Wissen zwischen Entdeckung und Konstruktion. Erkenntnistheoretische Kontroversen, Frankfurt/M., 107–130.

Olds, James (1977), Drives and Reinforcements. Behavioral Studies of Hypothalamic Functions, New York.

Pauen, Michael (2004), Illusion Freiheit? Mögliche und unmögliche Konsequenzen der Hirnforschung, Frankfurt/M.

Pittendrigh, Colin (1958), Adaptation, Natural Selection, and Behavior, in: A. Roe/G. G. Simpson (Hg.), Behavior and Evolution, New Haven, 390–416.

Plessner, Helmuth (1928), Die Stufen des Organischen und der Mensch. Einleitung in die philosophische Anthropologie, Berlin/Leipzig, 3. Aufl. Berlin/New York 1975.

Pothast, Ulrich (Hg.) (1978), Seminar: Freies Handeln und Determinismus, Frankfurt/M.

Prigogine, Ilya/Isabelle Stengers (1986), Dialog mit der Natur. Neue Wege naturwissenschaftlichen Denkens, München.

Prinz, Wolfgang (2004), Der Mensch ist nicht frei. Ein Gespräch, in: Geyer (Hg.) (2004), 20–26.

Ros, Arno (1989–1990), Begründung und Begriff, Hamburg (3 Bde.).

Ros, Arno (2005), Materie und Geist. Eine philosophische Untersuchung, Paderborn.

Ros, Arno (im Erscheinen), Unmittelbares Selbstbewusstsein. Woraus es besteht und wie es sich entwickelt haben kann.

Roth, Gerhard (2003), Fühlen, Denken, Handeln. Wie das Gehirn unser Verhalten steuert, neue, vollständig überarbeitete Ausgabe, Frankfurt/M., zuerst 2001.

Roth, Gerhard (2004), Wir sind determiniert. Die Hirnforschung befreit von Illusionen, in: Geyer (Hg.) (2004), 218–222.

Scheler, Max (1998), Die Stellung des Menschen im Kosmos, Bonn (1928).

Schneider, Hans Julius (2005), Reden über Inneres. Ein Blick mit Ludwig Wittgenstein auf Gerhard Roth, in: Deutsche Zeitschrift für Philosophie, 53. Jg., Heft 5, 743–759, in diesem Band 223–239.

Schwägerl, Christian (2004), Neurodämmerung. Wer den Geist schützen will, sollte seine Moleküle kennen, in: Geyer (Hg.) (2004), 240–244.

Sellars, Wilfrid (1999), Der Empirismus und die Philosophie des Geistes, Paderborn (Empiricism and the Philosophy of Mind, in: Ders., Science, Perception, and Reality, London 1968, 127–196).

Singer, Wolf (2002), Der Beobachter im Gehirn. Essays zur Hirnforschung, Frankfurt/M.

Singer, Wolf (2004), Selbsterfahrung und neurobiologische Fremdbeschreibung, in: Deutsche Zeitschrift für Philosophie, 52. Jg., Heft 2, 235–255, in diesem Band: 39–59.

Singer, Wolf (2005), Wann und warum erscheinen uns Entscheidungen als frei?, in: Deutsche Zeitschrift für Philosophie, 53. Jg., Heft 5, 707–722, in diesem Band: 187–202.

Snell, Bruno (1975), Die Entdeckung des Geistes. Studien zur Entstehung des europäischen Denkens bei den Griechen, Göttingen (5. durchges. Aufl. 1980).

Sober, Elliott (2000), Philosophy of Biology, Oxford.

Stegmüller, Wolfgang (1983), Probleme und Resultate der Wissenschaftstheorie und Analytischen Philosophie, Bd. I. Erklärung Begründung Kausalität, Berlin/Heidelberg/New York.

Stoecker, Ralf (2000), Guidance. Ein Führer durch Frankfurts Handlungstheorie, in: Monika Betzler/Barbara Guckes (Hg.), Autonomes Handeln. Beiträge zur Philosophie von Harry G. Frankfurt, Berlin, 101–115.

Stotz, Karola (2005), Organismen als Entwicklungssysteme, in: Ulrich Krohs/Georg Toepfer (Hg.), Philosophie der Biologie. Eine Einführung, Frankfurt/M., 125–143.

Sturma, Dieter (Hg.) (2006), Philosophie und Neurowissenschaften, Frankfurt/M.

Watson, Gary (Hg.) (2003), Free Will, Oxford.

Wiggins, David (2003), Towards a Reasonable Libertarianism, in: Watson (Hg.) (2003), 94–121.

Winch, Peter (1966), Die Idee der Sozialwissenschaft und ihr Verhältnis zur Philosophie, Frankfurt/M (The Idea of a Social Science, London 1958).

Wismann, Heinz (2006), Der Begriff des Gesetzes bei Hesiod und den Vorsokratikern, in: Wolfgang Bock (Hg.), Gesetz und Gesetzlichkeit in den Wissenschaften, Darmstadt, 1–10.

Wittgenstein, Ludwig (1969), Philosophische Untersuchungen, hg. v. G. E. M. Anscombe und R. Rhees, in: ders., Schriften, Bd. 1, Frankfurt/M., 278–544.

Wright, Larry (1973), Functions, in: Philosophical Review 82, 139–168.

Wright, Larry (1976), Teleological Explanations. An Etiological Analysis of Goals and Functions, Berkeley/Los Angeles/London.

Perspektiven einer Freiheitstheorie

Von WOLFGANG DETEL (Frankfurt/M.)

Die Artikel zum Thema *Freiheit und Determinismus*, die in den letzten zwei Jahren von der Deutschen Zeitschrift für Philosophie publiziert worden sind, haben nicht zu einer gemeinsamen Position geführt.[1] Dennoch hat sich meinem Eindruck nach in diesen Arbeiten (im folgenden: die DZ-Runden) ein bemerkenswertes Ergebnis herauskristallisiert. Zum einen zeichnet sich unter einigen der beteiligten Autoren bei allen positionellen Unterschieden im Detail ein Konsens über grundlegende Voraussetzungen und Adäquatheitsbedingungen für eine kompatibilistische Theorie menschlicher Freiheit ab.[2] Zum anderen haben einige der Autoren in exemplarischer Weise ihre Opposition gegenüber diesem basalen Konsens artikuliert. Ich möchte in meinem Beitrag den Konsens und die Opposition ausformulieren, so wie ich sie wahrnehme. Außerdem werde ich versuchen, die wichtigsten Probleme einer Freiheitstheorie zu umreißen, die aus dem Grundkonsens folgen (Abschnitte 1 und 2). Im Anschluss daran werde ich einige theoretische Strategien skizzieren, die aus meiner Sicht am aussichtsreichsten sind, um einige dieser Probleme zu bewältigen (Abschnitte 3, 4 und 5). Abschließend werde ich eine einflussreiche Position zur moralischen Verantwortung kommentieren und einen streng kompatibilistischen Freiheitsbegriff umreißen (Abschnitt 6). Dabei geht es mir unter anderem darum, exemplarisch deutlich zu machen, dass und wie die verschiedenen theoretischen Versatzstücke einer kompatibilistischen Freiheitstheorie systematisch ineinander greifen müssen. Eines der wichtigsten Ziele der folgenden Überlegungen ist, Gründe für die These beizubringen, dass eine Freiheitstheorie nur in einem kompatibilistischen Rahmen Aussicht auf Erfolg verspricht und gegenwärtig als ein komplexes Forschungsprogramm aufgefasst werden sollte, in dem es noch viel zu tun gibt.[3]

---

1 Siehe Deutsche Zeitschrift für Philosophie, Hefte 2 und 6, 2004, und Heft 5, 2005; in diesem Band die ersten drei Diskussionsrunden, 25–261.

2 Dazu gehören m. E. G. Roth, H. Flohr, M. Pauen, R. Schumacher, R. Olivier und ich selbst. Pauen und Schumacher gehören nicht zu den Autoren in den in Anm. 1 genannten Heften der Deutschen Zeitschrift für Philosophie, haben aber an einer abschließenden Diskussionsrunde im Juli 2006 teilgenommen, zu der Gerhard Roth freundlicherweise in das Hanse-Kolleg eingeladen hatte.

3 Ich werde damit nicht allen Wünschen nachkommen können, deren Erfüllung sich Hans-Peter Krüger als Moderator in der Abschlussrunde gewünscht hat (Krüger 2005, 683 f., in diesem Band: 163). Die theoreriestrategische Separation von Theorien des Bewusstseins und der Repräsentationalität (Krügers Punkte 2 und 3) halte ich nicht nur für richtig, sondern glaube sie auch selbst zu beachten (das schließt nicht aus, es sinnvoll zu finden, die Relationen zwischen bestimmten Formen der Bewusstheit und der Repräsentationalität empirisch zu untersuchen, wie es die kognitive Psychologie zum Teil bereits versucht). Wichtig und richtig finde ich auch Krügers Forderung, verschiedene

1. Der Kompatibilismus und seine Kritiker

Viele AutorInnen der DZ-Runden siedeln ihre Überlegungen zum Verhältnis von Freiheit und Determinismus im Spannungsfeld zwischen Kompatibilismus und Inkompatibilismus an. Aber es gibt auch Autoren, die dieser Strategie entschiedenen Widerstand entgegensetzen, allerdings aus unterschiedlichen systematischen Perspektiven.

Beschreibungsdualisten wie Jürgen Habermas gehen davon aus, dass wir unter einer naturwissenschaftlichen Beschreibung kausal interagieren, unter einer mentalistischen Beschreibung jedoch auf rationale Weise aufeinander einwirken können. Aus dieser Perspektive bezieht sich die Rede von Determinismus und Indeterminismus allein auf die kausale Interaktion, die Rede von der Freiheit jedoch auf die rationale Interaktion. Daher müssen Kompatibilismus ebenso wie Inkompatibilismus als Positionen betrachtet werden, die einen schweren Kategorienfehler begehen, weil sie verschiedene Beschreibungsebenen vermischen. Frei und zugleich verursacht sind unsere Handlungen nach diesem Ansatz dann, wenn sie unter naturwissenschaftlicher Beschreibung determiniert und unter mentalistischer Beschreibung den Gehalten der korrelierten Absichten nach in rationalen Beziehungen zueinander stehen. Kompatibilismus und Inkompatibilismus sind daher nicht falsch, sondern sinnlos.

Wittgensteinianer wie Hans Julius Schneider bringen die vertraute therapeutische Methode des späten Wittgenstein in Anschlag, um zu zeigen, dass die Debatte zwischen Kompatibilisten und Inkompatibilisten auf einem Scheinproblem beruht, dem Leib-Seele-Problem. So weist Schneider darauf hin, dass wir von der Untersuchung geeigneter vertrauter Sprachspiele ausgehen sollten, in denen wir über seelische Phänomene sprechen. Hier zeige sich, dass wir in unproblematischer Weise von Personen in sozialen Kontexten ausgehen und die volkspsychologischen Erklärungen ihrer Entscheidungen und Gedanken in einer schlichten und allseits verständlichen Weise kausal deuten, nach dem Muster einfachster Kausalsätze mit transitiven Verben, z. B. „Christine überzeugte Franz davon, seiner Oma behilflich zu sein", ähnlich wie „Christine spritzte Franz mit dem Schlauch nass". Wir können und sollten dieser Diagnose zufolge die semantischen und sozialen Facetten dieser Redeweisen untersuchen, aber ein Leib-Seele-Problem, und damit auch das Problem von Freiheit und Determinismus, entsteht nur durch eine falsche Verdinglichung verschiedener Aspekte von Personen zu Bestandteilen, deren einer (der externe physische) anschließend als grundlegend betrachtet wird. Erst aufgrund dieser Verdinglichung und Spaltung kann die (falsche) Frage entstehen, wie der andere (der innere seelische) Bestandteil auf den physischen bezogen werden kann. Kompatibilismus wie Inkompatibilismus beruhen auf dieser falschen Fragestellung.[4]

Konstruktivisten wie Gesa Lindemann hingegen untersuchen aus soziologischer Sicht wissenschaftliche Mechanismen und Prozeduren, die erst zu bestimmten Fragestellungen

evolutionäre Stufen von Bewusstheit und der Repräsentationalität genauer zu unterscheiden. Denn die m. E. für eine Freiheitstheorie zentrale Frage der mentalen Verursachung wird je nach diesen Stufen womöglich unterschiedlich zu beantworten sein. Dies wird exemplarisch deutlich in Fred Dretskes einflussreichem Buch *Explaining Behavior*.

4 Habermas (2004), Schneider (2005).

und zulässigen Typen von Antworten führen. Damit soll die Position der Beschreibungsdualisten konstruktiv begründet werden. Die Unterscheidung zwischen den Perspektiven der ersten und der dritten Person entsteht diesem Ansatz zufolge erst infolge von grundlegenden methodischen Vorentscheidungen. Lindemann versucht darüber hinaus nachzuweisen, dass die Forschung an Primaten belegt, dass Neurobiologen wie Singer und Roth die naturalistische Perspektive der dritten Person letztlich methodologisch falsch und zu radikal einschränken.[5]

Es gibt schließlich in den DZ-Runden, wie bei fast jedem ernsthaften philosophischen Problem, auch die Skeptiker – Autoren, die das Problem anerkennen, es jedoch für unlösbar halten, wenn auch aus unterschiedlichen Gründen. Für Ilan Samson enthält das Problem einen offenen Widerspruch, den es auszuhalten gilt, der jedoch keine relevanten praktischen Konsequenzen hat. Das Problem besteht und ist unauflösbar, aber weitgehend irrelevant. Wir sollten nicht versuchen, es zu lösen, sondern es zu umgehen.[6] Reinhard Olivier dagegen, der zweite Skeptiker der DZ-Runden, hält das Problem zumindest derzeit für unlösbar, weil wir noch nicht über eine hinreichend komplexe Theorie des Gehirns verfügen und weil die Frage, ob Willensfreiheit bei uns vorkommt, sehr wahrscheinlich unentscheidbar ist.[7]

Insgesamt wird also in den DZ-Runden ein Kaleidoskop von Positionen vertreten, das die gegenwärtige Debatte um Freiheit und Determinismus in seinen wichtigsten systematischen Facetten widerspiegelt: die Standard-Theorie des Kompatibilismus, aber auch die Positionen der wichtigsten und typischen Opponenten gegen den theoretischen Rahmen des Kompatibilismus - nicht die Inkompatibilisten, die diesen Rahmen ja akzeptieren, sondern die Beschreibungsdualisten, die philosophischen Therapeuten, die Konstruktivisten und die Skeptiker. Dies spricht m. E. für ein gutes Händchen der Herausgeber bei der Auswahl der Beiträge.

Ich kann mich als Kompatibilist an dieser Stelle aus Platzgründen nicht hinreichend mit diesen Opponenten auseinandersetzen, möchte jedoch zumindest ganz kurz die Richtung meiner Vorbehalte andeuten.

Wenn wir vom Beschreibungsdualismus ausgehen, so bleibt die mentale Verursachung, der „zwanglose Zwang des besseren Arguments", wie Habermas (2004) prägnant formuliert, ein ontologisches Mysterium. Wenn mentale Verursachung ein wesentlicher Teil von Freiheit ist (davon gehen viele Autoren der DZ-Runden aus), bleibt damit auch die Freiheit ein Mysterium. Daher reicht der Beschreibungsdualismus als semantische und ontologische Hintergrundtheorie für eine Freiheitstheorie nicht aus. Und damit sollten wir uns nicht zufrieden geben. Daraus folgt, dass der allgemeine Eigenschaftsdualismus, wie er z. B. von Kim und Fodor verteidigt wird, die beste theoretische Option ist: Mentale Eigenschaften, also im wesentlichen Funktionalität, Bewusstheit und Repräsentationalität, sind Eigenschaften sui generis, deren Träger stets physische Entitäten sind. Kompatibilismus und Inkompatibilismus bleiben somit sinnvolle Positionen. Die entscheidende theoretische Herausforderung ist dann, eine akzeptable Erklärung für eine *kausale* Beziehung zwischen mentalen und anderen mentalen oder physischen Zuständen zu liefern. Die *rati-*

5 Lindemann (2005).
6 Samson (2005).
7 Olivier (2005).

onale Beziehung zwischen mentalen Zuständen muss sich als ein Spezialfall einer kausalen Beziehung begreifen lassen.

Spät-Wittgensteinianer bleiben dem alten analytischen Paradigma der Philosophie verhaftet – der Vorstellung, die Philosophie könne lediglich Bedeutungsanalysen liefern. Dieses Paradigma ist m. E. überholt: Sprachen müssen als Theoriepakete mit klassifikatorischen Aussagen über die Welt aufgefasst und ernstgenommen werden; daher versucht die Philosophie, in kritischem Bezug auf natürliche Sprachen klassifikatorisches Weltwissen zu liefern, das sich an der Empirie zu bewähren hat. Zudem leidet die Position des späten Wittgenstein an einem internen Widerspruch zwischen der therapeutischen, anti-theoretischen Attitüde und der Voraussetzung einer bestimmten, recht detaillierten Semantik, einer Variante der Gebrauchstheorie der Sprache; zu dieser Semantik gibt es jedoch m. E. eine bessere Alternative, nämlich eine externalistische Semantik im Davidsonianischen Stil. Diese Semantik hat den Vorzug, dass sie nicht, wie der späte Wittgenstein, soziales Vokabular unerklärt voraussetzen muss. Es ist wenig beeindruckend, an dieser Stelle wieder einmal darauf hinzuweisen, dass uns das soziale Vokabular bestens vertraut ist, denkt man beispielsweise an die enormen Fortschritte und Einsichten der gegenwärtigen Sozialontologie.

Der Sozialkonstruktivismus interpretiert die Funktion der Konstruktion von Theorien und der Festlegung auf bestimmte Methoden in einem zu idealistischen Sinne. Hinter dieser Interpretation steht meinem Eindruck nach vor allem die falsche Vermengung zwischen der Art und Weise, wie wir soziale Entitäten in einem ontologischen Sinne konstruktiv in die Welt setzen, und der Art und Weise, wie wir unser Wissen von der Natur, vom Geist und von bereits etablierten sozialen Entitäten in einem epistemischen Sinne konstruieren. Außerdem leidet der Sozialkonstruktivismus daran, dass er sich selbst theoretisch nicht einholen kann, sondern seine eigenen Thesen in einer objektivistischen Weise formuliert und formulieren muss.

Den Skeptikern schließlich kann man entgegenhalten, dass Vorbehalte gegenüber der Lösbarkeit bestimmter Probleme selbsterfüllend sein können, weil sie jene Aktivitäten lähmen, die zur Lösung führen könnten. Die beiden Skeptiker in den DZ-Runden vertreten jedoch recht unterschiedliche Standpunkte. Ilan Samson ist meines Erachtens harter Determinist. Freiheit ist eine – vielleicht praktisch nützliche – Illusion. Da der harte Determinist die Existenz von Freiheit leugnet, kann er trivialerweise das Problem der Vereinbarkeit von Freiheit und Determinismus nicht für lösbar halten. Ich halte den harten Determinismus nicht für eine überzeugende Position. Reinhard Olivier dagegen ist skeptisch, weil er glaubt, dass wir noch nicht über eine Theorie des Gehirns verfügen, die uns allererst ermöglichen könnte zu erkennen, ob das Vorkommen von Willensfreiheit entscheidbar ist (er selbst arbeitet an einer solchen Theorie). Ich stimme mit Olivier darin überein, dass der gegenwärtige Kompatibilismus unterkomplex ist und dass das Entscheidbarkeitsproblem gewichtig ist; allerdings denke ich, dass wir auch mit komplexen Theorien des Geistes ein Stück weiter kommen können.

Aus diesen Gründen halte ich die Einwände gegen die kompatibilistische Strategie nicht für überzeugend.

2. Grundlagen und Aufgaben einer kompatibilistischen Freiheitstheorie

Ich möchte nun kurz zusammenfassen, wie ich den Grundkonsens der Kompatibilisten in den DZ-Runden verstehe. Drei Thesen bilden die Grundlage:

T 1 Eine Freiheitstheorie muss im Rahmen kompatibilistischer und inkompatibilistischer Positionen entwickelt werden.

T 2 Mentale Verursachung ist ein wichtiges Element freier Entscheidungen und Handlungen.

T 3 Mentale Verursachung muss im Rahmen eines Eigenschaftsdualismus erklärt werden.

Diese Thesen lassen sich m. E. dazu nutzen, die Ausrichtung der Freiheitstheorie genauer zu bestimmen. Wenn Kompatibilismus und Inkompatibilismus das Spannungsfeld einer Freiheitstheorie aufspannen, lassen sich acht mögliche Positionen formulieren – vier inkompatibilistische und vier kompatibilistische Positionen:[8]

Die grundsätzliche These des Inkompatibilismus ist, dass Freiheit und Determiniertheit unvereinbar sind. Die verschiedenen inkompatibilistischen Positionen unterscheiden sich durch unterschiedliche Zusätze zu dieser Grundthese:

(1) (i) Indeterminiertheit ist notwendige Bedingung von Freiheit; (ii) einige Entscheidungen und Handlungen sind indeterminiert; und (iii) es gibt Freiheit (*Libertarianismus*).

(2) (i) Indeterminiertheit ist notwendige Bedingung von Freiheit; (ii) alle Entscheidungen und Handlungen sind determiniert; daher (iii) es gibt keine Freiheit (*harter Determinismus*).

(3) (i) Freiheit ist auch mit Indeterminiertheit unvereinbar; (ii) dennoch gibt es Freiheit (*Mysterianismus*).

(4) (i) Freiheit ist auch mit Indeterminiertheit unvereinbar; daher (ii) es gibt keine Freiheit (*Pessimismus*)

Die grundsätzliche These des Kompatibilismus ist, dass Freiheit und Determiniertheit vereinbar sind. Die verschiedenen kompatibilistischen Positionen unterscheiden sich durch unterschiedliche Zusätze zu dieser Grundthese.

(5) (i) Determiniertheit ist notwendige Bedingung von Freiheit, d. h. Freiheit ist mit Indeterminiertheit unvereinbar; (ii) einige Entscheidungen und Handlungen sind determiniert; und (iii) es gibt Freiheit (*strenger Kompatibilismus*)

(6) (i) Determiniertheit ist notwendige Bedingung von Freiheit, d. h. Freiheit ist mit Indeterminiertheit unvereinbar; (ii) alle Entscheidungen und Handlungen sind indeterminiert; daher (iii) es gibt keine Freiheit (*harter Indeterminismus*)

(7) (i) Freiheit ist auch mit Indeterminiertheit vereinbar; (ii) einige Entscheidungen und Handlungen sind determiniert, einige sind indeterminiert; und (iii) es gibt Freiheit (*weicher Kompatibilismus*)

---

8 Ich verdanke diese nette Übersicht einem Papier, das von zwei Mitgliedern meines Donnerstagskolloquiums, Oliver Schütze MA und Jan-Erik Strasser, im letzten Jahr zur Diskussion gestellt wurde.

(8) (i) Freiheit ist auch mit Indeterminiertheit vereinbar; (ii) einige Entscheidungen und Handlungen sind determiniert, einige sind indeterminiert; aber (iii) es gibt keine Freiheit (pessimistischer Mysterianismus)

Wir sind allerdings vornehmlich an den Aussichten einer Freiheitstheorie interessiert. Daher sind zunächst alle Positionen weniger interessant, die behaupten, dass es keine Freiheit gibt. Demnach scheiden der harte Determinismus, der Pessimismus, der harte Indeterminismus und der pessimistische Mysterianismus aus der Betrachtung zunächst aus. Der Mysterianismus ist eine Position, die per definitionem nicht mit einer Theorie unterfüttert werden kann. Darum sollte auch diese Position vorerst außer Betracht bleiben. Alle diese Positionen werden allerdings heute durchaus vertreten und sind tatsächlich auch nachvollziehbar. Nur wenn sich freilich die Aussichten einer Freiheitstheorie am Ende als sehr gering erweisen, sollte auf eine Diskussion der ausgesonderten Positionen zurückgegriffen werden. Es bleiben folglich drei Positionen, die ernsthaft als Ausgangspunkt einer Freiheitstheorie in Frage kommen: Der Libertarianismus sowie der strenge Kompatibilismus und der weiche Kompatibilismus.

Das einzige Modell für Indeterminiertheit, das gegenwärtig wissenschaftlich zur Verfügung steht, sind akausale (strikt unverursachte) mikrophysikalische Ereignisse im Rahmen irreduzibel statistischer Gesetze. Unsere mentalen Zustände, z. B. unsere Entscheidungen und auch unsere Handlungen, sind makrophysikalische Ereignisse. Der Libertarianismus – die einzige verbliebene inkompatibilistische Position – setzt folglich voraus, dass mikrophysikalische Ereignisse im menschlichen Gehirn nicht nur vorkommen, sondern voll auf makrophysikalische Ereignisse im menschlichen Gehirn kausal durchschlagen können. Diese Voraussetzungen werden vom Libertarianismus auch explizit anerkannt, beispielsweise von Robert Kane (1999), der heute zu den einflussreichsten Inkompatibilisten gerechnet wird. Neuere naturwissenschaftliche Resultate zeigen jedoch, dass jedenfalls im menschlichen Gehirn mikrophysikalische akausale Ereignisse, wenn es sie denn geben sollte, nicht auf die makrophysikalischen Vorgänge im Gehirn durchschlagen können. Im übrigen ist Akausalität blanker Zufall und daher denkbar ungeeignet als Grundlage für einen substantiellen Freiheitsbegriff. Damit ist der Libertarianismus, und daher der Inkompatibilismus insgesamt, als Grundlage einer Freiheitstheorie desavouiert. Dasselbe gilt aber auch für den weichen Kompatibilismus, der ja wie der Libertarianismus die Vereinbarkeit von Indeterminiertheit und Freiheit nachweisen muss. Daraus folgt:

T 4 Einzig der strenge Kompatibilismus (= KFT) ist ein aussichtsreicher theoretischer Rahmen für eine Freiheitstheorie.

Die Thesen **T 1** bis **T 4** müssen allerdings so verstanden werden, dass sie mit unserem gegenwärtigen naturwissenschaftlichen Weltbild vereinbar sein sollen. Das heißt zunächst: Mentale Eigenschaften sind mit neurophysiologische Gehirnzuständen und bestimmten ihrer physikalischen und biologischen Eigenschaften eng korreliert. Die Art der Korrelation – z. B. Supervenienz, kausale Abhängigkeit oder ontologische Realisierung – kann zunächst offen bleiben, aber kausale Abhängigkeit ist die bevorzugte Idee. Wichtiger und weitreichender ist eine realistische Auffassung des Mentalen:

T 5 Das Mentale ist nicht epiphänomenal. Vielmehr gibt es mentale Zustände, die aufgrund ihrer mentalen Eigenschaften verhaltenswirksam und damit kausal wirksam werden können.

T 6 Mentale Verursachung fällt als kausale Relation nicht aus dem Bereich der Kausalität in der Natur heraus, insbesondere gilt der Energie-Erhaltungssatz auch für mentale Verursachung.

Nach meinem Eindruck haben sich die Thesen **T 1** bis **T 6** als theoretische Grundlage einer Freiheitstheorie im Verlauf der DZ-Runden unter vielen Autoren aus der Neurobiologie und aus der Philosophie herauskristallisiert, und das scheint mir ein recht bemerkenswertes und sehr vernünftiges Ergebnis der Diskussionen zu sein.

Die Thesen **T 1** bis **T 6** können hilfreich sein für den Versuch, die Probleme möglichst klar zu bestimmen, die eine streng kompatibilistische Freiheitstheorie zu lösen hat. Meines Erachtens stimmen diejenigen Autoren der DZ-Runden, die sich auf die Thesen **T 1** bis **T 6** festzulegen bereit sind, auch darin überein, dass im wesentlichen folgende Probleme gelöst werden müssen:

P 1 Die KFT muss in der Lage sein, drei verschiedene Fragen zu beantworten:

(1) Wie sollte ein angemessener Begriff von Freiheit aussehen?

(2) Ist der Freiheitsbegriff operationalisierbar, d. h. ist es entscheidbar, ob es Freiheit bei uns gibt?

(3) Gibt es zumindest gelegentlich Freiheit in menschlichen Entscheidungen und Handlungen?

P 2 Die KFT muss einen Freiheitsbegriff entwickeln, der mit den üblichen Adäquatheitsbedingungen für Freiheit theoretisch zurechtkommt, also mit jenen Bedingungen, die unser alltägliches Freiheitsgefühl artikulieren sollen:

(1) Es bestehen alternative Entscheidungs- und Handlungsmöglichkeiten (Prinzip der alternativen Möglichkeiten)

(2) Wir sind selbst Urheber unserer mentalen Zustände und Handlungen, sie sind uns eigen (Prinzip der Urheberschaft)

(3) Wir sind zu unseren Entscheidungen und Handlungen nicht von außen oder von innen gezwungen (Prinzip der Autonomie).

P 3 Die KFT muss einen avancierten Begriff von Determinismus einführen. Insbesondere sollte entschieden werden, welcher Kausalitätsbegriff vorausgesetzt wird und ob dieser Begriff auf ein Konzept von Naturgesetzen zurückgreifen muss.

P 4 Für die KFT sollte als Hintergrundtheorie die zeitgenössische Standardtheorie des Geistes und ihr Vokabular vorausgesetzt werden. Insbesondere muss in diesem Rahmen die semantische Hintergrundtheorie für die KFT bestimmt werden. Dabei geht es u. a. um die Frage, ob man eine internalistische oder eine externalistische Semantik zugrundelegt.

P 5 Im Rahmen einer KFT liegt es nahe, die Naturalisierbarkeit mentaler Zustände zu diskutieren. Dafür müssen verschiedene Vorstellungen von Naturalisierbarkeit unterschieden und auf ihre Angemessenheit für eine KFT hin beurteilt werden.

P 6 Die Theorie der mentalen Verursachung muss kompatibilistisch ausgearbeitet werden.

P 7 Im Rahmen von P6 ist zu klären, (i) welche Begriffe von Funktionalität, Repräsentationalität und Bewusstheit zugrundegelegt werden sollen, und (ii) in welcher theoretischen Beziehung Bewusstseinstheorien und Repräsentationstheorien zueinander stehen, wenn es um die Entwicklung einer KFT geht.

P 8 Wenn Freiheit der KFT zufolge in einer Determiniertheit durch mentale Zustände besteht, muss im Rahmen einer speziellen Theorie die Determiniertheit durch Zwangsgedanken und durch extern manipulierte mentale Zustände ausgeschaltet werden.

P 9 Der gegenwärtige Diskussionsstand zu P8 spricht dafür, dass für die Lösung von P8 unter anderem eine Moraltheorie zur Verfügung stehen muss, die ihrerseits nicht auf einen Freiheitsbegriff zurückgreifen muss.

P 10 Im Rahmen der KFT muss die Semantik modaler (insbesondere irrealer) Sätze rekonstruiert werden, die wir als wahrheitswertdefinit ansehen.

P 11 Die Konsequenzen der KFT für die Zuschreibung von Verantwortung und Schuld sowie für die Rechtspraxis müssen erörtert werden.

P 12 Die KFT muss nicht nur philosophisch fundiert sein, sondern auch mit allen verfügbaren Daten aus Neurobiologie und Psychologie sowie mit rechtlichen Grundsätzen abgeglichen werden.

Einige der in **P 1** bis **P 12** skizzierten Aufgaben sind offensichtlich von erheblichem Gewicht. Zudem müssen diese Probleme so bearbeitet werden, dass ihre Lösungen miteinander konsistent sind und sich in organischer Weise zu einer streng kompatibilistischen Freiheitstheorie zusammenfügen lassen. Das ist ohne Zweifel ein schwieriges Unterfangen.

Aus der Perspektive der theoretischen Philosophie liegt es nahe, mit **P 3** bis **P 5** zu beginnen und sich dann dem schwierigen Problemkomplex **P 6** – **P 7** zu widmen. Zu diesen beiden Bereichen möchte ich im Folgenden einige Bemerkungen machen – hauptsächlich in der Absicht, exemplarisch meine These zu untermauern, dass eine angemessene Freiheitstheorie eine Reihe detaillierter und weitreichender theoretischer Arbeiten und Entscheidungen voraussetzt.

3. Determinismus und Naturgesetz

Der Determinismus wird heute meist als eine Eigenschaft von Theorien verstanden. Damit ist allerdings genauer gemeint, dass Determinismus eine Eigenschaft von Systemen ist, die als spezifische Gegenstandsbereiche bestimmter etablierter Theorien gelten können. Unter *Systemen* werden dabei einfach bestimmte Objekte oder Klassen bestimmter Objekte verstanden, insofern sie Eigenschaften haben, die für eine Theorie interessant sind. Insofern Systeme in diesem einfachen Sinne zu bestimmten Zeiten spezifische Eigenschaften haben, werden sie auch *Zustände* der Systeme genannt (zuweilen nennt man vereinfachend auch die Eigenschaften selbst *Zustände*). Die Theorie bestimmt dann *Regularitäten* zwischen Systemen und ihren Zuständen, typischerweise in Form von Funktionen, die unter anderem Zeitparameter enthalten – im einfachsten Fall in der Gestalt f (z/ t) = z*/t* („Es gibt eine mathematische Funktion f, die jedem Systemzustand z zur Zeit t einen Systemzustand z* zu t* eindeutig zuordnet"). Eine Theorie und ihr Gegenstandsbereich G heißen dann *deterministisch* genau dann, wenn für beliebige zwei Systeme aus G gilt: Wenn die Systeme zu einem bestimmten Zeitpunkt in exakt gleichen Zuständen sind, dann sind sie aufgrund der Regularitäten in G auch zu allen späteren Zeitpunkten in exakt den gleichen Zuständen.

Der globale Determinismus – die Auffassung also, dass die soeben angeführte Kennzeichnung für alle Zustände im Universum seit dem Big Bang gilt – ist nach verbreiteter Auffassung nicht haltbar. Wir können allenfalls über einen lokalen Determinismus innerhalb bestimmter Raum-Zeit-Intervalle sprechen. Für eine kompatibilistische Freiheitsidee hat dieser Punkt jedoch keine weitgehenden Konsequenzen. Denn der strenge Kompatibilismus muss darauf bestehen, dass freie Entscheidungen und Handlungen zumindest innerhalb eines bestimmten Raum-Zeit-Intervalls unmittelbar vor diesen Entscheidungen und Handlungen determiniert sind. Es folgt nur, dass freie determinierte Entscheidungen und Handlungen nicht unvermeidlich sind relativ auf größere Raum-Zeit-Intervalle.

Sind Vorgänge im Gehirn und Prozesse mentaler Verursachung deterministisch in diesem Sinne? Die Neurobiologie ist meinem Eindruck nach der Auffassung, dass diese Frage bejaht werden muss. In der Tat ist ein Determinismus in diesem recht schwachen Sinne das Mindeste, was eine KFT behaupten muss. Die interessantere Frage ist, ob die Geltung von Regularitäten, von denen hier die Rede ist, genauer eine Geltung von Naturgesetzen ist. Das hängt natürlich davon ab, was man unter Naturgesetzen und entsprechend unter Kausalität versteht.

Es gibt zur Zeit vier einflussreiche Arten von Theorien über Naturgesetze (aufgefasst als eine bestimmte Klasse von Sätzen): Die regularistische Theorie, die Notwendigkeitstheorie, der Theorie-Relativismus und der Antirealismus. Alle diese Theorien außer dem Anti-Realismus teilen die Überzeugung, dass Naturgesetze im Universum vorkommen und fünf grundlegende Eigenschaften aufweisen: (i) Faktische (nicht logische) Wahrheit; (ii) Wahrheit an allen Raum-Zeit-Punkten im Universum; (iii) Formulierbarkeit ohne Eigennamen; (iv) Universalität oder statistische Form; (v) Konditionale Form (mathematische Formeln von Naturgesetzen sind Abkürzungen für konditionale Sätze, z. B. steht die Formel „$m_v = m_0 / (1 - v^2 / c^2)^{0.5}$“ für: „Für jedes Masseteilchen gilt: Wenn seine Geschwindigkeit v ist, dann ist seine Masse m_v gleich seiner Ruhemasse m_0 geteilt durch $(1 - v^2 / c^2)^{0.5}$“). Ich glaube, dass vor allem die regularistische Theorie und die Notwendigkeitstheorie als Hintergrundtheorien für den Kompatibilismus in Frage kommen.

Die regularistische Theorie behauptet, die genannten fünf Bedingungen seien einzeln notwendig und zusammen hinreichend dafür, dass ein Satz ein Naturgesetz ist und dass dieser Satz, insofern er wahr ist (nach (i)), eine Regularität in der Natur beschreibt. Naturgesetze beschreiben, was in der Welt der Fall ist. Die modale Sprache wird folgendermaßen verstanden: Satz p ist physisch unmöglich, falls es ein Naturgesetz gibt, mit dem p unvereinbar ist; und p ist physisch möglich, falls p mit allen Naturgesetzen vereinbar ist.

Die Notwendigkeitstheorie behauptet, dass es Sätze gibt, die die Bedingungen (i) – (v) erfüllen und dennoch keine Naturgesetze sind. Eine einflussreiche Variante dieser Theorie insistiert darauf, dass physische Notwendigkeit eine Eigenschaft von Naturgesetzen ähnlich wie z. B. Universalität ist; eine andere Variante behauptet, dass physische Notwendigkeit einigen Elementen des Universums inhäriert (z. B. Elektronen inhäriert die notwendige Eigenschaft, eine bestimmte elektrische Ladung zu haben). Als Kriterium für das Vorliegen einer physischen Notwendigkeit der Form (mit N für Notwendigkeit) $N(P(x) \supset Q(x))$ gilt meist, dass in diesen Fällen kontrafaktische Aussagen der Form „Wäre x ein P, dann wäre x auch ein Q“ oder „Wäre x nicht ein P, dann auch nicht ein Q“ wahr sind.

Der Theorie-Relativismus besagt, dass die Behauptungen von empirisch bewährten und axiomatisch-deduktiv organisierten Theorien, die die Bedingungen (i) – (v) erfüllen, Naturgesetze sind. Und der Antirealismus bestreitet, dass Naturgesetze im Universum vorkommen.

Prima facie scheint die regularistische Theorie die beste Option für eine KFT zu sein, weil sie die schwächste Ontologie der Regularitäten zugrundelegt. Allerdings wird diese Theorie gewöhnlich in einer interessanten Weise präzisiert. Darauf hat bereits Mario Bunge hingewiesen.[9] Die zentrale Idee ist, dass eine Regularität ein Naturgesetz ist, wenn diese Regularität eine objektive Struktur ist – meist in Form einer bestimmten konstanten Relation zwischen Parametern in einer Klasse von Fakten, Dingen, Ereignissen oder Prozessen, deren Werte sich ständig ändern. Eines der einfachsten Beispiele ist die lineare Formel $y = mx + n$. Hier mögen die festen Parameter m und n nicht mehr als Zahlen sein. Sobald die Werte für die Variablen y und x (ggf. auch die Parameter m und n) semantisch interpretiert sind, d. h. bestimmten Eigenschaften von Objekten zugeordnet werden, beschreibt die Formel erstens eine konstante lineare Relation zwischen diesen Eigenschaften und ihrer Wertedynamik und legt zweitens als Funktion die abhängige und unabhängige Variable fest. Eine mögliche semantische Interpretation ist zum Beispiel: y ist der numerische Wert, der sukzessive Positionen eines sich bewegenden Massepunktes kennzeichnet (also seinen Weg in Abhängigkeit von der Zeit, s(t)), x ist die Dauer der Bewegung von einem ersten Zeitpunkt (dem Nullzeitpunkt) an gerechnet; und m ist die Geschwindigkeit, n die Position des Teilchens zum Nullzeitpunkt. Dann wird die lineare Formel zu $s(t) = vt + s_0$ und bezeichnet ein objektives Naturgesetz, das eine objektive Struktur, d. h. eine konstante (hier lineare) Relation zwischen Weg und Zeit ist: Diese Relation ändert sich weder in der Zeit noch für verschiedene Individuen. Und die Abhängigkeit der Variablen ist über die Funktionsform so festgelegt, dass sich der Weg abhängig von der Zeit ändert, wenn Startposition und Geschwindigkeit als konstante Parameter vorgegeben sind. Die unabhängige Variable in ihrer semantischen Interpretation kann dann auch *Ursache* genannt werden, freilich in einem sehr flachen Sinn: Eine Veränderung dieser Eigenschaft (nennen wir sie U) und ihrer Werte zieht eine Veränderung der mit der abhängigen Variablen korrelierten Eigenschaft (nennen wir sie W) und ihrer Werte gemäß der durch das Gesetz festgeschriebenen konstanten Relation nach sich. Das und nur das heißt es, dass U Ursache von W ist. Damit wird nicht auf modales Vokabular zurückgegriffen. Die Beschreibung verbleibt also im regularistischen Rahmen, und der Ursachenbegriff und die Vorstellung von Verursachung bleibt empirisch operabel.[10]

Ist $s_0 = 10m$, $v = 20m/s$, und bewegt sich unser Teilchen *in unserer aktualen Welt* 10 Sekunden lang, so hat es nach unserem Gesetz den Weg $s = 20m/s \times 10s + 10m = 210m$ zurückgelegt. Aber wir können auch sagen: *Hätte es sich nur 5 Sekunden lang bewegt, so hätte es im ganzen nur 110m zurückgelegt.* Wodurch wird dieser kontrafaktische Satz wahrgemacht? Durch das Gesetz selbst – es handelt sich um eine logisch mögliche Einsetzungsinstanz in die Gesetzesformel. Denn das Universelle geht nun einmal über das Aktuelle hinaus. Wesentlich dafür ist allerdings die universelle Abhängigkeit der einen von der

9 Bunge (1967).

10 Weitere Beispiele: Das Fallgesetz $s(t) = \frac{1}{2} gt^2 + v_0 t + s_0$ – für von Körpern x durchlaufene Strecken s und ihre Geschwindigkeiten v, sowie für die Konstante g (Erdbeschleunigung) und den Parameter (die Randbedingung) v_0, s_0. Das Boyle-Mariotte-Gesetz: Der Druck P eines Gases x ist numerisch direkt proportional der Masse M der Gasmenge und umgekehrt proportional dem Volumen V des

anderen Variablen. Auf diese Weise ließe sich die kontrafaktische Rede und ihre Wahrheitswertdefinitheit in regularistischem Rahmen rekonstruieren.

Einige einfache Allquantifikationen der logischen Form $\forall x\ (P(x) \supset Q(x))$ folgen aus funktionalen Gesetzen über die entsprechenden Eigenschaften. Diese Allquantifikationen können im regularistischen Sinne als Naturgesetze zählen. Beispielsweise die Allquantifikation „Alle Kugeln aus angereichertem Uran 235 haben weniger als 1km Durchmesser" folgt aus einem funktionalen Gesetz über die mathematische Relation von eingefangenen Neutronen und Neutronen, die Kernspaltungen auslösen, zu der numerischen Masse des Materials. Die Allquantifikation „Kein Körper mit Masse bewegt sich mit Lichtgeschwindigkeit" folgt aus einem funktionalen Gesetz, das die numerischen Werte von Geschwindigkeit und Masse stabil korreliert. Bei Allquantifikationen wie „Alle Kugeln aus Gold haben weniger als 1km Durchmesser" dagegen gibt es keine funktionalen Gesetze über Gold, aus denen der Allsatz folgt. Das gilt erst recht für Allquantifikationen über bloße zeitliche Koinzidenz, die keine inhaltliche Eigenschaftsrelation ist; so kann man Beispiele wie „Immer wenn in Diez die Glocke der Peterskirche 12mal läutet, begeben sich die Arbeiter bei Opel-Rüsselsheim zu Tisch" aus den Naturgesetzen ausschließen.

Konstanzgesetze lassen sich dagegen einbeziehen, etwa „Energie in geschlossenen Systemen bleibt konstant". Hier ist Identität von Werten die konstante Relation im numerischen Wandel der Variablen korrelierter Eigenschaften. Auch komparative Gesetze können integriert werden, etwa: „Nicht aufgeworfene geologische Schichten sind umso älter, je tiefer sie sind." Hier ist eine proportionale Größer-Kleiner-Relation die stabile Struktur im numerischen Wandel der Variablen korrelierter Eigenschaften; oder: „Angeborenes Verhalten ist stabiler als erlerntes Verhalten." Hier ist die Varianz höchst eingeschränkt, aber nicht vollständig eliminiert: Nur zwei qualitativ spezifizierte Werte von Verhalten (angeboren, erlernt) werden betrachtet; dennoch ist auch hier eine stabile komparative Struktur in der Varianz konstatiert.

Die regularistische Theorie kann also eine Reihe verschiedenartiger Regularitäten als Naturgesetze integrieren und ist daher begrifflich nicht so eng ausgerichtet, wie es zunächst den Anschein hat. Im Rahmen des Kompatibilismus ist vor allem wichtig, dass die regularistische Theorie darauf besteht, dass Naturgesetze lediglich allgemeine strukturelle Relationen in Abfolgen von einzelnen Zuständen sind. Daraus folgt *nicht*, dass diese Zustände erzwungen, notwendig oder unvermeidlich sind. Sie sind nicht unvermeidlich, weil der globale Determinismus nicht akzeptabel ist; sie sind nicht notwendig, weil die regularistische Theorie die Naturgesetze nicht modal beschreiben muss; und sie sind nicht erzwungen, weil der Begriff des Zwanges im Regularismus schlicht sinnlos ist. Dass Naturgesetze und Kausalität herrschen, heißt lediglich, dass in der Abfolge von Zuständen bestimmte Regelmäßigkeiten auftreten. Dabei könnte es sich auch um Regelmäßigkeiten handeln, die in der Folge mentaler, rational beschreibbarer Zustände auftreten. Die regularistische Theorie ist daher für den Kompatibilismus als Hintergrundtheorie gut geeignet.

Gewöhnlich wird die Notwendigkeitstheorie als Konkurrent der regularistischen Theorie betrachtet. Eine prominente Variante der Notwendigkeitstheorie wird von David Arm-

Behälters y mal einer Konstante L: $\forall x \forall y\ \forall w \forall v\ \forall u\ (\text{Gas}(x) \wedge \text{Behälter}(y) \supset f(Pw(x)) = L \times Mv(x) : Vu\ (y))$. Diese Analyse liegt in ausgearbeiteter Form bei Woodward (2003) vor.

strong vertreten.[11] Die Kernidee dieser Theorie ist, dass Naturgesetze dadurch ausgezeichnet sind, dass sie auf Universalien verweisen, die eine Notwendigkeitsrelation zueinander aufweisen: Der Satz „Fs sind Gs“, wobei F-heit und G-heit Universalien sind, ist ein Naturgesetz, wenn F-heit und G-heit durch eine nicht-logische Notwendigkeit verbunden sind, d. h. wenn der Satz „N (Fs sind Gs)“ wahr ist. Die Notwendigkeit ist die kausale Relation, postuliert als Relation nicht zwischen einzelnen Ereignissen, sondern zwischen Universalien. Die Universalien existieren dieser Position zufolge auf eine bestimmte Weise – nämlich als Determinablen, die in determinierten Eigenschaften ontologisch realisiert sind, die ihrerseits schließlich in einzelnen Dingen ontologisch realisiert sind.

Auf den ersten Blick stehen sich regularistische Theorie und Notwendigkeitstheorie also in der Tat als Rivalen gegenüber. Doch dieser Eindruck täuscht. Man kann nämlich eine regularistische Theorie der Naturgesetze konsistent mit der Vorstellung verbinden, dass gewisse Strukturen durch notwendige Relationen verknüpft sind. Und es könnte sich sehr wohl herausstellen, dass Naturgesetze im Sinne dieser Notwendigkeitstheorie beispielsweise in der Beziehung zwischen Gehirn und Geist vorkommen. Mentale Eigenschaften könnten aus ihren physischen Realisierern im Gehirn naturgesetzlich im Sinne der Notwendigkeitstheorie hervorgehen, und die resultierenden N-M-Komplexe könnten zu anderen N-M-Komplexen oder zu rein physischen Zuständen in naturgesetzlichen Relationen im Sinne der regularistischen Theorie stehen. Sowohl die regularistische Theorie als auch die Notwendigkeitstheorie der Naturgesetze sollten also als theoretische Optionen für die KFT im Spiel bleiben.

Soviel zu **P 3**.

4. Funktionalität und Repräsentationalität

Wenn wir erklären wollen, wie mentale Zustände aufgrund ihrer mentalen Eigenschaften, z. B. als Gründe, unsere Entscheidungen oder Handlungen verursachen können, so liegt es auf der Hand, dass wir dabei von differenzierten Begriffen mentaler Eigenschaften (vor allem Funktionalität und Repräsentationalität) ausgehen sollten.

Gerhard Roth hat sich in seinem zweiten Beitrag in den DZ-Runden[12] nach meinem Eindruck substantiell auf eine kompatibilistische Position zubewegt. Er behauptet insbesondere: Gehirnzustände können im engen und im weiten Sinne verstanden werden. Im engen Sinne handelt es sich um messbare elektrophysiologisch-neurochemische Prozesse der Erregungsverarbeitung im Gehirn. Im weiten Sinne sind Gehirnprozesse darüber hinaus durch ihren Aktivitätskontext bestimmt, d. h. durch ihre Funktion (Bedeutung) für Verhaltensreaktionen. Roth spricht von „der Funktion und Bedeutung neuronaler Aktivitätszustände in einem Aktivitätskontext“. Dieser Aktivitätskontext umfasst unter anderem Verhalten und innere (z. B. emotionale) mentale Zustände. Der „funktionelle Zusammenhang“ neuronaler Aktivitäten mit Verhalten und mentalen Zuständen konstituiert ihre „Bedeutung“. Nur Gehirnprozesse im weiten Sinne können zur Erklärung der mentalen Verursachung herangezogen werden. Psychologische Eigenschaften wie Furcht oder Erin-

11 Armstrong (1983).

12 Roth (2005).

nerung sind keine Phänomene, die sich aus dem rein neurophysiologischen Geschehen ergeben. Daher sind psychologische Beschreibungen („diese Person empfindet Furcht/Schmerzen“) von einer anderen Kategorie als neurophysiologische Beschreibungen. Die Hirnforschung kann in vielen Fällen im Detail zeigen, welche neurophysiologischen Prozesse dem Auftreten psychologischer Eigenschaften vorhergehen und sie kausal erzeugen. Das ist eine neurobiologische Erklärung intentionaler Zustände. Die Hirnforschung konstatiert auch, dass psychologische Zustände (z. B. eine Schmerzerwartung, die allein durch sprachliche Instruktion hervorgerufen wurde) zu Veränderungen in der neurophysiologischen Struktur des Gehirns führen. Die Hirnforschung arbeitet daher mit gemischten Beschreibungen und Erklärungen, die sich sowohl des neurophysiologischen als auch des psychologischen (mentalen) Vokabulars bedienen. Dabei handelt es sich keineswegs um einen Kategorienfehler, denn die Hirnforschung will u. a. gerade beide Ebenen aufeinander beziehen. Mentale Zustände sind N-M-Komplexe, mit einem physikalischen Träger N und einer mentalen Eigenschaft M, derart dass ein bestimmtes N ein bestimmtes M kausal erzeugt. Mentale Verursachung besteht im Kern darin, dass der N-M-Komplex im ganzen kausal wirkt. Diese Form mentaler Verursachung kann Eigengesetzlichkeiten auf der N-M-Ebene aufweisen, im Sinne Fodors – ein Emergenzphänomen, dass auch innerhalb des Bereiches der Natur oft vorkommt. Ein N-M-Komplex ist ein physikalischer Zustand, denn immer wenn eine physikalische Basis etwas kausal erzeugt und dadurch eine neue Eigenschaft annimmt, bleibt die Basis physikalisch.

Diese Thesen gehen nach meiner Auffassung durchaus in die richtige Richtung. Aber Roth erläutert den Funktionsbegriff in keiner Weise; insbesondere setzt er Bedeutung und damit Repräsentation im Falle von Gehirnzuständen mit den Funktionen dieser Zustände gleich. Über natürliche Funktionen allein sind mentale Zustände jedoch von nicht-mentalen Zuständen nicht hinreichend unterschieden. Denn Repräsentationen und Gehalte gehen über natürliche Funktionen hinaus. Damit vermeidet Roth auch die Herausforderung, mentale Verursachung in einem nicht-reduktionistischen Sinne näher zu charakterisieren: Die N-M-Komplexe einfach physikalische Zustände zu nennen, ist zwar (unter Roths Definition) möglich, ist aber nur schwer mit dem Eigenschaftsdualismus in Einklang zu bringen. Vor allem aber verdeckt diese Redeweise die eigentliche theoretische Aufgabe, die es zu bewältigen gilt: zu zeigen, wie N-M-Komplexe aufgrund der M-Eigenschaft kausal wirksam sein können. Daher ist eine Auseinandersetzung mit dem Kim-Reduktionismus und dem Überdeterminiertheitsvorwurf erforderlich, aber es ist nicht klar, ob Roths Position die Ressourcen dafür hergibt. Ebenso bleibt dunkel, was es heißt, dass mentale Zustände in neuromotorische Programme umgesetzt werden, d. h. worin das Umsetzen besteht. Die Art dieser kausalen Beziehung wird nicht deutlich.

Und schließlich: Wenn es eine neurobiologische Erklärung mentaler Zustände gibt, dann bleibt unklar, wie eine psychologische Erklärung z. B. im Sinne der Volkspsychologie sich dazu verhält und wie die psychologische Erklärung analysiert werden soll.

Diese Punkte können geklärt werden, wenn die Hintergrundtheorien detaillierter formuliert werden. Wenn z. B. im Zusammenhang mit mentalen Eigenschaften der Funktionsbegriff eingesetzt werden soll, dann brauchen wir ein Konzept natürlicher (nicht-mathematischer) Funktionen, das die Rede von Dysfunktionen erlaubt und einen Beitrag zur Erläuterung von Repräsentationen liefert. Es ist nun bemerkenswert, dass die klassischen Explikationen des nicht-mathematischen Funktionsbegriffes diese Forderung nicht erfüllen.

Eine verbreitete Idee ist z. B., dass Funktionen eng mit kausalen Effekten verbunden sind. Dass die hohlen Knochen der Vögel (zusammen mit anderen Faktoren) die Funktion haben, das Fliegen zu erleichtern, heißt nicht nur, dass die hohlen Knochen der Vögel (zusammen mit anderen Faktoren) den Effekt haben, das Fliegen zu erleichtern, sondern auch, dass die Knochen von Vögeln *deswegen* hohl sind. Dies ist die Form von Funktionszuschreibungen, wie sie Larry Wright in einflussreichen Aufsätzen verteidigt hat. Dieser Analyse zufolge haben Dinge genau dann Funktionen, wenn sie existieren (oder präsent sind) *aufgrund* ihrer Konsequenzen: Die Funktion von X ist Z, genau dann wenn gilt: (1) Z ist eine Konsequenz oder ein Effekt der Existenz von X, (2) X existiert deshalb, weil es Z bewirkt („tut").

Diese Bestimmung erlaubt es nicht zu sagen, wie sich eine gute und eine schlechte Funktionserfüllung voneinander begrifflich unterscheiden lassen. Wenn z. B. (1) nicht gilt, ist Z überhaupt nicht eine Funktion von X; es ist nicht etwa so, dass X die Funktion F zwar hat, aber sie nicht oder schlecht erfüllt. Außerdem ist die Bestimmung zu weit. Beispielsweise hätte ein Stein, der aufgrund seiner Lage und Schwere in der Strömung einen kleineren Stein an seinem Ort festhält und dadurch selbst stabilisiert und nicht weggeschwemmt wird, eben diese Funktion. Denn die Kraft, die er auf den kleinen Stein ausübt, ist z. T. Resultat der Lage der beiden Steine, und der obere Stein befindet sich an eben seinem Ort aufgrund seiner wirkenden Kraft.

Und schließlich greift die Bestimmung auf eine problematische Ursache zurück, denn es wird behauptet, dass eine kausale Relation etwas verursachen kann.

Ein vieldiskutierter neuerer Vorschlag stammt von Cummins. Nach Cummins hat eine Funktionenzuschreibung nichts mit der Erklärung der Existenz eines Merkmals zu tun, sondern entspricht der Erklärung einer Disposition eines Subsystems, die durch ihre Rolle in der Analyse der Kapazität eines Gesamtsystems spezifiziert wird: Die (oder eine) Funktion von X im System S ist F relativ zu einer Kapazität C des Systems S genau dann, wenn S's Kapazität C (teilweise) als X's Kapazität für F analysiert werden kann. Diese Explikation von Funktionen betrachtet ausschließlich gegenwärtige und zukünftige Zustände eines Systems.

Nun kann im Prinzip jede Kapazität eines Systems funktional analysiert werden (z. B. auch die Fähigkeit des Herz-Kreislauf-Systems, charakteristische Geräusche zu machen); die Auswahl ist absolut beschreibungsrelativ. Cummins hat daher drei Kriterien zur Bestimmung des Ausmaßes „explanatorischen Interesses" festgelegt: (1) die Kapazitäten des Subsystems müssen weniger komplex als die des Gesamtsystems sein, (2) die Dispositionen des Subsystems müssen sich von denen des Gesamtsystems unterscheiden, (3) die Organisation des Systems muss komplexer als die der Teile sein. Allerdings räumen auch diese Kriterien nicht alle Missattributionen von Funktionen aus; beispielsweise hätte nach dieser Analyse die Fähigkeit mancher Tumorzellen, die Bildung von Blutgefäßen zu ihrer Versorgung zu induzieren, eine Funktion für das Gesamtsystem Organismus. Dies lässt sich vielleicht umgehen, wenn man Funktionenzuschreibungen nur in Kontexten zulässt, in denen die Kapazität des Subsystems zur Fitness des Gesamtsystems beiträgt.

Da Cummins-Funktionen lediglich Dispositionen eines Systems oder Systemteils beschreiben, ist kein Platz für die Rede von Dysfunktionen, denn es ist charakteristisch für Dispositionen, dass die Disposition stets manifest wird, wenn die Bedingungen für ihre Aktualisierung erfüllt sind. Ein Cummins-System kann nicht als solches fehlerhaft sein oder schlecht funktionieren, sondern nur in Relation zu festgelegten möglichen Hintergrundbedingungen und Inputs. Ein Verweis auf typische oder statistisch normale Fälle kann nicht helfen, da manche Funktionen aufgrund bestimmter Umstände nur in seltenen Fällen ausgeführt werden, aber dennoch diese Funktion der Grund ist, warum das Merkmal selektiert wurde; es ist das, was das Merkmal tun sollte.

Die Teleosemantik, die gegenwärtig avancierteste Form einer naturalistischen Semantik, stellt sich dagegen der theoretischen Herausforderung, einen Begriff nicht-mathematischer Funktionen einzuführen, der es erlaubt, auch von Dysfunktionen zu sprechen. Die entscheidende Idee ist, dass die Funktionen, und damit auch Repräsentationen und subsprachliche Gehalte, *historisiert* werden: Die *Geschichte* der Systeme hat Auswirkungen auf die Funktionen einiger ihrer Zustände und Produkte. Einige Eigenschaften lebender Systeme haben unter bestimmten externen Bedingungen adaptive Verhaltenseffekte. Daher wird diese kausale Relation auf die meisten Nachfahren vererbt und kommt auch dann eine Zeit lang bei diesen Nachfahren vor, wenn sich die alten externen Bedingungen geändert haben. All das ist ein Teil der Erklärung dafür, dass es diese Nachfahren überhaupt gibt, und es ist zugleich vereinbar damit, dass die Verhaltenseffekte bei einzelnen Nachfahren nur ungenügend, selten oder überhaupt nicht zu Stande kommen.

Es liegt auf der Hand, dass dem von der Teleosemantik entworfenen Bild zufolge ein Ding eine Funktion besitzt aufgrund seiner Reproduktionsgeschichte und nicht aufgrund seiner aktuellen Dispositionen oder seiner aktuellen Performanz. Darum kann ein Systemzustand eine Funktion auch dann haben, wenn es selbst diese Funktion schlecht oder gar nicht erfüllt. Es ist offenbar die historische Dimension des Funktionsbegriffes, die den begrifflichen Spielraum eröffnet, um über *Dysfunktionalität* reden zu können. Daher besteht Aussicht, dass dieser Funktionsbegriff auch einen theoretischen Beitrag zu einem interessanten Repräsentationsbegriff leisten kann.

Ein ähnliches Problem besteht auch im Falle des Repräsentationsbegriffes. Dieses Problem lässt sich mit einem Zitat aus einer – im übrigen sehr interessanten, informativen und (auch philosophisch) informierten – Arbeit über Bewusstsein[13] verdeutlichen, das Hans Flohr in Flohr (2005) in kürzerer Fassung wiederholt. Ausgangspunkt ist die Idee von Hebb, dass „das Korrelat einer mentalen Repräsentation das Aktivitätsmuster eines neuronalen Assemblies ist. Als Assembly bezeichnet man eine Gruppe von Neuronen, die präferentiell zusammengeschaltet sind und koordiniert feuern". Unter bestimmten Bedingungen entwickeln solche Assemblies einen Algorithmus, der als Koinzidenzdetektor arbeitet. Flohr fährt dann fort:

> „Es war von Hayeks Idee, dass dieser lokale Koinzidenzdetektor-Algorithmus, wenn er oft genug betätigt wird, zu einem kohärenten System von Repräsentationen führt, das dann inneren Prozessen eine Ordnung gibt, die derjenigen, die in der Welt herrscht, entspricht. Dieses Netz produziert ein *Modell* der Außenwelt. Die inneren Zustände des Systems haben Beziehungen zu äußeren Zuständen, die in einem Kontext von Relationen zu anderen externen Zuständen stehen. Die inneren Zustände stehen ihrerseits zu anderen inneren Zuständen in Beziehung. Für diese internen Beziehungen sind die externen Relationen *ursächlich*. Es existiert also ein (erg.: zum System externer Beziehungen) isomorphes System innerer relationaler Eigenschaften, *weil* externe relationale

13 Flohr, H. (2002).

Eigenschaften existieren, die die inneren verursacht haben ... Das aber heißt, dass die Ursache von Verarbeitungsprozessen tatsächlich der *repräsentationale Gehalt* der Repräsentate ist."[14]

Repräsentation in diesem Sinne ist vollständig reduzierbar auf kausale Relationen. Daraus folgt, dass wir in diesem Rahmen im Grunde nicht von korrekten (wahren) oder inkorrekten (falschen) Repräsentationen sprechen können. Oder wenn wir dennoch so reden wollten, müsste man sagen, dass Repräsentationen in diesem Sinne stets korrekt und wahr sind – „Repräsentation" wäre ein Erfolgsbegriff. Da Flohr seine Überlegung (im Anschluss an v. Hayek) nicht auf bestimmte Repräsentationen und Gehalte einschränkt, muss sie auch für propositionale Gehalte und sprachliche Repräsentationen gelten. Ein angemessener Begriff von Repräsentation sollte es jedoch gestatten, auch von *Fehlrepräsentationen* reden zu können. Denn repräsentationale Zeichen, Sätze oder Gedanken behalten ihre Gehalte und Bedeutungen auch dann, wenn sie falsch sind. Wenn ich einen Gedanken mit dem Gehalt habe, dass Davidson ein schlechter Philosoph ist, dann büßt mein Gedanke diesen Gehalt nicht ein, weil Davidson tatsächlich ein brillanter Philosoph ist. Wir könnten jedoch sagen, dass mein Gedanke in jedem Fall den Umstand repräsentieren *soll,* dass Davidson ein schlechter Philosoph ist. Wichtiger für eine Freiheitstheorie ist, dass es auch möglich sein muss, Gedanken oder Sätze als gehaltvoll und repräsentational anzusehen, die *mögliche* Sachverhalte repräsentieren, die vielleicht nie aktual werden. Auch hier versagt offenbar ein rein kausaler, reduktionistischer Repräsentationsbegriff.

Externalistische Repräsentationstheorien, die mit einem Begriff des *weiten Gehalts* arbeiten, versuchen dagegen diesen Aspekt einzuholen, z. B. die Teleosemantik für den subsprachlichen Bereich[15] und der Davidsonianische Interpretationismus für die propositionale Ebene. Die Teleosemantik beispielsweise setzt ihren historisierten Funktionsbegriff ein, um (grob formuliert) zu sagen: Wenn es die natürliche Funktion des *Gehirns* lebender Organismen ist, Gehirnzustände C zu produzieren, die isomorph abbildbar sind auf zugehörige externe Zustände E und die das Verhalten ihrer Träger adaptiv leiten, dann ist E der repräsentationale Gehalt von C. Und wenn es die natürliche Funktion des Gehirns eines Zeichenproduzenten ist, Zeichen Z zu produzieren, die isomorph abbildbar sind auf externe Zustände E und die das Verhalten der Interpreten dieser Zeichen adaptiv leiten, dann ist E die Bedeutung von Z. Aber die Gehirne repräsentationaler Organismen können diese Funktion mehr oder weniger, und ggf. auch überhaupt nicht erfüllen. Wenn sie diese Funktion erfüllen, handelt es sich um *erfolgreiche Repräsentation*; wenn sie diese Funktion dagegen unzureichend erfüllen, handelt es sich um *Fehlrepräsentation.*[16]

Auch die inferentiellen Übergänge zwischen mentalen Episoden oder Zeichen können von der Teleosemantik theoretisch integriert werden (dieser Punkt wird in den bislang publizierten Texten allerdings nicht mit der wünschenswerten Klarheit formuliert). Wenn z. B. zwei innere Episoden C_1 und C_2 bereits die Gehalte A_1 und A_2 haben, und wenn es in der Natur reguläre Übergänge von A_1 zu A_2 gibt, dann kann das Gehirn die Funktion an-

14 Ibid. 52–53.

15 Der Rückgriff auf die Teleosemantik wäre eine der Möglichkeiten, der Forderung Hans-Peter Krügers nachzukommen, „die Konsequenzen aus den Möglichkeiten von Darwins Denkrahmen zu ziehen" (Krüger 2005, 654; in diesem Band: 164).

16 Auch historisch einmalige Ereignisse können in die Analyse einbezogen werden. Diese Ereignisse können adaptive Funktionen annehmen. Ein individuelles Chamäleon beispielsweise hat eine Vor-

nehmen, Übergänge von C_1 nach C_2 zu produzieren, die von A_1 ausgelöst werden und die Übergänge von A_1 zu A_2 isomorph abbilden. Auf diese Weise lässt sich die *Vernetzung* von mentalen Episoden mit Teleogehalten innerhalb der Teleosemantik erklären. Diese Erklärung läuft darauf hinaus, dass auch *Übergänge* zwischen gehaltvollen Episoden einen Teleogehalt haben – auch *komplexe subsprachliche Gedanken in implikativer Form* haben Teleogehalte und sind damit Repräsentationen. Ähnliche Überlegungen wären für die sprachliche Ebene anzustellen.

An dieser Stelle möchte ich meine Diskussion des Funktionsbegriffs und der Semantik als Hintergründe für eine Freiheitstheorie – und damit die Diskussion von **P 7** – abbrechen. Wichtig ist mir, geltend zu machen, dass eine Freiheitstheorie nicht umhinkommt, sich zu verschiedenen komplexen Varianten des Funktionsbegriffes und zu unterschiedlichen Semantiken positionell zu lokalisieren. Begriffe von Funktionen und Gehalten dürfen in einer Freiheitstheorie nicht ohne nähere Explikation verwendet werden, wie es in vielen Arbeiten (auch in den DZ-Runden) geschieht, und sie müssen hinreichend komplex sein, um die ihnen zugewiesenen theoretischen Aufgaben erfüllen zu können. Insbesondere muss sorgfältig erwogen werden, ob man sich wirklich für externalistische Semantiken entscheiden soll, denn diese Art der Semantik impliziert ein Problem für die Idee der mentalen Verursachung, die ihrerseits vermutlich ein Bestandteil unserer Vorstellung von Freiheit ist.[17] Dazu möchte ich im nächsten Abschnitt einige Bemerkungen machen.

---

richtung, deren adaptive Funktion es ist, eine Pigmentverteilung zu produzieren, die in der Relation *x hat dieselbe Farbe wie y* zur jeweiligen individuellen Umgebung des Chamäleon steht; diese Umgebung ist der Adapter der Funktion. Der entscheidende Punkt ist hier, dass abgeleitete Funktionen nicht an eine biologische Vererbungsgeschichte gebunden sind. Adaptive Funktionen sind *keine echten* Funktionen, denn die Konfigurationen, die von ihnen produziert werden, sind *nicht* Mitglieder einer reproduktiven Familie: Wenn bestimmte individuelle Bienen an einem bestimmten Ort zu einer bestimmten Zeit einen Tanz aufführen, der auf eine bestimmte Nektarquelle deutet, dann ist dies ein einmaliges historisches Ereignis, das möglicherweise nie wieder reproduziert wird. Der historisch einmalige individuelle Einzelfall kann damit eine Funktion erhalten. Die Teleosemantik hat damit einen Weg gefunden, auch im Falle von Funktionen, die nicht an eine biologische Vererbungsgeschichte gebunden sind, von Dysfunktionalität reden zu können. Sätze beispielsweise können eine reproduktive Familie bilden, und eine bestimmte syntaktische Form kann eine Eigenschaft sein, die dabei kopiert wird; das Kopieren selbst wird dann zum Teil einer kulturellen Tradierung geschuldet sein. Bedingung ist, dass diese Art der Reproduktion für die Wesen, deren Komponenten die Reproduktionsmechanismen von Sätzen sind, vorteilhaft sind, so dass wir eine Erklärung dafür liefern können, dass die Komponenten und ihre umfassenderen Systeme jetzt existieren.

17 Die Wahl einer externalistischen Semantik impliziert, dass bereits Repräsentationen auf subsprachlichem Niveau nicht allein über Gehirnzuständen supervenieren. Das gilt erst recht für externalistische Semantiken auf sprachlicher Ebene wie z. B. den Davidsonianischen Interpretationismus. Diese Folgerung ist ein Spezialfall einer allgemeineren These, die – wenn ich recht sehe – Hans-Peter Krüger in Krüger (2004) aus anthropologischer Sicht gegenüber der Hirnforschung geltend macht – dass nämlich nicht alle geistigen Phänomene allein durch Verweise auf das Gehirn im biologischen Sinne erklärt werden können, weil viele geistige Phänomene u. a. ein Resultat der Wechselwirkung des Menschen mit verschiedenartigen äußeren Umständen sind.

5. Mentale Verursachung und Freiheit

In meinem eigenen Beitrag zu den DZ-Runden[18] habe ich meine Vorstellung von mentaler Verursachung bereits ein Stück weit entwickelt. Ich möchte daher an dieser Stelle nur kurz an diese Idee erinnern und mich dann dem Problem widmen, wie externalistisch gefasste weite Gehalte kausal wirksam werden können, denn lange historische Episoden lassen sich auf den ersten Blick kaum als Ursachen auffassen.

Das Problem der mentalen Verursachung lässt sich durch die Frage kennzeichnen, wie mentale Zustände, etwa semantisch gehaltvolle Gedanken oder bewusste Gefühle, *vermöge ihrer mentalen Eigenschaften* kausale Effekte in der *physischen* Welt hervorrufen können. Wenn beispielsweise ein Kind eine heiße Herdplatte anfasst, dann scheint die Bewusstheit seines Schmerzerlebnisses maßgeblich dazu beizutragen, dass seine Hand zurückzuckt. Und wenn Veronika die Absicht hat, Philosophie-Examen zu machen, und wenn sie zugleich die Überzeugung hat, dass eine Lektüre der *Kritik der reinen Vernunft* dafür notwendig ist, dann scheinen die Gehalte dieser beiden mentalen Zustände maßgeblich dazu beizutragen, dass sie eines Tages zum Bücherregal geht und sich eine Ausgabe der *Kritik der reinen Vernunft* herausholt.

Es ist in der heutigen Theorie des Geistes üblich, das Problem der mentalen Verursachung als Exklusionsproblem zu formulieren: Das Physische und das Geistige sind verschieden, das Reich des Physischen ist kausal vollständig, und das Geistige ist multipel im Physischen realisierbar. Daraus folgt, dass es für jedes Ereignis und insbesondere für jedes Verhalten hinreichende physische Ursachen gibt. Daher bleibt für das Geistige kein kausaler Job zu tun – die kausalen Kräfte des Geistigen scheinen „wegzutrocknen".[19] Das Exklusionsproblem bleibt auch dann bestehen, wenn wir erklären könnten, wie das Geistige kausal auf etwas Physisches wirkt. Denn nach der Vollständigkeitsprämisse ist das Physische dann kausal überdeterminiert. Und damit droht die kausale Kraft des Geistigen erneut wegzutrocknen. Das Problem der mentalen Verursachung muss also so gelöst werden, dass die Überdeterminierung nicht eine Konsequenz der Problemlösung ist.

Das Exklusionsproblem wird durch eine verbreitete Position untermauert, die man den *Kim-Reduktionismus* nennen könnte, weil Jaegwon Kim sie immer wieder verteidigt hat. Kims Idee ist zu sagen, dass die mentalen Eigenschaften eines Dinges von seinen physischen Eigenschaften kausal erzeugt und zugleich realisiert werden, und dass in jeder kausalen Wirkung von Dingen mit mentalen Eigenschaften ihre physischen Realisierer den gesamten kausalen Job tun. Kims zentrale Prämisse ist, dass mentale Eigenschaften durch sehr heterogene physikalische Systeme multipel realisiert werden können. Daraus folgert Kim, dass mentale Eigenschaften so wenig kausale Homogenität aufweisen, dass wir sie nicht als wissenschaftliche Arten ansehen können, die selbst autonome kausale Kräfte haben und explanatorisch fruchtbare Beschreibungen zulassen. Diese Ideen implizieren den Epiphänomenalismus des Geistes: Der Geist wird zwar von physischen Zuständen erzeugt und ist auf diese Weise real in der Natur verankert, aber er kann seinerseits nicht auf die Welt einwirken. Der Kim-Reduktionismus ist mit der Vorstellung mentaler Verursachung unvereinbar.

---

18 Vgl. Detel (2004).
19 Vgl. Block (2003).

Eine Idee von mentaler Verursachung, die diese Probleme vermeidet, könnte aus folgenden Elementen bestehen:

(1) Wir gehen aus von physischen Entitäten E_k mit Eigenschaften N_i und M derart, dass M multipel in den N_i realisiert ist. Die Realisierung ist naturgesetzlich im Sinne der Notwendigkeitstheorie (wir können diese Form der Realisierung *strukturell* nennen).

(2) Auf der M-Ebene wirken Naturgesetze, die auf der Ebene der Realisierer N_i nicht wirken. Diese Naturgesetze lassen sich im regularistischen Sinne auffassen und beschreiben strukturelle Gemeinsamkeiten der Entitäten E_k, die sie unabhängig von ihrer Unterschiedlichkeit hinsichtlich ihrer N_i–Eigenschaften aufweisen. Die M-Eigenschaften sind daher allgemeiner als ihre Realisierer N_i.

(3) Entitäten E_k mit Eigenschaften M und N_i können Relationen zu anderen Entitäten E* aufweisen, aus denen naturgesetzlich (im regularistischen Sinne) folgt, dass die E_k auf die E* allein vermöge ihrer M-Eigenschaften, nicht aber vermöge ihrer N_i–Eigenschaften, naturgesetzlich wirken.

(4) Die M-Eigenschaften können ihrerseits physisch, aber auch mental sein. Im letzteren Falle handelt es sich um den elementarsten Fall einer mentalen Verursachung, in dem die mentalen Eigenschaften autonome mentale Kräfte entfalten.

Punkt (1) ist eine Standardthese; allerdings ist der spezielle Vorschlag, die multiple Realisierung an die Notwendigkeitstheorie der Naturgesetzlichkeit anzulehnen, den Positionen von Armstrong und Yablo entnommen. Für die Punkte (2) – (3) sind in letzter Zeit vor allem von philosophisch reflektierten Naturwissenschaftlern zahlreiche Beispiele geliefert worden.[20]

Zu (2) diskutiert Block beispielsweise Naturgesetze für starre Körper, etwa die Impulserhaltung. Dieses Gesetz erklärt zum Beispiel, warum unser Fahrrad eine Kurve fährt, wenn wir uns zur Seite lehnen. Starrheit ist eine Makro-Eigenschaft, die in Mikro-Eigenschaften multipel realisiert ist. Gesetze auf der Mikro-Ebene erklären zum Beispiel, unter welchen Bedingungen starre Körper aufhören, starr zu sein (amorphe Substanzen werden anders deformiert als kristalline Substanzen). Aber solange die Körper starr sind, sind sie gleichermaßen starr, aus welcher Substanz sie auch bestehen mögen, und es scheint diese allgemeine Starrheit allein zu sein, der wir etwa im Rahmen des Gesetzes von der Impulserhaltung kausale Kraft zusprechen.[21] Methodologisch interessant an diesem Modell ist, dass Erklärungen von Verhalten auf der sogenannten Makro-Ebene durch Verweis auf die Mikro-Ebene gerade nicht auf ein Reduktionsverfahren hinauslaufen, sondern auf eine Begründung der nicht-reduktiven Realisierbarkeit allgemeiner Eigenschaften in sehr verschiedenen Realisierern.

Für das Problem der mentalen Verursachung ist diese Überlegung einschlägig, weil es seit den Tagen des Funktionalismus in der Philosophie des Geistes ein Gemeinplatz ist zu behaupten, dass mentale Eigenschaften multipel in physischen Eigenschaften realisierbar sind. Viele einflussreiche Theoretiker des Geistes gehen zugleich davon aus, dass die mentalen Eigenschaften des Gehirns oder weiterer physischer Entitäten allgemeiner sind als die physikalischen und chemischen Eigenschaften dieser Entitäten.

---

20 Vgl. z. B. Batterman (2000).

21 Vgl. Block (2003), 13 f.

Zu Punkt (3) können wir beispielsweise davon ausgehen, dass alle Fliegen kleine schwarze bewegliche Punkte, aber nicht alle kleinen schwarzen beweglichen Punkte auch Fliegen sind. Die Eigenschaft, ein kleiner schwarzer beweglicher Punkt zu sein, ist multipel realisiert in den Eigenschaften, eine Fliege oder ein Rußpartikel etc. zu sein. Frösche ernähren sich von Fliegen. Aber der Wahrnehmungsapparat und Schnappmechanismus der Frösche reagiert nicht darauf, dass gewisse Objekte Fliegen sind, sondern darauf, dass sie kleine schwarze bewegliche Punkte sind, also auf die *gemeinsame* Struktur der Photonen, die von Fliegen, aber auch von andere kleinen schwarzen beweglichen Punkten ausgesendet werden. In der evolutionären Geschichte von Fröschen waren nämlich hinreichend viele kleine schwarze bewegliche Punkte in ihrer Umgebung Fliegen. Es sind Relationen, die das Gesamtsystem von Fröschen und Fliegen kennzeichnen, die dafür sorgen, dass innerhalb dieses Systems nur die Eigenschaft gewisser Dinge, kleine schwarze bewegliche Punkte zu sein, kausal aktiv wird. Diese Relationen haben sich in der Evolution durch natürliche Selektion gebildet.[22] Daher scheint es angemessen zu sagen, dass nicht die Fliegen-Eigenschaft, sondern die Eigenschaft, ein kleiner schwarzer beweglicher Punkt zu sein, den gesamten kausalen Job tut.

Natürlich möchte ich nicht leugnen, dass spezielle Realisierer an den kausalen Wirkungen beteiligt sind – dass also beispielsweise Fliegen oder Rußpartikel Stimuli aussenden, die in Form von Photonen auf den Wahrnehmungsapparat des Frosches einwirken. Ich behaupte lediglich, dass diese Einwirkung *nicht* erfolgt aufgrund der Eigenschaft, eine Fliege oder ein Rußpartikel zu sein, sondern aufgrund der Tatsache, dass Fliegen und Rußpartikeln die Eigenschaft teilen, ein kleiner schwarzer beweglicher Punkt zu sein. Denn der Frosch baut in seinem Gehirn eine neuronale Struktur auf, die sich auf diese allgemeiner Eigenschaft 1-1-abbilden lassen soll. Ich schlage vor, in derartigen Fällen zu sagen, dass diese allgemeineren Eigenschaften autonome kausale Kräfte haben.

Auf diese Weise können wir die Idee einer nicht-reduktiven Naturalisierung mentaler Eigenschaften mit der Annahme autonomer kausaler Kräfte mentaler Eigenschaften versöhnen, und zwar ohne dass wir uns auf eine Überdeterminationsthese festlegen müssen.[23] Wenn wir von hier aus auf das Exklusionsproblem zurückblicken, dann zeigt sich, dass es die Vollständigkeitsprämisse ist, die wir zurückweisen müssen.

Wie können wir nun dieses Bild von mentaler Ursache mit der kausalen Wirkung von Repräsentationen konsistent zusammendenken, wenn wir auf eine externalistische Repräsentationstheorie wie z. B. die Teleosemantik zurückgreifen wollen?

Funktionen sind an bestimmte Eigenschaften und Zustände gebunden. Der lange Hals von Giraffen hat die Funktion, unter bestimmten Umweltbedingungen die Nahrungsbeschaffung zu sichern. In der reproduktiven Familie der Giraffen haben die langen Hälse wesentlich dazu beigetragen, adaptive Verhaltensweisen auszubilden, die die Nahrungsbeschaffung gesichert und die Reproduktionswahrscheinlichkeit der Giraffen erhöht haben. Funktionen sind also mit kausalen Relationen derjenigen Eigenschaften und Zustände

22 Vgl. bereits Campbell (1974).

23 Diese Abwärts-Kausalität ist diachron, nicht synchron – synchrone Abwärts-Kausalität macht begrifflich wenig Sinn und kann empirisch nicht belegt werden Das traditionelle Bild von Verursachung, von dem Kim nach wie vor ausgeht, ist zu einfach (vgl. dazu Kim 2000, besonders 318–320). Vgl. jedoch Emmeche, Koppe und Stjernfeld (2000).

verbunden, deren Funktionen sie sind. Die optimale Ausführung einer Funktion ist z. B. ein kausal beschreibbarer Prozess, der allerdings an die Bedingungen gebunden ist, unter denen in der Geschichte der reproduktiven Familie die Ausführung der Funktion adaptiv war.

Was kann es dann beispielsweise heißen, dass die Funktion des langen Halses einer Giraffe, Nahrung an hohen Bäumen zu beschaffen, *als Funktion* kausal wirksam ist? Die Antwort, die ich vorschlage, ist im Umriss die folgende:

(a) Die langen Hälse der Vorfahren unserer Giraffe hatten den Effekt, Blätter an hohen Bäumen zu erreichen (unter der Bedingung, dass es nur hohe Bäume mit nahrhaften Blättern für Giraffen gab).

(b) Dies war ferner für Giraffen unter spezifischen Umweltbedingungen als geeignete Nahrungsbeschaffung adaptiv.

(c) All dies hat dazu geführt, dass auch bei unserer Giraffe ihr langer Hals unter der genannten Bedingung den Effekt hat oder haben würde, Blätter an hohen Bäumen zu erreichen, gleichgültig ob die alten Umweltbedingungen stabil geblieben sind und unabhängig davon, ob dieser Effekt für unsere Giraffe weiterhin adaptiv ist oder nicht.

Dieser Vorschlag kann auf den Fall der Repräsentation übertragen werden, also auf den Fall, dass Gehirne die echte Funktion annehmen, mentale Episoden zu produzieren, die eine 1-1-Abbildung zu externen Ereignissen aufweisen: Dass z. B. die Funktion eines bestimmten Gehirnszustandes eines kleinen vor uns sitzenden Frosches als Funktion kausal wirksam ist, heißt im Kern,

(d) dass dieser Gehirnzustand bei den Vorfahren unseres Frosches den Effekt hatte, eine weitere mentale Episode zu produzieren unter der Bedingung, dass Fliegen in der Nähe der Frösche auftauchten,

(e) dass ferner diese mentale Episode kausal einen weiteren Mechanismus (den Schnappmechanismus) in Gang setzte, der für Frösche unter bestimmten Umweltbedingungen angesichts von Vorkommnissen von Fliegen adaptiv war,

(f) und dass all dies dazu geführt hat, dass die genannte mentale Episode bei unserem kleinen Frosch weiterhin den Schnappmechanismus auslöst, ob nun Fliegen in der Nähe sind oder nicht, und unabhängig davon, ob der Schnappmechanismus bei unserem Frosch weiterhin adaptiv ist oder nicht (solange der Frosch noch lebt).

Meine These ist also: Mentale Episoden eines Organismus haben *als Repräsentationen* kausale Effekte genau dann, wenn sie jene kausalen Effekte haben, die sie bei den Vorfahren in der reproduktiven Familie dieses Organismus unter damaligen Umwelt- und Adaptivitätsbedingungen hatten, gleichgültig ob diese Umwelt- und Adaptivitätsbedingungen zur Lebenszeit unseres Organismus noch bestehen oder nicht. Und wenn sich propositionale Gehalte von Gedanken historisch unter kulturellen und sozialen Einflüssen sowie durch eine Geschichte wechselseitiger Interpretationsversuche konstituieren, wie es im Interpretationismus à la Davidson nahegelegt wird, kann das skizzierte Erklärungsmodell ohne große Schwierigkeiten auf diesen Fall übertragen werden. Man könnte sagen: Die evolutionäre oder kulturelle Geschichte *führt* nicht nur zu kausalen Verbindungen zwischen mentalen Zuständen und einigen ihrer kausalen Effekte, diese Geschichte *prägt* und *formiert* diese kausalen Relationen auch, und zwar so, dass diese Relationen auch dann noch eine Zeit lang bestehen bleiben, wenn sich die externen Bedingungen, unter und von denen sie geprägt wurden, zum Teil geändert haben.

Diese Überlegungen zu **P 6** stellen zumindest eine Möglichkeit dar, den Gedanken auszubuchstabieren, dass Gehirnzustände oder andere physische Zustände aufgrund ihrer mentalen Eigenschaften kausal wirksam werden können und dass der Epiphänomenalismus damit vermieden werden kann. Es bleibt zu klären, ob dieses Modell bei einigen Autoren der DZ-Runden Anklang findet; wenn nicht, müssen im Rahmen der KFT alternative theoretische Modelle vorgeschlagen werden.

6. Manipulation und determinierte Freiheit

Ich möchte meine Überlegungen abschließen mit einigen Bemerkungen zum achten der oben aufgelisteten Probleme (**P 8**), und zwar in Form eines kurzen Kommentars zu John Fischers und Mark Ravizzas Theorie der moralischen Verantwortung.[24] Denn eines der Ziele dieser Theorie ist es, im Rahmen einer kompatibilistischen Freiheitstheorie die Fälle externer Manipulation theoretisch auszuschließen. An diese Überlegungen lässt sich dann ein streng kompatibilistischer Freiheitsbegriff anschließen.

Fischers und Ravizzas Strategie ist, einen kompatibilistischen Freiheitsbegriff über den Begriff der moralischen Verantwortung einzuführen. Die zentrale Idee lässt sich folgendermaßen formulieren:

Wenn die Ursachen unseres Handelns erstens sensitiv für Gründe sind, zweitens eine Art Besitz bedeuten und drittens wir nicht-vernachlässigbare Faktoren unseres Handelns sind und daher selbst einen Beitrag zu unserem Handeln leisten, dann sind wir für unser Handeln *moralisch verantwortlich* (und sind unsere Handlungen *frei*). Insbesondere heißt dies:

(i) Moralische Verantwortung ist gebunden an *leitende Kontrolle* (guidance control) der Handlungen.

(ii) Eine Person hat leitende Kontrolle über ihre Handlungen, wenn (a) diese Handlungen aus gründe-sensitiven Mechanismen herrühren (flow from, are issued by ...), und (b) wenn diese Mechanismen dem Aktor eigen sind (are his own).

(iii) Gründe-sensitive Mechanismen sind einem Aktor *eigen*, wenn sie durch eine geeignete externe Geschichte zu Stande gekommen sind.

(iv) Diese geeignete Geschichte besteht im wesentlichen darin, dass der Aktor im Rahmen einer moralischen Erziehung lernt, sich selbst, insbesondere seine eigenen Wünsche, Überzeugungen und Absichten, als Quelle gewisser Wirkungen in der Welt zu sehen.

(v) Die *Übernahme von Verantwortung* ist an drei Bedingungen geknüpft: (a) Der Aktor erfüllt Bedingung (iv) oben; (b) der Aktor akzeptiert, dass er ein fairer Gegenstand moralischer Reaktionen seitens seiner sozialen Umgebung ist; (c) das in (a) und (b) spezifizierte Selbstbild des Aktors beruht in einer angemessenen Weise auf Evi-

24 Fischer and Ravizza (1998).

denz (d. h. auf Belegen aus seiner Erfahrung der Effekte seiner Entscheidungen und Handlungen auf die Welt).

(vi) Die Idee einer Übernahme von Verantwortung gemäß (v) ist dadurch gekennzeichnet, dass die Übernahme von Verantwortung weniger eine Handlung als ein Verfügen über ein Netz von Überzeugungen (ein Selbstbild) ist.

(vii) Ein Aktor *ist verantwortlich* für sein Handeln nur dann, wenn er Verantwortung für sein Handeln *übernommen* hat (das ist der Kern einer *subjektivistischen Theorie moralischer Verantwortung*).

(viii) *Dass* ein Aktor Verantwortung übernimmt und Verantwortung hat, ist selbst ein determinierter Vorgang.

(ix) Bedingung (b) aus (v) muss spezifiziert werden: (a) Wenn der Aktor nicht philosophisch reflektiert ist, wird die Akzeptanz, ein fairer Gegenstand moralischer Reaktionen zu sein, an die tatsächlich bestehenden sozialen Praktiken (des Vorwerfens, Beschuldigens, Lobens und Tadelns) geknüpft; (b) wenn der Aktor jedoch philosophisch reflektiert ist und die Probleme des Verhältnisses von Freiheit, Verantwortung und Determinismus begreift, hängt die Übernahme von Verantwortung zum großen Teil davon ab, dass er von einer guten Version des Kompatibilismus überzeugt werden kann.

(x) Aufgrund von (i) – (ix) lassen sich drei Fälle von Manipulation ausschließen: (a) Wenn unwiderstehliche Wünsche neuronal implementiert werden, sind beide Bedingungen für moralische Verantwortung verletzt: Weder ist der Mechanismus gründe-sensitiv, noch ist dieser Mechanismus historisch dem Aktor eigen; (b) wenn starke, aber nicht unwiderstehliche Motive neuronal implementiert werden, ist eine Bedingung für moralische Verantwortung verletzt: Der Mechanismus mag zwar gründe-sensitiv sein, ist aber nicht dem Aktor historisch eigen (er hat keine Verantwortung dafür im obigen Sinne übernommen); (c) wenn jedoch die Übernahme der Verantwortung (z. B. die Übernahme guter Gründe) neuronal implementiert wird, muss auf die dritte Bedingung in (v) zurückgegriffen werden; hier ist es allerdings schwer zu spezifizieren, was es heißt, dass das Selbstbild des Aktors *in angemessener Weise* auf Belegen beruht; und solange diese Spezifikation fehlt, ist der Kompatibilismus nicht konklusiv verteidigt.

Fischer und Ravizza haben m. E. mit ihrer Theorie einen sehr interessanten Beitrag zum Kompatibilismus präsentiert. Allerdings enthält die Theorie auch Defizite, die zum Teil mit Hilfe von Hintergrundtheorien beseitigt werden könnten, wie sie in den vorangehenden Abschnitten skizziert wurden. So bleibt z. B. die Rede von den Effekten des gründe-sensitiven Mechanismus (*flowing, issuing from*) und auch von der Gründe-Sensitivität selbst komplett metaphorisch. Es muss unzweideutig zugegeben werden, dass die Gründe *wichtige Ursachen* unserer Handlungen sind, sonst bricht das Kriterium (ii)(a) zusammen. Dasselbe gilt für Kriterium (iv), wenn man *nicht* damit zufrieden sein will, dass das in (iv) beschriebene Selbstbild eine vollständige Illusion sein könnte. Darum ist es zwingend, dass die zentralen Kriterien (ii)(a) und (iv) durch eine Theorie mentaler Verursachung unterfüttert werden.

Dieser Punkt wird auch dadurch gestützt, dass wenn der Kompatibilismus einräumen würde, dass Gründe, und damit der gründe-sensitive Mechanismus, epiphänomenal wären, dem harten Determinismus in die Hände gespielt würde, der sagt, dass die Ursachen unserer Handlungen rein physisch sind *und* auf naturwissenschaftlich befriedigende Weise beschrieben werden können; damit gäbe es keinen Spielraum mehr für eine Theorie der Freiheit und Verantwortung.

Das zentrale extern-historische Kriterium für moralische Verantwortung, nämlich ein historischer Lernprozess, der in einer Übernahme moralischer Verantwortung resultiert, ist mit seiner ersten Bedingung auf eine Theorie mentaler Verursachung angewiesen. Diese Theorie müssen Fischer und Ravizza voraussetzen. Die *zweite Bedingung* beruht jedoch zusätzlich darauf, dass bereits soziale Praktiken etabliert sind, in denen verfügbare moralische Standards und Evaluationen angewendet werden. Die theoretische Auszeichnung moralischer Verantwortung und damit der Handlungsfreiheit muss also auf die Möglichkeit zurückgreifen, dass moralische Standards identifiziert und begründet werden ohne Rückgriff auf irgendeinen Freiheitsbegriff, denn ansonsten würde die gesamte Theorie zirkulär werden (vgl. oben, **P 9**).

Der – von Fischer und Ravizza selbst eingeräumte – Schwachpunkt der Theorie ist, dass das Evidenzkriterium nicht spezifiziert wird, so dass ein entscheidender, ja *der* entscheidende Fall von Manipulation nicht angemessen behandelt werden kann. Hier können wir aufgrund der bisherigen Kommentare weiterkommen. Das Kriterium sagt, dass das Selbstbild des Aktors in einer angemessenen Weise auf Evidenz (d. h. auf Belegen aus seiner Erfahrung der Effekte seiner Entscheidungen und Handlungen auf die Welt) beruhen soll. Eine rein subjektivistische Theorie kann dazu vermutlich in der Tat nicht mehr viel sagen. Die Evidenz muss nämlich objektiv sein, etwa in der folgenden Weise: Der Aktor muss seine Handlungen *tatsächlich* (im ontologischen Sinne) überwiegend mental verursacht haben; und sein Verfügen über gute Gründe muss durch eine externe Geschichte zu Stande gekommen sein, die die Menschenwürde des Aktors nicht verletzt und z. B. von der Idee des gleichen Respekts für alle Personen getragen ist – kurz, eine Geschichte, die begründbare moralische Standards erfüllt. Präzise dann, wenn man annimmt – wie oben argumentiert – dass der Kompatibilismus über eine Theorie der mentalen Verursachung und eine Begründung moralischer Standards ohne Rückgriff auf die Idee der Freiheit verfügt (eine Annahme, die Fischer und Ravizza selbst implizit machen), kann man die dritte Bedingung für moralische Verantwortung spezifizieren und Fälle der Manipulation von Rationalität ausschließen.

Die subjektivistische Theorie der moralischen Verantwortung und der Freiheit, die Fischer und Ravizza vorgelegt haben, ist noch in einem anderen Punkt ergänzungsbedürftig. Die subjektivistische Fassung des Evidenzkriteriums, also die Entwicklung eines bestimmten Selbstbildes im Rahmen einer moralischen Erziehung, ist zwar durchaus als eine wichtige Komponente von Handlungsfreiheit zu sehen. Aber die Wirkung und theoretische Funktion dieser Komponente ist nicht klar genug beschrieben. Die moralische Erziehung (die Behandlung von Kindern *als ob* sie schon moralische Aktoren wären) ist nämlich eine der Ursachen dafür, dass Kinder lernen, sich durch gute Gründe bestimmen zu lassen. Es gibt außerdem einen *objektiven* Aspekt der Urheberschaft, den eine rein subjektivistische Theorie nicht auffangen kann. Dieser Aspekt ist es, der den kompatibilistischen Freiheitsbegriff erst konturiert.

Nehmen wir nämlich an, wir hätten das Problem der mentalen Verursachung gelöst, d. h. wir könnten erklären, inwiefern die Bestimmung der Gehalte von Gedanken, und damit der Entscheidungen und Handlungen, durch Gründe ein Spezialfall kausaler Determinierung ist. Dann können wir sagen: Gedanken, Entscheidungen und Handlungen sind frei, wenn ihre Ursachen drei Bedingungen erfüllen: Diese Ursachen sind zum allergrößten Teil unsere eigenen Zustände (und nicht externe Zustände); sie sind zum allergrößten Teil innere mentale Zustände (und nicht physische Zustände); und diese mentalen Zustände sind uns semantisch (also ihrem Gehalt nach) zugänglich, d. h. können Gegenstand eigener Gedanken zweiter Ordnung werden (und sind nicht nur einfach repräsentational).[25] Diese Bedingungen erlauben es, einige der Prozesse, die zu einer endgültigen Determination eines Gedankens, einer Entscheidung oder einer Handlung führen, als Erwägen verschiedener Möglichkeiten zu beschreiben. Das bedeutet nicht, dass tatsächlich Handlungsalternativen bestehen; es bedeutet aber, dass das Vorstellen möglicher Überzeugungen oder Handlungen und das Erwägen ihrer Konsequenzen ein Teil jenes Prozesses ist, der letztlich eine Überzeugung, Entscheidung oder Handlung eindeutig und alternativlos determiniert (ansonsten würden wir nicht handeln).[26]

Diese Art von Determination kann m. E. unser Freiheitsgefühl erklären und theoretisch integrieren, von dem Habermas zu Beginn seines Beitrags zu den DZ-Runden mit Recht behauptet, dass es intuitiv verankert sowie pragmatisch bewährt ist und daher nicht ernsthaft in Frage gestellt werden kann. Denn wenn die weitaus überwiegenden Ursachen unserer Gedanken, Entscheidungen und Handlungen aus uns selbst stammen, gute Gründe darstellen und uns metarepräsentational zugänglich sind, so können wir uns zu Recht als freie Denker und Aktoren fühlen.

Literatur

Armstrong, D. (1983), What is a Law of Nature?, Cambridge.

Batterman, R. W. (2000), Multiple Realizability and Universality, in: The British Journal for the Philosophy of Science 51, 115–145.

Bieri, P. (2001), Das Handwerk der Freiheit, München/Wien.

Block, N. (2003), Do Causal Powers Drain Away?, in: Philosophy and Phenomenological Research LXVII, 133–150.

Bunge, M. (1967), Scientific Research, 2 Bde., Berlin/Heidelberg/New York.

Campbell, D. T. (1974), Downward Causation in Hierarchically Organised Biological Systems, in: F. J. Ayala and T. Dobzhansky (Hg.), Studies in the Philosophy of Biology: Reduction and Related Problems, Berkeley and Los Angeles 1974, 179–186.

Detel, W. (2004), Forschungen über Hirn und Geist, in: Deutsche Zeitschrift für Philosophie 52. Jh., Heft 6, 891–920, in diesem Band: 121–150.

Emmeche, C./Koppe, S./Stjernfeld, F. (2000), Levels, Emergence, and three versions of downward causation, in: P. B. Andersen et al. (Hg.), Downward Causation. Minds, Bodies, and Matter, Aarhus 2000, 13–34.

25 In Bieri (2001) wird diese attraktive Idee nach meinem Verständnis ausgearbeitet. Allerdings ist mir nicht klar, ob Bieri diese Idee in den strengen Kompatibilismus integrieren möchte. Andererseits hat Bieri auf viele Aspekte dieses Freiheitsbegriffes aufmerksam gemacht, die ich hier nicht diskutieren kann, z. B. dass dieser Begriff komparativ ist oder dass wir uns diese Freiheit erarbeiten, sie aber auch verlieren können.

26 Für diese Position ist ein nicht-reduktionistischer Repräsentationsbegriff erforderlich, wie er in einer der möglichen Varianten in Abschnitt 4 skizziert wurde.

Fischer, J. M./Ravizza, M. (1998), Responsibility and Control: An Essay on Moral Responsibility, Cambridge.

Flohr, H. (2002), Physiologische Grundlagen des Bewußtseins, in: Elbert, Th./Birbaumer, N. (Hg.), Enzyklopädie der Psychologie, Bd. 6 (Biologische Grundlagen der Psychologie), 35–86.

Flohr, H. (2005), Der Raum der Gründe, in: Deutsche Zeitschrift für Philosophie 53. Jg., Heft 5, 685–690, in diesem Band: 165–170.

Habermas, J. (2004), Freiheit und Determinismus, in: Deutsche Zeitschrift für Philosophie 52. Jg., Heft 6, 871–890, in diesem Band: 101–120.

Kim, J. (2000), Making Sense of Downward Causation, in: Andersen et al. (Hg.) (2000), 305–321.

Krüger, H. P. (2004), Das Hirn im Kontext exzentrischer Positionierungen. Zur philosophischen Herausforderung der neurobiologischen Hirnforschung, in: Deutsche Zeitschrift für Philosophie, 52. Jg., Heft 2, 258–293, in diesem Band: 61–97.

Krüger, H. P. (2005), Einleitung in den Schwerpunkt: Hirn als Subjekt? Grenzfragen der neurobiologischen Hirnforschung. Deutsche Zeitschrift für Philosophie 53. Jg., 679–684, in diesem Band: 159–164.

Lindemann, G. (2005), Beobachtung der Hirnforschung, in: Deutsche Zeitschrift für Philosophie 53. Jg., Heft 5, 761–781, in diesem Band: 241–261.

Neander, K. (1995), Misrepresenting and Malfunctioning, in: Philosophical Studies 79, 109–141.

Olivier, R. (2005), Die Willensfreiheit aus der Sicht einer Theorie des Gehirns. Ein unentscheidbares Problem, in: Deutsche Zeitschrift für Philosophie 53. Jg., Heft 5, 723–734, in diesem Band: 203–213.

Roth, G. (2005), Gehirn, Gründe und Ursachen, in: Deutsche Zeitschrift für Philosophie 53. Jg., Heft 5, 691–706, in diesem Band: 171–185.

Samson, I. (2005), Freier (?) Wille, in: Deutsche Zeitschrift für Philosophie 53. Jg., Heft 5, 735 –742, in diesem Band: 215–222.

Schneider, H. J. (2005), Reden über Inneres. Ein Blick mit Ludwig Wittgenstein auf Gerhard Roth, in: Deutsche Zeitschrift für Philosophie 53. Jg., Heft 5, 743–760, in diesem Band: 223–239.

Woodward, J. (2003), Making Things Happen: a Theory of Causal Explanation, Oxford.

Yablo, St. (1992), Mental Causation, in: Philosophical Review 101, 245–280.

Grundzüge einer Gehirntheorie

Von REINHARD OLIVIER (Bonn)

Vorbemerkung

Der folgende Aufsatz enthält einige grundlegende Ideen zu dem Entwurf einer Theorie des Gehirns, die diesen Namen verdient. Dabei wird das Hauptgewicht auf das grundlegende Konzept gelegt, mit dessen Hilfe diese Theorie entworfen wird, d. h. der Zugang zur Theorie wird erläutert, so dass sichtbar wird, von welcher Seite das Problem eines theoretischen Verständnisses angegangen wird. Der Bezug zur physiologischen Erscheinung, obwohl vielfach vorhanden, wird weitgehend ausgespart. Ebenso wird der konkrete formale Ansatz nicht oder nur ganz rudimentär beschrieben, da dies auf kleinem Raum nicht möglich ist. Das Ziel des Aufsatzes ist es, die grundlegenden Ideen zu vermitteln. Wer sich für die Einzelheiten interessiert, sei auf die zitierte Literatur verwiesen.

1. Die Unzugänglichkeit des Gehirns

Das Gehirn besitzt für uns eine doppelte und dabei ambivalente Erscheinung: es ist lebendes Organ mit einer sehr subtilen und komplizierten Physiologie und es erscheint uns als der Ort aller geistigen Aktivität, von Denken, Fühlen und Wahrnehmen. Es ist nicht leicht, diese beiden Erscheinungsformen miteinander zur Deckung zu bringen. Trotz aller Verfahren, die physiologische Struktur und die darauf fußende physiologische Aktivität sichtbar zu machen, lässt sich kein Gedanke, kein Gefühl und keine Absicht direkt ablesen: man sieht nur die Physiologie.

Alle Kenntnisse über die Verbindung zwischen beiden beruhen zum einen auf verhältnismäßig genau und eng eingegrenzten psychologischen Situationen, in denen aus der Gehirnaktivität abgelesen wird. Diese Ablesungen werden dann mit der psychologischen Situation in Verbindung gebracht und in ihrem Sinne gedeutet. Zum anderen werden psychische Defekte und motorische Fehlleistungen der verschiedensten Art mit anatomisch festgestellten physiologischen Defekten in Verbindung gebracht und auf diese Weise die Teilnahme bestimmter Hirnregionen an bestimmten geistigen und motorischen Aktivitäten festgestellt. Diese beiden Verfahren zusammen liefern einen Atlas der funktionalen Physiologie und Anatomie im Sinne einer Liste von notwendigen Bedingungen für die Ausführbarkeit geistiger und motorischer Aktivität. Das wird auf der anderen Seite ergänzt durch gezielte Stimulationsversuche mittels elektrischer Reize und neurochemischer Substanzen, die ausgefallene Fähigkeiten verbessern oder wiedereinsetzen.

Man erhält auf diese Art ein differenziertes Bild der Aktivitäts-Verteilung im Gehirn, dessen Nutzen für therapeutische Zwecke außer Frage steht, aber man sieht nirgends das Umwenden neuronaler Aktivität in geistige Zustände. Wenn man auf der rein physiologischen Seite bleibt, hat man keinerlei Ansätze, die psychologischen Leistungen des Gehirns zu erklären und sichtbar zu machen.

Darüber hinaus gibt es auch nicht für den kleinsten Gehirnkern eine auch nur annähernd vollständige Liste seiner neuronalen Verbindungen und erst recht kein Aktivitätsmuster in einer relevanten psychologischen Situation. Es gibt überhaupt keine Vorstellung darüber, nach welchen strukturgebenden Prinzipien die synaptischen Verbindungen zwischen den Neuronen verteilt sind.

Man kann dies nicht als ein Versagen der Neurophysiologie bezeichnen oder es darauf zurückführen. Die Physiologie versagt weniger vor den Einzelheiten, sondern mehr vor ihrer ungeheuren Menge und dann ihrem sinngebenden Zusammensetzen. Ich glaube, dass es eine prinzipielle, in seiner Anlage begründete Unzugänglichkeit des Gehirns gibt, an der jeder Versuch scheitert, Physiologie und Psychologie in ihrem genauen Zusammenhang aufzuklären. Dem liegt eine allgemeine Unschärfe zugrunde, über die ich noch sprechen werde. Vorerst aber lässt sich sagen, dass das Gehirn eine prinzipielle Empfindlichkeit gegen Beobachtung besitzt, sowohl physiologisch wie psychologisch, die eine genaue Festlegung unmöglich macht.

Man kann dies mit der Reaktion des Gehirns – oder der Psyche – auf Messungen begründen, die der Genauigkeit Grenzen setzt. Dies ist eine formale, aber vermutlich keine zufällige Analogie dazu, dass man ein Elementarteilchen, z. B. ein Elektron, nicht an einem präzise zu bezeichnenden Ort festhalten kann. Das wiederum ist eine Folgerung aus der Heisenberg'schen Unschärferelation, und es scheint so zu sein, als habe das Gehirn grundlegende quantentheoretische Eigenschaften, die mit seiner psychischen Natur zusammenhängen.

Die Empfindlichkeit bei Beobachtung und Analyse, die sich in einer unvermeidlichen Reaktion dagegen äußert, bzw. der Schwierigkeit, aus einer Analyse der Teile auf die Funktion und Eigenschaften des Ganzen zu schließen, hat das Gehirn mit anderen Objekten unseres Interesses gemeinsam. Auch ein Elektron lässt sich nicht zerlegen, um seine Struktur und Eigenschaften zu erkennen, man kann nicht darin eindringen, und dasselbe gilt für abstrakte Objekte, wie Gruppen oder Mannigfaltigkeiten in der Mathematik, oder die chemischen Eigenschaften eines Elementes, oder für das Verhalten von Tieren. Zerlegung ist nicht alles.

Der Ausweg, den die Naturwissenschaften aus diesem Dilemma gefunden haben, ist das Studium der infrage stehenden Objekte mit Hilfe ihrer selbst, d. h. man bringt verschiedene von ihnen zusammen und lässt sie unter wohlbeschriebenen Bedingungen miteinander reagieren und nutzt die Beobachtung der Ergebnisse, um ein Strukturmodell zu entwerfen, das die Funktionalität erklärt. Man nutzt, um es allgemein zu sagen, die Wechselwirkungen bzw. die Kommunikation der Objekte unter sich, um Rückschlüsse auf ihren Charakter zu ziehen. Man lässt Elementarteilchen miteinander kollidieren – das ist ihre Art des Umgangs miteinander – und beobachtet die Ergebnisse, man bildet eine Mannigfaltigkeit in eine andere ab oder andere in sie, in vielen Variationen, um ihre Eigenschaften zu erkennen – hier sind die Abbildungen die Wechselwirkungen – man bringt ein chemisches Element mit anderen in Reaktion, usw. Was sich nicht in der Wechselwirkung mit anderen Objekten zeigt, hat keine Chance, erkannt zu werden.

Diese Methode, auf das Gehirn angewendet, erfordert, dass man die menschliche Kommunikation – oder entsprechend bei den Tieren – benutzen und heranziehen muss, um die strukturellen Eigenschaften des Gehirns zu erforschen. Es ist nicht so, dass man die physiologischen Ergebnisse dazu verwenden kann, die geistigen und sozialen Fähigkeiten zu erklären, d. h. dass man ausgehend von dem physiologischen Befund darauf schließen kann, was das Gehirn leistet. Man erkennt zwar eine gewisse Struktur (z. B. die synaptische), und einen Teil der darauf fußenden neuronalen Dynamik, aber man kann ihr ohne Heranziehung anderer Hilfsmittel keine Bedeutung beimessen, das in einem wörtlichen Sinn zu nehmende Eindringen ins Gehirn bringt es nicht zum Sprechen.

Man muss gerade umgekehrt verfahren: nämlich von den Leistungen des Gehirns in einem Modell auf seine Struktur schließen. Das liefert keine Erkenntnisse im strengen Sinne, sondern Hypothesen, die sich zu einer Theorie zusammenschließen können, die sich dann schrittweise verbessern lässt. Daher ist die Psychologie in einem allgemeinen Sinne der Schlüssel zum Gehirn, wobei natürlich der organische Befund den Ansatz zu einer formalen Strukturbeschreibung liefern sollte.

In einem so formal beschriebenen Modell lassen sich dann präzise Definitionen geben und das gestattet ein formales Schließen, das also kontrollierbar ist, und man kann dann die Schlussfolgerungen an der beobachteten Realität überprüfen.

2. Die funktionalen Eigenschaften des Gehirns als Ausdruck psychischer Energie

Das allgemeine Prinzip bei einem solchen Verfahren ist es, die Struktur so zu entwerfen, dass auf ihr eine Dynamik definiert werden kann, die die funktionalen Eigenschaften erklärt oder eben darstellt. Das Problem ist, eine Struktur zu finden, die eine hinreichend komplexe und vielseitige Dynamik zulässt, und das zusätzliche und spezifische Problem im Fall des Gehirns ist es, eine verbindliche psychologische Interpretation für die formalen Begriffe der Dynamik zu geben.

Das bedeutet, um konkreter zu werden, dass psychologische Begriffe – wie Angst, Freude, Entschluss, Wille, Bewusstsein, usw. – eine formale Definition mit Hilfe einer modellhaften Gehirndynamik erhalten, wobei höchstwahrscheinlich nach dem Vorbild der Physik Fixpunktverhalten u. ä. entscheidend benutzt wird.

Es sei betont, dass eben dies das Verfahren der theoretischen Physik – und insbesondere der Quantentheorie –ist, wobei zur Strukturbeschreibung mathematische Theorien dienen, deren Interpretation sich auf physikalische und nicht psychologische Sachverhalte bezieht. Die Physik demonstriert, dass dieses Verfahren sehr erfolgreich sein kann.

Das Verfahren beim Gehirn hat also so zu sein, eine Struktur zu definieren, die als ein Modell der Gehirnstruktur dienen kann und auf ihr eine Dynamik zu definieren, die als ein Modell der neuronalen Dynamik dient und die dann die mentalen Leistungen des Gehirns als funktionalen Ausdruck interpretiert und verstehen lässt.

Man kann versuchen, eine abstrakte Struktur zu finden, die das leistet, aber es ist näherliegend, eine Struktur zu suchen, die sich an die tatsächliche physiologische anlehnt, aber strikt formale Eigenschaften besitzt, die die weiteren notwendigen Definitionen für die Dynamik gestatten. Ich werde später darauf zurückkommen.

Das Entscheidende im folgenden ist zunächst der Energiebegriff. Die Energie ist dasjenige, was die Dynamik antreibt und sich in einer jeweils spezifischen Kraft äußert, und alle Ansätze zu einem formalen Verstehen müssen vom Energiebegriff ausgehen. Jede Energieart besitzt eine ihr eigene oder für sie charakteristische Dynamik, und dieser zugrundeliegend eine charakteristische Struktur – in der sie sich auswirkt, genauer gesagt, auswirken kann, und deren weitere abgeleitete Eigenschaften dann das konkret von uns wahrnehmbare Phänomen formal definieren.

So bedarf die Kernenergie, um ein Beispiel zu nennen, zu ihrer Wirkung der Elementarteilchen, die sehr dicht benachbart sein müssen, damit die spezifische Kernkraft als eine Anziehungskraft sich auswirken kann, die sie zu größeren Einheiten zusammensetzt. Die Gravitation hingegen wirkt über große Entfernungen und hängt von der Masse eines Körpers ab, und kann bei Elementarteilchen vernachlässigt werden, weil sie dort zu klein ist. Mit anderen Worten, es sind grundlegend verschiedene Situationen, in denen sich Kernkraft oder Gravitation auswirken.

Ich schlage für die in der Psyche – und damit der Kommunikation – wirksamen Kräfte drei Energiearten vor (es könnte auch mehr geben), die auf jeden Fall zu unterscheiden sind, da sie sich grundlegend verschieden auswirken.

Die erste ist die Autonomie. Hier sind nicht willkürlich steuerbare Kräfte wirksam, die Situationen oder Wahrnehmungen oder Vorstellungen bestimmen.

Die zweite ist zielgerichtete Energie. Sie dient dazu, bestimmte vorgesetzte oder vorgegebene Situationen herzustellen und durch eine geplante Handlungsfolge zu realisieren.

Die dritte nenne ich Gravitationsenergie und sie entspricht der Energie, die von einer großen Faszination, wie z. B. sozialen Begriffen (Gerechtigkeit), großen Persönlichkeiten, oder bedeutenden Kunstwerken, ausgeht und dadurch psychologische Entwicklungen in Gang setzt.

Die zugehörigen Kräfte wirken sich in verschiedenen Grundsituationen aus und es wird angenommen, dass ihnen verschiedene Strukturen zugrunde liegen. Dabei werden diese Energiearten in Analogie zu den physikalischen Energiearten verstanden.

Autonomie entspricht den Kernkräften, zielgerichtete Energie entspricht der elektrodynamischen Energie und die Faszination entspricht der Gravitation. Im allgemeinen wird in einem psychischen Ereignis eine Mischung dieser Kräfte auftreten, aber für die Beschreibung von Struktur und Dynamik werden sie in Reinform angenommen.

Der Charakter der Energiearten ist rein psychisch zu beschreiben und es wird kein Ansatz gemacht, ihn z. B. auf spezielle Stoffwechselvorgänge zurückzuführen, die Frage nach der Art der physiologischen Realisierung wird nicht berührt (obwohl diese durchaus sinnvoll sein kann).

Die Gründe für die genannte Auswahl werden hier nicht diskutiert. Sie sind zum Teil psychologischer Natur, weil so verschiedene Verhaltensweisen wie etwa künstlerische, kreative Arbeit und zielgerichtetes Handeln nicht nur verschiedene geistige Grundsituationen voraussetzen, sondern auch in ihrem ganzen Verlauf verschieden organisiert sind, was sich in einer verschiedenen Organisation an ihrem Ursprungsort, dem Gehirn, zeigen muss.

Zum anderen Teil liegen sie in der Annahme, dass Psychologie letzten Endes eine Art von Physik ist, deren Objekte nicht materieller, sondern psychologischer Natur sind, die aber vergleichbar rigorosen Gesetzen folgen wie die der wirklichen Physik, wobei die physikalischen Begriffsbildungen zwar einerseits den Beobachtungen in den Experimenten folgen, andererseits natürlich psychologischen Gesichtspunkten, Erlebnismöglichkeiten, usw., die diese Begriffsbildungen möglich und einsichtig machen. Etwas weitergehend wird hier ein gemeinsamer Hintergrund für Physik und Psychologie angenommen, der es zwar nicht gestattet, sie zu identifizieren, sie aber in eine Verbindung bringt, die sich auch in den Ansätzen zu ihrer Formalisierung ausdrückt.

Dabei wird das Gehirn als eine Naturerscheinung betrachtet, die es ebenso zu beschreiben und zu erklären gilt wie z. B. die Welt der Elementarteilchen, wobei aufgrund seines doppelten – nämlich subjektiven wie objektiven – Charakters seine Denkgesetze, oder was wir als solche betrachten, zugleich naturgesetzlichen Charakter tragen. Siehe dazu noch das fundamentale Diagramm am Ende des Aufsatzes.

Die verschiedenen Energiearten finden ihre Umsetzung in bestimmten Arbeitsprinzipien des Gehirns (die mit den entsprechenden Strukturen zusammenhängen und durch sie bedingt sind), die in der Folge kurz beschrieben werden sollen. Diese Prinzipien sind nichts anderes als formale Methoden, von denen zu erwarten ist, dass sie eine mehr oder minder universelle Bedeutung haben, ohne trivial zu sein. Wenn man nach solchen Methoden sucht, so bieten sich Mathematik und Physik als die Felder an, in denen sie ausgebildet und entwickelt werden. Das liegt an der formalen und introspektiven Natur dieser Wissenschaften, in denen sich das Gehirn sozusagen selbst erforscht, indem es den Denkmöglichkeiten und Denknotwendigkeiten nachgeht und sie kontrolliert.

Man darf annehmen, dass sich in ihnen, aufgrund ihres allgemeinen Charakters, der so formal ist, wie es unser Denken zulässt, die allgemeinen und formalen Prinzipien besonders weit entwickelt und durchgesetzt haben, und dass eine Methode, die bei ihnen eine universelle Wirkung besitzt, diese auch sonst haben wird und insbesondere eine Arbeitsmethode des Gehirns selbst – als ein formales System verstanden – spiegelt. Diese ist dann geeignet in ein Modell zu übersetzen. Dabei wird die Entwicklung einer Wissenschaft in erster Linie als Kommunikation der Wissenschaftler untereinander angesehen (und nicht als Erkenntnissuche), die zwar eingeschränkt und spezialisiert ist, aber im übrigen den gleichen Gesetzen wie die allgemeine folgt, so dass sich in ihr die Arbeitsprinzipien des Gehirns besonders deutlich zeigen.

Man sollte dabei daran denken, dass sich die Wissenschaft in der Diskussion entwickelt und darin geformt wird, wobei es zwar immer hervorragende Beiträge Einzelner gibt, diese aber trotzdem in der wissenschaftlichen Kommunikation aufgenommen, kontrolliert und verarbeitet werden müssen, ehe sie zum Korpus der Wissenschaft gehören. Jede allgemeine Methode hat daher einen langen Entwicklungsprozess durchlaufen, in dem sie ihre Wirksamkeit erweisen musste und ihre schließliche Form erhalten hat.

Die Arbeitsweisen der Physik sind generell so, dass die physikalischen Begriffe in mathematischen Modellen dargestellt und formalisiert werden – und keineswegs immer in einer naheliegenden oder auch nur unmittelbar plausiblen Weise – und die physikalischen Gesetzmäßigkeiten aus den mathematischen Sachverhalten, der mathematischen Theorie, abgelesen werden und mit allgemeinen Interpretationsprinzipien – einer Art von Umkehrung der Prinzipien zur mathematischen Formalisierung – wieder in physikalische Sachverhalte übersetzt. Mit dieser Methode wird eine ganz außerordentliche Präzision erreicht. Das Erstaunliche daran ist, dass abstrakte mathematische Begriffe und Theorien, wie Funktionenräume, Liealgebren, Gruppen, Darstellungstheorie (u. a.) zur Modellierung dienen und in ihren internen Gesetzmäßigkeiten, die sich vielfach ohne physikalischen Bezug entwickeln lassen, die Gesetzmäßigkeiten der Natur abgebildet sind. Auf diese Weise werden mathematische Methoden zu Verhaltensweisen der Natur.

In analoger Weise wie die physikalische Natur wird das Gehirn formalisiert, d. h. mit mathematischen Strukturen und Theorien beschrieben, so dass sich im Rahmen dieser Theorien eine Dynamik definieren lässt, die dann als eine Formalisierung der psychischen Energie erscheint. Durch die Formulierung von allgemeinen Interpretationsprinzipien wird wiederum aus den mathematischen Verhältnissen und Methoden in psychologische Verhältnisse übersetzt, und auf diese Weise erhalten die mathematischen Methoden eine Bedeutung als psychologische Gesetzmäßigkeiten.

Natürlich ist es nicht gleichgültig, wie die Formalisierung geschieht und in der Tat liegen hier die entscheidenden Schwierigkeiten einer formalen Gehirntheorie. Die Physik liefert zwar Anhaltspunkte, aber es gibt keine offensichtliche Analogie, die sich in naheliegender Weise ausarbeiten ließe, um den Phänomenen des Gehirns oder der Psyche eine klar zu interpretierende Gestalt zu geben.

Wie bei jedem Sachverhalt, für den ein formales Modell entworfen werden soll, muss man eine genaue und einfühlsame Untersuchung vorhergehen lassen, um einen Ansatz zu finden, der adäquat ist und die internen Beziehungen in angemessener Weise darstellt. Das ist i. A. nicht naheliegend und braucht auch nicht einfach zu sein. Im betrachteten Fall geht es darum, die Arbeitsweise des Gehirns mit Hilfe von Prinzipien zu beschreiben, die sich in allgemeine mathematische Prinzipien resp. Methoden übersetzen lassen, die Teil einer großen Theorie sind und dort einen möglichst universellen Charakter haben.

Hat man Methoden gefunden, mit denen sich in der Regel die gestellten Probleme lösen lassen, so darf man hoffen, dass die dahinter stehenden Arbeitsprinzipien des Gehirns auch der Kommunikation zugrunde liegen und ihren Ablauf bestimmen, d. h. die grundlegenden Energiearten der Psyche repräsentieren.

3. Das Fundamentale Prinzip und seine Anwendungen

Das allgemeine Prinzip, von dem ich ausgehe und das ich *Fundamentales Prinzip* nenne, lautet folgendermaßen.

> Wir nehmen funktional oder dynamisch wahr und wir codieren diese Wahrnehmungen strukturell.

Damit ist eine grundsätzliche Aufspaltung der Arbeitsweise des Gehirns beschrieben, die sich in vielen Varianten und Beispielen verfolgen lässt, die aber keine kanonische und allgemein zu beschreibende Form hat. Es scheint vielmehr so zu sein, dass sich in jedem einzelnen Fall zeigen lässt, dass das Prinzip zutrifft, aber dass es keinen Algorithmus oder etwas Vergleichbares gibt, das dies leistet. Es scheint auch keine logische Herleitung dieses Prinzips aus einer anderen fundamentalen Eigenschaft der Psyche zu geben, vielmehr erscheint das damit beschriebene Phänomen eher wie ein Paradoxon, das sich dem unmittelbaren Verständnis entzieht, seine bloße Existenz aber unermüdlich aufweist. Da es ohnehin hoffnungslos ist, die Psyche in ihrer Gesamtheit zu verstehen und man nur Teilaspekte beleuchten kann, könnte man dies dem dunkeln Teil zuschlagen, gäbe es nicht Beispiele, in denen die so beschriebene Aufspaltung zu einem äußerst wirksamen Mittel der Untersuchung und Aufklärung wird. Es scheint daher so, als wäre das Fundamentale Prinzip eine grundlegende Eigenschaft des Gehirns, dessen detaillierte Beschreibung (ohne den Versuch einer Herleitung) einen Zugang zu seiner Arbeitsweise liefert und eine Einsicht in seine primäre Natur vermittelt.

Diese Beispiele sind, insbesondere in der Mathematik, so universell und zugleich vielfältig, dass der Gedanke nahe liegt, dahinter stünden Arbeitsmethoden des Gehirns, in denen die fundamentalen psychischen Energien ihre Formung und ihren Ausdruck finden. Dies gilt umso mehr, als die gleichen Methoden auch in der Physik eine erfolgreiche und gewissermaßen universelle Anwendung finden.

Ich werde diese Beispiele kurz skizzieren und danach ihre Verwendung erläutern.

a) Die erste Methode ist die durch das fundamentale Prinzip fast direkt implizierte Aufspaltung in eine dynamische, erlebnismäßige Betrachtung und in eine statische, strukturelle. Ich nenne ersteres die Endosicht, letzteres die Exosicht. Diese Einteilung ist keine Dichotomie und es gibt keine präzise begriffliche Unterscheidung, vielmehr wird es oft einen Bereich der Überschneidung geben, aber die grundsätzliche Unterscheidung ist von fundamentaler Bedeutung. Wir erleben die Dynamik i. A. als den „Zustand" eines Systems, während die Struktur die Bedingungen liefert, unter denen der Zustand angenommen werden kann. Es gibt keinen systematischen Übergang von der Struktur zur Dynamik oder umgekehrt, der Zusammenhang zwischen beiden ist hochgradig nicht kanonisch und muss von Fall zu Fall hergestellt werden. Wir empfinden beide aber auch unmittelbar als miteinander verbunden und als die wesentlichen Bestandteile einer Gesamtheit. Jedes Verstehen eines Systems gründet auf einer Verbindung zwischen seiner Endo- und Exosicht und es geht oft um eine geschickte Aufspaltung, die das Zusammenspiel von Struktur und Dynamik überzeugend zeigt. Das gilt zweifellos auch für das Verständnis des Gehirns. Unser Erleben scheint grundsätzlich an die Dynamik gebunden zu sein, und so muss man auch annehmen, dass alle psychische Realität und Aktivität an die Dynamik des Gehirns gebunden ist und darin erscheint. Unser Erleben, Denken und Wahrnehmen ist daher die unmittelbare Endosicht unseres Gehirns – ich nenne sie die primäre Endosicht – während es auch eine zweite, sekundäre gibt, die aus der Beobachtung der physiologischen Dynamik sich herleitet. Es ist die Aufgabe einer Gehirntheorie, diese beiden zur Deckung zu bringen und allgemeine Grundsätze dafür aufzustellen. Das hat offensichtliche Bedingungen zur Folge: es ist ein Strukturmodell zu entwerfen und auf diesem Modell eine Dynamik zu definieren, die in ihren verschiedenen Aspekten und Eigenschaften ein Modell ergibt für die psychologischen Begriffe und Zustände. Das entspricht dem zu Anfang formulierten allgemeinen Ansatz.

Dabei ist zu beachten, dass viele Eigenschaften einer Dynamik durch ihre Fixpunkte, Eigenvektoren, Attraktoren u. ä. definiert werden, die zwar von der Dynamik abhängen, aber nicht unbedingt an ihr teilnehmen, was ihre experimentelle Entdeckung schwierig macht. Es sind in erster Linie theoretische Größen.

Die Verbindung von Endo- und Exosicht ist wegen ihrer Nicht-Systematisierbarkeit immer ein kreativer Akt, von dem das Verständnis eines Phänomens entscheidend abhängt, und eine spezifische Gehirnleistung. Diese Verbindung ist in der Kunst besonders innig, da sie die Brücke zwischen Material und Gestalt schlägt.

Sie besitzt eine besondere Eigenschaft, die für eine theoretische Betrachtung des Gehirns eine Schlüsselrolle besitzt, und die ich als Unschärfe bezeichnen will, weil es eine Beziehung zur quantentheoretischen, von Heisenberg entdeckten Unschärfe gibt und man sie als eine – nicht präzise formulierbare – Verallgemeinerung ansehen kann.

Die Heisenberg'sche Formulierung lautet: Man kann Ort und Impuls eines Elementarteilchens nicht gleichzeitig genau messen, weil die Messungen ihren Zustand verändern; und deshalb sind sie nicht zugleich definiert. Diese Relation ist fundamental in der Quantentheorie. Ich gehe hier nicht auf den Operator-Formalismus ein.

Auf das Gehirn lässt sich diese Argumentation wie folgt übertragen: eine genaue Messung der Hirnstruktur- und Aktivität (als Exosicht) in einem bestimmten Zeitintervall beeinflusst den mentalen Zustand – d. h. die Endosicht – und eine genaue Beschreibung oder Messung des mentalen Zustands als Endosicht lässt das Gehirn reagieren und verändert seine Aktivität und synaptischen Schaltungen – d. h. die Exosicht. Die Folgerung lautet: Es gibt keine gleichzeitige Messung von Endo- und Exosicht und daher sind sie nicht gleichzeitig definierbar, oder, etwas schärfer ausgedrückt:

> Es gibt keine vollständige psycho-physische Parallelität.

Wegen des komplexen Charakters der zu messenden Zustände gibt es hier keine numerische Formulierung der Unschärfe.

Eine andere Version der Unschärfe ergibt sich, wenn man Endo- und Exosicht jeweils als einen Zustand des Gehirns betrachtet, als die Art, ein System zu sehen, und sich insofern mit ihm in gewisser Weise zu identifizieren. Auch hier wird die Exosicht als eine Art von metrischer Bestimmung gesehen, die Endosicht als eine energetische.

In diesem Fall lautet die Unschärfe:

> Endo- und Exosicht können nicht zugleich vollständig eingenommen werden.

Diese Formulierung ist eine Aussage über die Arbeitsweise des Gehirns, die auf Erfahrung beruht, ohne dass eine formale Definition von Endo- oder Exosicht gegeben wird. Es scheint sogar so zu sein, dass weder der Exo- noch der Endostandpunkt jeder für sich vollständig eingenommen werden kann.

Beide Formulierungen der Unschärfe sind miteinander verwandt, besagen aber nicht das gleiche. Man kann noch andere Formen der Unschärfe formulieren, aber hier soll auf diese Beziehungen nicht eingegangen werden. Die Unschärfe ist nach meiner Ansicht fundamental in jeder formalen Gehirntheorie und bedarf einer genauen Untersuchung. Insbesondere wäre es wünschenswert, ihr eine strukturell-quantitative Fassung zu geben. Eines der Probleme dabei ist, dass es bisher keine quantitative Messung psychischer Energie gibt, auch wenn intuitiv ein Energiemaß existiert.

Unterstellt man, dass es auch eine quantitative Formulierung der Unschärfe gibt, und sei es von Fall zu Fall, mit verschiedenem Maß, so lässt sich folgern, dass die genaue Festlegung der „Struktur" einer psychologischen Situation, d. h. der Exosicht, zu einer großen Unbestimmtheit in der Endosicht, d. h. im Erleben führt. Das entspricht der Erfahrung, dass jeder Versuch einer strukturellen psychologischen Festlegung (das „Festnageln" in einer psychologischen Situation) starke emotionale Ausschläge zur Folge hat, die man, psychologisch gesprochen, als den Versuch betrachten kann, sich dem Festlegen zu entziehen. In der Umgangssprache: man entzieht sich der Beobachtung, oder, physikalisch ausgedrückt, Beobachtung verändert das Geschehen.

In diesem Sinne ist die Unnahbarkeit des Gehirns eine Konsequenz der Unschärfe und eine quantentheoretische Eigenschaft.

b) Ein weiteres und formal sehr gut beschreibbares Beispiel der Aufspaltung in Struktur und Dynamik bietet die mathematische Gruppentheorie. Man kann sie als ein spezielles Beispiel von Endo- und Exosicht eines Phänomens betrachten.

Der allgemeine Ansatz ist die strukturelle Beschreibung eines Phänomens mit Hilfe einer Gruppe (im mathematischen Sinne), die als Symmetriegruppe verstanden wird und entweder in einer sinnfälligen Weise tatsächlich als eine Gruppe von Symmetrien definiert wird (wie z. B. die orthogonale Gruppe als Symmetriegruppe einer Sphäre, oder die Gruppe der Permutationen von 4 Elementen als Symmetriegruppe eines regulären Tetraeders), oder in einem abstrakten Ansatz zugeordnet wird im Sinne einer verborgenen und nicht offensichtlichen Symmetrie. Dahinter steht die Annahme und Erfahrung, dass in den Symmetrien eines Objektes grundlegende Eigenschaften verschlüsselt sind.

Die energetischen und damit dynamischen Eigenschaften des Phänomens in Betrachtung zeigen sich dann in den passenden Darstellungen der Symmetriegruppe, d. h. in konkreten Realisierungen dieser Gruppe als eine Automorphismengruppe eines Vektorraumes. Die Dynamik liegt dann in den Selbstabbildungen eines Vektorraumes, und die dynamischen Eigenschaften des Objektes werden aus Eigenschaften der Selbstabbildungen hergeleitet (insbesondere aus ihrem Fixpunktverhalten).

Dieser Ansatz (oder Variationen davon) wird z. B. sehr erfolgreich in der Quantentheorie angewendet und dient insbesondere der Formalisierung autonomer Prozesse.

c) Während die autonomen Prozesse nur in geringem Umfang über ihre Randbedingungen zu beeinflussen, aber nicht zu steuern sind, gibt es viele Prozesse und Situationen, die sich systematisch entwerfen und konstruieren und subtil steuern lassen und die in diesem Sinne nicht „selbstbestimmt" sind. Man kann sie als zielgerichtet bezeichnen, und ihnen entspricht eine andere Aufspaltung in Struktur und Dynamik, die mehr oder minder beherrscht wird durch die Ersetzung der beteiligten Objekte (der Konstruktionsbestandteile) durch formale Größen, „Invarianten", die die Objekte partiell kennzeichnen – auf der strukturellen Seite – und eine Wechselbeziehung zwischen den Invarianten, die anstelle der Wechselbeziehung zwischen den Objekten selbst tritt, auf der dynamischen Seite.

Genauer bedeutet dies, dass man einem Objekt eine i. A. kontextabhängige Struktur zuordnet, und Teile dieser Struktur durch formale Größen gekennzeichnet werden (etwa Zahlen oder algebraische Größen), die dann in dem Zusammenhang des gegebenen Kontextes anstelle der Struktur selbst treten, und die es gestatten, das Verhalten der Objekte in der Wechselwirkung mit anderen ähnlichen zu beschreiben oder vorauszusagen, zumindest mit einem gewissen Maß an Genauigkeit.

So ist für viele physikalische Reaktionen bei einem Körper (z. B. bei Kollision) nur seine Masse, als eine Zahl, maßgebend, nicht aber seine Ausdehnung, Härte, Farbe, usw. Bei elektrisch geladenen Teilchen genügt es in ähnlicher Weise, ihre Masse und Ladung zu kennen, ohne ihrer besonderen Erscheinung Rechnung zu tragen. Im täglichen Leben wird ein Gegenstand oft allein durch seinen Geldwert ersetzt, und bei Menschen werden oft Charaktereigenschaften, die tatsächlich sehr komplex sind, durch einen einzige Größe ersetzt, die eine gewisse Kennzeichnung in einem Handlungsablauf geben soll (z. B.: dieser Mensch ist freundlich).

Die verschiedenen Invarianten beschreiben eine Aufteilung in verschiedene Reaktionstypen und man kann so versuchen, ein Objekt durch eine Anzahl von Invarianten zu ersetzen, aus deren Größe oder genauer Definition sich das Verhalten des Objektes in bestimmten Situationen ablesen lässt.

Dies liefert zwar nicht immer eine genaue Beschreibung, aber doch eine hinreichende Approximation, sobald man die Art der Wechselwirkung kennt. Sehr kurz lässt sich dies so formulieren: Die Eigenschaften (d. h. Struktur) eines Objektes bestimmen seine Reaktionsweisen und somit die Funktionalität in einem hinreichend genau eingeschränkten Kontext.

Ist dieser Zusammenhang genauer bestimmt – durch Experimente oder eine Theorie – so lässt sich diese Kenntnis erfolgreich zum Entwurf bestimmter gezielter Abläufe einsetzen, indem man die durch die Abstufung der Invarianten manipulierbaren Reaktionen dem Kalkül unterlegt. Diese Methode beherrscht z. B. jede technische Konstruktion. Das Verfahren ist insbesondere in der algebraischen Topologie im Laufe der ersten Hälfte des vorigen Jahrhunderts zu einem äußerst subtilen Instrument entwickelt worden (in Homologie-, Cohomologie- und Homotopietheorie) und hat eine universelle Bedeutung erlangt.

Das Erstaunliche daran ist, dass ein so einfacher Ansatz, der im täglichen Leben unbewusst häufig benutzt wird, eine so differenzierte Wirksamkeit zeigt und dass es Invarianten gibt, die sich so universell verwenden lassen.

d) Eine vierte Aufspaltung – und die letzte, die ich hier beschreibe – in Struktur und Dynamik und daraus resultierender Funktionalität ist subtiler, sie zerfällt in lauter individuelle Beispiele, die kaum etwas gemeinsam haben, obwohl es eine schematische Beschreibung gibt, die aber in jedem Einzelfall erst mit Inhalt gefüllt werden muss. Sie hat zu tun mit der Verbesserung der Funktionsfähigkeit eines Systems – sei es psychologischer, mechanischer oder abstrakter Art – in Hinblick auf eine spezifische Art seiner Funktion: die Vervollkommnung einer handwerklichen oder künstlerischen Fähigkeit, die Verbesserung einer psychologischen Fähigkeit, die Fortentwicklung einer Maschine in Bezug auf Präzision oder Qualität ihrer Produkte, oder, etwas allgemeiner, überhaupt die Ausführbarkeit bestimmter Operationen in einem systematischen Verfahren.

Was all diesen Ansätzen gemeinsam ist, ist die Anwendung eines allgemeinen, psychologischen Prinzips, eine Art von Ergänzung des Kausalitätsprinzips, das ich das Hindernisprinzip nenne, und das folgendermaßen lautet:

> *Hindernisprinzip:* Wenn in einem System eine bestimmte Operation nur in ungenügender Weise ausführbar ist, so liegt in der Struktur des Systems ein Hindernis, auf das sich dieses Funktionsdefizit zurückführen lässt.

Ich behaupte nicht, dass das Hindernisprinzip wahr ist, aber es ist allem Anschein nach ein Grundsatz des Denkens, der der Aufspaltung in Struktur und Funktionalität folgt, die sich im fundamentalen Prinzip ausdrückt. Das Besondere daran ist, dass es nicht nur eine gewisse Universalität besitzt, sondern der Glaube daran und eine entsprechende Umsetzung in Methodik einen ganz außerordentlichen Erfolg. Man kann sagen, dass das H-Prinzip vielleicht die tiefste und zugleich rätselhafteste Verbindung ist zwischen Psychologie und Mathematik: in beiden Fällen dient es zur Definition und Untersuchung von Strukturen, die eine beherrschende theoretische Rolle spielen. Man braucht nicht viele Abstriche an der folgenden Aussage zu machen:

Jede systematische Verbesserung an einem systematischen abstrakten oder konkreten Verfahren beruht auf einer Anwendung des Hindernisprinzips.

Ich skizziere in aller Kürze den Weg solcher Anwendung.

Am Beginn steht eine Analyse des Systems, in der der Zusammenhang von Struktur und Funktion in Bezug auf das betrachtete Produkt (das verbessert werden soll) analysiert wird. Es ist eine kritische Bestandsaufnahme dessen, was das System leistet aufgrund seiner Struktur. Diese Analyse dient dazu, das H-Prinzip zu bestätigen: die gewonnene Einsicht wird dazu benutzt, ein „Hindernis" zu definieren, begrifflicher oder materieller Art, das mit der gegebenen Struktur verbunden und ihr inhärent ist, auf das sich die defizitäre Funktion zurückführen lässt. Das ist ein hypothetischer Ansatz und in hohem Maß nicht-algorithmisch, es gibt kein systematisches Verfahren zur Definition des Hindernisses, sondern dies muss ad hoc aufgrund der bestehenden Verhältnisse „entdeckt" werden und ist nicht im Voraus oder eindeutig bestimmt, und aufgrund verschiedener Anschauung der Verhältnisse kann man zu verschiedenen Definitionen gelangen, die nicht notwendig miteinander in Einklang gebracht werden können.

Ist das Hindernis definiert, so ist der nächste Schritt die Konstruktion eines in Bezug auf das gegebene erweiterten Systems, in dem die Struktur des Hindernisses berücksichtigt ist und mit den Elementen des ursprünglichen Systems so verbunden wird, dass man annehmen kann, das neue System besitze nicht mehr das Defizit des alten – oder zumindest in geringerem Grade. Diese Konstruktion – ich nenne sie H-Erweiterung – ist wiederum nicht algorithmisch, sie muss in einer besonderen Einsicht gefunden werden (was auch misslingen kann!). Das erweiterte System kann man prüfen, um den Erfolg der Konstruktion festzustellen. Das Verfahren lässt sich in analoger Weise wiederholen, so dass man eine Folge von sukzessiven Erweiterungen hat.

Die Verbesserung eines Werkzeuges, die Verfeinerung eines Verfahrens und fast jeder psychologische Entwicklungsschritt lässt sich diesem Schema unterordnen und wird vielfach in diesem Sinne verstanden. Auch und insbesondere in der Mathematik wird es benutzt, um Struktur-Erweiterungen und damit neue Strukturen zu definieren. Ein hervorragendes Beispiel ist die algebraische Erweiterung eines (algebraischen) Körpers in Bezug auf ein über diesem Körper irreduzibles Polynom.

Das skizzierte Verfahren ist nicht immer erfolgreich: es kann an jeder Stelle scheitern, insbesondere die Konstruktion des erweiterten Systems, in das das Hindernis integriert werden soll. Die Hindernisse selbst, soweit man sie als „real" betrachtet, und insbesondere, wenn ihre Beseitigung in einer entsprechenden H-Erweiterung nicht gelingt, spielen eine große Rolle in Denken und Fühlen und sind der hauptsächliche Bestandteil aller Arten von Theorien.

So ist, um ein berühmtes Beispiel zu nennen, der Ödipuskomplex in der analytischen Theorie Freuds das Hindernis in der Psyche eines Patienten gegen „normales" Verhalten und in der entsprechenden Literatur wird seine Struktur ausführlich erörtert.

Die H-Erweiterungen bieten die vielfältigsten und subtilsten Beispiele für die Aufspaltung in Struktur und Funktion und für den großen Erfolg dieser Methode.

4. Die Beispiele als Strukturmodelle für die Arbeitsweise des Gehirns

Die unter b) bis d) des vorigen Abschnitts beschriebenen Methoden der Aufspaltung in Struktur und Funktion resp. Dynamik, werden nun verwendet, um ein formales Modell für die Arbeitsweise des Gehirns zu entwerfen. Dabei entsprechen die drei Aufspaltungen drei verschiedenen psychischen Energiearten, die sich in ihnen manifestieren. Natürlich liegt in einem solchen Ansatz eine Willkür und man kann fragen: warum diese und nicht andere und weitere Methoden?

Der Grund liegt in ihrer Universalität, die sie in der Mathematik besitzen. Die in b) genannte Darstellungstheorie, die in c) genannte Methode algebraischer Invarianten (insbesondere Cohomologietheorie) und die in d) genannten Strukturerweiterungen bzgl. unvollständig ausführbarer Operationen (dazu gehört insbesondere die Galoistheorie) sind die allgemeinen Methoden in Algebra und Topologie und in gewissem Sinne kann man sagen, dass jedes etwas größere Problem unter ihrer Verwendung gelöst werden muss. Etwas pointierter: ein Problem, das mit diesen Methoden nicht lösbar ist, lässt sich nicht lösen.

Die Methoden entsprechen den drei großen Ansätzen mentaler Aktivität: autonome Aktivität in Wahrnehmen und Denken; zielgerichtete Aktivität; und Entwicklung unter dem Einfluss unscharf umrissener Zielgrößen.

Sie werden in Analogie gesetzt zu den drei grundlegenden physikalischen Kräften: Kernkräfte, elektro-dynamische Kräfte, Gravitation. Auch in der Physik kann man sagen: was mit den drei Grundkräften nicht realisierbar ist, ist überhaupt nicht realisierbar.

Natürlich vermischen sich diese Aktivitäten im Alltag miteinander, aber jede hat auch ihre reine Form, besonders in einem theoretischen Ansatz. Die dahinter stehende Annahme ist, dass sich jede grundlegende geistige oder mentale Aktivität (d. h. psychische Energie) in einer formalen Methode äußern und niederschlagen muss und daraus rekonstruiert werden kann.

Es ist offensichtlich, dass damit nicht alle Aktivitäten des Gehirns abgedeckt sind, insbesondere sind die sehr vielfältigen Verbindungen zur Sensorik nicht beschrieben und gehen in diesem Modell als allgemeine Randbedingungen ein, unter denen das Gehirn arbeitet, bzw. als Eingangsgrößen einzelner Untersysteme. Die Veränderungen zu beschreiben, die sich bei Variation der „normalen" Randbedingungen ergeben, erfordert mehr oder minder eine eigene Theorie.

Die drei Teilmodelle werden kurz als das autonome System, das zielgerichtete System und das Entwicklungs-System bezeichnet. Es folgen kurze Erläuterungen zu ihrer Realisierung.

Die Neurone werden als „freie Elemente" betrachtet, die das Gehirn zusammensetzen, wobei die synaptischen Verbindungen Relationen zwischen ihnen herstellen und damit definieren, deren Resultat spezifische Strukturen sind (physiologisch gesprochen: neural assemblies), die sich in wechselnder Anordnung zusammenfügen und aufgabenspezifisch sind. Von diesen Strukturen wird angenommen (das ist eine wesentliche Grundannahme, die die Verbindung zur Mathematik herstellt), dass sie, formal und abstrakt gesprochen, algebraische Varietäten sind, deren gehirnspezifische Kommunikation untereinander die Morphismen algebraischer Varietäten sind (so dass hier nicht von der Weitergabe von „Information" gesprochen wird). Dies sind die „Arbeitseinheiten" des Gehirns. Unter diesen Varietäten befinden sich (das ist die weitere Grundannahme) einfache endliche algebraische Gruppen, die in spontanen Prozessen formiert werden.

Die autonomen Systeme des Gehirns sind Darstellungen von Untergruppen, der sogenannten parabolischen Untergruppen, dieser einfachen Gruppen, die in einem gehirneigenen Akt konstruiert werden. Die Konstruktion der Darstellungen ist eine der Hauptleistungen des Gehirns und i. A. eine langfristige Arbeit. Auf der Konstruktion der Darstellungen beruhen die Wahrnehmungen sowie die Denkprozesse. Die Darstellungen heißen psychologische Zustände, und sind die Grundzustände des Gehirns. Ihre Herstellung erfordert eine spezifische Energie, die Bindungsenergie heißt (hier gibt es einen Übergang zum sogenannten Bindungsproblem).

Das System zielgerichteter Aktivitäten besteht aus zahlreichen neural assemblies, die in großen Anordnungen, sogenannten Diagrammen (der Terminus stammt aus der algebraischen Topologie, resp. der Kategorientheorie), untereinander verbunden sind und durch aufgabenspezifische Morphismen miteinander kommunizieren und nach Maßgabe der Zielsetzung zusammengefügt werden. Der Aufbau dieser Diagramme benutzt die Invarianten (insbesondere die Cohomologie) der daran beteiligten neural assemblies, um eine zweckmäßige Struktur herzustellen. Man kann sich dies als einen subtilen Kontext und ein Geflecht gegenseitiger Abhängigkeiten und Bedingungen vorstellen, der durch die Verwendung der Invarianten hochgradig präzisiert ist. Die Diagramme könnten zu einem geringen Teil angelegt oder angeboren sein, sind zum größten Teil aber auf langdauernder Erfahrung beruhende Konstruktionen des Gehirns unter dem Einfluss von Rückkopplungsprozessen. Man denke daran, wie lange ein Kleinkind benötigt, um einen Gegenstand greifen zu lernen. Einzelne der neural assemblies in einem solchen Diagramm besitzen einen Ausgang in die Motorik, und ihre cohomologischen Invarianten sind bestimmend für die motorische Innervation, d. h. die resultierenden Handlungen.

Die an einer Handlungskonstruktion beteiligten neural assemblies sind i. A. zugleich beteiligt an der Konstruktion eines Darstellungsprozesses, d. h. eines autonomen Systems, das zu einer der eben genannten einfachen Gruppen gehört.

Das System der Entwicklung mit Hilfe der H-Erweiterung von speziellen Systemen hat eine Verwandtschaft mit der zielgerichteten Aktivität, benutzt aber nur unscharf definierte Ziele (wie die Faszination durch ein Objekt oder einen allgemeinen Begriff; nicht aber z. B. die Anlaufphase eines Hochspringers), und ist vom gesamten Ablauf her ergebnisoffen, einschließlich des Scheiterns. Das Gewicht liegt hier auf der Struktur- und Hindernisanalyse und der Strukturerweiterung als eigenständigen Prozessen, die ihre psychische Energie aus der Faszination des unscharfen Zieles ziehen und auch ohne Erreichen des Zieles sinnvoll bleiben. Die Essenz der zielgerichteten Handlung ist ein kalkulatorischer Prozess mit Hilfe von Invarianten, die Essenz der H-Erweiterung die Untersuchung von Strukturen. Das eine kann das andere unterstützen, ist aber nicht dadurch ersetzbar. Die H-Erweiterung ist der Kern der kreativen Prozesse und hat insofern auch einen autonomen Charakter. Sicher sind die neural assemblies an einer Erweiterung beteiligt, aber ihre kalkulatorische Handhabung liefert nicht den Erweiterungsprozess. Seine Existenz ist eine besondere Eigenschaft des Gehirns (und keines anderen Systems), die bisher nur sehr unvollständig geklärt und nicht verstanden ist.

Auf eine Besonderheit des hier skizzierten formalen Ansatzes soll noch hingewiesen werden. Das betrifft die mit den autonomen Systemen verbundenen Darstellungen, die ein Modell für Wahrnehmungen und Denkprozesse sind. Die dargestellten Gruppen sind parabolische Untergruppen einer einfachen endlichen algebraischen Gruppe und diese ist über einem (endlichen) Körper mit Primzahlcharakteristik definiert. Auf diese Weise spielen Körper mit endlich vielen Elementen (statt z. B. dem der komplexen Zahlen) und Primzahlen eine wichtige Rolle in der Modelldefinition. Insbesondere liegt es nahe, auch Darstellungen in Charakteristik p, p eine Primzahl, zu betrachten, sogenannte modulare Darstellungen, und ebenso, algebraische Varietäten über endlichen Körpern als Modell für neural assemblies. Modulare Darstellungen können dazu dienen, Begriffe der (psychologischen) „Subjektivität" formal zu fassen und ihre Beziehungen zur „Objektivität" (Darstellungen in Charakteristik 0) genauer zu untersuchen.

Analoges gilt für die Cohomologie der algebraischen Varietäten als den Invarianten in kalkulatorischen oder zielgerichteten Prozessen.

Die Benutzung eines mathematischen Modells in Charakteristik p und seine psychologische Interpretation statt eines Modells über den komplexen Zahlen lässt die Psyche als ein „modulares Analogon" gewisser Teile der Physik erscheinen, insbesondere der Quantentheorie. Dies kann zu einer Einordnung der Psyche bzw. des Gehirns in ein umfassendes Naturmodell dienen.

5. Das Fundamentale Diagramm

Es hat die folgende Gestalt:

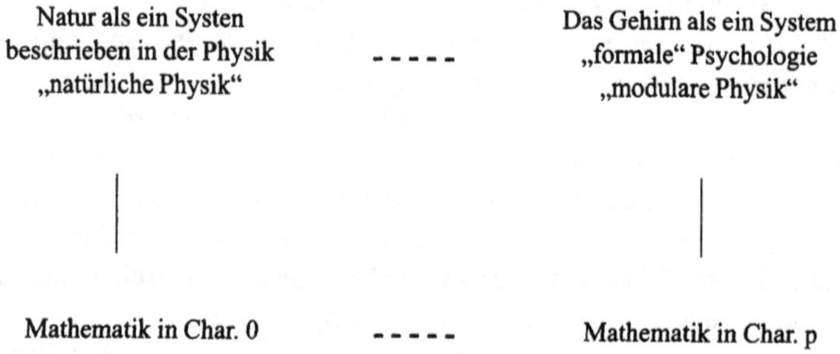

Dabei bedeuten die senkrechten Verbindungen auf beiden Seiten Übergänge mittels Interpretation (von unten nach oben) bzw. mittels Formalisierung (von oben nach unten). Der waagerechte Übergang unten bedeutet die Verbindung zwischen den beiden Teilen der Mathematik bzw. die Übergänge zwischen Charakteristik 0 und Charakteristik p, die nicht systematisch beschrieben werden können und auch nicht immer möglich sind. Insgesamt spiegeln die Beziehungen in der Mathematik zwischen Charakteristik 0 und Charakteristik p die formale Seite der Beziehungen zwischen Physik und Psyche in dem Modell.

Es wird angenommen, dass das Diagramm im wesentlichen „kommutiert“, so dass die Übergänge auf den verschiedenen Seiten miteinander verträglich sind. Das ist eine tiefgreifende Annahme, die dem Gehirn einen „absoluten“ Platz im Verhältnis zwischen Mathematik und Physik zuweist.

Die linke und die rechte Hälfte des Diagramms stellen die „objektive Natur“ und das „subjektive Gehirn“ einander gegenüber, ohne dass eine der beiden Seiten bevorzugt wird, die objektive Seite hat keinen größeren Realitätsgehalt als die subjektive, sondern beide sind eng miteinander verbundene Naturerscheinungen.

Wichtiger Gegenstand einer kompetenten Gehirntheorie ist die Untersuchung der Beziehung zwischen den beiden Seiten, die weder die „objektive“ noch die „subjektive“ bevorzugt, sondern ihre enge Verflechtung in zahllosen Rückkopplungen in den Mittelpunkt stellt und damit berücksichtigt, dass Naturerkenntnis nicht ohne die Aktivität des Gehirns möglich ist und daher die Gehirnstruktur in einer unauflösbaren Weise in das Naturverständnis eingebunden ist und so das Gehirn in einer nicht ablösbaren Weise Teil der „objektiven Natur“.

Literatur

Olivier, R. (1976), Vollständige Systeme, Mathematisches Institut Bonn.

Olivier, R. (1985), Emotionale Felder, in: Kornwachs, K. (Hg.), Offenheit – Zeitlichkeit – Komplexität, 51–109, Frankfurt/M.

Olivier, R. (1992), Das Mentale System, Mathematisches Institut Bonn.

Olivier, R. (1994), The Mental System – A Mathematical/Physical Approach, in: Atmanspacher H./ Dalenoort, G. (Hg.), Inside Versus Outside, 389–405, Berlin/Heidelberg.

Olivier, R. (1994), Das Mentale System und seine Beziehung zur Außenwelt, in: Zeitschrift für Parapsychologie und Grenzgebiete der Psychologie, 176–193, Bd. 36, Freiburg im Breisgau.

Olivier R. (2006), Das Gehirn als ein formales System, Göttingen.

Anmerkungen zur psychologischen Deutung von Hirnprozessen

Von REINHARD OLIVIER (Bonn)

I.

In den dreißiger Jahren des vorigen Jahrhunderts sind der Physiker Wolfgang Pauli und der Psychologie C. G. Jung in einen Gedankenaustausch getreten, in dem sie sich mit der Möglichkeit befassten, Verbindungen zwischen Physik und Psychologie zu ziehen.

Pauli kam mit der Tiefenpsychologie in Berührung durch eigene psychologische Probleme und wurde zuerst von Jung und bald von seiner Schülerin Erna Rosenbaum behandelt. In der Folge entspann sich ein wissenschaftlicher Dialog (der sogenannte Jung-Pauli-Dialog, siehe Atmanspacher/Primas/Wertenschlag-Birkhäuser 1995 und Meier 1992) in dem es unter anderem darum ging, ob sich die Physik und die Psyche unter einheitlichen Gesichtspunkten sehen lassen, d. h. ob es übergeordnete Gesichtspunkte gibt, von denen aus die beiden Gebiete zugänglich werden und eine Verbindung besitzen. Jung selbst ist nach seinem eigenen Bekunden durch Albert Einstein auf mögliche Verbindungen zwischen Psyche und Physik hingewiesen worden.

Der Austausch zwischen diesen beiden sehr selbständigen und kreativen Persönlichkeiten ist nicht ohne weiteres zusammenzufassen. U. a. hat Jung eine sehr umfangreiche Traumserie, die Pauli während seiner Analyse produzierte, in seinem Buch „Psychologie und Alchemie“ (siehe Jung 1952) verwendet, um den Individuationsbegriff darzustellen, und der Begriff der Synchronizität, als Komplementärbegriff zur Kausalität, wurde zwischen ihnen vielfach diskutiert.

Ich erwähne diese Diskussion, die sich insgesamt über annähernd 25 Jahre hingezogen hat, weil in ihr versucht wurde, eine Verbindung zwischen präzisen naturwissenschaftlichen und grundlegenden psychologischen Begriffen (aus der Psychologie von Jung) zu ziehen und weil das Verhältnis Materie – Geist dabei eine hervorragende Rolle spielte.

Gerade der Begriff der Synchronizität – das sinnvolle Zusammentreffen von Ereignissen, zwischen denen kein kausaler oder sonst zwingender Zusammenhang herzustellen ist – könnte sich in den Diskussionen über psychologische Interpretationen von Hirnprozessen als hilfreich und interessant erweisen.

Beide Forscher haben übrigens nicht an eine einfache Parallele zwischen Physik und Psyche gedacht und haben auch nicht erwogen, ob bei einer solchen Verbindung das Gehirn als Organ des Denken eine Vermittlerrolle spielen könnte.

Der Jung-Pauli-Dialog ist natürlicherweise beendet, aber er ist nicht abgeschlossen und steht immer noch vor den gleichen grundlegenden Schwierigkeiten, den zentralen Ansatz zu finden und damit eine psychologische Interpretation der Physik resp. eine physikalische Interpretation der Psychologie.

Die Willensfreiheit hat im Jung-Pauli-Dialog keine Rolle gespielt – und ich vermute, dass sowohl Jung wie Pauli diesen Fragen nicht viel hätten abgewinnen können, da sie in der Hauptsache an autonomen Vorgängen interessiert waren – aber die im Dialog angesprochenen Probleme sind ja in der Tat umfassender und allgemeiner und könnten dazu dienen, den Hintergrund der Willensfreiheits-Diskussion besser auszuleuchten und sie einzuordnen.

Ich möchte darauf hinweisen, dass auch in der gegenwärtigen theoretischen Physik diese Fragen weiter behandelt werden. So hat Hans Primas (Zürich) in einem Ansatz, der die mathematischen Mittel der Quantentheorie benutzt und erweitert, versucht, dem Jung-Pauli-Problem eine formale Fassung zugeben (siehe Primas 2003) und Günther Mahler (Stuttgart) hat u. a. Fragen der Rekonstruierbarkeit vergangener Ereignisse in einem quantentheoretischen Kontext untersucht und die Frage des Einflusses der Partitionierung bzw. Abgrenzung von Systemen in Bezug auf Konsequenzen für Kontrolle, Simulation und Beobachtung (siehe Mahler 1994 und 2004).

Ich kann diese Arbeiten hier nicht referieren, weil das die Thematik sprengen würde, aber sie zeigen, dass die Annahme einer strikten Zeitordnung in komplexen Vorgängen (wie sie im Libet-Experiment unterstellt wird), nicht unbedingt auf einer soliden Grundlage steht, und zwar aus formalen Gründen (siehe dazu auch Lucadou 2006).

Das hängt damit zusammen, dass Endo- und Exosicht eines psychologischen Ereignisses eine unüberbrückbare Diskrepanz aufweisen, und dass eine externe Zeitmessung, die ja eine externe Definition ist, möglicherweise der Endosicht nicht sinnvoll eingefügt werden kann. Das wiederum hängt mit der Problematik des Ableseprozesses zusammen; ich werde später darauf zurückkommen.

Alle diese Fragen und eben auch die, die bei der Willensfreiheits-Diskussion aufgetaucht sind, gehen darum, der Psychologie (oder der Psyche) einen im strikten Sinne naturwissenschaftlichen Hintergrund zu geben und sie in diesem Sinne präzise und in anderer Weise als bisher zugänglich zu machen. Dabei gehen die Ansätze der Gehirnforschung oder etwas allgemeiner der Neurobiologie von physiologischen Konzepten aus, nicht von im üblichen Sinne physikalischen, aber auch im Sinne eines kontrollierbaren, beobachtbaren und begrifflich genau beschreibbaren Sachverhaltes.

Tatsächlich ist dies ein äußerst pragmatischer und realistischer Ansatz. Wenn das Gehirn der Sitz von Denken, Fühlen, Wahrnehmung und Entscheidung ist, (und man hat gute Gründe dafür, dies zumindest im Modell anzunehmen), so muss eine genaue Analyse und Beobachtung des Gehirns den Ablauf dieser Vorgänge erklären lassen. Das ist sehr verführerisch: mit einem Schlage ließen sich die ganzen verfluchten Komplikationen der Psychologie rational durchleuchten und aufschlüsseln.

Es gibt verschiedene Einwände dagegen, und ich will nur einen nennen, der ebenso pragmatisch ist wie der Ansatz selbst: es ist die außerordentliche Sensibilität des Gehirns und der Psyche gegen Beobachtungen und Eingriffe aller Art. Das verhindert ein „objektives" Bild des Gehirns, denn eine Beobachtung zeigt zwar einen Gehirnzustand, aber dieser ist in vielen Fällen labil und er unterscheidet sich von dem vor der Beobachtung (falls man überhaupt davon sprechen kann) in einer nicht bekannten Weise. Das impliziert, dass es für das Gehirn und seine Zustände eine Analogie zur quantentheoretischen Unschärfe gibt und eine genaue Beschreibung von Struktur und daraus resultierender Funktion nicht möglich ist.

In keinem Experiment gibt das Gehirn den genauen Vorgang der Umwandlung seines physiologischen in seinen psychologischen Zustand preis. Die vermutete Äquivalenz von Physiologie und Psychologie kann daher nur in einem theoretischen Ansatz beschrieben werden, der den Übergang in einem Modell vorstellt.

Ein solcher Ansatz, hat zwei zentrale Probleme:

(i) Man muss einen übergreifenden Ansatz finden, der Psyche und Physis miteinander verbindet.

(ii) Man muss die Lücke, die zwischen dem psychologischen und dem physiologischen (resp. physikalischen resp. formalen) Ansatz ist, durch genaue Formalisierungs- und Interpretationsprinzipien überbrücken.

Ich nenne letzteres die Interpretationsfrage und werde im folgenden hauptsächlich darüber sprechen. Das bezieht sich auch darauf, wie man eine eventuell direkt beobachtete neuronale Aktivität psychologisch interpretiert.

II.

Die Interpretationsfrage ist schwierig und wird im allgemeinen in grotesker Weise unterschätzt bzw. verharmlost, und geht im Grenzfall in eine Esoterik über, der Stichworte genügen, um eine allgemeine und auch spezielle Bedeutung festzulegen. Man muss auch feststellen, dass das Interpretationsproblem nie wirklich zufriedenstellend gelöst werden kann, weil jede Verfeinerung des benutzten Formalismus die Frage von neuem aufwirft, wie sie zu deuten ist und es praktisch ausgeschlossen ist, allen formalen Verzweigungen eine klare psychologische Deutung zu geben. Selbst in der Physik, in der in einigen Teilen dieses Problem sehr zufriedenstellend gelöst ist (z. B. im Zusammenhang mit der Darstellungstheorie) müssen weite Teile des mathematischen Formalismus ungenutzt bleiben, ohne dass es immer klar wird, woran dies liegt. Insbesondere gibt es überhaupt keine selbstverständliche Interpretation eines formalen Zusammenhanges oder eines noch so schönen Formalismus und das Ausmaß seiner Deutungsfähigkeit muss jeweils experimentell, d. h. in der Erfahrung, erkundet werden.

Ich nenne ein in der Mathematik bekanntes Beispiel, die sogenannte Thom'sche Katastrophentheorie.

Der Mathematiker René Thom, der bedeutende Beiträge zur algebraischen Topologie geleistet hat, hat in seinen späteren Jahren die mathematische Klassifikation von Singularitäten differenzierbarer Abbildungen dazu verwendet, in einem einfachen Fall der geometrischen Gestalt der Singularität eine Deutung zu geben, indem er sie dazu benutzte, die von ihm so genannten Elementarsätze zu klassifizieren, das sind Sätze, die sich nicht mehr sinnvoll verkürzen lassen. Ein Beispiel eines Elementarsatzes ist der Satz: Die Katze fängt die Maus.

Diese Klassifizierung wurde auf psychologische und biologische Ereignisse übertragen, und man spricht von den sieben Elementarkatastrophen (Das Wort „Katastrophe" bezieht sich auf den zeitlichen Ablauf, der den Ereignissen inhärent ist). Das Außerordentliche hieran ist, dass sich ein rein innermathematischer Sachverhalt auf ein sprachliches Phänomen übertragen lässt.

Thom und eine Reihe anderer Mathematiker, insbesondere auch E. C. Zeeman, haben versucht, diesen vielversprechenden Ansatz weiterzuführen, um kompliziertere (sprich: höherdimensionale) Singularitäten sowohl von differenzierbaren Abbildungen wie von dynamischen Systemen zu interpretieren und ihnen eine psychologische bzw. biologische Deutung zu geben.

Das hat zu einem tieferen Verständnis morphologischer Prozesse geführt, die man als dynamische Prozesse betrachten kann, aber nicht zu einem tieferen Verständnis psychologischer Prozesse auf dem Wege einer psychologischen Deutung der Singularitäten. Der Grund liegt darin, dass sich keine allgemeinen Interpretationsprinzipien in dieser Richtung gefunden haben, obwohl auf der mathematischen Seite der Formenreichtum praktisch unerschöpflich ist. (Thom 1975, Zeeman 1977, Bröcker 1975. In Bröcker 1975 sind die sieben Elementarkatastrophen ausführlich beschrieben.)

Man kann nicht sagen, dass dieser Ansatz falsch ist, sondern es ist ganz einfach unbekannt, ob es eine systematische Interpretation gibt, die psychologische Situationen aufschlüsselt.

Bisher ist von Seiten der Neurophysiologie noch kein Ansatz zu einer systematischen Interpretation der physiologischen Befunde vorgelegt worden, wenn man von einem groben Funktionsatlas absieht, der aber nirgends die neuronale Feinstruktur heranzieht und insofern für das Verständnis der Funktionen keinen Beitrag liefert. Das Wissen darum, dass ein bestimmtes Gebiet des Gehirns für eine bestimmte psychologische Funktion notwendig ist, besagt nichts über die tatsächliche Funktionalität, die ihr zugrunde liegt.

Wolf Singer schreibt zwar in seinem Aufsatz davon, dass das Gehirn als ein „hochnichtlineares und hochdimensionales dynamisches System" zu betrachten sei und zieht daraus Schlussfolgerungen, und das sieht so aus, als könne es eine Fortsetzung von Thom's Ansätzen sein, aber Singer geht an keiner Stelle über eine völlig allgemeine und unverbindliche Terminologie hinaus. Zweierlei müsste konkret gemacht werden:

(i) Wie ordnet man dem aktiven Gehirn ein dynamisches System zu? Ist es ein einziges umfassendes, oder gibt es zu jedem Zustand ein eigenes System?

(ii) Welches sind die Interpretationsprinzipien, mit denen man aus mathematischen und abstrakten Eigenschaften eines dynamischen Systems zurückübersetzt in psychologische Bedeutung?

Es muss betont werden, dass die formalen Komplikationen bei dynamischen Systemen denen bei Singularitäten in keiner Weise nachstehen und sie eher noch übertreffen. Ich sage damit nicht, dass ein Ansatz über dynamische Systeme sinnlos oder nutzlos ist, aber man steht vor den gleichen Schwierigkeiten wie bei den anderen formalen und abstrakten Ansätzen und es ist offen, ob und wie diese gelöst werden können.

Um eine Formulierung Singers herauszugreifen: Es ist ein Euphemismus, von „Verhandlungen" zwischen Teilen des dynamischen Systems zu sprechen. Dies ist eine Floskel, die ohne Inhalt bleibt, solange sie nicht klar in der mathematischen Terminologie definiert wird, und darüber hinaus müsste erst erklärt werden, was eine „optimale Lösung" ist, auf die die „Verhandlungen" hinzielen. Hier wird die Umgangssprache benutzt, um eine ungeklärte Begriffslage zu überdecken. Aus dem mathematischen Sachverhalt lässt sich das nicht herleiten.

Um die Problematik der gesamten theoretischen Situation zu beleuchten, möchte ich hier eine Frage wiederholen, die ich an anderer Stelle gestellt habe, als eine Art Übungsaufgabe in Gehirntheorie:

Was ist ein Kreis? Wie ist seine physiologische Realisierung? Worin besteht seine Faszination? Was ist das zugehörige psychologische Phänomen?

Zu der Interpretationsfrage gehört auch die Aufgabe, in dem formalen Modell (um es zu wiederholen: dazu kann die neuronale Struktur des Gehirns zählen) die Konstellationen zu benennen, denen in der Interpretation die verschiedenen psychologischen (philosophischen usw.) Begriffe zugehören, mit anderen Worten, die psychologischen Begriffe formal zu definieren. Das wird meines Wissens in der Literatur bisher völlig übersehen.

Man brütet vergeblich darüber, was z. B. Freude, Mut, Angst, Bewusstsein, Zeit, Kausalität (und vieles andere) wirklich „ist“, es ist durch Introspektion nicht herauszufinden. Jeder weiß aus dem sprachlichen Gebrauch und eigener Erfahrung, was ungefähr damit gemeint ist, aber letzten Endes entzieht sich jeder einzelne Begriff einer Festlegung um so mehr, je näher man ihr zu kommen glaubt. Nicht zuletzt daraus lebt Philosophie, Literatur und Sprache. Die Begriffe müssen in dem Modell formal definiert werden und die Interpretationsprinzipien geben ihre Deutung. Das ist der Übergang von der Exo- in die Endosicht. Die schwankende psychologische Bedeutung des einzelnen Begriffes ergibt sich dann aus der realen Vielfalt der formalen Definition, d. h. der Vielfalt der Konstellationen, die unter die formale Definition fallen.

Die ungeheure Vielfalt der psychologischen Begriffe zeigt die Schwierigkeit dieser Aufgabe, aber es müsste einen Anfang geben. Zu den Problemfällen zählt natürlich auch der Begriff „Entschluss“ und „freier Entschluss“. Vermutlich wäre jeder Definitionsansatz umstritten, aber es geht um eine klare Problemstellung, und eine Begriffserweiterung müsste sodann formal begründet werden.

III.

Ich will noch zu zwei Punkten besonders Stellung nehmen.

Der *erste* ist der Ableseprozess. In der Neurophysiologie herrscht die Ansicht vor, im Prinzip könne jede geistige Aktivität im Nervensystem mehr oder weniger genau verfolgt werden und bei hinreichender Verfeinerung der Mittel ließe sich das neuronale Korrelat dazu feststellen und beschreiben.

Die psycho-physische Unschärfe verhindert dies, bzw. zeigt, dass es nicht so ist, wobei sie keine Auskunft gibt über das Maß der Unschärfe. Das bedeutet, dass einer wohldefinierten geistigen Aktivität kein scharf definiertes neuronales Aktivitätsmuster entspricht, (wobei man die Abweichungen verschiedener Muster voneinander nicht deuten kann) und analog umgekehrt, dass einem wohldefinierten neuronalen Aktivitätsmuster keine ebensolche geistige Aktivität entspricht.

Es gibt auch eine andere Seite des Ableseproblems: es gibt neuronale Aktivitäten, die überhaupt keine erkennbare psychologische Entsprechung haben, weil sie der Introspektion nicht zugänglich sind und sie deshalb keine inhaltliche Entsprechung haben.

Eine solche Zuordnung kann dann nur theoretisch erfolgen. Dies hat natürlich auch erkenntnistheoretische Aspekte, die hier aber nicht berührt werden.

Beides lässt sich, systemtheoretisch gesprochen, dadurch paraphrasieren, dass der Weg eines Partikels von der sensorischen Eingabe bis zum motorischen Ausgang durch das Gehirn hindurch nicht in allen Stadien zu verfolgen ist. Das ist analog zu einer bekannten Erscheinung der Quantenphysik. Etwas anders ausgedrückt: es gibt „Orte" der Verarbeitung im Gehirn, in denen die Verarbeitung selbst nicht genau verfolgt werden kann und daher als eine bloße input-output-Relation erscheint, von der offen ist, ob sie deterministisch oder wie sie sonst zu beschreiben ist.

Das Ableseproblem zeigt, dass die experimentelle Erforschung des Gehirns, so unentbehrlich sie ist, definitive Grenzen hat. Es ist unmöglich, das System Gehirn in seiner Gesamtheit und seinem Bezug zur Psychologie zu beschreiben, ohne Definitionen und Hypothesen darüber zu machen.

Der *zweite* Punkt betrifft die Synchronizität. Diese spielte im Jung-Pauli-Dialog eine besondere Rolle, als eine Ergänzung zum physikalischen Kausalitätsbegriff. Als synchronistisch wird ein Ereigniskomplex bezeichnet, in dem verschiedene Komponenten sinnvoll zusammentreffen, ohne dass zwischen ihnen ein kausaler oder als notwendig erkennbarer Zusammenhang besteht. Synchrone Ereignisse können nur psychologisch festgestellt werden, da der Sinnbegriff physikalisch nicht fundiert ist. Jung hat den Begriff im Zusammenhang mit der Persönlichkeitsentwicklung untersucht, insbesondere im Kontext der von ihm beschriebenen Archetypen, die er auch als anordnende Kräfte bezeichnet. In seiner Auffassung bewirken die Archetypen oder archetypischen Kräfte die synchronistischen Ereignisse, „ordnen sie an".

Hier tritt übrigens der Begriff einer psychischen Energie auf, die nicht einfach als eine physikalische betrachtet werden kann, auch wenn sie eine Analogie zu den Kernkräften aufweist. Wenn man annimmt, dass es spezifische psychische, bzw. im Gehirn wirksame Energiearten gibt (die nicht primär als physikalische zu verstehen sind), erhält man andere Gesichtspunkte für das Verständnis psychologischer Vorgänge. Siehe dazu Olivier (2006).

Von der mathematischen Seite her ist Synchronizität mit dem Strukturbegriff verwandt: mathematische Strukturen liefern zahlreiche Beispiele für das Zusammentreffen von Eigenschaften (oder: formalen Ereignissen), die logisch nicht zwingend, aber faktisch gegeben, d. h. die nur in besonderen Situationen realisiert sind. Es handelt sich im strengen Sinne um Koinzidenzen, mit komplizierten oder auch nicht durchschaubaren gegenseitigen Abhängigkeiten, die aber nicht in einem kausalen Sinne gedeutet werden können und denen auch kein zeitliches Moment eignet. Man könnte den Strukturbegriff als eine formalisierte Fassung des Synchronizitätsbegriffes ansehen, aber es gibt keine kanonischen Übergänge, d. h. es gibt weder allgemeine Formalisierungs- noch Interpretationsprinzipien und es wäre angemessen, von einer formalen Synchronizität zu sprechen.

Dies könnte sich ändern, wenn man die betrachteten mathematischen Strukturen einschränkte auf einige wenige und besonders relevante oder wirksame, die besser verstanden sind und die als Muster realer Vorgänge zu erkennen sind.

Eine besondere Kennzeichnung der Synchronizität ist ihre Einmaligkeit und Unvorhersehbarkeit: es gibt keine systematischen Versuchsanordnungen dafür, sie ist in diesem Sinne in hohem Maße evasiv, dadurch aber auch besonders bedeutsam.

Synchronistische Ereignisse sind etwas wie unvermittelt ausgesprochene Wahrheiten: sie erhellen blitzartig eine Situation oder einen Kontext, aber sie werden in der Systematik abgestumpft. Ihre Wirksamkeit beruht auf ihrer akzentuierten Einmaligkeit, die sich vom Zufall deutlich abhebt.

Eine eingehende Behandlung der Thematik und Literaturangaben dazu finden sich in Primas (1996).

Die Synchronizität ist die vielleicht wichtigste phänomenologische Klammer zwischen Psyche und Physis oder Physik, in ihr trifft beides unmittelbar zusammen. Lässt man die psychologische Seite fort, zerfällt sie zum bloßen Zufall, lässt man die physikalische Seite fort, zerfällt sie zur Phantasie.

Ich möchte darauf hinweisen, dass der Begriff der Synchronizität außerordentlich vielschichtig ist und ich hier nur Andeutungen dazu machen kann. Insbesondere zeigt sich, dass sich erst im Zusammenwirken von Psychologie, Physik und Mathematik die ganze Komplexität und Bedeutsamkeit aufzeigen lässt, nach meiner Ansicht ebenso ein Kennzeichen für jede weitere Behandlung der mentalen Aspekte des Gehirns.

Ihr vorwiegend akausaler Charakter bedeutet, dass sie zeitlich nicht geordnet werden kann, und auch, wenn zeitliche Messungen erfolgen, so erhellen diese nicht notwendig das innere Geschehen, sondern sind typisch für definitorische Hinzufügungen, denen unter Umständen die innere Verbindung fehlt. Wenn man dies auf das Gehirn überträgt, d. h. annimmt, dass ein synchronistisches Ereignis sich als psychologisches im Gehirn abspielt, so bedeutet das, dass eine zeitliche Aufschlüsselung nicht adäquat gegeben werden und eine zeitliche Reihenfolge ein Zufallsergebnis sein kann. In der Tat ist in einem Netzwerk i. A. eine lineare Anordnung der „Einzelereignisse" nicht möglich und es gibt keine klare Trennung zwischen ihnen, und das Herausheben spezieller Aktivitäten kann eine Misinterpretation der gesamten Aktivität sein. Dies Argument könnte auf Entscheidungssituationen zutreffen.

Es gibt hier einen Zusammenhang mit dem Ableseproblem und der Unschärfe, nämlich die schon erwähnte Unmöglichkeit, den Weg eines Partikels durch das System hindurch zu verfolgen.

In diesem Zusammenhang möchte ich auf ein neues Experiment von Walter v. Lucadou (siehe Lucadou 2006), verweisen, in dem in einem Zufallsexperiment mit einer größeren Anzahl von Probanden eine statistisch signifikante retrograde Korrelation der Ergebnisse nachgewiesen wurde, die nicht kausal gedeutet werden kann, d. h. hier fand innerhalb der gesamten experimentellen Anordnung eine partielle Zeitumkehr statt. Dies könnte durchaus die Libet-Experimente betreffen. Für die Einzelheiten muss ich auf die zitierte Arbeit verweisen.

Werner Heisenberg hat in einem Vortrag über Kant, Plato und Demokrit (am 25.11. 1967 in Leipzig) darauf hingewiesen, dass bei der Suche nach den kleinsten Teilen der Materie der abstrakte Platon wohl recht behalten habe, insofern an der untersten Stelle der Klassifikation nicht konkrete Teilchen stünden, sondern abstrakte Elemente, die auf mathematischen Modellen (Gruppentheorie, Liealgebren) beruhen. Es könnte sein, dass auch im Fall der „Zerlegung" des Gehirns und seiner Aktivität in seine kleinsten Elemente nichts konkret Fassbares steht, sondern abstrakte Größen, definiert mit Hilfe mathematischer Modelle und neuronaler Größen, die außerhalb eines Kausalitäts-Schemas stehen.

Dies könnte z. B. für die sogenannten neural assemblies gelten, die vielfach als die kleinsten sinnvollen Aktionseinheiten betrachtet werden. Wann zwei neural assemblies die gleiche „Bedeutung“ haben, ist nicht an ihrer synaptischen Strukturierung abzulesen im Sinne einer einfachen Gleichheit, sondern nur an abgeleiteten Größen, die eine abstrakte, formale Natur haben müssen.

IV.

Ein Einwand, der immer wieder von neurobiologischer Seite gegen Überlegungen dieser Art vorgebracht wird, ist das Argument, das Gehirn sei ein biologisches System, das sich nach darwinschen Prinzipien und unter den Gesichtspunkten der Umweltanpassung entwickelt habe und deshalb völlig von daher zu verstehen sei.

Evolutionstheoretische Argumente werden oft gebraucht, um Eigenschaften des Gehirns oder anderer biologischer Systeme, die staunen machen, zu erklären, in dem Sinne, dass sie dem Überleben dienen.

Dennoch muss jedes solche System funktionieren und die tatsächliche Problematik vieler Eigenschaften wird durch solche Argumentation mystifiziert, solange nicht der Weg in der Entwicklung und die tatsächliche Funktionalität konkret aufgewiesen wird.

Es nützt nichts zu wissen, um ein noch sehr einfaches Beispiel zu nennen, dass der Tanz der Bienen der Futtersuche und somit dem Überleben dient. wenn man nicht die genaue neuronale Steuerung beschreiben und zudem die Entwicklung zu diesen Fähigkeiten hin sichtbar machen kann.

Und es gibt ungezählte Möglichkeiten, die Überlebenschancen zu verbessern, die nicht realisiert worden sind, ohne dass dies in einer Betrachtung durch die Evolutionsbiologie einsichtig wird.

Mir ist keine kontrollierbare Rechnung bekannt, die die Zeit abschätzt, die ein so komplexes System wie das menschliche Gehirn zu seiner Entwicklung nach Prinzipien der Evolution benötigt. Die überschlagsweise 100.000 Generationen, die seit dem Auftreten der ersten Hominiden gelebt haben, ist eine sehr kleine Zahl. Es ist offensichtlich, dass bei der Entwicklung des Gehirns zusätzliche Prinzipien wirksam gewesen sein müssen, von denen wir bisher nichts wissen, auf denen aber letzten Endes seine erstaunlichen Fähigkeiten beruhen. Von vielen Fähigkeiten des Gehirns ist es nicht im geringsten zu erkennen, wie sie dem Überleben dienen, und wenn doch, wann die Zeit zu ihrer Entwicklung unter Ausleseprinzipien war.

Nach meiner Ansicht ist das Gehirn ein zum größten Teil in geradezu hoffnungsloser Weise unverstandenes System, wobei vermutlich die Gehirne der Tiere in ihrer Leistungsfähigkeit im typisch menschlichen Hochmut absurd unterschätzt werden. Ich erinnere daran, wie noch vor hundert Jahren die Komplexität der sozialen Systeme der Naturvölker ignoriert wurde. Ich halte es daher für sehr sinnvoll, nach weiteren Prinzipien zu suchen, die die Funktionalität des Gehirns in sich erklären, ohne spekulativen Rückgriff auf die Evolution. Ich stelle dabei in keiner Weise die Tatsache der Evolution infrage, aber diese lässt uns nicht erkennen, nach welchen Prinzipien das Gehirn konstruiert ist und nach welchen es arbeitet.

Literatur

Atmanspacher, H./Primas, H./Wertenschlag-Birkhäuser, W. (Hg.) (1995), Der Pauli-Jung-Dialog und seine Bedeutung für die moderne Wissenschaft, Berlin.

Bröcker, T. (1975), Differentiable Germs and Catastrophes, London.

Jung, C. G. (1952), Psychologie und Alchemie, Zürich.

Lucadou, W. v. (2006), Self-Organisation of Temporal Structures – a Possible Solution to the Intervention Problem, Proc. of the 87. Annual Meeting of the AAAS, Pacific Division.

Mahler, G. (1994), Temporal Bell Inequalities: A Journey to the Limits of „Consistent History", in: Atmanspacher, H./ Dalenoort, G. J. (Hg.), Inside versus Outside, Berlin, 195–205.

Mahler, G. (2004), The Partitioned Quantum Universe: Entanglement and the Emergence of Functionality, in: Mind and Matter, Bd. 2, 2, 67–89.

Meier, C. A. (Hg.) (1992), Wolfgang Pauli und C. G. Jung. Ein Briefwechsel 1932–1958, Berlin.

Olivier, R. (2006), Grundzüge einer Gehirntheorie, in diesem Band: 375–389.

Primas, H. (1996), Synchronizität und Zufall, in: Zeitschrift für Parapsychologie und Grenzgebiete der Psychologie 38, Nr. 1/2, Freiburg im Breisgau, 61–91.

Primas, H. (2003), Time-Entanglement between Mind and Matter, in: Mind and Matter, Bd. 1, 81–119.

Thom, R. (1975), Structural Stability and Morphogenesis, New York.

Zeeman, E. C. (1977), Catastrophe Theory, London.

Plädoyer für einen methodologisch pluralistischen Monismus

Von GESA LINDEMANN (Berlin)

In seiner Einladung zum abschließenden Symposium der Debatte „Hirn als Subjekt" bittet Hans Peter Krüger darum, aus Sicht der Teilnehmerinnen den Konsens oder den Dissens zusammenzufassen. Hierbei geht es sowohl um Konsens/Dissens zwischen den Disziplinen als auch innerhalb der Disziplinen. Soweit ich sehe, lehnen alle Teilnehmerinnen[1] an dieser Debatte einen ontologischen Dualismus ab. Weiterhin betonen aber auch alle Beteiligten, dass ein einfacher Reduktionismus ebenso unvertretbar sei. Es gibt eine Realität, die sich aber unterschiedlich darstellt, aufgrund unterschiedlicher methodischer Zugriffe. Dieser Konsens steht allerdings noch auf schwachen Füßen, denn es fehlt eine Theorie, die die unterschiedlichen methodischen Zugriffe auf eine Realität begründen könnte. Solange das der Fall ist, besteht immer wieder die Gefahr, dass die unterschiedlichen methodischen Vorgehensweisen verabsolutiert werden. Dies scheint mir das implizite und sich chronifizierende Problem der Debatte zu sein.

Um an diesem Punkt weiter zu kommen, möchte ich mit Bezug auf die Theorie der Positionalität von Helmuth Plessner einen Vorschlag machen, wie die unterschiedlichen methodischen Zugriffe von Philosophie, Soziologie und Neurobiologie aufeinander bezogen werden können. Das Ziel ist zunächst, ein Verständnis für die Grenzen der jeweiligen Erkenntnismöglichkeiten zu entwickeln. Ich möchte meine Argumentation in drei Schritten entfalten. Zunächst werde ich versuchen, genauer zu bestimmen, um welche Gegenstände es aus einer soziologisch-sozialtheoretischen Perspektive geht. Die Frage nach neuronalen Korrelaten stellt sich nämlich anders, je nachdem ob es um Bewusstsein, Selbstbewusstsein oder Geist bzw. soziale Ordnung geht. In einem zweiten Schritt werde ich untersuchen, inwiefern es angemessen ist, von neuronalen Korrelaten für Bewusstsein bzw. von einer neuronalen Verursachung von Bewusstseinszuständen zu sprechen, um schließlich das Verhältnis von sozialen Phänomenen und ihren möglichen neuronalen Korrelaten zu untersuchen.

1 Ich verwende in lockerer Folge sowohl ein generalisiertes Femininum als auch ein generalisiertes Maskulinum. In dieser Diktion kann Platon genauso zu den großen Philosophinnen gerechnet werden, wie wir es seit langem gewohnt sind, Sappho zu den bedeutenden Dichtern zu zählen.

1. Bewusstsein, Selbstbewusstsein, Geist/soziale Ordnung

In der philosophischen Debatte werden die Worte Bewusstsein, Geist, mentale Zustände nicht immer so verwendet, als hätten sie unterschiedliche semantische Gehalte. Aus einer soziologischen Perspektive ist das bedauerlich, da speziell mit dem Wort „Geist“ ein emergenter Sachverhalt bezeichnet wird, der sich aus dem Verhältnis von mindestens zwei Selbstbewusstseinen zueinander ergibt. Systematisch ausgearbeitet findet sich das bei Hegel. Diese Differenzierung wird vor allem von denjenigen Philosophinnen fortgesetzt, die explizit ein sozialtheoretisches Anliegen verfolgen. Dazu gehören Plessner (1975), aber auch Sartre (1967, 1993). In der angloamerikanischen Philosophie wurde diese Differenz nicht in vergleichbar prominenter Weise terminologisch fixiert.[2] Der höhere Differenzierungsgrad der kontinentaleuropäischen Tradition geht nun in der aktuellen Debatte um das Verhältnis von Gehirn und Bewusstsein endgültig verloren, wenn das englische Wort „mind“ mit „Geist“ übersetzt wird, denn dann wird Geist mit Bewusstsein bzw. Selbstbewusstsein identifiziert.[3]

Mein Vorschlag zwischen Bewusstsein, Selbstbewusstsein und Geist zu differenzieren orientiert sich an Helmuth Plessners Theorie der Positionalität. Diese hat den Vorteil, dass sie zugleich eine Theorie des organisch differenzierten Körpers enthält und so einen doppelten Anschluss erlaubt, nämlich einerseits an die Forschungsperspektive der Hirnforschung und andererseits an diejenige der Soziologie. Plessner geht es darum, in einer verstehenden Perspektive rational nachvollziehbar, eine Theorie des Lebendigen zu entwickeln, die in einem kritischen Dialog mit den Erfahrungswissenschaften bleibt. Dies erfolgt dadurch, dass er seine philosophische Untersuchung des Lebens methodisch in eine bewusste Nähe zu einem empirischen Vorgehen bringt. Er formuliert auf der Grundlage einer phänomenologischen Analyse der Dingwahrnehmung eine Theorie des Lebens. Diese Theorie soll aber nur dann Gültigkeit haben, wenn es Phänomene gibt, die in einem phänomenologischen Sinn anschaulich gegeben sind und als Realisierung der theoretisch postulierten Sachverhalte zu werten sind. Folglich wird nicht intuitionistisch – wie etwa in der Lebensphilosophie – sondern theorieorientiert entschieden, was als Phänomen gewertet werden soll und wie Phänomene auf die Theorie zu beziehen sind.[4]

Als Ausgangspunkt dienen Plessner die Ergebnisse der phänomenologischen Dinganalyse, nämlich dass es notwendig ist, zwischen Ding und Gestalt zu unterscheiden. Ein Ding erscheint als eine Gestalt. Die einzelnen Elemente einer Gestalt werden spontan zu einer Einheit, der Gestalteinheit, zusammengefasst. Diese Einheit ist aber nicht gleichzusetzen mit der Einheit des Dings selbst. Diese kann nur als etwas beschrieben werden, das in Differenz zur Gestalt ist. Dies ist z. B. die Voraussetzung dafür, dass verschiedene Gestalten zu einer Einheit zusammengefasst werden können, d. h. die Voraussetzung für Gestaltwandel und Veränderung.

---

2 Gleichwohl muss man festhalten, dass etwa bei Mead (1967) diese Differenzen dem sachlichen Gehalt nach eine wichtige Rolle spielen. In Ansätzen finden sich diese Differenzierungen auch bei Brandom, der einen Anschluss an die kontinentaleuropäische Philosophie sucht.

3 Vgl. etwa Detel in diesem Band, der individuelles Lernen oder Emotionen zu den geistigen Phänomenen rechnet. Um Missverständnissen vorzubeugen: Die Aussage, dass die kontinentaleuropäische Philosophie einen höheren Differenzierungsgrad hat, bezieht sich hier nur auf die terminologische Differenzierung zwischen Bewusstsein, Selbstbewusstsein und Geist.

4 Für eine Darstellung der Methodenkonzeption Plessners vgl. Lindemann (2006b, 2006c).

Von dieser Differenz her entwickelt Plessner sein Konzept einer Steigerung von Selbstreferentialität. Dinge sind auf eine basale Weise selbstbezüglich. Die gestalthaften Erscheinungen verweisen auf den Kern, der die Eigenschaften hat. Umgekehrt ist dieser Kern aber nicht selbst zugänglich, sondern er führt den Blick um sich herum und präsentiert immer neue Erscheinungen, die ihrerseits wieder auf ihn verweisen.

Das Lebendige ist dadurch gekennzeichnet, dass diese basale Selbstreferenz gesteigert wird (Plessner 1975, 127 ff.). Der Blick, der einem unbelebten Gegenstand begegnet, wird von den eigenschaftstragenden Seiten auf den Kern verwiesen, der seinerseits auf die eigenschaftstragenden Seiten verweist. Aber das unbelebte Ding verweist nicht über sich hinaus. Es bezieht sich nicht von sich her auf seine Umwelt. Das ist der entscheidende Sprung, der die Erscheinung des Lebendigen von der Erscheinung des Unbelebten unterscheidet. Dies bezeichnet Plessner als „Positionalität". Etwas, das als lebendig erscheint, erscheint so, dass es sich selbst von seiner Umwelt abgrenzt und sich, indem es sich abgrenzt zu seiner Umwelt von sich aus in Beziehung setzt. Dadurch gerät das wahrgenommene lebendige Ding in ein eigentümlich komplexes Verhältnis zu dem gestalthaft erscheinenden dinglichen Körper, der es ist. Der lebendige Körper wird für sich selbst Zweck, er erhält sich als abgegrenzten und organisierten Eigenbereich aufrecht und zugleich ist der Körper das Mittel, die „Apparatur", vermittels derer dieser Zweck realisiert wird (vgl. Plessner 1975, 186).

Auf der Selbstreferentialität des lebendigen Körpers baut eine zweite Steigerung auf: Das Ding, das sich von seiner Umgebung abgrenzt und auf seine Umgebung bezieht, selegiert selbst, wie es sich auf seine Umwelt bezieht. Von jetzt an spricht Plessner davon, dass ein lebendiges Wesen ein Selbst ist. Für ein Selbst wird der Körper zu einem Mittel des Umweltbezuges. Auf dieser Stufe führt er den Leibbegriff ein. Das bewusste Selbst ist ein Körper, aber es hat seinen Körper als seinen Leib und es unterscheidet an sich, d. h. an seinem Leib, verschiedene Weisen, sich auf seine Umwelt zu beziehen. Hierbei rekurriert Plessner auf die klassische Differenzierung von Wahrnehmen und Wirken. Ein lebendiges Selbst, das sein Umfeld wahrnimmt und sich entsprechend seiner Wahrnehmung auf das Umfeld bezieht, muss einerseits unterscheiden können zwischen dem, was es wahrnimmt und seinen eigenen Aktionen und es muss Wahrnehmen und Wirken selbst vermitteln (Plessner 1975, 230 ff.). Diese Stufe bezeichnet Plessner als zentrische Positionalität. Von dieser Stufe der Steigerung der Selbstreferentialität an spricht Plessner davon, dass ein beobachtbarer Körper als ein leibliches Bewusstsein erscheint. Bewusstsein ist ein anderes Wort für eine spezifische Form des Umweltbezuges eines physisch erscheinenden Gegenübers. Diese Form des Umweltbezuges ist an eine spezifische Organisationsform des Körpers gebunden, nämlich den Zerfall des Gesamtorganismus in drei organisatorisch getrennte Zonen: Merken, Wirken und die Zone der zentralen Vermittlung und Steuerung.

Der lebendige Körper ist ein Selbst, insofern er sich als Mittel des eigenen Umweltbezuges hat, insofern er sich merkt und an sich selbst verschiedene Weisen des Umweltbezuges unterscheidet und diese aufeinander abstimmt. Aber diese selbstreferentielle Struktur ist sich nicht selbst gegeben. Das Selbst erfasst sich nicht als ein Selbst, insofern kann sich ein Selbst auch nicht als ein Selbst gegenüber einem anderen Selbst erfahren. Dazu ist es erforderlich, dass ein Selbst nicht nur darin aufgeht, seine Umweltbeziehung selbst zu vermitteln, sondern dass es zugleich aus sich herausgesetzt ist. Es ist in Differenz zu sich, insofern es hier/jetzt etwas wahrnimmt und auf seine Umwelt einwirkt. Es ist darauf bezogen, dass es hier/jetzt ein Selbst ist. Nur wenn das der Fall ist, kann sich ein Selbst als ein

Selbst erfassen, das sich gegenüber einem anderen Selbst befindet und dessen Erwartungen als auf es gerichtete Erwartungen erfasst. Diese weitere Steigerung der Selbstreferentialität bezeichnet Plessner als „exzentrische Positionalität".[5]

Für die Frage der Verkörperung eines solchen Selbstbewusstseins ist die Annahme entscheidend, dass Exzentrizität gegeben ist, ohne dass dazu eine neue organisatorische Form erforderlich wäre. Exzentrisch meint nicht, dass es einen fixierbaren Punkt gäbe, von dem aus eine Instanz dem Organismus zusähe, wie er wahrnimmt und abgestimmt auf seine Wahrnehmungen agiert. Gemeint ist vielmehr, dass der Vollzug der Vermittlung von Wahrnehmen und Wirken auf sich selbst rückbezogen ist. Dies ist noch nicht im Sinn eines expliziten Selbstbewusstseins zu verstehen, es bildet aber die Voraussetzung dafür, ein explizites Selbstbewusstsein zu ermöglichen. Exzentrisch heißt nicht, dass es aktuell ein explizites Selbstbewusstsein gibt, sondern es meint, im Abstand zu sich zu sein. Diese Abständigkeit zu sich bildet die Voraussetzung für die Ausbildung eines expliziten Selbstbewusstsein. Dieser Sachverhalt wird später auf methodisch andere Weise in der französischen Phänomenologie wieder neu entdeckt werden. Sartre (1993) spricht von einem präreflexiven Cogito als Bedingung des reflexiven Cogito und Merleau-Ponty (1966) vom schweigenden Cogito.

Die These der exzentrischen Positionalität hat nun eine besondere Pointe, die sie für die soziologische Sozialtheorie interessant macht. Denn Exzentrizität wird gleichursprünglich mit Sozialität gedacht. Exzentrizität kommt nur im Verhältnis verschiedener Selbste zueinander vor. Exzentrisch ist ein Selbst nur, insofern es in einem Verhältnis zu anderen Selbsten steht, in dem die Beteiligten füreinander jeweils als exzentrische Selbste existieren. Der Terminus Geist ist bei Plessner dafür reserviert, den Sachverhalt des füreinander in Exzentrischer-Position-Seins zu bezeichnen. Die Individuen, die miteinander in einem solchen Verhältnis stehen, sind Personen. Aus einer soziologischen Perspektive müsste das allgemeine Verhältnis, in dem Individuen Personen sind, als Emergenzkonstellation bezeichnet werden, denn es bildet die Bedingung dafür, dass eine soziale Ordnung entsteht.

2. Neuronale Korrelate von was?

Das Interessante an dieser Theorie liegt darin, dass sie Bewusstsein, Selbstbewusstsein und Geist als Elemente einer Wirklichkeit begreift, und zugleich eine theoretische Begründung dafür liefert, zur Erforschung dieser Wirklichkeit vollkommen unterschiedliche methodologische Zugänge zu wählen. Insofern der Organismus ein Körperding ist, kann er als ein gestalthafter Wirkzusammenhang begriffen werden, dessen Funktionsmechanismen experimentell aufgewiesen werden können. Dies gilt auch für das Zentralorgan, das Gehirn. Die Verabsolutierung dieses methodischen Zugangs würde es allerdings verunmöglichen, Lebendigkeit und Bewusstsein als ein Phänomen zu erfassen, denn dieses zeigt sich nur in Beziehung des Organismus zu seiner Umwelt. Diese beiden Zugangsweisen zum Organismus sollen nun nicht als theoretisches Postulat verstanden werden, sondern als zwei Zugangsweisen, die sich z. B. auch in der praktischen Forschung der

5 Genau genommen sind die Strukturmerkmale von exzentrischer Positionalität und doppelter Kontingenz nicht deckungsgleich. Für eine präzisiere Bestimmung vgl. Lindemann (1999; 2002a: Kap. 1 u. 2.; 2006b).

Neurobiologie empirisch aufzeigen lassen können. Zumindest hinsichtlich des Umgangs von Neurobiologen mit bewussten Probanden, kann dies als gesichert gelten. D. h. z. B., die Experimentatorin muss zunächst das beobachtbare Verhalten deuten, um zu erfassen, dass ein Proband die Aufmerksamkeit auf einen Stimulus richtet. Für den Sachverhalt Aufmerksamkeit gibt es Hinweise. Etwa: Der Proband wendet den Kopf und die Augen in die Richtung des Stimulus, aber das ist für sich genommen noch nicht „Aufmerksamkeit". Der Sachverhalt Aufmerksamkeit beinhaltet, dass ein Organismus sich in seiner Beziehung zu seiner Umwelt auf etwas richtet. Erst wenn das Phänomen derart erdeutet ist, kann der Versuch beginnen, es systematisch mit neuronalen Ereignissen in Verbindung zu bringen. Das Erfassen des Phänomens selbst setzt einen verstehenden Zugang voraus.[6]

Wie ein solcher doppelter Zugang auch auf das Phänomen der organischen Differenzierung aussehen kann, entfaltet Plessner in seiner Theorie des Organs. Diese entwickelt er ausgehend von seiner These, dass sich lebendige Dinge eigenständig gegen ihre Umwelt abgrenzen. Das funktionale Prinzip der Abgrenzung ist das der Gegensinnigkeit, der Organismus ist gegenüber der Umwelt aufgeschlossen und er schließt sich ab und wirkt auf sie. Als physische Realisierung des funktionalen Prinzips der Gegensinnigkeit wertet Plessner die Prozesse der Assimilation und Dissimilation (vgl. Plessner 1975:). Durch die Selbstabgrenzung gemäß des funktionalen Prinzips der Gegensinnigkeit wird eine Differenz zum physikalischen Raum erzeugt. Als ein physisches Ding, das sich selbst abgrenzt, setzt sich der lebendige Organismus als ein Ausgangspunkt von Richtungen, er ist sein eigener Nullpunkt, von dem aus die Beziehung zum Umfeld entfaltet wird. In einem physikalischen Raum können dagegen Nullpunkte nach den Interessen der Beobachtung und Messung gesetzt werden. Dies setzt Gegenstände voraus, die nicht die Eigenart haben, sich von sich aus abzugrenzen. Die Eigenart der Selbstabgrenzung ginge verloren, wenn man diese Gegenstände vollständig auf die Eigenschaften reduzierte, die in einem messbaren physikalischen Raum herrschen.

Wenn es um den Sachverhalt der Positionalität als solcher geht, erfolgt die Abgrenzung unmittelbar in den gegensinnigen Prozessen Assimilation-Dissimilation. Die Prozesse sind noch nicht auf differenzierte Organe verteilt. Das Vorkommen organischer Differenzierung deutet Plessner dahin, dass das Prinzip der Gegensinnigkeit selbst organisatorischen Ausdruck erhält. Demnach gibt es Organe, die den Organismus öffnen, das Medium aufnehmen und es gibt Organe, die den Organismus abschließen und es ihm so ermöglichen auf das Medium einzuwirken. Damit diese beiden Prozesse nicht auseinander fallen, müsse es eine Organisationseinheit geben, die die beiden Prozesse aufeinander bezieht: Das Zentralorgan. (Plessner 1975, 228 f.)

In dieser Deutung der organischen Differenzierung wird das Verhältnis des Körpers zu seinen ausdifferenzierten Organen in dreifacher Weise begriffen:

1. Der Organismus ist eine erscheinende Gestalt, deren Teile funktional ausdifferenziert sind. Insofern der Organismus ein dinglicher Körper ist, kann man daher davon sprechen, dass der Organismus, die ausdifferenzierten Organe als seine Teile hat. Der organisch differenzierte Körper stellt sich als ein mechanischer Wirkzusammenhang dar.

6 Für eine ausführlichere Analyse der Verstehensanteile im neurobiologischen Experiment mit nicht-narkotisierten nicht-menschlichen Probanden vgl. Lindemann (2005c).

2. Der Organismus hat Organe aber nicht nur als seine Teile, sondern diese haben im Verhältnis zum Organismus als Ganzen die Funktion eines Mittels, das dem Zweck dient, das Leben des Organismus aufrechtzuerhalten. Insofern sind die Organe Glieder eines Zusammenhangs, der mehr ist als das mechanische Zusammenwirken einzelner Teile. Die Organe sind Glieder eines bewussten Selbst, das als solches nicht erfasst werden kann, wenn der Organismus als gestalthafte Wirkeinheit angeschaut wird.
3. Der Organismus als Ganzes ist aber nicht eine separate Einheit, die neben dem mechanischen Wirkzusammenhang als solche identifiziert werden könnte. Von der Erscheinung her gibt es nur den organisch differenzierten Körper. Insofern stellt sich die Frage, wie diese übergestalthafte Einheit als organisch differenzierter Körper existieren soll. Um dieser Forderung genüge zu tun, entwickelt Plessner die Annahme, die Organe seien nicht nur Teile des gestalthaften Körpers, sondern in den Organen sei die Einheit des Körpers vertreten. D. h. Organe sind ausdifferenzierte Organe, die in sich einen Bezug zum Ganzen enthalten, und sich so als Teil eines Ganzen zu den anderen Organen verhalten. D. h. der Bezug des einen Organs zum anderen Organ ist der Bezug eines Teils, das nicht einfach nur Teil, sondern an sich selbst Teil eines Ganzen ist. Insofern wird im Verhältnis der Organe zueinander der Organismus zu einer Einheit vermittelt.[7] Dieser Organcharakter gilt auch für das Zentralorgan, das Gehirn.[8]

Die neurobiologische Hirnforschung begreift das Organ Gehirn als zentrale Steuerungseinheit eines mechanistisch zu erfassenden Gestaltzusammenhangs. Nur auf dieser Ebene wird eine Forschung auch Ergebnisse zutage fördern, die es erlauben, kontrolliert technisch in diesen Gestaltzusammenhang einzugreifen. Es wird in dieser Forschung aber systematisch ausgeblendet, dass das Gehirn als mechanische Steuerungseinheit auch das Mittel eines lebendigen Körpers ist, der selbst Subjektcharakter hat. Nur insofern man dies einbezieht, wird ein weiterer Aspekt verständlich. Neurobiologische Hirnforschung hat das (Fern-)Ziel Erkenntnisse zur Heilung von Organismen bereitzustellen. Der erfolgreiche Reparatureingriff in die Mechanik, in die Apparatur des Lebens, ist zugleich die Heilung eines Subjekts. Dass es ein subjekthaftes Selbst überhaupt gibt, gerät aber vollständig aus dem Blick, wenn der Organismus ausschließlich als gestalthafter Wirkzusammenhang be-

7 „[D]er Körper gliedert seine Gesamtheit in ‚Organe', die an ihm
1. in Bezug auf seine Gesamtheit einfache Teile,
2. in Bezug auf ihn als Selbst Glieder sind, welcher er hat (und die ihm entbehrlich sind) und die,
3. Mittel sind, durch deren Vermittlung seiner Ganzheit zur Ganzheit er in den Teilen vertreten wird. Denn die ontische Form, die Kategorie, nach welcher ein und derselbe Gegenstand die Funktion des Habens in der Eigenschaft des Gehabtseins ausübt, ist die, dass er zum Mittel des Habens wird." (Plessner 1975, 168)

8 Diese Aussagen haben keinen dogmatischen Charakter, sondern sie beanspruchen Geltung nur insofern, als sich anschaulich am Organismus zeigen lässt, dass sie zutreffen. Daraus ergeben sich für eine soziologische Wissenschaftsforschung interessante Forschungsperspektiven, denn das Verhältnis von Wissenschaftlern zu ihren Forschungsobjekte kann daraufhin untersucht werden, ob in dieser Organismen in einer solchen Weise existieren. Als empirisch gesichert kann zur Zeit gelten, dass zumindest die unter zweitens beschriebene Form des Bezugs auf den lebendigen Organismus vorkommt. Wenn man die Forschung zum Umgang mit Intensivpatienten einbezieht, so gilt dies auch schon für narkotisierte im Prinzip aber bewusstseinsfähige Organismen (vgl. Lindemann 2002).

griffen wird. Die übergestalthaften Aspekte des Organismus werden in den Punkten zwei und drei expliziert.[9]

Insofern ein solcher doppelter Zugang zum organischen gebundenen Bewusstseinssubjekt besteht, ist es angemessen, nach systematischen Entsprechungen zwischen den Ergebnissen zu suchen, die sich auf der Grundlage der jeweiligen methodischen Zugriffe ergeben. Mit einer solchen Vorgehensweise kommt ein neuer Akzent in die Debatte zwischen Hirnforscherinnen, Soziologinnen und Philosophinnen. Denn nach systematischen Entsprechungen zwischen den Phänomenen zu fragen, die gemäß unterschiedlicher methodischer Zugriffe sichtbar werden, ist etwas anderes, als nach der Emergenz von Bewusstseinsphänomenen zu suchen. Von Emergenz kann man sinnvollerweise nur im Rahmen einer einheitlichen methodologischen Perspektive sprechen. Nur im Rahmen *einer* Erkenntnisperspektive kann man feststellen, dass es Phänomene gibt, die auf der Grundlage bestimmter Ereignisse emergieren. Ansonsten kann man nur danach fragen, ob es einen systematischen Zusammenhang zwischen den Phänomenen gibt, die im Rahmen der einen Erkenntnisperspektive sichtbar werden und denjenigen Phänomenen, die im Rahmen einer anderen Erkenntnisperspektive erscheinen.

Im Fall des leiblichen Bewusstseins scheint es nahe zu liegen, nach neuronalen Korrelaten zu suchen, d. h. nach systematischen Entsprechungen zwischen verschiedenen methodischen Perspektiven. Im Fall des Selbstbewusstseins wäre dies prinzipiell auch als möglich anzusehen, denn Selbstbewusstsein muss als ein Phänomen gelten, das als solches an einem einzelnen Organismus zu beobachten ist. Aber ich vermute, dass sich hier zusätzliche Probleme stellen. Dies hängt mit der spezifischen Form der Selbstbezüglichkeit zusammen, die für das Selbstbewusstsein durch die Theorie postuliert wird. Konkreter gesagt, es stellt sich die Frage, wie das neurowissenschaftliche Äquivalent des Sachverhalts beschaffen ist, dass Selbstbewusstsein einerseits als Abständigkeit des bewussten Selbst zu sich und andererseits als explizites Bewusstsein eines bestimmten Bewusstseinszustandes begriffen wird.

Die Suche nach neuronalen Korrelaten ist an messethische, messtechnische und theoretisch-konzeptuelle Bedingungen gebunden. Messethische Vorgaben sind solche, die ausgehend von einer moralischen Wertigkeit der Probanden methodische Restriktionen enthalten. Bei menschlichen Probanden dürfen Elektroden nicht zu ausschließlich wissenschaftlichen Forschungszwecken ins Gehirn eingeführt werden. Das wäre eine messethische Restriktion. Zu rein wissenschaftlichen Zwecken dürfen bei menschlichen Personen nur nichtinvasive Methoden wie EEG oder die funktionelle Magnetresonanztomographie angewendet werden. Solche Methoden verunmöglichen es aber, das detaillierte Zusammenspiel der Neurone bei der Reizverarbeitung zu untersuchen. Die funktionelle Magnetresonanztomographie zeigt an, wo im Gehirn Sauerstoff verbraucht wird. D. h., dieses Messverfahren ermöglicht es, eine differenzierte funktionelle Anatomie des Gehirns auszuarbeiten, aber es sagt nichts über die neuronale Aktivität selbst aus. Der einzige Weg, um diese detailliert zu erfassen[10], ist die invasive Elektrophysiologie. Bei dieser werden Organismen Elektroden ins Gehirn

9 Der dritte Punkt akzentuiert dabei die prinzipiell monistische Position Plessners, denn die Existenz des Subjekts soll nicht als eine separate Entität neben der Gestalt begriffen werden, sondern es ist der spezifische Zusammenhang der im Organischen besteht, durch den der Subjektcharakter existiert.

10 Ein anderes im Humanexperiment zugelassenes Verfahren ist das EEG. Dabei handelt es sich aber um ein Summensignal, das die Aktivitäten großer Populationen von Neuronen darstellt. Auch hier fehlt der Zugang zu der neuronalen Reizverarbeitung im Detail.

geschoben. Dadurch wird es möglich, die Aktivität einzelner Neuronen bzw. kleinerer Neuronengruppen zu erfassen. Diese Methode erlaubt es, die Prozesse der neuronalen Reizverarbeitung im Detail zu messen. Der Nachteil besteht darin, dass das Gebiet, dessen Aktivität erfasst wird, sehr klein ist. Wenn es um das Phänomen des Selbstbewusstseins geht, erscheint es mir unerlässlich, bei der Suche nach einem neuronalen Korrelat direkt die Ebene der neuronalen Reizverarbeitung einzubeziehen, da sich nur auf dieser Grundlage eine Theorie der neuronalen Reizverarbeitung ausarbeiten lässt, die komplex genug ist, um interne rekursive Schleifen zu erfassen. Wenn man nun berücksichtigt, dass Selbstbewusstsein als ein Phänomen betrachtet wird, dass mehr oder weniger exklusiv bei menschlichen Personen auftritt, wären sowohl messethische als auch messtechnische Probleme bei der Suche nach einem neuronalen Korrelat zu berücksichtigen.

Noch gravierender erscheinen mir allerdings die Probleme, die sich aufgrund des theoretisch-konzeptuellen Zuschnitts der neurobiologischen Forschung ergeben. Wenn in der Neurobiologie von Theorie die Rede ist, so sind physikalische Modelle komplexer Systeme oder auf einem Rechner programmierte künstliche neuronale Netzwerke gemeint. Selbstbezüglichkeit taucht in diesem Rahmen als rekursive feed back-Schleife auf. Die Konstruktion solcher feed back-Schleifen setzt voraus, dass zwischen demjenigen, auf das die Schleife zurückläuft und dem, von wo aus sie zurückläuft, eindeutig unterschieden werden kann. Genau diese Eindeutigkeit liegt aber im Fall des Selbstbewusstseins nicht vor. Denn es handelt sich der Theorie zufolge nicht um ein Bewusstsein, das explizit von einem anderen Bewusstsein unterschieden werden kann, sondern um ein Bewusstsein, das es selbst und zugleich nicht es selbst ist, d. h., das abständig zu sich ist, und insofern auf sich bezogen. Solche Sachverhalte können in den theoretisch-konzeptuellen Modellen, die zur Zeit in der Neurobiologie verwendet werden, gar nicht vorkommen. Logiken, die versuchen, solche paradoxen Sachverhalte zu erfassen, haben umgekehrt noch nicht einen Grad an Formalisierbarkeit erreicht, der es erlauben würde, sie als Grundlage für ein Kalkül zu verwenden, das anschlussfähig wäre an die interne Theoriesprache der Neurobiologie.[11] Daraus ergibt sich folgender Schluss: Es kann sein, dass es neuronale Korrelate des Selbstbewusstsein gibt, aber sie können zum derzeitigen Zeitpunkt von den Neurowissenschaften nicht entdeckt werden, da der theoretisch-konzeptuelle Zuschnitt der Disziplin es noch nicht erlaubt, Selbstbewusstsein angemessen zu operationalisieren. Dies wäre aber die unabdingbare Voraussetzung, um überhaupt anfangen zu können, nach einem neuronalen Korrelat zu suchen.

Abschließend möchte ich auf das Problem eingehen, ob und inwiefern es sinnvoll ist, von neuronalen Korrelaten geistiger bzw. sozialer Phänomene zu sprechen. Bei diesen handelt es sich in einer spezifischen Weise um emergente Phänomene, denn ihre Existenz ist daran gebunden, dass Selbstbewusstseine in einem personalen Verhältnis zueinander stehen. Insofern wird mit der Analyse geistiger Phänomene die Ebene des erscheinenden, sich verhaltenden Organismus prinzipiell überschritten, denn der sich verhaltende Organismus ist nur relevant, insofern er in einem personalen Verhältnis situiert ist. Der metho-

---

11 Ansätze für solche Kalküle finden sich bei Günther (1991). Ein neuerer, auch in der Hirnforschung rezipierter Versuch wurde von bei Spencer Brown (1969) vorgelegt. Obwohl dessen Kalkül durch den Hirnforscher Varela weiterentwickelt wurde, hat dies in der Neurowissenschaft als experimentell arbeitender Disziplin keine Spuren hinterlassen.

dische Ansatz, der in der Soziologie für die Analyse dieses Sachverhalts entwickelt wurde, zielt auf das Verstehen des sich verhaltenden Organismus, sowie darauf zu verstehen, wie Organismen in einem personalen Verhältnis zueinander stehen. Auf diese Weise wird in der Soziologie versucht, die Bedingungen anzugeben, die das Verhalten des Organismus bestimmen. Ein Beispiel dafür wären Sprachen oder Institutionen. Um das ganze konkreter zu machen, möchte ich das Problem des freien Willens in dieser Perspektive aufrollen. D. h.: Wie stellt sich das Problem des freien Willens dar, wenn man diesen nicht als Eigenschaft begreift, die isolierte Organismen haben, sondern als eine Eigenschaft, die Organismen nur insofern haben können, als sie in einem personalen Verhältnis zueinander stehen. In diesem Fall wäre es auch als eine Institution anzusehen, dass wir autonome Individuen sind, die Gründe für ihr Verhalten angeben können. D. h.: Wir leben in sozialen Beziehungen, in denen wir uns wechselseitig darauf festlegen, Individuen mit einem freien Willen zu sein. Deshalb können wir auch voneinander verlangen, Gründe für unser Verhalten anzugeben. In dieser Perspektive wäre Habermas (in diesem Band) zuzustimmen, dass der freie Wille nicht auf neuronale Prozesse in einem einzelnen Gehirn reduziert werden kann. Denn nicht die neuronalen Prozesse eines einzelnen Gehirns, sondern die Beziehungen zu anderen Personen bestimmen, dass sich Personen als autonome Individuen ansprechen und entsprechend verhalten.

Die Frage nach einem neuronalen Korrelat geistiger Phänomene ist schwer zu beantworten. In jedem Fall wäre es ausgeschlossen, neuronale Korrelate in den Gehirnen individueller Organismen zu finden, denn es käme ja gerade auf das Verhältnis der Organismen zueinander an. Da geistige Phänomene aus dem Verhältnis von Selbstbewusstseinen zueinander emergieren, ist hier in potenzierter Form mit den Problemen zu rechnen, die schon bei der Operationalisierung des Phänomens Selbstbewusstsein auftreten.

Wenn diese Überlegungen zutreffen, gäbe es zumindest bei einem Teil der neurobiologischen Forschung Validitätsprobleme, d. h., es wäre fraglich, ob sie messen, was sie zu messen vorgeben. Derzeit wäre es aus den genannten Gründen als unmöglich anzusehen, valide Messungen durchzuführen, wenn es um Phänomene geht, die Selbstbewusstsein enthalten, oder geistige und soziale Phänomene, etwa Sprachverstehen oder ökonomische bzw. politische Wahlentscheidungen. Auch hier werden Korrelate gemessen (die Methoden sind zumeist EEG oder fMRT). Wenn diese Ergebnisse reproduzierbar sind, so sind sie zumindest als reliabel einzustufen. Um das dadurch nicht gelöste Validitätsproblem zu bearbeiten, schlage ich vor, zwischen angemessenen und indirekten neuronalen Korrelaten zu unterscheiden. Unter einem angemessenen neuronalen Korrelat wäre zu verstehen, dass das Korrelat dem Bewusstseinsphänomen entspricht, sodass es möglich wird, systematische Zusammenhänge zwischen den beiden Phänomenreihen herzustellen. Dies scheint mir im Fall von einfachen Bewusstseinen nicht unmöglich zu sein. Wie ich ausgeführt habe, ist es dagegen nicht gut möglich, angemessene Korrelate für Selbstbewusstsein und geistig-soziale Phänomene anzugeben. Da aber auch bei Selbstbewusstseinen und sozialen Personen die physische Organisationsstruktur von Bewusstseinen erhalten bleibt, ist es wahrscheinlich, dass dieser Sachverhalt gemessen wird. Es wird nicht das neuronale Korrelat von Selbstbewusstsein gemessen, sondern das neuronale Korrelat von Bewusstsein, das Bestandteil von Selbstbewusstsein ist. Es wird nicht das neuronale Korrelat geistiger Phänomene gemessen, sondern es wird das neuronale Korrelat von Bewusstsein gemessen, das als Mittel im sozialen Bezug von Personen zueinander fungiert. Dass es auch mit den gegenwärtigen Mitteln möglich ist, in so vielfacher Hinsicht neuronale Korrelate zu finden, wäre dann ein Indiz dafür, dass Bewusstsein auch im Rahmen höherer Prozesse funktional erhalten bleibt. Die Messung richtet sich dann auf ein indirektes neuronales Korrelat, dass nur über einen theoretischen Zwischenschritt auf die komplexeren Phänomene bezogen werden kann. Dieser Zwischenschritt muss – in Anbetracht des gegenwärtigen Zustandes der neurobiologischen Theoriebildung auf der Ebene einer verstehensbasierten Theorie vollzogen werden. Denn nur im Rahmen einer solchen Theorie kann zurzeit das Verhältnis von Bewusstsein und Selbstbewusstsein und geistig/sozialen Phänomenen angemessen gedacht werden. Das würde sich ändern, wenn in der neurobiologischen Hirnforschung ein Theoriefortschritt und ein Fortschritt im Experimentaldesign derart gelänge, dass auch Selbstbewusstsein sowie geistige Phänomene angemessen operationalisiert werden und diese Operationalisierungen empirisch zu validen neuronalen Korrelaten führen.

Literatur

Esser, Hartmut (1996), Die Definition der Situation, in: Kölner Zeitschrift für Soziologie und Sozialpsychologie, 48, 1–34.

Günther, Gotthard (1991), Idee und Grundriß einer nicht-Aristotelischen Logik, 3. Aufl., Hamburg.

Knorr Cetina, Karin (1992), The Couch, the Cathedral, and the Laboratory: On the Relationship between Experiment and Laboratory Science, in: Pickering, Andrew (Hg.), Science as Practice and Culture, 113–138, Chicago/London.

Lindemann, Gesa (2002a), Die Grenzen des Sozialen. Zur sozio-technischen Konstruktion von Leben und Tod in der Intensivmedizin, München.

Lindemann, Gesa (2005a), Die Verkörperung des Sozialen. Theoriekonstruktion und empirische Forschungsperspektiven, in: Schroer, Marcus (Hg.). Soziologie des Körpers, 114–138, Frankfurt/M.

Lindemann, Gesa (2005b), Beobachtung der Hirnforschung, in Deutsche Zeitschrift für Philosophie, 53. Jg., Heft 5, 761–781, in diesem Band: 241–261.

Lindemann, Gesa (2005c), Theorievergleich und Theorieinnovation. Plädoyer für eine kritisch-systematische Perspektive, in: Schimank, Uwe/Greshoff, Rainer (Hg.), Was erklärt die Soziologie?, 44–63, Münster.

Lindemann, Gesa (2006a), Die Emergenzfunktion und die konstitutive Funktion des Dritten. Perspektiven einer kritisch-systematischen Theorieentwicklung, in: Zeitschrift für Soziologie, 35, 82–101.

Lindemann, Gesa (2006b), Soziologie – Anthropologie und die Analyse gesellschaftlicher Grenzregime, in: Krüger, Hans-Peter/Lindemann, Gesa (Hg.), Philosophische Anthropologie im 21. Jahrhundert, 42–62, Berlin.

Lindemann, Gesa (2006c), Verstehen und Erklären bei Helmuth Plessner, in: Greshoff, Rainer/Kneer, Georg/Schneider, Wolfgang-Ludwig (Hg.), Verstehen und Erklären. Eine Einführung in methodische Zugänge zum Sozialen (i. V.).

Mead, George H. (1934/1967), Mind, Self, and Society, Chicago/London.

Merleau-Ponty, Maurice (1966), Phänomenologie der Wahrnehmung, Berlin.

Plessner, Helmuth (1975, 3. Aufl.), Die Stufen des Organischen und der Mensch, Berlin/New York.

Sartre, Jean-Paul (1967), Kritik der dialektischen Vernunft, 1. Band: Theorie der gesellschaftlichen Praxis, Reinbek bei Hamburg.

Sartre, Jean-Paul (1993), Das Sein und das Nichts. Versuch einer phänomenologischen Ontologie, Reinbek bei Hamburg.

Spencer Brown, George (1969), Laws of Form, London.

Abstraktion statt Subtraktion

Eine Auflösung des Leib-Seele Problems

Von HANS JULIUS SCHNEIDER (Potsdam)

I.

Ich unterstelle, dass unsere Rede von Motiven, Bedeutungen, Schmerzen, etc. nicht von vornherein als sinnlos gilt und dass wir auf sie nicht verzichten wollen. Daraus ergibt sich die Frage: Wie sind solche Redeweisen, solche ‚Bezüge' auf nicht dingliche Gegenstände angemessen zu verstehen?

II.

Nach einer traditionellen philosophischen Auffassung handelt es sich beim Leiblichen und beim Seelischen (und weitergehend: beim Geistigen) um getrennte ontologische Bereiche, so dass das Problem entsteht, wie sie zusammenhängen. In üblichen Bildern gesprochen: eine gespenstförmige Seele (die *res cogitans* von Descartes), d. h. ein leibloses ‚Ich' steht auf der einen Seite, und es befindet sich im Fall des Menschen *in* einem materiellen Körper, der seinerseits nichts anderes ist als ein Ablauf physikalischer und chemischer Prozesse (*res extensa*); dies ist die andere Seite. Viele Äußerungen von Hirnforschern aus der letzten Zeit verstehe ich so, dass sie sich (ich meine: mit Recht) gegen die darin enthaltene Konzeption einer Seele, gegen ein *so* verstandenes ‚Ich' wenden. Wir müssen die ‚auf Seelisches bezogenen' Redeweisen offenbar anders als nach dem Modell eines Gespenstes verstehen.

III.

Eine heute häufige Strategie zur Überwindung dieses Dualismus hat den Charakter einer *Subtraktion*: Die traditionelle Gleichung ‚Mensch = Gespenst + Maschine' bleibt der Ausgangpunkt der Aufgabenstellung, und die Lösung wird darin gesucht, das (mit Recht als zweifelhaft geltende) ‚Gespenst' einfach fortzulassen, abzuziehen, aus dem Bild zu streichen. Was nach dieser Subtraktion übrig bleibt, ist innerhalb dieses Denkmodells folglich die ‚Maschine', die *res extensa* von Descartes, ein Ablauf physikalischer und chemischer Prozesse. Die Herausforderung für die Naturwissenschaft besteht dann darin, im Rahmen der von ihr selbst festgelegten methodischen Postulate und Verfahren eine Evolutionsgeschichte zu erzählen, die zeigt, dass und wie eine immer größer werdende Komplexität im Bereich der Gegenstände der *res extensa* zu Tieren und schließlich zum Menschen führen kann, über den wir am Ende all das sagen können, was unser normales Vokabular ‚für Seelisches' uns auch dann gestattet, wenn wir keinem Gespensterglauben anhängen. Über die Frage, wie diese Postulate und die zulässigen Verfahren festgelegt werden sollen und wie gegenwärtig die Aussichten stehen, diese Geschichte lückenlos zu erzählen, ist wissenschaftstheoretisch gesondert zu handeln, – und das Resultat ist einfach abzuwarten. Auf dieses große Thema kann ich mich hier nicht einlassen.

IV.

Das Problem am Bild der Subtraktion besteht darin, dass es die Grundunterscheidung von Descartes intakt lässt. Es leugnet die selbständige Existenz des einen Teils (es leugnet die gespenstförmige Seele), lässt die Sicht auf den anderen Teil aber unverändert. Der Bereich der *res extensa* erscheint dadurch leicht als selbstverständlicher Ausgangspunkt für jeden vernünftigen Menschen, der nicht an Gespenster glaubt, erst recht also als Ausgangspunkt jeder Wissenschaft. Der Protest des Geistes- oder Sozialwissenschaftlers (oder auch des ‚Mannes von der Straße'), der in die Aussage gekleidet werden kann ‚aber die Physik ist doch nicht alles!', erscheint dann leicht als synonym mit einem Plädoyer für die Existenz von Gespenstern. Er muss aber nicht so gemeint sein; er kann auch meinen: Seht zu, dass das Verständnis der *res extensa* nicht so gewählt wird, dass *a priori* ausgeschlossen ist, dass das Ziel je erreicht wird. Und er kann darüber hinaus meinen: Solange die in Aussicht gestellte Evolutionsgeschichte nicht fertig erzählt ist, lasse ich mir das, was gegenwärtig im sozialen Leben benötigt wird und dort auch funktioniert, nicht als eine Selbsttäuschung oder Illusion ausreden. (Dies scheint auch zumindest Roth nicht zu wollen; siehe unten, Punkt X.)

V.

Meine Lektüre von Wittgenstein führt zu dem Vorschlag, das Bild der *Subtraktion* durch das Bild der *Abstraktion* zu ersetzen. Durch diesen Schritt verliert der Bereich der *res extensa* den Status eines unthematisierten Ausgangspunkts. In Übereinstimmung mit Überlegungen aus Wissenschaftstheorie, Wissenschaftsgeschichte und Wissenschaftsforschung (vgl. den Diskussionsbeitrag von Gesa Lindemann[1]) wird demnach (in guter kantischer Tradition) auch der Bereich der *res extensa* (wie alle wissenschaftlichen Gegenstandsbereiche) als ‚konstruiert' aufgefasst. Solche Konstruktionen enthalten viele Einzelschritte (manchmal z. B. das Herstellen von Uhren und/oder anderen Messgeräten). Mein Wort ‚Abstraktion' soll einen für das Leib-Seele Problem besonders wichtigen Aspekt solcher Konstruktionen anzeigen, nämlich das ‚Weglassen', das Absehen von bestimmten Eigenschaften, die wir zwar kennen, die wir aber in einem bestimmten Kontext bewusst außer acht lassen.

1 Gesa Lindemann, Beobachtung der Hirnforschung, in: Deutsche Zeitschrift für Philosophie, 53. Jg., Heft 5, 761–781, in diesem Band: 241–261.

VI.

So entsteht ein zur Sicht von Descartes alternatives Bild: Der Ausgangspunkt ist eine philosophisch und wissenschaftlich noch nicht bearbeitete (speziell: noch nicht dualistisch aufgeteilte) ‚Lebenswelt', in der wir mit Personen, Schicksalsschlägen, Schuld und Unschuld und tausenderlei anderen ‚Gegenständen' erfolgreich umgehen. In dieser Welt wird gehandelt und gesprochen. Dabei hat die ungeplante Entwicklung der ‚natürlichen Sprachen' dazu geführt, dass wir Subjektausdrücke sehr unterschiedlicher Arten haben: Wir reden über Äpfel, Zahlen, Bedeutungen, Motive, Schmerzen, etc. Die methodische Pointe von Wittgensteins sprachphilosophischem Zugang zur Erkenntnistheorie besteht nun darin, nicht sofort und direkt über die besondere Natur dieser ‚Gegenstände' zu spekulieren, als hätten wir sie (wie in einer Naturaliensammlung) einfach vor uns liegen,[2] sondern zu berücksichtigen, dass nicht jeder ‚Gegenstand der Rede' auch ein (einfacher oder komplexer) ‚Gegenstand der Welt der *res extensa*' ist. Die Zahlen sind ein einschlägiges Beispiel; aber auch Bedeutungen und Schmerzen gehören dazu. Sie sind uns in praktischen Zusammenhängen geläufig. Wenn wir aber ein ontologisches Muster vorgegeben bekommen, wissen wir nicht auf Anhieb, wie wir sie einzuordnen haben, zumal, wenn es in ihm nur zwei Abteilungen gibt: *res extensa* und *res cogitans*. Die Maxime ‚keine Gespenster' ist offenbar für ein Verständnis der vielfältigen Arten von Gegenständen nicht hinreichend. Sie birgt die Gefahr in sich, das Kind mit dem Bade (das Vokabular für Seelisches mit den Gespenstern) auszuschütten und so auf der ‚bloßen' *res extensa* sitzen zu bleiben. Man sähe sich z. B. zu der völlig unplausiblen Aussage gezwungen: Da Primzahlen keine Gespenster sind, müssen sie materielle Gegenstände sein. (Hinter solchen Aussagen scheint mir manchmal der richtige Gedanke zu stehen: Wenn ein *Physiker* oder *Chemiker* untersucht, was er an Rückständen auf der Wandtafel eines mathematischen Hörsaals findet, werden dies nur materielle Gegenstände sein. Aus *dieser* Aussage folgt aber nicht, dass der ‚Gegenstand der Mathematik' derselbe ist wie der Gegenstand der Physik oder der Chemie.)

VII.

Mit einer Orientierung am Bild der Abstraktion verzichten wir auf eine ontologische Vorentscheidung darüber, was es ‚eigentlich' oder ‚in Wirklichkeit' oder ‚letztlich' gibt. Insbesondere vermeiden wir einen ontologischen Physikalismus, wir sind nicht festgelegt auf einen *a priori* unangreifbaren Status unseres aktuellen Bildes von der *res extensa*. Vielmehr wird bei diesem Vorgehen die ontologische Frage danach, ‚was es gibt', der sprachphilosophischen Frage nachgeordnet: Erst wenn wir Klarheit darüber haben, was gemeint ist mit der Aussage, jemand ‚beziehe sich auf' Zahlen (oder auf sein Inneres: auf Schmerzen, Schuld, Intentionen), bekommt die ontologische Frage einen klaren (und dann

2 Eine Variante dieser Auffassung ist der Versuch, diese Gegenstände als theoretische Konstrukte in einem Sinne zu behandeln, wie er aus den Naturwissenschaften bekannt ist. Dies verkennt aber die Weise, in der die einschlägigen Ausdrücke bereits vorwissenschaftlich funktionieren. Vgl. dazu vom Verfasser: Metaphors and Theoretical Terms: Problems in Referring to the Mental, in: M. Carrier/

auch harmlosen) Sinn. Sie hat dann die Form: *In welchem Sinne* gibt es z. B. eine Primzahl zwischen drei und neun, eine Schuld des Täters, einen Schmerz im Fuß, etc.

VIII.

Auch die Möglichkeit der Rede über eine ,Welt der Physik' oder eine ,Welt der Zellen' ergibt sich, wenn man diese Perspektive einnimmt, durch Konstruktion und Abstraktion. Noch einmal mit Blick auf den Beitrag von G. Lindemann gesprochen: Die ,Slice-Forschung' am Gehirn eines Affen lässt Aspekte ihres Gegenstandes weg, die die Forschung am wachen Probanden nicht weglässt; die physikalische Forschung abstrahiert von weiteren Eigenschaften. Umgekehrt lässt die Erforschung der Schuldfähigkeit einer Person Aspekte *nicht* weg, die die Feststellung einer Anomalie in seinem Blut vermutlich weglassen kann. Das ausdrückliche Einbeziehen von Aspekten ist also nicht das Betrachten eines zusätzlichen ontologischen Gegenstandsbereichs im Sinne der Wiederhereinnahme eines Gespenstes (oder eines nur postulierten, nur indirekt bekannten physikalischen Bereichs). Die Seele gibt es nicht im wörtlichen Sinne ,neben' dem Gehirn oder ,in' ihm. Um ,Gegenstände' geht es nur im Sinne von ,Gegenständen der Rede'. Diese ,gibt' es überall dort, wo es sinnvolle Redeweisen gibt, die wahre und falsche Aussagen ermöglichen. (Es gibt z. B. klare Fälle berechtigter Schuldzuschreibung.)

IX.

Allgemein gesprochen: Das Gegenteil der *Subtraktion* von Teilen ist ihre *Addition*, z. B. das Wiederhereinnehmen der Seele als ein Gespenst, was niemand will. Das Gegenteil der *Abstraktion* von einer Eigenschaft ist dagegen die ausdrückliche (Wieder-)*Einbeziehung* dieser Eigenschaft. Das ,Ich' ist nicht ein zusätzlicher Gegenstand *im* Körper einer Person; sondern: Über sein ,Ich' (seinen Größenwahn, seine Minderwertigkeitskomplexe) zu sprechen, heißt, über Besonderheiten *im sozialen Leben* dieser Person zu sprechen.[3]

X.

Mir scheint, dass Gerhard Roth dies in seinem Beitrag für die dritte Diskussionsrunde der Sache nach dort anerkennt, wo er davon spricht, dass der Ausdruck ,Gehirnprozess' in den Neurowissenschaften in zweierlei Sinn gebraucht wird. Im zweiten Sinn meinen die kognitiven Neurobiologen „... in aller Regel nicht allein die rein neurophysiologischen und neurochemischen Vorgänge, sondern schließen den funktionellen Zusammenhang dieser

---

G. J. Massey/L. Ruetsche (Hg.), Science at Century's End. Philosophical Questions on the Progress and Limits of Science, Pittsburgh 2000, 193–216.

3 Vgl. dazu: H. J. Schneider, Handlung – Verhalten – Prozess. Skizze eines integrierten Ansatzes, in: J. Straub/H. Werbik (Hg.), Handlungstheorie. Begriff und Erklärung des Handelns im interdisziplinären Diskurs, Frankfurt/M. 1999, 27–48.

Vorgänge mit bestimmten Verhaltensreaktionen oder (im Falle des Menschen) mit inneren Erlebnissen und damit die Bedeutungsebene mit ein.".[4] Roth spricht an dieser Stelle von einem „Kategorienwechsel" und setzt sich damit gegen den manchmal von Philosophen erhobenen Vorwurf eines ‚Kategorien*fehlers*' zur wehr. Mir scheint, dass uns die Auffassung gemeinsam ist, dass das, was hier passiert, eine Hinzunahme oder ein Weglassen von bestimmten Beschreibungsmöglichkeiten (‚Kategorien') ist; im Falle des ‚Weglassens' also das, was ich eine ‚Abstraktion' genannt habe. Die Möglichkeit einer Einigung sähe ich, wenn wir gemeinsam feststellen könnten, dass die Rede über ‚die Seele' dort, wo sie auch heute noch sinnvoll ist, mit dem zu tun hat, was im Zitat als ‚Bedeutungen' und als ‚innere Erlebnisse' auftritt. In meinem eigenen Beitrag zur dritten Diskussionsrunde[5] wollte ich im Anschluss an Wittgenstein zeigen, dass dies ohne Rekurs auf gespenstförmige ‚phänomenale Gegenstände' möglich ist, oder positiv gesagt, dass die Einbeziehung der *menschlichen Handlungswelt* dazu hinreicht, also die Einbeziehung dessen, was Roth im zitierten Absatz den „funktionellen Zusammenhang" nennt. Das Weglassen oder Einbeziehen von Aspekten ist eine Abstraktion oder das Rückgängigmachen einer Abstraktion. Wir haben keine Kluft zwischen zwei ontologischen Bereichen mehr, das Leib-Seele Problem ist aufgelöst, wie immer die Bemühung um das Erzählen einer lückenlosen Evolutionsgeschichte eines Tages ausgehen wird.

4 Gerhard Roth, Gehirn, Gründe und Ursachen; in: Deutsche Zeitschrift für Philosophie, 53. Jg., Heft 5, 695, in diesem Band: 175.

5 Hans J. Schneider, Reden über Inneres. Ein Blick mit Ludwig Wittgenstein auf Gerhard Roth; in: Deutsche Zeitschrift für Philosophie, 53. Jg., Heft 5, 743–759, in diesem Band: 223–239.

Ratio und Natur

Warum unsere Fähigkeit, nach Gründen zu handeln, auch durch reduktive Ansätze nicht in Frage gestellt werden kann

Von MICHAEL PAUEN (Magdeburg)

Einer der wesentlichen Gründe dafür, dass das Leib-Seele Problem nach mehr als zweitausend Jahren intensiver Diskussion immer noch zu den ungelösten philosophischen Fragen zählt, dürfte wohl darin bestehen, dass eine adäquate wissenschaftliche Auseinandersetzung eine Vielzahl unterschiedlicher Ansätze und Beschreibungsperspektiven erfordert, deren Koordination vor allem für eine naturalistische Position eine ganze Reihe von Problemen aufwirft.

Natürlich haben wir auch im Alltag immer wieder mit unterschiedlichen Beschreibungsebenen zu tun – jeder weiß, dass man Wasser mikrophysikalisch auch als Ansammlung von H_2O-Molekülen beschreiben kann, oder dass man eine Oper nicht nur visuell, sondern auch akustisch wahrnehmen kann. Die unterschiedlichen Perspektiven liefern nicht nur jeweils andere Informationen, vielmehr können diese Informationen auch von ganz unterschiedlicher Bedeutung für den jeweils verfolgten Zweck sein. So dürfte die akustische Wahrnehmung im Allgemeinen wertvoller sein, wenn wir wissen wollen, wie gut das Orchester gespielt hat, optische Informationen dürften dagegen wichtiger sein, wenn wir uns für die schauspielerische Leistung interessieren. Zwar stellt sich auch im Alltag manchmal die Frage, ob sich zwei Wahrnehmungen oder Beschreibungen auf das gleiche Ereignis beziehen; im Allgemeinen verfügen wir jedoch über eine ganze Reihe von Hintergrundannahmen, die uns eine vergleichweise problemlose Koordination der unterschiedlichen Perspektiven erlauben.

Im Gegensatz dazu werfen die unterschiedlichen Perspektiven, die wir geistigen bzw. neuronalen Prozessen gegenüber einnehmen können, eine Reihe von gravierenden Problemen auf. Die Schwierigkeiten ergeben sich vor allem daraus, dass wir es hier mit einer besonders weiten Spanne unterschiedlicher Perspektiven zu tun haben, die von der Molekularbiologie über die Kognitive Neurobiologie, die Neuroinformatik bis hin zur Psychologie reichen. Mittlerweile geht es dank neuer Untersuchungsverfahren auch um Fragen, die von unmittelbarer Bedeutung für unser Selbstverständnis sind, wie z. B. die Willensfreiheit, das Selbstbewusstsein oder die Fähigkeit, nach Gründen zu handeln.

Die Probleme, auf die ich mich in diesem Aufsatz konzentrieren möchte, ergeben sich aus der Tatsache, dass keine dieser Fähigkeiten direkt auf der neuronalen Ebene zu beobachten ist: Neurone sind nicht frei, sie haben kein Selbstbewusstsein, wir gestehen ihnen keine Subjektivität zu und sie verfügen – natürlich – auch nicht über die Fähigkeit, nach

Gründen zu handeln. Nun ist es zwar sattsam bekannt, dass es auch in anderen Bereichen eine ganze Reihe von Eigenschaften gibt, die nur an komplexen Systemen zu beobachten sind, nicht aber an den Elementen, aus denen sich diese Systeme zusammensetzen. So sind H_2O-Molküle nicht flüssig, wohl aber das Wasser, das sich aus ihnen zusammensetzt. Wenn wir aber Wasser Eigenschaften zuschreiben, die wir nicht an den Bestandteilen von Wasser beobachten können, warum sollten dann menschliche Personen nicht über Eigenschaften verfügen, die die Neurone ihres Gehirns nicht besitzen?

Der entscheidende Punkt ist hier, dass die höherstufigen Fähigkeiten an Voraussetzungen gebunden zu sein scheinen, die Neuronen bzw. neuronale Aktivitäten prinzipiell nicht erfüllen können. Es geht also nicht darum, ob Neurone frei sind – natürlich sind sie das nicht. Entscheidend ist vielmehr, dass Freiheit nach einer weit verbreiteten Auffassung unvereinbar ist mit einer vollständigen Determination durch Naturgesetze. Ähnliche Schwierigkeiten treten auf bei der Fähigkeit, nach Gründen zu handeln. Ich werde im Folgenden jedoch argumentieren, dass eine solche Unvereinbarkeit nicht besteht. Selbst wenn die Naturalisierungsstrategie also einen Erfolg auf der ganzen Linie erzielen würde und wir einzelne Überlegungen vollständig auf die neuronale Ebene zurückverfolgen könnten, müssten wir damit Personen nicht die Fähigkeit abstreiten, nach Gründen zu handeln.

Bevor ich meine Argumente für diese Behauptung präsentiere, werde ich im ersten Teil dieses Papiers auf die grundsätzlichen Schwierigkeiten eingehen, die einer naturalistischen Erklärung unserer kognitiven und volitionalen Fähigkeiten im Wege stehen. Dabei werde ich vor allem die Notwendigkeit betonen, zwischen den für unser Selbstverständnis zentralen *Fähigkeiten* einerseits und andererseits den *Erklärungen* zu unterscheiden, die angeführt werden, um diese Fähigkeiten verständlich zu machen. Im zweiten Teil werde ich dann auf die Frage eingehen, ob eine vollständige naturalistische Erklärung unseres Gehirns Zweifel an unserer Fähigkeit aufwerfen würde, nach Gründen zu handeln. Ich werde mich in diesem Zusammenhang vor allem mit dem Aufsatz von Jürgen Habermas über Freiheit und Determinismus auseinandersetzen,[1] um zu zeigen, dass unsere Fähigkeit, nach Gründen zu handeln, auch in diesem Falle *nicht* in Frage gestellt wäre.

Ich werde in diesem Aufsatz keine Behauptungen darüber aufstellen, *ob* das Naturalisierungsprogramm erfolgreich sein wird, ob es also gelingen wird, unsere kognitiven und volitionalen Eigenschaften vollständig auf natürliche Prozesse und Gesetzmäßigkeiten zurückzuführen. Ich halte dies für praktisch ausgeschlossen, obwohl ich das Naturalisierungsprogramm in einem etwas bescheideneren Rahmen für erfolgversprechend halte. Genausowenig stelle ich hier Behauptungen darüber auf, ob unsere Welt determiniert ist oder nicht, allerdings werde ich auf die Frage nach den Konsequenzen einer möglichen Determination eingehen.

Naturalisierung und Menschenbild

Die Vorstellung, dass für den Menschen konstitutive Fähigkeiten durch das Naturalisierungsprojekt in Frage gestellt würden, ist im Prinzip so alt wie dieses Projekt selbst. Artikuliert wird sie bereits durch den platonischen Sokrates, der sich im *Phaidon* zu seinem jugend-

1 Habermas (2004).

lichen „Bestreben nach jener Weisheit, welche man die Naturkunde nennt,“[2] bekennt. Gleichzeitig betont er die prinzipiellen Unzulänglichkeiten dieses Projektes, da die rationalen Gründe, die das Handeln einer Person bestimmen, in naturalistischen Kategorien nicht zu erfassen seien. In der neueren Philosophie ist es zunächst vor allem der französische Materialismus des 18. Jahrhunderts, der – u. a. im Deutschen Idealismus – auf ganz ähnliche Einwände trifft: Hegel zufolge gibt es „nichts Ungenügenderes als die in den materialistischen Schriften gemachten Auseinandersetzungen der mancherlei Verhältnisse und Verbindungen, durch welche ein solches Resultat wie das Denken hervorgebracht werden soll“.[3]

Besondere Intensität erreicht die Debatte im 19. Jahrhundert. Zu Beginn des Jahrhunderts werden die zentralen Unterschiede zwischen der menschlichen und der nichtmenschlichen Natur noch durch übernatürliche Merkmale wie die Seele, die Lebenskraft oder aber einen göttlichen Schöpfungsakt begründet. Insofern liegt die Befürchtung nahe, dass das Naturalisierungsprojekt, das im Verlaufe des Jahrhunderts zur Aufgabe dieser Merkmale führt, auch die Differenzen zwischen Mensch und Natur einebnen würde. Besonders lebhaften Ausdruck hat Nietzsche dieser Befürchtung verliehen:

> „Ach, der Glaube an seine [des Menschen; M. P.] Würde, Einzigkeit, Unersetzlichkeit in der Rangabfolge der Wesen ist dahin – er ist Thier geworden, Thier, ohne Gleichniss, Abzug und Vorbehalt. … Seit Kopernikus scheint der Mensch auf eine schiefe Ebene gerathen – er rollt immer schneller nunmehr aus dem Mittelpunkte weg – wohin? in's Nichts? … alle Wissenschaft, … ist heute darauf aus, dem Menschen seine bisherige Achtung vor sich auszureden, wie als ob dieselbe nichts als ein bizarrer Eigendünkel gewesen sei.“[4]

Die Befürchtung ist auch später immer wieder aufgegriffen worden – am bekanntesten dürfte wohl Freuds Bemerkungen über die Geschichte der „Kränkungen“ sein, die der Menschheit seit Kopernikus durch die Wissenschaften zugeführt worden seien, wobei Freud sein eigenes Werk als Höhepunkt dieser Kränkungsgeschichte sieht. Diese Behauptung ist auch in den letzten Jahren mehrfach wiederholt worden. Würde sie zutreffen, dann müssten wir nach all diesen Kränkungen bereits in dem von Nietzsche prognostizierten „Nichts“ angelangt sein. Dies ist jedoch nicht der Fall: Unsere Achtung vor uns selbst hat die vermeintliche Kränkungsgeschichte recht wohlbehalten überstanden. Und auch die Achtung für die Menschheit insgesamt dürfte in dieser Entwicklung nicht sonderlich gelitten haben – auch wenn kein Zweifel an der Vielzahl nach wie vor bestehender Verletzungen von Menschenrecht und Menschenwürde bestehen kann.

Will man diese historische Beobachtung verstehen, dann gelangt man zu einem wichtigen systematischen Punkt: Von einer Degradierung des Menschen kann nämlich einfach deshalb nicht die Rede sein, weil sich in der skizzierten Geschichte der Naturalisierung nicht etwa die *Inhalte* unseres Menschenbildes verändert haben, sondern lediglich die *Erklärungen* für die Fähigkeiten, die für unser Menschenbild konstitutiv sind. So wird etwa der Unterschied zwischen der belebten und der unbelebten Natur trotz des Verzichts auf die Lebenskraft einfach deshalb nicht eingeebnet, weil die Biologie immer bessere

2 Platon (1987), 62 (Phaidon 96a).
3 Hegel (1986), 49.
4 Nietzsche (1988), Bd. V, 404 (Zur Genealogie der Moral §25).

und informativere naturalistische Theorien zur Begründung dieses Unterschiedes lieferte. Wenn das zu Beginn dieser Entwicklung anders ausgesehen haben mag, dann liegt dies einfach daran, dass hier die Differenz zwischen den zu erklärenden Fähigkeiten und den erklärenden Theorien oftmals übersehen wird. Zählt man den Besitz der Lebenskraft oder einer unsterblichen Seelensubstanz zu den konstitutiven *Inhalten* des menschlichen Selbstverständnisses, dann muss man in der Tat befürchten, dass die Naturalisierung zu einer tiefgreifenden Revision dieses Selbstverständnisses führt. Erkennt man dagegen, dass es sich hier nur um *Erklärungen* für bestimmte Fähigkeiten handelt, die den Menschen von der nicht-menschlichen bzw. nicht-belebten Natur unterscheiden, dann erweist sich diese Befürchtung als übertrieben: Letztlich geht es hier darum, eine Erklärung durch eine andere zu ersetzen. An dem zu erklärenden Phänomen muss sich dadurch nichts ändern. Eine neue Erklärung kann sich ja in der Regel nur dann etablieren, wenn sie das zu erklärende Phänomen mindestens genauso gut verständlich macht, wie es die alte konnte, nicht jedoch, wenn sie das Phänomen in Frage stellt oder gar seine Existenz verneint.

Gründe und Ursachen: Die Überlegungen von Habermas

Natürlich schließen diese historischen Überlegungen nicht aus, dass die Entwicklung in unserer eigenen Gegenwart ganz anders verläuft und unser Menschenbild doch in Frage gestellt wird. Ob dies geschieht oder nicht, hängt nicht nur von den künftigen Befunden der empirischen Wissenschaften ab. Entscheidend sind auch prinzipielle systematische Überlegungen, die zeigen, ob die fraglichen Fähigkeiten im Konflikt mit dem Naturalismus stehen, so dass uns ein Erfolg des naturalistischen Forschungsprogramm zu einer Revision unseres Selbstverständnisses zwingen würde. Ich werde im Folgenden argumentieren, dass dies nicht der Fall ist.

Zunächst möchte ich mich dabei mit einer Überlegung von Jürgen Habermas auseinandersetzen. Habermas versucht in seinem Aufsatz über *Freiheit und Determinismus*[5] einen ontologischen Monismus mit einem „methodologischen Dualismus der Erklärungsperspektiven"[6] zu vereinbaren. Habermas will damit einerseits den Einwänden gegen den ontologischen Dualismus gerecht werden ohne dabei andererseits aber die Eigenständigkeit geistiger Phänomene in Frage zu stellen.

Auf dieser Basis entwickelt er eine Kritik reduktionistischer Forschungs- und Erklärungsstrategien, die in seinen Augen rationale Gründe zu bloßen Epiphänomenen machen müssen: „Diese epiphänomenalistische Auffassung ergibt sich zwingend aus einem reduktionistischen Forschungsansatz."[7] Habermas hat völlig Recht, wenn er behauptet, dass Gründe nicht mit Ursachen identifiziert werden dürfen: „Gründe sind keine beobachtbaren physischen Zustände, die nach Naturgesetzen variieren; sie können deshalb nicht mit gewöhnlichen Ursachen identifiziert werden."[8] Doch bedeutet dies schon, dass ein reduktionistischer Ansatz Gründe zu bloßen Epiphänomenen machen muss?

5 Habermas (2004).
6 Ebd., 878, in diesem Band: 108.
7 Ebd., 879, in diesem Band: 109.
8 Ebd.

Nun gibt es zweifellos eine Reihe von Autoren, die sich dem Naturalismus verpflichtet fühlen und die Wirksamkeit rationaler Gründe bestreiten. Dies gilt z. B. für Daniel Wegner, der von der „Illusion des bewussten Willens" spricht,[9] und damit in der Tat meint, dass die Entscheidungsprozesse, in denen Gründe wirksam werden könnten, bloße Epiphänomene sind. Doch ergibt sich diese Position „zwingend" aus einem reduktionistischen Forschungsprogramm? Wegner scheint nicht dieser Ansicht zu sein. Er beruft sich nämlich auf bestimmte empirische Befunde. Ich glaube, dass Wegner in der Sache Unrecht hat,[10] weil er viel zu weitreichende Schlussfolgerungen aus bestimmten Befunden zieht. Doch wenn Habermas' Argumentation zuträfe, dann wäre Wegner aus einer naturalistischen Perspektive damit gar nicht beizukommen. Wegner müsste sich nämlich nur auf die Prinzipien der naturalistischen Forschungsstrategie berufen, um seinen Epiphänomenalismus der Gründe und Entscheidungen zu verteidigen.

Diese Überlegungen werfen bereits Zweifel auf, ob Habermas Recht hat, wenn er behauptet, dass ein solcher Epiphänomenalismus der Gründe für einen reduktionistischen Ansatz „zwingend" sei. Tatsächlich glaube ich, dass es einen solchen Zwang nicht gibt. Dabei unterstelle ich, dass ein reduktionistischer Naturalismus sich bemüht, die zentralen kognitiven und volitionalen Fähigkeiten des Menschen zu erklären, indem er sie auf materielle Ereignisse und Gesetzmäßigkeiten zurückführt, und zwar so, dass menschliches Handeln und Verhalten ggfs. aus neurobiologischen Erkenntnissen verständlich gemacht werden kann. Gleichzeitig könnten Fragen über unser Verhalten, wie sie z. B. im Vokabular einer psychologischen Theorie zu formulieren sind, durch neurobiologische Erkenntnisse beantwortet werden. Allgemein wäre der Zusammenhang zwischen der neurobiologischen und der psychologisch-behavioralen Ebene völlig durchlässig, so dass man beliebig zwischen diesen Ebenen wechseln könnte.

Ich glaube, dass ein solcher Reduktionismus aus einer ganzen Reihe von Gründen nicht nur extrem unwahrscheinlich, sondern faktisch ausgeschlossen ist,[11] doch hier geht es nicht um Prognosen darüber, wie wahrscheinlich das Auftreten eines solchen Reduktionismus ist, sondern vielmehr um die Konsequenzen und Implikationen, mit denen wir konfrontiert wären, *wenn* sich ein solcher Reduktionismus durchsetzen würde – wie wahrscheinlich oder unwahrscheinlich er auch immer sein mag.

Ich glaube, es gibt ein sehr einfaches Argument, das eindeutig gegen Habermas' Befürchtungen spricht. Wenn es Aufgabe eines reduktionistischen Materialismus ist, die zentralen kognitiven und volitionalen Eigenschaften des Menschen durch die Bezugnahme auf neuronale Prozesse zu erklären und man gleichzeitig – mit Habermas – die Tatsachenannahme macht, dass unser Verhalten zumindest manchmal von Gründen geleitet wird, dann muss ein solcher reduktionistischer Materialismus auch die Wirksamkeit von Gründen durch eine neurobiologische Theorie erklären. Die Wirksamkeit von Gründen würde einfach zu den Tatsachen gehören, die ein materialistischer Reduktionismus erklären müsste. Mit anderen Worten: Unter den von Habermas angenommenen Voraussetzungen *kann* ein reduktionistischer Materialismus Gründe überhaupt nicht zu Epiphänomenen machen Er wäre dann nämlich nicht mehr in der Lage, die Phänomene zu erklären, die er nach seinen

9 Wegner (2002).

10 Vgl. Pauen (2004).

11 Vgl. Pauen (1996b); Pauen (2001).

eigenen Prämissen erklären *muss*. Ein reduktionistischer Ansatz, der rationale Gründe als Epiphänomene betrachtet, muss also unter den von Habermas angenommenen Voraussetzungen an all den Handlungen scheitern, die faktisch von Gründen geleitet werden.

Ein Argument

Habermas hat jedoch einen schlagkräftigen Einwand gegen jeden Versuch, der Wirksamkeit von Gründen innerhalb eines naturalistischen Ansatzes gerecht zu werden. Möglich scheint dies offenbar nur, indem man Ursachen und Gründe miteinander identifiziert – so wie Naturalisten häufig das Problem der mentalen Verursachung zu lösen versuchen, indem sie mentale Zustände mit neuronalen Prozessen identifizieren.[12] Habermas hat jedoch völlig Recht, wenn er eine solche Lösung zurückweist: Ursachen sind – wie ich im Folgenden noch etwas genauer darlegen möchte – in der Tat keine Gründe.

Das aber würde bedeuten, dass auch ein nichtreduktiver Naturalismus der Wirksamkeit von Gründen nicht mehr innerhalb der Prämissen seines Systems gerecht werden könnte: Geht er von der Wirksamkeit von Gründen aus, dann muss er das für ihn zentrale Prinzip der kausalen Geschlossenheit aufgeben. Will er dagegen an diesem Prinzip festhalten, dann können die Gründe nicht wirksam sein, schließlich verlangt dieses Prinzip, dass physische Vorgänge nur unter dem Einfluss anderer physischer Prozesse stehen: Unser Verhalten dürfte daher nur von neuronalen Aktivitäten, nicht jedoch von Gründen abhängig sein. Ein ganz ähnliches Problem ist auch von Julian Nida-Rümelin diagnostiziert worden Aus der Tatsache, dass „in naturwissenschaftlichen Beschreibungen und Gesetzen Gründe keinen Ort haben", folgert Nida-Rümelin, dass „eine vollständige naturalistische Beschreibung und Erklärung menschlichen Handelns mit unserer lebensweltlichen Moralität unvereinbar" sei.[13]

Ohne weiter auf die Differenzen zwischen den Positionen von Habermas und Nida-Rümelin einzugehen, glaube ich, dass man beiden Autoren erstens in der Annahme zustimmen kann, dass die Fähigkeit, nach Gründen zu handeln, konstitutiv ist für uns als Personen, zweitens dass solche Gründe keinen Ort in naturwissenschaftlichen Beschreibungen und Gesetzen haben und drittens, dass Gründe keine Ursachen sind. Setzt man zusätzlich voraus, dass kausale Überdetermination inakzeptabel ist, dann ergibt sich ein Argument, dass die Wirkungslosigkeit von Gründen zu zeigen scheint:

1. Es gibt keine kausale Überdetermination (p).
2. Physische Ursachen sind keine Gründe (p).
3. Menschliches Handeln und Verhalten ist dem Naturalismus zufolge vollständig durch physische Ursachen bestimmt (p).
4. Menschliches Handeln und Verhalten kann dem Naturalismus zufolge nicht durch Gründe bestimmt sein (aus 1,2,3).

12 Vgl. Davidson (1993); Papineau (1996).
13 Nida-Rümelin (2005).

Die erste Prämisse wird von Naturalisten im Allgemeinen akzeptiert. Zwar wird zuweilen eingewandt, dass physische Wirkungen durch physische Ursachen überdeterminiert sein können, z. B. wenn eine Person gleichzeitig mit zwei Spritzen betäubt wird, von denen jede einzelne ausgereicht hätte,[14] man kann jedoch bestreiten, dass es sich hier um echte Überdetermination handelt, da zwei Spritzen sicherlich andere Wirkungen haben als eine Spritze allein. In jedem Falle kann ein Physikalist nicht akzeptieren, dass menschliches Verhalten durch die Einwirkung nichtphysischer Entitäten überdeterminiert wird, da dann die Grenze zum Dualismus überschritten würde. Für die zweite Prämisse werde ich im Folgenden noch ausführlich argumentieren; sie sollte in meinen Augen nicht nur für Naturalisten akzeptabel sein. Die dritte Prämisse ist nur eine Implikation des bereits erwähnten Prinzips der kausalen Geschlossenheit. Diesem für den Naturalismus zentralen Prinzip zufolge hat jede physische Wirkung, die überhaupt eine Ursache hat, eine physische Ursache.[15] Die Konklusion scheint sich dann zwingend aus den Prämissen zu ergeben: Wenn physische Ursachen keine Gründe sind und menschliches Handeln und Verhalten vollständig durch physische Ursachen bestimmt wird, dann bleibt hier kein Platz mehr für die Wirksamkeit von Gründen: Menschliches Verhalten kann daher offenbar nicht von Gründen bestimmt sein.

Hieraus scheint zu folgen, dass der Naturalismus insgesamt eine inakzeptable Theorie ist, weil er entweder gegen seine eigenen Prinzipien verstoßen muss, um einem offensichtlichen Faktum gerecht zu werden, nämlich der Fähigkeit menschlicher Personen, nach Gründen zu handeln, oder aber dieses Faktum bestreiten muss, um seine eigenen Prinzipien nicht zu verletzten.

Ich möchte im Folgenden zeigen, dass diese Annahme nicht zutrifft. Das vermeintliche Dilemma, in das sich der Naturalismus verwickelt, ergibt sich nur aus einem falschen Verständnis des Verhältnisses von Ursachen und Gründen bzw. der Beschreibungsebenen, auf denen wir von Ursachen und Gründen sprechen.

Warum Gründe keine Ursachen sind

Bevor ich meinen Lösungsvorschlag präsentiere, möchte ich zunächst erläutern, warum Gründe, wie in Prämisse 2 behauptet, keine Ursachen sind.

Ich betrachte Gründe als propositionale Einstellungen, ein typischer Grund wäre also mein Glaube, dass Sokrates ein Mensch ist, oder dass alle Menschen sterblich sind.[16] Gründe können einfach deshalb keine bloßen Propositionen sein, weil es auch von der Einstellung abhängt, ob ich einen Grund für oder gegen eine bestimmte Handlung habe. Offensichtlich hat jemand, der glaubt, dass Sokrates sterblich ist, einen ganz anderen Grund als derjenige, der eben diese Behauptung nicht glaubt: Dennoch ist die Proposition in beiden Fällen dieselbe, der Unterschied besteht offenbar in der Einstellung. Wenn Gründe propositionale Einstellungen sind, dann sind sie Abstrakta. Sie lassen sich also nicht raum-

14 Schütte (2004), 110; Papineau (2002), 226.

15 Schütte (2004), 107.

16 Ich gehe hier der Einfachheit halber nicht darauf ein, dass Handlungsgründe nach einer weitverbreiteten Vorstellung (z. B. Davidson 1963) auch Wüsche einschließen. Ich unterstelle dabei, dass die Handlungswirksamkeit von Wünschen und anderen konativen Zuständen nicht ernsthaft

zeitlich verorten. Dies bedeutet, dass unterschiedliche Personen zu unterschiedlichen Zeiten ein und denselben Grund haben können – z. B. um die Behauptung zu akzeptieren, dass Sokrates sterblich ist. Die propositionalen Bestandteile von Gründen sind zudem wahrheitsfähig: Die Behauptung, dass Sokrates ein Mensch ist, kann also wahr oder falsch sein. Schließlich treten Gründe auf in Rechtfertigungskontexten; sie machen es also rational, eine bestimmte Behauptung zu akzeptieren oder eine Handlung zu vollziehen. In diesem Falle würden die beiden oben genannten Gründe die Behauptung rechtfertigen, dass Sokrates sterblich ist.

Auch wenn Gründe bestimmte Annahmen oder Handlungen rechtfertigen, so liefern sie doch, als Abstrakta betrachtet, strenggenommen noch keine Erklärung dafür, dass eine bestimmte Person zu einem bestimmten Zeitpunkt eine bestimmte Handlung ausführt oder eine Behauptung akzeptiert. Notwendig dazu ist noch, dass die Person sich den Grund zu einem bestimmten Zeitpunkt zu eigen macht, also den Gedanken akzeptiert, dass Sokrates ein Mensch ist.

Zieht man in Betracht, dass diese psychischen Prozesse in irgendeinem Zusammenhang mit neuronalen Vorgängen stehen müssen, dann müsste man hier drei Beschreibungsebenen unterscheiden, nämlich die der neuronalen Prozesse, die der psychischen Prozesse und die der Gründe. Entscheidend für die Begründung der zweiten Prämisse des obigen Argumentes ist es nun, dass zwischen der neuronalen und psychischen Ebene einerseits und der Ebene der Gründe andererseits prinzipielle Unterschiede bestehen.

Bei neuronalen Prozessen handelt es sich erstens um raum-zeitlich bestimmbare Ereignisse: Sie finden statt zu bestimmten Zeiten an bestimmten Orten. Neuronale Aktivitäten sind zweitens nicht wahrheitsfähig, das Feuern eines Neurons ist weder wahr noch falsch. Wahrheitsfähig sind allenfalls die *Aussagen über* ein solches Feuern. Neuronale Prozesse sind schließlich Gegenstand von gesetzesähnlichen Verallgemeinerungen, die sich aus der neurowissenschaftlichen Forschung ergeben. Schließlich stehen neuronale Prozesse in kausalen Kontexten: Sie stehen also unter dem Einfluss bestimmter Ursachen und üben ihrerseits Einfluss auf andere Vorgänge aus.

All dies zeigt, dass die Identifikation von Gründen und Ursachen bzw. neuronalen Prozessen abwegig ist: Ein neuronaler Prozess kann nichts rechtfertigen, er kann nicht Bestandteil einer propositionalen Einstellung sein und er ist nicht wahrheitsfähig.

Der Verweis auf die unterschiedlichen Beschreibungsebenen kann daran nichts ändern. Deren Existenz darf nicht zu der Annahme verleiten, man könne bei gegebenen Basiseigenschaften beliebige höherstufige Eigenschaften zuschreiben. Wenn die Basiseigenschaften festgelegt sind, dann sind damit auch die höherstufigen Eigenschaften festgelegt. Bestimmte Basiseigenschaften können also inkompatibel mit bestimmten höherstufigen Eigenschaften sein. Für den oben genannten Fall des Verhältnisses von Wasser und H_2O heißt dies, dass ein bestimmter Zustand der H_2O-Moleküle es einfach ausschließt, dass es sich bei der entsprechenden Menge Wasser um Eis handelt.

---

umstritten ist – auch wenn wir natürlich faktisch nicht immer von den Wünschen geleitet werden, die uns bewusst sind.

Müssen Gründe wirkungslos sein?

Wenn es um das Verhältnis von Gründen und neuronalen Prozessen geht, ist der Unterschied noch viel größer. Psychische oder neuronale Zustände, die die skizzierten Eigenschaften aufweisen, können also prinzipiell keine Gründe sein. Aber beweist dies, dass Gründe auf der neuronalen oder der psychologischen Ebene wirkungslos sein müssen, so dass menschliches Handeln und Verhalten nicht durch Gründe bestimmt sein kann?

Ich glaube, dass dies *nicht* der Fall ist. Ein erstes Indiz dafür ergibt sich daraus, dass das oben skizzierte Argument offenbar zuviel beweist. Es impliziert nämlich, dass das Verhalten von Taschenrechnern nicht durch mathematische Regeln und das Verhalten von Computern nicht durch Programmanweisungen bestimmt wird. Nicht nur Naturalisten dürften davon ausgehen, dass man das Verhalten von Computern und Taschenrechnern vollständig auf physische Prozesse und die für sie geltenden Gesetzmäßigkeiten zurückführen kann. Da mathematische Regeln und Programmanweisungen keine physischen Prozesse sind, würde aus dem obigen Argument folgen, dass sie wirkungslos sein müssten. Dieses Ergebnis erscheint jedoch abwegig und bestärkt die Vermutung, dass die obige Argumentation einen Fehler enthält. Würde sich diese Vermutung bestätigen, dann eröffnete dies dem Naturalisten die Möglichkeit, an der Wirksamkeit von Gründen festzuhalten, ohne mit seinen Prinzipien zu brechen.

Taschenrechner, Chips und mathematische Regeln

Bleiben wir zunächst einen Moment bei Computern und Taschenrechnern. Unter welchen Bedingungen sprechen wir davon, dass das Verhalten eines Taschenrechners durch mathematische Regeln bestimmt wird? Ich denke, dass hierfür zwei Bedingungen erfüllt sein müssen: Zum einen muss das Verhalten des Taschenrechners tatsächlich den mathematischen Regeln entsprechen; wir verlangen also normkonformes Verhalten. Konkret bedeutet das, dass die Ergebnisse stimmen müssen.

Das alleine reicht jedoch nicht. Zumindest theoretisch denkbar wäre es, dass der Taschenrechner eigentlich kaputt ist und nur zufälligerweise das richtige Ergebnisse angezeigt hat. Wir würden dann sagen, dass sein Verhalten vom Zufall abhängt, nicht jedoch von den Regeln der Mathematik. Notwendig ist daher noch zusätzlich ein Kausalzusammenhang; der Taschenrechner muss sich also so verhalten, wie er sich verhält, *weil* die Regeln der Mathematik so sind, wie sie sind. Hergestellt werden könnte der Kausalzusammenhang dadurch, dass die Regeln irgendwo im Taschenrechner gespeichert sind und die Aktivität der entsprechenden Chips die Ergebnisse bestimmen, die das Display anzeigt.

Wenn man die Wirksamkeit mathematischer Regeln so versteht, dann setzt sie keinen Bruch mit der kausalen Geschlossenheit und auch keine Überdetermination voraus. Es ist auch nicht nötig, mathematische Regeln und Programmaktivitäten miteinander zu identifizieren. Was wir miteinander identifizieren können, sind vielmehr bestimmte Rechenoperationen und die diese Rechenoperationen realisierenden physischen Aktivitäten der Chips. Wenn die Rechenoperationen den Regeln entsprechen und wenn sie den Regeln entsprechen, *weil* die Regeln so sind wie sie sind, dann kann man sagen, dass das Verhalten des Taschenrechners von mathematischen Regeln bestimmt wird. Dies schließt nicht aus, dass wir gleichzeitig eine rein naturalistische Beschreibung des Taschenrechners abgeben können, in der nur von elektrischen Aktivitäten in Mikrochips die Rede wäre. Entscheidend ist lediglich, dass einige dieser elektrischen Aktivitäten gleichzeitig als Rechenoperationen beschrieben werden können, die von mathematischen Regeln bestimmt werden.

Gründe, Überzeugungen und Überlegungen

Welche Konsequenzen haben diese Überlegungen nun für die Frage, ob unsere Überlegungen durch Gründe geleitet werden können? Auch hier kommt es auf zwei Bedingungen an: Zum einen müssen unsere Überlegungen tatsächlich den rationalen Regeln entsprechen, die den „Raum der Gründe" bestimmen. Wenn jemand also einen Grund für sein Verhalten oder eine von ihm aufgestellte Behauptung nennt, dann fragen wir uns einmal, ob der Grund die Behauptung bzw. das Verhalten rechtfertigt. Ist dies nicht der Fall, dann werden wir zweifeln, ob das Verhalten der Person wirklich von Gründen geleitet ist. Wenn jemand sich ein sündhaft teueres Auto kauft und dies damit begründet, dass er Geld sparen möchte, dann werden wir vermuten, dass es andere Gründe – oder Ursachen – für sein Verhalten gibt.

Auch hier ist die bloße Übereinstimmung mit diesen rationalen Regeln alleine nicht ausreichend. Verdeutlichen lässt sich dies am Beispiel eines Politikers, der sich rationalen Gründen entsprechend verhält: Offensichtlich schließt dies nicht die Möglichkeit aus, dass sein Verhalten ganz andere Ursprünge hat, z. B. bloße Eitelkeit oder aber den Wunsch, die nächste Wahl zu gewinnen. Sein Verhalten ist also nicht von Gründen geleitet, zumindest nicht von den von ihm genannten Gründen. Diese Differenz spielt eine zentrale Rolle in der Kantischen Ethik und ihrer Unterscheidung zwischen einer „pflichtmäßigen Handlung" und einer Handlung „aus Pflicht". Beide Typen von Handlungen entsprechen den rationalen Normen der Kantischen Ethik und damit auch der ersten oben genannten Bedingung, doch nur Handlungen „aus Pflicht" werden auch *bestimmt* durch das Bewusstsein der Pflicht.[17] Kant spricht davon, dass der Wille „durch das formelle Prinzip des Wollens", also durch das Bewusstsein des Sittengesetzes geleitet werden müsse.

Tatsächlich glaube ich, dass wir auch sonst darauf achten, ob die Gründe, die jemand nennt, tatsächlich die Motive seines Handelns sind. Bedeutet dies nicht, dass damit Gründe doch wieder zu Ursachen werden müssen? Dies ist nicht der Fall. Gefordert werden muss nur, dass die Person eine entsprechende Überzeugung besitzt. Dabei verstehe ich Überzeugungen als individuelle Einzelfälle eines Typs propositionaler Einstellungen. Meine Überzeugung, dass Sokrates ein Mensch ist, wäre also ein Token des entsprechenden Typs propositionaler Einstellungen. Solche Überzeugungen stellen psychische Dispositionen dar, die das Handeln und Denken einer Person bestimmen können. Ich unterstelle, dass Erwerb und Besitz solcher Überzeugungen zumindest im Prinzip nicht rätselhaft ist, zumal hierzu z. T. auch einfache Wahrnehmungs- und Kommunikationsprozesse ausreichen dürften.[18]

---

17 Vgl. Kant (1900) ff., Bd. IV, 397–401 (Grundlegung zur Metaphysik der Sitten, Erster Abschnitt).

18 Es wäre offensichtlich nicht sinnvoll, den Erwerb von Überzeugungen seinerseits prinzipiell an Gründe zu binden, weil sonst die Gefahr eines Regresses auftaucht. Dies schließt nicht aus, dass

Das zweite Kriterium würde also lauten, dass die Übereinstimmung mit rationalen Regeln auf die entsprechenden Überzeugungen zurückzuführen sein muss. Von dem oben genannten Politiker müssen wir also erwarten, dass sein Verhalten tatsächlich durch die von ihm genannten Überzeugungen bestimmt wird. Da es sich hier um ganz normale psychische Dispositionen handelt, bedarf es also keiner geheimnisvollen Interaktionen zwischen einem immateriellen Raum der Gründe und unseren psychischen Prozessen. Notwendig sind hier einfach nur ganz normale Überlegungen, die rationalen Normen entsprechen und von den dazugehörigen Überzeugungen motiviert sind.

Physische Realisierung

Auch damit sind nur die wesentlichen Voraussetzungen einer Lösung geschaffen, zur Lösung selbst fehlt noch ein wesentlicher Schritt. Der entscheidende Punkt ist, dass der Naturalist unter diesen Voraussetzungen nicht mehr auf die fehlerhafte Identifikation von Gründen und neuronalen Prozessen bzw. Gründen und Ursachen angewiesen ist. Da für die Wirksamkeit nicht mehr als die ganz normalen psychischen Dispositionen und Prozesse erforderlich sind, muss der Naturalist nur behaupten, dass solche psychischen Prozesse und Dispositionen neuronal realisiert sein können, so wie Rechenoperationen eines Taschenrechners durch elektronische Prozesse in den Chips realisiert sind. Es mag viele Einwände gegen die Realisierung psychischer Prozesse durch physische Prozesse geben – doch die stehen hier nicht zur Debatte. Hier geht es nur darum, dass die Tatsache, dass eine bestimmte Überlegung gewissen rationalen Kriterien entspricht und dies tut, weil sie von Überzeugungen geleitet wird, nicht dagegen spricht, dass sie durch neuronale Prozesse in unserem Gehirn realisiert sein kann. Das aber bedeutet, dass wir keinen Anlass hätten, an der Wirksamkeit von Gründen zu zweifeln, wenn der Naturalismus wahr wäre, bzw. umgekehrt keinen Grund, an der Wahrheit des Naturalismus zu zweifeln, wenn wir an der Wirksamkeit von Gründen festhalten wollen. Andere Zweifel am Naturalismus werden durch diese Argumentation selbstverständlich nicht berührt.

Welcher Fehler steckt in dem Argument?

Dies bedeutet, dass das obige Argument falsch sein muss. Doch wo liegt der Fehler? Das Argument leitet aus der Unterscheidung von Gründen und Ursachen die Schlussfolgerung ab, dass vollständig von Ursachen bestimmte Verhaltensweisen nicht von Gründen bestimmt sein können. Die hier angestellten Überlegungen zeigen, dass diese Schlussfolgerung nicht gültig ist, und zwar deshalb, weil Gründe wirksam werden können, ohne dass es zu Eingriffen zusätzlicher Einflussfaktoren auf der physischen Ebene kommen müsste. Erforderlich sind vielmehr ganz normale psychische Prozesse, die lediglich den beiden genannten Anforderungen entsprechen müssen. Diese Prozesse können offenbar physisch realisiert sein. Aus diesem Grund ist der Schluss, der von den Prämissen 1, 2 und 3 auf die

man diesen Erwerb an zusätzliche Bedingungen knüpft, z. B. wenn man die Bestimmbarkeit durch Gründe als ein zentrales Kennzeichen freier Handlungen betrachtet.

Konklusion führt, ungültig. Gültig wäre das Argument nur, wenn man es auf nichtphysische Einzeldinge bzw. Ereignisse beziehen würde: Der Einfluss z. B. von Überlegungen einer immateriellen Seele oder von göttlichen Wundern wird damit ausgeschlossen. Da es sich bei Gründen jedoch nicht etwa um nichtphysische Ereignisse handelt, schließt das Argument ihre Wirksamkeit nicht aus.

Konsequenzen der Reduktion

Dies führt mich zu den anfänglichen Überlegungen über den Zusammenhang zwischen unterschiedlichen Beschreibungsebenen in der Hirnforschung zurück. Es ist also offensichtlich doch möglich, Prozesse, die wir aus der Perspektive der Neurobiologie als neuronale Aktivitäten beschreiben, aus der mentalistisch-rationalen Perspektive als von Gründen geleitete Überlegungen zu beschreiben.

Die bislang vorgelegten Argumente zeigen dabei nur, dass das Vorliegen der einen Beschreibung nicht ausschließt, dass sich auch die andere Beschreibung auf den gleichen Prozess anwenden lässt. Aus den Überlegungen geht jedoch nicht hervor, dass wir zwischen beiden Beschreibungen einen verständlichen Zusammenhang herstellen können, dass sich also die eine Beschreibung auf die andere zurückführen oder eben „reduzieren“ lässt. Wie bereits erwähnt, halte ich es praktisch für ausgeschlossen, dass eine solche Zurückführung jemals gelingen wird. Dazu müssten wir die sehr feinen Differenzierungen, die wir auf der semantischen Ebene machen, auf die neuronale Ebene abbilden. Dies scheint mir unmöglich, in jedem Falle ist es nicht Thema des vorliegenden Aufsatzes. Hier geht es nur um die Konsequenzen, die sich aus einer erfolgreichen Zurückführung der Rede von rationalen Überlegungen auf die Rede von neuronalen Prozessen ergeben würden. Anders als Habermas kann ich nicht erkennen, warum eine solche Zurückführung unsere Legitimation, von rationalen Überlegungen zu sprechen, in irgendeiner Weise in Frage stellen sollte. Zum einen würde die Berechtigung, von einer Überzeugung oder einer von Gründen geleiteten Überlegung zu sprechen, offenbar nicht in Frage gestellt, wenn wir diese Prozesse auf ihre neuronale Basis zurückführen könnten – es sei denn, man wollte sich einen kruden „nichts als“ Materialismus zu eigen machen, der unterstellt, dass alles, was materiell realisiert ist, „in Wirklichkeit nur“ materiell ist und daher nur noch im Vokabular der Naturwissenschaften beschrieben werden kann. Für eine solche Strategie fehlt nicht nur jede Rechtfertigung, vielmehr wäre sie gerade im Falle von Gründen und Überzeugungen auch aus pragmatischen Gründen nicht durchführbar. Es ist einfach nicht vorstellbar, wie wir uns über Gründe und Überzeugungen im Vokabular der Neurobiologie verständigen sollten. Die entsprechenden Vorschläge, wie sie etwa der Eliminative Materialismus gemacht hat, sind offenbar unzulänglich.[19] Interessanterweise setzten die Eliminativen Materialisten zudem das Scheitern aller reduktionistischen Bemühungen voraus.[20] Sollten diese Bemühungen dagegen gelingen, dann wäre nur zu erwarten, dass wir bei Fragen bezüglich rationaler Überlegungsprozesse auf Erkenntnisse der Neurobiologie zurückgreifen könnten. Die Annahme, dass es sich faktisch um ratio-

19 Pauen (1996a).
20 Churchland und Churchland (1990).

nale, von Gründen geleitete Überlegungsprozesse handelt, würde durch einen solchen Rückgriff genauso wenig in Frage gestellt wie die Tatsache, dass es sich bei bestimmten Flüssigkeiten um Wasser handelt, durch die Möglichkeit, das Verhalten von Wasser durch Theorien über H_2O zu erklären. Ein reduktiver Materialismus, der in diesem Bereich sicher wesentlich unwahrscheinlicher ist als ein nicht-reduktiver, würde also – im Gegensatz zu den Annahmen von Habermas – nichts an unserer berechtigten Überzeugung ändern, dass unser Handeln zumindest manchmal von Gründen geleitet wird.

Dies würde bedeuten, dass sich der vermeintliche Konflikt von Naturalismus und Menschenbild in diesem Punkt auflöst. Es muss nicht eigens betont werden, dass auch sonst an Konflikten kein Mangel ist, man kann jedoch vermuten, dass ein genaues Verständnis des Zusammenhangs zwischen den unterschiedlichen Beschreibungsebenen in den anderen Fällen ebenfalls zu einem besseren Verständnis, möglicherweise sogar zu einer Auflösung der Konflikte verhelfen kann.

Literatur

Churchland, Paul M./Churchland, Patricia (1990), Intertheoretic Reduction: a Neuroscientist's Field Guide, in: The Mind-Body Problem. A Guide to the Current Debate, hg. v. R. Warner und T. Szubka, Oxford/Cambridge MA., 41–54.

Davidson, Donald (1963), Actions, Reasons, and Causes, in: The Journal of Philosophy 60, 685–700.

Davidson, Donald (1993), Mentale Ereignisse, in: Analytische Philosophie des Geistes, hg. v. P. Bieri, Bodenheim, 73–92.

Habermas, Jürgen (2004). Freiheit und Determinismus, in: Deutsche Zeitschrift für Philosophie, 52. Jg., Heft 6, 871–890; in diesem Band: 101–120.

Hegel, Georg Wilhelm Friedrich (1986), Enzyklopädie der philosophischen Wissenschaften im Grundrisse, 1830, 3 Bde., (= ders., Werke in zwanzig Bänden, Bd. 8–10), Frankfurt/M.

Kant, Immanuel (1900 ff.), Gesammelte Schriften, hg. v. d. Königlich Preußischen Akademie der Wissenschaften (Akademie Ausgabe), Berlin.

Nida-Rümelin, Julian (2005), Über menschliche Freiheit, Stuttgart.

Nietzsche, Friedrich (1988), Sämtliche Werke. Kritische Studienausgabe, hg. v. Giorgio Colli u. Mazzino Montinari, 15 Bde., München.

Papineau, David (1996), Der antipathetische Fehlschluß und die Grenzen des Bewusstseins, in: Bewußtsein. Beiträge aus der Gegenwartsphilosophie, hg. v. T. Metzinger, Paderborn, 305–322.

Papineau, David (2002), Achtung Lücke!, in: Phänomenales Bewußtsein – Rückkehr der Identitätstheorie?, hg. v. M. Pauen und A. Stephan, Paderborn, 222–242.

Pauen, Michael (1996a), Mythen des Materialismus. Die Eliminationstheorie und das Problem der psychophysischen Identität, in: Deutsche Zeitschrift für Philosophie, 44. Jg., Heft 1, 77–100.

Pauen, Michael (1996b), Wahrnehmung und mentale Repräsentation, in: Philosophische Rundschau 43, 243–64.

Pauen, Michael (2001), Grundprobleme der Philosophie des Geistes. Eine Einführung, 2. Aufl. Frankfurt/M.

Pauen, Michael (2004), Illusion Freiheit? Mögliche und unmögliche Konsequenzen der Hirnforschung, Frankfurt/M.

Platon (1987), Phaidon, Übersetzung v. Friedrich Schleiermacher, Stuttgart.

Schütte, Michael (2004), Reduktion ohne Erklärung: phänomenale Eigenschaften aus der Perspektive des Aposteriori-Physikalismus, Paderborn.

Wegner, Daniel M. (2002), The Illusion of Conscious Will, Cambridge MA.

Grenzfragen für einen neuen Umgang mit Dualismen

Von HANS-PETER KRÜGER (Potsdam)

Ich hatte in der ersten Diskussionsrunde 2004 betont, wie schwer es m. E. werden würde, die gemeinsame Intention, aus den üblichen Dualismen herauszutreten, verwirklichen zu können. Soweit ich sehe, hat sich diese Schwierigkeit im Verlaufe der Diskussion bestätigt, weshalb ich auf die Grenzfragen zurückkomme, die es ermöglichen, mit den tradierten Dualismen auf neue Weise umgehen zu können. Eine Dualismus-Kritik, die in mystische Einheiten zurückführen würde, hilft kognitiv nicht weiter. Kognitiv geht es um bessere Unterscheidungen, welche die erfahrungswissenschaftliche Schließung einer Frage zu ihrer eindeutigen Beantwortung (vgl. Lindemann) nicht ausschließen. Nur lassen sich nicht alle Fragen auf erfahrungswissenschaftliche Weise abschließend positiv beantworten, vor allem nicht diejenigen, welche die umgekehrte Fragerichtung nach der Ermöglichung der Forschungs- und Lebenspraxis selbst betreffen. Dies ist aber eine genuin philosophische Fragerichtung, die nicht mit der erfahrungswissenschaftlichen Antwort verwechselt werden sollte. Im Hinblick auf den neuen Umgang mit Dualismen hält die neurobiologische Hirnforschung eine erste Lektion bereit, die sich schrittweise philosophisch erweitern lässt anhand von Grenzfragen.

1. Zwei Heraus- und Hineindrehungen in der neurobiologischen Hirnforschung: Vom Organismus zur Differenz zwischen Umwelt und Welt

In der Tradition wird die ontologische Unterscheidung zwischen der Innenwelt und der Außenwelt häufig mit den methodologischen Zugängen aus der Perspektive der ersten Person (Erleben) und der dritten Person (erfahrungswissenschaftlicher Beobachter) parallelisiert. Die Perspektive der ersten Person gestatte Zugang zur Innenwelt, die der dritten Person zur Außenwelt. Zudem wurde diese Parallele zwischen den Dualismen in Ontologie und Methodologie dem Inhalte nach interpretiert, um zwischen Ontologie und Methodologie hin- und hergelangen zu können. Dieses hermeneutische Selbstverständnis hieß einerseits, dass man als das Innere etwas Seelenhaftes oder Psychisches erwartete, das irgendwie selbsthaft sei und nicht manipuliert werden könne und dürfe, da es an Substanziellem teilhabe. Demgegenüber wurde das Äußere mit dem Physikalischen und/oder Physischem identifiziert, das materiell sei und damit als manipulierbar genommen werden könne.

Die neurobiologische Hirnforschung verstößt in vielerlei Hinsicht gegen dieses hermeneutische Vorurteil. Sie schlägt bemerkenswerte Umkehrungen in diesem Knäuel geläufiger Identifikationen vor. In gewisser Weise macht sie aus außen „innen“ und aus innen „außen“. Es gibt zwar einen schwer objektivierbaren Rest der Psyche von Probanden und Forschern einschließlich deren Introspektion. Aber das Experimentaldesign wird möglichst unabhängig davon eingerichtet, durch Vor- und Nachbereitung, durch standardisierte Interaktion zwischen den Probanden und Forschern in ihrem äußeren Verhalten. Die Psyche wird in dem äußeren Verhaltenskontext der Versuchsanordnungen situiert und dort benutzt für semantische Zwecke. Anders käme man nicht an die Verhaltens-Funktionen der neuronalen Aktivitäten heran. „Innen“ wird durch die neuen Methoden, invasive und noninvasive, darstellbar als Materie, Physikalisches und Physisches, das teilweise beeinflusst werden kann, ohne dort einer Seele zu begegnen. Gleichwohl aber lasse sich dort, topologisch und mehr noch zeitlich, eine selbstreferenzielle Funktionsweise des Gehirns entdecken, so zumindest die Hypothese. Sie führt die Frage nach den Grenzen der Beeinflussbarkeit von außen oder der Autonomie des Gehirns von innen mit. Wir hätten es demnach mit einem materiellen Selbst zu tun, das zumindest nicht allein psychisch, sondern ein Komplex aus neuronalen und psychischen Eigenschaften sei.

In den nicht-reduktiven Naturalismen wird so etwas Inneres zu etwas Äußerem, aber nicht im Sinne einer einfachen Umkehr der traditionellen Ausgangsunterscheidung. Das Innere erhält auf neue Weise, im Sinne der selbstreferenziellen Funktionsweise des Gehirns, etwas Selbsthaftes, das nicht mehr mit dem traditionell Psychischen zusammenfällt. Es gibt eine Verbindung von früher getrennt Physischem und Psychischem *im* Physischen, das *innen* liegt. Aber diese Korrelate innen für einen Funktionszusammenhang werden von *außen* untersucht. Auch außen muss eine Verbindung zwischen Physischem und Psychischem als Parameter für die Korrelatebildung eingerichtet werden. Der Beobachter draußen besteht aus vielen Standardbeobachtern, die in ihrer Interaktion die methodischen Darstellungen von Physischem und Psychischem zur Kontrolle der Probanden und der Forscher selber auseinander halten und integrieren. Insofern sind viele Psychen von innen nach *außen* gekehrt, von Intra-Psychischem zu Inter-Psychischem geworden, damit ihr Zusammenhang mit Physischem *innen* untersucht werden kann. Es findet so etwas wie eine Herausdrehung statt, damit man sich kontrolliert hinein und erneut herausdrehen kann, bis sich verhaltensfunktionale Korrelate an neuronalen Aktivitäten ergeben.

Um diese Forschungspraktik beschreiben zu können, muss offenbar die Unterscheidung zwischen außen und innen über den Organismus der Probanden und Forscher hinaus erweitert werden. Was dessen organische Gestalt angeht, so ist die Schranke zwischen außen und innen im Sinne der Häute bei Säugern gegeben. Schwieriger wird es schon, wenn man fragt, was räumlich und zeitlich zur Interaktion des Organismus mit seiner Umwelt gehört, ohne die er nicht „artgerecht“, wie es oft heißt, leben kann. Die Einschränkung seiner Interaktionsmöglichkeiten im Labor kann für bestimmte Versuchsserien sinnvoll sein, nur muss sie nicht ermitteln, worin seine Artspezifik besteht. Diese wird von woanders her vorausgesetzt. Versteht man Leben als die Interaktion von Organismus und Umwelt, gewinnen die Unterscheidungen eine neue Dimension. Der Organismus gehört in seinen Interaktionen diesem ihm (organisch) *Äußeren* an. Und insofern nimmt er am *Inneren* des Lebenskreises als der interaktiven Einheit mit der Umwelt teil. Damit die Biologen alle diese Unterscheidungen machen können, müssen sie Abstand zu bestimmten Umwelten haben, auch Distanz zum Experimentaldesign ihrer Labors. Als Organismen brauchen sie gewiss auch artgerechte Umwelt, und als Spezialisten eine soziokulturell institutionalisierte Umwelt, die bei ihnen die spezifische Form von Forschungslabors annimmt. In ihrer Community können sie Fachdiskursen über die Verstehensleistungen und Erklärungsaufgaben ihrer Experimentallabors nachgehen. Insofern haben sie Abstand von den Probanden und kontrollieren sich selbst als Forscher.

Die Diskursgemeinschaft der Neurobiologen ist eine zweite Herausdrehung, nun aus den Labors, um sich in diese soziokulturelle Umwelt wieder hineindrehen zu können. Sie geht über die erste Herausdrehung aus dem Organismus in seine biologisch verstandene Umwelt hinaus, um sich erneut in ihn hineindrehen zu können. Nennen wir die Distanz zu beiden Umwelten „Welt“, die es ermöglicht, von den vorangegangenen Unterscheidungen zwischen Organismus, seinen Interaktionen in der Umwelt und deren labormäßigen Einschränkungen zu sprechen, auf sie aufmerksam zu werden, mit ihnen zu arbeiten. Diese „Welt“ liegt vergleichsweise außerhalb der (biologischen) Umwelten und Labors (soziokulturelle Umwelt). Und sie schafft ein neues Innen in der Teilhabe an der eigenen Community. Diese Welt unterstellt nicht nur Inter-Psychisches, sondern nimmt Personalität in Anspruch und verteilt ihre Zuerkennung oder Aberkennung an Probanden bzw. Versuchstiere. Sie setzt auch voraus, dass man die Spezifik der eigenen Forschungsaufgaben von anderen Forschungsrichtungen und von anderen soziokulturellen Unternehmungen unterscheiden kann.

Wir sind also mit dem Fortlaufen der Unterscheidung zwischen innen und außen konfrontiert, sobald wir uns fragen, was wir an Ermöglichung dafür beanspruchen, dass die Ausgangsunterscheidung gebildet und verwendet werden kann. Das Fortlaufen kann im Sinne von Herausdrehungen und Hineindrehungen beschrieben werden, die nicht vollständig ineinander aufgehen. Die nachfolgende kann nicht die vorangegangene ersetzen, von der Restprobleme bestehen bleiben und um deren Klärung es geht. Aber die nachfolgende wird zur Ermöglichung der vorangegangenen aktuell in Anspruch genommen und kann in einer Art von Rückschlussverfahren ermittelt werden. Positiv soll es zur funktionalen Bestimmung von Korrelaten zwischen Physischem und Psychischem an Gegenständen kommen. Aber damit dies vorne gelingt, wird gleichsam im Rückwärtsgang eine andere Heraus- und Hineindrehung zur Ermöglichung der ersteren verwendet. Die relativ zur ersten zweite Heraus- und Hineindrehung ist zwar für die Neurobiologen nicht der Untersuchungsgegenstand, aber sie muss methodisch und theoretisch kontrolliert werden können, weil anderenfalls keine reproduzierbaren Standardbeobachtungen für die erste Heraus- und Hineindrehung zustande kämen. Für die positiven biologischen Bestimmungen muss die soziokulturelle Umwelt kontrollierbar konstant gehalten oder variiert werden. Dafür nimmt man schließlich Welt in Anspruch, die präsupponiert wird, d. h. philosophisch so vorausgesetzt wird, dass sie explizit nicht thematisiert wird, geschweige als Prämisse in den Schlüssen der Biologie vorkommt.

2. Die Unvermeidbarkeit hermeneutischer Projektionen am Forschungsanfang und der Umgang mit ihr zur Erklärungsgewinnung

Für mich war gleich in unserer ersten Diskussionsrunde die *scientific community* der Neurobiologen selbst ein hervorragendes Beispiel für eine geistige Unternehmung. Sie nimmt Welt als Ermöglichung im Medium einer selbstreferenziellen Schriftsprache in Anspruch, um eine besondere kognitive Leistung zu erbringen, nämlich die Funktionsweise des Gehirns zu erklären. Dafür werden Labors eingerichtet, deren Versuchsberichte ausgetauscht werden, um die Vergleichbarkeit der Resultate für verschiedene Hypothesen herstellen zu können. Wenn diese Community exemplarisch für „Geist" steht, lagen folgende Fragen nahe, zunächst an Singer gerichtet: Wie kommt der Beobachter aus der Community ins Gehirn? Natürlich habe ich die strukturfunktionale Vergleichbarkeit verstanden, die im Hinblick auf die Selbstreferenz im Gehirn, im Ich-Bewusstsein, im wissenschaftlichen Beobachten, im kommunikativen Dialog vorliegt, und ich habe sie mit Singers Iterationen (Selbstanwendung) der Funktion fünffach gegliedert für phänomenologisch nicht ableitbare und in diesem Sinne emergente Phänomengruppen. Aber solche Vergleichbarkeit *erklärt* noch nicht. Sie macht durch Analogie verstehbar. Wir kennen in der Philosophie seit zwei Jahrhunderten die beliebteste Analogie der „Reflexion" in ähnlicher Lage. Deshalb habe ich von noch zu viel hermeneutischer Zärtlichkeit des Neurobiologen für seinen Gegenstand gesprochen, wenn Singer von dem Erklärenszirkel des einzelnen Gehirns spricht, wo ich nur von dem Zirkel der Verstehensanalogie einer reflexiven Beobachtung reden würde. Singer projiziert m. E. hermeneutisch vor, was wir aus reflexiver Beobachtung kennen, in die selbstreferenzielle Funktionsweise des Gehirns. Dadurch lässt sich dort sinnvoll nach etwas suchen, nämlich nach der Synchronisation neuronaler Aktivitäten und deren Funktion.

Auch bei Roth war und ist mir noch zu viel hermeneutische Liebe zu seinem Erkenntnisgegenstand am Werke, wenngleich auf andere Weise als bei Singer. Gleichwohl, wie kommt bei Roth das Subjekt der Verhaltenssteuerung ins Gehirn? Nimmt man seine Begeisterung für die herrlichen Feedback-Schleifen um die Amygdala herum im Gesamthirn zusammen mit der starken Lesart, dass das Gehirn das Verhalten steuert, wird seine Verstehensliebe deutlich: Es herrscht bei ihm das Primat der Innenwelt vor, aber in Naturalisierung gewendet. Während Singer den reflexiven Beobachter projiziert, projiziert Roth den emotional engagierten Teilnehmer ins Gehirn. Dies wird zwar selbstwidersprüchlich für seine Rolle als rationaler Kopf in der neurobiologischen Gemeinschaft und breiteren Öffentlichkeit, ist aber in der auch von ihm vertretenen schwachen Lesart schwer zu widerlegen, und wenn, dann nur im Vergleich zu verhaltenswissenschaftlichen Erklärungen, z. B. im Sinne Michael Tomasellos. Meine Hauptkritik an Roths Schriften betraf daher auch nicht eine hermeneutische Konfusion, sondern die vorgängige Eingrenzung des Geistes auf seine Grenzbedingung in aktualer Bewusstheit.

Meine Diagnose, dass unsere neurobiologischen Hirnforscher noch an zu großem Verständnis für ihren Erkenntnisgegenstand leiden, ist von vielen meiner philosophischen Kollegen als befremdlich beurteilt worden. Sie meinen, dass das Hauptproblem der Neurobiologie in ihren naturalistischen Fehlschlüssen liege. Ich halte letztere dagegen für sekundär und mit den Neurobiologen gegen die reinen Vernunftphilosophen daran fest: Wenn Vernunft nicht im Sinne der Mentalität selbstreferenziellen Sprachgebrauchs in der personalen Lebenspraxis auch als Verhaltensprädikat verankert werden kann, existiert sie nicht. Sie braucht, wenngleich auf indirekte und vermittelte Weise, eine ihr funktional entsprechende neurophysiologische Randbedingung (selbstreferenzielle Funktionsweise des Gehirns) und phänomenologische Grenzbedingung an selbstbezüglichem Aufmerkungsbewusstsein. Im Hinblick auf Verstehen und Erklären ist es eher umgekehrt, als oft von philosophischer Seite angenommen wird: In dem Maße, in dem die Neurobiologen theoretisch und methodisch reife Erkenntnisleistungen zustande bringen werden, in dem Maße werden ihre Verstehensanalogien an Bedeutung verlieren. Sobald sie praktisch auf bestimmte und damit selektive Weise naturalisieren können, brauchen sie die Naturalisierungsanalogien als Verstehenshilfe kaum mehr. Die Standardtheorie der „philosophy of mind" rechnet mit diesem Ende der Forschung von Anfang an.

Im Wechsel von der ständigen Anklage „naturalistischer Fehlschluss" zu: „hier liegt ein Verstehensproblem vor" stelle ich also die Frage gegen die offiziell dualistische Ideologie um, nach welcher die Naturwissenschaften nichts weiter als erklären und die Geisteswissenschaften nichts weiter als verstehen sollen. Mir war schon in der 2. Hälfte der 1980er Jahre, als Roth und ich uns bei den Konferenzen zum Streit über Selbstreferenz mit H. Maturana und N. Luhmann am Bielefelder Zentrum für Interdisziplinäre Forschung kennen gelernt haben, und dann nochmals in der 1. Hälfte der 1990er Jahre bei der Max-Planck-Gesellschaft beim Studium aktueller naturwissenschaftlicher Gemeinschaften aufgefallen, dass Naturwissenschaftler zunächst Verstehensgemeinschaften bilden, bevor sie zu neuen Erklärungsgemeinschaften werden können.[1] Von ihrer Ausbildung eines gemeinsamen Verständnisses für bestimmte problematische, also erklärungsbedürftige Phänomengruppen bis zu ihrer klaren Selektion, welche Aspekte der Phänomene mittels welcher theoretisch-methodischen Verschränkung von Perspektiven erklärt werden können, ist ein weiter Weg, der oft mehrere Generationen von Wissenschaftlern braucht, wobei kulturelle Generationen ca. 5 Jahre dauern im Unterschied zu biologischen Generationen von ca. 20 Jahren.

Ich halte also die aufgezeigte Verstehensproblematik („Gehirn", seine Areale, seine Synchronisationen, nehmen als dies oder jenes ...) nicht für irgendeine persönliche Unfähigkeit, sondern umgekehrt für unvermeidlich, damit eine Community international in Gang kommt und verschiedene Forschungsprogramme entwirft, um Erklärungsleistungen erzielen zu können. Die Sachkritik in hermeneutischen Fragen soll Abzweigungen deutlich werden lassen, damit man verschiedene Erklärungsstrategien einschlagen kann, falls die eine oder andere erfolglos bleibt. In dieser Hinsicht hat uns auch Olivier hier ein eindrucksvolles Beispiel für die Analogie mit der Quantenmechanik gegeben, wie man vom Verstehen zum Erklären in einer Hirntheorie gelangen könnte. Zudem ist die neurobiologische Community hinsichtlich der Verstehens- und Erklärenskontroverse auch für die Sozial- und Kulturwissenschaftler lehrreich. Daher war ich in der ersten Runde den scheinbaren Umweg eines größeren kulturgeschichtlichen Vergleichs eingeschlagen. Wir Philosophen und Neurobiologen müssen uns nicht allein Uminterpretationen innerhalb des gemeinsamen Rahmens an hermeneutischen Vorurteilen vorrechnen, die aus dem Christentum und seiner Säkularisierung herkommen. Die Neurobiologie zeigt: Man kann auch in einem Dickicht von hermeneutischen Zirkeln die Ausdifferenzierung von Erklärungsansprüchen in Angriff nehmen. Die Universalität unserer Geltungsansprüche ist nicht vorgegeben, sondern Aufgabe. Lindemann hat die Öffnung und die Schließung der Forschungsfragen für Forschungsantworten in verschiedenen neurobiologischen Labors im Vergleich zur Sozial- und Kulturwissenschaft untersucht. Verstehensprobleme sind keine Schamprobleme, die man verstecken müsste. Diesen Unsinn fordert nur die dualistische Auf-

---

1 Vgl. H.-P. Krüger, Kritik der kommunikativen Vernunft, Berlin 1990, V. Kapitel. Ders., Perspektivenwechsel, Autopoiese, Moderne und Postmoderne im kommunikationsorientierten Vergleich, Berlin 1993, Erster Teil.

teilung von Verstehen und Erklären auf verschiedene Wissenschaftsgruppen, mit der unglücklichen Folge, dass weder verstanden im Unterschied zu erklärt noch erklärt im Unterschied zu verstanden werden kann in allen Wissenschaften. Das macht Wissenschaft sprachlos, weil sie diesen Unterschied im Ringen aller Forschung braucht, und fördert so ihren medialen Ausverkauf. Es ist symptomatisch, dass wir uns hier an einem *Institute for Advanced Study*, dem Hanse-Wissenschaftskolleg in Delmenhorst, treffen müssen, um uns über den *Zusammenhang* von Erklären und Verstehen in jeder Forschung, die diesen Namen verdient, austauschen zu können, ein Zusammenhang, der bereits in die Curricula und Fakultäten der Universitäten gehörte, wo er auch früher einmal war.

3. Grenzbestimmungen zwischen Erklären und Verstehen in den Drehungen

Wenn wir nun auf die Beschreibung der neurobiologischen Forschungspraxis in 1. zurückkommen, dann entsteht die Frage, wie die Übergänge vom Organismus zu den Umwelten und der dafür als Ermöglichung beanspruchten Welt zu leisten sind. Was steckt hinter den beiden Herausdrehungen aus dem Organismus heraus in seine Umwelten, die biologische und soziokulturelle Umwelt, hinein, und von dort nochmals in Welt hinaus? Und wie sieht der Rückweg aus der Welt (gleichsam im Rücken der Neurobiologen) zurück in die Umwelten und schließlich hinein in den Organismus aus? Darauf gibt der 2. Punkt, der Unterschied und Zusammenhang zwischen Verstehen und Erklären, eine Antwortrichtung. Insoweit man sich herausgedreht hat, interpretiert man aus dieser Distanz, d. h. aus der Welt oder der betreffenden Umwelt heraus, was „davor" geschieht, im Organismus und in seinen auf die betreffende Umwelt bezogenen Interaktionen. Man projiziert vor, wie das, was dort vor sich geht, genommen werden kann als dieses oder jenes. Dies hätte methodisch folgende Konsequenzen. Man stellt sich vor, wie es sich von dort gestalten würde, wenn dieses oder jenes der Fall wäre. Aber diese Als-Ob-Hypothesen müssen methodisch überprüfbar gemacht werden durch entsprechende Darstellung, Beobachtung, Interpretation. Man muss also den Rückweg über die Einrichtung der passenden Labors oder die relevante Beobachtung in freier Wildbahn antreten. Die hermeneutische Hineindrehung soll nicht nur imaginieren, sondern tatsächlich greifen. Ist die Hypothese einlösbar durch das Konstanthalten und Variieren der Parameter durch alle relevanten Standardisierungen der Rollen für Probanden und Beobachter hindurch? In dem Maße, als die angenommenen Funktionen der Korrelatebildungen reproduzierbar sind, wird angefangen, Zusammenhänge zu erklären. Dies kann fehlschlagen, Nachbesserungen erfordern, Abstimmung mit anderen Erklärungssegmenten verlangen, Konflikte mit anderen Wissenskulturen auslösen. Also werden die Herausdrehungen und Hineindrehungen mehrfach zur Welt hin und aus ihr zurück durchlaufen, bis die Grenzbestimmungen stimmen und reproduziert werden können. Am Ende kann aus den vielfältigen Verstehenszusammenhängen auch etwas Bestimmtes erklärt werden. Das Communityleben pulsiert in geschichtlicher Rhythmik durch solche Herausdrehungen und Hineindrehungen hindurch, bis das unter bestimmten Bedingungen Reproduzierbare erkannt, technologisch verfügbar und soziokulturell verteilbar wird. Dafür braucht man möglichst klare Grenzbestimmungen.

Im Hinblick auf die Gewinnung solcher Grenzbestimmungen zwischen Verstehen und Erklären im Durchlaufen der Heraus- und Hineindrehungen lohnt es sich, Plessners „Stufen", ein Hauptwerk der Naturphilosophie des 20. Jahrhunderts, zu lesen, zumal er selbst nicht nur auch Biologe war, sondern verschiedene philosophische Richtungen zuvor durchlaufen ist, ebenso deren Grenzen eingedenk zu werden. Sein Grenzbegriff beinhaltet in der Ausgangsunterscheidung, die lebende Körper im Vergleich mit anorganischen Körpern spezifiziert, drei Dimensionen. A) Grenzen trennen Körper (wie z. B. anorganische Körper voneinander, eine physikalisch-chemische Dimension). B) Grenzen verbinden (im Sinne des Übergangs eines lebendigen Körpers in die Interaktion mit seiner Umwelt, eine biologische Dimension). C) Grenzen im Leben trennen und verbinden, was paradox und tautologisch wird, also verstehens- und erklärungsbedürftig ist. Insoweit ihre Trennfunktion primär ist, bleibt Leben anorganisch gebunden und auf paradoxe Weise Nicht-Leben. Insofern ihre Verbindung als primär genommen wird, erscheint Leben als mit sich selbst identisch, also tautologisch. Dieses Paradox und jene Tautologie können nicht gleichzeitig und vollständig am selben Ort zutreffen (vgl. Olivier, Ros). Man muss mit einer räumlichen und zeitlichen Verteilung des Paradoxes und der Tautologie auf Teilprozesse in einem Gesamtprozess rechnen. Lindemann und ich haben drei solcher Levels des Lebensprozesses als besonders relevante hervorgehoben: Positionalität ohne Funktion für Bewusstsein und Geist im Verhalten, zentrische Positionalität mit Bewusstseinsfunktion im Verhalten und exzentrische Positionalität mit den Funktionen des Selbstbewusstseins und personalen Geistes im Verhalten.

Ich kann hier diese drei Heraus- und Hineindrehungen mit allen hermeneutischen und explanatorischen Zwischenschritten nicht wiederholen. Sie legen rekonstruktiv frei, was „rückwärts" als Ermöglichung dafür in Anspruch genommen wird, „vorne" die Grenzbestimmungen vornehmen zu können, also nicht bei Paradoxa respektive Tautologien stehen bleiben zu müssen. So kommen wir zu den anfangs genannten Differenzen zwischen Umwelt und Welt, unter letzterer zwischen Innen- und Außenwelt. Deren Unterscheidung unterstellt eine personale Mitwelt, von der her und zu der hin letztlich zwischen innen und außen differenziert werden kann. Ich habe mit der Problematisierung der christlichen und säkularen Interpretation dieser Mitwelt in unserer westlichen Kulturtradition in meinem Beitrag zur ersten Diskussionsrunde begonnen, weil sich m. E. unser Streit nicht mehr in dieser Interpretation unterbringen lässt. Wir nehmen längst anderes als Ermöglichung in Anspruch.[2]

2 Vgl. inzwischen auch H.-P. Krüger/G. Lindemann (Hg.), Philosophische Anthropologie im 21. Jahrhundert, Berlin 2006.

Personenverzeichnis

Sachwortverzeichnis

www.ingramcontent.com/pod-product-compliance
Lightning Source LLC
LaVergne TN
LVHW081358011026
849161LV00013BA/2844